高等数学教与学要览

（下册）

主　　编　喻德生

编写人员（按章节编写顺序排序）

喻德生　李　昆　邹　群　明万元

黄香蕉　王卫东　程　筠　杨就意

胡结梅　徐　伟　陈菱蕙　毕公平

漆志鹏　熊归凤　魏贵珍　李园庭

西南交通大学出版社

·成　都·

图书在版编目（CIP）数据

高等数学教与学要览. 下册 / 喻德生主编. —成都：西南交通大学出版社，2013.2

ISBN 978-7-5643-2187-1

Ⅰ. ①高… Ⅱ. ①喻… Ⅲ. ①高等数学－高等学校－教学参考资料 Ⅳ. ①013

中国版本图书馆 CIP 数据核字（2013）第 028122 号

高等数学教与学要览

（下册）

主编　喻德生

责任编辑	张宝华
封面设计	墨创文化
出版发行	西南交通大学出版社 （成都二环路北一段 111 号）
发行部电话	028-87600564　87600533
邮政编码	610031
网　　址	http: //press.swjtu.edu.cn
印　　刷	四川五洲彩印有限责任公司
成品尺寸	185 mm × 260 mm
印　　张	21.375
字　　数	532 千字
版　　次	2013 年 2 月第 1 版
印　　次	2013 年 2 月第 1 次
书　　号	ISBN 978-7-5643-2187-1
定　　价	35.00 元

前　言

本书根据高等学校理工科高等数学课程教学的基本要求，结合当前高等数学教学改革和学生学习的实际需要，组织教学经验比较丰富的教师编写. 它可作为理工科高等数学学习的指导书和研究生考试的复习资料供学生使用，也可以作为高等数学教学的同步教材供教师参考.

该书参照理工科《高等数学》教材的基本内容，依据各章知识结构的体系——知识单元分节进行编写. 每节均包括教学目标、内容提要、疑点解析、例题分析和练习题五个部分，各部分编写说明如下：

一、教学目标　根据高等数学教学大纲的基本要求，分层次逐点进行编写. 目的是把教学目标交给学生，使学生了解教学大纲的精神和教师的要求，从而增强学习的主动性和目的性.

二、内容提要　以各节的知识结构为框架，用树形图表的方式，简明扼要地总结、概括各节的主要内容. 目的是对各节的教学内容进行梳理，使学生掌握各个知识之间的联系，将使零散的知识形成系统的知识结构. 在这部分中，通常先列出所述知识点的名称，目的是当你熟悉这个名称的含义时，就不必往下看.

三、疑点解析　围绕高等数学教学的重点、难点，从不同侧面阐述有关知识点的数学思想、数学方法、教学方法等方面的内容，主要包括一些概念的理解，一些定理条件与结论的分析，一些解题方法与技巧的总结，各种知识之间的区别与联系等，从而加深知识的理解、解决高等数学教学中可能出现的一些问题.

四、例题分析　围绕高等数学教学内容的重点、难点，按每大节 20 个、小节 10 个左右例题的幅度选择一些比较典型的例题，从不同侧面阐述解题的思路、方法与技巧. 每个题均按照“例题+分析+解或证明+思考”的模式编写，运用变式、引申等方式，突出题目的重点，揭示解题方法的本质，从而在解题的过程中，运用“师生对话”的机制，使“教、学、思”融于一题，使举一反三成为可能，提高学生分析问题和解决问题的能力.

五、练习题　各节大约按例题一半的幅度配备练习题，目的是让学生在各题“思考”的基础上，进一步得到训练.

每章还配有测试卷两套，可作为学生学完各章内容之后，检测自己掌握所学知识的程度之用.

此外，书末附有各节练习题答案或提示，以及测试卷答案.

本书由喻德生教授任主编. 参与本书编写的老师有：第一章第三节李昆，第四节邹群；第二章第一节明万元，第二、三节黄香蕉；第三章第一节王卫东，第二节程筠；第四章第一、二节杨就意；第六章第一、二节胡结梅；第七章第一节徐伟，第二、三节陈菱蕙；第八章第一节杨就意，第四节毕公平；第九章第一节漆志鹏，第二节熊归凤；第十一章第一、二、三节魏贵珍，第十二章第一、二、三节李园庭；其余章节及测试题喻德生. 全书修改、统纂定稿喻德生.

由于水平有限，书中难免出现疏漏、甚至错误之处，敬请国内外同仁和读者批评指正.

编　者

2012 年 9 月

目 录

第八章 多元函数微分法及其应用 …… 1

第一节 多元函数的概念与性质 …… 1

第二节 多元函数微分的概念与性质 …… 15

第三节 两种函数的求导法则 …… 39

第四节 多元函数微分学的应用 …… 62

综合测试题 8—A …… 81

综合测试题 8—B …… 83

第九章 重积分 …… 85

第一节 二重积分及其应用 …… 85

第二节 三重积分及其应用 …… 103

综合测试题 9—A …… 124

综合测试题 9—B …… 125

第十章 曲线积分与曲面积分 …… 128

第一节 曲线积分及其应用 …… 128

第二节 曲面积分及其应用 …… 143

第三节 各类积分之间的关系与应用 …… 161

综合测试题 10—A …… 186

综合测试题 10—B …… 187

第十一章 无穷级数 …… 190

第一节 常数项级数 …… 190

第二节 幂级数 …… 211

第三节 傅里叶级数 …… 231

综合测试题 11—A …… 245

综合测试题 11—B …… 246

第十二章 微分方程 …… 249

第一节 可分离变量微分方程 …… 249

第二节 一阶线性微分方程与可降阶高阶微分方程 …… 261

第三节 高阶线性微分方程 …… 275

综合测试题 12—A …… 293

综合测试题 12—B …… 294

练习题与综合测试题答案或提示 …… 297

第八章　多元函数微分法及其应用

第一节　多元函数的概念与性质

一、教学目标

1. 了解平面区域、邻域、聚点等基本概念，知道 n 维空间中相应的概念.

2. 了解多元函数（点函数）的基本概念，会求二元函数的定义域，会作二元函数的图形.

3. 了解多元函数（点函数）极限的概念，知道二元函数极限的运算法则，会求一些二元函数的极限.

4. 了解多元函数（点函数）连续的概念，知道闭区域上二元连续函数的基本性质，会求一些二元函数的连续性.

二、内容提要

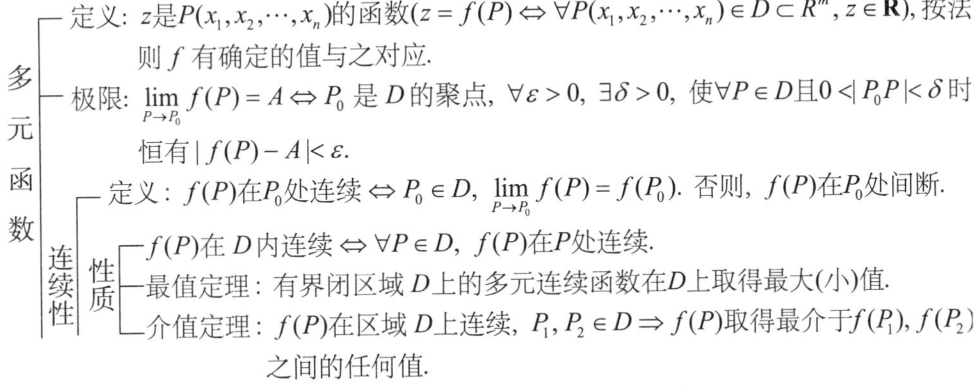

三、疑点解析

1. **关于多元函数的概念**　多元函数 $y=f(x_1,x_2,\cdots,x_n)$ 与一元函数 $y=f(x)$ 是相对的两个概念. 它们都是函数，主要区别在于依赖于自变量的个数是多个还是单个的问题. 但这种区别只是形式上的，而不是本质上的. 因为，一元函数 $y=f(x)$ 的自变量 x 可以看成是一维空间（坐标轴）中点 $P(x)$ 的坐标，而多元函数的自变量 $x_1,x_2,\cdots,x_n$ 可以看成是 n 维空间中点 $P(x_1,x_2,\cdots,x_n)$ 的坐标，因此只要用"点"解决不同"元"的问题，多元函数和一元函数就可以用"点"函数的概念统一起来. 即

设 D_f 是 n 维空间的非空点集，对于 D_f 中任意一点 $P(x_1,x_2,\cdots,x_n)$，变量 y 按照一定的法

则 f，总有确定的值 y 与之对应，则称 y 是点 $P(x_1,x_2,\cdots,x_n)$ 的函数，记为

$$y=f(P)\text{，}\quad P(x_1,x_2,\cdots,x_n)\in D_f\text{，}$$

其中 $x_1,x_2,\cdots,x_n$ 称为自变量，D_f 称为函数的定义域.

显然，当 $n=1$ 时，就是我们熟知的一元函数；当 $n\geqslant 2$ 时，就是这里所讲的多元函数.

因此，定义域 D_f 与对应法则 f 也是构成多元函数 $y=f(x_1,x_2,\cdots,x_n)$ 的两个要素. 两个形式上不同的多元函数，如果它们的定义域相同，对应法则也相同，那么这两个函数就是相同的. 否则，只要两个函数的定义域或对应法则中有一个不同，那么它们就是不同的.

例如，尽管 $f(x,y)=\ln(xy)$ 与 $g(x,y)=\ln x+\ln y$ 的对应法则是相同的，但它们并不是同一个函数，因为它们的定义域 $D_f=\{(x,y)\mid xy>0\}$ 和 $D_g=\{(x,y)\mid x>0,y>0\}$ 是不同的.

2. 关于函数的分类　与量的分类方法类似，函数亦可以分为数量函数和矢量函数两大类. 而根据自变量个数的多少，数量函数又可以分为一元函数和多元函数；多元函数又可以分为二元函数、三元函数，等等；多元向量函数也可以类似地进一步细分. 于是

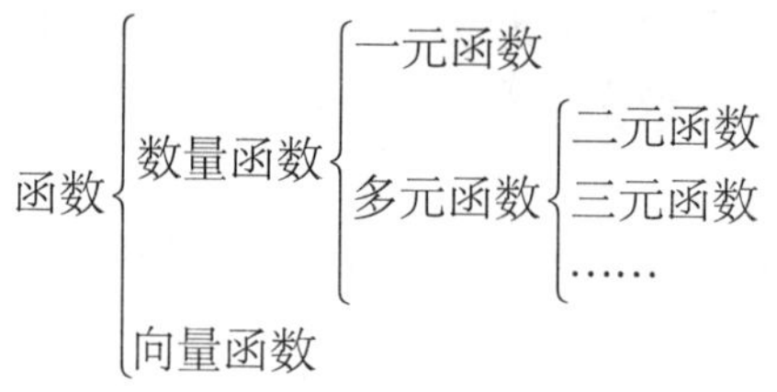

高等数学教材中，所谓的函数通常是数量函数的简称，而提及向量函数往往用全称，以示两者的区分. 所涉及的向量函数如多元函数 $f(x_1,x_2,\cdots,x_n)$ 的梯度 $\mathbf{grad}f$，向量场 $\boldsymbol{A}(x,y,z)=P(x,y,z)\boldsymbol{i}+Q(x,y,z)\boldsymbol{j}+R(x,y,z)\boldsymbol{k}$，等等.

3. 关于二元函数极限的概念　首先，二元函数 $z=f(x,y),(x,y)\in D$ 在一点 $P_0(x_0,y_0)$ 的极限

$$\lim_{(x,y)\to(x_0,y_0)}f(x,y)=A\Leftrightarrow\forall\varepsilon>0,\ \exists\delta>0,\ \text{s.t.}\forall P(x,y)\in D\cap\mathring{U}(P_0,\delta),\ |f(x,y)-A|<\varepsilon$$

反映的是函数 $z=f(x,y)$ 在这点附近的变化趋势，它并不要求函数在 P_0 处有定义，即不要求 $P_0\in D$，因此 $\lim\limits_{(x,y)\to(x_0,y_0)}f(x,y)$ 与函数在 $P_0(x_0,y_0)$ 处是否有定义无关，但要求 P_0 是 D 的聚点，否则 $D\cap\mathring{U}(P_0,\delta)$ 可能为空集，而当 $D\cap\mathring{U}(P_0,\delta)=\varnothing$ 时，讨论 $\lim\limits_{(x,y)\to(x_0,y_0)}f(x,y)$ 是没有意义的.

其次，它并不要求 $|f(x,y)-A|<\varepsilon$ 在 P_0 处成立，通常也不要求 $|f(x,y)-A|<\varepsilon$ 在 P_0 的整个去心邻域 $\mathring{U}(P_0,\delta)$ 内成立，而只要求 $|f(x,y)-A|<\varepsilon$ 在 P_0 的去心邻域 $\mathring{U}(P_0,\delta)$ 与函数定义域 D 的公共部分 $D\cap\mathring{U}(P_0,\delta)$ 成立即可.

此外，$\delta=\delta(\varepsilon)$ 也是随 ε 的变化而变化的，通常 ε 越小，相应的 $\delta=\delta(\varepsilon)$ 也越小，但 δ 未必是 ε 的函数，从而 $|f(x,y)-A|<\varepsilon$ 成立的范围 $D\cap\mathring{U}(P_0,\delta)$ 也越小. 不过，由于 P_0 是 D 的聚点，$D\cap\mathring{U}(P_0,\delta)$ 必定是无穷点集，因此 $|f(x,y)-A|<\varepsilon$ 仅在有限多个点处成立不可能有 $\lim\limits_{(x,y)\to(x_0,y_0)}f(x,y)=A$.

必须指出，以上关于二元函数极限的讨论，可以类似地推广到三元及三元以上函数的极限上去.

4. 关于二元函数极限的特点　二元函数极限与一元函数极限的不同之处，首先表现在动点（即自变量）趋近于已知点的方向上. 对一元函数，已知点附近的点只有这点附近左、右两边的点，动点趋近于已知点只有这两个方向或这两个方向兼具的可能. 特别地，若把动点限制在这点附近左边或右边，就是所谓的左、右极限的问题；对二元函数，已知点附近的点通常包括这点附近无穷多个方向或其中若干个方向兼具的可能，动点趋近于已知点有无穷多个方向的可能.

其次，表现在动点趋近于已知点的方式上. 前者，动点趋近于已知点只能是“直线”式的；后者可以是“直线”式、“折线”式和其他任何“曲线”式的. 因此，在二元函数极限中，不能用类似于一元函数左、右极限相等的方法来肯定二元函数极限的存在，但常常用一元函数左、右极限存在但不相等或左、右极限至少有一个不存在得出函数极限不存在类似的方法来否定二元函数极限的存在. 而且，只需在动点趋近于已知点的无穷多种可能情形中，找出一种特殊情形函数的极限不存在或找出两种特殊情形函数的极限存在但不相等，就可以得出函数在这点的极限不存在，即便是动点趋近于已知点的过程中，有无穷多种情形函数的极限存在且相等也是如此.

例如，当 $(x,y)\to(0,y_0)\ (y_0\in\mathbf{R})$，即动点 (x,y) 趋近于直线 $x=0$ 上的任意点 $(0,y_0)$ 时，函数 $f(x,y)=\dfrac{|x|}{x}$ 的极限 $\lim\limits_{(x,y)\to(0,y_0)}f(x,y)$ 不存在，这是因为

$$\lim_{(x,y)\to(0,y_0)}f(x,y)=\lim_{(x,y)\to(0,y_0)}\frac{|x|}{x}=\lim_{x\to0}\frac{|x|}{x}\text{不存在.}$$

由于 $\lim\limits_{x\to0^+}\dfrac{|x|}{x}=1,\ \lim\limits_{x\to0^-}\dfrac{|x|}{x}=-1$，这也可以理解二元函数 $f(x,y)$ 为沿 x 轴正、负半轴两个方向的极限存在但不相等，从而函数的极限 $\lim\limits_{(x,y)\to(0,y_0)}f(x,y)$ 不存在.

而当 $(x,y)\to(0,0)$ 时，函数 $f(x,y)=\dfrac{xy^2}{x^2+y^4}$ 的极限也不存在. 尽管当动点 (x,y) 沿任意直线方向 $y=kx$ 趋近于 $(0,0)$ 的极限存在且等于零，即

$$\lim_{\substack{x\to0\\y=kx\to0}}f(x,y)=\lim_{\substack{x\to0\\y=kx\to0}}\frac{xy^2}{x^2+y^4}=\lim_{\substack{x\to0\\y=kx\to0}}\frac{x\cdot k^2x^2}{x^2+k^4x^4}=\lim_{\substack{x\to0\\y=kx\to0}}\frac{k^2x}{1+k^4x^2}=0,$$

但由于当动点 (x,y) 沿二次曲线方式 $x=ky^2$ 趋近于 $(0,0)$ 时，函数的极限存在但不相等，即

$$\lim_{\substack{y\to0\\x=ky^2\to0}}f(x,y)=\lim_{\substack{y\to0\\x=ky^2\to0}}\frac{xy^2}{x^2+y^4}=\lim_{\substack{y\to0\\x=ky^2\to0}}\frac{ky^2\cdot y^2}{k^2y^4+y^4}=\lim_{\substack{y\to0\\x=ky^2\to0}}\frac{k}{1+k^2}$$

与 k 有关，即对两条不同的形如 $x=ky^2$ 的二次曲线函数的极限是不同的，所以此时函数的极限不存在.

必须指出，以上关于二元函数极限特点的讨论，也可以类似地推广到三元及三元以上函数的极限上去.

5. 关于统一的函数极限的概念　不管动点趋近于已知点的方式如何不同，它对极限的概念都不是本质的. 因为极限只论动点与已知点之间的距离，而不论动点趋近于已知点的方式. 事实上，如果我们忽略一、二元函数定义中的细节，那么容易发现它们的“模式”是完全一

样的，这就是说，一元函数的极限与多元函数的极限可以完全统一起来，亦即

设函数 $y=f(P)$ 在 n 维区域 D 内有定义，P_0 是 D 的聚点. 如果对于任意的正数 ε，总存在正数 δ，使得对于 D 内适合不等式 $0<|P_0P|<\delta$ 的任意点 P，均有 $|f(P)-A|<\varepsilon$，则称常数 A 为函数 $y=f(P)$ 当 P 趋近于 P_0 时的极限，记为 $\lim\limits_{P\to P_0}f(P)$.

特别地，当 D 为区间、$y=f(P)$ 为一元函数时，$\lim\limits_{P\to P_0}f(P)$ 即为一元函数的极限.

由于一元函数极限与多元函数极限本质上是相同的，所以可以把不涉及一元函数极限特性的结论和方法. 例如，极限的四则运算法则、连续函数极限的性质、复合函数极限的性质、两个重要极限和夹逼定理，等等，都直接应用到多元函数上来.

例如，可以利用两个函数和的极限的运算法则和两个重要极限求如下二元函数的极限：

$$\lim_{(x,y)\to(0,1)}\left[(1+xy)^{\frac{1}{x}}+\frac{x}{\sin(xy)}\right]=\lim_{(x,y)\to(0,1)}\left[(1+xy)^{\frac{1}{xy}}\right]^{y}+\lim_{(x,y)\to(0,1)}\left[\frac{xy}{\sin(xy)}\cdot\frac{1}{y}\right]$$

$$=\left[\lim_{(x,y)\to(0,1)}(1+xy)^{\frac{1}{xy}}\right]^{\lim\limits_{y\to1}y}+\lim_{(x,y)\to(0,1)}\frac{xy}{\sin(xy)}\cdot\lim_{y\to1}\frac{1}{y}$$

$$=\mathrm{e}^1+1\cdot\frac{1}{1}=\mathrm{e}+1.$$

6. 关于多元函数连续的特点 一元函数的连续性可以形象地理解为一条没有“断开”的曲线；多元函数，例如，二元函数的连续性，可以形象地理解为既没有“洞”又没有“缝”的一张曲面. 由于曲面上具有“洞”和“缝”的情形远比曲线“断开”的情形复杂，因此多元函数的连续性比一元函数的连续性要复杂得多.

例如，当 $x\neq0$ 及 $\dfrac{y}{x}\neq k\pi+\dfrac{\pi}{2}(k\in\mathbf{Z})$，即 $x\neq0$ 和 $y\neq\left(k\pi+\dfrac{\pi}{2}\right)x\ (k\in\mathbf{Z})$ 时，函数 $z=\tan\dfrac{y}{x}$ 才连续，因此该函数间断点的集合为 $\left\{(x,y)\,|\,x=0\text{或}y=\left(k\pi+\dfrac{\pi}{2}\right)x\ (k\in\mathbf{Z})\right\}$.

可见，该函数的图形是有一个“洞”和有很多“缝”的曲面，其间断点集是通过坐标原点的无穷多条直线.

7. 关于统一的函数连续的概念 由点函数及其极限的定义，即得到一元函数和多元函数统一的连续的定义. 即

设函数 $y=f(P)$ 在 n 维区域 D 内有定义，$P_0\in D$. 若 $\lim\limits_{P\to P_0}f(P)=f(P_0)$，则称函数 $y=f(P)$ 在 P_0 处连续.

由于一元函数连续与多元函数连续本质上是一样的，所以可以把不涉及一元函数连续特性的结论，如闭区间上连续函数的性质、连续的四则运算法则、初等函数的连续性等等，都直接应用到多元函数上来.

注意：多元分段函数在分段点处的连续性，也必须用连续的定义来讨论，而且多元分段函数的分段点通常有无穷多个.

例如，函数 $f(x,y)=\begin{cases}x\sin\dfrac{1}{y}, & y\neq0\\ 0, & y=0\end{cases}$ 的分断点的集合是整个 x 轴. 根据无穷小与有界函数的

乘积仍为无穷小的性质，可得 $\lim\limits_{(x,y)\to(0,0)} f(x,y)=0=f(0,0)$，因此根据定义，函数在 $(0,0)$ 处连续；而当 $a\neq 0$ 时，取 $y_n'=\dfrac{1}{n\pi}$，$y_n''=\dfrac{2}{(4n+1)\pi}$，则由两函数列的极限

$$\lim_{(x,y_n')\to(a,0)} f(x,y)=\lim_{x\to a}x\cdot\lim_{n\to\infty}\sin n\pi=0,\quad \lim_{(x,y_n'')\to(a,0)} f(x,y)=\lim_{x\to a}x\cdot\lim_{n\to\infty}\sin\left(2n+\frac{1}{2}\right)\pi=a$$

可知，$\lim\limits_{(x,y)\to(a,0)} f(x,y)\ (a\neq 0)$ 不存在，因此函数在 $(a,0)\ (a\neq 0)$ 处不连续.

四、例题分析

例 1　求下列函数的定义域，并判断它们是否为同一函数：

（i）$z_1=\ln[(1-x^2)(1-y^2)]$；　　（ii）$z_2=\ln[(1-x)(1+y)]+\ln[(1+x)(1-y)]$.

分析　判断两个函数是否为同一函数，只要看它们的两个要素——定义域与对应法则是否相同.

证明　（i）由 $(1-x^2)(1-y^2)>0$，即

$$\begin{cases}1-x^2>0\\1-y^2>0\end{cases}\text{或}\begin{cases}1-x^2<0\\1-y^2<0\end{cases},$$

求得函数 z_1 的定义域 $D_1=\{(x,y)\mid |x|<1,|y|<1\vee|x|>1,|y|>1\}$（见图 8-1）;

（ii）由 $\begin{cases}(1-x)(1+y)>0\\(1+x)(1-y)>0\end{cases}$，即

$$\begin{cases}1-x>0\\1+y>0\\1+x>0\\1-y>0\end{cases}\text{或}\begin{cases}1-x<0\\1+y<0\\1+x>0\\1-y>0\end{cases}\text{或}\begin{cases}1-x>0\\1+y>0\\1+x<0\\1-y<0\end{cases}\text{或}\begin{cases}1-x<0\\1+y<0\\1+x<0\\1-y<0\end{cases},$$

求得函数 z_2 的定义域 $D_2=\{(x,y)\mid |x|<1,|y|<1\vee x<-1,y>1\vee x>1,y<-1\}$（见图 8-2）.

由于 D_2 仅是 D_1 的一部分，所以 z_1,z_2 不是同一函数.

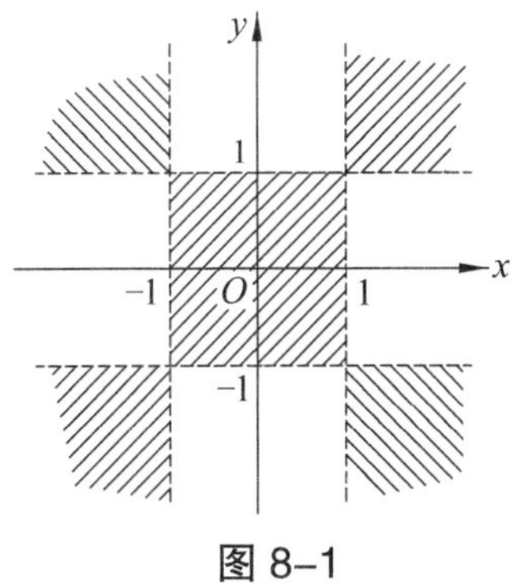

图 8-1

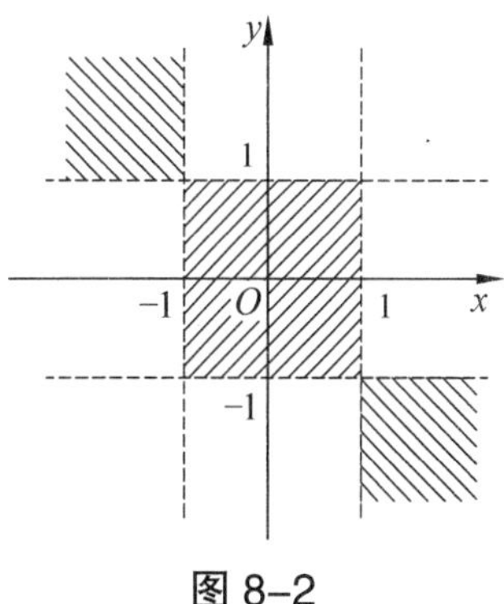

图 8-2

思考　求下列函数的定义域，并判断它们及以上函数是否为同一函数：

$$z_3=\ln[(1-x)(1-y)]+\ln[(1+x)(1+y)],\quad z_4=\ln[(1+x)(1-y)]+\ln[(1-x)(1+y)]$$

例2 设$F(x,y)=f\left(x+y,\dfrac{y}{x}\right)-f\left(x-y,\dfrac{x}{y}\right)-2xy$，且$f(x+y,x-y)=x^2+y^2-xy$，求$F(x,y)$.

分析 先求出函数$f(x,y)$的表达式，再利用$F(x,y)$与$f(x,y)$之间的关系求出$F(x,y)$.

解 令$\begin{cases}x+y=u\\x-y=v\end{cases}$，则$\begin{cases}x=\dfrac{u+v}{2}\\y=\dfrac{u-v}{2}\end{cases}$. 于是

$$f(u,v)=\left(\frac{u+v}{2}\right)^2+\left(\frac{u-v}{2}\right)^2-\frac{u+v}{2}\cdot\frac{u-v}{2}=\frac{1}{4}(u^2+3v^2)\Rightarrow f(x,y)=\frac{1}{4}(x^2+3y^2)$$

故

$$\begin{aligned}F(x,y)&=f\left(x+y,\frac{y}{x}\right)-f\left(x-y,\frac{x}{y}\right)-2xy\\&=\frac{1}{4}\left[(x+y)^2+3\left(\frac{y}{x}\right)^2\right]-\frac{1}{4}\left[(x-y)^2+3\left(\frac{x}{y}\right)^2\right]-2xy\\&=\frac{3}{4}\left(\frac{y^2}{x^2}-\frac{x^2}{y^2}\right)-xy.\end{aligned}$$

思考 如果$f\left(\dfrac{y}{x},\dfrac{x}{y}\right)=x^2-y^2$或$f\left(\dfrac{x}{y},\dfrac{y}{x}\right)=x^2-y^2$或$f(x+y,x-y)=\dfrac{y}{x}+\dfrac{x}{y}-xy$或$f(x+y,x-y)=\left(\dfrac{y}{x}\right)^2+\left(\dfrac{x}{y}\right)^2-xy$或……，结果如何？

例3 证明：函数极限$\lim\limits_{(x,y)\to(0,0)}\dfrac{x^2+y^2+xy}{\sqrt{x^2+3y^2}}=0$.

分析 对$|f(x,y)-0|$进行适当的放缩，得出含$\sqrt{x^2+y^2}$方幂的函数$\varphi(\sqrt{x^2+y^2})$. 对任意给定的$\varepsilon>0$，由$\varphi(\sqrt{x^2+y^2})<\varepsilon$解得$\sqrt{x^2+y^2}<\delta(\varepsilon)$，使之成为$|f(x,y)-0|<\varepsilon$的充分条件即可.

证明 因为

$$|x|^2+|y|^2\geqslant 2|x||y|\Rightarrow\frac{x^2+y^2}{2}\geqslant|xy|\Rightarrow\frac{\sqrt{x^2+y^2}}{2}\geqslant\frac{|xy|}{\sqrt{x^2+y^2}},$$

所以

$$\begin{aligned}|f(x,y)-0|&=\frac{|x^2+y^2+xy|}{\sqrt{x^2+3y^2}}\leqslant\frac{|x^2+y^2|+|xy|}{\sqrt{x^2+y^2}}\\&\leqslant\sqrt{x^2+y^2}+\frac{\sqrt{x^2+y^2}}{2}=\frac{3\sqrt{x^2+y^2}}{2}.\end{aligned}$$

$\forall\varepsilon>0$，要使$|f(x,y)-0|<\varepsilon$，只要

$$\frac{3\sqrt{x^2+y^2}}{2}<\varepsilon,$$

即要

$$\sqrt{x^2+y^2}<\frac{2}{3}\varepsilon.$$

取 $\delta=\dfrac{2}{3}\varepsilon$，则当 $0<|P_0P|=\sqrt{(x-0)^2+(y-0)^2}=\sqrt{x^2+y^2}<\delta$ 时，恒有

$$|f(x,y)-0|<\varepsilon,$$

故 $\lim\limits_{(x,y)\to(0,0)}\dfrac{x^2+y^2+xy}{\sqrt{x^2+3y^2}}=0$.

思考　（i）证明：$\lim\limits_{(x,y)\to(0,0)}\dfrac{x^2+y^2+xy}{\sqrt{x^2+ay^2}}=0\ (a\in\mathbf{R}^+)$，$\lim\limits_{(x,y)\to(0,0)}\dfrac{x^2+y^2+bxy}{\sqrt{x^2+y^2}}=0\ (b\in\mathbf{R})$ 及 $\lim\limits_{(x,y)\to(0,0)}\dfrac{x^2+y^2+bxy}{\sqrt{x^2+ay^2}}=0\ (a\in\mathbf{R}^+,b\in\mathbf{R})$；（ii）先求函数极限，再用以上方法给出证明：$\lim\limits_{(x,y)\to(0,0)}\dfrac{x^3+xy^2+3\sqrt{x^2+3y^2}+xy}{\sqrt{x^2+3y^2}}$.

例 4　证明：函数的极限 $\lim\limits_{(x,y)\to(\infty,\infty)}\dfrac{x^2-3xy+y^2}{x^4+y^4}=0$.

分析　证明函数的极限，可取函数与其极限差的绝对值，再将其适当地放大，并证明放大后的函数极限为零，从而根据夹逼准则得出函数的极限.

证明　因为 $x^4+y^4\geqslant 2x^2y^2$，所以

$$\left|\frac{x^2-3xy+y^2}{x^4+y^4}\right|\leqslant\left|\frac{x^2-3xy+y^2}{2x^2y^2}\right|=\frac{1}{2}\left|\frac{1}{x^2}+\frac{1}{y^2}-\frac{3}{xy}\right|\leqslant\frac{1}{2}\left(\frac{1}{x^2}+\frac{1}{y^2}+\frac{3}{|xy|}\right),$$

而

$$\lim_{(x,y)\to(\infty,\infty)}\left(\frac{1}{x^2}+\frac{1}{y^2}+\frac{3}{|xy|}\right)=\lim_{x\to\infty}\frac{1}{x^2}+\lim_{y\to\infty}\frac{1}{y^2}+3\lim_{x\to\infty}\frac{1}{|x|}\lim_{y\to\infty}\frac{1}{|y|}=0,$$

故由夹逼准则得出 $\lim\limits_{(x,y)\to(\infty,\infty)}\dfrac{x^2+3xy+y^2}{x^4+y^4}=0$，从而函数的极限存在.

思考　（i）用以上方法证明函数的极限 $\lim\limits_{(x,y)\to(\infty,\infty)}\dfrac{x^2+x^2y+xy^2+y^2}{x^4+y^4}=0$；（ii）判断函数的极限 $\lim\limits_{(x,y)\to(\infty,\infty)}\dfrac{x^3+x^2y+xy^2+y^3}{x^4+y^4}$ 是否存在，若存在，求出极限；若不存在，给出证明.

例 5　设函数 $f(x,y)=\dfrac{xy^\alpha}{x^2+y^4}\ (\alpha\in\mathbf{R}^+)$，证明：当 $0<\alpha\leqslant 2$ 时，函数的极限 $\lim\limits_{(x,y)\to(0,0^+)}f(x,y)$ 不存在.

分析　证明函数的极限不存在，只要找出动点趋近于已知点的两种不同方式，使得在这两种方式下，函数的极限不同即可.

证明　（i）当 $\alpha=2$ 时，若动点 (x,y) 沿任意直线 $y=kx$ 趋近于已知点 $(0,0^+)$ 时，函数的极限为

$$\lim_{\substack{x\to0\\y=kx\to0^+}}\frac{xy^2}{x^2+y^4}=\lim_{x\to0}\frac{x\cdot k^2x^2}{x^2+k^4x^4}=\lim_{x\to0}\frac{k^2x}{1+k^4x^2}=0;$$

若动点 (x,y) 沿任意抛物线 $x=ky^2\ (k\neq 0)$ 趋近于已知点 $(0,0^+)$ 时，函数的极限为

$$\lim_{\substack{x=ky^2\to 0\\ y\to 0^+}}\frac{xy^2}{x^2+y^4}=\lim_{y\to 0^+}\frac{ky^2\cdot y^2}{k^2y^4+y^4}=\frac{k}{1+k^2}\neq 0\ ;$$

可见，以上 (x,y) 趋近于已知点 $(0,0^+)$ 的两类方式下，函数的极限不相等，故此时函数的极限 $\lim\limits_{(x,y)\to(0,0^+)}f(x,y)$ 不存在.

当 $0<\alpha<2$ 时，不妨设当 $0<y<1$，于是 $\left|\dfrac{xy^\alpha}{x^2+y^4}\right|>\left|\dfrac{xy^2}{x^2+y^4}\right|$，而由以上证明易知 $\lim\limits_{(x,y)\to(0,0^+)}\left|\dfrac{xy^2}{x^2+y^4}\right|$ 不存在，从而函数的极限 $\lim\limits_{(x,y)\to(0,0^+)}f(x,y)$ 不存在.

因此，当 $0<\alpha\leqslant 2$ 时，函数的极限 $\lim\limits_{(x,y)\to(0,0^+)}f(x,y)$ 不存在.

思考　（i）在以上证明中，仅由 $\lim\limits_{\substack{x=ky^2\to 0\\ y\to 0^+}}\dfrac{xy^2}{x^2+y^4}=\lim\limits_{y\to 0^+}\dfrac{ky^2\cdot y^2}{k^2y^4+y^4}=\dfrac{k}{1+k^2}$，能否说明 $\alpha=2$ 时函数的极限 $\lim\limits_{(x,y)\to(0,0^+)}f(x,y)$ 不存在？（ii）证明：当 $\alpha>2$ 时，函数的极限 $\lim\limits_{(x,y)\to(0,0^+)}f(x,y)$ 存在，并求其极限；（iii）设函数 $f(x,y)=\dfrac{x^\alpha y^2}{x^2+y^4}\ (\alpha\in\mathbf{R}^+)$，讨论当 α 为何值时，函数的极限 $\lim\limits_{(x,y)\to(0^+,0)}f(x,y)$ 不存在；当 α 为何值时，函数的极限 $\lim\limits_{(x,y)\to(0^+,0)}f(x,y)$ 存在.

例 6　求函数的极限 $\lim\limits_{(x,y)\to(0,1)}(1+x+x^2y)^{\frac{1-xy+y^2}{x+xy}}$.

分析　这是 1^∞ 型的极限，可以利用 $\lim\limits_{x\to\infty}\left(1+\dfrac{1}{x}\right)^x=\mathrm{e}$ 求解.

解　原式 $=\lim\limits_{(x,y)\to(0,1)}[(1+x+x^2y)^{\frac{1}{x+x^2y}}]^{\frac{(1+xy)(1-xy+y^2)}{1+y}}$

$$=\left[\lim_{(x,y)\to(0,1)}(1+x+x^2y)^{\frac{1}{x+x^2y}}\right]^{\lim\limits_{(x,y)\to(0,1)}\frac{(1+xy)(1-xy+y^2)}{1+y}}=\mathrm{e}^{\frac{(1+0\cdot 1)(1-0\cdot 1+1^2)}{1+1}}=\mathrm{e}\,.$$

思考　（i）是否能用以上方法求极限 $\lim\limits_{(x,y)\to(0,-1)}(1+x+x^2y)^{\frac{1-xy+y^2}{x+xy}}$？若能，求出结果；若不能，应如何求解？结果为多少？（ii）求函数的极限 $\lim\limits_{(x,y)\to(0,1)}(1+x+2x^2y)^{\frac{1-xy+y^2}{x+xy}}$ 和 $\lim\limits_{(x,y)\to(0,1)}(1+x+kx^2y)^{\frac{1-xy+y^2}{x+xy}}\ (k\in\mathbf{N})$.

例 7　求函数的极限 $\lim\limits_{(x,y)\to(\infty,\infty)}\dfrac{x+y}{x^2-xy+y^2}$.

分析　当函数的极限存在时，取函数绝对值，并其将分子适当地放大、分母适当地缩小，从而把一个较难求极限的函数转化成一个较易求极限的函数，再用夹逼准则得出结果.

解　由

$$x^2-xy+y^2=\frac{1}{2}(x^2+y^2)+\frac{1}{2}(x^2-2xy+y^2)=\frac{1}{2}(x^2+y^2)+\frac{1}{2}(x-y)^2$$

$$\Rightarrow x^2-xy+y^2\geqslant\frac{1}{2}(x^2+y^2),$$

$$0\leqslant(x-y)^2\Rightarrow 2xy\leqslant x^2+y^2\Rightarrow(x+y)^2\leqslant 2(x^2+y^2)\Rightarrow|x+y|\leqslant\sqrt{2(x^2+y^2)},$$

所以
$$\left|\frac{x+y}{x^2-xy+y^2}\right|\leqslant\frac{\sqrt{2(x^2+y^2)}}{\frac{1}{2}(x^2+y^2)}=\frac{2\sqrt{2}}{\sqrt{x^2+y^2}},$$

而 $\lim\limits_{(x,y)\to(\infty,\infty)}\dfrac{2\sqrt{2}}{\sqrt{x^2+y^2}}=0$，故由夹逼准则知 $\lim\limits_{(x,y)\to(\infty,\infty)}\dfrac{x+y}{x^2-xy+y^2}=0$.

思考　(i) 求函数 $\lim\limits_{(x,y)\to(\infty,\infty)}\dfrac{x+2y}{x^2-2xy+4y^2}$ 的极限；(ii) 是否能用以上方法求以下三个函数的极限：$\lim\limits_{(x,y)\to(\infty,\infty)}\dfrac{x+y}{x^2+xy+y^2}$，$\lim\limits_{(x,y)\to(\infty,\infty)}\dfrac{x-y}{x^2-xy+y^2}$，$\lim\limits_{(x,y)\to(\infty,\infty)}\dfrac{x-y}{x^2+xy+y^2}$？若能，写出求解过程；若否，说明理由. (ii) 若函数的极限存在但不等于零，以上方法是否仍然奏效？若否，应对该方法作什么调整？并举例说明.

例 8　求函数的极限 $\lim\limits_{(x,y)\to(2^+,3)}\dfrac{(x-2)^{(x-2)(y-2)}}{4x-3y}$.

分析　显然，分母的极限存在且不为零，因此可以先求出来；对于分子的极限，通过取对数可以转化成两个一元函数极限的积，从而用一元函数极限的方法求出.

解　令 $z=(x-2)^{(x-2)(y-2)}$，则

$$\ln z=(x-2)(y-2)\ln(x-2).$$

于是

$$\lim_{(x,y)\to(2^+,3)}\ln z=\lim_{(x,y)\to(2^+,3)}(x-2)(y-2)\ln(x-2)=\lim_{y\to3}(y-2)\lim_{x\to2^+}(x-2)\ln(x-2)$$

$$=1\cdot\lim_{x\to2^+}\frac{\ln(x-2)}{\frac{1}{x-2}}=\lim_{x\to2^+}\frac{\frac{1}{x-2}}{-\frac{1}{(x-2)^2}}=-\lim_{x\to2^+}(x-2)=0,$$

从而
$$\lim_{(x,y)\to(2^+,3)}z=\lim_{(x,y)\to(2^+,3)}(x-2)^{(x-2)(y-2)}=\mathrm{e}^0=1,$$

故
$$\text{原式}=\lim_{(x,y)\to(2^+,3)}\frac{1}{4x-3y}\lim_{(x,y)\to(2^+,3)}(x-2)^{(x-2)(y-2)}=\frac{1}{4\cdot2-3\cdot3}\cdot1=-1.$$

思考　(i) 若欲使 $\lim\limits_{(x,y)\to(2^+,3)}\dfrac{(x-2)^{(x-2)(y-2)}}{4x-by}=2$，则 b 应等于多少？(ii) 若欲使 $\lim\limits_{(x,y)\to(2^+,3)}\dfrac{(x-2)^{(x-2)(y-2)}}{ax-by}=b$，求 a,b 之间的关系；(iii) 是否可以用以上方法求函数的极限

$\lim\limits_{(x,y)\to(2^+,3)}\dfrac{[(x-2)(y-2)]^{x-2}}{4x-3y}$?

例 9　求函数的极限 $\lim\limits_{(x,y)\to(0,0)}\dfrac{(x^3+y^3)(1-\cos\sqrt{x^2+y^2})}{(x^2+3y^2)^2}$.

分析　利用坐标变换，特别是直角坐标与极坐标之间的关系，有时可以将多元函数的极限转化成有界函数与一个极限为零的一元函数极限的积，从而根据无穷小的性质得出结果.

解　令 $x=r\cos\theta, y=r\sin\theta$，则当 $(x,y)\to(0,0)$ 时，$r=\sqrt{x^2+y^2}\to 0$. 于是

$$\text{原式}=\lim_{r\to 0}\frac{r^3(\cos^3\theta+\sin^3\theta)(1-\cos r)}{r^4(1+2\sin^2\theta)^2}=\lim_{r\to 0}\left[\frac{1-\cos r}{r}\cdot\frac{\cos^3\theta+\sin^3\theta}{(1+2\sin^2\theta)^2}\right]$$

$$=2\lim_{r\to 0}\left[\frac{\sin^2\dfrac{r}{2}}{r}\cdot\frac{\cos^3\theta+\sin^3\theta}{(1+2\sin^2\theta)^2}\right],$$

由于

$$\lim_{r\to 0}\frac{\sin^2\dfrac{r}{2}}{r}=\lim_{r\to 0}\frac{\left(\dfrac{r}{2}\right)^2}{r}=0,\quad \left|\frac{\cos^3\theta+\sin^3\theta}{(1+2\sin^2\theta)^2}\right|\leqslant|\cos^3\theta+\sin^3\theta|<2,$$

故根据无穷小的性质得

$$\lim_{(x,y)\to(0,0)}\frac{(x^3+y^3)(1-\cos\sqrt{x^2+y^2})}{(x^2+3y^2)^2}=2\lim_{r\to 0}\left[\frac{\sin^2\dfrac{r}{2}}{r}\cdot\frac{\cos^3\theta+\sin^3\theta}{(1+2\sin^2\theta)^2}\right]=0.$$

思考　（i）求函数的极限 $\lim\limits_{(x,y)\to(0,0)}\dfrac{(x^3-y^3)(1+\cos\sqrt{x^2+y^2})}{(3x^2-y^2)^2}$；（ii）能否用以上方法求函数的极限 $\lim\limits_{(x,y)\to(\infty,\infty)}\dfrac{(x^3+y^3)(1-\cos\sqrt{x^2+y^2})}{(x^2+3y^2)^2}$，$\lim\limits_{(x,y)\to(0,\infty)}\dfrac{(x^3+y^3)(1-\cos\sqrt{x^2+y^2})}{(x^2+3y^2)^2}$ 和 $\lim\limits_{(x,y)\to(\infty,0)}\dfrac{(x^3+y^3)(1-\cos\sqrt{x^2+y^2})}{(x^2+3y^2)^2}$？（iii）对（i）中的极限，讨论（ii）中类似的问题.

例 10　证明：函数 $f(x,y)=\begin{cases}\dfrac{\sin xy}{x}, & x\neq 0\\ y, & x=0\end{cases}$ 在坐标原点 $O(0,0)$ 处连续.

分析　这是分段函数在分段点处的连续性问题，只能根据函数连续的几种定义，例如函数连续的“$\varepsilon-\delta$”定义来证明.

证明　由 $f(0,0)=0$ 及 $\sin x\leqslant x$，得

$$|f(x,y)-f(0,0)|=|f(x,y)|=\begin{cases}\left|\dfrac{\sin xy}{x}\right|, & x\neq 0\\ |y|, & x=0\end{cases}=\begin{cases}\left|y\dfrac{\sin xy}{xy}\right|\leqslant|y|, & x\neq 0\\ |y|, & x=0\end{cases},$$

于是，对任意的 x,y，均有

$$|f(x,y)-f(0,0)|\leqslant|y|\leqslant\sqrt{x^2+y^2}.$$

故对 $\forall\varepsilon>0$，要使 $|f(x,y)-f(0,0)|<\varepsilon$，只要

$$\sqrt{x^2+y^2}<\varepsilon.$$

取 $\delta=\varepsilon$，则当 $|P_0P|=\sqrt{(x-0)^2+(y-0)^2}=\sqrt{x^2+y^2}<\delta$ 时，恒有

$$|f(x,y)-f(0,0)|<\varepsilon,$$

从而 $f(x,y)$ 在坐标原点 $O(0,0)$ 处连续.

思考　（i）用以上方法证明函数 $f(x,y)=\begin{cases}\dfrac{\sin xy}{x}, & x\neq 0\\ 2y, & x=0\end{cases}$ 在坐标原点 $O(0,0)$ 处连续；（ii）用函数连续的极限定义（即函数的极限值等于函数值），讨论以上两个函数在 y 轴上其他点 $(0,b)(b\neq 0)$ 处的连续性.

例 11　求函数 $f(x,y)=\begin{cases}\dfrac{\ln(1+xy)}{x}, & x\neq 0\\ y, & x=0\end{cases}$ 的定义域，并证明该函数在其定义域上连续.

分析　分段函数的定义域等于各段上的定义域的并集. 显然，函数在各段定义域内的连续性可以由初等函数的连续性得出，但在分段点处的连续性应根据连续的定义，例如函数连续的极限定义来证明.

证明　当 $x\neq 0$ 时，由 $1+xy>0$ 解得 $xy>-1$. 因此函数的定义域

$$D=\{(x,y)\mid xy>-1\ (x\neq 0)\vee x=0\}=\{(x,y)\mid xy>-1\},$$

即抛物线 $xy=-1$ 两支所夹的区域.

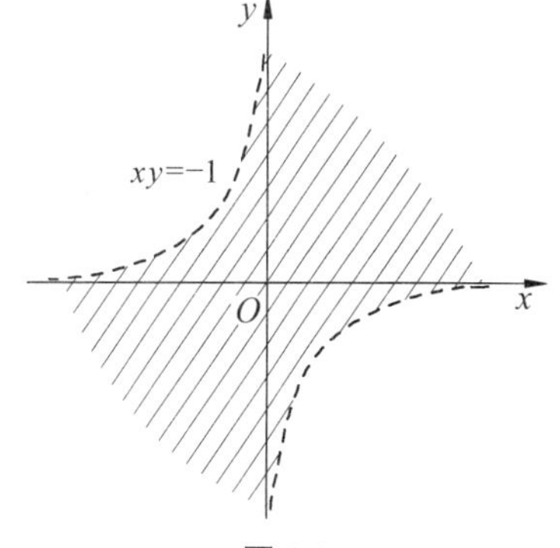

图 8.3

其分段点为 $\{(x,y)\mid x=0\}$，即整个 y 轴（见图 8-3）.

当 $x\neq 0$ 时，函数 $f(x,y)=\dfrac{\ln(1+xy)}{x}$ 为初等函数，连续.

当 $x=0$ 时，函数 $f(x,y)$ 在 y 轴上的任一已知点 $(0,b)$ 处，显然有 $f(0,b)=b$. 而当 $(x,y)\to(0,b)$，亦即 $0<\sqrt{(x-0)^2+(y-b)^2}=\sqrt{x^2+(y-b)^2}\to 0$ 时，

$$\lim_{(x,y)\to(0,b)}f(x,y)=\begin{cases}\displaystyle\lim_{(x,y)\to(0,b)}\frac{\ln(1+xy)}{x}, & x\neq 0\\ \displaystyle\lim_{(x,y)\to(0,b)}y, & x=0\end{cases}=\begin{cases}\displaystyle\lim_{(x,y)\to(0,b)}\frac{\ln(1+xy)}{xy}\cdot y, & x\neq 0\\ \displaystyle\lim_{(x,y)\to(0,b)}y, & x=0\end{cases}=b,$$

所以 $\lim\limits_{(x,y)\to(0,b)}f(x,y)=f(0,b)$，即函数在点 $(0,b)$ 处连续.

思考　（i）当 $(x,y)\to(0,b)$ 时，函数 $f(x,y)$ 是否可以交替地等于 $\dfrac{\ln(1+xy)}{x}$ 和 y？若是，

是否会对以上求极限的过程和结果产生影响？（ii）用以上方法讨论函数 $f(x,y)=\begin{cases}\dfrac{\ln(1+xy)}{x}, & x\neq 0\\ 2y, & x=0\end{cases}$ 在整个定义域上的连续性；（iii）用函数连续的“$\varepsilon-\delta$”定义，证明以上两个函数在坐标原点 $O(0,0)$ 处的连续性.

例 12　讨论函数 $f(x,y)=\begin{cases}(x+y)\sin\dfrac{1}{xy}, & xy\neq 0\\ 0, & xy=0\end{cases}$ 在定义域上的连续性.

分析　这是分段函数的连续性问题. 对分段点处的连续性，要根据定义判断，而对非分段点的连续性，利用初等函数的连续性判断即可.

证明　显然，函数 $f(x,y)$ 在整个 xOy 面上有定义，而其分段点为两坐标轴上所有点的集合.

当 $xy\neq 0$ 时，$f(x,y)=(x+y)\sin\dfrac{1}{xy}$ 是初等函数，因此 $f(x,y)$ 连续.

当 $(x,y)\to(0,0)$，亦即 $0<\sqrt{(x-0)^2+(y-0)^2}=\sqrt{x^2+y^2}\to 0$ 时，

$$f(x,y)=\begin{cases}(x+y)\sin\dfrac{1}{xy}, & xy\neq 0\\ 0, & x=0\vee y=0\end{cases}.$$

此时，若 $x=0$ 或 $y=0$，由定义 $f(0,0)=0$，显然有 $\lim\limits_{(x,y)\to(0,0)}f(x,y)=0$；若 $xy\neq 0$，因为 $x+y$ 为无穷小量，$\sin\dfrac{1}{xy}$ 是有界函数，从而 $f(x,y)=(x+y)\sin\dfrac{1}{xy}$ 是无穷小量，亦有 $\lim\limits_{(x,y)\to(0,0)}f(x,y)=0$. 又由定义 $f(0,0)=0$，故有

$$\lim_{(x,y)\to(0,0)}f(x,y)=f(0,0),$$

即 $f(x,y)$ 在坐标原点 $(0,0)$ 处连续.

当 $(x,y)\to(0,b)\ (b\neq 0)$，亦即当 $0<\sqrt{(x-0)^2+(y-b)^2}=\sqrt{x^2+(y-b)^2}\to 0$ 时，取 $(x,y)\to(0,b)\ (b\neq 0)$ 的两个序列 $x'=\dfrac{1}{bn\pi}, y=b\ (n\to\infty)$ 和 $x''=\dfrac{1}{b\left(2n\pi+\dfrac{\pi}{2}\right)}$，$y=b\ (n\to\infty)$，显然有

$$\lim_{(x',y)\to(0,b)}f(x,y)=\lim_{(x',y)\to(0,b)}(x+y)\sin\frac{1}{xy}=\lim_{n\to\infty}\left(\frac{1}{bn\pi}+b\right)\sin n\pi=0,$$

$$\begin{aligned}\lim_{(x'',y)\to(0,b)}f(x,y)&=\lim_{(x'',y)\to(0,b)}(x+y)\sin\frac{1}{xy}=\lim_{n\to\infty}\left[\frac{1}{b\left(2n\pi+\dfrac{\pi}{2}\right)}+b\right]\sin\left(2n\pi+\frac{\pi}{2}\right)\\&=\lim_{n\to\infty}\left[\frac{1}{b\left(2n\pi+\dfrac{\pi}{2}\right)}+b\right]=b\neq 0,\end{aligned}$$

所以 $\lim\limits_{(x',y)\to(0,b)} f(x,y) \neq \lim\limits_{(x'',y)\to(0,b)} f(x,y)$，从而 $\lim\limits_{(x,y)\to(0,b)} f(x,y)$ 不存在，故 $f(x,y)$ 在点 $(0,b)\,(b\neq 0)$ 处不连续.

类似地，可以得出 $f(x,y)$ 在点 $(a,0)\,(a\neq 0)$ 处不连续.

思考　讨论函数 $f(x,y)=\begin{cases} x\sin\dfrac{1}{y}, & y\neq 0 \\ 0, & y=0 \end{cases}$ 和 $f(x,y)=\begin{cases} x\sin\dfrac{1}{xy}, & xy\neq 0 \\ 0, & xy=0 \end{cases}$ 在定义域上的连续性.

例 13　求函数 $f(x,y)=\arcsin\dfrac{x+y}{x^2+y^2}$ 的定义域 D，并问坐标原点 $O(0,0)$ 是否为 D 的聚点？能否补充定义使 $f(x,y)$ 在点 $O(0,0)$ 处连续？

分析　函数定义域应根据反正弦函数的定义来求，又显然函数 $f(x,y)$ 在点 $O(0,0)$ 处无定义，因此应分别根据聚点和连续的定义来判断 $O(0,0)$ 是否为 D 的聚点，以及能否补充定义使 $f(x,y)$ 在点 $O(0,0)$ 处连续.

解　根据反正弦函数的定义，得

$$\left|\frac{x+y}{x^2+y^2}\right|\leqslant 1 \Rightarrow |x+y|\leqslant x^2+y^2 \Rightarrow -x^2-y^2\leqslant x+y\leqslant x^2+y^2,$$

于是有

$$\begin{cases} -x^2-y^2\leqslant x+y \\ x+y\leqslant x^2+y^2 \end{cases} \Rightarrow \begin{cases} x^2+y^2+x+y\geqslant 0 \\ x^2+y^2-x-y\geqslant 0 \end{cases} \Rightarrow \begin{cases} \left(x+\dfrac{1}{2}\right)^2+\left(y+\dfrac{1}{2}\right)^2\geqslant\dfrac{1}{2} \\ \left(x-\dfrac{1}{2}\right)^2+\left(y-\dfrac{1}{2}\right)^2\geqslant\dfrac{1}{2} \end{cases},$$

故 $f(x,y)$ 的定义域是两相切圆

$$\odot O_1:\left(x+\frac{1}{2}\right)^2+\left(y+\frac{1}{2}\right)^2\geqslant\frac{1}{2}$$

和

$$\odot O_2:\left(x-\frac{1}{2}\right)^2+\left(y-\frac{1}{2}\right)^2\geqslant\frac{1}{2}$$

的外部，即 $D=\{(x,y)\,|\,(x,y)\notin D_1\cup D_2\}$，其中 D_1,D_2 分别是 $\odot O_1,\odot O_2$ 所围成的闭区域. 如图 8-4 所示.

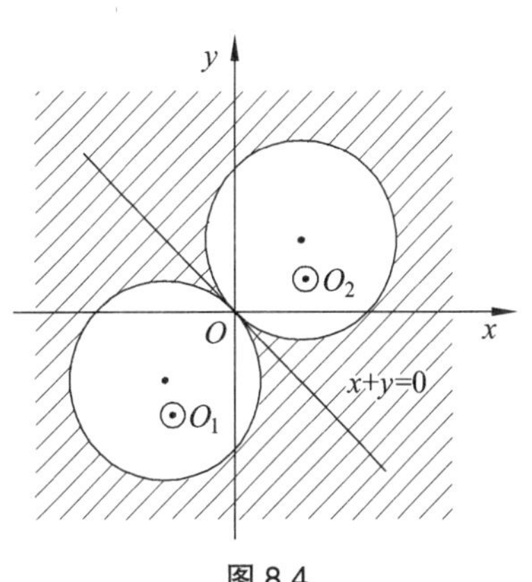

图 8.4

显然，对坐标原点 $O(0,0)$ 的任一去心邻域 $\mathring{U}(O,\delta)=\{(x,y)\,|\,0<\sqrt{x^2+y^2}<\delta\}$，均有 $\mathring{U}(O,\delta)\cap D\neq\varnothing$，因此 $O(0,0)$ 是 D 的聚点.

下面证明 $\lim\limits_{(x,y)\to(0,0)} f(x,y)=0$.

当 $0<x<\dfrac{\sqrt{3}}{2}$ 时，利用导数可以证明 $\arcsin x\leqslant 2x$；而当 $P(x,y)\in D$ 时，根据 $f(x,y)$ 的定义有 $|x+y|\leqslant x^2+y^2$. 故此时有

$$|f(x,y)-0|=\left|\arcsin\frac{x+y}{\sqrt{x^2+y^2}}\right|=\arcsin\frac{|x+y|}{\sqrt{x^2+y^2}}\leqslant\arcsin\frac{x^2+y^2}{\sqrt{x^2+y^2}}$$
$$=\arcsin\sqrt{x^2+y^2}\leqslant 2\sqrt{x^2+y^2},$$

故对 $\forall\varepsilon>0$，要使 $|f(x,y)-0|<\varepsilon$，只要

$$2\sqrt{x^2+y^2}<\varepsilon,$$

即要

$$\sqrt{x^2+y^2}<\frac{\varepsilon}{2}.$$

取 $\delta=\frac{\varepsilon}{2}$，则当 $P(x,y)\in\mathring{U}(O,\delta)\cap D$ 时，恒有

$$|f(x,y)-0|<\varepsilon,$$

故 $\lim\limits_{(x,y)\to(0,0)}f(x,y)=0$.

于是补充定义 $f(0,0)=0$，则有 $\lim\limits_{(x,y)\to(0,0)}f(x,y)=f(0,0)$，即可以补充定义使 $f(x,y)$ 在点 $O(0,0)$ 处连续.

思考　若 $f(x,y)=\arcsin\frac{2x+y}{x^2+y^2}$ 或 $f(x,y)=\arcsin\frac{x+2y}{x^2+y^2}$ 或 $f(x,y)=\arcsin\frac{2a(x+y)}{x^2+y^2}$ $(a\neq 0)$，结果如何？若 $f(x,y)=\arccos\frac{x+y}{x^2+y^2}$，结果又如何？

五、练习题 8.1

1. 求下列函数的定义域.

（i）$z=\arcsin(2x)+\frac{\sqrt{4x-y^2}}{\ln(1-x^2-y^2)}$；　　（ii）$z=\arcsin(x-y^2)+\ln[\ln(10-x^2-4y^2)]$

2. 证明 $\lim\limits_{\substack{x\to0\\y\to0}}\frac{x^2-y^2+x^3-y^3}{x^2-y^2}$ 不存在；

3. 设 $f\left(\frac{x}{y},\sqrt{xy}\right)=\frac{x^3-2xy^2\sqrt{xy}+3xy^4}{y^3}$，试求 $f(x,y)$，$f\left(\frac{1}{x},\frac{2}{y}\right)$.

4. 求极限 $\lim\limits_{\substack{x\to0\\y\to0}}\frac{(x^3+y^3)(1-\cos\sqrt{x^2+y^2})}{(x^2+3y^2)^2}$.

5. 讨论函数 $z=\frac{1}{\sin x\sin y}$ 的连续性.

6. 求下列函数的定义域 D，并问坐标原点 $O(0,0)$ 是否为 D 的聚点？能否补充定义使 $f(x,y)$ 在点 $O(0,0)$ 处连续？

（i）$f(x,y)=\frac{\sin(x^3+y^3)}{x^2+y^2}$；　　（ii）$f(x,y)=\arctan\frac{x+y}{x^2+y^2}$.

7. 讨论下列函数极限的存在性.

（i）$\lim\limits_{\substack{x\to 0\\ y\to 0}}\dfrac{\sqrt{xy+1}-1}{x+y}$；　（ii）$\lim\limits_{\substack{x\to 0\\ y\to 0}}\dfrac{e^x-e^y}{\sin(x+y)}$.

8. 讨论函数 $f(x,y)=\begin{cases}\dfrac{x^p y^q}{x^2+y^2}, & x^2+y^2\neq 0\\ 0, & x^2+y^2=0\end{cases}$ 的连续性（ $p,q>0$ 为常数）.

9、求极限 $\lim\limits_{\substack{x\to\infty\\ y\to\infty}}\left(1+\dfrac{1}{x}\right)^{\frac{x^2}{x+y}}$.

10、求极限 $\lim\limits_{\substack{x\to+\infty\\ y\to+\infty}} xy^{\frac{1}{x^2+y^2}}$.

第二节　多元函数微分的概念与性质

一、教学目标

1. 理解偏导数的概念，了解偏导数的几何意义以及偏导数与导数的区别与联系.
2. 掌握偏导数的运算性质与运算法则，偏导数的计算方法.
3. 了解方向导数的基本概念，方向导数与偏导数之间的区别与联系；会求函数的方向导数.
4. 了解高阶偏导数的概念，会求函数的二阶偏导数和一些函数的 n 阶偏导数；知道两个高阶混合偏导数相等的充分条件.
5. 理解全微分的基本概念，函数可微的必要条件和函数可微的充分条件.
6. 知道全微分的叠加原理，掌握全微分的计算方法.
7. 了解多元函数连续、可导、可微之间的关系.

二、内容提要

多元函数微分法的基本概念与性质

偏导数

一点处的偏导数

定义：$z=f(x,y)$，$f_x(x_0,y_0)=\lim\limits_{\Delta x\to 0}\dfrac{f(x_0+\Delta x,y_0)-f(x_0,y_0)}{\Delta x}$，

$$f_y(x_0,y_0)=\lim_{\Delta y\to 0}\frac{f(x_0,y_0+\Delta y)-f(x_0,y_0)}{\Delta y}.$$

三元及三元以上的多元函数在一点处的偏导数类似.

几何意义：$f_x(x_0,y_0)(f_y(x_0,y_0))$ 是曲面 $z=f(x,y)$ 和平面 $y=y_0(x=x_0)$ 的交线 $z=f(x,y_0)(z=f(x_0,y))$ 在点 (x_0,y_0) 处的切线对 $x(y)$ 轴的斜率，但三元及其以上的多元函数的偏导数没有直观的几何意义.

偏导函数：$z=f(x,y)$ 在区域 D 内的偏导函数

$$f_x(x,y)=\lim_{\Delta x\to 0}\frac{f(x+\Delta x,y)-f(x,y)}{\Delta x},\quad f_y(x,y)=\lim_{\Delta y\to 0}\frac{f(x,y+\Delta y)-f(x,y)}{\Delta y}.$$

三元及其以上多元函数在区域 D 内的偏导函数类似.

多元函数微分法的基本概念与性质

- 偏导数
  - 高阶偏导数
    - 定义：$\frac{\partial^2 z}{\partial x^2}=\frac{\partial}{\partial x}\left(\frac{\partial z}{\partial x}\right)$，$\frac{\partial^2 z}{\partial x\partial y}=\frac{\partial}{\partial y}\left(\frac{\partial z}{\partial x}\right)$，$\frac{\partial^2 z}{\partial y\partial x}=\frac{\partial}{\partial x}\left(\frac{\partial z}{\partial y}\right)$，$\frac{\partial^2 z}{\partial y^2}=\frac{\partial}{\partial y}\left(\frac{\partial z}{\partial y}\right)$.
    - 求导与次序无关的条件：$\frac{\partial^2 z}{\partial x\partial y}$，$\frac{\partial^2 z}{\partial y\partial x}$在区域 D 内连续$\Rightarrow\frac{\partial^2 z}{\partial x\partial y}=\frac{\partial^2 z}{\partial y\partial x},(x,y)\in D$.
    - 以上定义和结论可以推广到三元及其以上的多元函数和三阶及其以上的高阶偏导数.
  - 和、差、积、商的偏导数：与一元函数和、差、积、商的求导法类似.
- 全微分
  - 定义：$z=f(x,y)$在(x,y)处可微$(\mathrm{d}z=A\cdot\Delta x+B\cdot\Delta y)\Leftrightarrow\Delta z=f(x+\Delta x,y+\Delta y)-$

    $f(x,y)=A\cdot\Delta x+B\cdot\Delta y+o(\rho)$，其中 A,B 与$\Delta x,\Delta y$无关，$\rho=\sqrt{(\Delta x)^2+(\Delta y)^2}$.
  - 几何意义：曲面$z=f(x,y)$在(x_0,y_0,z_0)处的切平面上的竖坐标的增量.
  - 必要条件：$z=f(x,y)$在(x,y)处可微$\Rightarrow\frac{\partial z}{\partial x},\frac{\partial z}{\partial y}$存在，且$\mathrm{d}z=\frac{\partial z}{\partial x}\Delta x+\frac{\partial z}{\partial y}\Delta y$.
  - 充分条件：$\frac{\partial z}{\partial x},\frac{\partial z}{\partial y}$在$(x,y)$处连续$\Rightarrow z=f(x,y)$在$(x,y)$处可微.
  - 全微分形式不变性：不论 u,v 是中间变量还是自变量，$z=f(u,v)$的全微分形式不变.
  - 以上定义和结论均可推广到三元及其以上的函数.
  - 和、差、积、商的全微分：与一元函数和、差、积、商的微分法则类似.
- 方向导数
  - 定义：$u=f(x,y,z)$在(x,y,z)处沿这点的射线 $\boldsymbol{l}$ 的方向导数

    $$\frac{\partial f}{\partial \boldsymbol{l}}=\lim_{\rho\to0}\frac{f(x+\Delta x,y+\Delta y,z+\Delta z)-f(x,y,z)}{\rho},$$

    其中$\rho=\sqrt{(\Delta x)^2+(\Delta y)^2+(\Delta z)^2}$，$(x+\Delta x,y+\Delta y,z+\Delta z)$在射线 $\boldsymbol{l}$ 上.
  - 计算：$u=f(x,y,z)$在(x,y,z)处可微$\Rightarrow\frac{\partial f}{\partial l}=\frac{\partial f}{\partial x}\cos\alpha+\frac{\partial f}{\partial y}\cos\beta+\frac{\partial f}{\partial z}\cos\gamma$，其中$\alpha,\beta,\gamma$是 $\boldsymbol{l}$ 的方向角.
  - 二元函数的方向导数的定义与计算方法类似.
  - 和、差、积、商的方向导数：与一元函数和、差、积、商的求导法类似.

三、疑点解析

1. 关于偏导数的概念　函数$z=f(x,y)$在(x_0,y_0)处的偏导数$f_x(x_0,y_0)$是当固定变量 y 为 y_0 时，函数$z=f(x,y)$对变量 x 的偏增量$\Delta z_x=f(x_0+\Delta x,y_0)-f(x_0,y_0)$与变量 x 的增量Δx之比的极限，而偏增量Δz_x也可以看成是一元函数$\varphi(x)=f(x,y_0)$在 x_0 处的增量，因此偏导数$f_x(x_0,y_0)$实际上是$z=f(x,y)$当$y=y_0$时，相应的一元函数$\varphi(x)=f(x,y_0)$在 x_0 处的导数，即

$$f_x(x_0,y_0)=\frac{\mathrm{d}}{\mathrm{d}x}[f(x,y_0)]\big|_{x=x_0}=\lim_{\Delta x\to0}\frac{f(x_0+\Delta x,y_0)-f(x_0,y_0)}{\Delta x};$$

类似地，偏导数$f_y(x_0,y_0)$实际上是$z=f(x,y)$当$x=x_0$时，相应的一元函数$\phi(y)=f(x_0,y)$

在 y_0 处的导数，即

$$f_y(x_0,y_0)=\frac{\mathrm{d}}{\mathrm{d}y}[f(x_0,y)]|_{y=y_0}=\lim_{\Delta y\to 0}\frac{f(x_0,y_0+\Delta y)-f(x_0,y_0)}{\Delta y}.$$

因此，求函数的偏导数时，可以先将其转化成一元函数，再求这个一元函数在相应点处的导数，所得的结果就是所求的偏导数. 这种方法，不仅从能更好地把握偏导数的本质，有时还可以大大地简化求偏导数的运算.

例如，要求函数 $z=y\sin(x+y^2)+(y-1)\mathrm{e}^{\arctan\frac{y}{x^2+y^2}}$ 在点 $(0,1)$ 处的偏导数 $z_x(0,1)$，先求出一元函数 $\varphi(x)=z(x,1)=\sin(x+1)$，则函数在点 $(0,1)$ 处的偏导数

$$z_x(0,1)=\varphi'(0)=\cos(x+1)|_{x=0}=\cos 1.$$

2. 关于偏导函数的概念　如果函数 $z=f(x,y)$ 在区域 D 内每一点 (x,y) 处对 x（或 y）的偏导数都存在，那么 $z=f(x,y)$ 在 D 内对 x（或 y）的偏导函数为

$$f_x(x,y)=\lim_{\Delta x\to 0}\frac{f(x+\Delta x,y)-f(x,y)}{\Delta x},\quad f_y(x,y)=\lim_{\Delta y\to 0}\frac{f(x,y+\Delta y)-f(x,y)}{\Delta y}.$$

显然，$f_x(x,y)$（$f_y(x,y)$）仍然是原自变量 x,y 的二元函数，而 $D\subset D_f$ 是 $f_x(x,y)$（$f_y(x,y)$）的定义域.

注意：在求以上极限，即求 $f_x(x,y)$（或 $f_y(x,y)$）的过程中，Δx（或 Δy）是极限变量，而 x,y 与 Δx（或 Δy）无关，是暂时不变的，应看作常量；但以上极限的结果，即偏导函数 $f_x(x,y)$（或 $f_y(x,y)$）中，x,y 是自变量. 因此，在利用定义求偏导函数时，应把握这种变与不变的辩证关系.

与一元函数的情形类似，偏导函数 $f_x(x,y)$（或 $f_y(x,y)$）与一点 (x_0,y_0) 的偏导数 $f_x(x_0,y_0)$（或 $f_y(x_0,y_0)$）之间的关系，也是函数与函数值之间的关系.

3. 关于偏导函数的运算性质　根据偏导函数的定义，求多元函数对某一变量的偏导数时，其余变量应视为固定不变的，因此求偏导数实际上就是求相应的一元函数的导数. 于是导数的运算性质都可以直接应用到偏导数中来，只不过要将一元函数导数的符号改成相应的多元函数偏导数的符号. 例如，若 $u=u(x,y),v=v(x,y)$ 的偏导数均存在，则

$$\frac{\partial}{\partial x}(u\pm v)=\frac{\partial u}{\partial x}\pm\frac{\partial v}{\partial x},\quad \frac{\partial}{\partial x}(uv)=v\frac{\partial u}{\partial x}+u\frac{\partial v}{\partial x},\quad \frac{\partial}{\partial x}\left(\frac{u}{v}\right)=\frac{1}{v^2}\left(v\frac{\partial u}{\partial x}-u\frac{\partial v}{\partial x}\right);$$

对一元函数 $u=f(v)$ 与多元函数 $v=v(x,y)$ 的复合函数，也有类似于一元复合函数链式求导法则，其中一元函数求导仍用一元函数求导的记号，而多元函数求导的地方要改成相应的偏导记号. 即若 $v=v(x,y)$ 在 (x,y) 处的偏导数存在，而 $u=f(v)$ 在相应的点 v 处可导，则 $u=f[v(x,y)]$ 在 (x,y) 处的偏导数存在，且

$$\frac{\partial u}{\partial x}=f'(v)\frac{\partial v}{\partial x},\quad \frac{\partial u}{\partial y}=f'(v)\frac{\partial v}{\partial y}.$$

4. 关于高阶偏导数　n 元函数 $z=f(x_1,x_2,\cdots,x_n)$ 的一阶偏导数仍然是原自变量的 n 元函数 $\frac{\partial z}{\partial x_i}=f_{x_i}(x_1,x_2,\cdots,x_n)\ (i=1,2,\cdots,n)$，因此还可以对原来的各个自变量求偏导数，这样就得到

它的二阶偏导数 $\dfrac{\partial^2 z}{\partial x_i \partial x_j}=\dfrac{\partial}{\partial x_j}\left(\dfrac{\partial z}{\partial x_i}\right)=f_{x_i x_j}(x_1,x_2,\cdots,x_n)\,(i,j=1,2,\cdots,n)$，可见 n 元函数的二阶偏导数共有 $n+\mathrm{A}_n^2=n+n(n-1)=n^2$ 个.

特别地，当 $i=j$ 时，$\dfrac{\partial^2 z}{\partial x_i \partial x_i}=\dfrac{\partial^2 z}{\partial x_i^{\,2}}$ 称为函数的纯导数；$i\neq j$ 时 $\dfrac{\partial^2 z}{\partial x_i \partial x_j}$ 称为函数的混合导数.

当两个求导先后顺序相反的混合偏导数 $\dfrac{\partial^2 z}{\partial x_i \partial x_j},\dfrac{\partial^2 z}{\partial x_j \partial x_i}$ 都连续时，这两个偏导数是相等的，这就是混合偏导数与求导顺序的无关性.

注意：混合偏导数连续是混合偏导数相等的充分条件，而不是必要的.

类似地，对多元函数 $z=f(x_1,x_2,\cdots,x_n)$ 的二阶导数再求偏导数就得到它的 n^3 个三阶导数 $\dfrac{\partial^3 z}{\partial x_i \partial x_j \partial x_k}=f_{x_i x_j x_k}(x_1,x_2,\cdots,x_n)\,(i,j,k=1,2,\cdots,n)$，且三阶混合偏导数也具有求导顺序的无关性，等等.

5. **关于全微分的概念与性质**　微分研究的是函数增量与其自变量增量之间的线性关系. 由于具有多个自变量，多元函数的微分有偏微分与全微分之分：偏微分是函数的偏增量与自变量增量之间的线性关系，它与函数的可导性有关；全微分是函数的全增量与所有自变量之间的线性关系，它与函数的可微性有关.

例如，若二元函数 $z=f(x,y)$ 在点 (x,y) 处对变量 x,y 的偏增量可分别表示成：

$$\Delta z_x=f(x+\Delta x,y)-f(x,y)=A\Delta x+o(\Delta x)\,,$$
$$\Delta z_y=f(x,y+\Delta y)-f(x,y)=B\Delta y+o(\Delta y)\,,$$

其中 $A=A(x,y),\ B=B(x,y)$ 与 $\Delta x,\Delta y$ 无关，则称 $\mathrm{d}z_x=A\Delta x,\ \mathrm{d}z_y=B\Delta y$ 分别是 $z=f(x,y)$ 在点 (x,y) 处对 x,y 的偏微分，并分别称 $z=f(x,y)$ 在点 (x,y) 处对 x,y 的可偏微分（可偏导）；若二元函数 $z=f(x,y)$ 在点 (x,y) 处的全增量可表示成：

$$\Delta z=f(x+\Delta x,y+\Delta y)-f(x,y)=A\Delta x+B\Delta y+o(\rho)\,,$$

其中 $\rho=\sqrt{(\Delta x)^2+(\Delta y)^2}$，则称 $\mathrm{d}z=A\Delta x+B\Delta y$ 为 $z=f(x,y)$ 在 (x,y) 处全微分，并称 $z=f(x,y)$ 在 (x,y) 处可微.

显然，若函数在一点处可微，则在这点处一定是可偏微分的. 因此，在可微的前提下，多元函数的全微分等于偏微分的线性组合，多元函数的全微分是一元函数微分的推广. 因而多元函数的全微分具有与一元函数类似的一些性质：如可微必定连续，连续未必可微；可微必定在任何方向可导（一元函数相等于左、右可导），在任何方向可导未必可微；微分（全微分）形式的不变性；微分（全微分）的四则运算法则等.

6. **方向导数的定义与计算**　方向导数讨论的是函数在一点处沿某一方向的变化率问题，在二元函数 $z=f(x,y)$ 在点 $P(x,y)$ 沿 $\boldsymbol{l}$ 的方向导数的定义

$$\frac{\partial f}{\partial \boldsymbol{l}}=\lim_{\rho\to 0}\frac{f(x+\Delta x,y+\Delta y)-f(x,y)}{\rho}$$

中，应该注意点 $P'(x+\Delta x,y+\Delta y)$ 在 l 上且当 $\rho\to 0$ 时，$P'(x+\Delta x,y+\Delta y)$ 只能沿着 l 趋 P，因此

这里的$\Delta x,\Delta y$始终是受l的制约的，这一点和二元函数极限和全微分中的情形是绝然不同的.

当$z=f(x,y)$在(x,y)处可微时，则它在该点沿任一方向$\boldsymbol{l}$的方向导数

$$\frac{\partial f}{\partial \boldsymbol{l}}=\frac{\partial f}{\partial x}\cos\alpha+\frac{\partial f}{\partial y}\cos\beta ,$$

其中α,β是$\boldsymbol{l}$的方向角.

同样，若$u=f(x,y,z)$在(x,y,z)处可微，则它在该点沿任一方向$\boldsymbol{l}$的方向导数

$$\frac{\partial f}{\partial \boldsymbol{l}}=\frac{\partial f}{\partial x}\cos\alpha+\frac{\partial f}{\partial y}\cos\beta+\frac{\partial f}{\partial z}\cos\gamma ,$$

其中α,β,γ是$\boldsymbol{l}$的方向角.

因此，计算可微函数的方向导数，只要分别求出函数的偏导数和$\boldsymbol{l}$的方向余弦，代入以上公式就可以求出结果.

必须注意，若函数在某点不可微，函数在这点的方向导数也可能存在，但不能用上述公式计算，因为此时公式可能不成立. 因此，只能用定义来讨论或计算不可微函数的方向导数，即使函数在该点的偏导数均存在也是如此.

例如，函数$f(x,y)=\sqrt{|xy|}$在点$(0,0)$处不可微，但偏导数存在，且$f_x(0,0)=0,\ f_y(0,0)=0$. 设$\boldsymbol{l}$为射线$y=x(x\geqslant 0)$，按定义可以求得

$$\left.\frac{\partial f}{\partial \boldsymbol{l}}\right|_{(0,0)}=\lim_{\rho\to 0}\frac{f(\Delta x,\Delta y)-f(0,0)}{\rho}=\lim_{\rho\to 0}\frac{\sqrt{|\Delta x\Delta y|}}{\sqrt{(\Delta x)^2+(\Delta y)^2}}=\lim_{\Delta x\to 0}\frac{\sqrt{|(\Delta x)^2|}}{\sqrt{(\Delta x)^2+(\Delta x)^2}}=\frac{1}{\sqrt{2}} ,$$

但按公式，得

$$\left.\frac{\partial f}{\partial \boldsymbol{l}}\right|_{(0,0)}=f_x(0,0)\cos\alpha+f_y(0,0)\cos\beta=0\cdot\frac{\sqrt{2}}{2}+0\cdot\frac{\sqrt{2}}{2}=0 .$$

故此时求方向导数的公式不成立.

7. 关于多元函数可微的必要条件　多元函数在一点处连续、偏导数存在和沿任何方向的方向导数存在都是多元函数可微的必要条件. 下面以二元函数$z=f(x,y)$为例来说明.

若函数在点(x,y)处可微，则根据微分定义，可得

$$\Delta z=f(x+\Delta x,y+\Delta y)-f(x,y)=A\Delta x+B\Delta y+o(\rho) ,$$

于是

$$f(x+\Delta x,y+\Delta y)=f(x,y)+A\Delta x+B\Delta y+o(\rho) ,$$

$$\Delta z_x=f(x+\Delta x,y)-f(x,y)=A\Delta x+o(|\Delta x|) ,$$

$$\Delta z_y=f(x,y+\Delta x)-f(x,y)=B\Delta y+o(|\Delta y|) ,$$

故

$$\lim_{(\Delta x,\Delta y)\to(0,0)}f(x+\Delta x,y+\Delta y)=\lim_{(\Delta x,\Delta y)\to(0,0)}[f(x,y)+A\Delta x+B\Delta y+o(\rho)]=f(x,y) ,$$

$$\frac{\partial z}{\partial x}=\lim_{\Delta x\to 0}\frac{f(x+\Delta x,y)-f(x,y)}{\Delta x}=\lim_{\Delta x\to 0}\frac{A\Delta x+o(|\Delta x|)}{\Delta x}=A ,$$

$$\frac{\partial z}{\partial y}=\lim_{\Delta y\to 0}\frac{f(x,y+\Delta y)-f(x,y)}{\Delta y}=\lim_{\Delta y\to 0}\frac{B\Delta y+o(|\Delta y|)}{\Delta y}=B ,$$

$$\frac{\partial z}{\partial \boldsymbol{l}}=\lim_{\rho\to 0}\frac{f(x+\Delta x,y+\Delta y)-f(x,y)}{\rho}=\lim_{\Delta x\to 0}\frac{A\Delta x+B\Delta y+o(\rho)}{\rho}=A\cos\alpha+B\cos\beta ,$$

其中α,β为射线l的方向角. 故$z=f(x,y)$在点(x,y)处连续、偏导数存在和沿任何方向的方向导数存在.

反之，若$z=f(x,y)$在点(x,y)处不连续，则由一元函数连续与可导的关系易知它的两个偏导数未必存在，因此$z=f(x,y)$在点(x,y)处未必可偏微分（即偏导数未必存在）；若$z=f(x,y)$在点(x,y)处的两个偏导数存在，即它在两坐标轴的正、负四个方向的可导，显然不能保证它在这点任意方向的方向导数存在；而若$z=f(x,y)$在点(x,y)处任何方向的方向导数存在，也不能说明它在点(x,y)处的两个偏导数存在，更不用说它在点(x,y)处可微了.

8. **关于多元函数可微的充分必要条件** 我们知道，函数在一点的偏导数均连续是在这点可微的一个充分条件. 若函数在一点的偏导数不都连续或很难判断它们连续，如何判断函数在这点的可微性呢?

显然，若多元函数在一点的偏导至少有一个不存在，则由可微的必要条件可知函数在这点是不可微的；但当函数在一点的偏导都存在，问题就没有这么简单了. 此时，通常用以下结论来判断：

如果n元函数$z=f(x_1,x_2,\cdots,x_n)$在点$(x_1,x_2,\cdots,x_n)$处的n个偏导数都存在，那么$z=f(x_1,x_2,\cdots,x_n)$可微的充要条件是

$$\lim_{\rho\to 0}\frac{\Delta z-\mathrm{d}z}{\rho}=0,$$

其中$\rho=\sqrt{(\Delta x_1)^2+(\Delta x_2)^2+\cdots+(\Delta x_n)^2}$，$\mathrm{d}z=\frac{\partial z}{\partial x_1}\mathrm{d}x_1+\frac{\partial z}{\partial x_2}\mathrm{d}x_2+\cdots+\frac{\partial z}{\partial x_n}\mathrm{d}x_n$.

事实上，因为$z=f(x_1,x_2,\cdots,x_n)$在点$(x_1,x_2,\cdots,x_n)$处的n个偏导数都存在，所以$\mathrm{d}z=\frac{\partial z}{\partial x_1}\mathrm{d}x_1+\frac{\partial z}{\partial x_2}\mathrm{d}x_2+\cdots+\frac{\partial z}{\partial x_n}\mathrm{d}x_n$总是有意义的. 一方面，若函数在点$(x_1,x_2,\cdots,x_n)$处可微，则根据微分定义，可得

$$\Delta z=f(x_1+\Delta x_1,x_2+\Delta x_2,\cdots,x_n+\Delta x_n)-f(x_1,x_2,\cdots,x_n)=\mathrm{d}z+o(\rho),$$

于是$\Delta z-\mathrm{d}z=o(\rho)$，所以$\lim\limits_{\rho\to 0}\frac{\Delta z-\mathrm{d}z}{\rho}=\lim\limits_{\rho\to 0}\frac{o(\rho)}{\rho}=0$.

另一方面，若$\lim\limits_{\rho\to 0}\frac{\Delta z-\mathrm{d}z}{\rho}=0$，根据极限与无穷小之间的关系，得$\Delta z-\mathrm{d}z=o(\rho)$，于是$\Delta z=\mathrm{d}z+o(\rho)$，即$z=f(x_1,x_2,\cdots,x_n)$在点$(x_1,x_2,\cdots,x_n)$处可微，且其微分为

$$\mathrm{d}z=\frac{\partial z}{\partial x_1}\mathrm{d}x_1+\frac{\partial z}{\partial x_2}\mathrm{d}x_2+\cdots+\frac{\partial z}{\partial x_n}\mathrm{d}x_n.$$

9. **关于函数连续、偏导数存在、方向导数存在、可微和偏导数连续之间的关系** 我们知道，对一元函数，连续未必可导，可导一定连续；而对多元函数，连续未必可偏导，可偏导未必连续. 这两个结论看似不一样，实则是一致的.

事实上，就二元函数$z=f(x,y)$而言，若它在点(x_0,y_0)处的偏导数$f_x(x_0,y_0)$存在，根据一元函数可导与连续之间的关系知，$z=f(x,y)$在点(x_0,y_0)处沿直线$y=y_0$的两个方向是连续的. 类似地，$f_y(x_0,y_0)$存在，$z=f(x,y)$在点(x_0,y_0)处沿直线$x=x_0$的两个方向是连续的. 显

然，以上四个方向连续，不能函数保证函数 $z=f(x,y)$ 在点 (x_0,y_0) 处其他方向连续，从而不能保证 $\lim\limits_{(x,y)\to(x_0,y_0)} f(x,y)$ 存在并等于这点的函数值 $f(x_0,y_0)$.

更进一步地，可以说明函数 $z=f(x,y)$ 在点 (x_0,y_0) 处沿任意方向 $\boldsymbol{l}=(\cos\alpha,\cos\beta)$ 的方向导数 $\left.\dfrac{\partial z}{\partial \boldsymbol{l}}\right|_{(x_0,y_0)}$ 导数存在，只说明函数 $z=f(x,y)$ 在点 (x_0,y_0) 处沿任意射线方向 $\boldsymbol{l}=(\cos\alpha,\cos\beta)$ 是连续的，但沿任意射线方向连续，也不能保证 $\lim\limits_{(x,y)\to(x_0,y_0)} f(x,y)$ 存在，因为在此极限中，$(x,y)\to(x_0,y_0)$ 的方式可以是直线式的，也可以是曲线式的. 因此可以得出：多元函数连续，其方向导数未必存在；方向导数都存在，函数未必连续.

综上所述，可以得到关于函数连续、偏导数存在、方向导数存在、可微和偏导数连续之间的关系：

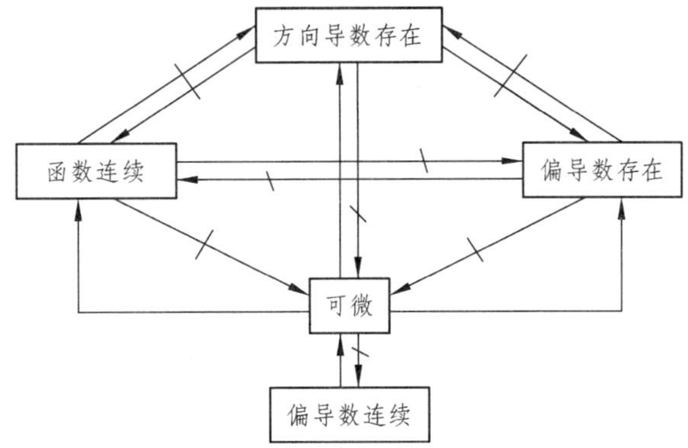

四、例题分析

例 1　设 $z=\mathrm{e}^{x+y}(x\cos y+y\sin x)$，求 $\dfrac{\partial z}{\partial x},\dfrac{\partial z}{\partial y}$.

分析　把 x 或 y 看成常数，则 z 是单变量 y 或 x 的函数，利用一元函数与积的运算法则求解.

解法 1　因为 $z=x\mathrm{e}^x\mathrm{e}^y\cos y+\mathrm{e}^x\sin x\cdot y\mathrm{e}^y$，于是

$$\begin{aligned}\frac{\partial z}{\partial x}&=\frac{\partial}{\partial x}(x\mathrm{e}^x\mathrm{e}^y\cos y)+\frac{\partial}{\partial x}(\mathrm{e}^x\sin x\cdot y\mathrm{e}^y)=\mathrm{e}^y\cos y\frac{\mathrm{d}}{\mathrm{d}x}(x\mathrm{e}^x)+y\mathrm{e}^y\frac{\mathrm{d}}{\mathrm{d}x}(\mathrm{e}^x\sin x)\\&=\mathrm{e}^y\cos y\cdot(x+1)\mathrm{e}^x+y\mathrm{e}^y\mathrm{e}^x(\sin x+\cos x)=(x+1)\mathrm{e}^{x+y}\cos y+\mathrm{e}^{x+y}y(\sin x+\cos x)\\&=\mathrm{e}^{x+y}[(x+1)\cos y+y(\sin x+\cos x)],\end{aligned}$$

$$\begin{aligned}\frac{\partial z}{\partial y}&=\frac{\partial}{\partial y}(x\mathrm{e}^x\mathrm{e}^y\cos y)+\frac{\partial}{\partial y}(\mathrm{e}^x\sin x\cdot y\mathrm{e}^y)=x\mathrm{e}^x\frac{\mathrm{d}}{\mathrm{d}y}(\mathrm{e}^y\cos y)+\mathrm{e}^x\sin x\frac{\mathrm{d}}{\mathrm{d}y}(y\mathrm{e}^y)\\&=x\mathrm{e}^x\mathrm{e}^y(\cos y-\sin y)+\mathrm{e}^x\sin x\cdot(y+1)\mathrm{e}^y=\mathrm{e}^{x+y}x(\cos y-\sin y)+(y+1)\mathrm{e}^{x+y}\sin x\\&=\mathrm{e}^{x+y}[x(\cos y-\sin y)+(y+1)\sin x].\end{aligned}$$

思考 1　若 $z=\mathrm{e}^{x-y}(x\cos y+y\sin x)$ 或 $z=\mathrm{e}^{-2x+y}(x\cos y+y\sin x)$，结果如何？若 $z=\mathrm{e}^{ax+by}(x\cos y+y\sin x)$ 呢？

解法 2　先直接利用积的求导法则，得

$$\begin{aligned}\frac{\partial z}{\partial x}&=(x\cos y+y\sin x)\frac{\partial}{\partial x}(\mathrm{e}^{x+y})+\mathrm{e}^{x+y}\frac{\partial}{\partial x}(x\cos y+y\sin x)\\&=(x\cos y+y\sin x)\mathrm{e}^{x+y}\frac{\partial}{\partial x}(x+y)+\mathrm{e}^{x+y}\left[\cos y\frac{\mathrm{d}}{\mathrm{d}x}(x)+y\frac{\mathrm{d}}{\mathrm{d}x}(\sin x)\right]\\&=(x\cos y+y\sin x)\mathrm{e}^{x+y}+\mathrm{e}^{x+y}(\cos y+y\cos x)\\&=\mathrm{e}^{x+y}[(x+1)\cos y+y(\sin x+\cos x)],\end{aligned}$$

$$\begin{aligned}\frac{\partial z}{\partial y}&=(x\cos y+y\sin x)\frac{\partial}{\partial y}(\mathrm{e}^{x+y})+\mathrm{e}^{x+y}\frac{\partial}{\partial y}(x\cos y+y\sin x)\\&=(x\cos y+y\sin x)\mathrm{e}^{x+y}\frac{\partial}{\partial y}(x+y)+\mathrm{e}^{x+y}\left[x\frac{\mathrm{d}}{\mathrm{d}y}(\cos y)+\sin x\frac{\mathrm{d}}{\mathrm{d}y}(y)\right]\\&=(x\cos y+y\sin x)\mathrm{e}^{x+y}+\mathrm{e}^{x+y}(-x\sin y+\sin x)\\&=\mathrm{e}^{x+y}[x(\cos y-\sin y)+(y+1)\sin x].\end{aligned}$$

思考 2　若 $z=\mathrm{e}^{x+y}(x^2\cos y+y\sin x)$ 或 $z=\mathrm{e}^{x+y}(x\cos y-y^2\sin x)$，结果又如何？若 $z=\mathrm{e}^{x+y}(x\cos 3y+y\sin x)$ 或 $z=\mathrm{e}^{x+y}(x\cos 3y-y\sin 2x)$ 呢?

例 2　求函数 $u=x^{y+z}$ 的偏导数.

分析　对于三变量 x,y,z 来说，$u=x^{y+z}$ 是幂指数函数，但对单变量 x 或 y 或 z 来说，$u=x^{y+z}$ 分别为幂函数和指数函数，因此可以直接利用幂函数和指数函数的求导公式求解.

解　把 y,z 或 z,x 或 x,y 看成常数，则 $u=x^{y+z}$ 分别是 x 的幂函数、y 和 z 的指数函数，故根据幂函数和指数函数的求导公式，得

$$\frac{\partial u}{\partial x}=(y+z)x^{y+z-1},\quad \frac{\partial u}{\partial y}=x^{y+z}\ln x,\quad \frac{\partial u}{\partial z}=x^{y+z}\ln x\,.$$

思考　（i）把 z,x 或 x,y 看成常数，$u=x^{y+z}$ 是 y 和 z 的简单的指数函数吗？找出 $\frac{\partial u}{\partial y},\frac{\partial u}{\partial z}$ 求解过程中省略的部分；（ii）若 $u=x^{2y-z}$，结果如何？并据此说明以上省略部分是重要的；（iii）将 $u=x^{2y-z}$ 表示成 $u=x^{2y}\cdot x^{-z}$ 再求解，能避免上述问题吗?

例 3　求函数 $u=x^{y^z}$ 的偏导数.

分析　这是幂指数函数及其复合函数的求导问题，利用对数求导法求解可以降低问题的复杂性.

解　方程 $u=x^{y^z}$ 两边取对数，得

$$\ln u=\ln x^{y^z},$$

即

$$\ln u=y^z\ln x\,.$$

把 y,z 或 z,x 或 x,y 看成常数，则 $\ln u$ 可以看成是 x 或 y 或 z 的一元复合函数. 故上述方程两边分别对 x，y 和 z 求偏导，得

$$\frac{1}{u}\frac{\partial u}{\partial x}=y^z\cdot\frac{1}{x},\quad \frac{1}{u}\frac{\partial u}{\partial y}=\frac{\partial}{\partial y}(y^z)\cdot\ln x,\quad \frac{1}{u}\frac{\partial u}{\partial z}=\frac{\partial}{\partial z}(y^z)\cdot\ln x\,,$$

于是根据（i）的结果，有

$$\frac{\partial u}{\partial x}=\frac{u}{x}y^z=\frac{1}{x}\cdot x^{y^z}y^z=y^z x^{y^z-1}, \qquad \frac{\partial u}{\partial y}=u\cdot zy^{z-1}\cdot\ln x=zy^{z-1}x^{y^z}\ln x,$$

$$\frac{\partial u}{\partial z}=uy^z\ln y\cdot\ln x=y^z x^{y^z}\ln x\ln y.$$

思考 （i）将 $u=x^{y^z}$ 中 y,z 或 z,x 或 x,y 看成常数，尝试直接利用指数函数或幂函数的求导公式求解；（ii）若 $u=x^{z^y}$ 或 $u=y^{x^z}$ 或 $u=y^{z^x}$ 或 $u=z^{x^y}$ 或 $u=z^{y^x}$ ，结果如何？

例 4 求函数 $z=\sin\frac{x-y}{x+y}$ 的偏导数.

分析 把 y 或 x 看成常数，则函数可以看成是两个一元函数 $z=\sin u$ 与函数 $u=\frac{x-y}{x+y}$ 的复合函数，因此可以根据一元复合函数的求导法则求解. 但使用该方法时，应注意一个二元函数看成是其中某个变量的一元函数并对该变量求导时，应使用偏导数的记号.

解 令 $u=\frac{x-y}{x+y}$ ，则 $z=\sin u$. 把 y 或 x 看成常数，$u=\frac{x-y}{x+y}$ 分别对 x 和 y 求偏导数，得

$$\frac{\partial u}{\partial x}=\frac{\partial}{\partial x}\left(\frac{x-y}{x+y}\right)=\frac{(x+y)\frac{\partial}{\partial x}(x-y)-(x-y)\frac{\partial}{\partial x}(x+y)}{(x+y)^2},$$

$$=\frac{(x+y)-(x-y)}{(x+y)^2}=\frac{2y}{(x+y)^2},$$

$$\frac{\partial u}{\partial y}=\frac{\partial}{\partial y}\left(\frac{x-y}{x+y}\right)=\frac{(x+y)\frac{\partial}{\partial y}(x-y)-(x-y)\frac{\partial}{\partial y}(x+y)}{(x+y)^2}.$$

$$=\frac{-(x+y)-(x-y)}{(x+y)^2}=\frac{-2x}{(x+y)^2}.$$

于是根据一元复合函数的求导法则，有

$$\frac{\partial z}{\partial x}=\frac{\mathrm{d}}{\mathrm{d}u}(\sin u)\cdot\frac{\partial u}{\partial x}=\cos u\cdot\frac{2y}{(x+y)^2}=\frac{2y}{(x+y)^2}\cos\frac{x-y}{x+y},$$

$$\frac{\partial z}{\partial y}=\frac{\mathrm{d}}{\mathrm{d}u}(\sin u)\cdot\frac{\partial u}{\partial y}=\cos u\cdot\frac{-2x}{(x+y)^2}=\frac{-2x}{(x+y)^2}\cos\frac{x-y}{x+y}.$$

思考 （i）若 $z=\cos\frac{x-y}{x+y}$ ，结果如何？（ii）若 $z=\sin\frac{ax+by}{cx+dy}\ (ad\neq bc)$ ，结果如何？若 $\frac{\partial z}{\partial x}=\frac{y}{(x+y)^2}\cos\frac{x-y}{x+y}$ ，$\frac{\partial z}{\partial y}=\frac{-x}{(x+y)^2}\cos\frac{x-y}{x+y}$ ，则 a,b,c,d 之间的关系怎样？（iii）不写出中间变量，直接利用复合函数求导公式写出以上求解过程.

例 5 求函数 $z=\ln\tan(x^2y)$ 的偏导数.

分析 该函数可以看成是两个一元函数 $z=\ln u$，$u=\tan v$ 与一个二元函数 $v=x^2y$ 的复合

函数，因此可以根据一元复合函数的求导法则，利用对数函数、正切函数求导公式和积的求导法则求解，注意事项同上例.

解 把 y 或 x 看成常数，函数 $z=\ln\tan(x^2y)$ 分别对 x 和 y 求偏导数，得

$$\begin{aligned}\frac{\partial z}{\partial x}&=\frac{1}{\tan(x^2y)}\cdot\frac{\partial}{\partial x}[\tan(x^2y)]=\cot(x^2y)\sec^2(x^2y)\frac{\partial}{\partial x}(x^2y)\\&=\frac{2xy}{\sin(x^2y)\cos(x^2y)}=4xy\csc(2x^2y),\\\frac{\partial z}{\partial y}&=\frac{1}{\tan(x^2y)}\cdot\frac{\partial}{\partial y}[\tan(x^2y)]=\cot(x^2y)\sec^2(x^2y)\frac{\partial}{\partial y}(x^2y)\\&=\frac{x^2}{\sin(x^2y)\cos(x^2y)}=2x^2\csc(2x^2y).\end{aligned}$$

思考 （i）若 $z=\ln\tan(xy^2)$ 或 $z=\ln\tan(x^2+y)$，结果如何？（ii）根据例 4 和例 5 的求解过程，在二元函数两个偏导数求解的过程中，其中二元函数作为一元函数复合部分的求导，是否一样？该结论能推广到一般的多元函数吗？

例 6 设 $z=f(x,y)$ 的偏导数存在，证明：

$$f_x(x,b)=\frac{\mathrm{d}}{\mathrm{d}x}[f(x,b)],\quad f_y(a,y)=\frac{\mathrm{d}}{\mathrm{d}y}[f(a,y)],$$

并据此求函数 $z(x,y)=x^2-(y-1)\arctan\sqrt{\dfrac{x}{y}}$ 的导数 $z_x(x,1)$ 及 $z_x\left(-\dfrac{1}{2},1\right)$.

分析 等式左边的一元偏导函数 $f_x(x,b),f_y(a,y)$ 既分别是一元函数 $f(x,b),f(a,y)$ 的导数，又分别是二元偏导函数 $f_x(x,y),f_y(x,y)$ 当 $y=b$ 和 $x=a$ 时的表达式，因此可以根据导数与偏导数的定义来证.

证明 根据函数导数与偏导数的定义，得

$$\frac{\mathrm{d}}{\mathrm{d}x}[f(x,b)]=\lim_{\Delta x\to 0}\frac{f(x+\Delta x,b)-f(x,b)}{\Delta x},$$

$$f_x(x,b)=[f_x(x,y)]_{y=b}=\left[\lim_{\Delta x\to 0}\frac{f(x+\Delta x,y)-f(x,y)}{\Delta x}\right]_{y=b},$$

由于 y 与 Δx 无关，所以上面两个极限相等，即

$$f_x(x,b)=\frac{\mathrm{d}}{\mathrm{d}x}[f(x,b)].$$

类似地，可以证明 $$f_y(a,y)=\frac{\mathrm{d}}{\mathrm{d}y}[f(a,y)].$$

因为 $z(x,1)=x^2$，故根据以上公式及导函数与点导数之间的关系，得

$$z_x(x,1)=\frac{\mathrm{d}}{\mathrm{d}x}[z(x,1)]=\frac{\mathrm{d}}{\mathrm{d}x}(x^2)=2x,\quad z_x\left(-\frac{1}{2},1\right)=z_x(x,1)\big|_{x=-\frac{1}{2}}=2x\big|_{x=-\frac{1}{2}}=-1.$$

思考 （i）尝试先求出二元偏导函数 $z_x(x,y)$，再求一元偏导函数 $z_x(x,1)$；（ii）若

$z(x,y)=x^2-(y-1)\arctan\sqrt{\left|\dfrac{x}{y}\right|}$，结果如何？以上两种方法都可行吗？

例 7　设 $f(x,y)=\begin{cases}\arctan\dfrac{y}{x}, x\neq 0\\ 0, \quad x=0\end{cases}$，证明：$f(x,y)$ 在原点 $(0,0)$ 处不连续，但两个偏导数 $f_x(0,0), f_y(0,0)$ 均存在；在 y 轴上的其余点 $(0,b)$ $(b\neq 0)$ 处不连续，但偏导数 $f_y(0,b)(b\neq 0)$ 存在，而 $f_x(0,b)(b\neq 0)$ 不存在.

分析　这是分段函数在分段点处的连续性与可导性问题，要用连续与可导的定义来讨论.

解　在原点 $(0,0)$ 处，当 (x,y) 沿直线 $y=\pm x$ 趋近于 $(0,0)$ 时，

$$\lim_{\substack{x\to 0\\ y=\pm x}} f(x,y)=\lim_{\substack{x\to 0\\ y=\pm x}}\arctan\frac{y}{x}=\lim_{x\to 0}\arctan\frac{\pm x}{x}=\pm\frac{\pi}{4},$$

因此 $\lim\limits_{(x,y)\to(0,0)} f(x,y)$ 不存在，所以 $f(x,y)$ 在坐标原点 $(0,0)$ 不连续；而

$$f_x(0,0)=\lim_{x\to 0}\frac{f(x,0)-f(0,0)}{x-0}=\lim_{x\to 0}\frac{\arctan 0-0}{x}=0,$$

$$f_y(0,0)=\lim_{y\to 0}\frac{f(0,y)-f(0,0)}{y-0}=\lim_{y\to 0}\frac{0-0}{y}=0.$$

在点 $(0,b)$ $(b\neq 0)$ 处，当 (x,y) 沿直线 $y=b$ 趋近于 $(0,b)$ 时，

$$\lim_{\substack{x\to 0\\ y=b}} f(x,y)=\lim_{\substack{x\to 0\\ y=b}}\arctan\frac{y}{x}=\lim_{x\to 0}\arctan\frac{b}{x}=\infty,$$

所以 $\lim\limits_{(x,y)\to(0,b)} f(x,y)$ 不存在，$f(x,y)$ 在 $(0,b)$ $(b\neq 0)$ 处不连续；而

$$f_x(0,b)=\lim_{x\to 0}\frac{f(x,b)-f(0,b)}{x-0}=\lim_{x\to 0}\frac{\arctan\frac{b}{x}-0}{x}=\lim_{x\to 0}\frac{\arctan\frac{b}{x}}{x}\text{不存在},$$

$$f_y(0,b)=\lim_{y\to b}\frac{f(0,y)-f(0,b)}{y-b}=\lim_{y\to b}\frac{0-0}{y-b}=0.$$

思考　若 $f(x,y)=\begin{cases}\arctan\dfrac{y}{x}, x\neq 0\\ 1, \quad x=0\end{cases}$，结果如何？若 $f(x,y)=\begin{cases}\arctan\dfrac{1}{xy}, xy\neq 0\\ 0, \quad xy=0\end{cases}$，结果又如何？

例 8　设 $f(x,y)=|\sin x|+|\sin y|$，求 $f(x,y)$ 的偏导数 $f_x(x,y), f_y(x,y)$.

分析　$f(x,y)$ 是分段函数，其非分段点的导数可用求导法则求解，但分段点的导数只能用定义来求.

解　显然，$f(x,y)$ 的定义域为整个 xOy 平面，由 $\sin x=0$ 或 $\sin y=0$ 得 $f(x,y)$ 的分段点 $x=k_1\pi$ 和 $y=k_2\pi(k_1,k_2\in\mathbf{Z})$. 由于

$$f(x,y)=\begin{cases}\sin x+|\sin y|, & 2k_1\pi\leqslant x<(2k_1+1)\pi\\ -\sin x+|\sin y|, & (2k_1+1)\pi\leqslant x<2(k_1+1)\pi\end{cases},$$

故当 $x\neq k_1\pi\ (k_1\in\mathbf{Z})$ 时，

$$f_x(x,y)=\begin{cases}\dfrac{\partial}{\partial x}(\sin x+|\sin y|), & 2k_1\pi<x<(2k_1+1)\pi\\ \dfrac{\partial}{\partial x}(-\sin x+|\sin y|), & (2k_1+1)\pi<x<2(k_1+1)\pi\end{cases}$$

$$=\begin{cases}\cos x, & 2k_1\pi<x<(2k_1+1)\pi\\ -\cos x, & (2k_1+1)\pi<x<2(k_1+1)\pi\end{cases}.$$

类似地，当 $y\neq k_2\pi\ (k_2\in\mathbf{Z})$ 时，

$$f_y(x,y)=\begin{cases}\cos y, & 2k_2\pi<y<(2k_2+1)\pi\\ -\cos y, & (2k_2+1)\pi<y<2(k_2+1)\pi\end{cases}.$$

而当 $x=k_1\pi\ (k_1\in\mathbf{Z})$ 时，

$$f_x(k_1\pi,y)=\lim_{x\to k_1\pi}\frac{f(x,y)-f(k_1\pi,y)}{x-k_1\pi}=\lim_{x\to k_1\pi}\frac{(|\sin x|+|\sin y|)-(|\sin k_1\pi|+|\sin y|)}{x-k_1\pi}$$

$$=\lim_{x\to k_1\pi}\frac{|\sin x|}{x-k_1\pi}\overset{x-k_1\pi=t}{=\!=\!=}\lim_{t\to 0}\frac{|\sin(k_1\pi+t)|}{t}=\lim_{t\to 0}\frac{|\sin t|}{t}\text{不存在；}$$

类似地，当 $y=k_2\pi\ (k_2\in\mathbf{Z})$ 时，

$$f_y(x,k_2\pi)=\lim_{y\to k_2\pi}\frac{f(x,y)-f(x,k_2\pi)}{y-k_2\pi}=\lim_{y\to k_2\pi}\frac{|\sin y|}{y-k_2\pi}=\lim_{t\to 0}\frac{|\sin t|}{t}\text{不存在.}$$

因此，$f(x,y)$ 的偏导数

$$f_x(x,y)=\begin{cases}\cos x, & 2k_1\pi<x<(2k_1+1)\pi\\ -\cos x, & (2k_1+1)\pi<x<2(k_1+1)\pi\end{cases}(k_1\in\mathbf{Z}),$$

$$f_y(x,y)=\begin{cases}\cos y, & 2k_2\pi<y<(2k_2+1)\pi\\ -\cos y, & (2k_2+1)\pi<y<2(k_2+1)\pi\end{cases}(k_2\in\mathbf{Z}).$$

思考　（i）如果 $f(x,y)=|\sin x|+|\cos y|$ 或 $f(x,y)=|\cos x|+|\sin y|$ 或 $f(x,y)=|\cos x|+|\cos y|$，结果如何？（ii）若 $f(x,y)=a|\cos x|+b|\sin y|$，结果如何？若 $f_x(x,y)$ 在整个 xOy 平面上存在，则 a 为多少？

例 9　设函数 $u=\mathrm{e}^{\frac{x}{y}}+\mathrm{e}^{-\frac{z}{y}}$，求：（i）函数的全微分 $\mathrm{d}u$；（ii）函数在点 $(1,1,-2)$ 处的全微分 $\mathrm{d}u|_{(1,1,-2)}$；（iii）当 $\Delta x=0.05,\ \Delta y=-0.04,\ \Delta z=-0.02$ 时，函数在点 $(1,1,-2)$ 处的全微分 $\mathrm{d}u|_{(1,1,-2)}$.

分析　当函数的偏导数连续时求函数的全微分，通常先求出函数的各个偏导数，再按全微分写出即可；而一点的全微分和自变量增量已知时的全微分，可将相应的值代入求出.

解　（i）因为

$$\frac{\partial u}{\partial x}=\frac{\partial}{\partial x}(\mathrm{e}^{\frac{x}{y}})+\frac{\partial}{\partial x}(\mathrm{e}^{-\frac{z}{y}})=\mathrm{e}^{\frac{x}{y}}\frac{\partial}{\partial x}\left(\frac{x}{y}\right)=\frac{1}{y}\mathrm{e}^{\frac{x}{y}},$$

$$\frac{\partial u}{\partial y}=\frac{\partial}{\partial y}(\mathrm{e}^{\frac{x}{y}})+\frac{\partial}{\partial y}(\mathrm{e}^{-\frac{z}{y}})=\mathrm{e}^{\frac{x}{y}}\frac{\partial}{\partial y}\left(\frac{x}{y}\right)+\mathrm{e}^{-\frac{z}{y}}\frac{\partial}{\partial y}\left(-\frac{z}{y}\right)=\frac{1}{y^2}(-x\mathrm{e}^{\frac{x}{y}}+z\mathrm{e}^{-\frac{z}{y}}),$$

$$\frac{\partial u}{\partial z}=\frac{\partial}{\partial z}(\mathrm{e}^{\frac{x}{y}})+\frac{\partial}{\partial z}(\mathrm{e}^{-\frac{z}{y}})=\mathrm{e}^{-\frac{z}{y}}\frac{\partial}{\partial z}\left(-\frac{z}{y}\right)=-\frac{1}{y}\mathrm{e}^{-\frac{z}{y}},$$

所以

$$\mathrm{d}u=\frac{\partial u}{\partial x}\mathrm{d}x+\frac{\partial u}{\partial y}\mathrm{d}y+\frac{\partial u}{\partial z}\mathrm{d}z=\frac{1}{y}\mathrm{e}^{\frac{x}{y}}\mathrm{d}x+\frac{1}{y^2}(-x\mathrm{e}^{\frac{x}{y}}+z\mathrm{e}^{-\frac{z}{y}})\mathrm{d}y-\frac{1}{y}\mathrm{e}^{-\frac{z}{y}}\mathrm{d}z.$$

（ii）将 $x=1,y=1,z=-2$ 代入函数全微分表达式，得

$$\begin{aligned}\mathrm{d}u|_{(1,1,-2)}&=\frac{1}{y}\mathrm{e}^{\frac{x}{y}}|_{(1,1,-2)}\mathrm{d}x+\frac{1}{y^2}(-x\mathrm{e}^{\frac{x}{y}}+z\mathrm{e}^{-\frac{z}{y}})|_{(1,1,-2)}\mathrm{d}y-\frac{1}{y}\mathrm{e}^{-\frac{z}{y}}|_{(1,1,-2)}\mathrm{d}z\\&=\mathrm{e}\mathrm{d}x-\mathrm{e}(1+2\mathrm{e})\mathrm{d}y-\mathrm{e}^2\mathrm{d}z.\end{aligned}$$

（iii）当 $\Delta x=0.05,\Delta y=-0.04,\Delta z=-0.02$ 时，函数在点 $(1,1,-2)$ 处的全微分

$$\mathrm{d}u|_{(1,1,-2)}=\mathrm{e}\cdot(0.05)-\mathrm{e}(1+2\mathrm{e})\cdot(-0.04)-\mathrm{e}^2\cdot(-0.02)=0.09\mathrm{e}+0.1\mathrm{e}^2.$$

思　考　　若 $u=\mathrm{e}^{-\frac{x}{y}}+\mathrm{e}^{\frac{z}{y}}$ 或 $u=\mathrm{e}^{\frac{x}{y}}+\mathrm{e}^{-\frac{y}{z}}$ 或 $u=\mathrm{e}^{\frac{x}{y}}+\mathrm{e}^{-\frac{y}{z}}+\mathrm{e}^{\frac{z}{x}}$ 或 $u=\mathrm{e}^{-\frac{x}{y}}+\mathrm{e}^{\frac{y}{z}}+\mathrm{e}^{\frac{z}{x}}$ 或 $u=\mathrm{e}^{\frac{x}{y}}+\mathrm{e}^{\frac{y}{z}}+\mathrm{e}^{-\frac{z}{x}}$，结果如何？

例 10　设 $f(x,y)=\begin{cases}xy\sin\dfrac{1}{x^2+y^2},x^2+y^2\neq 0\\0,\qquad\qquad x^2+y^2=0\end{cases}$，证明：$f(x,y)$ 在 $(0,0)$ 处连续、可导、可微，但偏导数 $f_x(x,y),f_y(x,y)$ 在 $(0,0)$ 处均不连续.

分析　这是分段函数在分段点处的连续性、可导性和可微性问题，应用连续、可导和可微的定义来讨论.

证明　因为 x,y 都是 $(x,y)\to(0,0)$ 时的无穷小量，$\sin\dfrac{1}{x^2+y^2}$ 是有界函数，所以 $\lim\limits_{(x,y)\to(0,0)}f(x,y)=0=f(0,0)$，故 $f(x,y)$ 在 $(0,0)$ 处连续.

在 $(0,0)$ 处，

$$f_x(0,0)=\lim_{x\to 0}\frac{f(x,0)-f(0,0)}{x-0}=\lim_{x\to 0}\frac{0-0}{x}=0;$$

而当 $x^2+y^2\neq 0$ 时，

$$\begin{aligned}f_x(x,y)&=y\sin\frac{1}{x^2+y^2}+xy\cos\frac{1}{x^2+y^2}\cdot\frac{-2x}{(x^2+y^2)^2}\\&=y\sin\frac{1}{x^2+y^2}-\frac{2x^2y}{(x^2+y^2)^2}\cos\frac{1}{x^2+y^2},\end{aligned}$$

所以

$$f_x(x,y)=\begin{cases}y\sin\dfrac{1}{x^2+y^2}-\dfrac{2x^2y}{(x^2+y^2)^2}\cos\dfrac{1}{x^2+y^2},&x^2+y^2\neq 0\\0,&x^2+y^2=0\end{cases}.$$

取 $x_n = \dfrac{1}{\sqrt{2n\pi}}, y_n = \dfrac{1}{\sqrt{2n\pi}}$，则当 $n \to \infty$ 时，$(x_n, y_n) \to (0,0)$，而

$$f_x(x_n, y_n) = \frac{1}{\sqrt{2n\pi}} \sin n\pi - \frac{\dfrac{2}{2n\pi\sqrt{2n\pi}}}{\dfrac{1}{n^2\pi^2}} \cos n\pi = 0 - (-1)^n \sqrt{\frac{n\pi}{2}} \to \infty \quad (n \to \infty),$$

所以 $\lim\limits_{(x,y)\to(0,0)} f_x(x,y)$ 不存在，$f_x(x,y)$ 在 $(0,0)$ 处不连续.

同理可证

$$f_y(x,y) = \begin{cases} x\sin\dfrac{1}{x^2+y^2} - \dfrac{2xy^2}{(x^2+y^2)^2}\cos\dfrac{1}{x^2+y^2}, & x^2+y^2 \neq 0 \\ 0, & x^2+y^2 = 0 \end{cases},$$

且 $\lim\limits_{(x,y)\to(0,0)} f_y(x,y)$ 不存在，$f_y(x,y)$ 在 $(0,0)$ 处不连续.

下面再证明 $\mathrm{d}z = f_x(0,0)\mathrm{d}x + f_y(0,0)\mathrm{d}y = 0\cdot \mathrm{d}x + 0\cdot \mathrm{d}y = 0$ 就是 $f(x,y)$ 在 $(0,0)$ 处的微分.

事实上，由于

$$\Delta z = f(x,y) - f(0,0) = xy\sin\frac{1}{x^2+y^2} = \rho^2 \sin\theta\cos\theta\sin\frac{1}{\rho^2},$$

于是

$$\lim_{\rho\to 0}\frac{\Delta z - \mathrm{d}z}{\rho} = \lim_{\rho\to 0}\frac{\rho^2\sin\theta\cos\theta}{\rho}\sin\frac{1}{\rho^2} = \lim_{\rho\to 0}\rho\sin\theta\cos\theta\sin\frac{1}{\rho^2} = 0,$$

故根据高阶无穷小的定义，有 $\Delta z - \mathrm{d}z = o(\rho)$，即 $\Delta z = \mathrm{d}z + o(\rho)$，于是 $f(x,y)$ 在 $(0,0)$ 处可微，且 $\mathrm{d}z = f_x(0,0)\mathrm{d}x + f_y(0,0)\mathrm{d}y = 0$.

思考　若 $f(x,y) = \begin{cases} xy\sin\dfrac{1}{\sqrt{x^2+y^2}}, x^2+y^2 \neq 0 \\ 0, \qquad x^2+y^2 = 0 \end{cases}$，讨论 $f(x,y)$ 在 $(0,0)$ 处的连续性、可导性、可微性，以及偏导数 $f_x(x,y), f_y(x,y)$ 在 $(0,0)$ 处的连续性.

例 11　求函数 $f(x,y) = \sqrt{|xy|}$ 的偏导数 $f_x(x,y), f_y(x,y)$，并讨论 $f(x,y)$ 在定义域上的连续性、可导性、可微性.

分析　这是分段函数在整个定义域上的连续性、可导性和可微性问题，在分段点处应用连续、可导和可微的定义来讨论，但在其余点处可用有关结论求解.

解　显然，$f(x,y)$ 的定义域为整个 xOy 平面，分段点是直线 $x=0$ 和 $y=0$ 上点的集合，即两坐标轴上的所有点，且 $f(x,y)$ 在整个定义域上连续. 由于

$$f(x,y) = \begin{cases} \sqrt{x}\sqrt{|y|}, & x \geqslant 0 \\ \sqrt{-x}\sqrt{|y|}, & x < 0 \end{cases},$$

故当 $x \neq 0$ 时，

$$f_x(x,y)=\begin{cases}\dfrac{\partial}{\partial x}(\sqrt{x}\sqrt{|y|}),x>0\\ \dfrac{\partial}{\partial x}(\sqrt{-x}\sqrt{|y|}),x<0\end{cases}=\begin{cases}\dfrac{1}{2}\sqrt{\dfrac{|y|}{x}}, & x>0\\ -\dfrac{1}{2}\sqrt{-\dfrac{|y|}{x}},x<0\end{cases};$$

类似地，当 $y\neq 0$ 时，

$$f_y(x,y)=\begin{cases}\dfrac{1}{2}\sqrt{\dfrac{|x|}{y}}, & y>0\\ -\dfrac{1}{2}\sqrt{-\dfrac{|x|}{y}}, & y<0\end{cases}.$$

当 $x=0$ 时，在点 $(0,0)$ 处，

$$f_x(0,0)=\lim_{x\to 0}\frac{f(x,0)-f(0,0)}{x-0}=\lim_{x\to 0}\frac{0-0}{x}=0;$$

而在点 $(0,b)$ $(b\neq 0)$ 处，

$$f_x(0,b)=\lim_{x\to 0}\frac{f(x,b)-f(0,b)}{x-0}=\lim_{x\to 0}\frac{\sqrt{|x||b|}-\sqrt{|0\cdot b|}}{x}=\sqrt{|b|}\lim_{x\to 0}\frac{\sqrt{|x|}}{x}\text{不存在}.$$

类似地，当 $y=0$ 时，在点 $(0,0)$ 处，$f_y(0,0)=0$；而在点 $(a,0)$ $(a\neq 0)$ 处，$f_y(a,0)=\sqrt{|a|}\lim\limits_{y\to 0}\dfrac{\sqrt{|y|}}{y}$ 不存在.

故 $$f_x(x,y)=\begin{cases}\dfrac{1}{2}\sqrt{\dfrac{|y|}{x}}, & x>0\\ 0, & (x,y)=(0,0)\\ -\dfrac{1}{2}\sqrt{-\dfrac{|y|}{x}}, & x<0\end{cases},\quad f_y(x,y)=\begin{cases}\dfrac{1}{2}\sqrt{\dfrac{|x|}{y}}, & y>0\\ 0, & (x,y)=(0,0)\\ -\dfrac{1}{2}\sqrt{-\dfrac{|x|}{y}}, & y<0\end{cases}.$$

显然，当 $x\neq 0,y\neq 0$ 时，$f_x(x,y),f_y(x,y)$ 在相应的点 (x,y) 处连续，故由可微的充分条件知，$f(x,y)$ 点 (x,y) 处可微；

当 $x=0,y\neq 0$ 或 $x\neq 0,y=0$ 时，$f_y(0,y)=0$ 但 $f_x(0,y)$ 不存在或 $f_x(x,0)=0$ 但 $f_y(x,0)$ 不存在，故由可微的必要条件知，$f(x,y)$ 相应的点 $(0,y)$ 和点 $(x,0)$ 处不可微；

当 $x=0,y=0$ 时，$f(x,y)$ 的两个偏导数均存在，因此满足可微的必要条件，但还要进一步判断在这点是否可微.

假若 $f(x,y)$ 在点 $(0,0)$ 处可微，则由可微的必要条件知

$$dz=f_x(0,0)dx+f_y(0,0)dy=0\cdot dx+0\cdot dy=0,$$

又 $\Delta z=f(x,y)-f(0,0)=\sqrt{|xy|}$，于是

$$\lim_{\rho\to 0}\frac{\Delta z-dz}{\rho}=\lim_{\rho\to 0}\frac{\sqrt{|xy|}}{\sqrt{x^2+y^2}}=\lim_{(x,y)\to(0,0)}\frac{\sqrt{|xy|}}{\sqrt{x^2+y^2}},$$

而当 (x,y) 沿直线 $y=x$ 趋近于 $(0,0)$ 时

$$\lim_{\substack{x\to 0\\ y=x}}\frac{\sqrt{|xy|}}{\sqrt{x^2+y^2}}=\lim_{x\to 0}\frac{\sqrt{|x^2|}}{\sqrt{x^2+x^2}}=\frac{1}{\sqrt{2}},$$

于是 $\lim\limits_{\rho\to 0}\dfrac{\Delta z-\mathrm{d}z}{\rho}\neq 0$，即 $\Delta z\neq \mathrm{d}z+o(\rho)$，这与可微的定义 $\Delta z=\mathrm{d}z+o(\rho)$ 相矛盾，故 $f(x,y)$ 在 $(0,0)$ 处不可微.

思考 求函数 $f(x,y)=|xy|$ 的偏导数 $f_x(x,y),f_y(x,y)$，并讨论 $f(x,y)$ 在定义域上的连续性、可导性、可微性.

例 12 设 $f(x,y)=|x-y|\varphi(x,y)$，其中 $\varphi(x,y)$ 在点 $(0,0)$ 的邻域内有定义. 问:（i）$\varphi(x,y)$ 在什么条件下，$f_x(0,0),f_y(0,0)$ 存在？（ii）$\varphi(x,y)$ 在什么条件下，$f(x,y)$ 点 $(0,0)$ 处可微？

分析 不知道 $\varphi(x,y)$ 的表达式，是抽象的，因此，要根据可偏导和可微的定义以及可偏导和可微之间的关系来讨论.

解 （i）由于

$$f_x(0,0)=\lim_{x\to 0}\frac{f(x,0)-f(0,0)}{x}=\lim_{x\to 0}\frac{|x|\varphi(x,0)-0}{x}=\lim_{x\to 0}\frac{|x|}{x}\cdot\varphi(x,0).$$

因为当 $x\neq 0$ 时，$\left|\dfrac{|x|}{x}\right|\leqslant 1$，但 $\lim\limits_{x\to 0}\dfrac{|x|}{x}$ 不存在，故欲使

$$f_x(0,0)=\lim_{x\to 0}\frac{|x|}{x}\cdot\varphi(x,0),$$

只要

$$\lim_{x\to 0}\varphi(x,0)=0.$$

于是当 $\lim\limits_{x\to 0}\varphi(x,0)=0$ 时，$f_x(0,0)$ 存在.

类似地，当 $\lim\limits_{y\to 0}\varphi(0,y)=0$ 时，$f_y(0,0)$ 存在.

（ii）若要 $f(x,y)$ 点 $(0,0)$ 处可微，则由可微与可偏导之间的关系知，$f_x(0,0),f_y(0,0)$ 必存在，从而由（i）的讨论有 $f_x(0,0)=0,f_y(0,0)=0$. 再根据可微的必要条件，可得

$$\mathrm{d}z|_{(0,0)}=f_x(0,0)\Delta x+f_y(0,0)\Delta y=0.$$

于是

$$\begin{aligned}\lim_{\rho\to 0}\frac{\Delta z-\mathrm{d}z}{\rho}&=\lim_{\rho\to 0}\frac{\Delta z}{\rho}=\lim_{\rho\to 0}\frac{f(x,y)-f(0,0)}{\sqrt{x^2+y^2}}=\lim_{\rho\to 0}\frac{|x-y|\varphi(x,y)-0}{\sqrt{x^2+y^2}}\\&=\lim_{(x,y)\to(0,0)}\frac{|x-y|\varphi(x,y)}{\sqrt{x^2+y^2}}=\lim_{r\to 0}\frac{r|\cos\theta-\sin\theta|\varphi(r\cos\theta,r\sin\theta)}{r}\\&=\lim_{r\to 0}|\cos\theta-\sin\theta|\varphi(r\cos\theta,r\sin\theta),\end{aligned}$$

由可微的充要条件 $\lim\limits_{\rho\to 0}\dfrac{\Delta z-\mathrm{d}z}{\rho}=0$，可得

$$\lim_{r\to 0}|\cos\theta-\sin\theta|\varphi(r\cos\theta,r\sin\theta)=0,$$

又因为 $|\cos\theta-\sin\theta|\leqslant\sqrt{2}$，得出

$$\lim_{r\to 0}\varphi(r\cos\theta, r\sin\theta)=0,$$

从而 $\lim\limits_{(x,y)\to(0,0)}\varphi(x,y)=0$.

因此当 $\lim\limits_{(x,y)\to(0,0)}\varphi(x,y)=\varphi(0,0)=0$，即 $\varphi(x,y)$ 在 $(0,0)$ 处连续时，$f(x,y)$ 点 $(0,0)$ 处可微.

思考 （i）由 $\lim\limits_{x\to 0}\varphi(x,0)=0$ 或 $\lim\limits_{y\to 0}\varphi(0,y)=0$ 能否推出 $\lim\limits_{(x,y)\to(0,0)}\varphi(x,y)=0$？能，给出证明；否，举出反例.（ii）由 $\lim\limits_{(x,y)\to(0,0)}\varphi(x,y)=0$ 能否推出 $\varphi(0,0)=0$？能，给出证明；否，举出反例.（iii）若 $f(x,y)=|x+y|\varphi(x,y)$，结果如何？

例 13 设 $f(x,y)=|x|+|y|$，证明：$f(x,y)$ 在 $(0,0)$ 处不可微，偏导数 $\left.\dfrac{\partial f}{\partial x}\right|_{(0,0)}$，$\left.\dfrac{\partial f}{\partial y}\right|_{(0,0)}$ 不存在，但沿任何射线方向 $\boldsymbol{l}: x=t\cos\alpha, y=t\sin\alpha\ (t\geqslant 0)$ 的方向导数 $\left.\dfrac{\partial f}{\partial \boldsymbol{l}}\right|_{(0,0)}$ 存在，并分别求其沿两坐标轴正、负两个方向的方向导数.

分析 $f(x,y)$ 是分段函数，$(0,0)$ 是其分段点，因此 $f(x,y)$ 在 $(0,0)$ 处的偏导数、方向导数及可微性都要用定义来讨论.

解 因为

$$f_x(0,0)=\lim_{x\to 0}\frac{f(x,0)-f(0,0)}{x-0}=\lim_{x\to 0}\frac{|x|-0}{x}=\lim_{x\to 0}\frac{|x|}{x}\text{不存在,}$$

类似地，

$$f_y(0,0)=\lim_{x\to 0}\frac{|y|}{y}\text{不存在.}$$

于是根据可微的必要条件知，$f(x,y)$ 在 $(0,0)$ 处不可微. 而

$$\begin{aligned}\left.\frac{\partial f}{\partial \boldsymbol{l}}\right|_{(0,0)}&=\lim_{t\to 0^+}\frac{f(0+t\cos\alpha,0+t\sin\alpha)-f(0,0)}{t}=\lim_{t\to 0^+}\frac{|t\cos\alpha|+|t\sin\alpha|-0}{t}\\&=\lim_{t\to 0^+}\frac{t(|\cos\alpha|+|\sin\alpha|)}{t}=|\cos\alpha|+|\sin\alpha|.\end{aligned}$$

令 $\boldsymbol{l}_1^\circ=\boldsymbol{i}=(1,0),\ \boldsymbol{l}_2^\circ=\boldsymbol{j}=(0,1),\ \boldsymbol{l}_3^\circ=-\boldsymbol{i}=(-1,0),\ \boldsymbol{l}_4^\circ=-\boldsymbol{j}=(0,-1)$，则 $f(x,y)$ 在 $(0,0)$ 处沿两坐标轴正、负两个方向的方向导数分别为

$$\left.\frac{\partial f}{\partial \boldsymbol{l}_1}\right|_{(0,0)}=|\cos 0|+|\sin 0|=1,\quad \left.\frac{\partial f}{\partial \boldsymbol{l}_2}\right|_{(0,0)}=\left|\cos\frac{\pi}{2}\right|+\left|\sin\frac{\pi}{2}\right|=1;$$

$$\left.\frac{\partial f}{\partial \boldsymbol{l}_3}\right|_{(0,0)}=\left|\cos\frac{3\pi}{2}\right|+\left|\sin\frac{3\pi}{2}\right|=1,\quad \left.\frac{\partial f}{\partial \boldsymbol{l}_4}\right|_{(0,0)}=|\cos\pi|+|\sin\pi|=1.$$

思考 （i）若 $f(x,y)=a|x|+b|y|\ (ab\neq 0)$，结论如何？（ii）若 $f(x,y)=|x|$ 或 $f(x,y)=|y|$，结论如何？

例 14 设 $z=f(x,y)=\sqrt{|xy|}$，证明：$f(x,y)$ 在 $(0,0)$ 处两个偏导数和沿任何射线方向 $\boldsymbol{l}: x=t\cos\alpha, y=t\sin\alpha\ (t\geqslant 0)$ 的方向导数均存在，但不可微；并利用以上结论，说明 $f(x,y)$ 可微是方向导数计算公式

$$\left.\frac{\partial f}{\partial \boldsymbol{l}}\right|_{(0,0)}=\left.\frac{\partial f}{\partial x}\right|_{(0,0)}\cos\alpha+\left.\frac{\partial f}{\partial y}\right|_{(0,0)}\sin\alpha$$

成立的充分条件，而非必要条件.

证明　根据偏导数的定义，易知 $\left.\frac{\partial f}{\partial x}\right|_{(0,0)}=0,\left.\frac{\partial f}{\partial y}\right|_{(0,0)}=0$，$f(x,y)$ 在 $(0,0)$ 处两个偏导数 $\left.\frac{\partial f}{\partial x}\right|_{(0,0)}$，$\left.\frac{\partial f}{\partial y}\right|_{(0,0)}$ 存在. 又因为

$$\lim_{\rho\to 0}\frac{\Delta z-\left[f_x(0,0)\Delta x+f_y(0,0)\Delta y\right]}{\rho}=\lim_{\substack{\Delta x\to 0\\ \Delta y\to 0}}\frac{\sqrt{|\Delta x||\Delta y|}}{\sqrt{\Delta x^2+\Delta y^2}}$$

当点 (x,y) 沿直线 $y=x$ 趋于 $(0,0)$，即 $\Delta y=\Delta x\to 0$ 时，

$$\lim_{\substack{\Delta x\to 0\\ \Delta y=\Delta x}}\frac{\sqrt{|\Delta x||\Delta y|}}{\sqrt{\Delta x^2+\Delta y^2}}=\frac{1}{\sqrt{2}}\neq 0.$$

所以 $\Delta z-[f_x(0,0)\Delta x+f_y(0,0)\Delta y]$ 不是 ρ 的高阶无穷小，$f(x,y)$ 在 $(0,0)$ 处不可微.

根据方向导数的定义，有

$$\left.\frac{\partial f}{\partial \boldsymbol{l}}\right|_{(0,0)}=\lim_{t\to 0^+}\frac{f(0+t\cos\alpha,0+t\sin\alpha)-f(0,0)}{t}$$
$$=\lim_{t\to 0^+}\frac{\sqrt{|t\cos\alpha||t\sin\alpha|}-0}{t}=\sqrt{|\sin\alpha\cos\alpha|},$$

故 $f(x,y)$ 沿任何方向的方向导数均存在.

因此根据方向导数的定义，当 $\boldsymbol{l}$ 为两坐标轴的正、负半轴时，$\alpha=0,\pi$ 或 $\alpha=\frac{\pi}{2},\frac{3\pi}{2}$，有

$$\left.\frac{\partial f}{\partial \boldsymbol{l}}\right|_{(0,0)}=\sqrt{|\sin\alpha\cos\alpha|}=0\Rightarrow\left.\frac{\partial f}{\partial \boldsymbol{l}}\right|_{(0,0)}=\left.\frac{\partial f}{\partial x}\right|_{(0,0)}\cos\alpha+\left.\frac{\partial f}{\partial y}\right|_{(0,0)}\sin\alpha,$$

而当 $\boldsymbol{l}$ 不为两坐标轴的正、负半轴时，有

$$\left.\frac{\partial f}{\partial \boldsymbol{l}}\right|_{(0,0)}=\sqrt{|\sin\alpha\cos\alpha|}\neq 0\Rightarrow\left.\frac{\partial f}{\partial \boldsymbol{l}}\right|_{(0,0)}\neq\left.\frac{\partial f}{\partial x}\right|_{(0,0)}\cos\alpha+\left.\frac{\partial f}{\partial y}\right|_{(0,0)}\sin\alpha.$$

所以 $f(x,y)$ 可微是方向导数计算公式

$$\left.\frac{\partial f}{\partial \boldsymbol{l}}\right|_{(0,0)}=\left.\frac{\partial f}{\partial x}\right|_{(0,0)}\cos\alpha+\left.\frac{\partial f}{\partial y}\right|_{(0,0)}\sin\alpha$$

成立的充分条件，而非必要条件.

思考　（i）讨论 $f(x,y)$ 在 $(1,0)$ 处两个偏导数和沿射线 $\boldsymbol{l}:x=1+t\cos\alpha$，$y=t\sin\alpha(t\geqslant 0)$ 的方向导数是否存在？（ii）若 $z=f(x,y)=\sqrt{|x^3y|}$ 或 $z=f(x,y)=\sqrt{|xy^2|}$，以上两题结果如何？

例 15　设 $z=f(x,y)$ 在 (x,y) 处可微，证明 $f(x,y)$ 在 (x,y) 处沿该点任何两个相反方向的方向导数互为相反数.

分析　按已知条件设出 (x,y) 处任何两个相反方向射线的方向角，再根据方向导数的公式即可证明.

证明　设 $\boldsymbol{l}_1,\boldsymbol{l}_2$ 都是以 (x,y) 为起点的两条射线，它们的方向角分别为 α,β 和 $\pi+\alpha,\pi+\beta$，于是

$$\frac{\partial f}{\partial \boldsymbol{l}_1}=\frac{\partial f}{\partial x}\cos\alpha+\frac{\partial f}{\partial y}\cos\beta,$$

$$\frac{\partial f}{\partial \boldsymbol{l}_2}=\frac{\partial f}{\partial x}\cos(\pi+\alpha)+\frac{\partial f}{\partial y}\cos(\pi+\beta)=-\frac{\partial f}{\partial x}\cos\alpha-\frac{\partial f}{\partial y}\cos\beta,$$

所以 $\dfrac{\partial f}{\partial \boldsymbol{l}_1}=-\dfrac{\partial f}{\partial \boldsymbol{l}_2}$.

思考　(i) 若可微函数 $f(x,y)$ 在 (x,y) 处沿该点平行于某坐标轴的两个相反方向的方向导数相等，则该函数关于这个变量的偏导数等于多少？(ii) 若函数 $z=f(x,y)$ 在 (x,y) 处沿该点任何两个相反方向的方向导数互为相反数，能否得出函数 $z=f(x,y)$ 在 (x,y) 处可微？若能，给出证明；若否，举出反例.

例 16　求函数 $u=xy^2z^3$ 在曲面 $x^2+y^2+z^2-3xyz=0$ 上点 $P(1,1,1)$ 处，沿曲面在该点朝上的法线方向的方向导数.

分析　由于所给函数在点 $P(1,1,1)$ 处可微，故按方向导数的公式求解即可. 为此，应先求出曲面在已知点朝上的法线方向的方向余弦和函数在已知点的偏导数.

解　曲面 $x^2+y^2+z^2-3xyz=0$ 在点 $P(1,1,1)$ 处的法向量

$$\boldsymbol{n}=\pm\{2x-3yz,2y-3xz,2z-3xy\}|_P=\pm\{1,1,1\},$$

依题意，取 $\boldsymbol{l}=\{1,1,1\}$，$\boldsymbol{l}$ 的方向余弦为 $\left\{\dfrac{1}{\sqrt{3}},\dfrac{1}{\sqrt{3}},\dfrac{1}{\sqrt{3}}\right\}$. 又

$$\left.\frac{\partial u}{\partial x}\right|_P=y^2z^3|_P=1,\quad \left.\frac{\partial u}{\partial y}\right|_P=2xyz^3|_P=2,\quad \left.\frac{\partial u}{\partial z}\right|_P=3xy^2z^2|_P=3$$

故所求方向导数 $\left.\dfrac{\partial u}{\partial \boldsymbol{l}}\right|_P=\{1,2,3\}\cdot\left\{\dfrac{1}{\sqrt{3}},\dfrac{1}{\sqrt{3}},\dfrac{1}{\sqrt{3}}\right\}=2\sqrt{3}$.

思考　(i) 若 $u=x+y^2+z^3$，结果如何？(ii) 若曲面上的点为 $P(1,-1,-1)$ 或 $P(-1,-1,1)$ 或 $P(-1,1,-1)$，以上各题的结果如何？

例 17　设 $z=x\ln(xy)$，求 $\dfrac{\partial^2 z}{\partial x^2},\dfrac{\partial^2 z}{\partial y\partial x},\dfrac{\partial^2 z}{\partial y^2}$.

分析　先求一阶偏导数，再按定义求二阶偏导数. 注意将积的对数化为对数之和，可以简化运算.

解　因为 $z=x(\ln|x|+\ln|y|)=x\ln|x|+x\ln|y|\,(xy>0)$，所以

$$\frac{\partial z}{\partial x}=\frac{\partial}{\partial x}(x\ln|x|+x\ln|y|)=\frac{\partial}{\partial x}(x\ln|x|)+\frac{\partial}{\partial x}(x\ln|y|)$$

$$=\ln|x|\frac{\partial}{\partial x}(x)+x\frac{\partial}{\partial x}(\ln|x|)+\ln|y|\frac{\partial}{\partial x}(x)=\ln|x|+\ln|y|+1\quad(xy>0),$$

$$\frac{\partial z}{\partial y}=\frac{\partial}{\partial y}(x\ln|x|+x\ln|y|)=0+x\frac{\partial}{\partial y}(\ln|y|)=\frac{x}{y}\quad(xy>0),$$

于是

$$\frac{\partial^2 z}{\partial x^2}=\frac{\partial}{\partial x}\left(\frac{\partial z}{\partial x}\right)=\frac{\partial}{\partial x}(\ln|x|+\ln|y|+1)=\frac{1}{x},$$

$$\frac{\partial^2 z}{\partial y\partial x}=\frac{\partial}{\partial x}\left(\frac{\partial z}{\partial y}\right)=\frac{\partial}{\partial x}\left(\frac{x}{y}\right)=\frac{1}{y},$$

$$\frac{\partial^2 z}{\partial y^2}=\frac{\partial}{\partial y}\left(\frac{\partial z}{\partial y}\right)=\frac{\partial}{\partial y}\left(\frac{x}{y}\right)=-\frac{x}{y^2}\quad(xy>0).$$

思考 （i）函数 $z=x\ln(xy)$ 与 $z=x(\ln|x|+\ln|y|)$ 是否为同一函数？ $z=x\ln(xy)$ 与 $z=x(\ln x+\ln y)$ 呢？（ii）不用对数的性质化简，直接求解；（iii）若 $z=x\ln\dfrac{x}{y}$，结果如何？

例 18 设 $z=\sin(x+y)$，求 $\dfrac{\partial^{m+n}z}{\partial x^m\partial y^n}$.

分析 先将函数按和角公式展开，并根据高阶导数公式求 z 对 x 的 m 阶偏导数，再根据高阶导数的定义求 m 阶偏导数对 y 的 n 阶偏导数即可.

解 因为 $z=\sin x\cos y+\cos x\sin y$，于是

$$\frac{\partial^m z}{\partial x^m}=\frac{\partial^m}{\partial x^m}(\sin x\cos y+\cos x\sin y)=\cos y\frac{\partial^m}{\partial x^m}(\sin x)+\sin y\frac{\partial^m}{\partial x^m}(\cos x)$$

$$=\cos y\frac{\mathrm{d}^m}{\mathrm{d}x^m}(\sin x)+\sin y\frac{\mathrm{d}^m}{\mathrm{d}x^m}(\cos x)$$

$$=\cos y\sin\left(x+m\cdot\frac{\pi}{2}\right)+\sin y\cos\left(x+m\cdot\frac{\pi}{2}\right),$$

所以

$$\frac{\partial^{m+n}z}{\partial x^m\partial y^n}=\frac{\partial^n}{\partial y^n}\left(\frac{\partial^m z}{\partial x^m}\right)=\frac{\partial^n}{\partial y^n}\left[\cos y\sin\left(x+m\cdot\frac{\pi}{2}\right)+\sin y\cos\left(x+m\cdot\frac{\pi}{2}\right)\right]$$

$$=\sin\left(x+m\cdot\frac{\pi}{2}\right)\frac{\partial^n}{\partial y^n}(\cos y)+\cos\left(x+m\cdot\frac{\pi}{2}\right)\frac{\partial^n}{\partial y^n}(\sin y)$$

$$=\sin\left(x+m\cdot\frac{\pi}{2}\right)\cos\left(y+n\cdot\frac{\pi}{2}\right)+\cos\left(x+m\cdot\frac{\pi}{2}\right)\sin\left(y+n\cdot\frac{\pi}{2}\right)$$

$$=\sin\left[x+y+(m+n)\cdot\frac{\pi}{2}\right].$$

思考 （i）在以上求解过程中，将 z 对 x 的 m 阶偏导数化为 $\dfrac{\partial^m z}{\partial x^m}=\sin\left(x+m\cdot\dfrac{\pi}{2}\right)$，并利用此结论求其对 y 的 n 阶偏导数；（ii）若 $z=\sin(2x-y)$ 或 $z=\sin(2x+3y)$ 或 $z=\sin(ax+by)$，结果如何？

例 19　设函数 $z=\frac{x^2}{2y}+\frac{x}{2}+\frac{1}{x}-\frac{1}{y}$，证明：

（i）$x^2\frac{\partial z}{\partial x}+y^2\frac{\partial z}{\partial y}=\frac{x^3}{y}$；　　（ii）$x^3\frac{\partial^2 z}{\partial x^2}+(x^2y+xy^2)\frac{\partial^2 z}{\partial x\partial y}+y^3\frac{\partial^2 z}{\partial y^2}=0$.

分析　这种问题实质上还是求偏导数的问题. 先求出各阶偏导数，再分别代入各方程左边、化简，与其右边一致即可.

解　（i）将函数 $z=z(x,y)$ 中的一个变量看成常数，利用导数的四则运算法则，得

$$\begin{aligned}\frac{\partial z}{\partial x}&=\frac{\partial}{\partial x}\left(\frac{x^2}{2y}\right)+\frac{\partial}{\partial x}\left(\frac{x}{2}+\frac{1}{x}\right)-\frac{\partial}{\partial x}\left(\frac{1}{y}\right)\\&=\frac{1}{2y}\frac{\mathrm{d}}{\mathrm{d}x}(x^2)+\frac{\mathrm{d}}{\mathrm{d}x}\left(\frac{x}{2}+\frac{1}{x}\right)-\frac{\mathrm{d}}{\mathrm{d}x}\left(\frac{1}{y}\right)=\frac{x}{y}+\frac{1}{2}-\frac{1}{x^2},\end{aligned}$$

$$\begin{aligned}\frac{\partial z}{\partial y}&=\frac{\partial}{\partial y}\left(\frac{x^2}{2y}\right)+\frac{\partial}{\partial y}\left(\frac{x}{2}+\frac{1}{x}\right)-\frac{\partial}{\partial y}\left(\frac{1}{y}\right)\\&=\frac{x^2}{2}\frac{\mathrm{d}}{\mathrm{d}y}\left(\frac{1}{y}\right)+\frac{\mathrm{d}}{\mathrm{d}y}\left(\frac{x}{2}+\frac{1}{x}\right)-\frac{\mathrm{d}}{\mathrm{d}y}\left(\frac{1}{y}\right)=-\frac{x^2}{2y^2}+\frac{1}{y^2},\end{aligned}$$

于是
$$x^2\frac{\partial z}{\partial x}+y^2\frac{\partial z}{\partial y}=x^2\left(\frac{x}{y}+\frac{1}{2}-\frac{1}{x^2}\right)+y^2\left(-\frac{x^2}{2y^2}+\frac{1}{y^2}\right)=\frac{x^3}{y}.$$

思考　若 $z=\frac{x^2}{2y}+\frac{x}{2}+\frac{a}{x}-\frac{b}{y}$，且 $x^2\frac{\partial z}{\partial x}+y^2\frac{\partial z}{\partial y}=\frac{x^3}{y}$，则 a,b 之间的关系如何?

（ii）根据二阶偏导数的定义及偏导数的四则运算法则，得

$$\frac{\partial^2 z}{\partial x^2}=\frac{\partial}{\partial x}\left(\frac{\partial z}{\partial x}\right)=\frac{\partial}{\partial x}\left(\frac{x}{y}+\frac{1}{2}-\frac{1}{x^2}\right)=\frac{1}{y}+\frac{2}{x^3}\Rightarrow x^3\frac{\partial^2 z}{\partial x^2}=\frac{x^3}{y}+2,$$

$$\frac{\partial^2 z}{\partial x\partial y}=\frac{\partial}{\partial y}\left(\frac{\partial z}{\partial x}\right)=\frac{\partial}{\partial y}\left(\frac{x}{y}+\frac{1}{2}-\frac{1}{x^2}\right)=-\frac{x}{y^2}\Rightarrow (x^2y+xy^2)\frac{\partial^2 z}{\partial x\partial y}=-\frac{x^3}{y}-x^2,$$

$$\frac{\partial^2 z}{\partial y^2}=\frac{\partial}{\partial y}\left(\frac{\partial z}{\partial y}\right)=\frac{\partial}{\partial y}\left(-\frac{x^2}{2y^2}+\frac{1}{y^2}\right)=\frac{x^2}{y^3}-\frac{2}{y^3}\Rightarrow y^3\frac{\partial^2 z}{\partial y^2}=x^2-2,$$

故
$$x^3\frac{\partial^2 z}{\partial x^2}+(x^2y+xy^2)\frac{\partial^2 z}{\partial x\partial y}+y^3\frac{\partial^2 z}{\partial y^2}=\left(\frac{x^3}{y}+2\right)+\left(-\frac{x^3}{y}-x^2\right)+(x^2-2)=0.$$

思考　若 $z=\frac{y^2}{2x}+\frac{y}{2}-\frac{1}{x}+\frac{1}{y}$ 或 $z=\frac{y^2}{2x}+\frac{y}{2}+\frac{1}{x}-\frac{1}{y}$，结论如何?

例 20　设 $u=\ln\frac{1}{r}$，$r=\sqrt{(x-a)^2+(y-b)^2}$，求证：$\frac{\partial^2 u}{\partial x^2}+\frac{\partial^2 u}{\partial y^2}=0$.

分析　把函数中一个变量看成常数，利用一元复合函数求导法则，逐个求出该函数对另一个变量的二阶偏导数，再相加即可，但应注意利用对数的性质和对称性简化求解过程.

解　因为

$$\frac{\partial r}{\partial x}=\frac{1}{2\sqrt{(x-a)^2+(y-b)^2}}\frac{\partial}{\partial x}[(x-a)^2+(y-b)^2]=\frac{x-a}{r},$$

所以
$$\frac{\partial u}{\partial x}=\frac{\partial}{\partial x}\left(\ln\frac{1}{r}\right)=\frac{\partial}{\partial x}(-\ln r)=-\frac{1}{r}\frac{\partial r}{\partial x}=-\frac{1}{r}\cdot\frac{x-a}{r}=-\frac{x-a}{r^2},$$

$$\frac{\partial^2 u}{\partial x^2}=\frac{\partial}{\partial x}\left(\frac{\partial u}{\partial x}\right)=\frac{\partial}{\partial x}\left(-\frac{x-a}{r^2}\right)=-\frac{1}{r^2}+\frac{2(x-a)}{r^3}\frac{\partial r}{\partial x}$$

$$=-\frac{1}{r^2}+\frac{2(x-a)}{r^3}\cdot\frac{x-a}{r}=-\frac{1}{r^2}+\frac{2(x-a)^2}{r^4},$$

同理
$$\frac{\partial^2 u}{\partial y^2}=-\frac{1}{r^2}+\frac{2(y-b)^2}{r^4},$$

故
$$\frac{\partial^2 u}{\partial x^2}+\frac{\partial^2 u}{\partial y^2}=-\frac{1}{r^2}+\frac{2(x-a)^2}{r^4}-\frac{1}{r^2}+\frac{2(y-a)^2}{r^4}=0.$$

思考　若 $u=c_1\ln r+c_2\ (c_1,c_2\neq 0)$ 或 $u=\ln^2 r$，结论如何?

例 21　设 $f(x,y)=\begin{cases}\dfrac{x^2y^2}{x^2+y^2}, x^2+y^2\neq 0\\ 0, \quad x^2+y^2=0\end{cases}$，证明：$f(x,y)$ 的两个混合偏导数 $f_{xy}(x,y),f_{yx}(x,y)$ 在 $(0,0)$ 点处不连续，但 $f_{xy}(0,0),f_{yx}(0,0)$ 存在且相等.

分析　这是分段函数在分段点处混合偏导数连续性问题，应先求出 $f_{xy}(x,y),f_{yx}(x,y)$ 的表达式，再用函数连续的定义来讨论.

证明　当 $x^2+y^2\neq 0$ 时，

$$f_x(x,y)=y^2\frac{2x(x^2+y^2)-x^2\cdot 2x}{(x^2+y^2)^2}=\frac{2xy^4}{(x^2+y^2)^2},$$

而 $f_x(0,0)=\lim\limits_{x\to 0}\dfrac{f(x,0)-f(0,0)}{x-0}=\lim\limits_{x\to 0}\dfrac{0-0}{x}=0$，故

$$f_x(x,y)=\begin{cases}\dfrac{2xy^4}{(x^2+y^2)^2}, & x^2+y^2\neq 0\\ 0, & x^2+y^2=0\end{cases};$$

同理
$$f_y(x,y)=\begin{cases}\dfrac{2x^4y}{(x^2+y^2)^2}, & x^2+y^2\neq 0\\ 0, & x^2+y^2=0\end{cases}.$$

于是当 $x^2+y^2\neq 0$ 时，

$$f_{xy}(x,y)=\frac{8xy^3}{(x^2+y^2)^2}-\frac{2xy^4\cdot 4y}{(x^2+y^2)^3}=\frac{8x^3y^3}{(x^2+y^2)^3},$$

而 $f_{xy}(0,0)=\lim\limits_{y\to 0}\dfrac{f_x(0,y)-f_x(0,0)}{y-0}=\lim\limits_{y\to 0}\dfrac{0-0}{y}=0$，故

$$f_{xy}(x,y)=\begin{cases}\dfrac{8x^3y^3}{(x^2+y^2)^3}, & x^2+y^2\neq 0\\ 0, & x^2+y^2=0\end{cases},$$

同理

$$f_{yx}(x,y)=\begin{cases}\dfrac{8x^3y^3}{(x^2+y^2)^3}, & x^2+y^2\neq 0\\ 0, & x^2+y^2=0\end{cases}.$$

当(x,y)沿直线$y=kx$趋近于$(0,0)$时，由于

$$\lim_{\substack{x\to 0\\ y=kx}}f_{xy}(x,y)=\lim_{\substack{x\to 0\\ y=kx}}\frac{8x^3y^3}{(x^2+y^2)^3}=8\lim_{x\to 0}\frac{x^3\cdot(kx)^3}{(x^2+k^2x^2)^3}=\frac{8k^3}{(1+k^2)^3}$$

与k值有关，故$\lim\limits_{(x,y)\to(0,0)}f_{xy}(x,y)$不存在，$f_{xy}(x,y)$在$(0,0)$处不连续；

类似地，可以证明$f_{yx}(x,y)$在$(0,0)$处不连续.

因此，$f(x,y)$的两个混合偏导数$f_{xy}(x,y),f_{yx}(x,y)$在$(0,0)$处不连续，但$f_{xy}(0,0),f_{yx}(0,0)$相等.

思考　若$f(x,y)=\begin{cases}\dfrac{xy^3}{x^2+y^2}, x^2+y^2\neq 0\\ 0, \quad x^2+y^2=0\end{cases}$或$f(x,y)=\begin{cases}\dfrac{x^3y}{x^2+y^2}, x^2+y^2\neq 0\\ 0, \quad x^2+y^2=0\end{cases}$，结论如何?

例 22　设$f(x,y)=\begin{cases}xy\dfrac{x^2-y^2}{x^2+y^2}, x^2+y^2\neq 0\\ 0, \quad x^2+y^2=0\end{cases}$，证明：$f(x,y)$的两个混合偏导数$f_{xy}(x,y)$, $f_{yx}(x,y)$在$(0,0)$处不连续，$f_{xy}(0,0),f_{yx}(0,0)$存在但不相等.

分析　这是分段函数在分段点处混合偏导数连续性问题，应先求出$f_{xy}(x,y),f_{yx}(x,y)$的表达式，再用函数连续的定义来讨论.

证明　当$x^2+y^2\neq 0$时，

$$f_x(x,y)=y\frac{x^2-y^2}{x^2+y^2}+xy\frac{2x(x^2+y^2)-(x^2-y^2)\cdot 2x}{(x^2+y^2)^2}=y\frac{x^4+4x^2y^2-y^4}{(x^2+y^2)^2},$$

而$f_x(0,0)=\lim\limits_{x\to 0}\dfrac{f(x,0)-f(0,0)}{x-0}=\lim\limits_{x\to 0}\dfrac{0-0}{x}=0$，故

$$f_x(x,y)=\begin{cases}y\dfrac{x^4+4x^2y^2-y^4}{(x^2+y^2)^2}, & x^2+y^2\neq 0\\ 0, & x^2+y^2=0\end{cases};$$

同理

$$f_y(x,y)=\begin{cases}x\dfrac{x^4-4x^2y^2-y^4}{(x^2+y^2)^2}, & x^2+y^2\neq 0\\ 0, & x^2+y^2=0\end{cases}.$$

于是当 $x^2+y^2\neq 0$ 时，

$$f_{xy}(x,y)=\frac{(x^4+4x^2y^2-y^4)+y(8x^2y-4y^3)}{(x^2+y^2)^2}-4y^2\frac{x^4+4x^2y^2-y^4}{(x^2+y^2)^3}$$
$$=\frac{x^6+9x^4y^2-9x^2y^4-y^6}{(x^2+y^2)^3},$$

而 $f_{xy}(0,0)=\lim\limits_{y\to 0}\dfrac{f_x(0,y)-f_x(0,0)}{y-0}=\lim\limits_{y\to 0}\dfrac{-y-0}{y}=-1$，故

$$f_{xy}(x,y)=\begin{cases}\dfrac{x^6+9x^4y^2-9x^2y^4-y^6}{(x^2+y^2)^3}, & x^2+y^2\neq 0\\ -1, & x^2+y^2=0\end{cases}.$$

同理
$$f_{yx}(x,y)=\begin{cases}\dfrac{x^6+9x^4y^2-9x^2y^4-y^6}{(x^2+y^2)^3}, & x^2+y^2\neq 0\\ 1, & x^2+y^2=0\end{cases}.$$

当 (x,y) 沿直线 $y=kx$ 趋近于 $(0,0)$ 时，由于

$$\lim_{\substack{x\to 0\\ y=kx}}f_{xy}(x,y)=\lim_{\substack{x\to 0\\ y=kx}}\frac{x^6+9x^4y^2-9x^2y^4-y^6}{(x^2+y^2)^3}=\frac{1+9k^2-9k^4-k^6}{(1+k^2)^3}$$

与 k 值有关，故 $\lim\limits_{(x,y)\to(0,0)}f_{xy}(x,y)$ 不存在，$f_{xy}(x,y)$ 在 $(0,0)$ 处不连续；

类似地，可以证明 $f_{yx}(x,y)$ 在 $(0,0)$ 处不连续.

因此，$f(x,y)$ 的两个混合偏导数 $f_{xy}(x,y),f_{yx}(x,y)$ 在 $(0,0)$ 处不连续，$f_{xy}(0,0),f_{yx}(0,0)$ 存在但不相等.

思考 若 $f(x,y)=\begin{cases}x^2y\dfrac{x-y}{x^2+y^2}, x^2+y^2\neq 0\\ 0, \quad x^2+y^2=0\end{cases}$ 或 $f(x,y)=\begin{cases}xy^2\dfrac{x-y}{x^2+y^2}, x^2+y^2\neq 0\\ 0, \quad x^2+y^2=0\end{cases}$，结论如何?

五、练习题 8.2

1. 求下列函数的偏导数：（i）$z=x^{x^y}$；（ii）$z=x^{y^x}$；（iii）$z=y^{x^x}$.

2. 求函数 $z=\arctan\dfrac{y}{1+x^2}$ 的偏导数.

3. 设 $f(x,y)=\begin{cases}(x^2+y^2)\sin\dfrac{1}{\sqrt{x^2+y^2}}, x^2+y^2\neq 0\\ 0, \quad x^2+y^2=0\end{cases}$，证明：$f(x,y)$ 在 $(0,0)$ 处连续、可导、可微，但偏导数 $f_x(x,y),f_y(x,y)$ 在 $(0,0)$ 处均不连续.

4. 求函数 $f(x,y)=|xy|$ 的偏导数 $f_x(x,y),f_y(x,y)$，并讨论 $f(x,y)$ 在定义域上的连续性、可导性、可微性.

5. 设 $f(x,y)=\begin{cases}\arctan\dfrac{x-y}{x+y}, & x+y\neq 0\\ \dfrac{\pi}{4}, & x+y=0\end{cases}$，证明：$f(x,y)$ 在 $(0,0)$ 处不连续，但偏导数 $f_x(0,0)$ 存在，而 $f_y(0,0)$ 不存在.

6. 设 $f(x,y)=|x|+|y|$，求 $f(x,y)$ 的偏导数 $f_x(x,y), f_y(x,y)$.

7. 设 $u=y^z\sin\dfrac{y}{x}$，求证：$x\dfrac{\partial u}{\partial x}+y\dfrac{\partial u}{\partial y}+z\dfrac{\partial u}{\partial z}=z(\ln y+1)u$.

8. 设 $u=\ln\dfrac{1}{r}$，$r=\sqrt{(x_1-a_1)^2+(x_2-a_2)^2+\cdots+(x_n-a_n)^2}$，求 $\dfrac{\partial^2 u}{\partial x_1^2}+\dfrac{\partial^2 u}{\partial x_2^2}+\cdots+\dfrac{\partial^2 u}{\partial x_n^2}$.

9. 求函数 $z=\arctan\dfrac{x-y}{x+y}$ 的偏导数.

10. 求函数 $z=\ln\tan(x^2y)$ 的偏导数.

11. 设 $z=f(x,y)$ 在域 D 上有定义，若在 D 中任一点处，$f(x,y)$ 的一阶偏导数存在且有界，则 $f(x,y)$ 在 D 上连续.

12. 设 $u=xyze^{x+y+z}$，求 $\dfrac{\partial^{(p+q+r)}u}{\partial x^p\partial y^q\partial z^r}$（$p,q,r$ 为正整数）.

13. 若 $f(x,y)=\begin{cases}xy\dfrac{x^2-y^2}{x^2+y^2}, & x^2+y^2\neq 0\\ 0, & x^2+y^2=0\end{cases}$，问等式 $\dfrac{\partial^2 f}{\partial x\partial y}=\dfrac{\partial^2 f}{\partial y\partial x}$ 是否成立?

14. 已知函数 $f(x,y)$ 在点 $(0,0)$ 的某邻域内有定义，且 $f(0,0)=0$，$\lim\limits_{\substack{x\to 0\\ y\to 0}}\dfrac{f(x,y)}{x^2+y^2}=1$，讨论函数 $f(x,y)$ 在点 $(0,0)$ 处是否可微?

15. 证明函数 $f(x,y)=\begin{cases}\dfrac{xy}{\sqrt{x^2+y^2}}, & x^2+y^2\neq 0\\ 0, & x^2+y^2=0\end{cases}$ 点 $(0,0)$ 的邻域内连续且有有界的偏导函数，但在该点不可微.

16. 设 $z=\ln\sqrt{1+x^2+y^2}$，求 $\mathrm{d}z$.

第三节　两种函数的求导法则

一、教学目标

1. 了解多元复合函数求导法则的条件和证明，掌握三种形式的多元复合函数的求导法则.
2. 了解多元函数全微分形式的不变性，会用全微分形式的不变性解题.
3. 知道单个方程所确定的隐函数存在的前提条件，掌握隐函数求导公式及其推导方法.

4. 知道一个方程组所确定的隐函数存在的前提条件，了解隐函数求导公式的推导方法，并能用该方法和求导公式解题.

二、内容提要

两种函数的求导法则

复合函数求导法则

- $z=f(u,v)$ 具有连续偏导数，$u=u(t)$, $v=v(t)$ 可导 $\Rightarrow \dfrac{\mathrm{d}z}{\mathrm{d}t}=\dfrac{\partial z}{\partial u}\dfrac{\mathrm{d}u}{\mathrm{d}t}+\dfrac{\partial z}{\partial v}\dfrac{\mathrm{d}v}{\mathrm{d}t}$.

  ↓推广

- $z=f(u,v)$ 具有连续偏导数，$u=u(x,y)$, $v=v(x,y)$ 可偏导 $\Rightarrow$

$$\frac{\partial z}{\partial x}=\frac{\partial z}{\partial u}\cdot\frac{\partial u}{\partial x}+\frac{\partial z}{\partial v}\cdot\frac{\partial v}{\partial x},\quad \frac{\partial z}{\partial y}=\frac{\partial z}{\partial u}\cdot\frac{\partial u}{\partial y}+\frac{\partial z}{\partial v}\cdot\frac{\partial v}{\partial y}.$$

- 以上结论可推广到三个及三个以上中间变量的情形.

隐函数求导公式

- $F(x,y)=0$ 确定函数 $y=y(x)\Rightarrow \dfrac{\mathrm{d}y}{\mathrm{d}x}=-\dfrac{F_x}{F_y}\ (F_y\neq 0)$.

  ↓推广

- $F(x,y,z)=0$ 确定函数 $z=z(x,y)\Rightarrow \dfrac{\partial z}{\partial x}=-\dfrac{F_x}{F_z},\ \dfrac{\partial z}{\partial y}=-\dfrac{F_y}{F_z}\ (F_z\neq 0)$.

  ↓推广

- $F(x,y,u,v)=0$，$G(x,y,u,v)=0$ 确定函数 $u=u(x,y)$, $v=v(x,y)\Rightarrow$

$$\frac{\partial u}{\partial x}=-\frac{\begin{vmatrix}F_x & F_v\\ G_x & G_v\end{vmatrix}}{\begin{vmatrix}F_u & F_v\\ G_u & G_v\end{vmatrix}},\quad \frac{\partial u}{\partial y}=-\frac{\begin{vmatrix}F_y & F_v\\ G_y & G_v\end{vmatrix}}{\begin{vmatrix}F_u & F_v\\ G_u & G_v\end{vmatrix}};\quad \frac{\partial v}{\partial x}=-\frac{\begin{vmatrix}F_u & F_x\\ G_u & G_x\end{vmatrix}}{\begin{vmatrix}F_u & F_v\\ G_u & G_v\end{vmatrix}},\quad \frac{\partial v}{\partial y}=-\frac{\begin{vmatrix}F_u & F_y\\ G_u & G_y\end{vmatrix}}{\begin{vmatrix}F_u & F_v\\ G_u & G_v\end{vmatrix}}.$$

三、疑点解析

1. 关于多元复合函数的全导数　设一元函数 $u_i=u_i(t)\ (i=1,2,\cdots,n)$ 在 t 处可导，而多元函数 $z=f(u_1,u_2,\cdots,u_n)$ 在对应点 $(u_1,u_2,\cdots,u_n)$ 处可微，则相应的多元复合函数 $z=f[u_1(t),u_2(t),\cdots,u_n(t)]$ 在 t 处可导，且其全导数

$$\frac{\mathrm{d}z}{\mathrm{d}t}=\frac{\partial z}{\partial u_1}\frac{\mathrm{d}u_1}{\mathrm{d}t}+\frac{\partial z}{\partial u_2}\frac{\mathrm{d}u_2}{\mathrm{d}t}+\cdots+\frac{\partial z}{\partial u_n}\frac{\mathrm{d}u_n}{\mathrm{d}t}.$$

特别地，当 $n=1$ 时，上式为一元复合函数的导数. 因此，全导数公式是复合函数求导公式的推广.

当中间变量 $u_i(i=1,2,\cdots,n)$ 中有若干个或全部都是直接变量 t，例如 $u_1=u_2=\cdots=u_k=t$ $(1\leqslant k\leqslant n)$ 时，由于 $\dfrac{\mathrm{d}u_1}{\mathrm{d}t}=\dfrac{\mathrm{d}u_2}{\mathrm{d}t}=\cdots=\dfrac{\mathrm{d}u_k}{\mathrm{d}t}=1$，于是全导数变为

$$\frac{\mathrm{d}z}{\mathrm{d}t}=\frac{\partial z}{\partial u_1}+\frac{\partial z}{\partial u_2}+\cdots+\frac{\partial z}{\partial u_k}+\frac{\partial z}{\partial u_{k+1}}\frac{\mathrm{d}u_{k+1}}{\mathrm{d}t}+\cdots+\frac{\partial z}{\partial u_n}\frac{\mathrm{d}u_n}{\mathrm{d}t},$$

注意：尽管 $u_1=u_2=\cdots=u_k=t\ (1\leqslant k\leqslant n)$，但不能把上式中 $\dfrac{\partial z}{\partial u_1},\dfrac{\partial z}{\partial u_2},\cdots,\dfrac{\partial z}{\partial u_k}$ 的写成 $\dfrac{\partial z}{\partial t}$，因为这样就把对多元函数 $z=f(u_1,u_2,\cdots,u_n)$ 中哪个变量求偏导数的区别就被混淆了.

全导数其实也是导数，是多个中间变量的一元复合函数的导数，所谓“全”主要是区别于一个中间变量的一元函数复合函数的导数. 用图 8.5 表示 z 对 t 的复合关系，并把 z 通过各个中间变量 $u_i\ (i=1,2,\cdots,n)$ 到 t 的连线称为 z 到 t 的一条路径，而 $\dfrac{\partial z}{\partial u_i}\dfrac{\mathrm{d}u_i}{\mathrm{d}t}\ (i=1,2,\cdots,n)$ 称为这条路径上 z 对 t 的导数，那么函数 z 的全导数就是 z 对 t 的所有路径上的导数的总和，这就是全导数公式的图解. 这种解释对一个中间变量的一元复合函数的导数也是适合的.

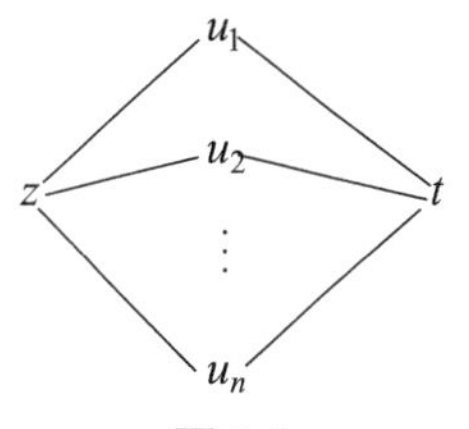

图 8.5

2. 关于多元复合函数的偏导数　设多元函数 $u_j=u_j(x_1,x_2,\cdots,x_n)\ (j=1,2,\cdots,m)$ 在点 $(x_1,x_2,\cdots,x_n)$ 处对各 $x_i\ (i=1,2,\cdots,n)$ 可偏导，而多元函数 $z=f(u_1,u_2,\cdots,u_m)$ 在对应点 $(u_1,u_2,\cdots,u_m)$ 处可微，则复合函数

$$z=f[u_1(x_1,x_2,\cdots,x_n),u_2(x_1,x_2,\cdots,x_n),\cdots,u_m(x_1,x_2,\cdots,x_n)]$$

在点 $(x_1,x_2,\cdots,x_n)$ 处对各 $x_i\ (i=1,2,\cdots,n)$ 可偏导，且其偏导数

$$\frac{\partial z}{\partial x_i}=\frac{\partial z}{\partial u_1}\frac{\partial u_1}{\partial x_i}+\frac{\partial z}{\partial u_2}\frac{\partial u_2}{\partial x_i}+\cdots+\frac{\partial z}{\partial u_m}\frac{\partial u_m}{\partial x_i}\quad (i=1,2,\cdots,n).$$

特别地，当 $n=1$ 时，上式即为多元复合函数的全导数公式. 因此，多元复合函数的偏导数公式是全导数公式的推广.

当中间变量 $u_j(j=1,2,\cdots,m)$ 中有若干个但非全部都是复合函数的某个变量 x_j，例如 $u_1=u_2=\cdots=u_k=x_j\ (1\leqslant k<m)$ 时，由于 $\dfrac{\partial u_1}{\partial x_1}=\dfrac{\partial u_2}{\partial x_2}=\cdots=\dfrac{\partial u_k}{\partial x_k}=1$，于是相应的偏导数变为

$$\frac{\partial z}{\partial x_j}=\frac{\partial z}{\partial u_1}+\frac{\partial z}{\partial u_2}+\cdots+\frac{\partial z}{\partial u_k}+\frac{\partial z}{\partial u_{k+1}}\frac{\partial u_{k+1}}{\partial x_{k+1}}+\cdots+\frac{\partial z}{\partial u_m}\frac{\partial u_m}{\partial x_m}\quad (j=1,2,\cdots,k),$$

注意：尽管 $u_1=u_2=\cdots=u_k=x_j\ (1\leqslant k<m)$，但不能把上式中的 $\dfrac{\partial z}{\partial u_1},\dfrac{\partial z}{\partial u_2},\cdots,\dfrac{\partial z}{\partial u_k}$ 写成 $\dfrac{\partial z}{\partial x_j}$，因为这样就把对多元函数 $z=f(u_1,u_2,\cdots,u_m)$ 中哪个变量求偏导数的区别就被混淆了.

为便于记忆，防止遗漏，多元复合函数的偏导数公式也可以图解. 用图 8.6 表示 z 对各自变量的复合关系，并把 z 通过各个中间变量 $u_j\ (j=1,2,\cdots,m)$ 到 $x_i\ (i=1,2,\cdots,n)$ 的连线称为 z 到 x_i 的一条路径，而 $\dfrac{\partial z}{\partial u_j}\dfrac{\partial u_j}{\partial x_i}\ (j=1,2,\cdots,m)$ 称为这条路径上 z 对 x_i 的偏导数，那么函数 z 对 x_i 的偏导数就是 z 对 x_i 的所有路径上的偏导数的总和.

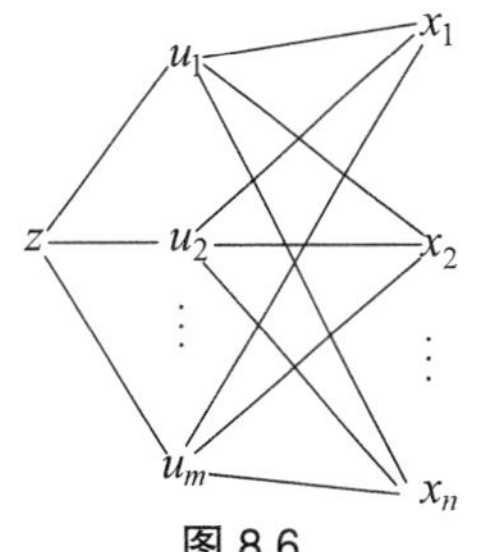

图 8.6

3. 关于多元复合函数可导的条件　一元函数 $u=u_i(t)\ (i=1,2,\cdots,n)$ 在 t

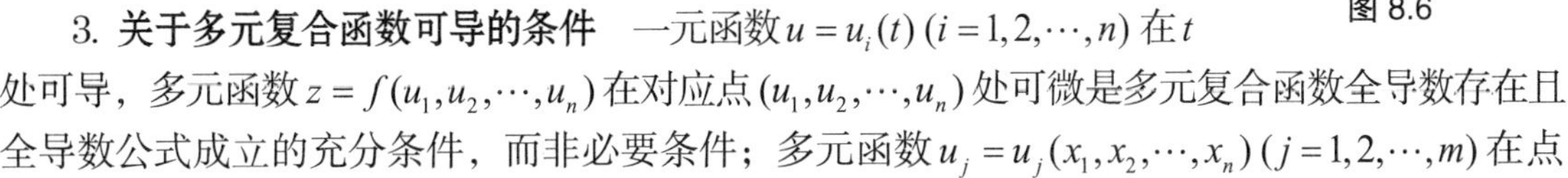
处可导，多元函数 $z=f(u_1,u_2,\cdots,u_n)$ 在对应点 $(u_1,u_2,\cdots,u_n)$ 处可微是多元复合函数全导数存在且全导数公式成立的充分条件，而非必要条件；多元函数 $u_j=u_j(x_1,x_2,\cdots,x_n)\ (j=1,2,\cdots,m)$ 在点

$(x_1,x_2,\cdots,x_n)$ 处对各 $x_i\ (i=1,2,\cdots,n)$ 可偏导，多元函数 $z=f(u_1,u_2,\cdots,u_m)$ 在对应点 $(u_1,u_2,\cdots,u_m)$ 处可微也是多元复合函数偏导数存在且偏导数公式成立的充分条件，而非必要条件.

例如，设 $z=f(u,v)=|u+v|$，则可证明 $z=f(u,v)$ 在相应点 $(u,v)=(0,0)$ 处的偏导数不存在，因而在该点处不可微.

若 $u=x^2,v=x^2$，则 u,v 在 $x=0$ 处可导，复合函数 $z=f[u(x),v(x)]=2x^2$ 在 $x=0$ 处可导，且 $\dfrac{\mathrm{d}z}{\mathrm{d}t}=4x|_{x=0}=0$；若 $u=x,v=x$，则 u,v 在 $x=0$ 处可导，而复合函数 $z=f[u(x),v(x)]=2|x|$ 在 $x=0$ 处不可导.

若 $u=x^2,v=y^2$，则 u,v 在 $(0,0)$ 处可偏导，复合函数 $z=f[u(x,y),v(x,y)]=x^2+y^2$ 在 $(0,0)$ 处可偏导，且 $\dfrac{\partial z}{\partial x}=2x|_{x=0}=0,\dfrac{\partial z}{\partial y}=2y|_{y=0}=0$；若 $u=x,v=y$，则 u,v 在 $(0,0)$ 处可偏导，而复合函数 $z=f[u(x),v(x)]=|x+y|$ 在 $(0,0)$ 处的两个偏导数均不存在.

又例如，设 $z=f(u,v)=\sqrt{|uv|}$，则由上节例 11 知 $z=f(u,v)$ 在 $(0,0)$ 处偏导数存在且 $f_u(0,0)=0,f_v(0,0)=0$，但不可微.

若 $u=x^2,v=x^2$，则 u,v 在 $x=0$ 处可导且 $u'(0)=v'(0)=0$，复合函数 $z(x)=f[u(x),v(x)]=x^2$ 在 $x=0$ 处可导且 $\left.\dfrac{\mathrm{d}z}{\mathrm{d}x}\right|_{x=0}=2x|_{x=0}=0$，而按全导数公式亦有

$$\left.\frac{\mathrm{d}z}{\mathrm{d}x}\right|_{x=0}=f_u(0,0)u'(0)+f_v(0,0)v'(0)=0,$$

两者结论一致；若 $u=x,v=x$，则 u,v 在 $x=0$ 处可导且 $u'(0)=v'(0)=1$，但复合函数 $z(x)=f[u(x),v(x)]=|x|$ 在 $x=0$ 处不可导，因此其全导数不存在，而按全导数公式亦有

$$\left.\frac{\mathrm{d}z}{\mathrm{d}x}\right|_{x=0}=f_u(0,0)u'(0)+f_v(0,0)v'(0)=0,$$

两者结论不一致.

若 $u=x^2,v=y^2$，则 u,v 在 $(0,0)$ 处可偏导且 $u_x(0,0)=v_x(0,0)=0;\ u_y(0,0)=v_y(0,0)=0$，复合函数 $z(x,y)=f[u(x,y),v(x,y)]=|xy|$ 在 $(0,0)$ 处可偏导且 $z_x(0,0)=0$，$z_y(0,0)=0$；而按偏导数公式亦有

$$z_x(0,0)=f_u(0,0)u_x(0,0)+f_v(0,0)v_x(0,0)=0,\quad z_y(0,0)=f_u(0,0)u_y(0,0)+f_v(0,0)v_y(0,0)=0,$$

两者结论一致；如果 $u=x+y,v=x-y$，那么 u,v 在 $(0,0)$ 处可偏导且 $u_x(0,0)=v_x(0,0)=1;$ $u_y(0,0)=1$，$v_y(0,0)=-1$，但复合函数 $z(x,y)=f[u(x,y),v(x,y)]=\sqrt{|x^2-y^2|}$ 在 $(0,0)$ 处的两个偏导数均不存在，而按偏导数公式有

$$z_x(0,0)=f_u(0,0)u_x(0,0)+f_v(0,0)v_x(0,0)=0,\quad z_y(0,0)=f_u(0,0)u_y(0,0)+f_v(0,0)v_y(0,0)=0,$$

两者结论不一致.

因此，中间变量的多元函数不可微，全导数和偏导数可能存在，也可能不存在；且全导数（偏导数）存在时，全导数（偏导数）公式可能成立，也可能不成立.

4. 关于多元复合抽象函数的高阶导数　这里所指的抽象函数，是指其表达式未知但具有某种性质的函数. 比如说只已知 $z=f(u,v)$ 是可微函数、具有连续的二阶偏导数的函数，等等.

由于不知道函数的具体表达式，初学者求多元复合抽象函数的高阶导数，往往会遇到多方面的困难，这是本章的难点之一. 应如何求多元复合抽象函数的高阶导数呢?

首先，应搞清楚函数的复合关系，逐阶求出函数的一阶导数、二阶导数、……；其次，要注意利用带数字的偏导数的记号，例如，利用 f_1', f_2', f_3' 分别表示复合函数 $f(x,xy,xyz)$ 对第一个变量（$u=x$）、第二个变量（$v=xy$）和第三个变量（$w=xyz$）的一阶偏导数，f_{11}'' 表示 $f(x,xy,xyz)$ 对第一变量二阶偏导数、f_{21}'', f_{32}'' 分别表示先对第二个变量后对第一个变量的混合偏导数和先对第三个变量后对第二个变量的混合偏导数；最后，求复合抽象函数二阶及二阶以上的偏导数时，要特别注意其各阶偏导数仍然是原中间变量的函数，否则对它们进一步求偏导数很容易产生漏项的错误. 如上面提到的 f_1' 和 f_{21}'' 实际上分别是 $f_1'(x,xy,xyz)$，$f_{21}''(x,xy,xyz)$，等等.

例如，求函数 $u=f(x,xy,xyz)$ 的二阶偏导数 $\dfrac{\partial^2 u}{\partial x^2}$，其中 f 具有二阶连续偏导数. 以1,2,3分别表示函数 $u=f(x,xy,xyz)$ 中的第一个、第二个和第三个变量 x,xy,xyz，则函数 u 对自变量 x,y,z 的复合关系如图8.7所示，于是

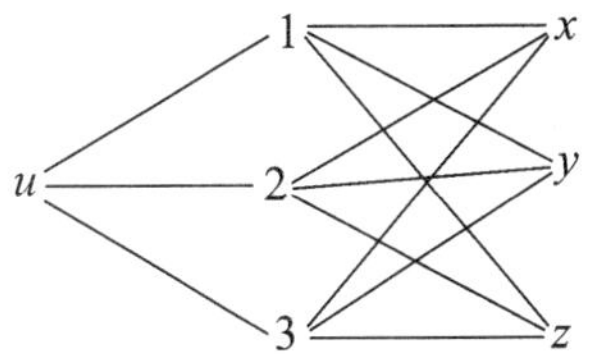

图 8.7

$$\frac{\partial u}{\partial x}=f_1'+f_2'\cdot\frac{\partial}{\partial x}(xy)+f_3'\cdot\frac{\partial}{\partial x}(xyz)=f_1'+yf_2'+yzf_3'.$$

$$\begin{aligned}\frac{\partial^2 u}{\partial x^2}&=\frac{\partial}{\partial x}(f_1'+yf_2'+yzf_3')=\frac{\partial}{\partial x}(f_1')+y\frac{\partial}{\partial x}(f_2')+yz\frac{\partial}{\partial x}(f_3')\\&=f_{11}''+f_{12}''\cdot\frac{\partial}{\partial x}(xy)+f_{13}''\cdot\frac{\partial}{\partial x}(xyz)+y\left[f_{21}''+f_{22}''\cdot\frac{\partial}{\partial x}(xy)+f_{23}''\cdot\frac{\partial}{\partial x}(xyz)\right]+\\&\quad yz\left[f_{31}''+f_{32}''\cdot\frac{\partial}{\partial x}(xy)+f_{33}''\cdot\frac{\partial}{\partial x}(xyz)\right]\\&=f_{11}''+yf_{12}''+yzf_{13}''+y(f_{21}''+yf_{22}''+yzf_{23}'')+yz(f_{31}''+yf_{32}''+yzf_{33}'')\\&=f_{11}''+y^2f_{22}''+y^2z^2f_{33}''+2yf_{12}''+2yzf_{13}''+2y^2zf_{23}''.\end{aligned}$$

5. 关于隐函数导数的求法　求隐函数的导数，通常有如下三种方法：公式法、复合函数求导法和全微分法. 注意：三种方法对待未知数的方式是不同的. 公式法中所有未知数同等看待，不区分函数与自变量；复合函数求导法严格区分函数与自变量；全微分法开始不区分函数与自变量，但求微分表达式时区分函数与自变量. 具体做法如下：

（i）公式法　把所给方程（方程组的每个方程）中的所有非零项移到方程的一边，并把方程这边的式子看成一个多元函数，所有的变量同等看待，求各个多元函数的偏导数，代入相应的求导公式即得.

例如，求方程 $\dfrac{x}{z}=\ln\dfrac{z}{y}\ (y,z>0)$ 所确定的函数 $z=z(x,y)$ 的偏导数. 先将方程化为

$$x-z\ln z+z\ln y=0,$$

再令 $F(x,y,z)=x-z\ln z+z\ln y$，则

$$F_x=1,\quad F_y=\frac{z}{y},\quad F_z=\ln y-\ln z-1\ ,$$

于是根据偏导数公式，得

$$\frac{\partial z}{\partial x}=-\frac{F_x}{F_z}=-\frac{1}{\ln y-\ln z-1},\quad \frac{\partial z}{\partial y}=-\frac{F_y}{F_z}=-\frac{z}{y(\ln y-\ln z-1)}\ .$$

（ii）**复合函数求导法** 把方程中的一个或几个变量看成是其余变量的函数，用复合函数求导法，对方程两边求导或求偏导，得到含所求导数或偏导数的方程（或方程组），再从所得的方程或方程组中解出所求的导数或偏导数即可.

例如，在上例中，把 z 看成是 x,y 的函数，化简后的方程两边分别对 x,y 求偏导，得

$$1-\frac{\partial z}{\partial x}\ln z-\frac{\partial z}{\partial x}+\frac{\partial z}{\partial x}\ln y=0,\quad -\frac{\partial z}{\partial y}\ln z-\frac{\partial z}{\partial y}+\frac{\partial z}{\partial y}\ln y+\frac{z}{y}=0\ ,$$

解得

$$\frac{\partial z}{\partial x}=-\frac{1}{\ln y-\ln z-1},\quad \frac{\partial z}{\partial y}=-\frac{z}{y(\ln y-\ln z-1)}\ .$$

（iii）**全微分法** 方程中的所有变量同等看待，方程两边求微分，得含有函数微分和自变量微分的方程（方程组）；再把函数的微分作为未知数，从方程（或方程组）中解出，根据全微分形式的不变性，即得所求函数的导数或偏导数.

例如，求方程 $x+2y+3z=\sin(x+2y+3z)$ 所确定的函数 $z=z(x,y)$ 的偏导数. 方程两边求微分，得

$$\mathrm{d}x+2\mathrm{d}y+3\mathrm{d}z=\cos(x+2y+3z)(\mathrm{d}x+2\mathrm{d}y+3\mathrm{d}z)\ ,$$

从中解出函数的微分，得

$$\mathrm{d}z=-\frac{1}{3}\mathrm{d}x-\frac{2}{3}\mathrm{d}y\Rightarrow\frac{\partial z}{\partial x}=-\frac{1}{3},\quad \frac{\partial z}{\partial y}=-\frac{2}{3}\ .$$

6. **关于隐函数的高阶导数** 隐函数的高阶导数，也是本章的难点之一. 根据隐函数的导数或偏导数，求它的更高阶导数或偏导数，必须注意其各阶导数或偏导数表达式中的因变量仍然是原自变量的函数，都应视为自变量的复合函数. 因此，求隐函数二阶及二阶以上的偏导数时，通常要用商的求导法则和复合函数求导法则，但有些方法也可以避免使用商的求导法则.

例如，求方程 $\mathrm{e}^z-xyz=0$ 所确定的函数 $z=z(x,y)$ 的二阶偏导数 $\frac{\partial^2 z}{\partial x^2},\frac{\partial^2 z}{\partial x\partial y}$. 首先，方程两边对 x 求导得

$$\mathrm{e}^z\frac{\partial z}{\partial x}-yz-xy\frac{\partial z}{\partial x}=0\ ,$$

即

$$xyz\frac{\partial z}{\partial x}-yz-xy\frac{\partial z}{\partial x}=0\ ,$$

即

$$x(z-1)\frac{\partial z}{\partial x}=z\ ,$$

于是
$$\frac{\partial z}{\partial x}=\frac{z}{xz-x};$$
同理
$$\frac{\partial z}{\partial y}=\frac{z}{yz-y}.$$
注意到$\frac{\partial z}{\partial x}$分子、分母中的$z$都是$x,y$的函数，则
$$\frac{\partial^2 z}{\partial x^2}=\frac{\partial}{\partial x}\left(\frac{z}{xz-x}\right)=\frac{\frac{\partial z}{\partial x}\cdot(xz-x)-z\left(z-1+x\frac{\partial z}{\partial x}\right)}{(xz-x)^2}=\frac{z-z^2-x\frac{\partial z}{\partial x}}{(xz-x)^2}=-\frac{z^3-2z^2+2z}{x^2(z-1)^3}.$$
$$\frac{\partial^2 z}{\partial x\partial y}=\frac{\partial}{\partial y}\left(\frac{z}{xz-x}\right)=\frac{1}{x}\cdot\frac{\frac{\partial z}{\partial y}\cdot(z-1)-z\frac{\partial z}{\partial y}}{(z-1)^2}=\frac{-z\frac{\partial z}{\partial y}}{x(z-1)^2}=-\frac{z^2}{xy(z-1)^3}.$$
但在求$\frac{\partial^2 z}{\partial x^2}$时，若在方程$x(z-1)\frac{\partial z}{\partial x}=z$两边再对$x$求导，则可避免使用商的求导法则.

四、例题分析

例 1　设$z=\frac{uv}{u^2-v^2}+\tan 2t$，其中$u=\mathrm{e}^t\cos t, v=\mathrm{e}^t\sin t$，求$\frac{\mathrm{d}z}{\mathrm{d}t}$.

分析　该函数可以看成是三元函数$z=f(u,v,t)=\frac{uv}{u^2-v^2}+\tan 2t$与一元函数$u=\mathrm{e}^t\cos t, v=\mathrm{e}^t\sin t, t=t$的复合函数，因此可以根据全导数公式求解. 注意$z=f(u,v,t)$的变量$t$就是复合函数$z(t)$的变量，此时$z$到$t$的路径是直接的，它在此条路径的导数就是$z$对$t$的偏导数.

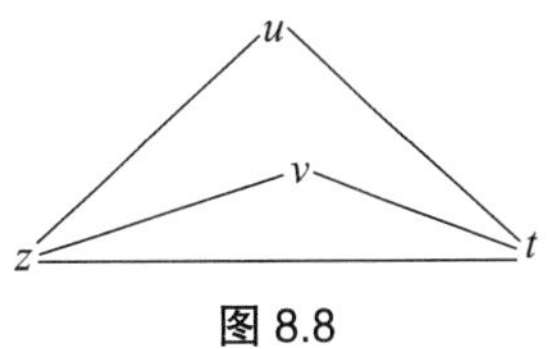

图 8.8

解　z对t的复合关系如图 8.8 所示，于是由全导数公式，有
$$\begin{aligned}\frac{\mathrm{d}z}{\mathrm{d}t}&=\frac{\partial z}{\partial u}\frac{\mathrm{d}u}{\mathrm{d}t}+\frac{\partial z}{\partial v}\frac{\mathrm{d}v}{\mathrm{d}t}+\frac{\partial z}{\partial t}\\&=v\cdot\frac{(u^2-v^2)-2u^2}{(u^2-v^2)^2}\cdot\mathrm{e}^t(\cos t-\sin t)+u\cdot\frac{(u^2-v^2)+2v^2}{(u^2-v^2)^2}\cdot\mathrm{e}^t(\cos t+\sin t)-2\sec^2 2t\\&=\frac{u^2+v^2}{(u^2-v^2)^2}\cdot\mathrm{e}^t[-v(\cos t-\sin t)+u(\cos t+\sin t)]-2\sec^2 2t\\&=\frac{\mathrm{e}^{2t}}{\mathrm{e}^{4t}\cos^2 2t}\cdot\mathrm{e}^{2t}[-\sin t(\cos t-\sin t)+\cos t(\cos t+\sin t)]-2\sec^2 2t\\&=\sec^2 2t-2\sec^2 2t=-\sec^2 2t.\end{aligned}$$

思考　（i）若$z=\frac{uv}{u^2+v^2}+\tan 2t$或$z=\frac{u+v}{u^2-v^2}+\tan 2t$或$z=\frac{u+v}{u^2+v^2}+\tan 2t$，结果如何？

（ii）对以上各题，求$\frac{\mathrm{d}^2z}{\mathrm{d}t^2}$.

例 2　设函数$z=f(x,y)$在点$(1,1)$处可微，而且$f(1,1)=1$, $f_1'(1,1)=2$, $f_2'(1,1)=3$, $\varphi(x)=f(x,f(x,x))$，求$\frac{\mathrm{d}}{\mathrm{d}x}\varphi^3(x)|_{x=1}$.

分析　该函数可以看成是五个函数 $u=[\varphi(x)]^3, \varphi(x)=f(x,v), v=f(s,t), s=x, t=x$ 的复合函数，求该函数的导数既要用幂函数的导数公式，也要用全导数公式，即 z 对 $\varphi(x)$ 的导数用幂函数的求导公式，$\varphi(x)$ 对 x 的导数要用全导数公式.

解　令 $u=[\varphi(x)]^3,\ \varphi(x)=f(x,v),\ v=f(s,t),\ s=x,\ t=x$，于是由全导数公式得

$$\frac{\mathrm{d}v}{\mathrm{d}x}=f_1'(s,t)+f_2'(s,t)=f_1'(x,x)+f_2'(x,x),$$

$$\frac{\mathrm{d}}{\mathrm{d}x}\varphi(x)=f_1'(x,v)+f_2'(x,v)\cdot\frac{\mathrm{d}v}{\mathrm{d}x}=f_1'(x,f(x,x))+f_2'(x,f(x,x))\cdot[f_1'(x,x)+f_2'(x,x)]$$

所以

$$\begin{aligned}\frac{\mathrm{d}}{\mathrm{d}x}\varphi^3(x)&=3\varphi^2(x)\cdot\frac{\mathrm{d}}{\mathrm{d}x}\varphi(x)\\&=3f^2(x,f(x,x))\{f_1'(x,f(x,x))+f_2'(x,f(x,x))\cdot[f_1'(x,x)+f_2'(x,x)]\},\end{aligned}$$

于是由 $f(1,1)=1,\ f_1'(1,1)=2,\ f_2'(1,1)=3$，得

$$\begin{aligned}\frac{\mathrm{d}}{\mathrm{d}x}\varphi^3(x)\Big|_{x=1}&=3f^2(x,f(x,x))\{f_1'(x,f(x,x))+f_2'(x,f(x,x))\cdot[f_1'(x,x)+f_2'(x,x)]\}\Big|_{x=1}\\&=3f^2(1,f(1,1))\{f_1'(1,f(1,1))+f_2'(1,f(1,1))\cdot[f_1'(1,1)+f_2'(1,1)]\}\\&=3f^2(1,1)\{f_1'(1,1)+f_2'(1,1)\cdot(2+3)\}=3\cdot1^2\cdot\{2+3\cdot5\}=51.\end{aligned}$$

思考　（i）若 $\varphi(x)=f(f(x,x),x)$，结果如何？若 $\varphi(x)=f(x,f(x,f(x,x)))$ 或 $\varphi(x)=f(f(x,f(x,x)),x)$ 呢？（ii）对以上各题，求 $\frac{\mathrm{d}}{\mathrm{d}x}\varphi^n(x)\big|_{x=1}\ (n\in\mathbf{N}^+)$.

例 3　设 $z=uv+vw+wu,\ u=xy,\ v=\frac{y}{x},\ w=x-y$，求 $\frac{\partial z}{\partial x},\frac{\partial z}{\partial y}$.

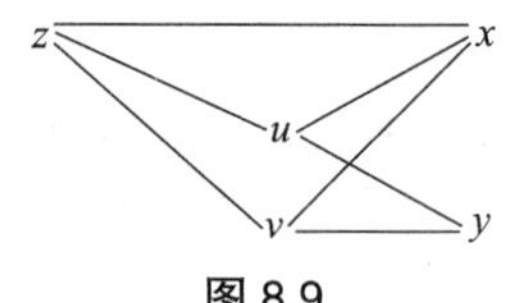

图 8.9

分析　这是三元函数与二元函数的复合函数，可直接利用复合函数求导法则求解.

解　函数 z 对 x,y 的复合关系如图 8.9 所示，于是

$$\begin{aligned}\frac{\partial z}{\partial x}&=\frac{\partial z}{\partial u}\frac{\partial u}{\partial x}+\frac{\partial z}{\partial v}\frac{\partial v}{\partial x}+\frac{\partial z}{\partial w}\frac{\partial w}{\partial x}=(v+w)\cdot y+(u+w)\cdot\left(-\frac{y}{x^2}\right)+(u+v)\cdot1\\&=\left(\frac{y}{x}+x-y\right)\cdot y+(xy+x-y)\cdot\left(-\frac{y}{x^2}\right)+\left(xy+\frac{y}{x}\right)=2xy-y^2+\frac{y}{x^2};\end{aligned}$$

$$\begin{aligned}\frac{\partial z}{\partial y}&=\frac{\partial z}{\partial u}\frac{\partial u}{\partial y}+\frac{\partial z}{\partial v}\frac{\partial v}{\partial y}+\frac{\partial z}{\partial w}\frac{\partial w}{\partial y}=(v+w)\cdot x+(u+w)\cdot\frac{1}{x}+(u+v)\cdot(-1)\\&=\left(\frac{y}{x}+x-y\right)\cdot x+(xy+x-y)\cdot\frac{1}{x}-\left(xy+\frac{y}{x}\right)=2y+x^2-2xy+1-\frac{2y}{x}.\end{aligned}$$

思考　（i）若其中 $w=x^y$ 或 $w=y^x$，结果如何？（ii）若其中 $z=u^v+v^w+w^u$，结果又如何？（iii）求以上各题的 $\frac{\partial^2 z}{\partial x^2},\frac{\partial^2 z}{\partial y^2}$.

例 4　设 $z=(x^2+y^2)^{\arctan\frac{xy}{x^2-y^2}}$，求 $\frac{\partial z}{\partial x},\frac{\partial z}{\partial y}$.

分析　该题未给出复合关系，先确定一个容易求偏导的复合关系，再利用复合函数求导公式求解.

解　令 $u=x^2+y^2, v=\arctan\dfrac{xy}{x^2-y^2}$，则 $z=u^v$. 由于

$$\frac{\partial z}{\partial u}=vu^{v-1},\quad \frac{\partial z}{\partial v}=u^v\ln u;\quad \frac{\partial u}{\partial x}=2x,\quad \frac{\partial u}{\partial y}=2y\ ;$$

$$\frac{\partial v}{\partial x}=\frac{1}{1+\left(\dfrac{xy}{x^2-y^2}\right)^2}\frac{\partial}{\partial x}\left(\frac{xy}{x^2-y^2}\right)$$

$$=\frac{(x^2-y^2)^2}{(x^2-y^2)^2+x^2y^2}\cdot\frac{y(x^2-y^2)-xy\cdot 2x}{(x^2-y^2)^2}=-\frac{x^2y+y^3}{x^4+y^4-x^2y^2},$$

$$\frac{\partial v}{\partial y}=\frac{1}{1+\left(\dfrac{xy}{x^2-y^2}\right)^2}\frac{\partial}{\partial y}\left(\frac{xy}{x^2-y^2}\right)$$

$$=\frac{(x^2-y^2)^2}{(x^2-y^2)^2+x^2y^2}\cdot\frac{x(x^2-y^2)-xy\cdot(-2y)}{(x^2-y^2)^2}=\frac{x^3+xy^2}{x^4+y^4-x^2y^2},$$

所以

$$\frac{\partial z}{\partial x}=\frac{\partial z}{\partial u}\frac{\partial u}{\partial x}+\frac{\partial z}{\partial v}\frac{\partial v}{\partial x}=vu^{v-1}\cdot 2x+u^v\ln u\cdot\left(-\frac{x^2y+y^3}{x^4+y^4-x^2y^2}\right)$$

$$=(x^2+y^2)^{\arctan\frac{xy}{x^2-y^2}}\left[\frac{2x}{x^2+y^2}\arctan\frac{xy}{x^2-y^2}-\frac{x^2y+y^3}{x^4+y^4-x^2y^2}\ln(x^2+y^2)\right],$$

$$\frac{\partial z}{\partial y}=\frac{\partial z}{\partial u}\frac{\partial u}{\partial y}+\frac{\partial z}{\partial v}\frac{\partial v}{\partial y}=vu^{v-1}\cdot 2y+u^v\ln u\cdot\frac{x^3+xy^2}{x^4+y^4-x^2y^2}$$

$$=(x^2+y^2)^{\arctan\frac{xy}{x^2-y^2}}\left[\frac{2y}{x^2+y^2}\arctan\frac{xy}{x^2-y^2}+\frac{x^3+xy^2}{x^4+y^4-x^2y^2}\ln(x^2+y^2)\right].$$

思考　（i）若令 $u=x^2+y^2$，$v=\dfrac{xy}{x^2-y^2}$，则 z 为多少？利用这种复合关系求解是否可行？

（ii）若 $z=(x^2+y^2)^{\arctan\frac{y}{x}}$，结果如何？

例 5　设 $u=f(x,xy,xyz)$, f 是可微函数，求 $\dfrac{\partial u}{\partial x},\dfrac{\partial u}{\partial y},\dfrac{\partial u}{\partial z}$ 及 $\mathrm{d}u$.

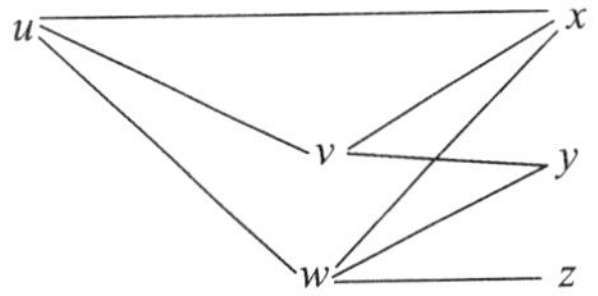

分析　该题未给出中间变量，但中间变量比较显然. 先引进中间变量，明确复合关系，再利用复合函数求导公式求解；也可以利用全微分形式的不变性求解. 注意：若利用带下标的偏导记号，可以使求解过程简洁.

图 8.10

解法 1　令 $v=xy, w=xyz$，则 $u=f(x,v,w)$，于是 u 对 x,y,z 的复合关系如图 8.10 所示. 所以

$$\frac{\partial u}{\partial x}=\frac{\partial f}{\partial x}+\frac{\partial f}{\partial v}\frac{\partial v}{\partial x}+\frac{\partial f}{\partial w}\frac{\partial w}{\partial x}=\frac{\partial f}{\partial x}+y\frac{\partial f}{\partial v}+yz\frac{\partial f}{\partial w},$$

$$\frac{\partial u}{\partial y}=\frac{\partial f}{\partial v}\frac{\partial v}{\partial y}+\frac{\partial f}{\partial w}\frac{\partial w}{\partial y}=x\frac{\partial f}{\partial v}+xz\frac{\partial f}{\partial w},$$

$$\frac{\partial u}{\partial z}=\frac{\partial f}{\partial w}\frac{\partial w}{\partial z}=xy\frac{\partial f}{\partial w},$$

$$\mathrm{d}u=\frac{\partial u}{\partial x}\mathrm{d}x+\frac{\partial u}{\partial y}\mathrm{d}y+\frac{\partial u}{\partial z}\mathrm{d}z=\left(\frac{\partial f}{\partial x}+y\frac{\partial f}{\partial v}+yz\frac{\partial f}{\partial w}\right)\mathrm{d}x+\left(x\frac{\partial f}{\partial v}+xz\frac{\partial f}{\partial w}\right)\mathrm{d}y+xy\frac{\partial f}{\partial w}\mathrm{d}z.$$

思考 1　（i）利用带下标的偏导记号表示以上求解过程；（ii）若 f 具有一阶连续的偏导数，以上求解过程是否可行？若 f 具有一阶偏导数呢？

解法 2　把 xy, xyz 看成中间变量，利用带下标的偏导记号，函数两边求微分并整理得

$$\begin{aligned}\mathrm{d}u&=\mathrm{d}f(x,xy,xyz)=f_1'\cdot\mathrm{d}x+f_2'\cdot\mathrm{d}(xy)+f_3'\cdot\mathrm{d}(xyz)\\&=f_1'\cdot\mathrm{d}x+f_2'\cdot(y\mathrm{d}x+x\mathrm{d}y)+f_3'\cdot(yz\mathrm{d}x+zx\mathrm{d}y+xy\mathrm{d}z)\\&=(f_1'+yf_2'+yzf_3')\mathrm{d}x+(xf_2'+zxf_3')\mathrm{d}y+xyf_3'\mathrm{d}z,\end{aligned}$$

于是

$$\frac{\partial u}{\partial x}=f_1'+yf_2'+yzf_3',\quad \frac{\partial u}{\partial y}=xf_2'+zxf_3',\quad \frac{\partial u}{\partial z}=xyf_3'.$$

思考 2　（i）利用解法 1 中的偏导记号表示以上求解过程；（ii）若 $u=f(x,xy^2,xy^2z^3)$，结果如何？

例 6　设 $z=f(u,v),\ u=x^2-y^2,\ v=xy$，其中 f 具有二阶连续偏导数，求 $\dfrac{\partial^2 z}{\partial x^2},\dfrac{\partial^2 z}{\partial x\partial y}$.

分析　这是抽象复合函数的高阶导数问题，应注意抽象复合函数的各阶导数，仍然是原中间变量的复合函数. 因此，根据其某阶偏导数求高一阶偏导数时，仍要用复合函数求导公式，否则，会产生漏项的错误.

解　$f(u,v), f_u(u,v), f_v(u,v)$ 的复合关系如图 8.11 所示.

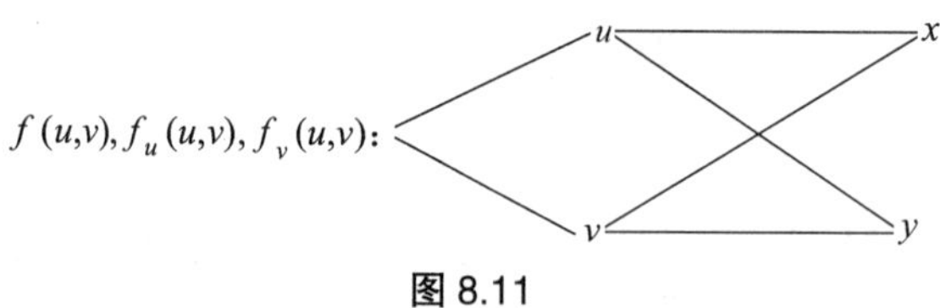

图 8.11

于是

$$\frac{\partial z}{\partial x}=\frac{\partial f}{\partial u}\frac{\partial u}{\partial x}+\frac{\partial f}{\partial v}\frac{\partial v}{\partial x}=2xf_u+yf_v,$$

$$\begin{aligned}\frac{\partial^2 z}{\partial x^2}&=\frac{\partial}{\partial x}\left(\frac{\partial z}{\partial x}\right)=\frac{\partial}{\partial x}(2xf_u+yf_v)=2f_u+2x\frac{\partial}{\partial x}(f_u)+y\frac{\partial}{\partial x}(f_v)\\&=2f_u+2x\left(f_{uu}\frac{\partial u}{\partial x}+f_{uv}\frac{\partial v}{\partial x}\right)+y\left(f_{vu}\frac{\partial u}{\partial x}+f_{vv}\frac{\partial v}{\partial x}\right)\\&=2f_u+2x(2xf_{uu}+yf_{uv})+y(2xf_{uv}+yf_{vv})=2f_u+4x^2f_{uu}+4xyf_{uv}+y^2f_{vv},\end{aligned}$$

$$\frac{\partial^2 z}{\partial x \partial y}=\frac{\partial}{\partial y}\left(\frac{\partial z}{\partial x}\right)=\frac{\partial}{\partial y}(2xf_u+yf_v)=2x\frac{\partial}{\partial y}(f_u)+f_v+y\frac{\partial}{\partial y}(f_v)$$
$$=f_v+2x\left(f_{uu}\frac{\partial u}{\partial y}+f_{uv}\frac{\partial v}{\partial y}\right)+y\left(f_{vu}\frac{\partial u}{\partial y}+f_{vv}\frac{\partial v}{\partial y}\right)$$
$$=f_v+2x(-2yf_{uu}+xf_{uv})+y(-2yf_{uv}+xf_{vv})=f_v-4xyf_{uu}+2(x^2-y^2)f_{uv}+xyf_{vv}.$$

思考　（i）若$u=xy,v=x^2-y^2$或$u=x^2-y^2,v=\dfrac{y}{x}$或$u=x^2-y^2,v=\dfrac{x}{y}$或$u=x^2+y^2,v=\dfrac{y}{x}$，结果如何？（ii）若其中f具有二阶偏导数，以上各题结果如何？（iii）求以上各题的$\dfrac{\partial^2 z}{\partial y^2}$.

例 7　设$z=f\left(xy,\dfrac{y}{x}\right)+g\left(\dfrac{x}{y}\right)$，其中$f$具有二阶连续偏导数，$g$具有二阶连续导数，求$\dfrac{\partial^2 x}{\partial y^2},\dfrac{\partial^2 x}{\partial x\partial y}$.

分析　这也是抽象函数复合的高阶导数，但没有明确给出复合关系. 因此，除应注意抽象复合函数的各阶导数仍然是原中间变量的复合函数外，还应明确复合关系. 为避免引进中间变量，可以利用带下标的偏导记号，从而简化求导的过程.

解　分别用 1, 2 依次代表$f\left(xy,\dfrac{y}{x}\right)$中的两个中间变量，则$f,f_1',f_2'$的复合关系如图 8.12 所示.

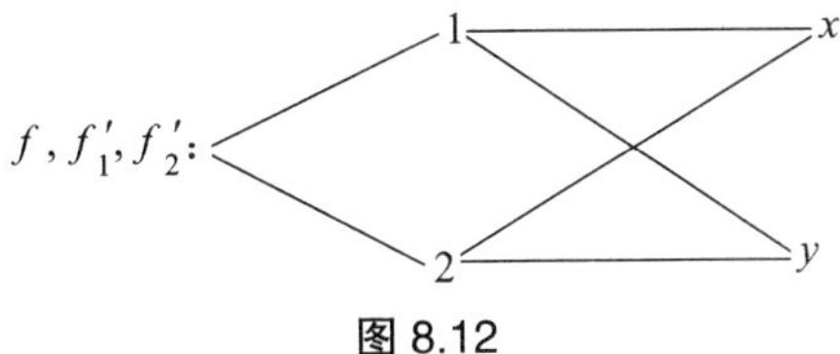

图 8.12

于是

$$\frac{\partial z}{\partial x}=f_1'\frac{\partial}{\partial x}(xy)+f_2'\frac{\partial}{\partial x}\left(\frac{y}{x}\right)+g'\frac{\partial}{\partial x}\left(\frac{x}{y}\right)=yf_1'-\frac{y}{x^2}f_2'+\frac{1}{y}g',$$

$$\frac{\partial z}{\partial y}=f_1'\frac{\partial}{\partial y}(xy)+f_2'\frac{\partial}{\partial y}\left(\frac{y}{x}\right)+g'\frac{\partial}{\partial y}\left(\frac{x}{y}\right)=xf_1'+\frac{1}{x}f_2'-\frac{x}{y^2}g';$$

$$\frac{\partial^2 z}{\partial x\partial y}=\frac{\partial}{\partial y}\left(yf_1'-\frac{y}{x^2}f_2'+\frac{1}{y}g'\right)$$
$$=f_1'-\frac{1}{x^2}f_2'-\frac{1}{y^2}g'+y\frac{\partial}{\partial y}(f_1')-\frac{y}{x^2}\frac{\partial}{\partial y}(f_2')+\frac{1}{y}g''\frac{\partial}{\partial y}\left(\frac{x}{y}\right)$$
$$=f_1'-\frac{1}{x^2}f_2'-\frac{1}{y^2}g'+y\left[f_{11}''\frac{\partial}{\partial y}(xy)+f_{12}''\frac{\partial}{\partial y}\left(\frac{y}{x}\right)\right]-\frac{y}{x^2}\left[f_{21}''\frac{\partial}{\partial y}(xy)+f_{22}''\frac{\partial}{\partial y}\left(\frac{y}{x}\right)\right]-\frac{x}{y^3}g''$$
$$=f_1'-\frac{1}{x^2}f_2'-\frac{1}{y^2}g'+y\left(xf_{11}''+\frac{1}{x}f_{12}''\right)-\frac{y}{x^2}\left(xf_{12}''+\frac{1}{x}f_{22}''\right)-\frac{x}{y^3}g''$$
$$=f_1'-\frac{1}{x^2}f_2'-\frac{1}{y^2}g'+xyf_{11}''-\frac{y}{x^3}f_{22}''-\frac{x}{y^3}g''.$$

$$\frac{\partial^2 z}{\partial y^2}=\frac{\partial}{\partial y}\left(xf_1'+\frac{1}{x}f_2'-\frac{x}{y^2}g'\right)=x\frac{\partial}{\partial y}(f_1')+\frac{1}{x}\frac{\partial}{\partial y}(f_2')+\frac{2x}{y^3}g'-\frac{x}{y^2}g''\frac{\partial}{\partial y}\left(\frac{x}{y}\right)$$

$$=x\left[f_{11}''\frac{\partial}{\partial y}(xy)+f_{12}''\frac{\partial}{\partial y}\left(\frac{y}{x}\right)\right]+\frac{1}{x}\left[f_{21}''\frac{\partial}{\partial y}(xy)+f_{22}''\frac{\partial}{\partial y}\left(\frac{y}{x}\right)\right]+\frac{2x}{y^3}g'+\frac{x^2}{y^4}g''$$

$$=x\left(xf_{11}''+\frac{1}{x}f_{12}''\right)+\frac{1}{x}\left(xf_{12}''+\frac{1}{x}f_{22}''\right)+\frac{2x}{y^3}g'+\frac{x^2}{y^4}g''$$

$$=x^2f_{11}''+2f_{12}''+\frac{1}{x^2}f_{22}''+\frac{2x}{y^3}g'+\frac{x^2}{y^4}g''.$$

思考　（i）若 $z=f\left(xy,\frac{x}{y}\right)+g\left(\frac{y}{x}\right)$，结果如何？（ii）若其中 f 具有二阶偏导数，以上各题结果如何？（iii）求以上各题的 $\frac{\partial^2 z}{\partial x^2}$.

例 8　证明：变换 $u=\ln\sqrt{x^2+y^2}$，$v=\arctan\frac{y}{x}$ 可以把方程 $(ax+by)\frac{\partial z}{\partial x}=(bx-ay)\frac{\partial z}{\partial y}$ 简化为 $a\frac{\partial z}{\partial u}=b\frac{\partial z}{\partial v}\ (ab\neq 0)$.

分析　要把原方程化为所要的方程，必须把其中的偏导数 $\frac{\partial z}{\partial x},\frac{\partial z}{\partial y}$ 转化成目标方程中的偏导数 $\frac{\partial z}{\partial u},\frac{\partial z}{\partial v}$，因此问题的关键是用 $\frac{\partial z}{\partial u},\frac{\partial z}{\partial v}$ 来表示 $\frac{\partial z}{\partial x},\frac{\partial z}{\partial y}$.

解　根据复合函数的导数公式，得

$$\frac{\partial z}{\partial x}=\frac{\partial z}{\partial u}\frac{\partial u}{\partial x}+\frac{\partial z}{\partial v}\frac{\partial v}{\partial x}=\frac{\partial z}{\partial u}\frac{x}{x^2+y^2}+\frac{\partial z}{\partial v}\frac{1}{1+\left(\frac{y}{x}\right)^2}\cdot\left(-\frac{y}{x^2}\right)=\frac{x}{x^2+y^2}\frac{\partial z}{\partial u}-\frac{y}{x^2+y^2}\frac{\partial z}{\partial v},$$

$$\frac{\partial z}{\partial y}=\frac{\partial z}{\partial u}\frac{\partial u}{\partial y}+\frac{\partial z}{\partial v}\frac{\partial v}{\partial y}=\frac{\partial z}{\partial u}\frac{y}{x^2+y^2}+\frac{\partial z}{\partial v}\frac{1}{1+\left(\frac{y}{x}\right)^2}\cdot\frac{1}{x}=\frac{y}{x^2+y^2}\frac{\partial z}{\partial u}+\frac{x}{x^2+y^2}\frac{\partial z}{\partial v},$$

代入原方程中，得

$$(ax+by)\left(\frac{x}{x^2+y^2}\frac{\partial z}{\partial u}-\frac{y}{x^2+y^2}\frac{\partial z}{\partial v}\right)=(bx-ay)\left(\frac{y}{x^2+y^2}\frac{\partial z}{\partial u}+\frac{x}{x^2+y^2}\frac{\partial z}{\partial v}\right),$$

化简即得 $a\frac{\partial z}{\partial u}=b\frac{\partial z}{\partial v}\ (ab\neq 0)$.

思考　（i）若 $u=\ln\sqrt{x^2+y^2},v=\arctan\frac{x}{y}$ 或 $u=\ln(x^2+y^2),v=\arctan\frac{y}{x}$ 或 $u=\ln(x^2+y^2)$，$v=\arctan\frac{x}{y}$，结论如何？（ii）若 $u=k\ln(x^2+y^2),v=\arctan\frac{y}{x}\ (k\neq 0)$ 或 $u=k\ln(x^2+y^2)$，$v=\arctan\frac{x}{y}\ (k\neq 0)$ 呢？

例 9　用公式法求方程 $x^2+y^2+z^2=y\varphi\left(\frac{z}{y}\right)$ 所确定的隐函数 $z=z(x,y)$ 的偏导数 $\frac{\partial z}{\partial x},\frac{\partial z}{\partial y}$，其中 φ 是可导函数.

分析　把所有非零的项移到方程的一边，得出公式法中所需要的三元函数 $F(x,y,z)$，再求该函数对各个变量的偏导数，最后代入偏导数公式化简即可. 注意：不要漏掉偏导数公式中的负号，并防止公式中分子分母倒置.

解　把所有非零的项移到方程的一边，得

$$F(x,y,z)=x^2+y^2+z^2-y\varphi\left(\frac{z}{y}\right),$$

于是

$$F_x=2x,\quad F_y=2y-\varphi-y\varphi'\cdot\left(-\frac{z}{y^2}\right)=2y-\varphi+\frac{z}{y}\varphi',\quad F_z=2z-y\varphi'\cdot\frac{1}{y}=2z-\varphi',$$

代入偏导数公式，得

$$\frac{\partial z}{\partial x}=-\frac{F_x}{F_z}=-\frac{2x}{2z-\varphi'},\quad \frac{\partial z}{\partial y}=-\frac{F_y}{F_z}=-\frac{2y-\varphi+\frac{z}{y}\varphi'}{2z-\varphi'}=-\frac{2y^2-y\varphi+z\varphi'}{(2z-\varphi')y}.$$

思考　（i）若 $x^2+y^2+z^2=x\varphi\left(\frac{z}{x}\right)$ 或 $x^2+y^2+z^2=y\varphi\left(\frac{z}{x}\right)$ 或 $x^2+y^2+z^2=x\varphi\left(\frac{z}{y}\right)$，结果如何？（ii）分别求以上方程所确定的隐函数 $x=x(y,z)$ 和 $y=y(z,x)$ 的偏导数 $\frac{\partial x}{\partial y},\frac{\partial x}{\partial z}$ 和 $\frac{\partial y}{\partial z},\frac{\partial y}{\partial x}$；（iii）用复合函数求导法和全微分法求解以上各题.

例 10　用复合函数求导法求方程 $\mathrm{e}^{-3z}+\sin(x+y-2z)+xy=yz+zx$ 所确定的隐函数 $z=z(x,y)$ 的偏导数 $\frac{\partial z}{\partial x},\frac{\partial z}{\partial y}$.

分析　把方程中的变量 z 看成是变量 x,y 的函数，用复合函数法对方程两边求偏导数，得到关于这个偏导数的一个方程，从中解出这个偏导数即可. 求导时切记 z 是 x,y 的函数，否则会产生漏项的错误.

解　把 z 看成是 x,y 的函数，方程两边对 x 求偏导，得

$$\mathrm{e}^{-3z}\cdot\frac{\partial}{\partial x}(-3z)+\cos(x+y-2z)\cdot\frac{\partial}{\partial x}(x+y-2z)+y=y\frac{\partial z}{\partial x}+x\frac{\partial z}{\partial x}+z,$$

即

$$-3\mathrm{e}^{-3z}\frac{\partial z}{\partial x}+\cos(x+y-2z)\cdot\left(1-2\frac{\partial z}{\partial x}\right)+y=y\frac{\partial z}{\partial x}+x\frac{\partial z}{\partial x}+z,$$

即

$$[x+y+3\mathrm{e}^{-3z}+2\cos(x+y-2z)]\frac{\partial z}{\partial x}=y+\cos(x+y-2z)-z,$$

于是

$$\frac{\partial z}{\partial x}=\frac{y+\cos(x+y-2z)-z}{x+y+3\mathrm{e}^{-3z}+2\cos(x+y-2z)};$$

类似地

$$\frac{\partial z}{\partial y}=\frac{x+\cos(x+y-2z)-z}{x+y+3\mathrm{e}^{-3z}+2\cos(x+y-2z)}.$$

思考 （i）若 $e^{-3z}+\cos(x+y-2z)+xy=yz+zx$ 或 $e^{-3z}+\ln(x+y-2z)+xy=yz+zx$ 或 $e^{-3z}+\tan(x+y-2z)+xy=yz+zx$，结果如何？（ii）分别求以上方程所确定的隐函数 $x=x(y,z)$ 和 $y=y(z,x)$ 的偏导数 $\frac{\partial x}{\partial y},\frac{\partial x}{\partial z}$ 和 $\frac{\partial y}{\partial z},\frac{\partial y}{\partial x}$；（iii）用公式法和全微分法求解以上各题.

例 11 用复合函数求导法求方程 $\begin{cases}\sin(x+y)=e^u+u\sin v\\ \sin(x-y)=e^u-u\cos v\end{cases}$ 所确定的隐函数 $u=u(x,y)$，$v=v(x,y)$ 的偏导数 $\frac{\partial u}{\partial x},\frac{\partial u}{\partial y}$； $\frac{\partial v}{\partial x},\frac{\partial v}{\partial y}$.

分析 把方程组中的变量 u,v 看成是变量 x,y 的函数，用复合函数法对方程组两边求偏导数，得到关于这两个偏导数的一个方程组，从中解出这两个偏导数即可. 求导时切记 u,v 都是 x,y 的函数，否则会产生漏项的错误.

解 把 u,v 看成是 x,y 的函数，方程组两边对 x 求偏导，得

$$\begin{cases}\cos(x+y)\dfrac{\partial}{\partial x}(x+y)=e^u\dfrac{\partial u}{\partial x}+\sin v\dfrac{\partial u}{\partial x}+u\cos v\dfrac{\partial v}{\partial x}\\ \cos(x-y)\dfrac{\partial}{\partial x}(x-y)=e^u\dfrac{\partial u}{\partial x}-\cos v\dfrac{\partial u}{\partial x}+u\sin v\dfrac{\partial v}{\partial x}\end{cases},$$

即

$$\begin{cases}(e^u+\sin v)\dfrac{\partial u}{\partial x}+u\cos v\dfrac{\partial v}{\partial x}=\cos(x+y)\\ (e^u-\cos v)\dfrac{\partial u}{\partial x}+u\sin v\dfrac{\partial v}{\partial x}=\cos(x-y)\end{cases},$$

于是由克兰姆法则，得

$$\frac{\partial u}{\partial x}=\frac{\begin{vmatrix}\cos(x+y) & u\cos v\\ \cos(x-y) & u\sin v\end{vmatrix}}{\begin{vmatrix}e^u+\sin v & u\cos v\\ e^u-\cos v & u\sin v\end{vmatrix}},\quad \frac{\partial v}{\partial x}=\frac{\begin{vmatrix}e^u+\sin v & \cos(x+y)\\ e^u-\cos v & \cos(x-y)\end{vmatrix}}{\begin{vmatrix}e^u+\sin v & u\cos v\\ e^u-\cos v & u\sin v\end{vmatrix}},$$

即

$$\frac{\partial u}{\partial x}=\frac{\sin v\cos(x+y)-\cos v\cos(x-y)}{e^u(\sin v-\cos v)+1},$$

$$\frac{\partial v}{\partial x}=\frac{\sin v\cos(x-y)+\cos v\cos(x+y)+2e^u\sin x\sin y}{u[e^u(\sin v-\cos v)+1]};$$

类似地

$$\frac{\partial u}{\partial y}=\frac{\sin v\cos(x+y)+\cos v\cos(x-y)}{e^u(\sin v-\cos v)+1},$$

$$\frac{\partial v}{\partial y}=\frac{\cos v\cos(x+y)-\sin v\cos(x-y)-2e^u\cos x\cos y}{u[e^u(\sin v-\cos v)+1]}.$$

思考 （i）若 $\begin{cases}\sin(x-y)=e^u+u\sin v\\ \sin(x+y)=e^u-u\cos v\end{cases}$ 或 $\begin{cases}\sin(x+y)=e^{-2u}+u\sin v\\ \sin(x-y)=e^{-2u}-u\cos v\end{cases}$，结果如何？若 $\begin{cases}\sin(x-y)=e^{-2u}+u\sin v\\ \sin(x+y)=e^{-2u}-u\cos v\end{cases}$ 呢？（ii）求以上各方程组所确定的隐函数 $x=x(u,v)$, $y=y(u,v)$ 的偏导

数 $\dfrac{\partial x}{\partial u},\dfrac{\partial x}{\partial v}$； $\dfrac{\partial y}{\partial u},\dfrac{\partial y}{\partial v}$；（iii）用全微分法求解以上各题.

例 12　用全微分法求方程 $\begin{cases} x = u\tan\dfrac{v}{u} \\ y = u\cot\dfrac{v}{u} \end{cases}$ 所确定的隐函数 $u=u(x,y)$, $v=v(x,y)$ 的偏导数 $\dfrac{\partial u}{\partial x},\dfrac{\partial u}{\partial y}$； $\dfrac{\partial v}{\partial x},\dfrac{\partial v}{\partial y}$.

分析　方程组两边求全微分，得到关于各变量微分的一个方程组；再从中解出两隐函数的微分，并根据微分形式的不变性得出所求的偏导数.

解　方程组两边求全微分，得

$$\begin{cases} \mathrm{d}x = \tan\dfrac{v}{u}\mathrm{d}u + u\sec^2\dfrac{v}{u}\cdot\dfrac{u\mathrm{d}v - v\mathrm{d}u}{u^2} \\ \mathrm{d}y = \cot\dfrac{v}{u}\mathrm{d}u - u\csc^2\dfrac{v}{u}\cdot\dfrac{u\mathrm{d}v - v\mathrm{d}u}{u^2} \end{cases},$$

即

$$\begin{cases} \left(\tan\dfrac{v}{u} - \dfrac{v}{u}\sec^2\dfrac{v}{u}\right)\mathrm{d}u + \sec^2\dfrac{v}{u}\mathrm{d}v = \mathrm{d}x \\ \left(\cot\dfrac{v}{u} + \dfrac{v}{u}\csc^2\dfrac{v}{u}\right)\mathrm{d}u - \csc^2\dfrac{v}{u}\mathrm{d}v = \mathrm{d}y \end{cases},$$

由于

$$\begin{vmatrix} \tan\dfrac{v}{u} - \dfrac{v}{u}\sec^2\dfrac{v}{u} & \sec^2\dfrac{v}{u} \\ \cot\dfrac{v}{u} + \dfrac{v}{u}\csc^2\dfrac{v}{u} & -\csc^2\dfrac{v}{u} \end{vmatrix} = -\tan\dfrac{v}{u}\csc^2\dfrac{v}{u} - \cot\dfrac{v}{u}\sec^2\dfrac{v}{u} = -\dfrac{2}{\sin\dfrac{v}{u}\cos\dfrac{v}{u}},$$

故由克兰姆法则，得

$$\mathrm{d}u = -\dfrac{\sin\dfrac{v}{u}\cos\dfrac{v}{u}}{2}\begin{vmatrix} \mathrm{d}x & \sec^2\dfrac{v}{u} \\ \mathrm{d}y & -\csc^2\dfrac{v}{u} \end{vmatrix} = -\dfrac{\sin\dfrac{v}{u}\cos\dfrac{v}{u}}{2}\left(-\csc^2\dfrac{v}{u}\mathrm{d}x - \sec^2\dfrac{v}{u}\mathrm{d}y\right)$$

$$= \dfrac{1}{2}\left(\cot\dfrac{v}{u}\mathrm{d}x + \tan\dfrac{v}{u}\mathrm{d}y\right),$$

$$\mathrm{d}v = -\dfrac{\sin\dfrac{v}{u}\cos\dfrac{v}{u}}{2}\begin{vmatrix} \tan\dfrac{v}{u} - \dfrac{v}{u}\sec^2\dfrac{v}{u} & \mathrm{d}x \\ \cot\dfrac{v}{u} + \dfrac{v}{u}\csc^2\dfrac{v}{u} & \mathrm{d}y \end{vmatrix}$$

$$= -\dfrac{\sin\dfrac{v}{u}\cos\dfrac{v}{u}}{2}\left[-\left(\cot\dfrac{v}{u} + \dfrac{v}{u}\csc^2\dfrac{v}{u}\right)\mathrm{d}x + \left(\tan\dfrac{v}{u} - \dfrac{v}{u}\sec^2\dfrac{v}{u}\right)\mathrm{d}y\right]$$

$$= \dfrac{1}{2}\left[\left(\dfrac{v}{u}\cot\dfrac{v}{u} + \cos^2\dfrac{v}{u}\right)\mathrm{d}x + \left(\dfrac{v}{u}\tan\dfrac{v}{u} - \sin^2\dfrac{v}{u}\right)\mathrm{d}y\right],$$

于是根据微分形式的不变性，得

$$\frac{\partial u}{\partial x}=\frac{1}{2}\cot\frac{v}{u},\ \frac{\partial u}{\partial y}=\frac{1}{2}\tan\frac{v}{u};$$

$$\frac{\partial v}{\partial x}=\frac{1}{2}\left(\frac{v}{u}\cot\frac{v}{u}+\cos^2\frac{v}{u}\right),\ \frac{\partial v}{\partial y}=\frac{1}{2}\left(\frac{v}{u}\tan\frac{v}{u}-\sin^2\frac{v}{u}\right).$$

思考　（i）若 $\begin{cases}x=v\tan\dfrac{u}{v}\\ y=v\cot\dfrac{u}{v}\end{cases}$ 或 $\begin{cases}x=u\sin\dfrac{v}{u}\\ y=u\cos\dfrac{v}{u}\end{cases}$ 或 $\begin{cases}x=v\sin\dfrac{u}{v}\\ y=v\sin\dfrac{u}{v}\end{cases}$，结果如何？（ii）求以上各方程组所确定的隐函数 $x=x(u,v),y=y(u,v)$ 的偏导数 $\dfrac{\partial x}{\partial u},\dfrac{\partial y}{\partial u}$； $\dfrac{\partial x}{\partial v},\dfrac{\partial y}{\partial v}$；（iii）用公式法求解以上各题.

例 13　求方程 $F\left(z-x,z-y,\dfrac{y}{x}\right)=0$ 所确定的隐函数 $z=z(x,y)$ 的偏导数 $\dfrac{\partial z}{\partial x},\dfrac{\partial z}{\partial y}$，其中 F 是可微函数.

分析　这是抽象复合函数所构成的方程所确定的隐函数的求导问题. 解题时，要针对不同的求导方法，使用复合函数求导的有关知识.

解法 1　公式法　因为 $F\left(z-x,z-y,\dfrac{y}{x}\right)$ 是变量 x,y,z 的复合函数，而偏导数公式法中需要变量 x,y,z 的简单函数，故引进变量 x,y,z 的一个由 $F\left(z-x,z-y,\dfrac{y}{x}\right)$ 定义的简单函数.

令 $G(x,y,z)=F\left(z-x,z-y,\dfrac{y}{x}\right)$，则

$$G_x=F_1'\cdot\frac{\partial}{\partial x}(z-x)+F_3'\cdot\frac{\partial}{\partial x}\left(\frac{y}{x}\right)=-F_1'-\frac{y}{x^2}F_3',$$

$$G_y=F_2'\cdot\frac{\partial}{\partial y}(z-y)+F_3'\cdot\frac{\partial}{\partial y}\left(\frac{y}{x}\right)=-F_2'+\frac{1}{x}F_3',$$

$$G_z=F_1'\cdot\frac{\partial}{\partial z}(z-x)+F_2'\cdot\frac{\partial}{\partial z}(z-y)=F_1'+F_2',$$

于是

$$\frac{\partial z}{\partial x}=-\frac{G_x}{G_z}=-\frac{-F_1'-\dfrac{y}{x^2}F_3'}{F_1'+F_2'}=\frac{x^2F_1'+yF_3'}{x^2(F_1'+F_2')},\quad \frac{\partial z}{\partial y}=-\frac{G_y}{G_z}=-\frac{-F_2'+\dfrac{1}{x}F_3'}{F_1'+F_2'}=\frac{xF_2'-F_3'}{x(F_1'+F_2')}.$$

思考 1　若 $F(u,v,w)=0,\ u=u(x,y),\ v=v(x,y),\ w=w(x,y)$，其中 u,v,w 是可导函数，结果如何？

解法 2　复合函数求导法　把 z 看成是 x,y 的函数，方程两边对 x 求偏导，得

$$F_1'\cdot\frac{\partial}{\partial x}(z-x)+F_2'\cdot\frac{\partial}{\partial x}(z-y)+F_3'\cdot\frac{\partial}{\partial x}\left(\frac{y}{x}\right)=0,$$

即

$$F_1'\cdot\left(\frac{\partial z}{\partial x}-1\right)+F_2'\cdot\frac{\partial z}{\partial x}-\frac{y}{x^2}F_3'=0,$$

解得
$$\frac{\partial z}{\partial x}=\frac{F_1'+\dfrac{y}{x^2}F_3'}{F_1'+F_2'}=\frac{x^2F_1'+yF_3'}{x^2(F_1'+F_2')},$$

类似地
$$\frac{\partial z}{\partial y}=\frac{F_2'-\dfrac{1}{x}F_3'}{F_1'+F_2'}=\frac{xF_2'-F_3'}{x(F_1'+F_2')}.$$

思考 2　求该方程所确定的隐函数 $x=x(y,z)$ 和 $y=y(z,x)$ 的偏导数 $\dfrac{\partial x}{\partial y},\dfrac{\partial x}{\partial z}$ 和 $\dfrac{\partial y}{\partial z},\dfrac{\partial y}{\partial x}$.

解法 3　全微分法　方程两边求全微分，得

$$F_1'\cdot \mathrm{d}(z-x)+F_2'\cdot \mathrm{d}(z-y)+F_3'\cdot \mathrm{d}\left(\frac{y}{x}\right)=0,$$

即
$$F_1'\cdot(\mathrm{d}z-\mathrm{d}x)+F_2'\cdot(\mathrm{d}z-\mathrm{d}y)+F_3'\cdot\frac{x\mathrm{d}y-y\mathrm{d}x}{x^2}=0,$$

解出函数 z 的微分，得

$$\mathrm{d}z=\frac{x^2F_1'+yF_3'}{x^2(F_1'+F_2')}\mathrm{d}x+\frac{xF_2'-F_3'}{x(F_1'+F_2')}\mathrm{d}y,$$

于是由微分形式的不变性，有

$$\frac{\partial z}{\partial x}=\frac{x^2F_1'+yF_3'}{x^2(F_1'+F_2')},\quad \frac{\partial z}{\partial y}=\frac{xF_2'-F_3'}{x(F_1'+F_2')}.$$

思考 3　用微分法求解思考 1 中的问题，并求方程 $F(u,v,w)=0$ 所确定的隐函数 $x=x(y,z)$ 和 $y=y(z,x)$ 的偏导数 $\dfrac{\partial x}{\partial y},\dfrac{\partial x}{\partial z}$ 和 $\dfrac{\partial y}{\partial z},\dfrac{\partial y}{\partial x}$.

例 14　设 $y=y(x),\ z=z(x)$ 是由方程组 $\begin{cases}F(x,y,z)=0\\ z=xf(x+y)\end{cases}$ 所确定的函数，其中 f 和 F 分别具有一阶连续导数和一阶连续偏导数，求 $\dfrac{\mathrm{d}y}{\mathrm{d}x},\dfrac{\mathrm{d}z}{\mathrm{d}x}$.

分析　这是抽象函数与复合函数所构成的方程组所确定的隐函数的求导问题. 解题时，要针对不同的求导方法，使用复合函数求导的有关知识.

解法 1　公式法　令 $G(x,y,z)=z-xf(x+y)$，则方程组化为 $\begin{cases}F(x,y,z)=0\\ G(x,y,z)=0\end{cases}$，且

$$G_x=-f-xf',\quad G_y=-xf',\quad G_z=1,$$

于是
$$\frac{\mathrm{d}y}{\mathrm{d}x}=-\frac{\begin{vmatrix}F_x & F_z\\ G_x & G_z\end{vmatrix}}{\begin{vmatrix}F_y & F_z\\ G_y & G_z\end{vmatrix}}=-\frac{\begin{vmatrix}F_x & F_z\\ -f-xf' & 1\end{vmatrix}}{\begin{vmatrix}F_y & F_z\\ -xf' & 1\end{vmatrix}}=-\frac{F_x+(f+xf')F_z}{F_y+xf'F_z},$$

$$\frac{\mathrm{d}z}{\mathrm{d}x}=-\frac{\begin{vmatrix}F_y & F_x\\ G_y & G_x\end{vmatrix}}{\begin{vmatrix}F_y & F_z\\ G_y & G_z\end{vmatrix}}=-\frac{\begin{vmatrix}F_y & F_x\\ -xf' & -f-xf'\end{vmatrix}}{\begin{vmatrix}F_y & F_z\\ -xf' & 1\end{vmatrix}}=\frac{(f+xf')F_y-xf'F_x}{F_y+xf'F_z}.$$

思考 1　若$\begin{cases}F(x,y,z)=0\\ z=yf(x+y)\end{cases}$或$\begin{cases}F(x,y,z)=0\\ y=xf(x+z)\end{cases}$或$\begin{cases}F(x,y,z)=0\\ x=yf(y+z)\end{cases}$，结果如何？

解法 2　复合函数求导法　把 y,z 看成是 x 的函数，各方程两边对 x 求导，得

$$\begin{cases}F_x+F_y\dfrac{\mathrm{d}y}{\mathrm{d}x}+F_z\dfrac{\mathrm{d}z}{\mathrm{d}x}=0\\ \dfrac{\mathrm{d}z}{\mathrm{d}x}=f+xf'\cdot\left(1+\dfrac{\mathrm{d}y}{\mathrm{d}x}\right)\end{cases}\Rightarrow\begin{cases}F_y\dfrac{\mathrm{d}y}{\mathrm{d}x}+F_z\dfrac{\mathrm{d}z}{\mathrm{d}x}=-F_x\\ xf'\cdot\dfrac{\mathrm{d}y}{\mathrm{d}x}-\dfrac{\mathrm{d}z}{\mathrm{d}x}=-f-xf'\end{cases},$$

于是

$$\frac{\mathrm{d}y}{\mathrm{d}x}=\frac{\begin{vmatrix}-F_x & F_z\\ -f-xf' & -1\end{vmatrix}}{\begin{vmatrix}F_y & F_z\\ xf' & -1\end{vmatrix}}=-\frac{F_x+(f+xf')F_z}{F_y+xf'F_z},$$

$$\frac{\mathrm{d}z}{\mathrm{d}x}=\frac{\begin{vmatrix}F_y & -F_x\\ -xf' & -f-xf'\end{vmatrix}}{\begin{vmatrix}F_y & F_z\\ xf' & -1\end{vmatrix}}=\frac{(f+xf')F_y-xf'F_y}{F_y+xf'F_z}.$$

思考 2　分别求该方程所确定的隐函数 $x=x(z),y=y(z)$ 和 $x=x(y),z=z(y)$ 的导数 $\dfrac{\mathrm{d}x}{\mathrm{d}z},\dfrac{\mathrm{d}y}{\mathrm{d}z}$ 和 $\dfrac{\mathrm{d}x}{\mathrm{d}y},\dfrac{\mathrm{d}z}{\mathrm{d}y}$.

解法 3　全微分法　各方程两边求全微分，得

$$\begin{cases}F_x\mathrm{d}x+F_y\mathrm{d}y+F_z\mathrm{d}z=0\\ \mathrm{d}z=f\,\mathrm{d}x+xf'\cdot(\mathrm{d}x+\mathrm{d}y)\end{cases}\Rightarrow\begin{cases}F_y\mathrm{d}y+F_z\mathrm{d}z=-F_x\mathrm{d}x\\ xf'\cdot\mathrm{d}y-\mathrm{d}z=-(f+xf')\mathrm{d}x\end{cases},$$

解出函数 y,z 的微分，得

$$\mathrm{d}y=\frac{\begin{vmatrix}-F_x\mathrm{d}x & F_z\\ -(f+xf')\mathrm{d}x & -1\end{vmatrix}}{\begin{vmatrix}F_y & F_z\\ xf' & -1\end{vmatrix}}=\frac{F_x+(f+xf')F_z}{F_y+xf'F_z}\mathrm{d}x\Rightarrow\frac{\mathrm{d}y}{\mathrm{d}x}=\frac{F_x+(f+xf')F_z}{F_y+xf'F_z},$$

$$\mathrm{d}z=\frac{\begin{vmatrix}F_y & -F_x\mathrm{d}x\\ xf' & -(f+xf')\mathrm{d}x\end{vmatrix}}{\begin{vmatrix}F_y & F_z\\ xf' & -1\end{vmatrix}}=\frac{(f+xf')F_y-xf'F_y}{F_y+xf'F_z}\mathrm{d}x\Rightarrow\frac{\mathrm{d}z}{\mathrm{d}x}=\frac{(f+xf')F_y-xf'F_y}{F_y+xf'F_z}.$$

思考 3　用微分法求解思考 1 和思考 2 中的问题.

例 15　已知函数 $f(u)$ 具有二阶导数，且 $f'(0)=1$，函数 $y=y(x)$ 由方程 $y-x\mathrm{e}^{y-1}=1$ 所确定.

设 $z=f(\ln y-\sin x)$，求 $\left.\frac{\mathrm{d}z}{\mathrm{d}x}\right|_{x=0}$，$\left.\frac{\mathrm{d}^2 z}{\mathrm{d}x^2}\right|_{x=0}$.

分析　这是求复合函数全导数的问题，必须明确复合关系．这里 $z=f(\ln y-\sin x)$ 是由一元函数 $z=f(u)$ 与二元函数 $u=\ln y-\sin x$ 复合而成的抽象复合函数，而 $y=y(x)$ 是由二元方程所确定的隐函数，两者进一步复合成 x 的一元函数 $z(x)$.

解　将 $x=0$ 代入方程 $y-x\mathrm{e}^{y-1}=1$，得 $y=1$．又该方程两边对 x 求导，得

$$\frac{\mathrm{d}y}{\mathrm{d}x}-\mathrm{e}^{y-1}-x\mathrm{e}^{y-1}\frac{\mathrm{d}y}{\mathrm{d}x}=0,$$

再对 x 求导得

$$\frac{\mathrm{d}^2 y}{\mathrm{d}x^2}-2\mathrm{e}^{y-1}\frac{\mathrm{d}y}{\mathrm{d}x}-x\mathrm{e}^{y-1}\left(\frac{\mathrm{d}y}{\mathrm{d}x}\right)^2-x\mathrm{e}^{y-1}\frac{\mathrm{d}^2 y}{\mathrm{d}x^2}=0,$$

将 $x=0,y=1$ 代入前一个方程得 $\left.\frac{\mathrm{d}y}{\mathrm{d}x}\right|_{x=0}=1$；再将 $x=0,y=1$ 和 $\left.\frac{\mathrm{d}y}{\mathrm{d}x}\right|_{x=0}=1$ 代入后一个方程得 $\left.\frac{\mathrm{d}^2 y}{\mathrm{d}x^2}\right|_{x=0}=2$.

令 $u=\ln y-\sin x$，则 $z=f(u)$，且当 $x=0,y=1$ 时 $u(0,1)=0$．而

$$\frac{\mathrm{d}u}{\mathrm{d}x}=\frac{\partial u}{\partial x}+\frac{\partial u}{\partial y}\frac{\mathrm{d}y}{\mathrm{d}x}=-\cos x+\frac{1}{y}\frac{\mathrm{d}y}{\mathrm{d}x},$$

$$\frac{\mathrm{d}^2 u}{\mathrm{d}x^2}=\frac{\mathrm{d}}{\mathrm{d}x}\left(-\cos x+\frac{1}{y}\frac{\mathrm{d}y}{\mathrm{d}x}\right)=\sin x-\frac{1}{y^2}\left(\frac{\mathrm{d}y}{\mathrm{d}x}\right)^2+\frac{1}{y}\frac{\mathrm{d}^2 y}{\mathrm{d}x^2},$$

将 $x=0,y=1$，$\left.\frac{\mathrm{d}y}{\mathrm{d}x}\right|_{x=0}=1$ 和 $\left.\frac{\mathrm{d}^2 y}{\mathrm{d}x^2}\right|_{x=0}=2$ 代入，得 $\left.\frac{\mathrm{d}u}{\mathrm{d}x}\right|_{x=0}=0,\ \left.\frac{\mathrm{d}^2 u}{\mathrm{d}x^2}\right|_{x=0}=1$．因为

$$\frac{\mathrm{d}z}{\mathrm{d}x}=f'(u)\frac{\mathrm{d}u}{\mathrm{d}x},\quad \frac{\mathrm{d}^2 z}{\mathrm{d}x^2}=\frac{\mathrm{d}}{\mathrm{d}x}\left[f'(u)\frac{\mathrm{d}u}{\mathrm{d}x}\right]=f''(u)\left(\frac{\mathrm{d}u}{\mathrm{d}x}\right)^2+f'(u)\frac{\mathrm{d}^2 u}{\mathrm{d}x^2},$$

所以

$$\left.\frac{\mathrm{d}z}{\mathrm{d}x}\right|_{x=0}=\left[f'(u)\frac{\mathrm{d}u}{\mathrm{d}x}\right]_{x=0}=f'(0)\left.\frac{\mathrm{d}u}{\mathrm{d}x}\right|_{x=0}=1\cdot 0=0$$

$$\left.\frac{\mathrm{d}^2 z}{\mathrm{d}x^2}\right|_{x=0}=\left[f''(u)\left(\frac{\mathrm{d}u}{\mathrm{d}x}\right)^2+f'(u)\frac{\mathrm{d}^2 u}{\mathrm{d}x^2}\right]_{x=0}=f''(0)\cdot 0^2+f'(0)\cdot 1=f'(0)=1.$$

思考　（i）若 $f'(0)=a$，结果如何？（ii）若 $z=f(\ln y-\tan x)$，结果如何？（iii）$y=y(x)$ 由方程 $y-x\mathrm{e}^{y-2}=1$ 确定，结果如何？

例 16　设 $y=f(x,u)$，而 $u=u(x,y)$ 是由方程 $F(x,y,u)=0$ 所确定的函数，其中 f,F 都具有一阶连续偏导数．证明：$\dfrac{\mathrm{d}y}{\mathrm{d}x}=\dfrac{\dfrac{\partial f}{\partial x}\dfrac{\partial F}{\partial u}-\dfrac{\partial f}{\partial u}\dfrac{\partial F}{\partial x}}{\dfrac{\partial f}{\partial u}\dfrac{\partial F}{\partial y}+\dfrac{\partial F}{\partial u}}$.

分析　这是求复合函数全导数的问题，必须明确复合关系．这里 $u=u(x,y)$ 是由三元方程

$F(x,y,u)=0$ 所确定的隐函数，$y=f(x,u)$ 是 $x,u(x,y)$ 的复合函数，而 $y=y(x)$ 是方程 $y=f(x,u)$ 确定的隐函数.

解法 1 先用复合函数求导法求函数 $u=u(x,y)$ 的偏导数. 方程 $F(x,y,u)=0$ 两边对 x,y 求导，得

$$\frac{\partial F}{\partial x}+\frac{\partial F}{\partial u}\frac{\partial u}{\partial x}=0,\quad \frac{\partial F}{\partial y}+\frac{\partial F}{\partial u}\frac{\partial u}{\partial y}=0\,,$$

于是
$$\frac{\partial u}{\partial x}=-\frac{\frac{\partial F}{\partial x}}{\frac{\partial F}{\partial u}},\quad \frac{\partial u}{\partial y}=-\frac{\frac{\partial F}{\partial y}}{\frac{\partial F}{\partial u}}.$$

再用公式法求函数 $y=y(x)$ 的微分. 令 $G(x,y,u)=y-f(x,u)$ ，则

$$\frac{\partial G}{\partial x}=-\frac{\partial f}{\partial x}-\frac{\partial f}{\partial u}\frac{\partial u}{\partial x}=-\frac{\partial f}{\partial x}+\frac{\partial f}{\partial u}\cdot\frac{\frac{\partial F}{\partial x}}{\frac{\partial F}{\partial u}}\,,$$

$$\frac{\partial G}{\partial y}=1-\frac{\partial f}{\partial u}\frac{\partial u}{\partial y}=1+\frac{\partial f}{\partial u}\cdot\frac{\frac{\partial F}{\partial y}}{\frac{\partial F}{\partial u}}\,,$$

于是
$$\frac{\mathrm{d}y}{\mathrm{d}x}=-\frac{\frac{\partial G}{\partial x}}{\frac{\partial G}{\partial y}}=-\frac{-\frac{\partial f}{\partial x}+\frac{\partial f}{\partial u}\cdot\frac{\frac{\partial F}{\partial x}}{\frac{\partial F}{\partial u}}}{1+\frac{\partial f}{\partial u}\cdot\frac{\frac{\partial F}{\partial y}}{\frac{\partial F}{\partial u}}}=\frac{\frac{\partial f}{\partial x}\frac{\partial F}{\partial u}-\frac{\partial f}{\partial u}\frac{\partial F}{\partial x}}{\frac{\partial F}{\partial u}+\frac{\partial f}{\partial u}\frac{\partial F}{\partial y}}.$$

思考 1 本题求解采用的是完全复合函数求导法或公式法，而不是复合函数求导法与公式法相结合的方法.

解法 2 微分法 方程组 $\begin{cases}y=f(x,u)\\F(x,y,u)=0\end{cases}$ 的各方程两边分别求微分，得

$$\begin{cases}\mathrm{d}y=\dfrac{\partial f}{\partial x}\mathrm{d}x+\dfrac{\partial f}{\partial u}\mathrm{d}u\\[2mm]\dfrac{\partial F}{\partial x}\mathrm{d}x+\dfrac{\partial F}{\partial y}\mathrm{d}y+\dfrac{\partial F}{\partial u}\mathrm{d}u=0\end{cases},$$

于是
$$\begin{cases}\dfrac{\partial F}{\partial u}\mathrm{d}y=\dfrac{\partial f}{\partial x}\dfrac{\partial F}{\partial u}\mathrm{d}x+\dfrac{\partial f}{\partial u}\dfrac{\partial F}{\partial u}\mathrm{d}u\\[2mm]\dfrac{\partial f}{\partial u}\dfrac{\partial F}{\partial x}\mathrm{d}x+\dfrac{\partial f}{\partial u}\dfrac{\partial F}{\partial y}\mathrm{d}y+\dfrac{\partial f}{\partial u}\dfrac{\partial F}{\partial u}\mathrm{d}u=0\end{cases},$$

两方程相加，得

$$\left(\frac{\partial F}{\partial u}+\frac{\partial f}{\partial u}\frac{\partial F}{\partial y}\right)\mathrm{d}y=\left(\frac{\partial f}{\partial x}\frac{\partial F}{\partial u}-\frac{\partial f}{\partial u}\frac{\partial F}{\partial x}\right)\mathrm{d}x,$$

于是

$$\frac{\mathrm{d}y}{\mathrm{d}x}=\frac{\frac{\partial f}{\partial x}\frac{\partial F}{\partial u}-\frac{\partial f}{\partial u}\frac{\partial F}{\partial x}}{\frac{\partial F}{\partial u}+\frac{\partial f}{\partial u}\frac{\partial F}{\partial y}}.$$

思考 2　（i）若 $y=xu$ 或 $y=\dfrac{x}{u}$ 或 $y=\sqrt{x^2+u^2}$，结果如何？（ii）若 $x=f(y,u)$，结论如何？

例 17　设 $\begin{cases}u=f(x,u+y,v-z)\\v=g(u-x,y,v+z)\end{cases}$，其中 f,g 具有一阶连续偏导数，求 $\dfrac{\partial u}{\partial x},\dfrac{\partial u}{\partial y},\dfrac{\partial u}{\partial z};\dfrac{\partial v}{\partial x},\dfrac{\partial v}{\partial y},\dfrac{\partial v}{\partial z}$.

分析　这是隐函数方程组所确定的两个三元函数 $u(x,y,z),v(x,y,z)$ 的求导问题，利用微分法可以同时求出六个偏导数，较为容易.

解　方程组各方程两边分别求微分，得

$$\begin{cases}\mathrm{d}u=f_1'\cdot dx+f_2'\cdot(\mathrm{d}u+\mathrm{d}y)+f_3'\cdot(\mathrm{d}v-\mathrm{d}z)\\\mathrm{d}v=g_1'\cdot(\mathrm{d}u-\mathrm{d}x)+g_2'\cdot\mathrm{d}y+g_3'\cdot(\mathrm{d}v+\mathrm{d}z)\end{cases},$$

整理得

$$\begin{cases}(1-f_2')\mathrm{d}u-f_3'\cdot\mathrm{d}v=f_1'\cdot\mathrm{d}x+f_2'\cdot\mathrm{d}y-f_3'\cdot\mathrm{d}z\\-g_1'\cdot\mathrm{d}u+(1-g_3')\mathrm{d}v=-g_1'\cdot\mathrm{d}x+g_2'\cdot\mathrm{d}y+g_3'\cdot\mathrm{d}z\end{cases},$$

所以

$$\mathrm{d}u=\frac{\begin{vmatrix}f_1'\cdot\mathrm{d}x+f_2'\cdot\mathrm{d}y-f_3'\cdot\mathrm{d}z & -f_3'\\-g_1'\cdot\mathrm{d}x+g_2'\cdot\mathrm{d}y+g_3'\cdot\mathrm{d}z & 1-g_3'\end{vmatrix}}{\begin{vmatrix}1-f_2' & -f_3'\\-g_1' & 1-g_3'\end{vmatrix}}$$

$$=\frac{(f_1'-f_1'g_3'-f_3'g_1')\mathrm{d}x+(f_2'-f_2'g_3'+f_3'g_2')\mathrm{d}y+(2f_3'g_3'-f_3')\mathrm{d}z}{1-f_2'-g_3'+f_2'g_3'-f_3'g_1'},$$

$$\mathrm{d}v=\frac{\begin{vmatrix}1-f_2' & f_1'\cdot\mathrm{d}x+f_2'\cdot\mathrm{d}y-f_3'\cdot\mathrm{d}z\\-g_1' & -g_1'\cdot\mathrm{d}x+g_2'\cdot\mathrm{d}y+g_3'\cdot\mathrm{d}z\end{vmatrix}}{\begin{vmatrix}1-f_2' & -f_3'\\-g_1' & 1-g_3'\end{vmatrix}}$$

$$=\frac{(-g_1'+f_2'g_1'+f_1'g_1')\mathrm{d}x+(g_2'-f_2'g_2'+f_2'g_1')\mathrm{d}y+(g_3'-f_2'g_3'-f_3'g_1')\mathrm{d}z}{1-f_2'-g_3'+f_2'g_3'-f_3'g_1'},$$

于是根据微分形式的不变性，有

$$\frac{\partial u}{\partial x}=\frac{f_1'-f_1'g_3'-f_3'g_1'}{1-f_2'-g_3'+f_2'g_3'-f_3'g_1'},\quad\frac{\partial u}{\partial y}=\frac{f_2'-f_2'g_3'+f_3'g_2'}{1-f_2'-g_3'+f_2'g_3'-f_3'g_1'},\quad\frac{\partial u}{\partial z}=\frac{2f_3'g_3'-f_3'}{1-f_2'-g_3'+f_2'g_3'-f_3'g_1'};$$

$$\frac{\partial v}{\partial x}=\frac{-g_1'+f_2'g_1'+f_1'g_1'}{1-f_2'-g_3'+f_2'g_3'-f_3'g_1'},\quad\frac{\partial v}{\partial y}=\frac{g_2'-f_2'g_2'+f_2'g_1'}{1-f_2'-g_3'+f_2'g_3'-f_3'g_1'},\quad\frac{\partial v}{\partial z}=\frac{g_3'-f_2'g_3'-f_3'g_1'}{1-f_2'-g_3'+f_2'g_3'-f_3'g_1'}.$$

思考　（i）若 $\begin{cases}v=f(x,u+y,v-z)\\u=g(u-x,y,v+z)\end{cases}$ 或 $\begin{cases}x=f(x,u+y,v-z)\\y=g(u-x,y,v+z)\end{cases}$ 或 $\begin{cases}y=f(x,u+y,v-z)\\x=g(u-x,y,v+z)\end{cases}$，结果如何?

若$\begin{cases}u=f(u+x,y,v-z)\\v=g(x,u-y,v+z)\end{cases}$或$\begin{cases}u=f(u-x,y,v+z)\\v=g(x,u+y,v-z)\end{cases}$或$\begin{cases}v=f(u+x,y,v-z)\\u=g(x,u-y,v+z)\end{cases}$呢？（ii）利用公式法和复合函数求导法求解以上问题.

例 18 设$z=y+\arctan\dfrac{x}{z-y}$，求$\dfrac{\partial^2 z}{\partial x^2},\dfrac{\partial^2 z}{\partial x\partial y},\dfrac{\partial^2 z}{\partial y^2}$.

分析 这是隐函数所确定的函数的二阶偏导数问题. 应先求出一阶偏导数，再利用定义和性质求二阶偏导数. 注意：利用一阶导数求二阶偏导数，往往要用商的求导法则和复合函数的求导法则，凡一阶导数中含有函数z的项都应看成x或y的复合函数.

解 方程两边求微分得

$$\mathrm{d}z=\mathrm{d}y+\frac{1}{1+\left(\dfrac{x}{z-y}\right)^2}\cdot\frac{(z-y)\mathrm{d}x-x(\mathrm{d}z-\mathrm{d}y)}{(z-y)^2}=\mathrm{d}y+\frac{(z-y)\mathrm{d}x-x(\mathrm{d}z-\mathrm{d}y)}{x^2+(z-y)^2},$$

整理得
$$\mathrm{d}z=\frac{(z-y)}{x(x+1)+(z-y)^2}\mathrm{d}x+\mathrm{d}y,$$

于是
$$\frac{\partial z}{\partial x}=\frac{(z-y)}{x(x+1)+(z-y)^2},\quad \frac{\partial z}{\partial y}=1.$$

$$\begin{aligned}\frac{\partial^2 z}{\partial x^2}&=\frac{\partial}{\partial x}\left[\frac{(z-y)}{x(x+1)+(z-y)^2}\right]\\&=\frac{[x(x+1)+(z-y)^2]\dfrac{\partial}{\partial x}(z-y)-(z-y)\dfrac{\partial}{\partial x}[x(x+1)+(z-y)^2]}{[x(x+1)+(z-y)^2]^2}\\&=\frac{[x(x+1)+(z-y)^2]\dfrac{\partial z}{\partial x}-(z-y)\left[(2x+1)+2(z-y)\dfrac{\partial z}{\partial x}\right]}{[x(x+1)+(z-y)^2]^2}\\&=\frac{[x(x+1)-(z-y)^2]\dfrac{(z-y)}{x(x+1)+(z-y)^2}-(z-y)(2x+1)}{[x(x+1)+(z-y)^2]^2}\\&=(z-y)\frac{[x(x+1)-(z-y)^2]-(2x+1)[x(x+1)+(z-y)^2]}{[x(x+1)+(z-y)^2]^3}\\&=\frac{2(x+1)(y-z)[x^2+(z-y)^2]}{[x(x+1)+(z-y)^2]^3},\end{aligned}$$

$$\frac{\partial^2 z}{\partial x\partial y}=\frac{\partial^2 z}{\partial y\partial x}=\frac{\partial}{\partial x}\left(\frac{\partial z}{\partial y}\right)=\frac{\partial}{\partial x}(1)=0,\quad \frac{\partial^2 z}{\partial y^2}=\frac{\partial}{\partial y}\left(\frac{\partial z}{\partial y}\right)=\frac{\partial}{\partial y}(1)=0.$$

思考 若$z=x+\arctan\dfrac{y}{z-x}$或$z=y+\arctan\dfrac{y}{z-x}$或$z=y+\arctan\dfrac{x+y}{z-x}$，结果如何？

例 19 设$\begin{cases}u+v+xy(x+y)=1\\u^2+v^2+x^2+y^2=2\end{cases}$，求$\dfrac{\partial^2 u}{\partial x^2},\dfrac{\partial^2 v}{\partial x^2}$.

分析 这是隐函数方程组所确定的多元函数的二阶导数问题. 因为是求两函数对同一变

量的二阶偏导数，故依次使用隐函数求导法即可求解.

解　方程组中各方程两边对 x 求偏导数，得

$$\begin{cases}\dfrac{\partial u}{\partial x}+\dfrac{\partial v}{\partial x}+2xy+y^2=0\\ 2u\dfrac{\partial u}{\partial x}+2v\dfrac{\partial v}{\partial x}+2x=0\end{cases}\Rightarrow\begin{cases}\dfrac{\partial u}{\partial x}+\dfrac{\partial v}{\partial x}=-2xy-y^2\\ u\dfrac{\partial u}{\partial x}+v\dfrac{\partial v}{\partial x}=-x\end{cases}\Rightarrow\begin{cases}\dfrac{\partial u}{\partial x}=\dfrac{vy(2x+y)-x}{u-v}\\ \dfrac{\partial v}{\partial x}=\dfrac{x-uy(2x+y)}{u-v}\end{cases}.$$

将上述一阶偏导数方程组中各方程两边进一步对 x 求偏导数，得

$$\begin{cases}\dfrac{\partial^2 u}{\partial x^2}+\dfrac{\partial^2 v}{\partial x^2}=-2y\\ \left(\dfrac{\partial u}{\partial x}\right)^2+u\dfrac{\partial^2 u}{\partial x^2}+\left(\dfrac{\partial v}{\partial x}\right)^2+v\dfrac{\partial^2 v}{\partial x^2}=-1\end{cases}\Rightarrow\begin{cases}\dfrac{\partial^2 u}{\partial x^2}+\dfrac{\partial^2 v}{\partial x^2}=-2y\\ u\dfrac{\partial^2 u}{\partial x^2}+v\dfrac{\partial^2 v}{\partial x^2}=-1-\left(\dfrac{\partial u}{\partial x}\right)^2-\left(\dfrac{\partial v}{\partial x}\right)^2\end{cases},$$

解得

$$\frac{\partial^2 u}{\partial x^2}=\frac{1-2yv+\left(\dfrac{\partial u}{\partial x}\right)^2+\left(\dfrac{\partial v}{\partial x}\right)^2}{v-u}=\frac{1-2yv+\left[\dfrac{vy(2x+y)-x}{u-v}\right]^2+\left[\dfrac{x-uy(2x+y)}{u-v}\right]^2}{v-u}$$

$$=\frac{(u-v)^2(1-2yv)+[uy(2x+y)-x]^2+[2y(2x+y)-x]^2}{(v-u)^3},$$

$$\frac{\partial^2 v}{\partial x^2}=\frac{1-2yu+\left(\dfrac{\partial u}{\partial x}\right)^2+\left(\dfrac{\partial v}{\partial x}\right)^2}{u-v}=\frac{1-2yu+\left[\dfrac{vy(2x+y)-x}{u-v}\right]^2+\left[\dfrac{uy(2x+y)-x}{u-v}\right]^2}{u-v}$$

$$=\frac{(u-v)^2(1-2yu)+[uy(2x+y)-x]^2+[vy(2x+y)-x]^2}{(u-v)^3}.$$

思考　（i）若 $\begin{cases}u+v+xy(x-y)=1\\ u^2+v^2+x^2+y^2=2\end{cases}$ 或 $\begin{cases}u+v+x^2y=1\\ u^2+v^2+x^2+y^2=2\end{cases}$ 或 $\begin{cases}u+v-xy^2=1\\ u^2+v^2+x^2+y^2=2\end{cases}$，结果如何？

（ii）求以上各题中的 $\dfrac{\partial^2 u}{\partial y^2},\dfrac{\partial^2 v}{\partial y^2}$ 及 $\dfrac{\partial^2 u}{\partial x\partial y},\dfrac{\partial^2 v}{\partial x\partial y}$.

五、练习题 8.3

1. 设 $f(x,y,z)=x^2yz^3$，其中 $z=z(x,y)$ 由方程 $x^2+y^2+z^2-3xyz=0$ 所确定，求 $f_x'(1,1,1)$.

2. 设 $z=u^2+\sin uv+\arcsin 2t$，其中 $u=\sin t,\ v=\cos 2t$，求 $\dfrac{\mathrm{d}z}{\mathrm{d}t}$.

3. 设 $z=f(x,y)$ 在 $(2,1)$ 处可微，且 $f(2,1)=2,\ f_1'(2,1)=5,\ f_2'(2,1)=8$，$g(x)=f\left[f\left(x,\dfrac{1}{2}x\right),\dfrac{x}{2}\right]$，求 $\dfrac{\mathrm{d}}{\mathrm{d}x}[g^4(x)]\Big|_{x=2}$.

4. 设 $z=(xy+\sin y)^{x^2+y^2}$，求 $\dfrac{\partial z}{\partial x},\dfrac{\partial z}{\partial y}$.

5. 设 $u=f(x,x+y,x+y+z)$，求 $\dfrac{\partial u}{\partial x},\dfrac{\partial u}{\partial y},\dfrac{\partial u}{\partial z}$.

6. 设 $z = f(u,v),\ u = x\arctan y,\ v = y\sin(xy)$，求 $\dfrac{\partial^2 z}{\partial x^2}$.

7. 设 $z = f(x+y, x-y) + g(xy)$，其中 f 和 g 分别具有二阶偏导数和二阶导数，求 $\dfrac{\partial y}{\partial x}$.

8. 设 $x = \mathrm{e}^u \cos v,\ y = \mathrm{e}^u \sin v,\ z = uv$，求 $\dfrac{\partial z}{\partial x}, \dfrac{\partial z}{\partial y}$.

9. 设 $u = f(x,y,z),\ y = g(x,t),\ t = h(x,z)$，其中 f, g, h 都是可微函数，求 u'_x，u'_z.

10. 设 $u = \ln(x^x y^y z^z)$，求 $\mathrm{d}u\big|_{(1,1,1)}$.

11. 求由方程 $xyz + \sqrt{x^2+y^2+z^2} = \sqrt{2}$ 所确定的函数 $z = z(x,y)$ 在点 $(1,0,-1)$ 处的全微分 $\mathrm{d}z$.

12. 设变换 $\begin{cases} u = x - 2y \\ v = x + ay \end{cases}$，可把方程 $6\dfrac{\partial^2 z}{\partial x^2} + \dfrac{\partial^2 z}{\partial x \partial y} - \dfrac{\partial^2 z}{\partial y^2} = 0$ 简化为 $\dfrac{\partial^2 z}{\partial u \partial v} = 0$，求常数 a.

13. 设 $u = u(x,y),\ v = v(x,y)$ 由方程组 $\begin{cases} u^2 - v = 3x + y \\ u - 2v^2 = x - 2y \end{cases}$ 确定，求 $\dfrac{\partial u}{\partial x}, \dfrac{\partial u}{\partial y}, \dfrac{\partial v}{\partial x}, \dfrac{\partial v}{\partial y}$.

14. 设 $\begin{cases} u = f(ux, v+y) \\ v = g(u-x, v^2 y) \end{cases}$，其中 f, g 具有一阶连续偏导数，求 $\dfrac{\partial u}{\partial x}, \dfrac{\partial u}{\partial y}$.

15. 设 $u = f(x,y,z)$，$\varphi(x^2, \mathrm{e}^y, z) = 0$，$y = \sin x$，其中 f, φ 都具有一阶连续偏导数，且 $\dfrac{\partial \varphi}{\partial z} \neq 0$，求 $\dfrac{\mathrm{d}u}{\mathrm{d}x}$.

16. 设 $u = f(x,y,z)$ 有一阶连续偏导数，又函数 $y = y(x),\ z = z(x)$ 分别由下列两式确定：$\mathrm{e}^{xy} - xy = 2$ 和 $\mathrm{e}^x = \displaystyle\int_0^{x-z} \frac{\sin t}{t}\mathrm{d}t$，求 $\dfrac{\mathrm{d}u}{\mathrm{d}x}$.

17. 设 $x = \mathrm{e}^u + u\sin v$，$y = \mathrm{e}^u - u\cos v$，求 $\dfrac{\partial u}{\partial x}, \dfrac{\partial v}{\partial x}$.

18. 设 $x^2 + z^2 = y\varphi\left(\dfrac{z}{y}\right)$，其中 φ 为可微函数，求 $\dfrac{\partial z}{\partial x}, \dfrac{\partial z}{\partial y}$.

第四节　多元函数微分学的应用

一、教学目标

1. 了解空间曲线的切线与法平面的基本概念，掌握切线与法平面的求法.

2. 了解空间曲面的切平面与法线的基本概念，掌握切平面与法线的求法. 了解全微分的几何意义.

3. 了解梯度的概念与性质，会求函数的梯度. 知道梯度的物理意义，知道数量场与向量场的概念.

4. 了解多元函数极值的基本概念，多元函数取得极值的必要条件，多元函数取得极值与一元函数极值之间的联系.

5. 理解二元函数取得极值的充分条件，掌握条件极值和无条件极值的求法.

6. 了解最值的概念，最值与极值之间的关系，掌握最值的求法.

二、内容提要

多元函数微分法的应用

几何应用

空间曲线的切线和法平面

Γ：$x=x(t)$，$y=y(t)$，$z=z(t)$，$t=t_0$ 对应于 $M(x_0,y_0,z_0)\in\Gamma$，

切线：$\dfrac{x-x_0}{x'(t_0)}=\dfrac{y-y_0}{y'(t_0)}=\dfrac{z-z_0}{z'(t_0)}$，

法平面：$x'(t_0)(x-x_0)+y'(t_0)(y-y_0)+z'(t_0)(z-z_0)=0$.

推广 ⇅ 特例：$t=x$

Γ：$y=y(x)$，$z=z(x)$，$M(x_0,y_0,z_0)\in\Gamma$.

切线：$x-x_0=\dfrac{y-y_0}{y'(x_0)}=\dfrac{z-z_0}{z'(x_0)}$，

法平面：$(x-x_0)+y'(x_0)(y-y_0)+z'(x_0)(z-z_0)=0$.

$t=y$ 或 z 时有类似的切线和法平面方程.

Γ：$F(x,y,z)=0$，$G(x,y,z)=0$，$M(x_0,y_0,z_0)\in\Gamma$.

切线：$\dfrac{x-x_0}{\begin{vmatrix}F_y & F_z\\ G_y & G_z\end{vmatrix}_M}=\dfrac{y-y_0}{\begin{vmatrix}F_z & F_x\\ G_z & G_x\end{vmatrix}_M}=\dfrac{z-z_0}{\begin{vmatrix}F_x & F_y\\ G_x & G_y\end{vmatrix}_M}$，

法平面：$\begin{vmatrix}F_y & F_z\\ G_y & G_z\end{vmatrix}_M(x-x_0)+\begin{vmatrix}F_z & F_x\\ G_z & G_x\end{vmatrix}_M(y-y_0)+\begin{vmatrix}F_x & F_y\\ G_x & G_y\end{vmatrix}_M(z-z_0)=0$.

曲面的切平面和法线

Σ：$F(x,y,z)=0$，$M(x_0,y_0,z_0)\in\Sigma$，

切平面：$F_x(M)(x-x_0)+F_y(M)(y-y_0)+F_z(M)(z-z_0)=0$.

法线：$\dfrac{x-x_0}{F_x(M)}=\dfrac{y-y_0}{F_y(M)}=\dfrac{z-z_0}{F_z(M)}$.

推广 ⇅ 特例

Σ：$z=z(x,y)$，$M(x_0,y_0,z_0)\in\Sigma$，

切平面：$z-z_0=z_x(x_0,y_0)(x-x_0)+z_y(x_0,y_0)(y-y_0)$.

法线：$\dfrac{x-x_0}{z_x(x_0,y_0)}=\dfrac{y-y_0}{z_y(x_0,y_0)}=\dfrac{z-z_0}{-1}$.

Σ为 $x=x(y,z)$ 或 $y=y(z,x)$ 时有类似的平面和法线方程.

梯度

定义：$u=f(x,y,z)$ 在点 (x,y,z)（$z=f(x,y)$在点(x,y)）处具有一阶连续偏导数，

$$\mathbf{grad}\,f=\frac{\partial f}{\partial x}\boldsymbol{i}+\frac{\partial f}{\partial y}\boldsymbol{j}+\frac{\partial f}{\partial z}\boldsymbol{k}\left(\mathbf{grad}\,f=\frac{\partial f}{\partial x}\boldsymbol{i}+\frac{\partial f}{\partial y}\boldsymbol{j}\right).$$

意义：$u=f(x,y,z)$ 在点 (x,y,z)（$z=f(x,y)$在点(x,y)）的梯度的方向与过这点的等量面 $f(x,y,z)=C$（等高线 $f(x,y)=C$）在这点的法线的方向相同，且从数值较低的等量面（等高线）指向数值较高的等量面（等高线），梯度的模等于函数在这个法线方向的方向导数.

多元函数微分法的应用

多元函数的极值

- 定义：$u=f(P)$ 在点 P_0 处有极大（小）值 $f(P_0)\Leftrightarrow u=f(P)$ 在 $U(P_0)$ 内有定义，且 $\forall P\in \mathring{U}(P_0)$ 恒有 $f(P)<f(P_0)(f(P)>f(P_0))$.
- 必要条件：$u=f(P)$ 在点 P_0 具有偏导数且在 P_0 处取得极值 $\Rightarrow$ $f_{x_i}(x_1,x_2,\cdots,x_n)=0\ \ (i=1,2,\cdots,n)$.
- 充分条件：$z=f(x,y)$ 在 $U(P_0)$ 内连续，且有一、二阶连续偏导数，$f_x(P_0)=0$，$f_y(P_0)=0$，$A=f_{xx}(P_0)$，$B=f_{xy}(P_0)$，$C=f_{yy}(P_0)\Rightarrow f(x,y)$ 在 P_0 处
  （i）有极大值，若 $AC-B^2>0$，$A<0(C<0)$；
  （ii）有极小值，若 $AC-B^2>0$，$A>0(C>0)$；
  （iii）没有极值，若 $AC-B^2<0$.
- 条件极值：$u=f(x_1,x_2,\cdots,x_n)$ 在条件 $\varphi_i(x_1,x_2,\cdots,x_n)=0\ (i=1,2,\cdots,m;m<n)$ 下的极值可归结为函数 $F(x_1,x_2,\cdots,x_n)=f(x_1,x_2,\cdots,x_n)+\sum\limits_{i=1}^{m}\lambda_i\varphi_i(x_1,x_2,\cdots,x_n)$ 的无条件极值问题（其中 $\lambda_1,\cdots,\lambda_m$ 为常数因子）.

三、疑点解析

1. 关于空间曲线的切线与法平面 我们知道，点和方向量（法向量）是确定空间直线（平面）的两个要素. 对空间曲线来说，它的切线的方向量和法平面的法向量，都是曲线的切向量. 因此，空间曲线的切线和法线问题无外乎求切点和切向量两个基本要素，而其中求切向量往往是问题的关键.

对于不同形式的曲线方程，曲线的切向量有不同的表达形式，即

（i）$\varGamma$: $x=x(t),\ y=y(t),\ z=z(t);\ t=t_0$，则 $\boldsymbol{T}=(x'(t_0),y'(t_0),z'(t_0))$；

（ii）$\varGamma$: $y=y(x),\ z=z(x);\ x=x_0$，则 $\boldsymbol{T}=(1,y'(x_0),z'(x_0))$；

（iii）$\varGamma$: $x=x(y),\ z=z(y);\ y=y_0$，则 $\boldsymbol{T}=(x'(y_0),1,z'(y_0))$

（iv）$\varGamma$: $x=x(z),\ y=y(z);\ z=z_0$，则 $\boldsymbol{T}=(x'(z_0),y'(z_0),1)$；

（v）$\varGamma$: $F(x,y,z)=0,\ G(x,y,z)=0,\ M(x_0,y_0,z_0)\in\varGamma$，则

$$\boldsymbol{T}=\left(\begin{vmatrix}F_y & F_z\\ G_y & G_z\end{vmatrix}_M,\begin{vmatrix}F_z & F_x\\ G_z & G_x\end{vmatrix}_M,\begin{vmatrix}F_x & F_y\\ G_x & G_y\end{vmatrix}_M\right)$$

求解时，应根据曲线方程的特点，选择适当的切向量表达式，对情形（v）也可以假定曲线 $\varGamma$ 具有（ii）或（iii）或（iv）形式的参数方程，用复合函数求导法求切向量，反之亦可.

2. 关于曲面的切平面与法线 曲面的切平面与法线问题也无外乎求切点和法向量两个基本要素. 由于曲面在一点的法向量就是曲面在这点切平面的法向量（法线的方向量），因此求曲面的法向量通常也是这类问题的关键.

对不同形式的曲面方程，曲面的法向量通常有四种不同的表示形式，即

（i）$\varSigma$: $F(x,y,z)=0,\ M(x_0,y_0,z_0)\in\varSigma$，则 $\boldsymbol{n}=(F_x(M),F_y(M),F_z(M))$；

（ii）$\varSigma$: $z=z(x,y),\ M(x_0,y_0,z_0)\in\varSigma$，则 $\boldsymbol{n}=(z_x(x_0,y_0),z_y(x_0,y_0),-1)$；

（iii）$\Sigma: y=y(z,x)$，$M(x_0,y_0,z_0)\in\Sigma$，则 $\boldsymbol{n}=(y_x(z_0,x_0),-1,\ y_z(z_0,x_0))$；

（iv）$\Sigma: x=x(y,z)$，$M(x_0,y_0,z_0)\in\Sigma$，则 $\boldsymbol{n}=(-1,x_y(y_0,z_0),x_z(y_0,z_0))$.

求解时，应根据曲面方程的特点，选择适当的法向量表达式..

3. **关于梯度的概念与求法**　梯度是矢量，即多元函数的各个偏导数依次构成的向量，例如，若 $u=u(x,y,z)$，则 $\mathbf{grad}u=\dfrac{\partial u}{\partial x}\boldsymbol{i}+\dfrac{\partial u}{\partial y}\boldsymbol{j}+\dfrac{\partial u}{\partial z}\boldsymbol{k}$. 因此，求函数的梯度，只需求出函数的偏导数，然后按梯度的定义写出即可.

梯度的方向是函数在该点处方向导数取得最大值的方向；其大小是方向导数的最大值.

4. **多元函数的无条件极值**　多元函数的极值是一元函数的极值的推广，它们之间具有密切的联系.

如果二元函数 $z=f(x,y)$ 在 (x_0,y_0) 处可偏导且取得极值，那么相应的一元函数 $\varphi(x)=f(x,y_0)$ 在 $x=x_0$ 处也取得极值，因此，按一元函数取得极值的必要条件，有

$$\varphi'(x_0)=f_x(x,y_0)\Big|_{x=x_0}=f_x(x_0,y_0)=0\ ;$$

同理由 $\phi(y)=f(x_0,y)$ 在 $y=y_0$ 处取得极值有，

$$f_y(x_0,y_0)=0\ .$$

这样就得到二元函数 $z=f(x,y)$ 在 (x_0,y_0) 处取得极值的必要条件：

$$\begin{cases}f_x(x_0,y_0)=0\\ f_y(x_0,y_0)=0\end{cases},$$

并称满足该必要条件的点 (x_0,y_0) 为函数 $z=f(x,y)$ 的驻点.

反之，如果 $z=f(x,y)$ 在 (x_0,y_0) 的某邻域内有连续的一阶、二阶偏导数，且在这点取得极值（即 $B^2-AC<0$），那么按一元函数 $\varphi(x)=f(x,y_0)$ 在 $x=x_0$ 处取得极值的充分条件可知，当 $A=\varphi''(x_0)=f_{xx}(x_0,y_0)>0(<0)$ 时，$\varphi(x)$ 在 $x=x_0$ 处取得极小（大）值，亦即当 $A>0(<0)$ 时，$z=f(x,y)$ 在 (x_0,y_0) 处取得极小（大）值.

求二元函数 $z=f(x,y)$ 的极值，通常包括：（i）求一阶偏导数 f_x,f_y；（ii）求驻点，即求方程组 $\begin{cases}f_x(x,y)=0\\ f_y(x,y)=0\end{cases}$ 的解；（iii）求出一阶偏导数的不存在点；（iv）对驻点及一阶偏导数的不存在点，根据 B^2-AC 和 A（或 C）的符号判断极值；（v）对一阶偏导数不存在的点和使 $B^2-AC=0$ 的驻点，用极值定义判断极值.

5. **关于多元函数的条件极值**　求多元函数的条件极值，关键是把它转化为无条件极值. 转化的一般方法是拉格朗日乘数法，有时也可以用代入法.

这两种方法的处理方式正好是相反的. 拉格朗日乘数法实际上是把 m 元函数 $y=f(x_1,x_2,\cdots,x_m)$ 在约束条件 $\varphi_1(x_1,x_2,\cdots,x_m)=0,\cdots,\varphi_n(x_1,x_2,\cdots,x_m)=0\ (0<n<m)$ 下的条件极值转化成 $m+n$ 元函数 $F=F(x_1,x_2,\cdots,x_m;\lambda_1,\cdots,\lambda_n)$ 的无条件极值；而代入法是将各约束条件 $\varphi_1(x_1,x_2,\cdots,x_m)=0,\cdots,\varphi_n(x_1,x_2,\cdots,x_m)=0\ (0<n<m)$ 化为其中 $m-n$ 个未知数的显式条件，例如 $x_{m-n+1}=x_{m-n+1}(x_1,\cdots,x_{m-n}),\cdots,x_m=x_m(x_1,\cdots,x_{m-n})$，并将这些显式条件代入所要求极值的函数之中，那么所求极值就转化成 $m-n$ 元的函数

$$y=f[x_1,\cdots,x_{m-n},x_{m-n+1}(x_1,\cdots,x_{m-n}),\cdots,x_m(x_1,\cdots,x_{m-n})]$$

的无条件极值.

注意：尽管以上两种方法都是将条件极值转化成无条件极值，理论上也都说得通，但实际应用时，若约束条件不便或根本不能显化，代入法就不可行；而拉格朗日乘数函数总是可以作的，因此拉格朗日乘数法是更为普遍适用的方法，而且拉格朗日乘数法中的$\lambda_1,\cdots,\lambda_n$只是辅助未知数，求拉格朗日乘数函数的无条件极值时，不必将它们一一求出.

6. **关于多元函数的最值**　求多元函数的最值，通常包括：（i）求多元函数的一阶偏导数；（ii）求多元函数的驻点及偏导数不存在点；（iii）求出驻点及偏导数不存在点处的函数值；（iv）求出函数在区域边界上的驻点及其函数值；（v）比较得出函数的最值.

四、例题分析

例 1　求曲线$x=\mathrm{e}^t\cos t$，$y=\mathrm{e}^t\sin t$，$z=\mathrm{e}^t$在$t=0$时的切线和法平面方程.

分析　根据曲线的参数方程和参数的值，分别求出切点和切向量，代入切线和法平面方程的公式即可.

解　将$t=0$代入曲线的方程，求得切点

$$(x(0),y(0),z(0))=(\mathrm{e}^t\cos t,\mathrm{e}^t\sin t,\mathrm{e}^t)\big|_{t=0}=(1,0,1),$$

切向量

$$\boldsymbol{T}=(x'(0),y'(0),z'(0))=(\mathrm{e}^t(\cos t-\sin t),\mathrm{e}^t(\sin t+\cos t),\mathrm{e}^t)\Big|_{t=0}=(1,1,1),$$

于是切线的方程为

$$\frac{x-1}{1}=\frac{y}{1}=\frac{z-1}{1},$$

即

$$x-1=y=z-1;$$

法平面的方程为

$$(x-1)+(y-0)+(z-1)=0,$$

即

$$x+y+z=2.$$

例 2　求曲线$x=y^2$，$y=z^4$上的点，使过这点的切线与平面$x-2y=0$平行.

分析　关键是求出曲线切向量的表达式. 根据曲线不同形式的方程，可以得到曲线切向量不同的表达式；再根据切向量与已知平面法向量之间的关系，得到相应的方程；求解该方程就可以求出切点的坐标. 注意：曲线切向量的表达式与曲线的参数化有关，故选择不当的参数化，可能会产生失根；但用曲线的一般方程求解，就不会产生这个问题.

解法 1　**参数方程法**　选择z作为参数，则曲线的参数方程为

$$\varGamma:\ x=z^8,\ \ y=z^4,\ \ z=z.$$

于是曲线的切向量为$\boldsymbol{T}=(8z^7,4z^3,1)$. 又已知平面的法向量$\boldsymbol{n}=(1,-2,0)$，由于切线与平面$x-2y=0$平行，所以曲线的切向量与平面的法向量垂直，于是

$$\boldsymbol{T}\cdot\boldsymbol{n}=8z^7-8z^3=0,$$

解得$z=0$或$z=-1$或$z=1$. 故所求点为$(0,0,0)$或$(1,1,-1)$或$(1,1,1)$.

思考 1　（i）$x=t^{16}$，$y=t^8$，$z=t^2$是否为该曲线的参数方程，为什么？$x=t^{24}$，$y=t^{12}$，$z=t^3$

呢？（ii）若曲线的方程为 $x=y^3$，$y=z^6$，结果如何？ $x=y^6$，$y=z^3$ 呢？

注：选择 y 作为参数，则曲线的参数方程为

$$\Gamma:\ x=y^2,\ \ y=y,\ \ z=\pm y^{\frac{1}{4}}.$$

于是曲线的切向量为 $\boldsymbol{T}=\left(2y,1,\pm\frac{1}{4}y^{-\frac{3}{4}}\right)$. 又已知平面的法向量 $\boldsymbol{n}=(1,-2,0)$，于是由

$$\boldsymbol{T}\cdot\boldsymbol{n}=2y-2=0,$$

解得 $y=1$，故所求点为 $(1,1,-1)$ 或 $(1,1,1)$.

显然，产生了失根的情况，这是因为 $z=\pm y^{\frac{1}{4}}$ 在 $y=0$ 处不可导. 因此，选择 y 作为参数来参数化曲线，对本题来说并不是一种适当的参数化方法.

类似地，选择 x 作为参数，也会产生失根的情况.

解法 2　微分法　曲线方程 $x=y^2$，$y=z^4$ 两边分别求微分，得

$$\begin{cases}\mathrm{d}x=2y\mathrm{d}y\\ \mathrm{d}y=4z^3\mathrm{d}z\end{cases}\Rightarrow\begin{cases}\mathrm{d}x=8yz^3\mathrm{d}z\\ \mathrm{d}y=4z^3\mathrm{d}z\end{cases},$$

于是曲线的切向量为

$$\boldsymbol{T}=(8yz^3,4z^3,1)=(8z^7,4z^3,1),$$

又已知平面的法向量 $\boldsymbol{n}=(1,-2,0)$，于是由

$$\boldsymbol{T}\cdot\boldsymbol{n}=8z^7-8z^3=0,$$

解得 $z=0$ 或 $z=-1$ 或 $z=1$. 故所求点为 $(0,0,0)$ 或 $(1,1,-1)$ 或 $(1,1,1)$.

思考 2　若从微分方程组 $\begin{cases}\mathrm{d}x=2y\mathrm{d}y\\ \mathrm{d}y=4z^3\mathrm{d}z\end{cases}$ 中求出 $\mathrm{d}y,\mathrm{d}z$ 或 $\mathrm{d}z,\mathrm{d}x$，会产生什么问题？这些问题与解法 1 中参数的选择是否有对应关系？

解法 3　一般方程法　令 $F(x,y,z)=x-y^2$，$G(x,y,z)=y-z^4$，则

$$F_x=1,\ F_y=-2y,\ F_z=0;\ G_x=0,\ G_y=1,\ G_z=-4z^3,$$

曲线的切向量为

$$T=\left(\begin{vmatrix}-2y & 0\\ 1 & -4z^3\end{vmatrix}_M,\begin{vmatrix}0 & 1\\ -4z^3 & 0\end{vmatrix}_M,\begin{vmatrix}1 & -2y\\ 0 & 1\end{vmatrix}_M\right)=(8yz^3,4z^3,1)=(8z^7,4z^3,1).$$

又已知平面的法向量 $\boldsymbol{n}=(1,-2,0)$，于是由

$$\boldsymbol{T}\cdot\boldsymbol{n}=8z^7-8z^3=0,$$

解得 $z=0$ 或 $z=-1$ 或 $z=1$. 故所求点为 $(0,0,0)$ 或 $(1,1,-1)$ 或 $(1,1,1)$.

思考 3　（i）若从 $y=z^4$ 中解出 $z=\pm y^{\frac{1}{4}}$，用变量 y 来表示切向量 $\boldsymbol{T}$，会产生失根的情况吗？（ii）若曲线的方程为 $x=y^4$，$y=z^2$，用以上三种方法求解.

例 3　求曲线 $x^2+z^2=10$，$y^2+z^2=10$ 在点 $M(1,1,3)$ 处的切线和法平面方程.

分析 切点已知，关键是求出曲线的切向量. 曲线由二次方程组给出，用一般方程法和微分法（求导法）均比较方便；注意到曲线为两圆柱面的交线，利用圆的参数方程将其参数化亦可.

解法 1 一般方程法 令 $F(x,y,z)=x^2+z^2-10,\ G(x,y,z)=y^2+z^2-10$，则

$$F_x=2x,\ F_y=0,\ F_z=2z;\ G_x=0,\ G_y=2y,\ G_z=2z\ ,$$

曲线的切向量为

$$\boldsymbol{T}=\left(\begin{vmatrix}0 & 2z\\ 2y & 2z\end{vmatrix}_M,\begin{vmatrix}2z & 2x\\ 2z & 0\end{vmatrix}_M,\begin{vmatrix}2x & 0\\ 0 & 2y\end{vmatrix}_M\right)=-4(3,3,-1)\ ,$$

于是切线方程为
$$\frac{x-1}{3}=\frac{y-1}{3}=\frac{z-3}{-1}\ ,$$

法平面方程为
$$3(x-1)+3(y-1)-(z-3)=0\ ,$$

即
$$3x+3y-z-3=0\ .$$

思考 若切点为 $M(1,-1,3)$ 或 $M(-1,1,3)$ 或 $M(1,1,-3)$，结果如何?

解法 2 求导法 把 y,z 看成是 x 的函数，方程两边对 x 求导，得

$$\begin{cases}2x+2z\dfrac{\mathrm{d}z}{\mathrm{d}x}=0\\ 2y\dfrac{\mathrm{d}y}{\mathrm{d}x}+2z\dfrac{\mathrm{d}z}{\mathrm{d}x}=0\end{cases},$$

将 $M(1,1,3)$代入，得
$$\begin{cases}1+3\dfrac{\mathrm{d}z}{\mathrm{d}x}=0\\ \dfrac{\mathrm{d}y}{\mathrm{d}x}+3\dfrac{\mathrm{d}z}{\mathrm{d}x}=0\end{cases},$$

解得$\begin{cases}\dfrac{\mathrm{d}y}{\mathrm{d}x}=1\\ \dfrac{\mathrm{d}z}{\mathrm{d}x}=-\dfrac{1}{3}\end{cases}$. 于是切向量

$$\boldsymbol{T}=\left(1,1,-\frac{1}{3}\right)=\frac{1}{3}(3,3,-1)\ .$$

切线的方程为

$$\frac{x-1}{3}=\frac{y-1}{3}=\frac{z-3}{-1}\ ,$$

法平面的方程为
$$3(x-1)+3(y-1)-(z-3)=0\ ,$$

即
$$3x+3y-z-3=0\ .$$

思考 （i）把 x,y 看成是 z 的函数或把 x,z 看成是 y 的函数，用以上方法求解该题；（ii）微分法与求导法有什么区别与联系?

解法 3 参数方程法 令 $z=\sqrt{10}\cos t$，则曲线的参数方程为

$$x=\sqrt{10}\sin t,\ y=\sqrt{10}\sin t,\ z=\sqrt{10}\cos t\ ,$$

于是在点 $M(1,1,3)$处，有

$$\sqrt{10}\sin t=1,\quad \sqrt{10}\cos t=3\ ,$$

曲线的切向量

$$\boldsymbol{T}=(x'(t),y'(t),z'(t))|_M=(\sqrt{10}\cos t,\sqrt{10}\cos t,-\sqrt{10}\sin t)|_M=(3,3,-1)\ .$$

故切线的方程为
$$\frac{x-1}{3}=\frac{y-1}{3}=\frac{z-3}{-1}\ ,$$

法平面的方程为
$$3(x-1)+3(y-1)-(z-3)=0\ ,$$

即
$$3x+3y-z-3=0\ .$$

思考　若曲线的方程为 $x^2+9y^2=10, y^2+z^2=10$，利用以上三种方法求解.

例 4　求曲面 $z=y+\ln\dfrac{x}{z}$ 在点 $M(1,1,1)$ 处的切平面和法线方程.

分析　切点已知，关键是求出曲面的法向量.

解　方程两边分别对 x,y 求偏导，得

$$z_x=\frac{z}{x}\cdot\frac{z-xz_x}{z^2},\quad z_y=1-\frac{1}{z}z_y\ ,$$

于是
$$z_x(1,1)=\left.\frac{z}{x(1+z)}\right|_{(1,1,1)}=\frac{1}{2},\quad z_y(1,1)=\left.\frac{z}{1+z}\right|_{(1,1,1)}=\frac{1}{2}\ .$$

故曲面的法向量为

$$\boldsymbol{n}=(z_x,z_y,-1)|_M=\left(\frac{1}{2},\frac{1}{2},-1\right)=\frac{1}{2}(1,1,-2)\ ,$$

切平面方程为
$$(x-1)+(y-1)-2(z-1)=0$$

即
$$x+y-2z=0\ ;$$

法线方程为
$$x-1=y-1=\frac{z-1}{-2}\ .$$

思考　（i）利用方程两边分别对 y,z 或 z,x 求偏导的方式，求解该题；（ii）若切点为 $M(-1,-1,-1)$，结果如何？能用方程两边分别对 x,y 求偏导方式求解吗？为什么？（iii）用曲面的一般方程求解以上问题.

例 5　求曲面 $x^2+y^2+z^2-xy-3=0$ 上同时垂直于平面 $\pi_1: x+y+2z-2=0$ 与平面 $\pi_2: x+y+1=0$ 的切平面方程.

分析　切点和法向量均未知. 关键是根据曲面的一般方程，求出其法向量的表达式；再根据法向量与两已知平面法向量之间的关系，求出切点的坐标，从而求出曲面的法向量.

解　令 $F(x,y,z)=x^2+y^2+z^2-xy-3$，则曲面的法向量为

$$\boldsymbol{n}=(F_x,F_y,F_z)=(2x-y,2y-x,2z)\ ;$$

π_1 与 π_2 交线的方向量为
$$\boldsymbol{s}=\begin{vmatrix}\boldsymbol{i}&\boldsymbol{j}&\boldsymbol{k}\\1&1&2\\1&1&0\end{vmatrix}=-2\boldsymbol{i}+2\boldsymbol{j}\ .$$

依题意 $\boldsymbol{n}/\!/\boldsymbol{s}$，于是
$$\frac{2x-y}{-2}=\frac{2y-x}{2}=\frac{2z}{0}\ ,$$

即
$$\begin{cases}x+y=0\\z=0\end{cases},$$
与曲面方程 $x^2+y^2+z^2-xy-3=0$ 联立，求得切点 $(1,-1,0)$ 及 $(-1,1,0)$，故所求切平面方程为
$$-2(x-1)+2(y+1)-0(z-0)=0 \text{ 和 } -2(x+1)+2(y-1)-0(z-0)=0,$$
即
$$x-y-2=0 \text{ 和 } x-y+2=0.$$

思考　（i）若切平面与平面 π_1：$x+y+2z-2=0$ 或 π_2：$x+y+1=0$ 平行，结果如何？（ii）若前一个平面的方程为 π_1：$x-y+2z-2=0$，结果如何？后一个平面的方程为 π_2：$x-y+1=0$ 或 π_2：$x+y-z+1=0$ 呢？（iii）两个平面的方程分别为 π_1：$x-y+2z-2=0$ 和 π_2：$x+y-z+1=0$，结果又如何？

例 6　设直线 $\begin{cases}x-y+z+a=0\\x+by-z-3=0\end{cases}$ 在平面 π 上，而平面 π 与曲面 $z=x^2+y^2$ 相切于点 $(1,-2,5)$，求切平面 π 的方程及 a,b 的值.

分析　因为切平面 π 在已知直线的平面束中，而利用曲面的方程和切点可以求出曲面的法向量，因此平面束中法向量与曲面法向量平行的平面就是所求的切平面.

解　过直线 $\begin{cases}x-y+z+a=0\\x+by-z-3=0\end{cases}$ 的平面束方程为
$$x-y+z+a+\lambda(x+by-z-3)=0,$$
即
$$(1+\lambda)x+(b\lambda-1)y+(1-\lambda)z+(a-3\lambda)=0,$$
于是平面束的法向量为 $\boldsymbol{n}_1=((1+\lambda),(b\lambda-1),(1-\lambda))$.

又曲面 $z=x^2+y^2$ 在点 $(1,-2,5)$ 的方向量为
$$\boldsymbol{n}_2=(z_x,z_y,-1)|_{(1,-2,5)}=(2x,2y,-1)|_{(1,-2,5)}=(2,-4,-1).$$
令 $\boldsymbol{n}_1 // \boldsymbol{n}_2$，得
$$\frac{1+\lambda}{2}=\frac{b\lambda-1}{-4}=\frac{1-\lambda}{-1},$$
解之得 $\lambda=3,b=-\frac{7}{3}$. 将 $\lambda=3,b=-\frac{7}{3}$ 及点 $(1,-2,5)$ 代入直线的平面束方程得
$$(1+3)\cdot1+\left(-\frac{7}{3}\times3-1\right)\cdot(-2)+(1-3)\cdot5+(a-3\cdot3)=0,$$
解得 $a=-1$. 于是切平面的方程为
$$(1+3)x+\left(-\frac{7}{3}\times3-1\right)y+(1-3)z--1-3\times3)=0,$$
即
$$2x-4y-z-5=0.$$

思考　（i）若直线的方程为 $\begin{cases}x-y+a=0\\x+by-z-3=0\end{cases}$ 或 $\begin{cases}x-y+z+a=0\\x+by-3=0\end{cases}$，结果如何？（ii）若切点为 $(-1,2,5)$ 或 $(-1,-2,5)$，以上各题的结果如何？（iii）若平面 π 与曲面 $z=2x^2+y^2$ 相切于 $(1,-2,6)$ 或与曲面 $z=x^2+2y^2$ 相切于 $(1,-2,9)$，以上各题的结果又如何？

例 7 设$F(u,v,w)=0$是可微函数，证明：曲面$F\left(\frac{y}{x},\frac{z}{y},\frac{x}{z}\right)=0$上任意一点处的切平面都通过一定点.

分析　设出曲面上任意点的坐标，则根据曲面的方程就可以求出曲面在这点处的法向量，进而求出这点切平面的方程，再找出该平面上与任意点无关的点即可.

解　设$P_0(x_0,y_0,z_0)$是曲面$F\left(\frac{y}{x},\frac{z}{y},\frac{x}{z}\right)=0$上任意一点，令$G(x,y,z)=F\left(\frac{y}{x},\frac{z}{y},\frac{x}{z}\right)$，则曲面在$P_0(x_0,y_0,z_0)$处的法向量为

$$\begin{aligned}\boldsymbol{n}&=(G_x(P_0),G_y(P_0),G_z(P_0))\\&=\left(\frac{1}{z_0}F_3'(P_0)-\frac{y_0}{x_0^{\ 2}}F_1'(P_0),\frac{1}{x_0}F_1'(P_0)-\frac{z_0}{y_0^{\ 2}}F_2'(P_0),\frac{1}{y_0}F_2'(P_0)-\frac{x_0}{z_0^{\ 2}}F_3'(P_0)\right),\end{aligned}$$

于是曲面在$P_0(x_0,y_0,z_0)$处的切平面方程为

$$G_x(P_0)(x-x_0)+G_y(P_0)(y-y_0)+G_z(P_0)(z-z_0)=0.$$

由于

$$\begin{aligned}&x_0G_x(P_0)+y_0G_y(P_0)+z_0G_z(P_0)\\&=x_0\left[\frac{1}{z_0}F_3'(P_0)-\frac{y_0}{x_0^{\ 2}}F_1'(P_0)\right]+y_0\left[\frac{1}{x_0}F_1'(P_0)-\frac{z_0}{y_0^{\ 2}}F_2'(P_0)\right]+z_0\left[\frac{1}{y_0}F_2'(P_0)-\frac{x_0}{z_0^{\ 2}}F_3'(P_0)\right]\\&=\left[\frac{x_0}{z_0}F_3'(P_0)-\frac{y_0}{x_0}F_1'(P_0)\right]+\left[\frac{y_0}{x_0}F_1'(P_0)-\frac{z_0}{y_0}F_2'(P_0)\right]+\left[\frac{z_0}{y_0}F_2'(P_0)-\frac{x_0}{z_0}F_3'(P_0)\right]=0,\end{aligned}$$

所以切平面的方程为

$$G_x(P_0)x+G_y(P_0)y+G_z(P_0)z=0,$$

显然，该平面恒过坐标原点，与切点$P_0(x_0,y_0,z_0)$的坐标无关.

思考　（i）若曲面的方程为$F\left(\frac{x}{y},\frac{y}{z},\frac{z}{x}\right)=0$或$F\left(\frac{z}{y},\frac{x}{z},\frac{y}{x}\right)=0$，结论是否仍然成立？若是，给出证明；（ii）设$F(u,v)=0$是可微函数，则对平面曲线$F\left(\frac{y}{x},\frac{x}{y}\right)=0$，类似的结论是否成立？若是，给出证明.

例 8　设$F(u,v,w)=0$是可微函数，证明：曲面$F(x-y,y-z,z-x)=0$上任意一点处的切平面都平行于一定方向.

分析　只需证明曲面上任意点的法向量恒与某常向量垂直. 设出曲面上任意点的坐标，则根据曲面的方程就可以求出曲面在这点处的法向量，再证明该向量垂直于一个特定的向量即可.

解　设点$P_0(x_0,y_0,z_0)$是曲面$F(x-y,y-z,z-x)=0$上任意一点. 令$G(x,y,z)=F(x-y,y-z,z-x)$，则曲面在点$P_0(x_0,y_0,z_0)$处的法向量为

$$\boldsymbol{n}=(G_x(P_0),G_y(P_0),G_z(P_0))=(F_1'(P_0)-F_3'(P_0),F_2'(P_0)-F_1'(P_0),F_3'(P_0)-F_2'(P_0)),$$

于是曲面在点$P_0(x_0,y_0,z_0)$处的切平面方程为

$$G_x(P_0)(x-x_0)+G_y(P_0)(y-y_0)+G_z(P_0)(z-z_0)=0.$$

由于
$$\boldsymbol{n}\cdot(1,1,1)=[(F_1'(P_0)-F_3'(P_0)]+[F_2'(P_0)-F_1'(P_0)]+[F_3'(P_0)-F_2'(P_0)]=0,$$
所以曲面在任一点的法向量恒与常向量 $(1,1,1)$ 垂直，即曲面 $F(x-y,y-z,z-x)=0$ 上任意一点处的切平面都平行于定方向 $(1,1,1)$.

思考　（i）若曲面的方程为 $F(x-z,y-x,z-y)=0$ 或 $F(y-z,z-x,x-y)=0$，结论是否仍然成立？若是，给出证明；（ii）若曲面的方程为 $F(x-2y,2y-z,z-x)=0$ 或 $F(2x-y,y+z,-z-2x)=0$，结论是否仍然成立？若是，给出证明；$F(ax-by,by-cz,cz-ax)=0\ (abc\neq 0)$ 呢？（iii）设 $F(u,v)=0$ 是可微函数，则对平面曲线 $F(x-y,y-x)=0$，类似的结论是否成立？若是，给出证明.

例 9　设 $\varGamma: x=x(t),y=y(t),z=z(t)$ 是球面 $x^2+y^2+z^2=R^2$ 上的一条曲线，而且 $x=x(t)$，$y=y(t)$，$z=z(t)$ 是可导函数且在任意点处不全为零，证明：$\varGamma$ 上任意点处的法平面经过一定点.

分析　显然，曲线在任意点的法平面存在. 因此，给定任意参数的值，表示曲线上任意点的坐标和该点切向量，求出法平面的方程并确定法平面上的定点即可.

证明　设 $(x_0,y_0,z_0)=(x(t_0),y(t_0),z(t_0))$ 是曲线 $\varGamma$ 上任意一点，则曲线在该点的切向量为 $\boldsymbol{T}=(x'(t_0),y'(t_0),z'(t_0))$，于是曲线 $\varGamma$ 在该点的法平面方程为
$$x'(t_0)(x-x_0)+y'(t_0)(y-y_0)+z'(t_0)(z-z_0)=0,$$
即
$$x'(t_0)x+y'(t_0)y+z'(t_0)z-[x_0x'(t_0)+y_0y'(t_0)+z_0z'(t_0)]=0,$$
由于
$$\begin{aligned}x_0x'(t_0)+y_0y'(t_0)+z_0z'(t_0)&=x(t_0)x'(t_0)+y(t_0)y'(t_0)+z(t_0)z'(t_0)\\&=\frac{1}{2}\frac{\mathrm{d}}{\mathrm{d}t}[x^2(t)+y^2(t)+z^2(t)]\big|_{t=t_0}=\frac{1}{2}\frac{\mathrm{d}}{\mathrm{d}t}(R^2)\big|_{t=t_0}=0,\end{aligned}$$
所以法平面方程为
$$x'(t_0)x+y'(t_0)y+z'(t_0)z=0.$$

显然，该平面过坐标原点 $(0,0,0)$，而与参数 $t=t_0$ 的值无关，故 $\varGamma$ 上任意点处的法平面经过该定点.

思考　（i）椭球面上的曲线是否具有以上性质？为什么？（ii）在椭球面 $x^2+2y^2+z^2=1$ 与平面 $x+y+z=1$ 的交线上求一点，使该点的法平面经过坐标原点，并求该点的法平面方程.

例 10　设 $f(x,y,z)=\dfrac{xy^2z^3}{x^2+y^2+z^2}$，求 $\mathbf{grad}f(2,2,2)$.

分析　先求函数的偏导数，从而求出函数的梯度函数及已知点的梯度.

解　因为
$$\frac{\partial f}{\partial x}=\frac{y^2z^3}{x^2+y^2+z^2}-\frac{2x^2y^2z^3}{(x^2+y^2+z^2)^2}=\frac{(y^2+z^2-x^2)y^2z^3}{(x^2+y^2+z^2)^2},$$
同理
$$\frac{\partial f}{\partial y}=\frac{2(z^2+x^2)xyz^3}{(x^2+y^2+z^2)^2},\qquad \frac{\partial f}{\partial z}=\frac{(3x^2+3y^2+z^2)xy^2z^2}{(x^2+y^2+z^2)^2},$$
所以
$$\mathbf{grad}f=\frac{(y^2+z^2-x^2)y^2z^3}{(x^2+y^2+z^2)^2}\boldsymbol{i}+\frac{2(z^2+x^2)xyz^3}{(x^2+y^2+z^2)^2}\boldsymbol{j}+\frac{(3x^2+3y^2+z^2)xy^2z^2}{(x^2+y^2+z^2)^2}\boldsymbol{k},$$

将 $x=y=z=2$ 代入，得 $\mathbf{grad}f(2,2,2)=\dfrac{8}{9}(\boldsymbol{i}+4\boldsymbol{j}+7\boldsymbol{k})$.

思考　（i）若 $f(x,y,z)=\dfrac{x^2yz^3}{x^2+y^2+z^2}$ 或 $f(x,y,z)=\dfrac{x^3yz^2}{x^2+y^2+z^2}$ 或 $f(x,y,z)=\dfrac{xy^2z^3}{x^2+y^2+z^2}$，结果如何？$f(x,y,z)=\dfrac{x+y^2+z^3}{x^2+y^2+z^2}$ 呢？（ii）若 $f(x,y,z)=\dfrac{x^2+y^2+z^2}{xy^2z^3}$，结果又如何？

例 11　设 $\boldsymbol{l}$ 是椭球面 $2x^2+3y^2+z^2=6$ 与平面 $x+y+z=3$ 的交线在点 $P(1,1,1)$ 处方向朝上的切向量，求函数 $u=\sqrt{\dfrac{6x^2+8y^2}{z}}$ 沿方向 $\boldsymbol{l}$ 的方向导数.

分析　显然，函数 u 在 $P(1,1,1)$ 处可微，故可用方向导数公式求. 为此，先必须求出函数在已知点处的梯度和椭球面与平面交线切向量的单位向量.

解　因为

$$\frac{\partial u}{\partial x}=\frac{6x}{\sqrt{z(6x^2+8y^2)}},\qquad \frac{\partial u}{\partial y}=\frac{8y}{\sqrt{z(6x^2+8y^2)}},\qquad \frac{\partial u}{\partial z}=-\frac{1}{2}\sqrt{\frac{6x^2+8y^2}{z^3}},$$

所以

$$\begin{aligned}\mathbf{grad}u(1,1,1)&=\left.\left(\frac{6x}{\sqrt{z(6x^2+8y^2)}},\frac{8y}{\sqrt{z(6x^2+8y^2)}},-\frac{1}{2}\sqrt{\frac{6x^2+8y^2}{z^3}}\right)\right|_{(1,1,1)}\\&=\left(\frac{6}{\sqrt{14}},\frac{8}{\sqrt{14}},\frac{\sqrt{14}}{2}\right)=\frac{1}{14}(6\sqrt{14},6\sqrt{14},7\sqrt{14}),\end{aligned}$$

又椭球面与平面交线的切向量为

$$\begin{aligned}\boldsymbol{T}&=\pm\left.\left(\begin{vmatrix}6y & 2z\\ 1 & 1\end{vmatrix},\ \begin{vmatrix}2z & 4x\\ 1 & 1\end{vmatrix},\ \begin{vmatrix}4x & 6y\\ 1 & 1\end{vmatrix}\right)\right|_{(1,1,1)}\\&=\pm(6y-2z,2z-4x,4x-6y)\big|_{(1,1,1)}=\pm(4,-2,-2)=\pm 2(2,-1,-1),\end{aligned}$$

由于方向朝上的切向量与 z 轴的夹角为锐角，所以 $\boldsymbol{l}=2(-2\ 1\ 1)$. 其单位法向量为

$$\boldsymbol{l}^{\circ}=(\cos\alpha,\cos\beta,\cos\gamma)=\frac{1}{6}(-2\sqrt{6},\sqrt{6},\sqrt{6}).$$

于是所求的方向导数为

$$\begin{aligned}\frac{\partial u}{\partial \boldsymbol{l}}=\mathbf{grad}u\cdot\boldsymbol{l}^{\circ}&=\frac{1}{14}(6\sqrt{14},6\sqrt{14},7\sqrt{14})\cdot\frac{1}{6}(-2\sqrt{6},\quad \sqrt{6},\quad \sqrt{6})\\&=\frac{1}{84}(-24\sqrt{21}+12\sqrt{21}+14\sqrt{14})=\frac{1}{41}\sqrt{14}.\end{aligned}$$

思考　（i）若 $\boldsymbol{l}$ 是椭球面 $2x^2+3y^2+z^2=6$ 与平面 $x+y+z=3$ 的交线在点 $P(1,1,1)$ 处的切向量，结果如何？（ii）若已知点为 $P(1,0,2)$，以上各题结果如何？

例 12　求函数 $f(x,y)=1-\sin(x^2+y^2)$ 的极值.

分析　这是二阶可微函数的无条件极值问题. 可用函数极值的必要条件求驻点，再用函数极值的充分条件判断函数在驻点是否取得极值，是极大值还是极小值. 注意：对函数极值的充分条件判断失效的点，要用极值的定义来判断.

解　由$\begin{cases} f_x = -2x\cos(x^2+y^2) = 0 \\ f_y = -2y\cos(x^2+y^2) = 0 \end{cases}$，求得函数的驻点

$$x=0, y=0 \quad 和 \quad x^2+y^2 = k\pi + \frac{\pi}{2}(k=0,1,2,\cdots).$$

又
$$f_{xx} = -2\cos(x^2+y^2) + 4x^2\sin(x^2+y^2),\quad f_{xy} = 4xy\sin(x^2+y^2),$$
$$f_{yy} = -2\cos(x^2+y^2) + 4y^2\sin(x^2+y^2),$$

因此，在（0,0）处，$A = f_{xx}(0,0) = -2,\ B = f_{xy}(0,0) = 0,\ C = f_{yy}(0,0) = -2$．由于$B^2 - AC = -4 < 0$且$A<0$，所以$f(0,0)=1$为极大值.

当$x^2+y^2 = 2k\pi + \frac{\pi}{2}$时，$A = 4x^2, B = 4xy, C = 4y^2$．由于$B^2 - AC = 0$，所以判别法失效，需根据极值定义来判断.

若(x_0, y_0)是圆$x^2+y^2 = 2k\pi + \frac{\pi}{2}$上任意点处，则$f(x_0,y_0) = 1 - \sin\frac{\pi}{2} = 0$．显然，在$(x_0,y_0)$的任何邻域内，均含有该圆周上异于$(x_0,y_0)$的点，使该点的函数值为零. 因此，由函数极值的定义知，$f(x,y)$在(x_0,y_0)处无极值. 所以，当$x^2+y^2 = 2k\pi + \frac{\pi}{2}$时，函数$f(x,y)$无极值.

同理，当$x^2+y^2 = 2k\pi + \frac{3\pi}{2}$时，函数$f(x,y)$无极值.

思考　（i）若函数为$f(x,y) = 1-\cos(x^2+y^2)$或$f(x,y) = 1-\sin^2(x^2+y^2)$，结果如何？$f(x,y) = 1-\cos^2(x^2+y^2)$呢？（ii）求函数$f(x,y) = 1-\sin\sqrt{x^2+y^2}$的极值.

例 13　证明：函数$z = (1+\mathrm{e}^y)\cos x - y\mathrm{e}^y$有无穷多个极大值而没有极小值.

分析　这是二阶可微函数的无条件极值问题. 可用函数极值的必要条件求驻点，再用函数极值的充分条件证明函数在无穷多个驻点取得极大值，但在任何驻点处均无极小值.

解　由$\begin{cases} z_x = -(1+\mathrm{e}^y)\sin x = 0 \\ z_y = \mathrm{e}^y(\cos x - 1 - y) = 0 \end{cases}$，求得函数的驻点$x = k\pi,\ y = (-1)^k - 1\ (k\in\mathbf{Z})$.

又
$$z_{xx} = -(1+\mathrm{e}^y)\cos x,\quad z_{xy} = -\mathrm{e}^y\sin x,\quad z_{yy} = \mathrm{e}^y(\cos x - 2 - y),$$

因此，当$x = 2k\pi, y = (-1)^{2k} - 1 = 0\ (k\in\mathbf{Z})$时，

$$A = z_{xx}(2k\pi,0) = -2,\quad B = z_{xy}(2k\pi,0) = 0,\quad C = z_{yy}(2k\pi,0) = -1.$$

由于$B^2 - AC = -2 < 0$且$A<0$，所以函数在$(2k\pi,0)\ (k\in\mathbf{Z})$处取得极大值$z(2k\pi,0) = 2$.

当$x = (2k+1)\pi$，$y = (-1)^{2k+1} - 1 = -2\ (k\in\mathbf{Z})$时，

$$A = z_{xx}((2k+1)\pi,-2) = 1+\mathrm{e}^{-2},\quad B = z_{xy}((2k+1)\pi,-2) = 0,\quad C = z_{yy}((2k+1)\pi,-2) = -\mathrm{e}^{-2}.$$

由于$B^2 - AC = \mathrm{e}^{-2}(1+\mathrm{e}^{-2}) > 0$，所以函数在$((2k+1)\pi,-2)\ (k\in\mathbf{Z})$处无极值.

综上所述，函数$z = (1+\mathrm{e}^y)\cos x - y\mathrm{e}^y$有无穷多个极大值而没有极小值.

思考　若函数为$z = (1+\mathrm{e}^{-y})\cos x - y\mathrm{e}^{-y}$，结论如何？$z = (1+\mathrm{e}^y)\sin x - y\mathrm{e}^y$或$z = (1+\mathrm{e}^{-y})\sin x - y\mathrm{e}^{-y}$呢？

例 14　某养殖场饲养两种鱼，若甲种鱼放养 x（万尾），乙种鱼放养 y（万尾），收获时两种鱼的收获量分别为 $(3-\alpha x-\beta y)x$ 和 $(4-\beta x-2\alpha y)y\ (\alpha>\beta>0)$，求使产鱼总量最大的放养数.

分析　这是实际问题的最值（极值）问题，先应求出目标函数——鱼总产量函数，再求此函数的极值. 注意：若实际问题的目标函数只有一个极值，则该极值就是相应的最值.

解　鱼的总产量

$$z=3x+4y-\alpha x^2-2\alpha y^2-2\beta xy.$$

由极值的必要条件得二元一次方程组

$$\begin{cases}\dfrac{\partial z}{\partial x}=3-2\alpha x-2\beta y=0\\\dfrac{\partial z}{\partial y}=4-4\alpha y-2\beta x=0\end{cases},$$

由于 $\alpha>\beta>0$，故其系数行列式 $D=4(2\alpha^2-\beta^2)>0$，从而方程组有唯一解 $x_0=\dfrac{3\alpha-2\beta}{2\alpha^2-\beta^2}$，$y_0=\dfrac{4\alpha-3\beta}{2(2\alpha^2-\beta^2)}$.

在 (x_0,y_0) 处，$A=\dfrac{\partial^2 z}{\partial x^2}=-2\alpha, B=\dfrac{\partial^2 z}{\partial x\partial y}=-2\beta, C=\dfrac{\partial^2 z}{\partial y^2}=-4\alpha$. 由于

$$B^2-AC=4\beta^2-8\alpha^2=-4(2\alpha^2-\beta^2)<0,\quad A<0,$$

故 z 在 (x_0,y_0) 处有极大值，即最大值，且所求放养数分别为

$$(3-\alpha x_0-\beta y_0)x_0=\frac{3x_0}{2},\quad (4-\beta x_0-2\alpha y_0)y_0=2y_0\ .$$

思考　（i）若 $\alpha=\beta>0$，结果如何？（ii）若仅已知 $\alpha,\beta>0$，则当 α,β 满足什么关系时，该问题有最大值？（iii）若两种鱼的收获量分别为 $(3-\alpha x-\beta y)y$ 和 $(4-\beta x-2\alpha y)x\ (\alpha,\beta>0)$，则当 α,β 满足什么关系时，该问题有最大值？并分别求出两种鱼的放养数.

例 15　设 $z=z(x,y)$ 是由方程 $x^2+2y^2-z^2+4xz-4yz+2x-4y+2=0$ 所确定的隐函数，求 $z=z(x,y)$ 的极值点和极值.

分析　对方程所确定的隐函数的极值问题，可直接对方程两边求各变量的一阶偏导数，再令各一阶偏导数为零，得出相应的方程，并把这些方程与原方程联立，就可以求出函数的驻点；在此基础上求函数的二阶偏导数，并判断函数在各驻点是否取得极值，取得极值时是极大值还是极小值.

解　方程两边分别对 x,y 求导，并化简得

$$x-z\frac{\partial z}{\partial x}+2z+2x\frac{\partial z}{\partial x}-2y\frac{\partial z}{\partial x}+1=0, \tag{1}$$

$$2y-z\frac{\partial z}{\partial y}+2x\frac{\partial z}{\partial y}-2z-2y\frac{\partial z}{\partial y}-2=0. \tag{2}$$

令
$$\begin{cases}\dfrac{\partial z}{\partial x}=0\\ \dfrac{\partial z}{\partial y}=0\end{cases}\Rightarrow\begin{cases}x+2z+1=0\\ 2y-2z-2=0\end{cases}\Rightarrow\begin{cases}x=-2z-1\\ y=z+1\end{cases}.$$

代入原方程得

$$(-2z-1)^2+2(z+1)^2-z^2+4(-2z-1)z-4(z+1)z+2(-2z-1)-4(z+1)+2=0,$$

即
$$7z^2+8z+1=0.$$

所以 $z=-1$ 和 $z=-\dfrac{1}{7}$，从而求得函数的驻点 $(1,0,-1)$ 和 $\left(-\dfrac{5}{7},\dfrac{6}{7},-\dfrac{1}{7}\right)$.

又方程（1）两边分别对 x,y 求导得

$$1-\left(\frac{\partial z}{\partial x}\right)^2-z\frac{\partial^2 z}{\partial x^2}+4\frac{\partial z}{\partial x}+2x\frac{\partial^2 z}{\partial x^2}-2y\frac{\partial^2 z}{\partial x^2}=0, \tag{3}$$

$$-\frac{\partial z}{\partial x}\cdot\frac{\partial z}{\partial y}-z\frac{\partial^2 z}{\partial x\partial y}+2\frac{\partial z}{\partial y}+2x\frac{\partial^2 z}{\partial x\partial y}-2\frac{\partial z}{\partial x}-2y\frac{\partial^2 z}{\partial x\partial y}=0, \tag{4}$$

方程（2）两边分别对 y 求导得

$$2-\left(\frac{\partial z}{\partial y}\right)^2-z\frac{\partial^2 z}{\partial y^2}+2x\frac{\partial^2 z}{\partial y^2}-4\frac{\partial z}{\partial y}-2y\frac{\partial^2 z}{\partial y^2}=0. \tag{5}$$

在点 $(1,0,-1)$ 处，将此点分别代入方程（3）、（4）和（5），记 $A=\left.\dfrac{\partial^2 z}{\partial x^2}\right|_{(1,0,-1)}$， $B=\left.\dfrac{\partial^2 z}{\partial x\partial y}\right|_{(1,0,-1)}$，

$C=\left.\dfrac{\partial^2 z}{\partial y^2}\right|_{(1,0,-1)}$，并注意到各一阶偏导数在此点的值为零，得

$$1+A+2A-0\cdot A=0\Rightarrow A=-\frac{1}{3},$$

$$B+2B-2\cdot 0\cdot B=0\Rightarrow B=0,$$

$$2+C+2C-2\cdot 0\cdot C=0\Rightarrow C=-\frac{2}{3}.$$

因为 $B^2-AC=-\dfrac{2}{9}<0$ 且 $A<0$，所以函数在点 $(1,0,-1)$ 处取得极大值 $z(1,0)=-1$.

类似地，可得函数在点 $\left(-\dfrac{5}{7},\dfrac{6}{7},-\dfrac{1}{7}\right)$ 处 $A=\dfrac{1}{3},B=0,C=\dfrac{2}{3}$. 由于 $B^2-AC=-\dfrac{2}{9}<0$ 且 $A>0$，所以函数取得极小值 $z\left(-\dfrac{5}{7},\dfrac{6}{7}\right)=-\dfrac{1}{7}$.

思考 （i）用公式法求函数 $z=z(x,y)$ 的一阶、二阶偏导数，从而求出函数的极值点和极值；（ii）对此题而言，能否求出函数 $z=z(x,y)$ 的显函数？若能，用显函数求解该问题；（iii）若 $x=x(y,z)$ 和 $y=y(z,x)$ 分别是由方程 $x^2+2y^2-z^2+4xz-4yz+2x-4y+2=0$ 所确定的隐函数，求这两个隐函数的极值点与极值.

例 16　求函数 $u=xy^2z^3$ 在条件 $x+y+z=a(a,x,y,z\in\mathbf{R}^+)$ 下的条件极值.

分析　这是条件极值问题. 通常用拉格朗日乘数法来求解，但由于从所给条件中很容易用其中两个变量表示另一个变量，所以也可以将其转化成无条件极值来解.

解法 1　无条件极值法　由 $x+y+z=a$ 解得 $x=a-y-z$，于是函数化为

$$u=(a-y-z)y^2z^3.$$

由方程组 $\begin{cases}\dfrac{\partial u}{\partial y}=yz^3(2a-3y-2z)=0\\\dfrac{\partial u}{\partial z}=y^2z^2(3a-3y-4z)=0\end{cases}$，解得 $\begin{cases}y=\dfrac{a}{3}\\z=\dfrac{a}{2}\end{cases}$. 又

$$A=\left.\frac{\partial^2u}{\partial y^2}\right|_{\left(\frac{a}{3},\frac{a}{2}\right)}=2z^3(a-3y-z)\big|_{\left(\frac{a}{3},\frac{a}{2}\right)}=-\frac{a^4}{8},$$

$$B=\left.\frac{\partial^2u}{\partial y\partial z}\right|_{\left(\frac{a}{3},\frac{a}{2}\right)}=yz^2(6a-9y-8z)\big|_{\left(\frac{a}{3},\frac{a}{2}\right)}=-\frac{a^4}{12},$$

$$C=\left.\frac{\partial^2u}{\partial z^2}\right|_{\left(\frac{a}{3},\frac{a}{2}\right)}=6y^2z(a-y-2z)\big|_{\left(\frac{a}{3},\frac{a}{2}\right)}=-\frac{a^4}{9}.$$

因为

$$B^2-AC=\left(-\frac{a^4}{12}\right)^2-\left(-\frac{a^4}{8}\right)\left(-\frac{a^4}{9}\right)=-\frac{a^8}{144}<0,\quad A<0,$$

所以当 $y=\dfrac{a}{3}$，$z=\dfrac{a}{2}$，$x=a-\dfrac{a}{3}-\dfrac{a}{2}=\dfrac{a}{6}$ 时，函数取得极大值

$$u\left(\frac{a}{6},\frac{a}{3},\frac{a}{2}\right)=\frac{a}{6}\left(\frac{a}{3}\right)^2\left(\frac{a}{2}\right)^3=\frac{a^6}{432}.$$

思考 1　将 $y=a-x-z$ 或 $z=a-x-y$ 代入，将函数转化成 x,z 或 x,y 的二元函数来求解.

解法 2　拉格朗日乘数法　令

$$F(x,y,z)=xy^2z^3+\lambda(x+y+z-a)\quad(x,y,z,a\in\mathbf{R}^+),$$

于是由 $\begin{cases}F_x=y^2z^3+\lambda=0,\\F_y=2xyz^3+\lambda=0,\\F_z=3xy^2z^2+\lambda=0,\\x+y+z=a,\end{cases}$ 解得 $\begin{cases}x=\dfrac{a}{6},\\y=\dfrac{a}{3},\\z=\dfrac{a}{2}.\end{cases}$ 由问题的实际意义，知 $x=\dfrac{a}{6},y=\dfrac{a}{3},z=\dfrac{a}{2}$ 时，函数取得极大值 $u\left(\dfrac{a}{6},\dfrac{a}{3},\dfrac{a}{2}\right)=\dfrac{a^6}{432}$.

思考 2　（i）若 $(x,y,z,a\in\mathbf{R}^-)$，结果如何？（ii）若函数为 $u=x^3y^2z$ 或 $u=x^2yz^3$，结果又如何？ $u=xy^2z^2$ 呢？（iii）若条件为 $x+2y+3z=a(a,x,y,z\in\mathbf{R}^+)$，以上各题的结果如何？

例 17　求二元函数 $z=f(x,y)=x^2y(4-x-y)$ 在由直线 $x+y=6$、x 轴和 y 轴所围成的闭区域 D 上的极值、最大值和最小值.

分析　这是函数在闭区域上的极值（最值）问题.

解　由$\begin{cases}f_x = 2xy(4-x-y)-x^2y=0\\ f_y = x^2(4-x-y)-x^2y=0\end{cases}$求得驻点 $x=0(0\leqslant y\leqslant 6)$ 及（4,0），（2,1）. 由于（4,0）及线段 $x=0(0\leqslant y\leqslant 6)$ 在 D 的边界上，只有（2,1）在 D 的内部，可能是极值点.

又
$$f_{xx}=8y-6xy-2y^2,\quad f_{xy}=8x-3x^2-4xy,\quad f_{yy}=-2x^2,$$
因此，在（2, 1）处，
$$A=f_{xx}(2,1)=-6,\quad B=f_{xy}(2,1)=-4,\quad C=f_{yy}(2,1)=-8.$$
因为 $B^2-AC=-32<0, A<0,$ 因此（2,1）是 $f(x,y)$ 的极大值点，且极大值 $f(2,1)=4$.

在 D 的边界 $x=0(0\leqslant y\leqslant 6)$ 及 $y=0(0\leqslant x\leqslant 6)$ 上，$f(x,y)=0$；

在边界 $x+y=6$ 上，将 $y=6-x$ 代入得
$$z=f(x,y)=2x^3-12x^2\quad(0\leqslant x\leqslant 6).$$
由 $z'=6x^2-24x=0$ 得 $x=0, x=4$. 在边界 $x+y=6$ 上，$x=0,4,6$ 处的 z 值分别为 $z=0,-64,0$. 因此 $z=f(x,y)$ 在边界上的最大值为 0，最小值为 -64.

将边界上最大值和最小值与驻点（2,1）处的值比较可得，$z=f(x,y)$ 在闭区域 D 上的最大值为 $f(2,1)=4$，最小值为 $f(4,2)=-64$.

思考　（i）若函数为 $z=f(x,y)=xy^2(4-x-y)$，结果如何？（ii）若 D 为直线 $x-y=6$ 或 $x+2y=6$ 与 x 轴和 y 轴所围成的闭区域，以上两题的结果如何？

例 18　求两直线$\begin{cases}y=2x\\ z=x+1\end{cases}$和$\begin{cases}y=x+3\\ z=x\end{cases}$之间的距离.

分析　两直线间的距离，即两直线上任意两点间距离的最小者，因此，该问题可以转化成两点间距离的最小值问题. 又因为距离最小与距离的平方最小是等价的，故可用两点间距离的平方作为目标函数.

解　设 (x_1,y_1,z_1) 和 (x_2,y_2,z_2) 分别是两直线上的任意点，则这两点间距离的平方为
$$F(x,y,z)=(x_2-x_1)^2+(y_2-y_1)^2+(z_2-z_1)^2,$$
由于$\begin{cases}y_1=2x_1\\ z_1=x_1+1\end{cases}$，$\begin{cases}y_2=x_2+3\\ z_2=x_2\end{cases}$，所以
$$F(x,y,z)=(x_2-x_1)^2+(x_2-2x_1+3)^2+(x_2-x_1-1)^2.$$
令
$$\begin{cases}F_{x_1}=-2(x_2-x_1)-4(x_2-2x_1+3)-2(x_2-x_1-1)=0\\ F_{x_2}=2(x_2-x_1)+2(x_2-2x_1+3)+2(x_2-x_1-1)=0\end{cases},$$
即$\begin{cases}6x_1-4x_2=5\\ 4x_1-3x_2=2\end{cases}$，求得唯一极值点$\begin{cases}x_1=\dfrac{7}{2}\\ x_2=4\end{cases}$. 故由问题的实际意义知，此极值点就是函数 $F(x,y,z)$ 的最小值点，于是两直线间的距离

$$d=\sqrt{F\left(\frac{7}{2},4\right)}=\sqrt{\left(4-\frac{7}{2}\right)^2+(4-7+3)^2+\left(4-\frac{7}{2}-1\right)^2}=\frac{\sqrt{2}}{2}.$$

思考　（i）证明以上两直线是异面直线，并用异面直线之间的距离公式验证以上结果的正确性；（ii）若两直线分别为$\begin{cases}y=2x\\z=x-1\end{cases}$，$\begin{cases}y=x+3\\z=x\end{cases}$或$\begin{cases}y=2x\\z=x+1\end{cases}$，$\begin{cases}y=x-3\\z=x\end{cases}$，结果如何？分别为$\begin{cases}y=2x\\z=3x+1\end{cases}$，$\begin{cases}y=-x+3\\z=x\end{cases}$呢？（iii）是否可以用以上方法求两平行直线间的距离？为什么？若是，用以上方法求两平行直线$\begin{cases}y=x\\z=x+1\end{cases}$和$\begin{cases}y=x+3\\z=x\end{cases}$之间的距离.

例 19　设有一小山，取它的底面所在的平面为 xOy 坐标面，其底部所占区域 $D=\{(x,y)\,|\,x^2+y^2-xy\leqslant 75\}$，小山的高度函数为 $h(x,y)=75-x^2-y^2+xy$.（i）设 $M(x_0,y_0)$ 为区域 D 上一点，问 $h(x,y)$ 在该点沿平面上什么方向的方向导数最大？若记此方向的最大值为 $g(x_0,y_0)$，试写出 $g(x_0,y_0)$ 的表达式；（ii）现欲利用此小山开展攀岩活动，为此需要在山脚寻找一上山坡度最大的点作为攀岩的起点. 也就是说，要在 D 的边界线 $x^2+y^2-xy=75$ 上找出使 $g(x,y)$ 达到最大值的点，试确定攀岩起点的位置.

分析　根据梯度的几何意义，方向导数最大的方向为梯度的方向，方向导数的最大值为梯度的模. 因此先应求出函数在已知点的梯度以及该点梯度的模；再求梯度模函数在区域 D 的边界上的最值. 注意：利用梯度模最大与梯度模的平方最大的等价性，可以简化计算.

解　（i）由梯度的几何意义知，$h(x,y)$ 在点 $M(x_0,y_0)$ 处沿梯度

$$\mathbf{grad}h(x,y)\,|_M=\left.\frac{\partial h}{\partial x}\right|_M\boldsymbol{i}+\left.\frac{\partial h}{\partial y}\right|_M\boldsymbol{j}=(y_0-2x_0)\boldsymbol{i}+(x_0-2y_0)\boldsymbol{j},$$

方向的方向导数最大. 方向导数的最大值为该梯度的模，所以

$$g(x_0,y_0)=\sqrt{(y_0-2x_0)^2+(x_0-2y_0)^2}=\sqrt{5x_0^2+5y_0^2-8x_0y_0}.$$

（ii）令 $f(x,y)=g^2(x,y)=5x^2+5y^2-8xy$，依题设，只需求 $f(x,y)$ 在约束条件下 $x^2+y^2-xy=75$ 下的最大值. 令

$$F(x,y,z)=5x^2+5y^2-8xy+\lambda(x^2+y^2-xy-75)$$

由方程组

$$\begin{cases}F_x=10x-8y+\lambda(2x-y)=0\\F_y=10y-8x+\lambda(2y-x)=0\\F_\lambda=x^2+y^2-xy-75=0\end{cases}$$

解得$\begin{cases}x=5\\y=-5\end{cases}$，$\begin{cases}x=-5\\y=5\end{cases}$，$\begin{cases}x=5\sqrt{3}\\y=5\sqrt{3}\end{cases}$和$\begin{cases}x=-5\sqrt{3}\\y=-5\sqrt{3}\end{cases}$.

由于 $f(5,-5)=f(-5,5)=450,\ f(5\sqrt{3},5\sqrt{3})=f(-5\sqrt{3},-5\sqrt{3})=-150$，故 $(5,-5)$ 和 $(-5,5)$ 均可作为攀岩的起点.

思考　（i）若小山的高度函数为 $h(x,y)=75-x^2-2y^2+xy$，结果如何？（ii）若考虑到攀

岩绳索的起点离地面有 1 米的高度，相应的攀岩起点的位置如何？

例 20　求函数 $u=\ln x+2\ln y+3\ln z$ 在球面 $x^2+y^2+z^2=6R^2$ 上的最大值，并证明对于任意的正数 a,b,c，恒有 $ab^2c^3\leqslant 108\left(\dfrac{a+b+c}{6}\right)^6$.

分析　当只有一个极值的情况下，函数极值问题和最值问题是同一的. 因此，尝试求函数 $u=\ln x+2\ln y+3\ln z$ 在满足条件 $x^2+y^2+z^2=6R^2$ 下的极值，并利用其结论解决该问题.

解　作拉格朗日乘数函数

$$F(x,y,z)=\ln x+2\ln y+3\ln z+\lambda(x^2+y^2+z^2-6R^2)$$

则由方程组

$$\begin{cases} F_x=\dfrac{1}{x}+2\lambda x=0 \\ F_y=\dfrac{2}{y}+2\lambda y=0 \\ F_z=\dfrac{3}{z}+2\lambda z=0 \end{cases}$$

解得 $x^2=-\dfrac{1}{2\lambda}$，$y^2=-\dfrac{1}{\lambda}$，$z^2=-\dfrac{3}{2\lambda}$. 代入球面方程得

$$-\frac{1}{2\lambda}-\frac{1}{\lambda}-\frac{3}{2\lambda}=6R^2\Rightarrow\lambda=-\frac{1}{2R^2},$$

于是 $x=R,y=\sqrt{2}R,z=\sqrt{3}R$，即该条件极值有唯一驻点 $(R,\sqrt{2}R,\sqrt{3}R)$，因而必为最大值点，故函数的最大值为

$$u(R,\sqrt{2}R,\sqrt{3}R)=\ln R+2\ln(\sqrt{2}R)+3\ln(\sqrt{3}R)=\ln(6\sqrt{3}R^6).$$

因此对任意的正数 x,y,z，恒有

$$u(x,y,z)\leqslant u(R,\sqrt{2}R,\sqrt{3}R),$$

即

$$\ln x+2\ln y+3\ln z\leqslant\ln(6\sqrt{3}R^6)\Rightarrow xy^2z^3\leqslant 6\sqrt{3}R^6\Rightarrow x^2y^4z^6\leqslant 108R^{12}.$$

将 $R^2=\dfrac{x^2+y^2+z^2}{6}$ 代入得

$$x^2y^4z^6\leqslant 108\left(\frac{x^2+y^2+z^2}{6}\right)^6,$$

再令 $a=x^2,b=y^2,c=z^2$，即得

$$ab^2c^3\leqslant 108\left(\frac{a+b+c}{6}\right)^6.$$

思考　（i）若 $u=\ln|x|+2\ln|y|+3\ln|z|$，求函数在定义域不同范围内的最值；（ii）求函数 $u=\ln x+2\ln y+3\ln z$ 在椭球面 $\dfrac{x^2}{a^2}+\dfrac{y^2}{b^2}+\dfrac{z^2}{c^2}=1$ 上的最大值.

五、练习题 8.4

1. 求曲线 $x=t-\sin t, y=1-\cos t, z=4\sin\frac{t}{2}$ 在点 $\left(\frac{\pi}{2}-1,1,2\sqrt{2}\right)$ 处的切线及法平面方程.

2. 求曲线 $x=t, y=t^2, z=t^3$ 上的点，使在该点的切线平行于平面 $x+2y+z=4$.

3. 求曲面 $x^2+2y^2+3z^2=21$ 在点 $(1,-2,2)$ 的法线方程.

4. 求椭球面 $x^2+2y^2+z^2=1$ 上平行于平面 $x-y+2z=0$ 的切平面方程.

5. 在曲面 $z=xy$ 上求一点，使这点处的法线垂直于平面 $x+3y+z+9=0$，并写出这法线的方程.

6. 试证曲面 $\sqrt{x}+\sqrt{y}+\sqrt{z}=\sqrt{a}$ $(a>0)$上任何点处的切平面在各坐标轴上的截距之和等于 a.

7. 求函数 $u=xyz$ 在点 $(5,1,2)$ 处沿从点 $(5,1,2)$ 到点 $(9,4,14)$ 的方向的方向导数.

8. 问函数 $u=xy^2z$ 在点 $P(1,-1,2)$ 处沿什么方向的方向导数最大？并求此方向导数的最大值.

9. 求函数 $f(x,y)=(6x-x^2)(4y-y^2)$ 的极值.

10. 在 xOy 面上求一点，使它到 $x=0, y=0$ 及 $x+2y-16=0$ 三直线的距离平方之和为最小.

11. 抛物面 $z=x^2+y^2$ 被平面 $x+y+z=1$ 截成一椭圆，求原点到这椭圆的最长与最短距离.

12. 求在椭圆抛物面 $\frac{z}{c}=\frac{x^2}{a^2}+\frac{y^2}{b^2}, z=c$ 的一段中嵌入有最大体积的长方体.

综合测试题 8—A

一、填空题：1 ~ 5 小题，每小题 4 分，共 20 分，请将答案写在答题纸的指定位置上.

1. 极限 $\lim\limits_{(x,y)\to(0,-2)}\frac{\sin(xy^2)}{x}=$ ________.

2. 设 $f\left(x+y,\frac{y}{x}\right)=x^2-y^2$，则 $\frac{\partial f}{\partial x}=$ ________.

3. 设 $z=y\ln(x^2-y^2)$，则 $\frac{1}{x}\frac{\partial z}{\partial x}+\frac{1}{y}\frac{\partial z}{\partial y}=$ ________.

4. 函数 $u=\ln(x+\sqrt{y^2+z^2})$ 在点 $A(1,0,1)$ 处沿该点指向点 $B(3,-2,2)$ 方向的方向导数为 $\frac{\partial u}{\partial \boldsymbol{l}}=$ ________.

5. 设 $z=\frac{xy}{x^2-y^2}$，则 $\mathrm{d}z|_{(2,1)}=$ ________.

二、选择题：6 ~ 10 小题，每小题 4 分，共 20 分，下列每小题给出的四个选项中，只有一项符合题目要求，把所选项前的字母填在题后的括号内.

6. 设函数 $f(x,y)=\begin{cases}\frac{\ln(1-2xy)-1}{|x|+|y|}, & (x,y)\neq(0,0)\\ a, & (x,y)=(0,0)\end{cases}$ 连续，则 $a=$（　　）.

A. -2　　B. $-\frac{1}{2}$　　C. 0　　D. $\frac{1}{2}$

7. 函数 $f(x,y)$ 在点 (x_0,y_0) 处的两个偏导数 $f_x'(x_0,y_0), f_y'(x_0,y_0)$ 存在，是 $f(x,y)$ 在该点连续的（　　）.

A. 充分而非必要条件　　B. 必要而非充分条件

C. 充分必要条件　　D. 既非充分又非必要条件

8. 已知 $f(1,1)=-1$ 为函数 $f(x,y)=ax^3+by^3+cxy$ 的极值，则 a,b,c 分别为（　　）.

A. $1,1,-1$　　B. $-1,-1,-1$　　C. $-1,-1,-3$　　D. $1,1,-3$

9. 已知曲面 $z=4-x^2-y^2$ 上点 P 的切平面平行于平面 $2x+2y+z-1=0$，则切点 P 的坐标为（　　）.

A. $(1,-1,2)$　　B. $(-1,1,2)$　　C. $(1,1,2)$　　D. $(-1,-1,2)$

10. 设有三元方程 $xy-z\ln y+\mathrm{e}^{xz}=1$，则根据隐函数存在定理，存在点 $(0,1,-1)$ 的一个邻域，在此邻域内方程（　　）.

A. 只能确定一个通过该点且具有连续偏导数的隐函数 $x=x(y,z)$

B. 只能确定一个通过该点且具有连续偏导数的隐函数 $y=y(z,x)$

C. 只能确定一个通过该点且具有连续偏导数的隐函数 $z=z(x,y)$

D. 至少可以确定两个通过该点且具有连续偏导数的隐函数 $x=x(y,z)$ 或 $y=y(z,x)$ 或 $z=z(x,y)$

三、解答题：11 ~ 18 小题，前四小题每题 7 分，后四小题每题 8 分，共 60 分. 请将解答写在答题纸指定的位置上. 解答应写出文字说明、证明过程或演算步骤.

11. 求椭球面 $\frac{x^2}{4}+\frac{y^2}{4}+z^2=1$ 上点 $\left(\frac{4}{3},\frac{4}{3},\frac{1}{3}\right)$ 处的切平面与法线的方程.

12. 设 $z=z(x,y)$ 是由 $\varphi(bz-cy,cx-az,ay-bx)=0$ 所确定的函数，其中 φ 具有一阶连续导数，a,b,c 为常数，且 $b\varphi_1'-a\varphi_2'\neq 0$，证明：$a\frac{\partial z}{\partial x}+b\frac{\partial z}{\partial y}=c$.

13. 设 $z=z(x,y)$ 是由方程 $z^3-2xz+y=0$ 所确定的函数，求 $\frac{\partial^2 z}{\partial x^2}$.

14. 设函数 $y=y(x), z=z(x)$ 是由方程组 $\begin{cases}x^2+y^2+z^2=a^2\\ x^2-y^2+2z=0\end{cases}$ 所确定的函数，求 $\frac{\mathrm{d}y}{\mathrm{d}x},\frac{\mathrm{d}z}{\mathrm{d}x}$.

15. 求空间曲线 $\varGamma:\begin{cases}z=x^2+2y^2\\ z=6-2x^2-y^2\end{cases}$ 的最大和最小的 z 坐标值.

16. 设 $z=z(x,y)$ 是由 $z=f(x+y,z+y)$ 所确定的隐函数，其中 f 具有二阶连续导数且 $f_2\neq 1$，求 $\frac{\partial^2 z}{\partial x\partial y}$.

17. 证明：函数 $f(x,y)=\begin{cases}\frac{\sqrt{|xy|}}{x^2+y^2}\sin(x^2+y^2), & x^2+y^2\neq 0\\ 0, & x^2+y^2=0\end{cases}$ 在 $(0,0)$ 处连续且两个偏导数存在，但不可微.

18. 设 $u=f(x,y,xyz)$，函数 $z=z(x,y)$ 由方程 $\mathrm{e}^{xyz}=\int_{xy}^{z}g(xy+z-t)\mathrm{d}t$，其中 f 具有一阶连续偏导数，g 连续，求 $x\dfrac{\partial u}{\partial x}-y\dfrac{\partial u}{\partial y}$.

综合测试题 8—B

一、填空题：1 ~ 5 小题，每小题 4 分，共 20 分，请将答案写在答题纸的指定位置上.

1. 函数 $y=\arcsin\dfrac{x}{y^2}$ 的定义域 $D=$_________.

2. 设 $z=y+f(u)$，其中 $u=x^2-y^2, f(u)$ 为可微函数，则 $y\dfrac{\partial z}{\partial x}+x\dfrac{\partial z}{\partial y}=$_________.

3. 函数 $z=x^2+y^2-3xy$ 在点 $(1,1)$ 处沿方向 $\boldsymbol{l}=3\boldsymbol{i}+4\boldsymbol{j}$ 的方向导数 $\left.\dfrac{\partial z}{\partial \boldsymbol{l}}\right|_{(1,1)}=$_________.

4. 函数 $u=(x-y)(y-z)(z-x)$ 在点 $M(1,2,3)$ 的梯度 $\mathbf{grad}u|_M=$_________.

5. 设 (x_0,y_0) 是曲线 $F(x,y)=\sin(x+y)-\mathrm{e}^x=0$ 上一点，则根据隐函数存在定理，当 $x_0+y_0\neq$______时，方程 $F(x,y)=0$ 在点 (x_0,y_0) 的某邻域内可以唯一确定一个通过点 (x_0,y_0) 的连续、可导的函数 $y=y(x)$.

二、选择题：6 ~ 10 小题，每小题 4 分，共 20 分，下列每小题给出的四个选项中，只有一项符合题目要求，把所选项前的字母填在题后的括号内.

6. 极限 $\lim\limits_{(x,y)\to(0,0)}\dfrac{\sin(x^3+y^3)}{\sqrt{(x^2+y^2)^3}}=$（　　）.

A. 0　　B. 1　　C. 2　　D. 不存在

7. 曲面 $z=xy$ 在点 $(-3,-1,3)$ 处的法线与平面 $x+3y+z+9=0$ 的关系是（　　）.

A. 平行　　B. 垂直　　C. 成 45°角　　D. 成 60°角

8. 若函数 $f(x,y)$ 在区域 D 内有二阶偏导数，则（　　）

A. $f(x,y)$ 在 D 内可微　　B. 一阶偏导数连续

C. $\dfrac{\partial^2 f}{\partial x\partial y}=\dfrac{\partial^2 f}{\partial y\partial x}$　　D. 以上三个结论均不成立

9. 设函数 $f(x,y)=\begin{cases}(x^2+y^2)\sin\dfrac{1}{\sqrt{x^2+y^2}}, & (x,y)\neq(0,0)\\ 0, & (x,y)=(0,0)\end{cases}$，则 $f(x,y)$ 在 $(0,0)$ 处（　　）

A. 不连续但两个偏导数均存在　　B. 连续、可微但两个偏导数均不存在

C. 两个偏导数均存在、可微　　D. 连续、两个偏导数均存在但不可微

10. 已知函数 $z=z(x,y)$ 的全微分为 $\mathrm{d}z=(x+y)(\mathrm{d}x+\mathrm{d}y)$，则 $z=z(x,y)$ 在点 $(1,-1)$ 处（　　）.

A. 不连续　　B. 没有极值　　C. 有极大值　　D. 有极小值

三、解答题：11 ~ 18 小题，前四小题每题 7 分，后四小题每题 8 分，共 60 分. 请将解答写在答题纸指定的位置上. 解答应写出文字说明、证明过程或演算步骤.

11. 设 $f(x,y,z)=yz^2\mathrm{e}^x$，其中 $z=z(x,y)$ 是由方程 $x+y+z+xyz=0$ 所确定的隐函数，求 $f_y'(0,1,-1)$.

12. 已知曲线 $\Gamma: x=y^2, y=z^3$ 上的切线与平面 $x-2y=1$ 平行，求切线的方程.

13. 求函数 $z=x^2y+y^3-3y$ 的极值.

14. 设 $u(x,y)=\int_0^1 f(t)|t-xy|\,\mathrm{d}t$，其中 $f(t)$ 在 $[0,1]$ 上连续，$0\leqslant x\leqslant 1, 0\leqslant y\leqslant 1$，求 $\dfrac{\partial u}{\partial x}$.

15. 设函数 $u=u(x,y), v=v(x,y)$ 是由方程组 $\begin{cases} u+v-x-y=0 \\ xu+yv-1=0 \end{cases}$ 所确定的函数，求 $\dfrac{\partial^2 u}{\partial y^2}$.

16. 设 $u=xy, v=\dfrac{x}{y}$，把方程 $x\dfrac{\partial z}{\partial x}-y\dfrac{\partial z}{\partial y}=1$ 变换成关于变量 u,v 的方程.

17. 设 $z=f(x,y), \begin{cases} x=t+\sin t \\ y=\varphi(t) \end{cases}$，其中 f 具有二阶连续偏导数，φ 具有二阶导数，求 $\dfrac{\mathrm{d}^2 z}{\mathrm{d}x^2}$.

18. 已知 x,y,z 为实数，$\mathrm{e}^x+y^2+|z|=3$，求证：$-1\leqslant \mathrm{e}^x y^2 z\leqslant 1$.

第九章　重积分

第一节　二重积分及其应用

一、教学目标

1. 理解二重积分的概念与性质，二重积分的几何意义与物理意义；会用二重积分进行二重积分的估值与大小比较.

2. 掌握二重积分在直角坐标系下的计算方法，及交换二重积分次序的方法；了解积分区域的对称性和二元函数的奇偶性在简化二重积分中的应用.

3. 掌握二重积分在极坐标系下的计算公式与方法；了解适合直角坐标系和极坐标系下计算二重积分的基本条件.

4. 了解利用二重积分求解几何、物理问题的一般方法；会用二重积分求平面薄板的质量、重心、转动惯量、曲顶柱体的体积和曲面的面积.

二、内容提要

二重积分

- 定义：$f(x,y)$ 是有界闭区域 D 上的有界函数，将 D 任意分成 n 个小闭区域 $\Delta\sigma_i\ (i=1,2,\cdots,n)$，$\forall(\xi_i,\eta_i)\in\Delta\sigma_i$，$\lim\limits_{\lambda\to 0}\sum\limits_{i=1}^{m}f(\xi_i,\eta_i)\Delta\sigma_i(\lambda=\max\limits_{1\leqslant i\leqslant n}\{\Delta\sigma_i\text{的直径}\})$ 存在 $\Leftrightarrow \iint\limits_D f(x,y)\mathrm{d}\sigma=\lim\limits_{\lambda\to 0}\sum\limits_{i=1}^{m}f(\xi_i,\eta_i)\Delta\sigma_i$.
- 几何意义
  - 若 $f(x,y)\geqslant 0$，则 $\iint\limits_D f(x,y)\mathrm{d}\sigma$ 等于以曲面 $z=f(x,y)$ 为曲顶、区域 D 为底的曲顶柱体的体积.
  - 若 $f(x,y)<0$，则 $\iint\limits_D f(x,y)\mathrm{d}\sigma$ 等于上述曲顶柱体体积的负值.
  - 若 $f(x,y)$ 在区域 D 的若干部分区域上为正，而在其余的部分区域上为负，则 $\iint\limits_D f(x,y)\mathrm{d}\sigma$ 等于各部分区域上的曲顶柱体体积的代数和.

二重积分

基本性质

- $\iint\limits_D kf(x,y)\mathrm{d}\sigma = k\iint\limits_D f(x,y)\mathrm{d}\sigma$（$k$ 为常数）.
- $\iint\limits_D [f(x,y)\pm g(x,y)]\mathrm{d}\sigma = \iint\limits_D f(x,y)\mathrm{d}\sigma \pm \iint\limits_D g(x,y)\mathrm{d}\sigma$.
- 若 $D = D_1 + D_2$，则 $\iint\limits_D f(x,y)\mathrm{d}\sigma = \iint\limits_{D_1} f(x,y)\mathrm{d}\sigma + \iint\limits_{D_2} f(x,y)\mathrm{d}\sigma$.
- 若 D 的面积记为 A，则 $\iint\limits_D \mathrm{d}x\mathrm{d}y = A$.
- 若在 D 上 $f(x,y)\leqslant\varphi(x,y)$，则 $\iint\limits_D f(x,y)\mathrm{d}\sigma \leqslant \iint\limits_D \varphi(x,y)\mathrm{d}\sigma$.

  特别地，$\left|\iint\limits_D f(x,y)\mathrm{d}\sigma\right| \leqslant \iint\limits_D |f(x,y)|\mathrm{d}\sigma$.
- 若在 D 上，$m\leqslant f(x,y)\leqslant M$. D 在面积记为 A，则 $mA\leqslant \iint\limits_D f(x,y)\mathrm{d}\sigma \leqslant MA$.
- 若 $f(x,y)$ 在 D 上连续，则在 D 上存在一点 (ξ,η)，使得 $\iint\limits_D f(x,y)\mathrm{d}\sigma = f(\xi,\eta)A$.

二重积分的计算

- 直角坐标
  - D 是 X 型区域：$\varphi_1(x)\leqslant y\leqslant\varphi_2(x), a\leqslant x\leqslant b$，则
    $$\iint\limits_D f(x,y)\mathrm{d}\sigma = \int_a^b \mathrm{d}x\int_{\varphi_1(x)}^{\varphi_2(x)} f(x,y)\mathrm{d}y.$$
  - D 是 Y 型区域：$\phi_1(y)\leqslant x\leqslant\phi_2(y), c\leqslant y\leqslant d$，则
    $$\iint\limits_D f(x,y)\mathrm{d}\sigma = \int_c^d \mathrm{d}y\int_{\phi_1(y)}^{\phi_2(y)} f(x,y)\mathrm{d}x.$$
- 极坐标
  - 直角坐标与极坐标的关系：$x = r\cos\theta,\ y = r\sin\theta$.
  - 变换公式：$\iint\limits_D f(x,y)\mathrm{d}x\mathrm{d}y = \iint\limits_D f(r\cos\theta, r\sin\theta)r\mathrm{d}r\mathrm{d}\theta$.
- 利用二重积分换元公式：$\iint\limits_D f(x,y)\mathrm{d}x\mathrm{d}y = \iint\limits_D f[x(u,v), y(u,v)]|J|\mathrm{d}u\mathrm{d}v$.

二重积分的应用

- 曲顶柱体的体积：以曲面 $z = f(x,y)\geqslant 0$ 为曲顶、闭区域 D 为底的曲顶柱体的体积
  $V = \iint\limits_D f(x,y)\mathrm{d}\sigma$.
- 曲面的面积：曲面 S 为 $z = f(x,y)$，S 在 xOy 面上的投影区域为 D，则曲面 S 的面积
  $$A = \iint\limits_D \sqrt{1+\left(\frac{\partial z}{\partial x}\right)^2+\left(\frac{\partial z}{\partial y}\right)^2}\,\mathrm{d}x\mathrm{d}y.$$
- 平面区域的面积：平面有界闭区域 D 的面积 $A = \iint\limits_D \mathrm{d}\sigma$.
- 平面薄片的质量：设薄片占有 xOy 面上的有界闭区域 D，面密度函数为 $\rho(x,y)$，则此薄片的质量 $M = \iint\limits_D \rho(x,y)\mathrm{d}\sigma$.
- 平面薄片的重心：$\overline{x} = \dfrac{1}{M}\iint\limits_D x\rho(x,y)\mathrm{d}\sigma,\ \overline{y} = \dfrac{1}{M}\iint\limits_D y\rho(x,y)\mathrm{d}\sigma$，其中 $M = \iint\limits_D \rho(x,y)\mathrm{d}\sigma$ 是薄片的质量.
- 平面薄片的转动惯量：$I_x = \iint\limits_D y^2\rho(x,y)\mathrm{d}\sigma,\ I_y = \iint\limits_D x^2\rho(x,y)\mathrm{d}\sigma$ 分别是薄片对 x 轴和对 y 轴的转动惯量.

三、疑点解析

1. **关于二重积分的概念与性质**　在定积分的定义中，把区间$[a,b]$换成平面有界区域D，把定义在区间$[a,b]$上有界的一元函数$f(x)$换成定义在区域D上有界的二元函数$f(x,y)$，仍然按着“分割、近似、求和、取极限”的思想方法，就得到二重积分的定义

$$\iint_D f(x,y)\mathrm{d}x\mathrm{d}y=\lim_{\lambda\to 0}\sum_{i=1}^{n}f(\xi_i,\eta_i)\Delta\sigma_i\ ,$$

因此，二重积分是定积分的推广.

在二重积分的定义中，也必须特别注意其中的两个“任意”：一是将区域D分成n个小区域$\Delta\sigma_i(i=1,2,\cdots,n)$的分法要任意，二是在每个小区域$\Delta\sigma_i$上点$(\xi_i,\eta_i)$的取法也要任意. 有了这两个“任意”之后，如果当各小区域直径中的最大值$\lambda\to 0$时，积分和式$\sum\limits_{i=1}^{n}f(\xi_i,\eta_i)\Delta\sigma_i$总有同一个极限，则称该极限值为二元函数$f(x,y)$在区域$D$上的二重积分，亦称二元函数$f(x,y)$在区域$D$上的二重积分存在. 可见，二重积分也是一个数值，二重积分的存在性与积分和式极限的存在性是等同的.

由于二重积分与定积分在本质上是一致的，所以二重积分也具有定积分类似的性质，它们都被列举在“内容提要”中. 这些性质是解决二重积分的计算、论证等问题不可缺少的知识. 因此必须记住，并能熟练运用.

对于二重积分的存在性，只要求掌握以下一个充分条件就可以了. 即如果二元函数$f(x,y)$在有界闭区域D上连续或分块连续，那么$f(x,y)$在D上的二重积分必定存在.

2. **关于二重积分的几何意义**　如果$f(x,y)\geqslant 0$，那么$f(x,y)$在闭区域D上的二重积分在几何上表示以曲面$z=f(x,y)$为顶、区域D为底的曲顶柱体的体积；如果$f(x,y)<0$，那么$f(x,y)$在D上的二重积分在几何上表示曲顶柱体体积的负值；如果$f(x,y)$在D上的若干部分区域上是非负的，而在其余部分区域上是负的，那么$f(x,y)$在D上的二重积分就等于各部分区域上的曲顶柱体体积的代数和. 因此，不能简单地说二重积分的几何意义就是以曲面$z=f(x,y)$为顶、区域D为底的曲顶柱体的体积；仅当$f(x,y)\geqslant 0$时，二重积分才是这个曲顶柱体的体积. 一般情况下，以曲面$z=f(x,y)$为顶、区域D为底的曲顶柱体的体积是

$$V=\iint_D |f(x,y)|\mathrm{d}x\mathrm{d}y\ .$$

例如，根据二重积分的几何意义，求二重积分$\iint\limits_D\sqrt{a^2-x^2-y^2}\mathrm{d}x\mathrm{d}y$（其中$D$为$x^2+y^2\leqslant a^2,\ x\geqslant 0,y\geqslant 0,a>0$）. 此处被积函数$f(x,y)=\sqrt{a^2-x^2-y^2}$在$D$上是非负的，它的图形是以原点为中心、$a$为半径的上半球面. D是以xOy面上原点为中心、a为半径的圆域在第一象限的部分. 由二重积分的几何意义，二重积分$\iint\limits_D\sqrt{a^2-x^2-y^2}\mathrm{d}x\mathrm{d}y$是以原点为中心、$a$为半径的球体在第一卦限部分的体积，即

$$\iint_D\sqrt{a^2-x^2-y^2}\mathrm{d}x\mathrm{d}y=\frac{1}{8}\cdot\frac{4}{3}\pi a^3=\frac{1}{6}\pi a^3\ .$$

3. 关于二重积分在直角坐标系下的计算 计算二重积分的基本思路是把二重积分化为二次积分，再按定积分的方法来计算. 即当积分区域 D 为“$X-$型”区域或“$Y-$型”区域：$D_X:\begin{cases}a\leqslant x\leqslant b\\ y_1(x)\leqslant y\leqslant y_2(x)\end{cases}$ 或 $D_Y:\begin{cases}c\leqslant y\leqslant d\\ x_1(y)\leqslant x\leqslant x_2(y)\end{cases}$ 时，

$$\iint\limits_D f(x,y)\mathrm{d}x\mathrm{d}y=\int_a^b\mathrm{d}x\int_{y_1(x)}^{y_2(x)}f(x,y)\mathrm{d}y \quad 或 \quad \iint\limits_D f(x,y)\mathrm{d}x\mathrm{d}y=\int_c^d\mathrm{d}y\int_{x_1(y)}^{x_2(y)}f(x,y)\mathrm{d}x .$$

二次积分实际上是两个具有先后次序的定积分，其中一个是普通的定积分，另一个通常是变上、下限的定积分. 先计算变上、下限的积分 $\int_{y_1(x)}^{y_2(x)}f(x,y)\mathrm{d}y$ 或 $\int_{x_1(y)}^{x_2(y)}f(x,y)\mathrm{d}x$ ，得到关于另一个变量的函数 $g(x)=\int_{y_1(x)}^{y_2(x)}f(x,y)\mathrm{d}y$ 或 $g(y)=\int_{x_1(y)}^{x_2(y)}f(x,y)\mathrm{d}x$ ；再计算以这个函数为被积函数的定积分 $\int_a^b g(x)\mathrm{d}x$ 或 $\int_c^d g(y)\mathrm{d}y$ ，其结果就是所求的二重积分.

当积分区域 D 是较为更复杂的区域时，将 D 分成若干个不重叠“$X-$型”区域或“$Y-$型”区域，并用二重积分对区域的可加性将二重积分化成各个区域上的二重积分之和，从而化成各区域上的二次积分之和.

可见，利用直角坐标系计算二重积分时，把二重积分化为二次积分的关键是将积分区域 D 表示成一个或几个“$X-$型”区域或“$Y-$型”区域.

一般地，若用平行于 y 轴的直线穿过积分区域 D 的内部，直线与 D 的边界曲线交点至多只有两个，则 D 可表示成一个简单的“$X-$型”区域；否则要将 D 分成若干个小区域，并使每个区域都满足该条件，从而将 D 表示成多个简单的“$X-$型”区域.

类似地，用平行于 x 轴的直线穿过积分区域 D 的内部，可以将 D 表示成一个或多个简单的“$Y-$型”区域.

显然，当积分区域 D 既为“$X-$型”区域又为“$Y-$型”区域时，有

$$\iint\limits_D f(x,y)\mathrm{d}x\mathrm{d}y=\int_a^b\mathrm{d}x\int_{y_1(x)}^{y_2(x)}f(x,y)\mathrm{d}y=\int_c^d\mathrm{d}y\int_{x_1(y)}^{x_2(y)}f(x,y)\mathrm{d}x ;$$

当积分区域 D 可以分成一些“$X-$型”区域和一些“$Y-$型”区域时，也有类似的结果. 因此，二重积分与其二次积分的次序无关.

4. 关于二重积分的换元法 设函数 $f(x,y)$ 在平面区域 D 上连续，$T:x=x(u,v),y=y(u,v)$ 是坐标平面 uOv 中的区域 D_{uv} 到坐标平面 xOy 中的区域 D 上的一一变换. 若此变换还满足条件：（i） $x=x(u,v),y=y(u,v)$ 在 D_{uv} 具有一阶连续偏导数；（ii）在 D_{uv} 上雅可比行列式 $J(u,v)=\begin{vmatrix}x_u & y_u\\ x_v & y_v\end{vmatrix}\neq 0$ ，则

$$\iint\limits_D f(x,y)\mathrm{d}x\mathrm{d}y=\iint\limits_{D_{uv}} f[x(u,v),y(u,v)]\,|J(u,v)|\,\mathrm{d}u\mathrm{d}v ,$$

这就是二重积分的换元公式.

可见，二重积分的换元法实际上是通过一个满足一定条件的一一变换（一一映射），把一个坐标平面上的二重积分变成另一个坐标平面上的二重积分. 变换通常包括如下三个方面：(i) 把 xOy 平面上的区域 D 变为 uOv 平面上的区域 D_{uv} ；（ii）把被积函数 $f(x,y)$ 变为 uOv 平面上

的二元函数 $f[x(u,v),y(u,v)]$；（iii）用 uOv 平面上的面积微元 $\mathrm{d}u\mathrm{d}v$ 表示 xOy 平面上的面积微元 $\mathrm{d}x\mathrm{d}y$，即 $\mathrm{d}x\mathrm{d}y=|J(u,v)|\mathrm{d}u\mathrm{d}v$.

特别地，当变换 T 是 xOy 平面到 $rO\theta$ 平面上的极坐标变换公式 $T:x=r\cos\theta, y=r\sin\theta$ 时，两坐标系下的面积微元之间的关系是

$$\mathrm{d}x\mathrm{d}y=|J|\mathrm{d}r\mathrm{d}\theta=\begin{vmatrix}x_r & y_r\\ x_\theta & y_\theta\end{vmatrix}\mathrm{d}r\mathrm{d}\theta=\begin{vmatrix}\cos\theta & \sin\theta\\ -r\sin\theta & r\cos\theta\end{vmatrix}\mathrm{d}r\mathrm{d}\theta=r\mathrm{d}r\mathrm{d}\theta,$$

于是得到把直角坐标系下二重积分转化成极坐标系下二重积分的公式：

$$\iint_D f(x,y)\mathrm{d}x\mathrm{d}y=\iint_{D_{r\theta}} f(r\cos\theta,r\sin\theta)r\mathrm{d}r\mathrm{d}\theta;$$

类似地，当变换 T 是 xOy 平面到 $rO\theta$ 平面上的广义极坐标变换公式 $T:x=ar\cos\theta$, $y=br\sin\theta$ 时，可以得到把直角坐标系下二重积分转化成广义极坐标系下二重积分的公式：

$$\iint_D f(x,y)\mathrm{d}x\mathrm{d}y=ab\iint_{D_{r\theta}} f(ar\cos\theta,br\sin\theta)r\mathrm{d}r\mathrm{d}\theta.$$

5. **关于二重积分在极坐标系下的计算** 利用以上公式将一个直角坐标系下的二重积分 $\iint\limits_D f(x,y)\mathrm{d}x\mathrm{d}y$ 转换成极坐标系下的二重积分 $\iint\limits_{D_{r\theta}} f(r\cos\theta,r\sin\theta)r\mathrm{d}r\mathrm{d}\theta$ 以后，还要将其转化成二次积分，再用定积分的方法来计算. 为此，若积分区域 $D_{r\theta}$ 可以表示成一个简单的“$\theta-$型”区域 $D_{r\theta}:\begin{cases}\alpha\leqslant\theta\leqslant\beta\\ r_1(\theta)\leqslant r\leqslant r_2(\theta)\end{cases}$，则

$$\iint_D f(x,y)\mathrm{d}x\mathrm{d}y=\iint_{D_{r\theta}} f(r\cos\theta,r\sin\theta)r\mathrm{d}r\mathrm{d}\theta=\int_\alpha^\beta\mathrm{d}\theta\int_{r_1(\theta)}^{r_2(\theta)} f(r\cos\theta,r\sin\theta)r\mathrm{d}r.$$

这里，往往用过极点 O 的射线按逆时针方向旋转扫过区域 $D_{r\theta}$ 来确定 θ 的限，而用过极点 O 的射线穿过区域 $D_{r\theta}$ 来确定 r 的限. 即在前一种情况下，射线初次与 $D_{r\theta}$ 的边界曲线相切时，该射线与极轴的夹角就是 α；射线扫过 $D_{r\theta}$ 并再次与 $D_{r\theta}$ 的边界曲线相切时，该射线与极轴的夹角就是 β. 在后一种情况下，若 O 在区域 $D_{r\theta}$ 之外，则自极点 O 出发的射线初次触及的 $D_{r\theta}$ 边界曲线就是 $r_1(\theta)$，射线穿过 $D_{r\theta}$ 并再次触及的 $D_{r\theta}$ 的边界曲线就是 $r_2(\theta)$；而当极点 O 在区域 $D_{r\theta}$ 内时，积分区域为 $D_{r\theta}:\begin{cases}0\leqslant\theta\leqslant 2\pi\\ 0\leqslant r\leqslant r(\theta)\end{cases}$，此时只要用过极点 O 的射线确定 r 的上限即可；当极点 O 在 $D_{r\theta}$ 的边界上时，积分区域为 $D_{r\theta}:\begin{cases}\alpha\leqslant\theta\leqslant\beta\\ 0\leqslant r\leqslant r(\theta)\end{cases}$，除用过极点 O 的射线确定 r 的上限外，往往还要根据 $D_{r\theta}$ 边界的切线来确定 θ 的上、下限.

注意：与直角坐标系下计算二重积分不同的是，在极坐标系下通常很少用“$r-$型”区域来计算二重积分.

6. **关于对称性在二重积分计算中的应用** 在上册定积分的学习中，我们知道，奇偶函数在对称区间上的定积分，可以利用对称性简化计算，即若 $f(x)$ 为奇函数且可积，则

$\int_{-a}^{a} f(x)\mathrm{d}x = 0$；若 $f(x)$ 为偶函数且可积，则 $\int_{-a}^{a} f(x)\mathrm{d}x = 2\int_{0}^{a} f(x)\mathrm{d}x$. 二重积分也有类似的性质，归纳如下：

（i）当积分区域 D 关于 x 轴对称时，若被积函数是关于 y 的奇函数，即 $f(x,-y)=-f(x,y)$，则二重积分 $\iint\limits_{D} f(x,y)\mathrm{d}\sigma = 0$；若被积函数是关于 y 的偶函数，即 $f(x,-y)=f(x,y)$，则二重积分 $\iint\limits_{D} f(x,y)\mathrm{d}\sigma = 2\iint\limits_{D_1} f(x,y)\mathrm{d}\sigma$，$D_1$ 是 D 在上半面的部分.

若积分区域 D 关于 y 轴对称，也有类似的结果.

（ii）当积分区域 D 关于原点对称时，若被积函数是关于 x，y 的奇函数，即 $f(-x,-y)=-f(x,y)$，则 $\iint\limits_{D} f(x,y)\mathrm{d}\sigma = 0$；若被积函数是关于 x，y 的偶函数，即 $f(-x,-y)=f(x,y)$，则 $\iint\limits_{D} f(x,y)\mathrm{d}\sigma = 2\iint\limits_{D_1} f(x,y)\mathrm{d}\sigma$，$D_1$ 是 D 在右半平面的部分.

（iii）若积分区域 D 关于直线 $y=x$ 对称，则 $\iint\limits_{D} f(x,y)\mathrm{d}\sigma = \iint\limits_{D} f(y,x)\mathrm{d}\sigma$.

7. 关于二重积分计算的基本步骤 综上所述，二重积分的计算不仅与积分区域有关，还与坐标系的选择和二次积分的积分次序有关，因此要根据积分区域和被积函数的特点，选择适当的计算方法. 具体步骤如下：

第一步：画出积分区域的草图，不必十分准确，但至少要能表达出图形中两曲线间的上下、左右位置关系，重点是区域边界曲线的交线、区域在坐标轴上的投影等.

第二步：选择适当的坐标系，通常包括直角坐标系和极坐标系. 若积分区域的边界曲线是由直线和显式曲线所构成，或被积函数是一元函数之积（之和）的形式或把被积函数看成是某变量的一元函数时容易积出，倾向于使用直角坐标系；若以上多个特点兼具，通常使用直角坐标系. 若积分区域的边界曲线是由直线和圆所构成或被积函数中 x^2+y^2 的成分占优势，倾向于使用极坐标系；若两者兼具，通常使用极坐标系.

第三步：选择适当的积分顺序. 在直角坐标系下，若 D 是“X－型“或“Y－型”区域，只要每个定积分都可以积出，相应地分别可采用先 y、后 x 或先 x、后 y 的积分次序. 在极坐标系下，通常使用先 r、后 θ 的积分次序.

第四步：定出积分的上、下限. 根据以上讨论中各种坐标系下确定积分限的方法，将积分区域用一个关于各变量的不等式组给出，并将二重积分转化成二次积分.

例如，在直角坐标系下，若 $D:\begin{cases} a \leqslant x \leqslant b \\ y_1(x) \leqslant y \leqslant y_2(x) \end{cases}$，则

$$\iint\limits_{D} f(x,y)\mathrm{d}x\mathrm{d}y = \int_{a}^{b}\mathrm{d}x\int_{y_1(x)}^{y_2(x)} f(x,y)\mathrm{d}y.$$

第五步：计算二次积分. 通常是计算二个具有先后次序的定积分，前一个往往是含带变量的变上、下限积分，其被积函数是 $f(x,y)$ 或 $f(r\cos\theta, r\sin\theta)$，但积分时应把其中另一个变量看成常量；后一个是普通的定积分，其被积函数是由上一步带参变量的变上、下限积分得出. 可见，二次积分中的积分次序是重要的，只有当被积函数和积分上、下限与下一个积分变量无关时，才可以同时或先求出下一个积分.

注意：在按以上步骤计算二重积分前，可以根据二重积分的对称性进行化简，在第五步的计算中也可以根据一元函数的对称性进行化简.

8. 关于二重积分积分次序的交换 在计算二重积分时，往往要把一个不便计算的二次积分转化成同一坐标系下另一种次序的二次积分或另一种坐标系下的二次积分. 下面以二次积分 $\int_1^2 dx\int_{2-x}^{\sqrt{2x-x^2}} f(x,y)dy$ 为例，来说明这种转化的基本步骤.

第一步：根据二次积分写出积分区域. 二次积分是根据积分区域有关各积分变量的不等式组写出的，现在正好相反，要根据二次积分的上、下限，写出积分区域有关各积分变量的不等式组：

$$D:\begin{cases}1\leqslant x\leqslant 2\\ 2-x\leqslant y\leqslant\sqrt{2x-x^2}\end{cases}.$$

注意：积分区域的表示形式 $D_X:\begin{cases}?\leqslant x\leqslant ?\\ ?\leqslant y\leqslant ?\end{cases}$ 或 $D_Y:\begin{cases}?\leqslant y\leqslant ?\\ ?\leqslant x\leqslant ?\end{cases}$ 是固定的，只要将二次积分中各变量的下、上限对号填入即可. 极坐标系下积分区域的表示也是如此.

第二步：画出积分区域图. 将积分区域表达式中的不等号去掉，得到与积分区域边界曲线有关的四个方程

$$x=1,\quad x=2,\quad y=2-x,\quad y=\sqrt{2x-x^2}\ .$$

这四个方程包含了积分区域边界的全部信息，但还可能包括一些不重要的、多余的信息. 事实上，$y=2-x$ 是在两坐标轴上的截距均为 2 的直线，而 $y=\sqrt{2x-x^2}$ 是以 $(1,0)$ 为圆心、1 为半径的上半圆. 显然，半圆位于直线上方的部分就是积分区域. 可见，这里前两个方程 $x=1, x=2$ 是不必要的.

一般地，最关键的是与变上、下限有关的两个方程，通常情况下由这两个方程就可以确定积分区域；否则，还要利用与常量上、下限有关的两个方程来进一步确定.

第三步：用另一种次序或另一种坐标表示区域. 这里只需根据直角坐标系和极坐标系下表示区域的方法写出积分区域的表达式：

$$D_Y:\begin{cases}0\leqslant y\leqslant 1\\ 2-y\leqslant x\leqslant 1+\sqrt{1-y^2}\end{cases}\quad 和\quad D:\begin{cases}0\leqslant\theta\leqslant\dfrac{\pi}{4}\\ \dfrac{2}{\cos\theta+\sin\theta}\leqslant r\leqslant 2\cos\theta\end{cases}.$$

第四步：写出另一种次序的二次积分或另一种坐标系下的二次积分. 这里只需根据上一步积分区域的表达式写出所求的二次积分，即

$$\int_1^2 dx\int_{2-x}^{\sqrt{2x-x^2}} f(x,y)dy=\int_0^1 dy\int_{2-y}^{1+\sqrt{1-y^2}} f(x,y)dx$$

和

$$\int_1^2 dx\int_{2-x}^{\sqrt{2x-x^2}} f(x,y)dy=\int_0^{\frac{\pi}{4}} d\theta\int_{\frac{2}{\cos\theta+\sin\theta}}^{2\cos\theta} f(r\cos\theta,r\sin\theta)rdr\ .$$

四、例题分析

例 1　计算二重积分 $\iint\limits_D xy\mathrm{d}x\mathrm{d}y$，其中 D 是由抛物线 $y^2=x$ 与直线 $y=x-2$ 围成的闭区域.

分析　由于平行于 y 轴的直线穿过积分区域时，边界曲线的方程不同，故若先对 y 积分必须将区域分块，而若先对 x 积分则不必分块，因此利用后者计算较为简单.

解　如图 9-1 所示，为确定积分限，需要求出两曲线的交点. 由 $\begin{cases} y^2=x \\ y=x-2 \end{cases}$，解得两曲线的交点 $(4,2),(1,-1)$，故

$$D_Y:\begin{cases} -1\leqslant y\leqslant 2 \\ y^2\leqslant x\leqslant y+2 \end{cases}.$$

于是
$$\iint\limits_D xy\mathrm{d}x\mathrm{d}y=\int_{-1}^{2}\mathrm{d}y\int_{y^2}^{y+2}xy\mathrm{d}x=\frac{1}{2}\int_{-1}^{2}(-y^5+y^3+4y^2+4y)\mathrm{d}y=\frac{45}{8}.$$

思考　（i）若积分为 $\iint\limits_D (x+y)\mathrm{d}x\mathrm{d}y$，结果如何？（ii）若 D 是由抛物线 $y^2=x$ 与直线 $y=kx-b(k>0,b\geqslant 0)$ 围成的区域，以上两题结果如何？ D 是由抛物线 $y^2=x$ 与直线 $x+y=a\ (a>0)$ 围成的区域呢？（iii）利用先对 y、后对 x 的积分次序计算以上各题.

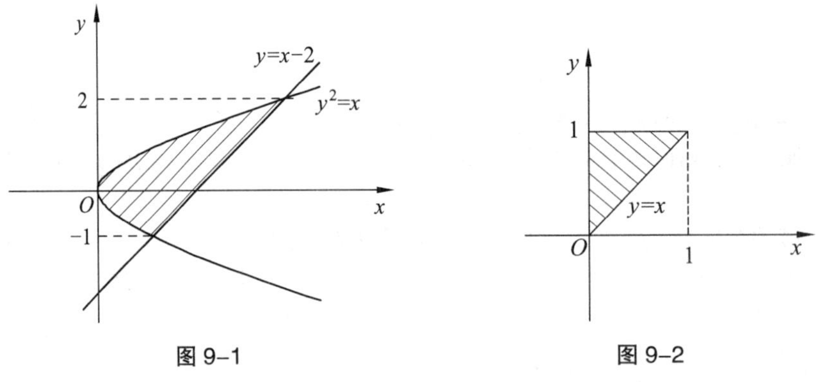

图 9-1　　图 9-2

例 2　计算二重积分 $I=\iint\limits_D \mathrm{e}^{-y^2}\mathrm{d}x\mathrm{d}y$，其中 D 由直线 $y=x, y=1, x=0$ 围成.

分析　由于 e^{-y^2} 的原函数不是初等函数，若先对 y 积分无法进行，因此只能先对 x 积分.

解　如图 9-2 所示，$D_Y:\begin{cases} 0\leqslant y\leqslant 1 \\ 0\leqslant x\leqslant y \end{cases}$，于是

$$I=\iint\limits_D \mathrm{e}^{-y^2}\mathrm{d}x\mathrm{d}y=\int_0^1\mathrm{e}^{-y^2}\mathrm{d}y\int_0^y\mathrm{d}x=\int_0^1 y\mathrm{e}^{-y^2}\mathrm{d}y$$
$$=-\frac{1}{2}\int_0^1\mathrm{e}^{-y^2}\mathrm{d}(-y^2)=-\frac{1}{2}\mathrm{e}^{-y^2}\Big|_0^1=\frac{1}{2}\left(1-\frac{1}{\mathrm{e}}\right)$$

思考　（i）若积分为 $I=\iint\limits_D e^{ky^2}dxdy\ (k\neq 0)$，结果如何？（ii）若 $I=\iint\limits_D e^{-x^2}dxdy$，以上方法是否可行？

注：常见的一些不能用初等函数表示原函数的积分还有：$\int\sin(x^2)dx$，$\int\cos(x^2)dx$，$\int\frac{\sin x}{x}dx$，$\int e^{x^2}dx$ 等等.

例 3　计算二重积分 $\iint\limits_D e^{-(x^2+y^2-\pi)}\sin(x^2+y^2)dxdy$，其中 $D=\{(x,y)|x^2+y^2\leqslant\pi\}$.

分析　被积函数含 x^2+y^2，积分区域为圆域，宜用极坐标计算. 注意：被积函数中含有一个常数，因此可以提到积分符号的外边.

解　如图 9-3 所示，由于 $D=\begin{cases}0\leqslant\theta\leqslant 2\pi\\ 0\leqslant r\leqslant\sqrt{\pi}\end{cases}$，故

$$\begin{aligned}原式&=e^{\pi}\iint\limits_D e^{-(x^2+y^2)}\sin(x^2+y^2)dxdy=e^{\pi}\int_0^{2\pi}d\theta\int_0^{\sqrt{\pi}}e^{-r^2}\sin r^2\cdot rdr\\&=\frac{1}{2}e^{\pi}\int_0^{2\pi}d\theta\int_0^{\pi}e^{-t}\sin tdt=\pi e^{\pi}\int_0^{\pi}e^{-t}\sin tdt=\frac{\pi}{2}(1+e^{\pi}).\end{aligned}$$

思考　（i）若二重积分为 $\iint\limits_D e^{-(x^2+y^2-\pi)}dxdy$，结果如何？（ii）利用本例及（i）中结果，计算 $\iint\limits_D e^{-(x^2+y^2-\pi)}\cos(x^2+y^2)dxdy$；（iii）若积分区域 D 为圆 $x^2+y^2\leqslant\pi$ 的上半部分或其在第一象限的部分，结果如何？

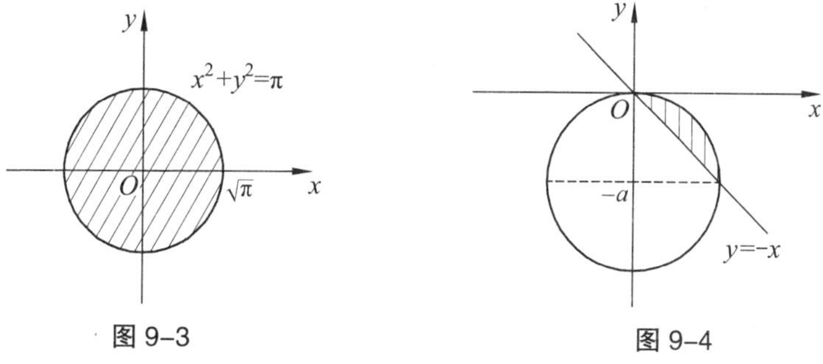

图 9-3　　图 9-4

例 4　计算二重积分 $\iint\limits_D\frac{\sqrt{x^2+y^2}}{\sqrt{4a^2-x^2-y^2}}d\sigma$，其中 D 是由曲线 $y=-a+\sqrt{a^2-x^2}$ 与直线 $y=-x$ 围成的区域（其中 $a>0$）.

分析　曲线 $y=-a+\sqrt{a^2-x^2}$ 是圆 $x^2+(y+a)^2=a^2$ 的上半圆周. 由于积分区域是圆的一部分，且被积函数含 x^2+y^2，宜用极坐标，因而要将边界曲线方程改写为极坐标形式，再确定积分限.

解　如图 9-4 所示，将 $x=r\cos\theta,y=r\sin\theta$ 代入圆

$$y=-a+\sqrt{a^2-x^2}$$

的方程，得其极坐标方程 $r=-2a\sin\theta$，而 $y=-x$ 的极坐标方程为 $\theta=-\dfrac{\pi}{4}$. 于是

$$D=\begin{cases}-\dfrac{\pi}{4}\leqslant\theta\leqslant 0\\ 0\leqslant r\leqslant -2a\sin\theta\end{cases},$$

故

$$\begin{aligned}\text{原式}&=\int_{-\frac{\pi}{4}}^{0}\mathrm{d}\theta\int_{0}^{-2a\sin\theta}\frac{r}{\sqrt{4a^2-r^2}}\cdot r\mathrm{d}r\xlongequal{r=2a\sin t}\int_{-\frac{\pi}{4}}^{0}\mathrm{d}\theta\int_{0}^{-t}2a(1-\cos 2t)\mathrm{d}t\\&=a\int_{-\frac{\pi}{4}}^{0}(\sin 2t-2t)\mathrm{d}t=a^2\left(\frac{\pi^2}{16}-\frac{1}{2}\right).\end{aligned}$$

思考　（i）若区域 D 是整个圆域 $x^2+(y+a)^2\leqslant a^2$，结果如何？（ii）若 D 是圆域 $x^2+(y+a)^2\leqslant a^2$ 在直线 $y=-x$ 下方的部分（其中 $a>0$），试用以上两题结果计算；（iii）在以上三种情形下计算二重积分 $\iint\limits_D\dfrac{\sqrt{4a^2-x^2-y^2}}{\sqrt{x^2+y^2}}\mathrm{d}\sigma$ 和 $\iint\limits_D\dfrac{\sqrt{a^2-x^2-y^2}}{\sqrt{x^2+y^2}}\mathrm{d}\sigma$.

例 5　计算二重积分 $I=\iint\limits_D(x^2+xy\mathrm{e}^{x^2+y^2})\mathrm{d}x\mathrm{d}y$，其中：（i）$D$ 为圆域 $x^2+y^2\leqslant 1$；（ii）D 为直线 $y=x, y=-1, x=1$ 所围成的区域.

分析　同一个积分，由于区域不同，可能适合不同坐标系下的积分. 在（i）中，积分区域为圆域，采用极坐标系积分较简单；而在（ii）中，积分区域为三角形，用直角坐标系计算较为方便. 注意：利用积分性质和对称性，可以简化积分运算.

解　（i）如图 9-5 所示. 积分区域为 $D:\begin{cases}0\leqslant\theta\leqslant 2\pi\\0\leqslant r\leqslant 1\end{cases}$，于是

$$I=\iint\limits_D x^2\mathrm{d}x\mathrm{d}y+\iint\limits_D xy\mathrm{e}^{x^2+y^2}\mathrm{d}x\mathrm{d}y=\frac{1}{2}\iint\limits_D(x^2+y^2)\mathrm{d}x\mathrm{d}y+0=\frac{1}{2}\int_0^{2\pi}\mathrm{d}\theta\int_0^1 r^3\mathrm{d}r=\frac{\pi}{4}.$$

（ii）如图 9-6 所示，积分区域为 $D_X:\begin{cases}-1\leqslant x\leqslant 1\\-1\leqslant y\leqslant x\end{cases}$，添加辅助线 $y=-x$，将 D 分为 D_1, D_2 两个小区域. 利用对称性，得

$$I=\iint\limits_D x^2\mathrm{d}x\mathrm{d}y+\iint\limits_{D_1}xy\mathrm{e}^{x^2+y^2}\mathrm{d}x\mathrm{d}y=\iint\limits_D xy\mathrm{e}^{x^2+y^2}\mathrm{d}x\mathrm{d}y=\int_{-1}^{1}x^2\mathrm{d}x\int_{-1}^{x}\mathrm{d}y+0+0=\frac{2}{3}.$$

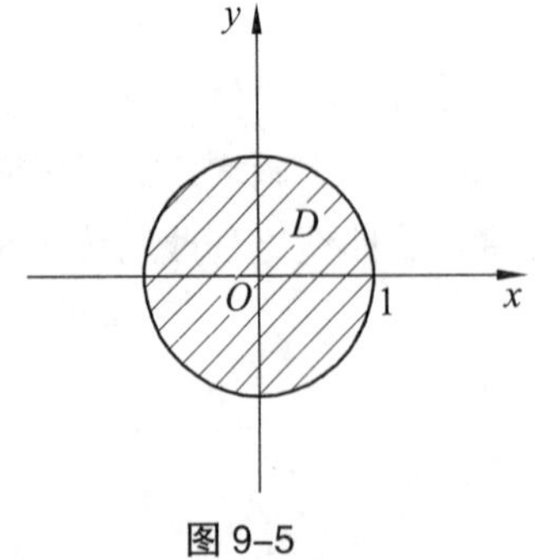

图 9-5

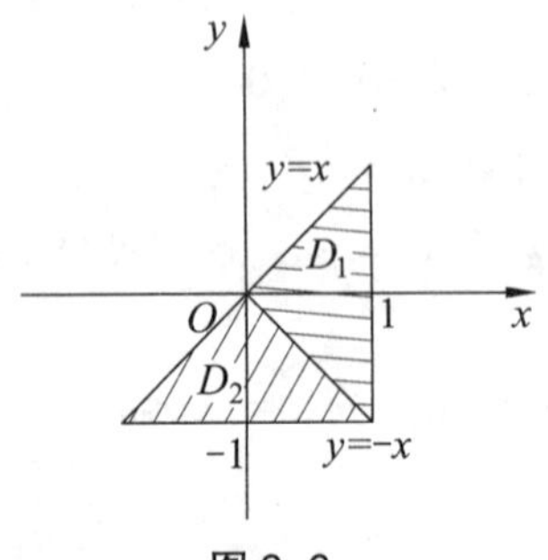

图 9-6

思考　(i) 若 $I=\iint\limits_D (x^2+xe^{x^2+y^2})\mathrm{d}x\mathrm{d}y$ 或 $I=\iint\limits_D (x^2+ye^{x^2+y^2})\mathrm{d}x\mathrm{d}y$，结果如何？(ii) 若 D 为圆域 $x^2+y^2\leqslant 1$ 位于直线 $y=x$ 的上半部分与直线 $x=\frac{\sqrt{2}}{2}, y=-\frac{\sqrt{2}}{2}$ 所围成的区域，以上各题的结果如何？

例 6　计算积分 $\int_1^2 \mathrm{d}x\int_{\sqrt{x}}^{x}\sin\frac{\pi x}{2y}\mathrm{d}y+\int_2^4\mathrm{d}x\int_{\sqrt{x}}^{2}\sin\frac{\pi x}{2y}\mathrm{d}y$.

分析　由于被积函数 $\sin\frac{\pi x}{2y}$ 关于 y 的原函数不是初等函数，故若按题中给出先对 y 积分，无法求解. 因此，必须交换积分次序，转化成另一种次序的积分. 注意：两个二次积分的被积函数相同，因此它们的积分区域可以合并.

解　根据累次积分限，分别写出两积分的积分区域

$$D_{1X}:\begin{cases}1\leqslant x\leq 2\\ \sqrt{x}\leqslant y\leqslant x\end{cases},\quad D_{2X}:\begin{cases}2\leqslant x\leqslant 4\\ \sqrt{x}\leqslant y\leqslant 2\end{cases}.$$

据此画出两积分区域图（见图 9-7），并合并成一个大的积分区域，从而得出另一种次序的积分区域

$$D_Y:\begin{cases}1\leqslant y\leqslant 2\\ y\leqslant x\leqslant y^2\end{cases}.$$

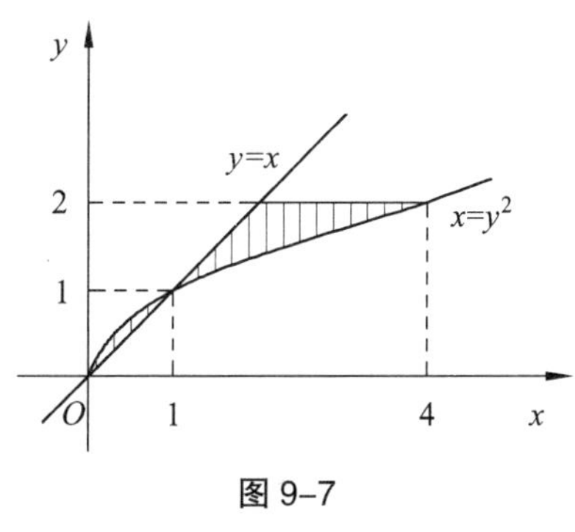

图 9–7

故
$$\begin{aligned}\text{原式}&=\int_1^2\mathrm{d}y\int_y^{y^2}\sin\frac{\pi x}{2y}\mathrm{d}x=-\int_1^2\frac{2y}{\pi}\left[\cos\frac{\pi x}{2y}\right]_{x=y}^{y^2}\mathrm{d}y\\&=\int_1^2\frac{2y}{\pi}\left(-\cos\frac{\pi y}{2}+\cos\frac{\pi}{2}\right)\mathrm{d}y=\frac{4}{\pi^3}(2+\pi).\end{aligned}$$

思考　(i) 若二重积分为 $\int_1^2\mathrm{d}x\int_{\sqrt{x}}^{x}\cos\frac{\pi x}{2y}\mathrm{d}y+\int_2^4\mathrm{d}x\int_{\sqrt{x}}^{2}\cos\frac{\pi x}{2y}\mathrm{d}y$，结果如何？(ii) $\int_0^1\mathrm{d}x\int_x^{\sqrt{x}}\sin\frac{\pi x}{2y}\mathrm{d}y$ 是否为普通二重积分？能否用以上方法计算？为什么？二重积分 $\int_0^1\mathrm{d}x\int_x^{\sqrt{x}}\sin\frac{\pi x}{2y}\mathrm{d}y+\int_1^2\mathrm{d}x\int_{\sqrt{x}}^{x}\sin\frac{\pi x}{2y}\mathrm{d}y$ 呢？

例 7　将直角坐标系下的二次积分 $\int_0^1\mathrm{d}x\int_0^{x^2}f(x,y)\mathrm{d}y$ 化为极坐标系下的二次积分.

分析　本题为二重积分的变量替换. 首先要确定二次积分（二重积分）的积分区域，作出草图. 其次将积分区域的边界曲线方程改写为极坐标系下的形式，确定积分限，最后写出积分在极坐标系下的表达式.

解　根据累次积分限，写出积分区域

$$D_X:\begin{cases}0\leqslant x\leqslant 1\\ 0\leqslant y\leqslant x^2\end{cases},$$

并据此画出积分区域图（见图 9-8）. 分别将 $x = r\cos\theta, y = r\sin\theta$ 代入积分区域边界方程，得出相应的区域边界的极坐标方程：

$$y = 0 \Rightarrow \theta = 0\text{;}$$

$$x = 1 \Rightarrow r\cos\theta = 1 \Rightarrow r = \sec\theta\text{;}$$

$$y = x^2 \Rightarrow r\sin\theta = r^2\cos^2\theta \Rightarrow r = \tan\theta\sec\theta .$$

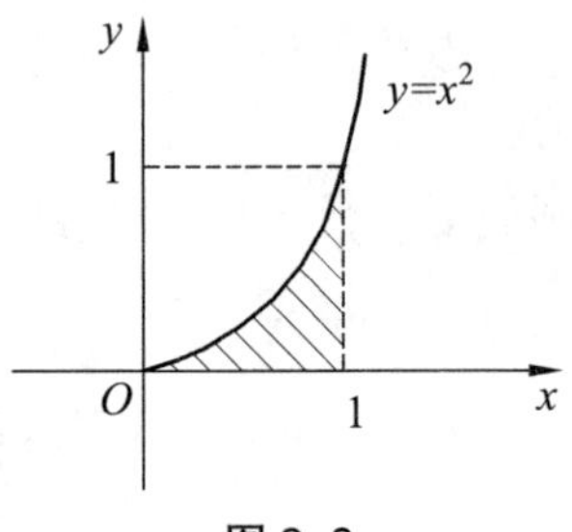

图 9-8

又积分区域最高点（1, 1）对应的极角 $\theta = \dfrac{\pi}{4}$，于是积分区域在极坐标系下的表达式为

$$D:\begin{cases} 0 \leqslant \theta \leqslant \dfrac{\pi}{4} \\ \sec\theta \leqslant r \leqslant \tan\theta\sec\theta \end{cases},$$

故
$$\int_0^1 \mathrm{d}x \int_0^{x^2} f(x,y)\mathrm{d}y = \int_0^{\frac{\pi}{4}} \mathrm{d}\theta \int_{\tan\theta\sec\theta}^{\sec\theta} f(r\cos\theta, r\sin\theta) r\mathrm{d}r .$$

思考 （i）若二次积分为 $\int_0^1 \mathrm{d}x \int_0^x f(x,y)\mathrm{d}y$，结果如何？（ii）若 $f(x,y) = \sin(x^2 + y^2)$ 或 $f(x,y) = \mathrm{e}^{x^2+y^2}$，分别求出以上两题的结果.

例 8 计算二重积分 $\iint\limits_D (|x| + |y|)\mathrm{d}x\mathrm{d}y$，其中 $D: |x| + |y| \leqslant 1$.

分析 被积函数 $|x| + |y|$ 含有绝对值，是分段函数，要去掉绝对值才能计算. 注意：利用积分区域的对称性及被积函数的奇偶性可以简化计算.

解 如图 9-9 所示，记 D_1 为区域 D 在第一象限的部分，则

$$D_{1X}:\begin{cases} 0 \leqslant x \leqslant 1 \\ 0 \leqslant y \leqslant 1 - x \end{cases}.$$

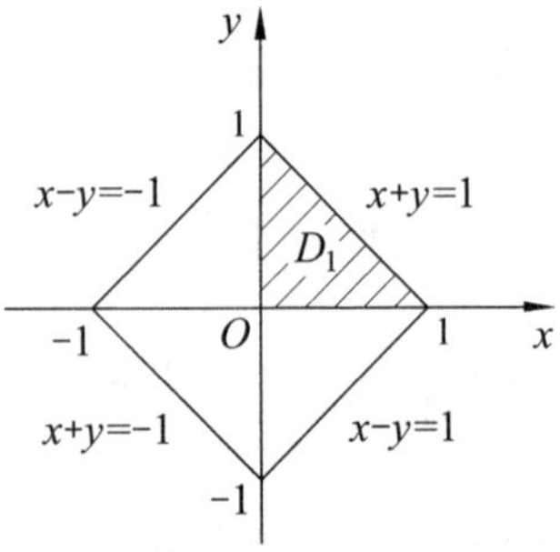

由于积分区域关于坐标原点对称，而被积函数 $|x| + |y|$ 又是关于 x, y 的偶函数，则

$$\iint\limits_D (|x| + |y|)\mathrm{d}x\mathrm{d}y = 4\iint\limits_{D_1} (|x| + |y|)\mathrm{d}x\mathrm{d}y$$

$$= 4\int_0^1 \mathrm{d}x \int_0^{1-x} (x + y)\mathrm{d}y = \frac{4}{3}.$$

图 9-9

思考 （i）若二重积分为 $\iint\limits_D |x|\mathrm{d}x\mathrm{d}y$ 或 $\iint\limits_D |xy|\mathrm{d}x\mathrm{d}y$，结果如何？$\iint\limits_D (a|x| + b|y|)\mathrm{d}x\mathrm{d}y$ 呢？（ii）若积分区域为 $D: x^2 + y^2 \leqslant 1$，以上各题结果如何？

例 9 计算二重积分 $\iint\limits_D (xy + 1)\mathrm{d}x\mathrm{d}y$，其中 $D: 4x^2 + y^2 \leqslant 4$.

分析 此题有多种解法，可以在直角坐标系下直接计算，但若考虑积分区域的对称性、被积函数的奇偶性，再结合二重积分的几何意义，可很方便地得到结果.

解　如图 9-10 所示. 因为积分区域 D 关于 y 轴对称，而函数 $f(x,y)=xy$ 是关于 x 的奇函数，所以 $\iint\limits_D xy\mathrm{d}x\mathrm{d}y=0$；又由二重积分的几何意义知 $\iint\limits_D \mathrm{d}x\mathrm{d}y=2\pi$，故

$$\iint\limits_D (xy+1)\mathrm{d}x\mathrm{d}y=\iint\limits_D xy\mathrm{d}x\mathrm{d}y+\iint\limits_D \mathrm{d}x\mathrm{d}y=2\pi.$$

思考　（i）若积分区域为 $D:2|x|+|y|\leqslant 1$，结果如何？ $D:a|x|+b|y|\leqslant 1\,(a>0,b>0)$ 呢？（ii）在直角坐标系下直接计算以上各题.

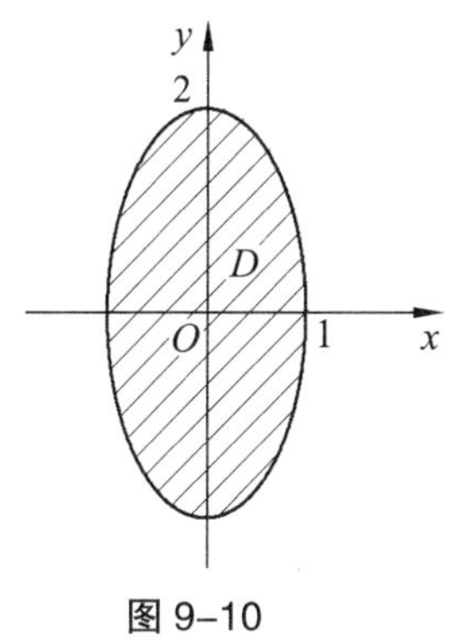

图 9-10

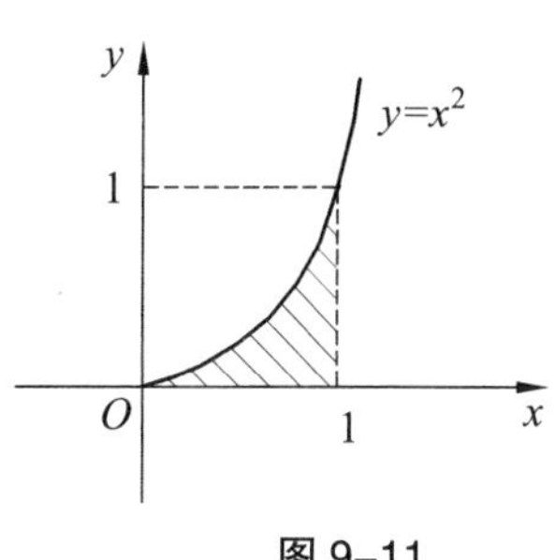

图 9-11

例 10　设 $f(x,y)$ 为连续函数，且 $f(x,y)=xy+\iint\limits_D f(u,v)\mathrm{d}u\mathrm{d}v$，其中 D 是由 $y=0,\ y=x^2$ 与 $x=1$ 围成的区域，求 $f(x,y)$.

分析　由于在给定区域上的二重积分是一个常数，与积分变量无关，因此在同一个区域上，对等式两边作二重积分，即可得到关于这个常数的一个方程，从而求出该常数.

解　如图 9-11 所示，积分区域 $D_X:\begin{cases}0\leqslant x\leqslant 1\\ 0\leqslant y\leqslant x^2\end{cases}$. 设 $A=\iint\limits_D f(x,y)\mathrm{d}x\mathrm{d}y$，则

$$f(x,y)=xy+A.$$

于是对上式两边在区域 D 积分，得

$$A=\iint\limits_D xy\mathrm{d}x\mathrm{d}y+A\iint\limits_D \mathrm{d}x\mathrm{d}y=\int_0^1\mathrm{d}x\int_0^{x^2}xy\mathrm{d}y+A\int_0^1\mathrm{d}x\int_0^{x^2}\mathrm{d}y=\frac{1}{12}+\frac{1}{3}A,$$

即 $A=\frac{1}{12}+\frac{1}{3}A$，解得 $A=\frac{1}{8}$，从而 $f(x,y)=xy+\frac{1}{8}$.

思考　（i）若 $f(x,y)=x+y+\iint\limits_D f(u,v)\mathrm{d}u\mathrm{d}v$，结果如何？（ii）若 D 是由 $y=0,\ y=x$ 与 $x=1$ 围成的区域，以上两题的结果如何？（iii）若 $f(x,y)=xy+a\iint\limits_D f(u,v)\mathrm{d}u\mathrm{d}v$ 或 $f(x,y)=x+y+a\iint\limits_D f(u,v)\mathrm{d}u\mathrm{d}v$，则 a 分别为何值时，以上问题有解？ a 分别为何值时，以上问题无解？并在有解时求出其解.

例 11　设平面薄片所占的闭区域 D 由螺线 $r=2\theta$ 上的一段弧 $0\leqslant\theta\leqslant\frac{\pi}{2}$ 与射线 $\theta=\frac{\pi}{2}$ 围成，它的面密度为 $\mu(x,y)=x^2+y^2$，求这个薄片的质量.

分析 此题属于二重积分的物理应用，可直接运用平面薄片的质量公式求解.

解 如图 9-12 所示，积分区域

$$D:\begin{cases}0\leqslant\theta\leqslant\dfrac{\pi}{2}\\0\leqslant r\leqslant 2\theta\end{cases},$$

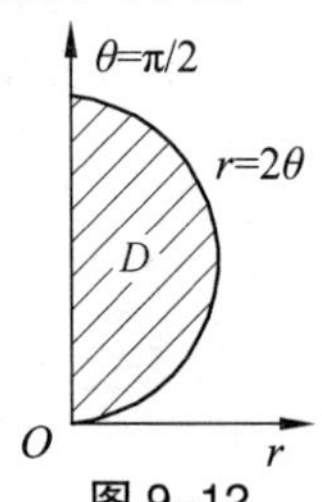

图 9–12

于是所求质量

$$m=\iint\limits_D\mu\mathrm{d}\sigma=\iint\limits_D(x^2+y^2)\mathrm{d}\sigma=\int_0^{\frac{\pi}{2}}\mathrm{d}\theta\int_0^{2\theta}r^3\mathrm{d}r=4\int_0^{\frac{\pi}{2}}\theta^4\mathrm{d}\theta=\frac{\pi^5}{40}.$$

思考 （i）若 $\mu(x,y)=\sqrt[n]{x^2+y^2}$，结果如何？（ii）若 $\mu(x,y)=x^{n_1}y^{n_2}\quad(n_1,n_2\in\mathbf{N})$，结果又如何？若此时薄片的质量 $m=\dfrac{\pi^5}{40}$，问 n_1,n_2 应满足怎样的关系？

例 12 计算二重积分 $\iint\limits_D(x+y)\mathrm{d}x\mathrm{d}y$，其中 D 是圆域 $x^2+y^2\leqslant x+y$.

分析 此题可在极坐标系下求解，但若灵活运用平面图形的形心坐标公式将会很简便.

解 根据平面图形 D 的形心坐标公式

$$\bar{x}=\frac{1}{A}\iint\limits_D x\mathrm{d}\sigma,\quad \bar{y}=\frac{1}{A}\iint\limits_D y\mathrm{d}\sigma\ （其中\ A=\iint\limits_D\mathrm{d}\sigma\ ),$$

得

$$\iint\limits_D x\mathrm{d}\sigma=\bar{x}A,\quad \iint\limits_D y\mathrm{d}\sigma=\bar{y}A.$$

由于圆域 $D:\left(x-\dfrac{1}{2}\right)^2+\left(y-\dfrac{1}{2}\right)^2\leqslant\dfrac{1}{2}$ 的形心坐标和面积分别为

$$\bar{x}=\frac{1}{2},\quad \bar{y}=\frac{1}{2},\quad A=\frac{\pi}{2},$$

所以

$$\iint\limits_D(x+y)\mathrm{d}x\mathrm{d}y=\iint\limits_D x\mathrm{d}x\mathrm{d}y+\iint\limits_D y\mathrm{d}x\mathrm{d}y=(\bar{x}+\bar{y})A=\frac{\pi}{2}.$$

思考 （i）若积分为 $\iint\limits_D(\alpha x+\beta y)\mathrm{d}x\mathrm{d}y$，结果如何？（ii）若积分区域 D 为 $x^2+y^2\leqslant ax+by$，以上两题的结果如何？若积分区域 D 为 $\dfrac{(x-c_1)^2}{a^2}+\dfrac{(y-c_2)^2}{b^2}\leqslant 1$ 呢？

例 13 求锥面 $z=\sqrt{x^2+y^2}$ 被柱面 $z^2=2x$ 所截下部的曲面面积.

分析 此题属于二重积分的几何应用，直接运用曲面面积公式求解.

解 因为 $\dfrac{\partial z}{\partial x}=\dfrac{x}{\sqrt{x^2+y^2}}$，$\dfrac{\partial z}{\partial y}=\dfrac{y}{\sqrt{x^2+y^2}}$，所以

$$\mathrm{d}S=\sqrt{1+z_x^2+z_y^2}\mathrm{d}x\mathrm{d}y=\sqrt{1+\frac{x^2}{x^2+y^2}+\frac{y^2}{x^2+y^2}}\mathrm{d}x\mathrm{d}y=\sqrt{2}\mathrm{d}x\mathrm{d}y.$$

又由$\begin{cases} z^2 = x^2 + y^2 \\ z^2 = 2x \end{cases}$，得$x^2 + y^2 = 2x$，则$D_{xy}:\begin{cases} x^2 + y^2 \leqslant 2x \\ z = 0 \end{cases}$，于是

$$S = \iint_{D_{xy}} \sqrt{2}\mathrm{d}x\mathrm{d}y = \sqrt{2}\iint_{D_{xy}} \mathrm{d}x\mathrm{d}y = \sqrt{2}\pi .$$

思考　（i）求锥面$z = \sqrt{x^2 + y^2}$被旋转抛物面$z = 2 - x^2 - y^2$所截下部分的曲面面积；（ii）是否可以利用以上方法求锥面$z = \sqrt{x^2 + 2y^2}$被柱面$z^2 = 2x$所截下部分的曲面面积？

例 14　设半径为R的球面Σ的球心在定球面$x^2 + y^2 + z^2 = a^2 (a > 0)$上，问$R$取何值时，球面$\Sigma$在定球面内部的那部分面积最大.

分析　求面积问题的关键有两点，一是搞清求哪个曲面的面积及该曲面的投影区域；二是背熟计算公式，并能准确计算.

解　由于球是对称图形，不妨设球面Σ的方程为$x^2 + y^2 + (z - a)^2 = R^2$，于是所求面积为该球面在定球面$x^2 + y^2 + z^2 = a^2 (a > 0)$内部的面积.

由于Σ在定球面$x^2 + y^2 + z^2 = a^2 (a > 0)$内部部分的方程为$z = a - \sqrt{R^2 - x^2 - y^2}$，于是其面积元

$$\mathrm{d}S = \sqrt{1 + z_x^2 + z_y^2}\mathrm{d}x\mathrm{d}y = \sqrt{1 + \left(\frac{x}{\sqrt{R^2 - x^2 - y^2}}\right)^2 + \left(\frac{y}{\sqrt{R^2 - x^2 - y^2}}\right)^2}\mathrm{d}x\mathrm{d}y$$

$$= \frac{R}{\sqrt{R^2 - x^2 - y^2}}\mathrm{d}x\mathrm{d}y,$$

由$\begin{cases} z = a - \sqrt{R^2 - x^2 - y^2} \\ x^2 + y^2 + z^2 = a^2 \end{cases}$求得球面$\Sigma$在定球面内部部分在$xOy$面上的投影区域为

$$D = \left\{(x, y) \middle| x^2 + y^2 \leqslant R^2 - \frac{R^4}{4a^2}\right\},$$

于是

$$S(R) = \iint_D \frac{R}{\sqrt{R^2 - x^2 - y^2}}\mathrm{d}x\mathrm{d}y = \int_0^{2\pi}\mathrm{d}\theta\int_0^{\sqrt{R^2 - \frac{R^4}{4a^2}}} \frac{R}{\sqrt{R^2 - r^2}} r\mathrm{d}r = 2\pi R^2\left(1 - \frac{R}{2a}\right).$$

由$S'(R) = 4\pi R - \frac{3\pi}{a}R^2 = 0$，得唯一驻点$R = \frac{4}{3}a$，而$S''\left(\frac{4}{3}a\right) = -4\pi < 0$，所以当$R = \frac{4}{3}a$时，$S$取得最大值.

思考　（i）若求球面Σ在定球面外部的那部分面积最小，结果如何？可否用上述方法直接求解？（ii）若求球面$x^2 + y^2 + (z - a)^2 = R^2$在椭球面$\frac{x^2}{a^2} + \frac{y^2}{a^2} + \frac{(z - c)^2}{c^2} = 1 (a > 0, c > 0)$内部分的面积最大，结果如何？

例 15　求由曲面$z = x^2 + 2y^2$及$z = 6 - 2x^2 - y^2$所围成的立体的体积.

分析 先求出两曲面所围成的立体在 xOy 平面上的投影区域，再进行二重积分的计算.

解 两曲面的交线在 xOy 平面的投影为 $\begin{cases} x^2+y^2=2 \\ z=0 \end{cases}$，于是立体在 xOy 平面上的投影区域 $D_{xy}: x^2+y^2 \leqslant 2$，从而

$$V=\iint_D [(6-2x^2-y^2)-(x^2+2y^2)]\mathrm{d}x\mathrm{d}y = 12\int_0^{\sqrt{2}}\mathrm{d}x\int_0^{\sqrt{2-x^2}}(2-x^2-y^2)\mathrm{d}y$$

$$=8\int_0^{\sqrt{2}}(2-x^2)^{\frac{3}{2}}\mathrm{d}x \xlongequal{x=\sqrt{2}\sin\theta} 32\int_0^{\frac{\pi}{2}}\cos^4\theta\mathrm{d}\theta = 6\pi.$$

思考 （i）求曲面 $z=6-2x^2-y^2$ 与 xOy 平面所围成的立体的体积；（ii）求曲面 $z=x^2+2y^2$, $z=6-2x^2-y^2$ 及 xOy 平面所围成的立体的体积.

例 16 设均匀薄片（面密度为常数 1）所占闭区域 $D: \dfrac{x^2}{a^2}+\dfrac{y^2}{b^2} \leqslant 1$，求其转动惯量 I_y.

分析 此题考查平面薄片的转动惯量的公式，代入公式计算即可.

解 $I_y=\iint_D \rho x^2\mathrm{d}\sigma = 4\int_0^a \mathrm{d}x\int_0^{\frac{b}{a}\sqrt{a^2-x^2}} x^2\mathrm{d}y = 4\int_0^a \dfrac{b}{a}x^2\sqrt{a^2-x^2}\mathrm{d}x$

$$\xlongequal{x=a\sin t} \frac{4b}{a}\int_0^{\frac{\pi}{2}} a^2\sin^2 t\cdot a\cos t\cdot a\cos t\mathrm{d}t = 4a^3b\int_0^{\frac{\pi}{2}}(\sin^2 t-\sin^4 t)\mathrm{d}t$$

$$=4a^3b\left(\frac{1}{2}\cdot\frac{\pi}{2}-\frac{3}{4}\cdot\frac{1}{2}\cdot\frac{\pi}{2}\right)=\frac{\pi}{4}a^3b.$$

思考 （i）若薄片不是均匀的，其面密度 $\rho=|xy|$，结果如何？ $\rho=|x|+|y|$ 或 $\rho=x^2+y^2$ 呢？（ii）分别求以上各种情形下薄片绕 x 轴和坐标原点旋转的转动惯量 I_x 和 I_O.

例 17 证明：$\int_0^\pi \mathrm{d}y\int_0^y f(\sin x)\mathrm{d}x = \int_0^\pi xf(\sin x)\mathrm{d}x$，其中 $f(u)$ 在 $[0,1]$ 上连续.

分析 从等式两端的被积函数看，若从左端向右端推证，应先交换积分次序.

证明 如图 9-13 所示，等式左端二次积分的积分区域为

$$D_Y: \begin{cases} 0\leqslant y\leqslant \pi \\ 0\leqslant x\leqslant y \end{cases} \Rightarrow D_X: \begin{cases} 0\leqslant x\leqslant \pi \\ x\leqslant y\leqslant \pi \end{cases}.$$

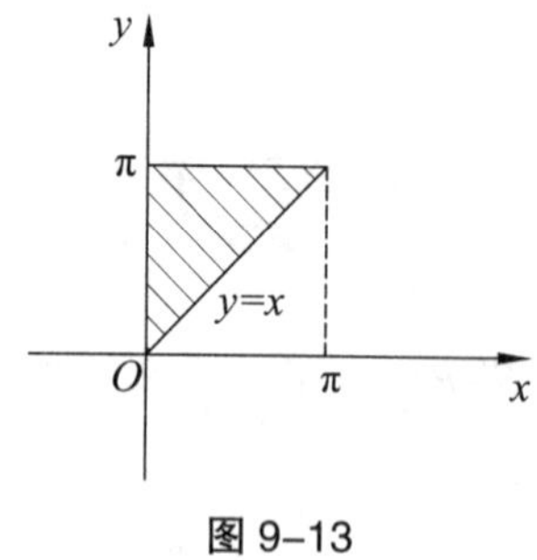

图 9-13

于是

$$\int_0^\pi \mathrm{d}y\int_0^y f(\sin x)\mathrm{d}x = \int_0^\pi \mathrm{d}x\int_x^\pi f(\sin x)\mathrm{d}y$$

$$=\int_0^\pi yf(\sin x)\Big|_x^\pi \mathrm{d}x = \int_0^\pi (\pi-x)f(\sin x)\mathrm{d}x$$

$$=\int_0^\pi tf(\sin(\pi-t))\mathrm{d}t \xlongequal{x=\pi-t} \int_0^\pi tf(\sin t)\mathrm{d}t$$

$$=\int_0^\pi xf(\sin x)\mathrm{d}x,$$

故所证等式成立.

思考 若所证等式的左端改为 $\int_0^\pi \mathrm{d}y\int_0^y f(\cos x)\mathrm{d}x$，那么等式右端应作怎样改变？

$\int_0^{\pi}\mathrm{d}y\int_{\pi-y}^{\pi}f(\sin x)\mathrm{d}x$ 或 $\int_0^{\pi}\mathrm{d}y\int_{\pi-y}^{\pi}f(\cos x)\mathrm{d}x$ 呢？

例 18　设函数 $f(x),g(x)$ 在闭区间 $[a,b]$ 上连续，证明：

$$\left[\int_0^a f(x)g(x)\mathrm{d}x\right]^2 \leqslant \int_0^a f^2(x)\mathrm{d}x\int_0^a g^2(x)\mathrm{d}x .$$

分析　这是定积分不等式的证明问题. 由于定积分与积分变量用什么字母表示无关，所以可以将不等式两边定积分中的一个因式改写成另一个变量的积分，从而把定积分转化成二重积分.

证明　记矩形区域 $D: a\leqslant x\leqslant b,\ a\leqslant y\leqslant b$，则由定积分与二重积分之间的关系有

$$\begin{aligned}\left[\int_0^a f(x)g(x)\mathrm{d}x\right]^2 &= \left[\int_0^a f(x)g(x)\mathrm{d}x\right]\cdot\left[\int_0^a f(x)g(x)\mathrm{d}x\right]\\ &= \left[\int_0^a f(x)g(x)\mathrm{d}x\right]\cdot\left[\int_0^a f(y)g(y)\mathrm{d}y\right]\\ &= \int_0^a \mathrm{d}x\int_0^a f(x)g(x)f(y)g(y)\mathrm{d}y = \iint_D f(x)g(x)f(y)g(y)\mathrm{d}x\mathrm{d}y,\end{aligned}$$

$$\begin{aligned}\int_0^a f^2(x)\mathrm{d}x\int_0^a g^2(x)\mathrm{d}x &= \int_0^a f^2(x)\mathrm{d}x\int_0^a g^2(y)\mathrm{d}y = \int_0^a \mathrm{d}x\int_0^a f^2(x)g^2(y)\mathrm{d}y\\ &= \frac{1}{2}\int_0^a\int_0^a f^2(x)g^2(y)\mathrm{d}x\mathrm{d}y + \frac{1}{2}\int_0^a\int_0^a f^2(y)g^2(x)\mathrm{d}x\mathrm{d}y\\ &= \frac{1}{2}\iint_D f^2(x)g^2(y)\mathrm{d}x\mathrm{d}y + \frac{1}{2}\iint_D f^2(y)g^2(x)\mathrm{d}x\mathrm{d}y,\end{aligned}$$

于是由二重积分的性质有

$$\begin{aligned}&2\int_0^a f^2(x)\mathrm{d}x\int_0^a g^2(x)\mathrm{d}x - 2\left[\int_0^a f(x)g(x)\mathrm{d}x\right]^2\\ &= \iint_D f^2(x)g^2(y)\mathrm{d}x\mathrm{d}y + \iint_D f^2(y)g^2(x)\mathrm{d}x\mathrm{d}y - 2\iint_D f(x)g(x)f(y)g(y)\mathrm{d}x\mathrm{d}y\\ &= \iint_D [f^2(x)g^2(y) - 2f(x)g(x)f(y)g(y) + f^2(y)g^2(x)]\mathrm{d}x\mathrm{d}y\\ &= \iint_D [f(x)g(y) - g(x)f(y)]^2\mathrm{d}x\mathrm{d}y \geqslant 0,\end{aligned}$$

所以

$$\left[\int_0^a f(x)g(x)\mathrm{d}x\right]^2 \leqslant \int_0^a f^2(x)\mathrm{d}x\int_0^a g^2(x)\mathrm{d}x .$$

思考　若函数 $f(x),g(x)$ 在闭区间 $[a,b]$ 上分段连续，所证结论是否成立？为什么？

例 19　计算极限 $\lim\limits_{x\to 0}\dfrac{\int_0^x\left[\int_0^{u^2}\arctan(1+t)\mathrm{d}t\right]\mathrm{d}u}{x(1-\cos x)}$.

分析　此极限属于 $\dfrac{0}{0}$ 型，可先用无穷小替代，再用洛必达法则去积分号.

解　原式 $=\lim\limits_{x\to0}\dfrac{\int_0^x\left[\int_0^{u^2}\arctan(1+t)\mathrm{d}t\right]\mathrm{d}u}{\frac{1}{2}x^3}=\lim\limits_{x\to0}\dfrac{\int_0^{x^2}\arctan(1+t)\mathrm{d}t}{\frac{3}{2}x^2}$

$$=\lim_{x\to0}\frac{\arctan(1+x^2)\cdot2x}{3x}=\frac{2}{3}\cdot\frac{\pi}{4}=\frac{\pi}{6}.$$

思考　（i）若 $\lim\limits_{x\to0}\dfrac{\int_0^x\left[\int_0^{u^n}\arctan(1+t)\mathrm{d}t\right]\mathrm{d}u}{x^2(1-\cos x)}$ 为某一非零常数，则 n 为多少？（ii）若 $\lim\limits_{x\to0}\dfrac{\int_0^x\left[\int_0^{u^n}\arctan(1+t)\mathrm{d}t\right]\mathrm{d}u}{x^2(1-\cos x)}$ $(n\in\mathbf{N})$ 为零或无穷大，则 n 的取值范围分别是什么？

五、练习题 9.1

1. 设 D 为直线 $y=x,y=-1,x=1$ 所围成的区域，计算 $\iint\limits_D y(1+x\mathrm{e}^{\frac{x^2+y^2}{2}})\mathrm{d}x\mathrm{d}y$.

2. 求 $\iint\limits_D(\sqrt{x^2+y^2}+y)\mathrm{d}\sigma$，其中 D 是由圆 $x^2+y^2=4$ 和 $(x+1)^2+y^2=1$ 所围成的平面区域.

3. 设区域 $D=\{(x,y)|x^2+y^2\leqslant1,x\geqslant0\}$，计算二重积分 $\iint\limits_D\dfrac{1+xy}{1+x^2+y^2}\mathrm{d}x\mathrm{d}y$.

4. 交换积分次序 $\int_0^{\frac{1}{4}}\mathrm{d}y\int_y^{\sqrt{y}}f(x,y)\mathrm{d}x+\int_{\frac{1}{4}}^{\frac{1}{2}}\mathrm{d}y\int_y^{\frac{1}{2}}f(x,y)\mathrm{d}x=$____________.

5. 积分 $\int_0^{2a}\mathrm{d}y\int_0^{\sqrt{2ay-y^2}}f(x^2+y^2)\mathrm{d}x$ 化为极坐标系下的二次积分为____________.

6. 计算 $\iint\limits_D\dfrac{x+y}{x^2+y^2}\mathrm{d}x\mathrm{d}y$，其中 $D:x^2+y^2\leqslant1,x+y\geqslant1$.

7. 计算 $\iint\limits_D y[1+xf(x^2+y^2)]\mathrm{d}x\mathrm{d}y$，其中 D 是由 $y=x^2,y=1$ 所围成的区域.

8. 设 $D=\{(x,y)|0\leqslant x\leqslant1,0\leqslant y\leqslant1\}$，求 $\iint\limits_D\mathrm{e}^{\max\{x^2,y^2\}}\mathrm{d}x\mathrm{d}y$.

9. 计算 $\int_0^a\mathrm{d}x\int_{-x}^{-a+\sqrt{a^2-x^2}}\dfrac{1}{\sqrt{x^2+y^2}\cdot\sqrt{4a^2-(x^2+y^2)}}\mathrm{d}y$.

10. 计算 $\iint\limits_D\sqrt{x^2+y^2}\mathrm{d}\sigma$，其中 $D=\{(x,y)|a^2\leqslant x^2+y^2\leqslant b^2\}$.

11. 计算由曲线 $x^2+y^2=2x,\ x^2+y^2=4x,\ y=x,\ y=0$ 所围成的图形的面积.

12. 设平面薄片所占的闭区域 D 由直线 $x+y=2,y=x$ 和 x 轴所围成，它的面密度 $\mu(x,y)=x^2+y^2$，求该薄片的质量.

13. 求由平面 $x=0,y=0,x+y=1$ 所围成的柱体被平面 $z=0$ 及抛物面 $x^2+y^2=6-z$ 截得的立体的体积.

14. 设均匀薄片（面密度为常数 1）所占闭区域 D 由抛物线 $y^2=\frac{9}{2}x$ 与直线 $x=2$ 所围成，求转动惯量 I_x 和 I_y.

15. 证明：$\int_0^a \mathrm{d}y\int_0^y \mathrm{e}^{m(a-x)}f(x)\mathrm{d}x=\int_0^a (a-x)\mathrm{e}^{m(a-x)}f(x)\mathrm{d}x$.

16. 设 $f(x)$ 在区间 $[0,1]$ 上连续，证明：$\int_0^1 f(x)\mathrm{d}x\int_x^1 f(y)\mathrm{d}y=\frac{1}{2}\left(\int_0^1 f(x)\mathrm{d}x\right)^2$.

17. 计算：$\lim\limits_{x\to 0}\frac{1}{\pi t^3}\iint\limits_{x^2+y^2\leqslant t^2} f(\sqrt{x^2+y^2})\mathrm{d}x\mathrm{d}y\ (t>0)$，其中函数 $f(u)$ 可微，且 $f(0)=0$.

18. 设函数 $f(x)$ 在闭区间 $[a,b]$ 上连续且恒大于零，证明：

$$\int_0^a f(x)\mathrm{d}x\int_0^a \frac{1}{f(x)}\mathrm{d}x\geqslant 2(b-a)^2.$$

19. 计算极限 $\lim\limits_{x\to 0}\int_0^{\frac{x}{2}}\mathrm{d}t\int_t^{\frac{x}{2}}\frac{\mathrm{e}^{-(t-u)^2}}{1-\mathrm{e}^{-\frac{x^2}{4}}}\mathrm{d}u$.

第二节　三重积分及其应用

一、教学目标

1. 了解三重积分的概念与性质；掌握三重积分在直角坐标系下的计算方法.

2. 了解柱面坐标的概念以及柱面坐标与极坐标之间的联系，球面坐标的概念以及球面坐标与柱面坐标之间的区别.

3. 掌握三重积分在柱面坐标系下和球面坐标系下的计算公式和计算方法.

4. 会用三重积分计算空间立体的质心与转动惯量，平面薄片对质心的引力，空间立体对质心的引力等几何、物理问题.

二、内容提要

三重积分

- 定义：$f(x,y,z)$ 是空间有界闭区域 Ω 上的有界函数，将 Ω 任意分成 n 个小闭区域 $\Delta v_i(i=1,2,\cdots,n)$，$\forall(\xi_i,\eta_i,\zeta_i)\in\Delta v_i$；$\lim\limits_{\lambda\to 0}\sum\limits_{i=1}^{n}f(\xi_i,\eta_i,\zeta_i)\Delta v_i(\lambda=\max\limits_{1\leqslant i\leqslant n}\{\Delta v_i\text{ 的直径}\})$ 存在 $\Leftrightarrow \iiint\limits_{\Omega}f(x,y,z)\mathrm{d}v=\lim\limits_{\lambda\to 0}\sum\limits_{i=1}^{n}f(\xi_i,\eta_i,\zeta_i)\Delta v_i$.
- 物理意义：$f(x,y,z)\geqslant 0$ 时，三重积分 $\iiint\limits_{\Omega}f(x,y,z)\mathrm{d}v$ 表示密度函数为 $f(x,y,z)$ 的物体 Ω 的质量.
- 基本性质：三重积分的基本性质与二重积分类似.

三重积分

三重积分的计算

直角坐标

“先一后二”法：若 $\Omega=\{(x,y,z)\,|\,(x,y)\in D,\ z_1(x,y)\leqslant z\leqslant z_2(x,y)\}$，则

$$\iiint\limits_{\Omega} f(x,y,z)\mathrm{d}v=\iint\limits_{D}\mathrm{d}x\mathrm{d}y\int_{z_1(x,y)}^{z_2(x,y)} f(x,y,z)\mathrm{d}z .$$

“先二后一”法：若 $\Omega=\{(x,y,z)\,|\,(x,y)\in D_z,\ c_1\leqslant z\leqslant c_2\}$，则

$$\iiint\limits_{\Omega} f(x,y,z)\mathrm{d}v=\int_{c_1}^{c_2}\mathrm{d}z\iint\limits_{D_z} f(x,y,z)\mathrm{d}x\mathrm{d}y .$$

柱面坐标

直角坐标与柱面坐标的关系：$x=r\cos\theta,\ y=r\sin\theta,\ z=z$ $(0\leqslant r<+\infty, 0\leqslant\theta\leqslant 2\pi, -\infty<z<+\infty)$.

变换公式：$\iiint\limits_{\Omega} f(x,y,z)\mathrm{d}v=\iiint\limits_{\Omega} f(r\cos\theta,r\sin\theta,z)r\mathrm{d}r\mathrm{d}\theta\mathrm{d}z.$

球面坐标

直角坐标与球面坐标的关系：$x=r\sin\varphi\cos\theta,\ y=r\sin\varphi\sin\theta,\ z=r\cos\varphi.$ $(0\leqslant r<+\infty, 0\leqslant\varphi\leqslant\pi, 0\leqslant\theta\leqslant 2\pi).$

变换公式：$\iiint\limits_{\Omega} f(x,y,z)\mathrm{d}v=\iiint\limits_{\Omega} F(r,\varphi,\theta)r^2\sin\varphi\mathrm{d}r\mathrm{d}\varphi\mathrm{d}\theta$，

其中 $F(r,\varphi,\theta)=f(r\sin\varphi\cos\theta,r\sin\varphi\sin\theta,r\cos\varphi)$.

三重积分的应用

立体体积：设立体占有空间区域Ω，则体积 $V=\iiint\limits_{\Omega}\mathrm{d}v$.

物体质量：设立体占有空间区域Ω，密度函数为 $\rho(x,y,z)$ ，则物体的质量 $M=\iiint\limits_{\Omega}\rho(x,y,z)\mathrm{d}v$.

物体重心：$\bar{x}=\dfrac{1}{M}\iiint\limits_{\Omega}x\rho(x,y,z)\mathrm{d}v,\ \bar{y}=\dfrac{1}{M}\iiint\limits_{\Omega}y\rho(x,y,z)\mathrm{d}v,\ \bar{z}=\dfrac{1}{M}\iiint\limits_{\Omega}z\rho(x,y,z)\mathrm{d}v$.

其中 $M=\iiint\limits_{\Omega}\rho(x,y,z)\mathrm{d}v$ 是物体的质量.

物体的转动惯量：密度函数为 $\rho(x,y,z)$ 的物体 Ω 对 x 轴的转动惯量 $I_x=\iiint\limits_{\Omega}(y^2+z^2)\rho(x,y,z)\mathrm{d}v$. 类似地可写出 I_y 和 I_z .

三、疑点解析

1. 关于三重积分的概念与性质　三重积分是定积分和二重积分的推广，它的“模型”与这两种积分的“模型”完全类似. 因此，在定积分（二重积分）的定义中，把区间$[a,b]$（平面有界区域D）换成空间有界区域Ω，把定义在区间$[a,b]$（平面区域D）上有界的一元函数$f(x)$（二元函数$f(x,y)$）换成定义在区域Ω上有界的三元函数$f(x,y,z)$，仍然按着“分割、近似、求和、取极限”的思想方法，就得到三重积分的定义

$$\iiint\limits_{\Omega} f(x,y,z)\mathrm{d}x\mathrm{d}y\mathrm{d}z=\lim_{\lambda\to 0}\sum_{i=1}^{n} f(\xi_i,\eta_i,\zeta_i)\Delta v_i .$$

在三重积分的定义中，也必须注意两个“任意”和一个存在：两个“任意”是区域Ω分成n个小区域$\Delta v_i\,(i=1,2,\cdots,n)$的分法要任意和在每个小区域$\Delta v_i$上点$(\xi_i,\eta_i,\zeta_i)$的取法要任意；一个存在是当各小区域直径的最大值$\lambda\to 0$时积分和式$\sum\limits_{i=1}^{n} f(\xi_i,\eta_i,\zeta_i)\Delta v_i$总有同一个极限值.

这样，该极限值就是三元函数 $f(x,y,z)$ 在区域 Ω 上的三重积分.

因此，三重积分也是一个数值，三重积分的存在性与其积分和式极限的存在性也是等同的.

三重积分与定积分、二重积分的性质也是完全类似的；三元函数 $f(x,y,z)$ 在闭区域 Ω 上连续或分块连续，也是 $f(x,y,z)$ 在 Ω 上三重积分存在的一个充分条件.

2. **关于三重积分在直角坐标下的计算——"先一后二法"** "先一后二法"也叫投影法，它是将三重积分化为三次积分的方法. 顾名思义，"先一后二法"就是对三重积分先作定积分后作二重积分，从而将三重积分化为三次积分.

若平行于 z 轴且穿过区域 Ω 内部的直线与 Ω 的边界曲面的交点不多于两个，亦称 Ω 为"$XY-$型"区域. 设 Ω 在 xOy 平面上的投影区域为 D（见图 9-14），在 D 内任取一点 (x,y)，过这点作平行于 z 轴的直线自下而上穿过区域 Ω，设穿入点与穿出点的竖坐标分别为 $z_1(x,y)$ 与 $z_2(x,y)$，则

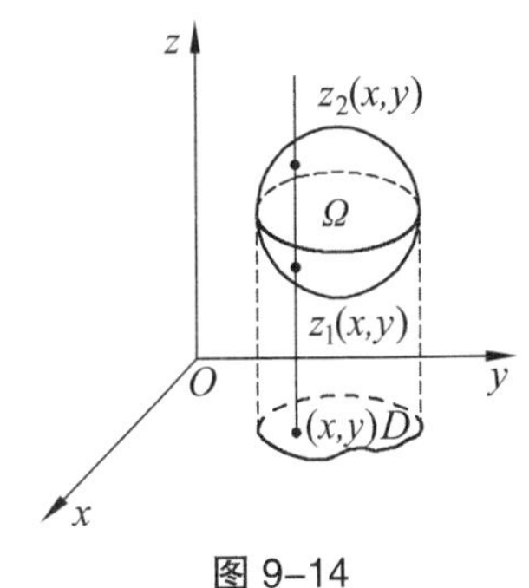

图 9-14

$$\iiint_{\Omega} f(x,y,z)\mathrm{d}v=\iint_{D}\left[\int_{z_1(x,y)}^{z_2(x,y)} f(x,y,z)\mathrm{d}z\right]\mathrm{d}\sigma$$

$$\triangleq \iint_{D}\mathrm{d}\sigma\int_{z_1(x,y)}^{z_2(x,y)} f(x,y,z)\mathrm{d}z$$

若区域 D 可以进一步表示成"$X-$型"区域 $D_X:\begin{cases}a\leqslant x\leqslant b\\ y_1(x)\leqslant y\leqslant y_2(x)\end{cases}$，或"$Y-$型"区域：$D_Y:\begin{cases}c\leqslant y\leqslant d\\ x_1(y)\leqslant x\leqslant x_2(y)\end{cases}$，则

$$\iiint_{\Omega} f(x,y,z)\mathrm{d}v=\int_a^b\mathrm{d}x\int_{y_1(x)}^{y_2(x)}\mathrm{d}y\int_{z_1(x,y)}^{z_2(x,y)} f(x,y,z)\mathrm{d}z$$

或

$$\iiint_{\Omega} f(x,y,z)\mathrm{d}v=\int_c^d\mathrm{d}y\int_{x_1(y)}^{x_2(y)}\mathrm{d}x\int_{z_1(x,y)}^{z_2(x,y)} f(x,y,z)\mathrm{d}z.$$

若区域 D 既不是 $X-$型"也不是"$Y-$型"区域时，将 D 分成若干个不重叠"$X-$型"区域或"$Y-$型"区域；若平行于 z 轴且穿过区域 Ω 内部的直线与 Ω 的边界曲面的交点多于两个，将 Ω 分成几个小区域并使每个小区域都满足这个条件，再用二重积分和三重积分对区域的可加性，就可以将该三重积分化成几个三次积分的和.

类似地，也可以讨论将 Ω 投影到 yOz 和 zOx 平面上的情形.

因此，一般说来，一个三重积分可以化成六种顺序的三次积分. 每个三次积分中，其中一个是带两个参数的变上、下限积分，一个是带一个参数的变上、下限积分，一个是常数限积分.

3. **关于三重积分在直角坐标下的计算——"先二后一法"** "先二后一法"也叫截面法，就是对三重积分先作二重积分后作定积分.

若区域 Ω 在 z 轴上的投影为区间 $[c_1,c_2]$，在区间 $[c_1,c_2]$ 内任取一点 z，过这点作垂直于 z 轴的平面，设此平面与区域 Ω 的截面区域为 D_z（见图 9-15）. 则

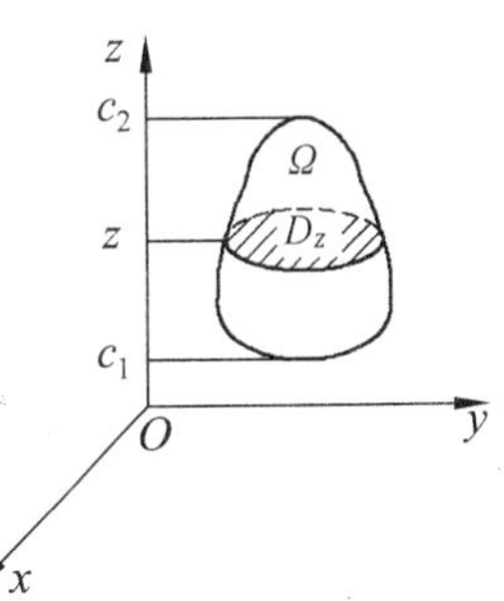

图 9-15

$$\iiint_{\Omega} f(x,y,z)\mathrm{d}v=\int_{c_1}^{c_2}\left[\iint_{D_z} f(x,y,z)\mathrm{d}x\mathrm{d}y\right]\mathrm{d}z \overset{\Delta}{=} \int_{c_1}^{c_2}\mathrm{d}z\iint_{D_z} f(x,y,z)\mathrm{d}x\mathrm{d}y .$$

若区域Ω在z轴上的投影为多个区间，可以将Ω分成几个投影为区间的区域，从而将三重积分化成几个如上形式的积分之和.

类似地，也可以讨论将Ω投影到x和y平面上的情形.

在这种方法中，通常不把其中的二重积分化为二次积分，因此它只适合其中二次积分较易积出的情形. 例如，当被积函数为一元函数时，其中二重积分其实就是截面区域的面积，此时可能用一般的面积公式就可以求出.

4. 关于三重积分的换元法 设函数$f(x,y,z)$在空间区域Ω上连续，$T:x=x(u,v,w)$，$y=y(u,v,w)$，$z=z(u,v,w)$是坐标空间$O-uvw$中区域Ω'到坐标空间$O-xyz$中区域Ω上的一一变换. 若此变换还满足条件：（i）$T:x=x(u,v,w),y=y(u,v,w),z=z(u,v,w)$在$\Omega'$具有一阶连续偏导数；（ii）在$\Omega'$上雅可比行列式$J(u,v,w)=\begin{vmatrix} x_u & y_u & z_u \\ x_v & y_v & z_v \\ x_w & y_w & z_w \end{vmatrix}\neq 0$，则

$$\iiint_{\Omega} f(x,y,z)\mathrm{d}x\mathrm{d}y\mathrm{d}z=\iiint_{\Omega'} f[x(u,v,w),y(u,v,w),z(u,v,w)]\mathrm{d}u\mathrm{d}v\mathrm{d}w ,$$

这就是三重积分的换元公式.

可见，三重积分的换元法实际上是通过一个满足一定条件的一一变换（一一映射），把一个坐标空间上的三重积分变成另一个空间上的三重积分. 变换通常包括如下三个方面：（i）把坐标空间$O-xyz$内的区域Ω变为坐标空间$O-uvw$内的区域Ω'；（ii）把被积函数$f(x,y,z)$变为$O-uvw$内的三元函数$f[x(u,v,w),y(u,v,w),z(u,v,w)]$；（iii）用$O-uvw$上的体积微元$\mathrm{d}u\mathrm{d}v\mathrm{d}w$表示$O-xyz$上的体积微元$\mathrm{d}x\mathrm{d}y\mathrm{d}z$，即$\mathrm{d}x\mathrm{d}y\mathrm{d}z=|J(u,v,w)|\mathrm{d}u\mathrm{d}v\mathrm{d}w$.

特别地，当变换T是直角坐标空间$O-xyz$到柱面坐标空间$O-r\theta z$上的柱面坐标变换公式$T:x=r\cos\theta,y=r\sin\theta,z=z$时，两坐标系下的体积微元之间的关系是

$$\mathrm{d}x\mathrm{d}y\mathrm{d}z=|J|\mathrm{d}r\mathrm{d}\theta\mathrm{d}z=\begin{vmatrix} x_r & y_r & z_r \\ x_\theta & y_\theta & z_\theta \\ x_z & z_z & z_z \end{vmatrix}\mathrm{d}r\mathrm{d}\theta\mathrm{d}z=\begin{vmatrix} \cos\theta & \sin\theta & 0 \\ -r\sin\theta & r\cos\theta & 0 \\ 0 & 0 & 1 \end{vmatrix}\mathrm{d}r\mathrm{d}\theta\mathrm{d}z=r\mathrm{d}r\mathrm{d}\theta\mathrm{d}z ,$$

于是得到把直角坐标系下的三重积分转化成柱面坐标系下三重积分的公式：

$$\iiint_{\Omega} f(x,y,z)\mathrm{d}x\mathrm{d}y\mathrm{d}z=\iiint_{\Omega'} f(r\cos\theta,r\sin\theta,z)r\mathrm{d}r\mathrm{d}\theta\mathrm{d}z ,$$

而当变换T是直角坐标空间$O-xyz$到球面坐标空间$O-r\theta\varphi$上的球面坐标变换公式$T:x=r\cos\theta\sin\varphi,y=r\sin\theta\sin\varphi,z=r\cos\varphi$时，其雅可比行列式

$$J=\begin{vmatrix} x_r & y_r & z_r \\ x_\theta & y_\theta & z_\theta \\ x_\varphi & z_\varphi & z_\varphi \end{vmatrix}=\begin{vmatrix} \cos\theta\sin\varphi & \sin\theta\sin\varphi & \cos\varphi \\ -r\sin\theta\sin\varphi & r\cos\theta\sin\varphi & 0 \\ r\cos\theta\cos\varphi & r\sin\theta\cos\varphi & -r\sin\varphi \end{vmatrix}=-r^2\sin\varphi ,$$

故两坐标系下的体积微元之间的关系是

$$\mathrm{d}x\mathrm{d}y\mathrm{d}z=|J|\,\mathrm{d}r\mathrm{d}\theta\mathrm{d}\varphi=r^2\sin\varphi\mathrm{d}r\mathrm{d}\theta\mathrm{d}\varphi$$

于是得到把直角坐标系下的三重积分转化成球面坐标系下三重积分的公式：

$$\iiint_{\Omega}f(x,y,z)\mathrm{d}x\mathrm{d}y\mathrm{d}z=\iiint_{\Omega'}f(r\cos\theta\sin\varphi,r\sin\theta\sin\varphi,r\cos\varphi)r^2\sin\varphi\mathrm{d}r\mathrm{d}\theta\mathrm{d}\varphi\,.$$

5. **关于三重积分在柱面坐标下的计算**　利用柱面坐标变换将一个直角坐标系下的三重积分 $\iiint\limits_{\Omega}f(x,y,z)\mathrm{d}x\mathrm{d}y\mathrm{d}z$ 转换成柱面坐标系下的三重积分 $\iiint\limits_{\Omega'}f(r\cos\theta,r\sin\theta,z)r\mathrm{d}r\mathrm{d}\theta\mathrm{d}z$ 以后，还要将其转化成三次积分，用定积分的方法来计算. 为此，往往要将积分区域 Ω' 表示成如下的"$r\theta-$型"区域 $\Omega':\begin{cases}\alpha\leqslant\theta\leqslant\beta\\ r_1(\theta)\leqslant r\leqslant r_2(\theta)\\ z_1(r,\theta)\leqslant z\leqslant z_2(r,\theta)\end{cases}$，于是

$$\iiint_{\Omega'}f(r\cos\theta,r\sin\theta,z)r\mathrm{d}r\mathrm{d}\theta\mathrm{d}z=\int_{\alpha}^{\beta}\mathrm{d}\theta\int_{r_1(\theta)}^{r_2(\theta)}r\mathrm{d}r\int_{z_1(r,\theta)}^{z_2(r,\theta)}f(r\cos\theta,r\sin\theta,z)\mathrm{d}z\,.$$

这里，可以使用直角坐标系中的投影法，将积分区域 Ω 投影到 xOy 平面上，并用极坐标系下计算二重积分的方法，确定坐标 r,θ 的上、下限；而坐标 z 的上、下限的确定，与直角坐标系下计算三重积分的投影法中确定 z 坐标上、下限的方法是一样的，只不过要将其中的 $z_1(x,y),z_2(x,y)$ 转化成这里的 $z_1(r,\theta),z_2(r,\theta)$.

若 Ω' 是较为复杂的区域，不能用一个"$r\theta-$型"的区域来表示，则要将 Ω' 分成几个小的"$r\theta-$型"区域，这样三重积分就可以转化成几个如上形式的三次积分之和.

注意：在柱面坐标下，也较少用到其他次序的三次积分.

6. **利用球面坐标计算三重积分**　利用将球面坐标变换将一个直角坐标系下的三重积分 $\iiint\limits_{\Omega}f(x,y,z)\mathrm{d}x\mathrm{d}y\mathrm{d}z$ 转换成球面坐标系下的三重积分

$$\iiint_{\Omega'}f(r\cos\theta\sin\varphi,r\sin\theta\sin\varphi,r\cos\varphi)r^2\sin\varphi\mathrm{d}r\mathrm{d}\theta\mathrm{d}\varphi$$

以后，也要将其转化成三次积分，用定积分的方法来计算. 在利用球面坐标计算比较方便的情况下，坐标 θ,φ 往往是相互独立的，此时积分区域 Ω' 可表示成如下的"$\theta\varphi-$型"区域 $\Omega':\begin{cases}\theta_1\leqslant\theta\leqslant\theta_2\\ \varphi_1\leqslant\varphi\leqslant\varphi_2\\ r_1(\theta,\varphi)\leqslant r\leqslant r_2(\theta,\varphi)\end{cases}$，于是

$$\begin{aligned}&\iiint_{\Omega'}f(r\cos\theta\sin\varphi,r\sin\theta\sin\varphi,r\cos\varphi)r^2\sin\varphi\mathrm{d}r\mathrm{d}\theta\mathrm{d}\varphi\\&=\int_{\alpha}^{\beta}\mathrm{d}\theta\int_{\varphi_1}^{\varphi_2}\sin\varphi\mathrm{d}r\int_{r_1(\theta,\varphi)}^{r_2(\theta,\varphi)}f(r\cos\theta\sin\varphi,r\sin\theta\sin\varphi,r\cos\varphi)r^2\sin\varphi\mathrm{d}r.\end{aligned}$$

这里，坐标 r,θ 的上、下限的确定有点儿像二重积分在极坐标下确定 r,θ 的上、下限的情形，即用过 z 轴的半平面按逆时针方向旋转扫过区域 Ω' 来确定 θ 的限，而用过坐标原点 O 的射线穿过区域 Ω' 来确定 r 的限. 在前一种情况下，半平面初次与 Ω' 的边界曲面相切时，半平面与

x 正半轴所在的过 z 轴的半平面之间的夹角就是 θ_1；半平面扫过 Ω' 并再次与 Ω' 的边界曲面相切时，半平面与 x 正半轴所在的过 z 轴的半平面之间的夹角就是 θ_2. 而在后一种情况下，若 O 在区域 Ω' 之外，则坐标原点 O 出发的射线初次触及的 Ω' 边界曲面为 $r_1(\theta,\varphi)$，射线穿过 Ω' 并再次触及的 Ω' 的边界曲面为 $r_2(\theta,\varphi)$；而当坐标原点 O 在区域 Ω' 内时，积分区域为 $\Omega':\begin{cases}0\leqslant\theta\leqslant 2\pi\\ \varphi_1\leqslant\varphi\leqslant\varphi_2\\ 0\leqslant r\leqslant r(\theta,\varphi)\end{cases}$，此时只要用过坐标原点 O 的射线确定 r 的上限即可；当坐标原点 O 在 Ω' 的边界曲面上时，积分区域为 $\Omega':\begin{cases}\theta_1\leqslant\theta\leqslant\theta_2\\ \varphi_1\leqslant\varphi\leqslant\varphi_2\\ 0\leqslant r\leqslant r(\theta,\varphi)\end{cases}$，除用过坐标原点 O 的射线确定 r 的上限外，往往还要根据 Ω' 边界曲面的切平面来确定 θ 的上、下限.

至于坐标 φ 的上、下限的确定，以上各种情形都是一样的. 即找出两个与 Ω' 边界曲面相切的锥面 $z=\cot\varphi_1\cdot\sqrt{x^2+y^2}$，$z=\cot\varphi_2\cdot\sqrt{x^2+y^2}$ $(0<\varphi_1<\varphi_2<\pi)$，或更简单地找出生成以上两个锥面的母线 $z=\cot\varphi_1\cdot x$，$z=\cot\varphi_2\cdot y$ $(0<\varphi_1<\varphi_2<\pi)$，则 φ_1,φ_2 就是 φ 的上、下限.

特别地，当 z 的正半轴穿过区域 Ω' 时 $\varphi_1=0$，此时只要按以上方法确定上限 φ_2；当 z 的负半轴穿过区域 Ω' 时 $\varphi_2=\pi$，此时只要按以上方法确定下限 φ_1.

若坐标 θ,φ 不相互独立，只要稍加修改，也可以按以上方法确定三次积分限，从略.

注意：在球面坐标下，也较少用到其他次序的三次积分.

7. 关于对称性在三重积分计算中的应用 与定积分和二重积分的情形类似，如果积分区域具有某种对称性，而被积函数也具有相应的奇偶性，则可以用它们来简化三重积分的计算. 归纳如下：

（i）当积分区域 Ω 关于 xOy 平面对称时，若被积函数 $f(x,y,z)$ 是关于变量 z 的奇函数，即对任意一点 $(x,y,z)\in\Omega$，均有 $f(x,y,-z)=-f(x,y,z)$，则 $\iiint\limits_{\Omega}f(x,y,z)\mathrm{d}v=0$；若被积函数 $f(x,y,z)$ 是关于变量 z 的偶函数，即对任意一点 $(x,y,z)\in\Omega$，均有 $f(x,y,-z)=f(x,y,z)$，则

$$\iiint\limits_{\Omega}f(x,y,z)\mathrm{d}V=2\iiint\limits_{\Omega_1}f(x,y,z)\mathrm{d}V,$$

其中 $\Omega_1=\{(x,y,z)\in\Omega,z\geqslant 0\}$.

当积分区域 Ω 关于 yOz 和 zOx 平面对称时，也有类似的结论.

（ii）当积分区域 Ω 关于 yOz 和 zOx 平面都对称时，若被积函数 $f(x,y,z)$ 是关于变量 x,y 的偶函数，即对任意一点 $(x,y,z)\in\Omega$，均有 $f(-x,-y,z)=f(x,y,z)$，则

$$\iiint\limits_{\Omega}f(x,y,z)\mathrm{d}V=4\iiint\limits_{\Omega_1}f(x,y,z)\mathrm{d}V,$$

其中 $\Omega_1=\{(x,y,z)\in\Omega,x\geqslant 0,y\geqslant 0\}$.

（iii）当积分区域 Ω 关于坐标原点对称时，若被积函数 $f(x,y,z)$ 是关于变量 x,y,z 的偶函数，即对任意一点 $(x,y,z)\in\Omega$，均有 $f(-x,-y,-z)=f(x,y,z)$，则

$$\iiint_{\Omega} f(x,y,z)\mathrm{d}V = 8\iiint_{\Omega_1} f(x,y,z)\mathrm{d}V \text{，}$$

其中 $\Omega_1 = \{(x,y,z) \in \Omega, x \geqslant 0, y \geqslant 0, z \geqslant 0\}$.

8. **关于三重积分计算的一般步骤**　三重积分的计算不仅与积分区域有关，而且还与坐标系的选择和三次积分次序的选择有关，因此应根据积分区域和被积函数的特点，选择适当的计算方法. 具体步骤如下：

第一步：画出积分区域的草图，不必十分准确，但至少要能表达出图形中两曲面间的上下、左右和前后的位置关系，重点是区域边界曲面的交线、区域在坐标平面上的投影等.

第二步：选择适当的坐标系，通常包括直角坐标系、柱面坐标系或球面坐标系. 若积分区域的边界曲面是由平面和显式曲面所构成，或被积函数是一元、二元函数之积（之和）的形式或把被积函数看成是某变量的一元函数时容易积出，倾向于使用直角坐标系；若以上多个特点兼具，通常使用直角坐标系. 若积分区域的边界曲面是由平面和柱面所构成或被积函数中 x^2+y^2 的成分占优势，倾向于使用柱面坐标系；若两者兼具，通常使用柱面坐标系. 若积分区域的边界曲面是由平面和球面所构成或被积函数中 $x^2+y^2+z^2$ 的成分占优势，倾向于使用球面坐标系；若两者兼具，通常使用球面坐标系.

第三步：选择适当的积分顺序. 在直角坐标系下，若 Ω 是“$XY-$型”区域或“$YZ-$型”区域或“$ZX-$型”区域，通常使用“先一后二法”. 在每个定积分都可行的情况下，相应地分别可采用先 z、后 y、再 x 或先 z、后 x、再 y 的积分次序，先 x、后 y、再 z 或先 x、后 z、再 y 的积分次序和先 y、后 z、再 x 或先 y、后 x、再 z 的积分次序. 若被积函数 $f(x,y,z)$ 仅是某变量的一元函数，例如 $f(x)$，且平行于 xOy 的平面与区域 Ω 的截面 D_z 的面积 $S(z)$ 容易求出，通常使用“先二后一法”.

在柱面坐标系下，通常使用先 z、后 r、再 θ 的积分次序；而在球面坐标系下，通常使用先 r、后 φ,θ 的积分次序.

第四步：定出积分的上、下限. 根据以上讨论中各种坐标系下确定积分限的方法，将积分区域用一个有关各变量的不等式组给出，并将三重积分转化成三次积分.

例如，在直角坐标系下，若 $\Omega:\begin{cases} a \leqslant x \leqslant b \\ y_1(x) \leqslant y \leqslant y_2(x) \\ z_1(x,y) \leqslant z \leqslant z_2(x,y) \end{cases}$，则

$$\iiint_{\Omega} f(x,y,z)\mathrm{d}v = \int_a^b \mathrm{d}x \int_{y_1(x)}^{y_2(x)} \mathrm{d}y \int_{z_1(x,y)}^{z_2(x,y)} f(x,y,z)\mathrm{d}z \text{.}$$

第五步：计算三次积分. 通常是计算三个具有先后次序的定积分，最初是带两个参变量的变上、下限积分，其被积函数是 $f(x,y,z)$ 或 $f(r\cos\theta, r\sin\theta, z)$ 或 $f(r\cos\theta\sin\varphi, r\sin\theta\sin\varphi, r\cos\varphi)$，但应把其中另外两个变量看成常量；其次是带一个参变量的变上、下限积分，其被积函数是由最初的带两个参变量的变上、下限积分化简得出的，也应把其中另一个变量看成常量；最后才是普通的定积分，其被积函数是上一步带一个参变量的变上、下限积分得出的. 可见，三次积分中的积分次序是重要的，只有当被积函数和积分上、下限与下一个积分变量无关时，才可以同时或先求出下一个积分.

注意：在按以上步骤计算三重积分前，可以根据三重积分的对称性进行化简，在第五步的计算中也可以根据一元函数的对称性进行化简.

9. **关于三重积分积分次序的交换** 交换三重积分的积分次序，其基本步骤与交换二重积分的积分次序一样，可以仿交换二重积分的积分次序的方法进行，从略.

四、例题分析

例 1 计算三重积分 $I=\iiint\limits_{\Omega}\sin(x+y+z)\mathrm{d}x\mathrm{d}y\mathrm{d}z$，其中$\Omega$是由平面 $x+2y+3z=\pi$ 与三坐标面所围成的闭区域.

分析 被积函数与积分区域都比较适合在直角坐标系下求解. 先画出积分区域图，并写出积分区域的表达式，从而将三重积分转化成累次积分计算. 注意：各累次积分实际上就是被积函数和积分上下限均含参变量的定积分，当对某变量求积分时，其余变量均为参变量，视作常量.

解 如图 9-16 所示，Ω在 xOy 面上的投影区域为 $D_{xy}:0\leqslant y\leqslant\dfrac{\pi}{2},\ 0\leqslant x\leqslant\pi-2y$，显然，在 D_{xy} 上 $0\leqslant z\leqslant\dfrac{1}{3}\ (\pi-x-2y)$. 故积分区域可表示成.

$$\Omega:0\leqslant y\leqslant\frac{\pi}{2},0\leqslant x\leqslant\pi-2y,0\leqslant z\leqslant\frac{1}{3}(\pi-x-2y),$$

于是

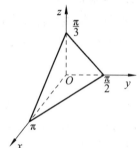

$$\begin{aligned}I&=\int_0^{\frac{\pi}{2}}\mathrm{d}y\int_0^{\pi-2y}\mathrm{d}x\int_0^{\frac{1}{3}(\pi-x-2y)}\sin(x+y+z)\mathrm{d}z\\&=-\int_0^{\frac{\pi}{2}}\mathrm{d}y\int_0^{\pi-2y}\cos(x+y+z)\Big|_{z=0}^{\frac{1}{3}(\pi-x-2y)}\mathrm{d}x\\&=\int_0^{\frac{\pi}{2}}\mathrm{d}y\int_0^{\pi-2y}\left[\cos(x+y)-\cos\left(\frac{2}{3}x+\frac{1}{3}y+\frac{\pi}{3}\right)\right]\mathrm{d}x\\&=\int_0^{\frac{\pi}{2}}\left[\sin(x+y)-\frac{3}{2}\sin\left(\frac{2}{3}x+\frac{1}{3}y+\frac{\pi}{3}\right)\right]_{x=0}^{\pi-2y}\mathrm{d}y\\&=\frac{3}{2}\int_0^{\frac{\pi}{2}}\left[\sin\left(\frac{1}{3}y+\frac{\pi}{3}\right)-\sin y\right]\mathrm{d}y=\frac{3}{2}\left[\cos y-3\cos\left(\frac{1}{3}y+\frac{\pi}{3}\right)\right]_0^{\frac{\pi}{2}}=\frac{3}{4}.\end{aligned}$$

图 9–16

思考 （i）利用 $z\to y\to x$ 顺序计算该积分；（ii）将Ω投影到 yOz 和 zOx 面上计算该积分；（iii）若三重积分为 $I=\iiint\limits_{\Omega}\sin(x-y+z)\mathrm{d}x\mathrm{d}y\mathrm{d}z$ 或 $I=\iiint\limits_{\Omega}\sin(x-2y+3z)\mathrm{d}x\mathrm{d}y\mathrm{d}z$，结果如何？

例 2 计算三重积分 $I=\iiint\limits_{\Omega}(1-z)^3\mathrm{d}x\mathrm{d}y\mathrm{d}z$，其中$\Omega$是椭球体 $\dfrac{x^2}{a^2}+\dfrac{y^2}{b^2}+\dfrac{z^2}{c^2}\leqslant1$.

分析 被积函数为一元函数 $g(z)=(1-z)^3$，若平行于坐标面 xOy 与 Ω 的截面的面积容易求得，则用截面法（即先二后一法）容易将三重积分直接转化成定积分. 注意：利用对称性可简化积分.

解 如图 9-17 所示，记 Ω_1 为Ω在坐标面 xOy 之上的部分，由于Ω关于坐标面 xOy 对称，则

$$I=\iiint\limits_{\Omega}(1-3z+3z^2-z^3)\mathrm{d}x\mathrm{d}y\mathrm{d}z=\iiint\limits_{\Omega}(1+3z^2)\mathrm{d}x\mathrm{d}y\mathrm{d}z=2\iiint\limits_{\Omega_1}(1+3z^2)\mathrm{d}x\mathrm{d}y\mathrm{d}z.$$

由于 Ω_1 在 z 轴上的投影区间为 $0\leqslant z\leqslant c$，且过点 $(0,0,z)$ 且垂直于 z 轴的 Ω_1 的截面为椭圆 $D_z:\dfrac{x^2}{a^2}+\dfrac{y^2}{b^2}\leqslant 1-\dfrac{z^2}{c^2}$，即

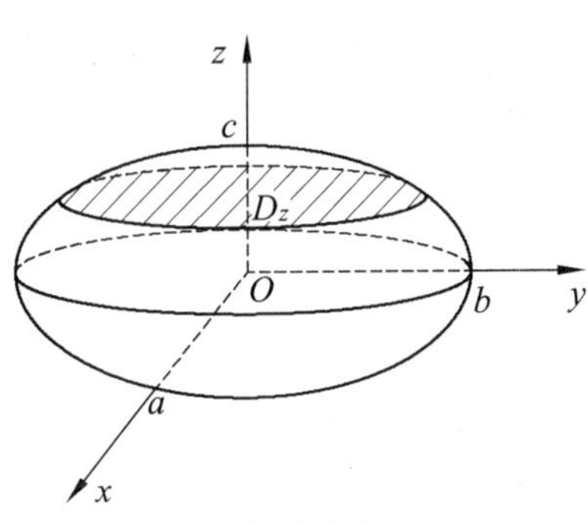

图 9–17

$$D_z:\frac{x^2}{\left(a\sqrt{1-\frac{z^2}{c^2}}\right)^2}+\frac{y^2}{\left(b\sqrt{1-\frac{z^2}{c^2}}\right)^2}\leqslant 1,$$

其面积

$$S(z)=\pi\cdot\left(a\sqrt{1-\frac{z^2}{c^2}}\right)\cdot\left(b\sqrt{1-\frac{z^2}{c^2}}\right)=\pi ab\left(1-\frac{z^2}{c^2}\right),$$

于是

$$I=2\int_0^c(1+3z^2)\mathrm{d}z\iint\limits_{D_z}\mathrm{d}x\mathrm{d}y=2\int_0^c S(z)(1+3z^2)\mathrm{d}z=2\pi ab\int_0^c(1+3z^2)\left(1-\frac{z^2}{c^2}\right)\mathrm{d}z$$

$$=2\pi ab\left[z+\left(1-\frac{1}{3c^2}\right)z^3-\frac{3}{5c^2}z^5\right]_0^c=\frac{4}{15}\pi abc(5+3c^2).$$

思考　（i）若积分为 $I=\iiint\limits_{\Omega}(1-z)^4\mathrm{d}x\mathrm{d}y\mathrm{d}z$，结果如何？$I=\iiint\limits_{\Omega}(1-z)^n\mathrm{d}x\mathrm{d}y\mathrm{d}z\ (n\in\mathbf{N})$ 呢？（ii）若 Ω 是由平面 $x+2y+3z=3$ 与三坐标面所围成的闭区域，以上各题结果如何？（iii）以上各题中哪些也适合用累次积分求解？并写出求解过程.

例 3　计算三重积分 $\iiint\limits_{\Omega}xz\mathrm{d}x\mathrm{d}y\mathrm{d}z$，其中 Ω 是由平面 $z=0,z=y,y=1$ 以及抛物柱面 $y=x^2$ 所围成的闭区域.

分析　被积函数与积分区域都比较适合在直角坐标系下求解. 若空间区域图比较难画，可画出 Ω 在 xOy 面上的投影，再采用几何与代数相结合的方法，确定积分变量 z 的范围，从而用先一后二的方法将三重积分转化成定积分与二重积分.

解　如图 9-18 所示，Ω 在 xOy 面上的投影区域为

$$D_{xy}:\begin{cases}-1\leqslant x\leqslant 1\\ x^2\leqslant y\leqslant 1\end{cases}.$$

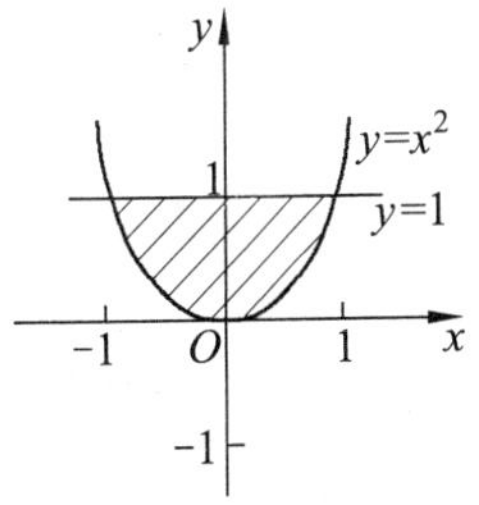

显然，在 D_{xy} 上有 $z=y>0$，于是 $0\leqslant z\leqslant y$. 故用先一后二法并由二重积分的对称性，有

图 9–18

$$\iiint\limits_{\Omega}xz\mathrm{d}x\mathrm{d}y\mathrm{d}z=\iint\limits_{D_{xy}}x\mathrm{d}x\mathrm{d}y\int_0^y z\mathrm{d}z=\frac{1}{2}\iint\limits_{D_{xy}}xy^2\mathrm{d}x\mathrm{d}y=0.$$

思考　(i) 若三重积分为 $\iiint\limits_{\Omega} xz^2\mathrm{d}x\mathrm{d}y\mathrm{d}z$ 或 $\iiint\limits_{\Omega} yz\mathrm{d}x\mathrm{d}y\mathrm{d}z$ 或 $\iiint\limits_{\Omega}(x+y)z\mathrm{d}x\mathrm{d}y\mathrm{d}z$，结果如何？(ii) 若 Ω 是由平面 $z=0, z=-y, y=1$ 或 $z=0, z=y+1, y=1$ 以及抛物柱面 $y=x^2$ 所围成的闭区域，以上各题结果如何？若 Ω 是由平面 $z=0, z=ky+b\ (kb>0), y=1$ 以及抛物柱面 $y=x^2$ 所围成的闭区域呢？(iii) 用累次积分计算以上各题.

例 4　计算三重积分 $\iiint\limits_{\Omega} xy^2z^3\mathrm{d}x\mathrm{d}y\mathrm{d}z$，其中 Ω 是曲面 $z=xy$ 与平面 $z=0, y=x$ 和 $x=1$ 所围成的闭区域.

分析　被积函数与积分区域都比较适合在直角坐标系下求解. 若空间区域图比较难画，可画出 Ω 在 xOy 面上的投影，再采用几何与代数相结合的方法，确定积分变量 z 的范围，从而确定区域 Ω 的表达式，并将三重积分转化成累次积分.

解　如图 9-19 所示，由 $\begin{cases} z=xy \\ z=0 \end{cases} \Rightarrow xy=0$，即 $x=0$ 或 $y=0$，再结合 $y=x, x=1$ 得到 Ω 在 xOy 面上的投影

$$D_{xy}:\begin{cases} 0\leqslant x\leqslant 1 \\ 0\leqslant y\leqslant x \end{cases}.$$

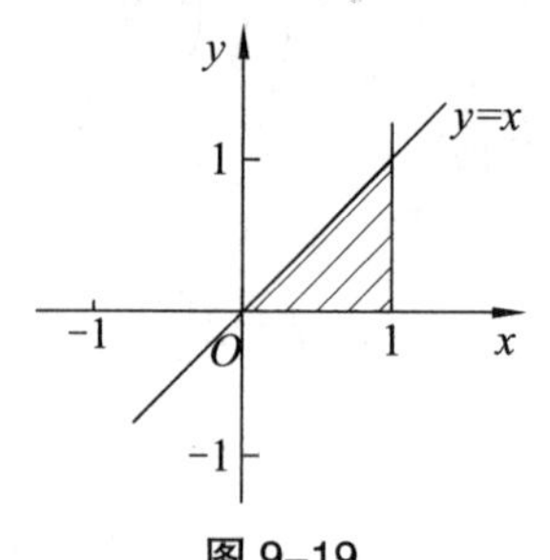

图 9–19

显然，在 Ω 上有 $z=xy>0$，故积分区域可表示成

$$\Omega:\begin{cases} 0\leqslant x\leqslant 1 \\ 0\leqslant y\leqslant x \\ 0\leqslant z\leqslant xy \end{cases}.$$

于是

$$\iiint\limits_{\Omega} xy^2z^3\mathrm{d}x\mathrm{d}y\mathrm{d}z=\int_0^1 x\mathrm{d}x\int_0^x y^2\mathrm{d}y\int_0^{xy} z^3\mathrm{d}z=\frac{1}{4}\int_0^1 x^5\mathrm{d}x\int_0^x y^6\mathrm{d}y=\frac{1}{28}\int_0^1 x^{12}\mathrm{d}x=\frac{1}{364}.$$

思考　(i) 若三重积分为 $\iiint\limits_{\Omega} x^2y^2z^3\mathrm{d}x\mathrm{d}y\mathrm{d}z$ 或 $\iiint\limits_{\Omega} xy^3z^3\mathrm{d}x\mathrm{d}y\mathrm{d}z$ 或 $\iiint\limits_{\Omega} xy^2z^4\mathrm{d}x\mathrm{d}y\mathrm{d}z$，结果如何？$\iiint\limits_{\Omega} x^{\alpha}y^{\beta}z^{\gamma}\mathrm{d}x\mathrm{d}y\mathrm{d}z\ (\alpha>0,\beta>0,\gamma>0)$ 呢？(ii) 若 Ω 是曲面 $z=xy$ 与平面 $z=0, y=x$ 和 $x=-1$ 所围成的闭区域，以上各题结果如何？若 Ω 是曲面 $x=yz$ 与平面 $x=0, y=z$ 和 $z=1$ 所围成的闭区域呢？(iii) 用 $z\to x\to y$ 的次序的累次积分或先二后一的方法计算以上各题.

例 5　将三重积分 $I=\iiint\limits_{\Omega} f(x,y,z)\mathrm{d}x\mathrm{d}y\mathrm{d}z$ 化为直角坐标系下的累次积分，其中 Ω 是由曲面 $z=x^2+2y^2$ 及 $z=2-x^2$ 所围成的闭区域.

分析　积分区域图较难画出，可将 Ω 投影到某坐标面上，为此要求两曲面交线的投影柱面.

解　如图 9-20 所示，方程组

$$\begin{cases} z=x^2+2y^2 \\ z=2-x^2 \end{cases}$$

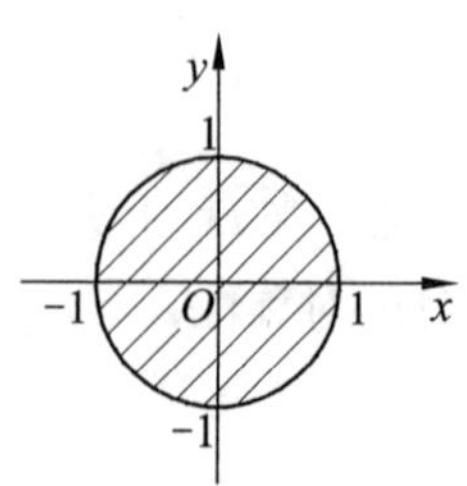

图 9–20

中消除变量 z，得两曲面关于 xOy 的投影柱面 $x^2+y^2=1$，于是积分区域

Ω在 xOy 面上的投影区域为 $D_{xy}: x^2+y^2 \leqslant 1$.

为了在 D_{xy} 内比较 $z_1=x^2+2y^2$ 和 $z_2=2-x^2$ 的大小，可在 D_{xy} 内任取一点，如 $(0,0)\in D_{xy}$，显然有

$$z_1(0,0)=0<z_2(0,0)=2,$$

于是由两曲面的连续性，在 D_{xy} 上恒有 $x^2+2y^2 \leqslant z \leqslant 2-x^2$，于是积分区域可表示成

$$\Omega: -1\leqslant x\leqslant 1, -\sqrt{1-x^2}\leqslant y\leqslant \sqrt{1-x^2}, x^2+2y^2\leqslant z\leqslant 2-x^2,$$

故三重积分在直角坐标系下的累次积分为

$$I=\int_{-1}^{1}\mathrm{d}x\int_{-\sqrt{1-x^2}}^{\sqrt{1-x^2}}\mathrm{d}y\int_{x^2+2y^2}^{2-x^2}f(x,y,z)\mathrm{d}z .$$

思考 （i）可否将积分区域Ω投影到 yOz 或 zOx 面上，求出该三重积分在直角坐标系下的其他顺序的累次积分？（ii）若Ω是由曲面 $z=x^2+2y^2$ 及 $z=3-2x^2-y^2$ 所围成的闭区域，结果如何？

注：利用投影区域内两函数（曲面）在特殊点的大小关系，得出两函数（曲面）的大小关系，是确定积分限的有效方法，这种方法在两函数（曲面）大小关系不明显时尤为重要.

例 6　计算三重积分 $\iiint\limits_{\Omega} z\mathrm{e}^{x^2+y^2}\mathrm{d}x\mathrm{d}y\mathrm{d}z$，其中$\Omega$是锥面 $z=\sqrt{x^2+y^2}$ 和平面 $z=a\ (a>0)$ 所围成的闭区域.

分析　被积函数中有 x^2+y^2，用柱面坐标较易，但也可以视情况应用其他方法求解.

解法 1　直角坐标系下的投影法（先一后二法）　如图 9-21 所示，积分区域Ω在 xOy 面上的投影区域为 $D_{xy}: x^2+y^2\leqslant a^2$；又在此区域上显然有 $\sqrt{x^2+y^2}\leqslant z\leqslant a$，于是

$$\begin{aligned}\iiint\limits_{\Omega} z\mathrm{e}^{x^2+y^2}\mathrm{d}x\mathrm{d}y\mathrm{d}z&=\iint\limits_{D_{xy}}\mathrm{e}^{x^2+y^2}\mathrm{d}x\mathrm{d}y\int_{\sqrt{x^2+y^2}}^{a}z\mathrm{d}z=\frac{1}{2}\iint\limits_{D_{xy}}\mathrm{e}^{x^2+y^2}[a^2-(x^2+y^2)]\mathrm{d}x\mathrm{d}y\\&=\frac{1}{2}\int_0^{2\pi}\mathrm{d}\theta\int_0^a r(a^2-r^2)\mathrm{e}^{r^2}\mathrm{d}r=\pi\int_0^a r(a^2-r^2)\mathrm{e}^{r^2}\mathrm{d}r\\&\xlongequal[\mathrm{d}u=2r\mathrm{d}r]{u=r^2}\frac{\pi}{2}\int_0^{a^2}(a^2-u)\mathrm{e}^u\mathrm{d}u=\frac{\pi}{2}(\mathrm{e}^{a^2}-a^2-1).\end{aligned}$$

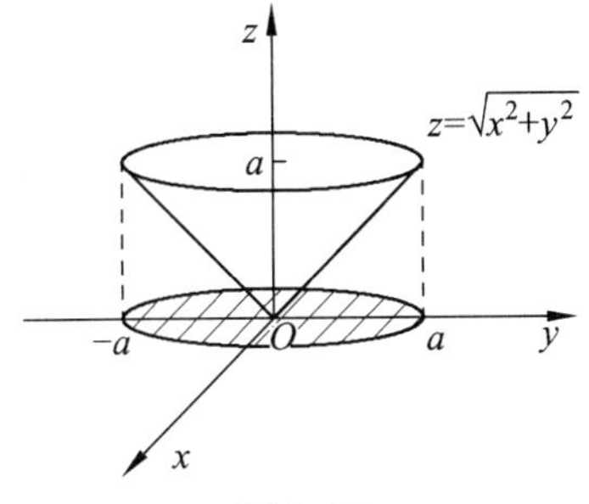

图 9-21

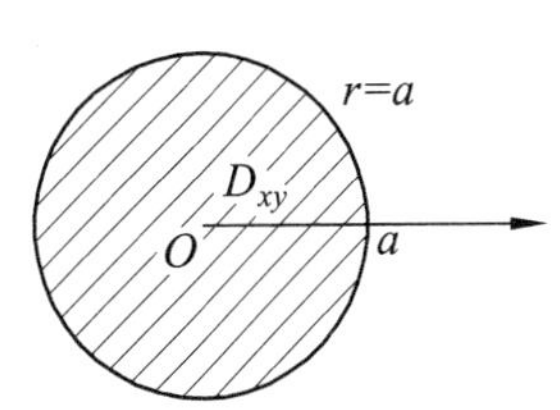

图 9-22

解法 2　柱面坐标系下的投影法（先一后二法）　如图 9-22 所示，积分区域Ω在 xOy 面

上的投影区域为 $D_{xy}:\begin{cases}0\leqslant\theta\leqslant 2\pi\\0\leqslant r\leqslant a\end{cases}$. 又在此区域上显然有 $r\leqslant z\leqslant a$，于是

$$\iiint\limits_{\Omega} z\mathrm{e}^{x^2+y^2}\mathrm{d}x\mathrm{d}y\mathrm{d}z=\iint\limits_{D_{xy}}\mathrm{e}^{r^2}r\mathrm{d}r\mathrm{d}\theta\int_r^a z\mathrm{d}z=\int_0^{2\pi}\mathrm{d}\theta\int_0^a\mathrm{e}^{r^2}\cdot r\mathrm{d}r\int_r^a z\mathrm{d}z$$

$$=\pi\int_0^a r(a^2-r^2)\mathrm{e}^{r^2}\mathrm{d}r\xlongequal[\mathrm{d}u=2r\mathrm{d}r]{u=r^2}\frac{\pi}{2}\int_0^{a^2}(a^2-u)\mathrm{e}^u\mathrm{d}u=\frac{\pi}{2}(\mathrm{e}^{a^2}-a^2-1).$$

解法 3　柱面坐标系下的截面法（先二后一法）　如图 9-23 所示，将Ω 在 z 轴投影区间为 $0\leqslant z\leqslant a$. 在 $[0,a]$ 上任取一点 z，过该点作垂直于 z 的平面截Ω 所得的区域为 $D_z: x^2+y^2\leqslant z^2$，即

$$D_z:\begin{cases}0\leqslant\theta\leqslant 2\pi\\0\leqslant r\leqslant z\end{cases},$$

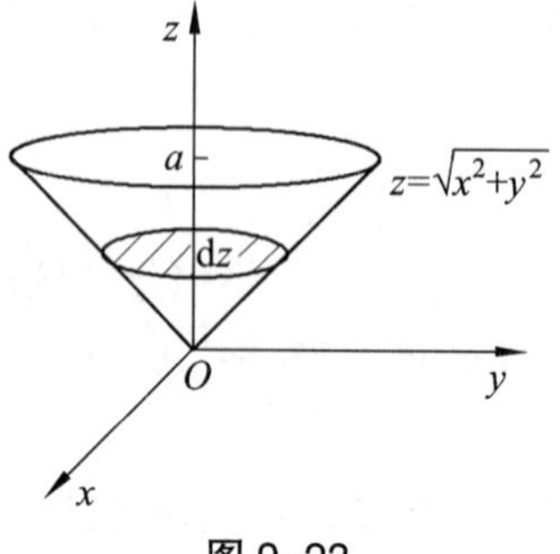

图 9-23

于是

$$\iiint\limits_{\Omega} z\mathrm{e}^{r^2}r\mathrm{d}r\mathrm{d}\theta\mathrm{d}z=\int_0^a z\mathrm{d}z\iint\limits_{D_z}\mathrm{e}^{r^2}r\mathrm{d}r\mathrm{d}\theta$$

$$=\pi\int_0^a z(\mathrm{e}^{z^2}-1)\mathrm{d}z=\frac{\pi}{2}(\mathrm{e}^{a^2}-a^2-1).$$

思考　（i）仔细体会以上三种方法之间的区别与联系. 特别是不强调以上三种方法的差别，利用以上三种方法写出积分区域的表达式，并直接将三重积分化为相应的累次积分，更易体会这种区别与联系；（ii）若三重积分为 $\iiint\limits_{\Omega} z\mathrm{e}^{\sqrt{x^2+y^2}}\mathrm{d}x\mathrm{d}y\mathrm{d}z$ 或 $\iiint\limits_{\Omega} z^2\mathrm{e}^{x^2+y^2}\mathrm{d}x\mathrm{d}y\mathrm{d}z$，结果如何？（iii）若$\Omega$ 是旋转抛物面 $z=x^2+y^2$ 和平面 $z=a\ (a>0)$ 所围成的闭区域，以上各题结果如何？（iv）尝试用球面坐标计算该问题.

例 7　设Ω 是由曲面 $z=4-\sqrt{x^2+y^2}$，平面 $z=1$ 及 $z=3$ 所围成的闭区域，则三重积分 $\iiint\limits_{\Omega} f(x,y,z)\mathrm{d}v$ 可化为柱面坐标系下的三次积分（　　）.

A. $\int_1^3\mathrm{d}z\int_0^{2\pi}\mathrm{d}\theta\int_0^{4-z}f(r\cos\theta,r\sin\theta,z)r\mathrm{d}r$　　B. $\int_1^3\mathrm{d}z\int_0^{2\pi}\mathrm{d}\theta\int_0^{z-4}f(r\cos\theta,r\sin\theta,z)r\mathrm{d}r$

C. $\int_0^{2\pi}\mathrm{d}\theta\int_0^3\mathrm{d}r\int_1^{4-r}f(r\cos\theta,r\sin\theta,z)r\mathrm{d}r$　　D. $\int_0^{2\pi}\mathrm{d}\theta\int_1^3\mathrm{d}r\int_1^{4-r}f(r\cos\theta,r\sin\theta,z)r\mathrm{d}r$

分析　问题的关键是积分区域的表达. 显然，选项 A, B 涉及截面法；C, D 涉及投影法，因此要用这两种方法表示积分区域.

解　Ω 在 xOy 面上的投影应分成两块，即

$$D_1: x^2+y^2\leqslant 1, 1\leqslant z\leqslant 3,\quad D_2: 1\leqslant x^2+y^2\leqslant 3, 1\leqslant z\leqslant 4-\sqrt{x^2+y^2},$$

所以

$$\iiint\limits_{\Omega} f(x,y,z)\mathrm{d}v=\iint\limits_{D_1}\mathrm{d}x\mathrm{d}y\int_1^3 f(x,y,z)\mathrm{d}z+\iint\limits_{D_2}\mathrm{d}x\mathrm{d}y\int_1^{4-\sqrt{x^2+y^2}}f(x,y,z)\mathrm{d}z$$

$$=\int_0^{2\pi}\mathrm{d}\theta\int_0^1 r\mathrm{d}r\int_1^3 f(r\cos\theta,r\sin\theta,z)\mathrm{d}z+\int_0^{2\pi}\mathrm{d}\theta\int_1^{\sqrt{3}}r\mathrm{d}r\int_1^{4-r}f(r\cos\theta,r\sin\theta,z)\mathrm{d}z.$$

此结果没有选项符合，可排除选项 C, D.

又区域在 z 轴上的投影区间为 $1\leqslant z\leqslant 3$，而平行于 xOy 的平面与区域的截面为 $D_z: x^2+y^2\leqslant(4-z)^2$，即 $D_z: 0\leqslant\theta\leqslant 2\pi, 0\leqslant r\leqslant 4-z$，于是积分区域可以表示成 $\Omega: 0\leqslant\theta\leqslant 2\pi$，$0\leqslant r\leqslant 4-z$，$1\leqslant z\leqslant 3$ 故选择 A.

例 8　求三重积分 $\iiint\limits_{\Omega}(x^2+y^2+z)\mathrm{d}v$，其中 Ω 是由曲线 $x^2=2z, y=0$ 绕 z 轴旋转一周而成的曲面与平面 $z=4$ 所围成的立体.

分析　被积函数中出现 x^2+y^2，用柱面坐标系下的投影法，由旋转曲面的定义可知该曲面为旋转抛物面.

解　如图 9-24 所示，旋转抛物面的方程为 $z=\dfrac{x^2+y^2}{2}$. 两方程 $z=\dfrac{x^2+y^2}{2}, z=4$ 联立消去 z 得立体在坐标面 xOy 上的投影对区域 $D_{xy}: x^2+y^2\leqslant 8$. 又在此区域上显然有 $\dfrac{x^2+y^2}{2}\leqslant z\leqslant 4$，于是积分区域在柱坐标系下可表示成

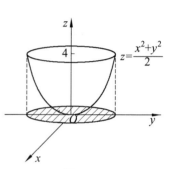

$$\Omega: 0\leqslant\theta\leqslant 2\pi,\quad 0\leqslant r\leqslant 2\sqrt{2},\quad \frac{r^2}{2}\leqslant z\leqslant 4,$$

图 9-24

故

$$\text{原式}=\int_0^{2\pi}\mathrm{d}\theta\int_0^{2\sqrt{2}} r\mathrm{d}r\int_{\frac{r^2}{2}}^{4}(r^2+z)\mathrm{d}z=2\pi\int_0^{2\sqrt{2}}\left[r^3\left(4-\frac{r^2}{2}\right)+r\left(8-\frac{r^4}{8}\right)\right]\mathrm{d}r=\frac{256}{3}\pi.$$

思考（i）若三重积分为 $\iiint\limits_{\Omega}(2x^2+z)\mathrm{d}v$ 或 $\iiint\limits_{\Omega}(x^2+z)\mathrm{d}v$，结果如何？能用对称性简化计算吗？若为 $\iiint\limits_{\Omega}(\sqrt{x^2+y^2}+z)\mathrm{d}v$ 呢？（ii）若用球面坐标计算以上问题，应将积分区域分成几部分？具体计算其中一个看看.

例 9　计算三重积分 $\iiint\limits_{\Omega}(x+z)\mathrm{d}v$，其中 Ω 是由曲面 $z=\sqrt{x^2+y^2}$ 与 $z=\sqrt{1-x^2-y^2}$ 所围的区域.

分析　积分区域由锥面与球面构成，适合用柱面坐标和球面坐标计算，但球面坐标更好. 注意：利用 Ω 的对称性可简化计算.

解法 1　柱面坐标系下的投影法　如图 9-25 所示，由于 Ω 关于坐标面 yOz 对称，且被积函数中的第一项为 x 的奇函数，所以

$$\iiint\limits_{\Omega}(x+z)\mathrm{d}v=\iiint\limits_{\Omega}x\mathrm{d}v+\iiint\limits_{\Omega}z\mathrm{d}v=\iiint\limits_{\Omega}z\mathrm{d}v.$$

在方程组 $\begin{cases} z=\sqrt{x^2+y^2} \\ z=\sqrt{1-x^2+y^2} \end{cases}$ 中消除 z 得立体在坐标面 xOy 上的投影

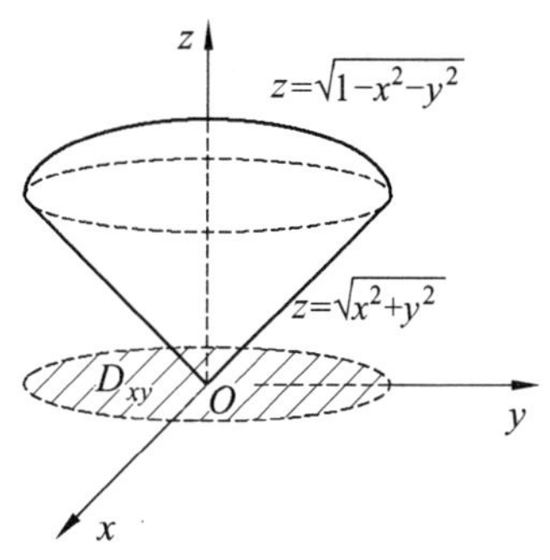

图 9-25

区域 $D_{xy}: x^2+y^2\leqslant\dfrac{1}{2}$．又在此区域上显然有 $\sqrt{x^2+y^2}\leqslant\ \ z\leqslant\sqrt{1-z^2-y^2}$，于是积分区域在柱面坐标系下可表示成

$$\Omega: 0\leqslant\theta\leqslant 2\pi，\ 0\leqslant r\leqslant\frac{\sqrt{2}}{2}，\ r\leqslant z\leqslant\sqrt{1-r^2}，$$

故
$$\iiint_\Omega (x+z)\mathrm{d}v=\int_0^{2\pi}\mathrm{d}\theta\int_0^{\frac{\sqrt{2}}{2}} r\mathrm{d}r\int_r^{\sqrt{1-r^2}} z\mathrm{d}z=\pi\int_0^{\frac{\sqrt{2}}{2}} r(1-r^2-r^2)\mathrm{d}r=\frac{\pi}{8}.$$

思考 1 （i）若用柱面坐标系下的截面法计算，应将积分区域 Ω 分成几部分？用该方法计算看看；（ii）若三重积分为 $\iiint_\Omega (y+z)\mathrm{d}v$ 或 $\iiint_\Omega (x+y+z)\mathrm{d}v$，结果如何？若为 $\iiint_\Omega (x^2+z)\mathrm{d}v$ 呢？

解法 2 球面坐标法 积分区域在球面坐标系下可表示成

$$\Omega: 0\leqslant\theta\leqslant 2\pi,\ 0\leqslant\varphi\leqslant\frac{\pi}{4},\ 0\leqslant r\leqslant 1$$

于是
$$\iiint_\Omega (x+z)\mathrm{d}v=0+\iiint_\Omega z\mathrm{d}v=\int_0^{2\pi}\mathrm{d}\theta\int_0^{\frac{\pi}{4}}\sin\varphi\mathrm{d}\varphi\int_0^1 r\cos\varphi\cdot r^2\mathrm{d}r$$
$$=2\pi\cdot\frac{1}{4}\int_0^{\frac{\pi}{4}}\sin\varphi\cos\varphi\cdot\mathrm{d}\varphi=\frac{\pi}{8}.$$

思考 2 （i）若三重积分为 $\iiint_\Omega (x^2+y^2+z)\mathrm{d}v$，结果如何？此时球面坐标是否仍比柱面坐标容易？（ii）若 Ω 是由曲面 $z=x^2+y^2$ 与 $z=\sqrt{1-x^2-y^2}$ 所围成的区域，以上各题结果如何？是否仍然更适合用球面坐标计算？

例 10 计算三重积分 $\iiint_\Omega xyz\mathrm{d}x\mathrm{d}y\mathrm{d}z$，其中 Ω 是球面 $x^2+y^2+z^2=4$ 所围区域的第一卦限部分.

分析 Ω 是球体的一部分，用球面坐标计算较易，但也可以用柱面坐标求解.

解法 1 球面坐标法 积分区域为 Ω：Ω：$0\leqslant\theta\leqslant\dfrac{\pi}{2}, 0\leqslant\varphi\leqslant\dfrac{\pi}{2}, 0\leqslant r\leqslant 2$，于是

$$\text{原式}=\int_0^{\frac{\pi}{2}}\mathrm{d}\theta\int_0^{\frac{\pi}{2}}\sin\varphi\mathrm{d}\varphi\int_0^2 r\sin\varphi\cos\theta\cdot r\sin\varphi\sin\theta\cdot r\cos\varphi\cdot r^2\mathrm{d}r$$
$$=\int_0^{\frac{\pi}{2}}\sin\theta\cos\theta\mathrm{d}\theta\int_0^{\frac{\pi}{2}}\sin^3\varphi\cos\varphi\mathrm{d}\varphi\int_0^2 r^5\mathrm{d}r=\frac{4}{3}.$$

解法 2 柱面坐标下的投影法 由于 Ω 在 xOy 面上的投影区域为 $D_{xy}: x^2+y^2\leqslant 4$，即 $D_{xy}: 0\leqslant\theta\leqslant\dfrac{\pi}{2}, 0\leqslant r\leqslant 2$，又在 D_{xy} 有 $0\leqslant z\leqslant\sqrt{4-x^2-y^2}$，即 $0\leqslant z\leqslant\sqrt{4-r^2}$，于是积分区域可表示成 Ω：$0\leqslant\theta\leqslant\dfrac{\pi}{2}, 0\leqslant r\leqslant 2$，$0\leqslant z\leqslant\sqrt{4-r^2}$，故

$$\text{原式}=\int_0^{\frac{\pi}{2}}\cos\theta\sin\theta\mathrm{d}\theta\int_0^2 r^3\mathrm{d}r\int_0^{\sqrt{4-r^2}} z\mathrm{d}z=\frac{1}{4}\int_0^2 r^3(4-r^2)\mathrm{d}r=\frac{4}{3}.$$

思考 （i）若三种积分为 $\iiint_\Omega xy^2z^3\mathrm{d}x\mathrm{d}y\mathrm{d}z$，结果如何？$\iiint_\Omega x^m y^n z^l\mathrm{d}x\mathrm{d}y\mathrm{d}z\ (m,n,l\in\mathbf{N})$ 呢？

（ii）Ω是上半球体 $x^2+y^2+z^2\leqslant 4\,(z\geqslant 0)$，以上各题的结果如何？$\Omega$是任意半个球体呢？（iii）尝试用直角坐标计算该题.

例 11　计算三重积分 $\iiint\limits_{\Omega}(x^2+y^2+z^2)\mathrm{d}x\mathrm{d}y\mathrm{d}z$，其中$\Omega$由 $x^2+y^2+z^2=z$ 所围成.

分析　被积函数中出现 $x^2+y^2+z^2$，而Ω又是一个球体，宜用球面坐标计算.

解　Ω是一个球心在 z 轴 $\dfrac{1}{2}$ 处，半径为 $\dfrac{1}{2}$ 的球体，方程为 $x^2+y^2+\left(z-\dfrac{1}{2}\right)^2\leqslant\dfrac{1}{4}$，利用球面坐标公式，可化为 $0\leqslant r\leqslant\cos\varphi$，所以 Ω：$0\leqslant\theta\leqslant 2\pi, 0\leqslant\varphi\leqslant\dfrac{\pi}{2}, 0\leqslant r\leqslant\cos\varphi$，则

$$\iiint\limits_{\Omega}(x^2+y^2+z^2)\mathrm{d}x\mathrm{d}y\mathrm{d}z=\int_0^{2\pi}\mathrm{d}\theta\int_0^{\frac{\pi}{2}}\sin\varphi\mathrm{d}\varphi\int_0^{\cos\varphi}r^4\mathrm{d}r=\frac{2\pi}{5}\int_0^{\frac{\pi}{2}}\sin\varphi\cdot\cos^5\varphi\mathrm{d}\varphi=\frac{\pi}{15}.$$

思考　（i）若三重积分为 $\iiint\limits_{\Omega}(2x^2+z^2)\mathrm{d}x\mathrm{d}y\mathrm{d}z$，其结果是否与以上结果相同？$\iiint\limits_{\Omega}(x^2+2z^2)\mathrm{d}x\mathrm{d}y\mathrm{d}z$ 呢？为什么？（ii）Ω由 $x^2+y^2+z^2=2z$ 所围成，以上各题如何？

注：此处经常误作：$\iiint\limits_{\Omega}(x^2+y^2+z^2)\mathrm{d}x\mathrm{d}y\mathrm{d}z=\iiint\limits_{\Omega}z\mathrm{d}v$，出现这样错误的原因在于混淆了$\Omega$的方程和它的边界方程：$\Omega$的方程为 $x^2+y^2+\left(z-\dfrac{1}{2}\right)^2\leqslant\dfrac{1}{4}$，而它的边界是球面方程：$x^2+y^2+\left(z-\dfrac{1}{2}\right)^2=\dfrac{1}{4}$，这是根本的区别，在重积分中不能变量代换.

例 12　计算三重积分 $I=\iiint\limits_{\Omega}(2x^2+z^2+3x+2y+1)\mathrm{d}x\mathrm{d}y\mathrm{d}z$，其中$\Omega$是上半球体 $x^2+y^2+z^2\leqslant 1\,(z\geqslant 0)$.

分析　尽管被积函数中没有 $x^2+y^2+z^2$，但由于Ω是一半球体，也宜用球面坐标计算. 注意：利用对称性可简化计算.

解　Ω关于左边面 xOz，yOz 对称，故

$$\iiint\limits_{\Omega}2x^2\mathrm{d}x\mathrm{d}y\mathrm{d}z=\iiint\limits_{\Omega}(x^2+y^2)\mathrm{d}x\mathrm{d}y\mathrm{d}z,\quad\iiint\limits_{\Omega}(3x+2y)\mathrm{d}x\mathrm{d}y\mathrm{d}z=0,$$

于是

$$I=\iiint\limits_{\Omega}(x^2+y^2+z^2+1)\mathrm{d}x\mathrm{d}y\mathrm{d}z=\iiint\limits_{\Omega}(x^2+y^2+z^2)\mathrm{d}x\mathrm{d}y\mathrm{d}z+\iiint\limits_{\Omega}\mathrm{d}x\mathrm{d}y\mathrm{d}z.$$

由于Ω：$0\leqslant\theta\leqslant 2\pi, 0\leqslant\varphi\leqslant\dfrac{\pi}{2}, 0\leqslant r\leqslant 1$，所以

$$I=\int_0^{2\pi}\mathrm{d}\theta\int_0^{\frac{\pi}{2}}\sin\varphi\mathrm{d}\varphi\int_0^1 r^4\mathrm{d}r+\frac{2}{3}\pi=2\pi\cdot(-\cos\varphi)\Big|_0^{\frac{\pi}{2}}\cdot\frac{1}{5}r^5\Big|_0^1+\frac{2}{3}\pi=\frac{16}{15}\pi.$$

思考　（i）不用二次函数积分的对称性，计算该积分；（ii）若三重积分为

$I=\iiint\limits_{\Omega}(3x^2+z^2+3x+2y+1)\mathrm{d}x\mathrm{d}y\mathrm{d}z$ 或 $I=\iiint\limits_{\Omega}(2x^2-z^2+3x+2y+1)\mathrm{d}x\mathrm{d}y\mathrm{d}z$，结果如何？（iii）$\Omega$是八分之一球体 $x^2+y^2+z^2\leqslant 1\,(x\geqslant 0,y\geqslant 0,z\geqslant 0)$，以上各题结果如何？（iv）用柱坐标计算以上各题.

例 13 计算累次积分 $I=\int_{-1}^{1}\mathrm{d}x\int_{0}^{\sqrt{1-x^2}}\mathrm{d}y\int_{1}^{1+\sqrt{1-x^2-y^2}}\dfrac{\mathrm{d}z}{\sqrt{x^2+y^2+z^2}}$.

分析 直接计算比较困难，根据被积函数和积分限，应将其转化为球面坐标系的累次积分计算. 为此，应先根据积分限写出区域的表达式，并据此画出积分区域的图形，再求出积分区域在球面坐标系下的表达式，进而化成相应的累次积分计算.

解 积分区域为

$$\Omega:-1\leqslant x\leqslant 1,0\leqslant y\leqslant\sqrt{1-x^2},1\leqslant z\leqslant 1+\sqrt{1-x^2-y^2},$$

由

$$z=1+\sqrt{1-x^2-y^2}\Rightarrow x^2+y^2+(z-1)^2=1,$$

可见，积分区域是球面 $x^2+y^2+(z-1)^2=1$ 在平面 $z=1$ 之上的部分（见图 9-26）.

此区域在球面坐标下的表达式为

$$\Omega:0\leqslant\theta\leqslant 2\pi,0\leqslant\varphi\leqslant\frac{\pi}{4},\frac{1}{\cos\varphi}\leqslant r\leqslant 2\cos\varphi,$$

图 9-26

故

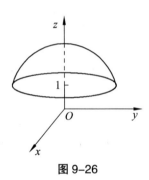

$$\begin{aligned}I&=\int_0^{2\pi}\mathrm{d}\theta\int_0^{\frac{\pi}{4}}\sin\varphi\mathrm{d}\varphi\int_{\frac{1}{\cos\varphi}}^{2\cos\varphi}\frac{1}{r}\cdot r^2\mathrm{d}r\\&=2\pi\cdot\frac{1}{2}\int_0^{\frac{\pi}{4}}\sin\varphi\left(4\cos^2\varphi-\frac{1}{\cos^2\varphi}\right)\mathrm{d}\varphi\\&=-\pi\int_0^{\frac{\pi}{4}}\left(4\cos^2\varphi-\frac{1}{\cos^2\varphi}\right)\mathrm{d}(\cos\varphi)\\&=-\pi\left[\frac{4}{3}\cos^3\varphi+\frac{1}{\cos\varphi}\right]_0^{\frac{\pi}{4}}=\frac{1}{3}(7-4\sqrt{2})\pi\end{aligned}$$

思考 若累次积分为 $I=\int_0^1\mathrm{d}x\int_0^{\sqrt{1-x^2}}\mathrm{d}y\int_1^{1+\sqrt{1-x^2-y^2}}\dfrac{\mathrm{d}z}{\sqrt{x^2+y^2+z^2}}$，结果如何？若为 $I=\int_{-1}^1\mathrm{d}x\int_0^{\sqrt{1-x^2}}\mathrm{d}y\int_0^{1-\sqrt{1-x^2-y^2}}\dfrac{\mathrm{d}z}{\sqrt{x^2+y^2+z^2}}$ 或 $I=\int_{-1}^1\mathrm{d}x\int_0^{\sqrt{1-x^2}}\mathrm{d}y\int_1^{1+\sqrt{1-x^2-y^2}}\dfrac{\mathrm{d}z}{\sqrt{(x^2+y^2+z^2)^3}}$ 呢？

例 14 设 Ω 是球体：$x^2+y^2+z^2\leqslant t^2$，函数 $f(x,y,z)$ 是可微分的，

$$F(t)=\iiint\limits_{\Omega}f(x^2+y^2+z^2)\mathrm{d}x\mathrm{d}y\mathrm{d}z,$$

求 $F''(t)$.

分析 被积函数中出现 $x^2+y^2+z^2$，而 Ω 又是球体，显然要将三重积分用球面坐标计算出来，再求导.

解 用球面坐标，则

$$F(t)=\int_0^{2\pi}\mathrm{d}\theta\int_0^{\pi}\sin\varphi\mathrm{d}\varphi\int_0^t f(r^2)r^2\mathrm{d}r=4\pi\int_0^t f(r^2)r^2\mathrm{d}r\ ,$$

由积分上限函数的求导公式得

$$F'(t)=4\pi t^2 f(t^2)\Rightarrow F''(t)=8\pi tf(t^2)+8\pi t^3 f'(t^2)=8\pi t[f(t^2)+t^2 f'(t^2)].$$

思 考　（ⅰ）若 $F(t)=\iiint\limits_{\Omega} f(\sqrt{x^2+y^2+z^2})\mathrm{d}x\mathrm{d}y\mathrm{d}z$ ，结果如何？（ⅱ）若 Ω 是球体：$x^2+y^2+(z-t)^2\leqslant t^2$ 或 $x^2+(y-t)^2+z^2\leqslant t^2$ ，以上各题结果如何？

注：对积分求导通常要将积分表示成一个具体的函数或化成一个积分上限函数.

例 15　求两个球体 $x^2+y^2+z^2\leqslant a^2$ 与 $x^2+y^2+z^2\leqslant 2az$ 的公共部分的体积.

分析　利用性质 $V=\iiint\limits_{\Omega}1\cdot\mathrm{d}v$ 即可.

解法 1　直角坐标系下的投影法　在方程组 $\begin{cases}x^2+y^2+z^2=a^2\\ x^2+y^2+z^2=2az\end{cases}$ 中消除变量 z ，得该立体关于坐标面 xOy 的投影柱面 $x^2+y^2=\dfrac{3}{4}a^2$ ，故其在 xOy 面上的投影区域为 $D_{xy}:x^2+y^2\leqslant\dfrac{3}{4}a^2$ ，

即
$$D_{xy}:0\leqslant\theta\leqslant 2\pi,\ \ 0\leqslant r\leqslant\frac{\sqrt{3}}{2}a\ .$$

在 D_{xy} 内部取一点 $(0,0)$ ，分别代入两球面方程

$$x^2+y^2+z^2=a^2\Rightarrow z_1(0,0)=\pm a\text{（负不合，舍去）}$$

和
$$x^2+y^2+z^2=2az\Rightarrow z_2(0,0)=0\text{ 或 }z_2(0,0)=2a\text{（不合，舍去）},$$

所以

$$z_2(0,0)\leqslant z_1(0,0)\Rightarrow z_2(x,y)\leqslant z_1(x,y)\Rightarrow a-\sqrt{a^2-x^2-y^2}\leqslant z\leqslant\sqrt{a^2-x^2-y^2}\ .$$

故
$$V=\iiint\limits_{\Omega}\mathrm{d}v=\iint\limits_{D_{xy}}\mathrm{d}x\mathrm{d}y\int_{a-\sqrt{a^2-x^2-y^2}}^{\sqrt{a^2-x^2-y^2}}\mathrm{d}z=\iint\limits_{D_{xy}}(2\sqrt{a^2-x^2-y^2}-a)\mathrm{d}x\mathrm{d}y$$
$$=2\int_0^{2\pi}\mathrm{d}\theta\int_0^{\frac{\sqrt{3}}{2}a}\sqrt{a^2-r^2}\cdot r\mathrm{d}r-\frac{3}{4}\pi a^3=\frac{5}{12}\pi a^3.$$

思考 1　（ⅰ）若求球体 $x^2+y^2+z^2\leqslant 2az$ 位于球体 $x^2+y^2+z^2\leqslant a^2$ 之上部分的体积，结果如何？（ⅱ）若欲使两个球体 $x^2+y^2+z^2\leqslant ka^2\ (k>0)$ 与 $x^2+y^2+z^2\leqslant 2az$ 的公共部分的体积为 $\dfrac{1}{2}\pi a^3$ 或 $\dfrac{3}{4}\pi a^3$ ，k 分别为多少？（ⅲ）用柱面坐标系下的投影法写出以上各题的解答.

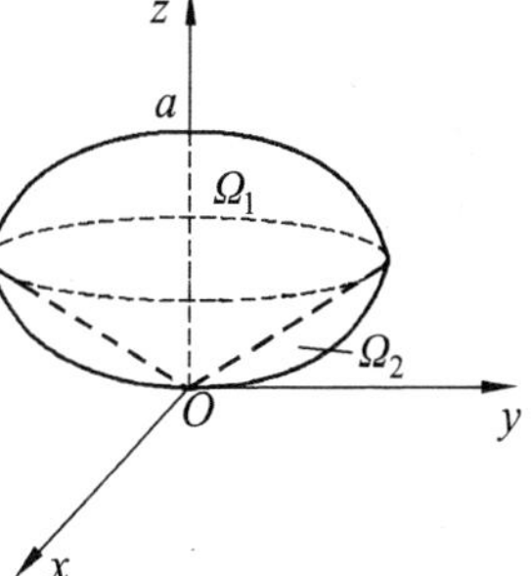

图 9-27

解法 2　球面坐标法　如图 9-27 所示，显然应将该区域分成 Ω_1,Ω_2 两部分，其中 Ω_1,Ω_2 分别为锥面 $z=\sqrt{\dfrac{x^2+y^2}{3}}$ 之上和之下的部分. 于是两部分在球坐标系下的表达式分别为

$$\Omega_1: 0 \leqslant \theta \leqslant 2\pi,\ 0 \leqslant \varphi \leqslant \frac{\pi}{3},\ 0 \leqslant r \leqslant a\ ;$$

$$\Omega_2: 0 \leqslant \theta \leqslant 2\pi, \frac{\pi}{3} \leqslant \varphi \leqslant \frac{\pi}{2}, 0 \leqslant r \leqslant 2a\cos\varphi\ ,$$

故所求体积

$$V = \iiint\limits_{\Omega} \mathrm{d}v = \iiint\limits_{\Omega_1} \mathrm{d}v + \iiint\limits_{\Omega_2} \mathrm{d}v$$

$$= \int_0^{2\pi} \mathrm{d}\theta \int_0^{\frac{\pi}{3}} \sin\varphi \mathrm{d}\varphi \int_0^a r^2 \mathrm{d}r + \int_0^{2\pi} \mathrm{d}\theta \int_{\frac{\pi}{3}}^{\frac{\pi}{2}} \sin\varphi \mathrm{d}\varphi \int_0^{2a\cos\varphi} r^2 \mathrm{d}r = \frac{5}{12}\pi a^3.$$

思考 2　若将该区域分成平面 $z = \frac{1}{2}a$ 之下和之上的两部分 Ω_1, Ω_2，分别用球面坐标和柱面坐标系下的投影法求解该题.

例 16　求曲面 $(x^2 + y^2 + z^2)^2 = a^2 x$ 所围立体的体积

分析　观察曲面方程，建立三重积分.

解　球面坐标系下，曲面方程 $r = \sqrt[3]{a^2 \sin\varphi \cos\theta}$. 又 $x \geqslant 0$ ，而 y, z 仅含平方项，故所求体积为第一卦限部分体积的四倍，因此

$$V = \iiint\limits_{\Omega} \mathrm{d}v = 4\int_0^{\frac{\pi}{2}} \mathrm{d}\theta \int_0^{\frac{\pi}{2}} \sin\varphi \mathrm{d}\varphi \int_0^{\sqrt[3]{a^2 \sin\varphi\cos\theta}} r^2 \mathrm{d}r$$

$$= 4\int_0^{\frac{\pi}{2}} \mathrm{d}\theta \int_0^{\frac{\pi}{2}} \sin\varphi \frac{a^2 \sin\varphi \cos\theta}{3} \mathrm{d}\varphi = \frac{4}{3}a^2 \int_0^{\frac{\pi}{2}} \cos\theta \mathrm{d}\theta \int_0^{\frac{\pi}{2}} \sin^2\varphi \mathrm{d}\varphi = \frac{1}{3}\pi a^2.$$

思考　若曲面为 $(x^2 + y^2 + z^2)^2 = a^2(x + y)$ 或 $(x^2 + y^2 + z^2)^2 = a^2(x + y + z)$，结果如何?

注：当立体图形不好画时，可根据方程特点判断图形应具有的一些性质，如对称性.

例 17　设有一半径为 R 的球体，P_0 是此球体表面上的一个定点，球体上任意一点的密度与该点到 P_0 距离的平方成正比（比例常数为 $k > 0$ ），求球体重心的位置.

分析　要求球体重心的坐标，先应建立适当的坐标系，并求出球面的方程；再根据重心公式求出重心的坐标. 注意：在不同的坐标系下，重心的坐标也有所不同.

解　如图 9-28 所示，以球心为坐标原点 O ，射线 OP_0 为 z 轴的正方向建立直角坐标系，则点 P_0 的坐标为 $(0,0,R)$ ，球面的方程为 $x^2 + y^2 + z^2 = R^2$ ，球体上任意一点 (x,y,z) 的密度为 $\rho = k[x^2 + y^2 + (z - R)^2]$.

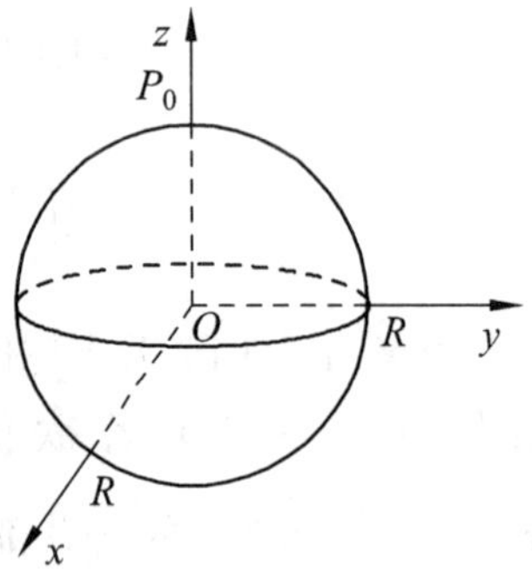

图 9-28

记该球体为 Ω ，其重心的坐标为 $(\overline{x}, \overline{y}, \overline{z})$ ，则由对称性可得 $\overline{x} = \overline{y} = 0$. 又由重心公式有

$$\overline{z} = \frac{\iiint\limits_{\Omega} \rho z \mathrm{d}x\mathrm{d}y\mathrm{d}z}{\iiint\limits_{\Omega} \rho \mathrm{d}x\mathrm{d}y\mathrm{d}z} = \frac{\iiint\limits_{\Omega} z[x^2 + y^2 + (z - R)^2]\mathrm{d}x\mathrm{d}y\mathrm{d}z}{\iiint\limits_{\Omega} [x^2 + y^2 + (z - R)^2]\mathrm{d}x\mathrm{d}y\mathrm{d}z}.$$

而由对称性及球面坐标可得

$$\iiint_{\Omega}[x^2+y^2+(z-R)^2]\mathrm{d}x\mathrm{d}y\mathrm{d}z=\iiint_{\Omega}(x^2+y^2+z^2)\mathrm{d}x\mathrm{d}y\mathrm{d}z+R^2\iiint_{\Omega}\mathrm{d}x\mathrm{d}y\mathrm{d}z$$
$$=\int_0^{2\pi}\mathrm{d}\theta\int_0^{\pi}\sin\varphi\mathrm{d}\varphi\int_0^R r^2\cdot r^2\mathrm{d}r+R^2\cdot\frac{4}{3}\pi R^3$$
$$=\frac{4}{5}\pi R^5+\frac{4}{3}\pi R^5=\frac{32}{15}\pi R^5,$$

$$\iiint_{\Omega}z[x^2+y^2+(z-R)^2]\mathrm{d}x\mathrm{d}y\mathrm{d}z=-2R\iiint_{\Omega}z^2\mathrm{d}x\mathrm{d}y\mathrm{d}z=-\frac{2}{3}R\iiint_{\Omega}(x^2+y^2+z^2)\mathrm{d}x\mathrm{d}y\mathrm{d}z$$
$$=-\frac{2}{3}R\cdot\frac{4}{5}\pi R^5=-\frac{8}{15}\pi R^6,$$

故 $\bar{z}=-\frac{1}{4}R$. 于是，球体重心的坐标为 $\left(0,0,-\frac{1}{4}R\right)$.

思考　若以球心为坐标原点 O，射线 OP_0 为 x 轴的正方向建立直角坐标系，结果如何？以定点 P_0 为坐标原点 O，P_0 至球心 O' 的射线 P_0O' 为 z 轴的正方向建立直角坐标系呢？

例 18　设球体上任意一点的密度与该点到球心的距离成正比（比例常数为 $k>0$），求该球体关于任一直径及球心旋转的转动惯量.

分析　先应建立适当的坐标系，并求出球面方程；再根据转动惯量的公式求解. 注意：转动惯量不因坐标系的不同而不同.

解　记该球体为 Ω，以球心为坐标原点 O 建立直角坐标系，则球面的方程为 $x^2+y^2+z^2=R^2$，球体上任意一点 (x,y,z) 的密度为 $\rho=k\sqrt{x^2+y^2+z^2}$. 于是球体关于任一直径旋转的转动惯量等于该球体关于任一坐标轴旋转的转动惯量，即

$$I_z=\iiint_{\Omega}\rho\cdot(x^2+y^2)\mathrm{d}x\mathrm{d}y\mathrm{d}z=k\iiint_{\Omega}\sqrt{x^2+y^2+z^2}(x^2+y^2)\mathrm{d}x\mathrm{d}y\mathrm{d}z$$
$$=k\int_0^{2\pi}\mathrm{d}\theta\int_0^{\pi}\sin\varphi\mathrm{d}\varphi\int_0^R r^3\sin^2\varphi\cdot r^2\mathrm{d}r=\frac{4}{9}k\pi R^6,$$

$$I_O=\iiint_{\Omega}\rho\cdot(x^2+y^2+z^2)\mathrm{d}x\mathrm{d}y\mathrm{d}z=k\iiint_{\Omega}\sqrt{x^2+y^2+z^2}(x^2+y^2+z^2)\mathrm{d}x\mathrm{d}y\mathrm{d}z$$
$$=k\int_0^{2\pi}\mathrm{d}\theta\int_0^{\pi}\sin\varphi\mathrm{d}\varphi\int_0^R r^3\cdot r^2\mathrm{d}r=\frac{2}{3}k\pi R^6.$$

思考　（i）利用 I_x 求该球体关于任一直径旋转的转动惯量，并与以上方法做比较，哪种方法容易？（ii）若球体上任意一点的密度与该点到球心距离的平方成正比（比例常数为 $k>0$），结果如何？

例 19　设 $f(x)$ 具有连续导数，且 $f(0)=0$，试求：

$$\lim_{t\to 0}\frac{1}{\pi t^4}\cdot\iiint_{x^2+y^2+z^2\leqslant t^2}f(\sqrt{x^2+y^2+z^2})\mathrm{d}v.$$

解 原式 $=\lim\limits_{t\to0}\dfrac{1}{\pi t^4}\int_0^{2\pi}\mathrm{d}\theta\int_0^{\pi}\sin\varphi\mathrm{d}\varphi\int_0^t f(r)r^2\mathrm{d}r$

$$=\lim_{t\to0}\frac{1}{\pi t^4}\cdot2\pi[-\cos\varphi]_0^{\pi}\int_0^t f(r)r^2\mathrm{d}r=\lim_{t\to0}\frac{4}{t^4}\cdot\int_0^t f(r)r^2\mathrm{d}r$$

$$=\lim_{t\to0}\frac{4f(t)t^2}{4t^3}=\lim_{t\to0}\frac{f(t)}{t}=\lim_{t\to0}\frac{f(t)-f(0)}{t}=f'(0).$$

思考 （i）若求极限 $\lim\limits_{t\to0}\dfrac{1}{\pi t^5}\cdot\iiint\limits_{x^2+y^2+z^2\leqslant t^2}f(x^2+y^2+z^2)\mathrm{d}v$，结果如何？（ii）求正数 a，使 $\lim\limits_{t\to0}\dfrac{1}{\pi t^4}\cdot\iiint\limits_{x^2+y^2+z^2\leqslant at^2}f(\sqrt{x^2+y^2+z^2})\mathrm{d}v=4f'(0)$.

例 20 设函数 $f(x)$ 连续且恒大于零，

$$F(t)=\frac{\iiint\limits_{x^2+y^2+z^2\leqslant t^2}f(x^2+y^2+z^2)\mathrm{d}v}{\iint\limits_{x^2+y^2\leqslant t^2}f(x^2+y^2)\mathrm{d}\sigma},\quad G(t)=\frac{\iint\limits_{x^2+y^2\leqslant t^2}f(x^2+y^2)\mathrm{d}\sigma}{\int_{-t}^t f(x^2)\mathrm{d}x},$$

证明：当 $t>0$ 时，$F(t)$ 单调增加且 $F(t)>\dfrac{2}{\pi}G(t)$.

分析 要证明以上结论，必须对函数 $F(t),G(t)$ 求导. 为此必须先求出其中的重积分或将重积分转化为积分上下限函数.

证明 根据二重积分的极坐标计算方法和三重积分的球面坐标计算方法，有

$$F(t)=\frac{\int_0^{2\pi}\mathrm{d}\theta\int_0^{\pi}\sin\varphi\mathrm{d}\varphi\int_0^t f(r^2)\cdot r^2\mathrm{d}r}{\int_0^{2\pi}\mathrm{d}\theta\int_0^t f(r^2)\cdot r\mathrm{d}r}=\frac{2\int_0^t r^2f(r^2)\mathrm{d}r}{\int_0^t rf(r^2)\mathrm{d}r},$$

$$G(t)=\frac{\int_0^{2\pi}\mathrm{d}\theta\int_0^t f(r^2)\cdot r\mathrm{d}r}{2\int_0^t f(x^2)\mathrm{d}x}=\frac{\pi\int_0^t rf(r^2)\mathrm{d}r}{\int_0^t f(x^2)\mathrm{d}x},$$

于是

$$F'(t)=2\frac{t^2f(t^2)\int_0^t rf(r^2)\mathrm{d}r-tf(t^2)\int_0^t r^2f(r^2)\mathrm{d}r}{\left[\int_0^t rf(r^2)\mathrm{d}r\right]^2}=2\frac{tf(t^2)\int_0^t rf(r^2)(t-r)\mathrm{d}r}{\left[\int_0^t rf(r^2)\mathrm{d}r\right]^2}.$$

当 $t>0$ 时，由于积分变量 r 在 $[0,t]$ 上变化，故 $\int_0^t rf(r^2)(t-r)\mathrm{d}r>0\Rightarrow F'(t)>0$，所以 $F(t)$ 单调增加.

又因为

$$F(t)-\frac{2}{\pi}G(t)=\frac{2\int_0^t r^2f(r^2)\mathrm{d}r}{\int_0^t rf(r^2)\mathrm{d}r}-\frac{2\int_0^t rf(r^2)\mathrm{d}r}{\int_0^t f(x^2)\mathrm{d}x}$$

$$=2\frac{\int_0^t f(x^2)\mathrm{d}x\int_0^t r^2f(r^2)\mathrm{d}r-\left[\int_0^t rf(r^2)\mathrm{d}r\right]^2}{\int_0^t rf(r^2)\mathrm{d}r\int_0^t f(x^2)\mathrm{d}x},$$

故要证明 $t>0$ 时 $F(t)>\frac{2}{\pi}G(t)$，只需证明

$$h(t)=\int_0^t f(x^2)\mathrm{d}x\int_0^t r^2 f(r^2)\mathrm{d}r-\left[\int_0^t rf(r^2)\mathrm{d}r\right]^2>0.$$

由于

$$\begin{aligned}h'(t)&=f(t^2)\int_0^t r^2 f(r^2)\mathrm{d}r+t^2 f(t^2)\int_0^t f(r^2)\mathrm{d}r-2tf(t^2)\int_0^t rf(r^2)\mathrm{d}r\\&=f(t^2)\left[\int_0^t r^2 f(r^2)\mathrm{d}r-2\int_0^t trf(r^2)\mathrm{d}r+\int_0^t t^2 f(r^2)\mathrm{d}r\right]\\&=f(t^2)\int_0^t (t-r)^2 f(r^2)\mathrm{d}r>0\quad(t>0),\end{aligned}$$

故当 $t>0$ 时，$h(t)$ 单调增加. 又因为 $h(t)$ 在 $t=0$ 处连续，于是 $h(t)>h(0)=0$，所以当 $t>0$ 时，$F(t)>\frac{2}{\pi}G(t)$.

思考　（i）当函数 $f(x)$ 分段连续且恒大于零时，以上结论是否仍然成立？（ii）若

$$F(t)=\frac{\iiint\limits_{x^2+y^2+z^2\leqslant t^2} f(\sqrt{x^2+y^2+z^2})\mathrm{d}v}{\iint\limits_{x^2+y^2\leqslant t^2} f(\sqrt{x^2+y^2})\mathrm{d}\sigma},\quad G(t)=\frac{\iint\limits_{x^2+y^2\leqslant t^2} f(\sqrt{x^2+y^2})\mathrm{d}\sigma}{\int_{-t}^t f(x)\mathrm{d}x},$$

以上结论是否仍然成立？若是，给出证明；若否，说明理由.

五、练习题 9.2

1. 设 $\Omega=\{(x,y,z)|x^2+y^2+z^2\leqslant 1\}$，则 $\iiint\limits_{\Omega} z^2\mathrm{d}x\mathrm{d}y\mathrm{d}z=$__________.

2. 求 $\iiint\limits_{\Omega} z\mathrm{d}x\mathrm{d}y\mathrm{d}z,\ \Omega: z=\frac{h}{r}\sqrt{x^2+y^2}$ 与 $z=h(r>h>0)$ 围成的区域.

3. 求 $\iiint\limits_{\Omega}(y+z)\mathrm{d}v,\ \Omega: z=\sqrt{x^2+y^2}$ 与 $z=\sqrt{1-x^2-y^2}$ 围成的区域.

4. 求 $\iiint\limits_{\Omega}(x^2+y^2)\mathrm{d}v,\ \Omega$ 由 $y^2=2z, x=0$ 绕 Oz 轴旋转一周所得曲面与两平面 $z=2, z=8$ $(z\geqslant 2)$ 围成的区域.

5. 求 $z=8-x^2-y^2, z=x^2+y^2$ 所围立体的体积.

6. 求 $\iiint\limits_{\Omega} z\sqrt{x^2+y^2+z^2}\mathrm{d}v,\ \Omega$ 由 $x^2+y^2+z^2=1$ 与 $z=\sqrt{3(x^2+y^2)}$ 围成的区域.

7. 求 $\iiint\limits_{\Omega} xy\mathrm{d}v,\ \Omega$ 由 $z=xy, x+y=1$ 与 $z=0$ 围成的区域.

8. 求 $I=\iiint\limits_{\Omega}(x^2+y^2+z^2)\mathrm{d}v,\ \Omega: x^2+y^2+z^2=9$ 围成的区域.

9. $\iiint\limits_{\Omega}(x^2+y^2+z^2)\mathrm{d}x\mathrm{d}y\mathrm{d}z,\ \Omega$ 为锥面 $z=\sqrt{x^2+y^2}$ 与平面 $z=1$ 所围成的区域.

10. 计算三重积分 $\iiint\limits_{\Omega} z\mathrm{e}^{x^2+y^2}\mathrm{d}x\mathrm{d}y\mathrm{d}z$，其中 Ω 是由 $x^2+y^2=1, z=0, z=2$ 所围成的区域.

11. $I=\iiint\limits_{\Omega}\dfrac{\mathrm{d}x\mathrm{d}y\mathrm{d}z}{(x^2+y^2+z^2)^2}$，$\Omega$ 由 $1\leqslant x^2+y^2+z^2\leqslant 4$ 确定.

12. 计算 $I=\iiint\limits_{\Omega}\left(\dfrac{x^2}{a^2}+\dfrac{y^2}{b^2}+\dfrac{z^2}{c^2}\right)\mathrm{d}x\mathrm{d}y\mathrm{d}z$，其中 $\Omega:\dfrac{x^2}{a^2}+\dfrac{y^2}{b^2}+\dfrac{z^2}{c^2}\leqslant 1$

综合测试题 9–A

一、填空题：1 ~ 5 小题，每小题 4 分，共 20 分，请将答案写在答题纸的指定位置上.

1. 设 D 是直线 $y=x, x=2, x=4$ 和 x 轴围成的闭区域，则二重积分 $\iint\limits_{D}\mathrm{d}x\mathrm{d}y=$ __________ .

2. 设 D 是直线 $y=x^2$ 与 $y=8-x^2$ 所围成的闭区域，则 $\iint\limits_{D}x^2y\mathrm{d}x\mathrm{d}y=$ __________ .

3. 设 D 是 $x^2+y^2=1$ 所围成的部分，则 $\iint\limits_{D}\sqrt{1-x^2-y^2}\mathrm{d}x\mathrm{d}y=$ __________ .

4. 设 Ω 是由曲面 $z=x^2+y^2$ 和 $z=1$ 所围成的闭区域，将三重积分化为柱坐标系下的累次积分，则 $\iiint\limits_{\Omega}f(x,y,z)\mathrm{d}x\mathrm{d}y\mathrm{d}z=$ __________ .

5. 求曲面 $z=6-x^2-y^2$ 及 $z=\sqrt{x^2+y^2}$ 所围成的立体的体积为 __________ .

二、选择题：6 ~ 10 小题，每小题 4 分，共 20 分，下列每小题给出的四个选项中，只有一项符合题目要求，把所选项前的字母填在题后的括号内.

6. 记 $I_1=\iint\limits_{D}(x+y)^3\mathrm{d}\sigma, I_2=\iint\limits_{D}\cos x^2\sin y^2\mathrm{d}\sigma, I_3=\iint\limits_{D}(\mathrm{e}^{-(x^2+y^2)}-1)\mathrm{d}\sigma$，其中 D 是平面区域 $x^2+y^2\leqslant 1$，则有（　　）.

A. $I_1>I_2>I_3$　　B. $I_2>I_1>I_3$　　C. $I_1>I_3>I_2$　　D. $I_2>I_3>I_1$.

7. 交换积分次序 $\int_0^1\mathrm{d}x\int_{-\sqrt{x}}^{\sqrt{x}}f(x,y)\mathrm{d}y+\int_1^4\mathrm{d}x\int_{x-2}^{\sqrt{x}}f(x,y)\mathrm{d}y=$（　　）.

A. $\int_{-1}^{4}\mathrm{d}y\int_{y^2}^{y+2}f(x,y)\mathrm{d}x$　　B. $\int_{-1}^{2}\mathrm{d}y\int_{y^2}^{y+2}f(x,y)\mathrm{d}x$

C. $\int_{-1}^{4}\mathrm{d}y\int_{y}^{y+2}f(x,y)\mathrm{d}x$　　D. $\int_{-1}^{2}\mathrm{d}y\int_{y}^{y+2}f(x,y)\mathrm{d}x$

8. 设 $f(x,y)$ 为连续函数，则 $\int_0^{\frac{\pi}{4}}\mathrm{d}\theta\int_0^1 f(r\cos\theta, r\sin\theta)r\mathrm{d}r=$（　　）.

A. $\int_0^{\frac{\sqrt{2}}{2}}\mathrm{d}x\int_x^{\sqrt{1-x^2}}f(x,y)\mathrm{d}y$　　B. $\int_0^{\frac{\sqrt{2}}{2}}\mathrm{d}x\int_0^{\sqrt{1-x^2}}f(x,y)\mathrm{d}y$；

C. $\int_0^{\frac{\sqrt{2}}{2}}\mathrm{d}y\int_y^{\sqrt{1-y^2}}f(x,y)\mathrm{d}x$　　D. $\int_0^{\frac{\sqrt{2}}{2}}\mathrm{d}y\int_0^{\sqrt{1-y^2}}f(x,y)\mathrm{d}x$.

9. 设有空间区域 $\Omega:1\leqslant z\leqslant\sqrt{2-x^2-y^2}$，$f(x,y,z)$ 为连续函数，则 $\iiint\limits_{\Omega}f(x,y,z)\mathrm{d}v\neq$（　　）.

A. $\int_{-1}^{1}\mathrm{d}x\int_{-\sqrt{1-x^2}}^{\sqrt{1-x^2}}\mathrm{d}y\int_1^{\sqrt{2-x^2-y^2}}f(x,y,z)\mathrm{d}z$

B. $\int_1^{\sqrt{2}}\mathrm{d}z\int_{-\sqrt{2-z^2}}^{\sqrt{2-z^2}}\mathrm{d}y\int_{-\sqrt{2-y^2-z^2}}^{\sqrt{2-y^2-z^2}}f(x,y,z)\mathrm{d}x$

C. $\int_0^{2\pi}\mathrm{d}\theta\int_0^1 r\mathrm{d}r\int_1^{\sqrt{2-r^2}}f(r\cos\theta,r\sin\theta,z)\mathrm{d}z$

D. $\int_0^{2\pi}\mathrm{d}\theta\int_0^{\frac{\pi}{4}}\sin\varphi\mathrm{d}\varphi\int_0^{\sqrt{2}}r^2 f(r\cos\theta\sin\varphi,r\sin\theta\sin\varphi,r\cos\varphi)\mathrm{d}r$

10. 设空间区域 $\Omega_1: x^2+y^2+z^2\leqslant R^2, z\geqslant 0$ 及 $\Omega_2: x^2+y^2+z^2\leqslant R^2, x\geqslant 0, y\geqslant 0, z\geqslant 0$，则以下等式不正确的是（　　）.

A. $\iiint\limits_{\Omega_1}|x|\mathrm{d}v=4\iiint\limits_{\Omega_2}x\mathrm{d}v$　　B. $\iiint\limits_{\Omega_1}|xy|\mathrm{d}v=4\iiint\limits_{\Omega_2}xy\mathrm{d}v$

C. $\iiint\limits_{\Omega_1}z\mathrm{d}v=4\iiint\limits_{\Omega_2}z\mathrm{d}v$　　D. $\iiint\limits_{\Omega_1}xyz\mathrm{d}v=4\iiint\limits_{\Omega_2}xyz\mathrm{d}v$

三、解答题：11～18 小题，前四小题每题 7 分，后四小题每题 8 分，共 60 分. 请将解答写在答题纸指定的位置上. 解答应写出文字说明、证明过程或演算步骤.

11、计算二次积分 $\int_0^{\frac{\pi}{3}}\mathrm{d}y\int_y^{\frac{\pi}{3}}\frac{\cos x}{x}\mathrm{d}x$.

12. 求二重积分 $\iint\limits_D\left(\frac{x^2}{a^2}-\frac{y^2}{b^2}\right)\mathrm{d}x\mathrm{d}y$，其中 D 为 $x^2+y^2\leqslant 1$.

13. 求上半球面 $z=\sqrt{4-x^2-y^2}$ 被柱面 $x^2+y^2=1$ 所割下部分的面积.

14. 设 $D=\{(x,y)\mid 0\leqslant x,y\leqslant 1\}$，计算二重积分 $\iint\limits_D \mathrm{e}^{\min\{x,y\}}\mathrm{d}x\mathrm{d}y$.

15. 求心形线 $r=a(1+\cos\theta)$ 所围成的图形关于极点的转动惯量.

16. 设 Ω 是由曲面 $z=-\sqrt{x^2+y^2}$ 和 $z=\sqrt{1-x^2-y^2}$ 所围成的区域，求三重积分 $\iiint\limits_\Omega(x+z)\mathrm{d}v$.

17. 设 $f(x)>0$，曲线 $y=f(x)$ 与两坐标轴及过点 $(x,0)(x>0)$ 的垂直于 x 轴的直线所围成的曲边梯形的绕 x 轴旋转所成的旋转体的重心（即形心）的横坐标等于 $\frac{1}{3}x$，证明：$f(x)+2xf'(x)=0$.

18. 设函数 $f(u)$ 连续，在 $u=0$ 处可导，且 $f(0)=0, f'(0)=-3$，Ω 为球体 $x^2+y^2+z^2\leqslant t^2$，求 $\lim\limits_{t\to 0}\frac{1}{\pi t^4}\iiint\limits_\Omega f(\sqrt{x^2+y^2+z^2})\mathrm{d}x\mathrm{d}y\mathrm{d}z$.

综合测试题 9—B

一、填空题：1～5 小题，每小题 4 分，共 20 分，请将答案写在答题纸的指定位置上.

1. 设 $f(x,y)$ 是正方形域 $D:-a\leqslant x,y\leqslant a^2$ 上的连续函数，则 $\lim\limits_{a\to 0}\frac{\iint\limits_D f(x,y)\mathrm{d}\sigma}{a^2}=$ ________.

2. 改变积分顺序 $\int_{-1}^{1}\mathrm{d}x\int_{-\sqrt{1-x^2}}^{1-x^2}f(x,y)\mathrm{d}y=$ ________ .

3. 设 D 是矩形区域 $0\leqslant x\leqslant\pi, 0\leqslant y\leqslant\dfrac{\pi}{2}$，则 $\iint\limits_D \mathrm{e}^{x+\sin y}\cos y\mathrm{d}x\mathrm{d}y=$ __________ .

4. 设 D 是曲线 $x=y^2, x=1+\sqrt{1-y^2}$ 所围成的区域，将二重积分化为在直角坐标系下可行的二次积分，则 $\iint\limits_D\dfrac{1}{x}\sin\dfrac{y}{x}\mathrm{d}x\mathrm{d}y=$ ______ .

5. 已知长方体 $\Omega: 0\leqslant x\leqslant a, 0\leqslant y\leqslant b, 0\leqslant z\leqslant c$ 在点 (x,y,z) 处的密度 $\rho(x,y,z)=x+y+z$，则它的质量 $M=$ ______ .

二、选择题：6 ~ 10 小题，每小题 4 分，共 20 分，下列每小题给出的四个选项中，只有一项符合题目要求，把所选项前的字母填在题后的括号内.

6. 设均匀薄片所占的平面闭区域 D 是平面区域 $r\geqslant\sin\theta, r\leqslant 2\sin\theta$，则此薄片的重心的坐标为（　　）.

A. $\left(0,\dfrac{5}{6}\right)$　　B. $\left(0,\dfrac{7}{8}\right)$　　C. $\left(0,\dfrac{7}{6}\right)$　　D. $\left(0,\dfrac{7}{18}\pi\right)$

7. 设函数 $f(x,y)$ 连续，则二次积分 $\int_{\frac{\pi}{2}}^{\pi}\mathrm{d}x\int_{\sin x}^{1}f(x,y)\mathrm{d}y=$（　　）.

A. $\int_0^1\mathrm{d}x\int_{\pi+\arcsin y}^{\pi}f(x,y)\mathrm{d}x$　　B. $\int_0^1\mathrm{d}x\int_{\pi-\arcsin y}^{\pi}f(x,y)\mathrm{d}x$

C. $\int_0^1\mathrm{d}x\int_{\frac{\pi}{2}}^{\pi+\arcsin y}f(x,y)\mathrm{d}x$　　D. $\int_0^1\mathrm{d}x\int_{\frac{\pi}{2}}^{\pi-\arcsin y}f(x,y)\mathrm{d}x$

8. 将二次积分 $\int_0^{\frac{\sqrt{3}}{2}a}\mathrm{d}x\int_0^{\frac{1}{\sqrt{3}}x}f(x,y)\mathrm{d}y+\int_{\frac{\sqrt{3}}{2}a}^{a}\mathrm{d}x\int_0^{\sqrt{a^2-x^2}}f(x,y)\mathrm{d}y$ 化成极坐标系下的二次积分是（　　）.

A. $\int_0^{\frac{\pi}{6}}\mathrm{d}\theta\int_0^{\frac{\sqrt{3}}{2}a}f(r\cos\theta,r\sin\theta)r\mathrm{d}r$　　B. $\int_{\frac{\pi}{6}}^{\frac{\pi}{2}}\mathrm{d}\theta\int_0^{a}f(r\cos\theta,r\sin\theta)r\mathrm{d}r$

C. $\int_0^{\frac{\pi}{6}}\mathrm{d}\theta\int_0^{a}f(r\cos\theta,r\sin\theta)r\mathrm{d}r$　　D. $\int_0^{\frac{\pi}{3}}\mathrm{d}\theta\int_0^{a}f(r\cos\theta,r\sin\theta)r\mathrm{d}r$

9. 设 Ω 为正方体 $0\leqslant x,y,z\leqslant a$，则三重积分 $\iiint\limits_{\Omega}(x^2+y^2)\mathrm{d}v=$（　　）.

A. $\dfrac{1}{3}a^5$　　B. $\dfrac{2}{3}a^5$　　C. a^5　　D. $2a^5$

10. 设 Ω 是由 $z=\sqrt{x^2+y^2}, z=1, z=2$ 所围成的区域，$f(z)$ 是 $\mathbf{R}$ 上的连续函数，则以下四等式中不正确的个数是（　　）.

（i）$\iiint\limits_{\Omega}f(z)\mathrm{d}v=\int_0^{2\pi}\mathrm{d}\theta\int_0^1 r\mathrm{d}r\int_1^2 f(z)\mathrm{d}z+\int_0^{2\pi}\mathrm{d}\theta\int_1^2 r\mathrm{d}r\int_r^2 f(z)\mathrm{d}z$

（ii）$\iiint\limits_{\Omega}f(z)\mathrm{d}v=\int_0^{2\pi}\mathrm{d}\theta\int_0^2 r\mathrm{d}r\int_r^2 f(z)\mathrm{d}z+\int_0^{2\pi}\mathrm{d}\theta\int_0^1 r\mathrm{d}r\int_r^1 f(z)\mathrm{d}z$

（iii）$\iiint\limits_{\Omega}f(z)\mathrm{d}v=\int_0^{2\pi}\mathrm{d}\theta\int_0^{\frac{\pi}{4}}\sin\varphi\mathrm{d}\varphi\int_1^2 r^2 f(r\cos\varphi)\mathrm{d}r$

（iv）$\iiint\limits_{\Omega} f(z)\mathrm{d}v = \pi\int_1^2 z^2 f(z)\mathrm{d}z$

A. 0　　B. 1　　C. 2　　D. 3

三、解答题：11～18 小题，前四小题每题 7 分，后四小题每题 8 分，共 60 分. 请将解答写在答题纸指定的位置上. 解答应写出文字说明、证明过程或演算步骤.

11. 计算二次积分 $\int_0^{\frac{\pi}{3}}\mathrm{d}y\int_y^{\frac{\pi}{3}}\frac{\cos x}{x}\mathrm{d}x$ 的值.

12. 设 D 为圆 $x^2+y^2=\mathrm{e}$ 和 $x^2+y^2=\mathrm{e}^2$ 所围成的环形区域，求 $\iint\limits_D \ln(x^2+y^2)\mathrm{d}x\mathrm{d}y$.

13. 设 Ω 为球体 $x^2+y^2+z^2\leqslant R^2$，求 $\iiint\limits_{\Omega} x^2\mathrm{d}v$.

14. 设 Ω 为曲面 $z=xy, y=x, x=1, z=0$ 所围成的闭区域，求 $\iiint\limits_{\Omega} xy^2z^3\mathrm{d}v$.

15. 设 Ω 为柱面 $x^2+y^2=2x$ 和平面 $z=0, z=1$ 所围成的闭区域，求 $\iiint\limits_{\Omega} z\sqrt{x^2+y^2}\mathrm{d}v$.

16. 设薄片所占的平面闭区域 D 是两圆 $r=\sin\theta, r=\sqrt{3}\cos\theta$ 的公共部分，薄片任意一点的密度等于这点到坐标原点的距离，求薄片的质量.

17. 求二重积分 $\iint\limits_D \left(|x|+\frac{1}{\sqrt{x^2+y^2}}\right)\mathrm{d}x\mathrm{d}y$，其中 $D:\frac{1}{2}\leqslant|x|+|y|\leqslant 1$.

18. 证明：抛物面 $z=x^2+y^2+1$ 上任意一点的切平面与抛物面 $z=x^2+y^2$ 所围成立体的体积恒为定值.

第十章　曲线积分与曲面积分

第一节　曲线积分及其应用

一、教学目标

1. 了解对弧长的曲线积分的概念与性质，对弧长的曲线积分的几何、物理意义；掌握利用定积分计算对弧长的曲线积分的方法.

2. 了解对坐标的曲线积分的概念，对坐标的曲线积分的物理意义； 掌握对坐标的曲线积分的性质和利用定积分计算对坐标的曲线积分的方法.

3. 知道两类曲线积分之间的区别与联系.

二、内容提要

曲线积分 — 对弧长的曲线积分

定义：

$\overset{\frown}{AB}$ 是光滑曲线弧，$f(x,y,z)$ 在 $\overset{\frown}{AB}$ 上有界，把 $\overset{\frown}{AB}$ 任意分成 n 个小段，

$$\overset{\frown}{M_{i-1}M_i}=\Delta s_i(i=1,2,\cdots,n),\quad \forall(\xi_i,\eta_i,\zeta_i)\in\overset{\frown}{M_{i-1}M_i},\quad \lim_{\lambda\to 0}\sum_{i=1}^{n}f(\xi_i,\eta_i,\zeta)\Delta s_i$$

$(\lambda=\max\limits_{1\leqslant i\leqslant n}\{\Delta s_i\})$ 存在 $\Leftrightarrow \int_{\overset{\frown}{AB}}f(x,y,z)\mathrm{d}s=\lim\limits_{\lambda\to 0}\sum\limits_{i=1}^{n}f(\xi_i,\eta_i,\zeta_i)\Delta s_i$.

推广 ⇑⇓ 特例：$\overset{\frown}{AB}$ 在 xOy 面上

$$\int_{\overset{\frown}{AB}}f(x,y)\mathrm{d}s=\lim_{\lambda\to 0}\sum_{i=1}^{n}f(\xi_i,\eta_i)\Delta s_i .$$

性质：

线性性质：$\int_{\overset{\frown}{AB}}(k_1f+k_2g)\mathrm{d}s=k_1\int_{\overset{\frown}{AB}}f\mathrm{d}s+k_2\int_{\overset{\frown}{AB}}g\mathrm{d}s$.

可加性：$\int_{\overset{\frown}{AB}}f\mathrm{d}s=\int_{L_1}f\mathrm{d}s+\cdots+\int_{L_n}f\mathrm{d}s\ \ (\overset{\frown}{AB}=L_1+\cdots+L_n)$.

计算方法：

$\overset{\frown}{AB}:x=x(t),\ y=y(t),\ z=z(t)\ (\alpha\leqslant t\leqslant\beta)$ 具有一阶连续导数，$x'^2(t)+y'^2(t)+z'^2(t)\neq 0\Rightarrow\int_{\overset{\frown}{AB}}f(x,y,z)\mathrm{d}s=\int_{\alpha}^{\beta}f[x(t),y(t),z(t)]\sqrt{x'^2(t)+y'^2(t)+z'^2(t)}\mathrm{d}t$.

推广 ⇑⇓ 特例：$\overset{\frown}{AB}$ 在 xOy 面上

$\overset{\frown}{AB}:x=x(t),\ y=y(t)\ (\alpha\leqslant t\leqslant\beta)$，$\int_{\overset{\frown}{AB}}f(x,y)\mathrm{d}s=\int_{\alpha}^{\beta}f[x(t),y(t)]\sqrt{x'^2(t)+y'^2(t)}\mathrm{d}t$.

曲线积分

对弧长的曲线积分

计算方法

推广 ⇅ 特例：$t=x$ 或 y

$\overset{\frown}{AB}: y=y(x)\ (a\leqslant x\leqslant b)$，$\int_{\overset{\frown}{AB}} f(x,y)\mathrm{d}s=\int_a^b f[x,y(x)]\sqrt{1+y'^2(x)}\mathrm{d}x$

或 $x=x(y)\ (c\leqslant y\leqslant d)$，$\int_{\overset{\frown}{AB}} f(x,y)\mathrm{d}s=\int_c^d f[x(y),y]\sqrt{1+x'^2(y)}\mathrm{d}y$.

应用

曲线弧的质量：$M=\int_{\overset{\frown}{AB}}\rho(x,y,z)\mathrm{d}s$，其中 $\rho(x,y,z)$ 是 $\overset{\frown}{AB}$ 的线密度.

推广 ⇅ 特例：$\overset{\frown}{AB}$ 在 xOy 面上

$M=\int_{\overset{\frown}{AB}}\rho(x,y)\mathrm{d}s, \rho(x,y)$ 是 $\overset{\frown}{AB}$ 的线密度.

曲线弧的长度：$s=\int_{\overset{\frown}{AB}}\mathrm{d}s=\int_\alpha^\beta\sqrt{x'^2(t)+y'^2(t)+z'^2(t)}\mathrm{d}t\ \ (\alpha<\beta)$.

推广 ⇅ 特例：$\overset{\frown}{AB}$ 在 xOy 面上

$s=\int_{\overset{\frown}{AB}}\mathrm{d}s=\int_\alpha^\beta\sqrt{x'^2(t)+y'^2(t)}\mathrm{d}t\ \ (\alpha<\beta)$.

对坐标的曲线积分

定义

$\overset{\frown}{AB}$ 是光滑有向曲线弧，$P(x,y,z)$ 在 $\overset{\frown}{AB}$ 上有界，把 $\overset{\frown}{AB}$ 任意分成 n 个小段，$\overset{\frown}{M_{i-1}M_i}(i=1,2,\cdots,n; M_0=A, M_n=B)$，$\Delta x_i=x_i-x_{i-1}, \Delta y_i=y_i-y_{i-1}$，$\Delta z_i=z_i-z_{i-1}, \forall(\xi_i,\eta_i,\zeta_i)\in\overset{\frown}{M_{i-1}M_i}$，$\lim\limits_{\lambda\to 0}\sum\limits_{i=1}^n P(\xi_i,\eta_i,\zeta_i)\Delta x_i(\lambda=\max\limits_{1\leqslant i\leqslant n}\{\Delta x_i\})$ 存在

$\Leftrightarrow\int_{\overset{\frown}{AB}}P(x,y,z)\mathrm{d}x=\lim\limits_{\lambda\to 0}\sum\limits_{i=1}^n P(\xi_i,\eta_i,\zeta_i)\Delta x_i$.

类似地，$\int_{\overset{\frown}{AB}}Q(x,y,z)\mathrm{d}y=\lim\limits_{\lambda\to 0}\sum\limits_{i=1}^n Q(\xi_i,\eta_i,\zeta_i)\Delta y_i$,

$\int_{\overset{\frown}{AB}}R(x,y,z)\mathrm{d}z=\lim\limits_{\lambda\to 0}\sum\limits_{i=1}^n R(\xi_i,\eta_i,\zeta_i)\Delta z_i$.

推广 ⇅ 特例：$\overset{\frown}{AB}$ 在 xOy 面上

$\int_{\overset{\frown}{AB}}P(x,y)\mathrm{d}x=\lim\limits_{\lambda\to 0}\sum\limits_{i=1}^n P(\xi_i,\eta_i)\Delta x_i$，$\int_{\overset{\frown}{AB}}Q(x,y)\mathrm{d}y=\lim\limits_{\lambda\to 0}\sum\limits_{i=1}^n Q(\xi_i,\eta_i)\Delta y_i$.

性质

有向性：$\int_{\overset{\frown}{AB}}P\mathrm{d}x+Q\mathrm{d}y=-\int_{\overset{\frown}{BA}}P\mathrm{d}s+Q\mathrm{d}y$.

可加性：$\int_{\overset{\frown}{AB}}P\mathrm{d}x+Q\mathrm{d}y=\int_{L_1}P\mathrm{d}x+Q\mathrm{d}y+\cdots+\int_{L_n}P\mathrm{d}x+Q\mathrm{d}y\ \ (\overset{\frown}{AB}=L_1+\cdots+L_n)$.

计算方法

$\overset{\frown}{AB}$：$x=x(t), y=y(t), z=z(t)$，t 单调地介于 $\alpha(A), \beta(B)$ 之间, P, Q, R 在 $\overset{\frown}{AB}$ 上连续，$x'(t), y'(t), z'(t)$ 在 $[\alpha,\beta]$ 或 $[\beta,\alpha]$ 上连续 $\Rightarrow\int_{\overset{\frown}{AB}}P\mathrm{d}x+Q\mathrm{d}y+R\mathrm{d}z=$

$\int_\alpha^\beta\{P[x(t),y(t),z(t)]x'(t)+Q[x(t),y(t),z(t)]y'(t)+R[x(t),y(t),z(t)]z'(t)\}\mathrm{d}t$.

推广 ⇅ 特例：$\overset{\frown}{AB}$ 在 xOy 面上

曲线积分 — 对坐标的曲线积分

计算方法：

$\overset{\frown}{AB}$：$x=x(t), y=y(t)$，$\int_{\overset{\frown}{AB}} P\mathrm{d}x+Q\mathrm{d}y=\int_{\alpha}^{\beta}\{P[x(t),y(t)]x'(t)+Q[x(t),y(t)]y'(t)\}\mathrm{d}t.$

推广 ⇅ 特例：$t=x$ 或 y

$\overset{\frown}{AB}$：$y=y(x)$，$\int_{\overset{\frown}{AB}} P\mathrm{d}x+Q\mathrm{d}y=\int_{a(A)}^{b(B)}\{P[x,y(x)]+Q[x,y(x)]y'(x)\}\mathrm{d}x$

或 $x=x(y)$, $\int_{\overset{\frown}{AB}} P\mathrm{d}x+Q\mathrm{d}y=\int_{c(A)}^{d(B)}\{P[x(y),y]x'(y)+Q[x(y),y]\}\mathrm{d}y$.

应用：

$\boldsymbol{F}=P(x,y,z)\boldsymbol{i}+Q(x,y,z)\boldsymbol{j}+R(x,y,z)\boldsymbol{k}$ 沿曲线 Γ 所做的功：

$$W=\int_{\Gamma}\boldsymbol{F}\cdot\mathrm{d}\boldsymbol{s}=\int_{\Gamma}P\mathrm{d}x+Q\mathrm{d}y+R\mathrm{d}z.$$

推广 ⇅ 特例：Γ 在 xOy 面上

$\boldsymbol{F}=P(x,y)\boldsymbol{i}+Q(x,y)\boldsymbol{j}$, $\boldsymbol{W}=\int_L\boldsymbol{F}\cdot\mathrm{d}\boldsymbol{s}=\int_L P(x,y)\mathrm{d}x+Q(x,y)\mathrm{d}y.$

两类曲线积分间的关系：

$\int_{\Gamma}P\mathrm{d}x+Q\mathrm{d}y+R\mathrm{d}z=\int_{\Gamma}(P\cos\alpha+Q\cos\beta+R\cos\gamma)\mathrm{d}S$，其中 $\alpha(x,y,z)$，$\beta(x,y,z)$，$\gamma(x,y,z)$ 为有向曲线弧 Γ 上点 (x,y,z) 处的切向量的方向角.

推广 ⇅ 特例：Γ 在 xOy 面上

$\int_L P\mathrm{d}x+Q\mathrm{d}y=\int_L(P\cos\alpha+Q\cos\beta)\mathrm{d}s$.

三、疑点解析

1. 关于第一类曲线积分的概念与性质　在定积分的定义中，把区间 $[a,b]$，即直线段换成曲线段 L，把定义在区间 $[a,b]$ 上有界的一元函数 $f(x)$ 换成定义在曲线 L 上有界的二元函数 $f(x,y)$，仍然按着“分割、近似、求和、取极限”的思想方法，可得到对弧长的曲线积分的定义. 可见对弧长的曲线积分是定积分的推广，但对弧长的曲线积分并不是补充定义后的定积分的推广.

事实上，当积分曲线 L 为坐标轴上的区间 $[a,b]$，而 $f(x,y)$ 为定义在区间 $[a,b]$ 上的有界函数时，曲线积分 $\int_L f(x,y)\mathrm{d}s$ 就是原始定义下的定积分，即

$$\int_L f(x,y)\mathrm{d}s=\int_a^b f(x,y)\mathrm{d}x;$$

另一方面，对弧长的曲线积分 $\int_L f(x,y)\mathrm{d}s$ 与曲线 L 的方向无关，它没有类似于定积分“交换积分上、下限，积分变号”的性质.

对弧长的曲线积分具有定积分类似的性质，除教材中列出三条外，其余各条性质也可以仿定积分的性质列出. 例如，对弧长的曲线积分具有如下的估值定理：

若 M,m 分别函数 $f(x,y)$ 在分段光滑曲线弧 L 上的最大值和最小值，曲线弧 L 的长为 s，则

$$ms\leqslant\int_L f(x,y)\mathrm{d}s\leqslant Ms.$$

空间曲线积分 $\int_{\Gamma} f(x,y,z)\mathrm{d}s$ 也可以作类似的讨论，从略.

2. **关于第一类曲线积分转化为定积分的方法**　在对弧长的曲线积分 $\int_L f(x,y)\mathrm{d}s$ 中，尽管被积函数是二元函数，但其中的两个变量 x,y 并不是独立的，因为被积函数 $f(x,y)$ 是定义在积分曲线 L 上的，受一个条件，即曲线 L 方程的限制. 可见，曲线积分 $\int_L f(x,y)\mathrm{d}s$ 中实际上只有一个独立的积分变量，因此它在一定的条件下可以转化成定积分.

为此，必须找一个一一映射和一条坐标轴（通常是曲线的参数方程和参数所在的坐标轴），把曲线段 L 一一映射到这条轴上的某个区间（通常是参数的取值范围）上，这样才能把曲线积分化为定积分. 转化过程通常包括四个方面：（i）求出曲线 L 的参数方程；（ii）确定参数的范围，即定积分的积分限；（iii）根据曲线的参数方程将二元函数 $f(x,y)$ 转化成参数的一元函数；（iv）根据曲线的参数方程和弧微分公式求出曲线的弧微分 $\mathrm{d}s$.

由于平面光滑曲线弧常用如下四种形式的表达方式，因此得到如下四种把对弧长的曲线积分转化为定积分的方法：

（i）若 $L: y=y(x), a\leqslant x\leqslant b$，则 $\mathrm{d}s=\sqrt{1+y'^2(x)}\mathrm{d}x$，

$$\int_L f(x,y)\mathrm{d}s=\int_a^b f[(x,y(x)]\sqrt{1+y'^2(x)}\mathrm{d}x；$$

（ii）若 $L: x=x(y), c\leqslant y\leqslant d$，则 $\mathrm{d}s=\sqrt{1+x'^2(y)}\mathrm{d}y$，

$$\int_L f(x,y)\mathrm{d}s=\int_c^d f[(x(y),y]\sqrt{1+x'^2(y)}\mathrm{d}x；$$

（iii）若 $L: x=x(t), y=y(t), \alpha\leqslant t\leqslant\beta$，则 $\mathrm{d}s=\sqrt{x'^2(t)+y'^2(t)}\mathrm{d}t$，

$$\int_L f(x,y)\mathrm{d}s=\int_\alpha^\beta f[(x(t),y(t)]\sqrt{x'^2(t)+y'^2(t)}\mathrm{d}t；$$

（iv）若 $L: r=r(\theta), \alpha\leqslant\theta\leqslant\beta$，则 $\mathrm{d}s=\sqrt{r^2(\theta)+r'^2(\theta)}\mathrm{d}\theta$，

$$\int_L f(x,y)\mathrm{d}s=\int_\alpha^\beta f[r(\theta)\cos\theta, r(\theta)\sin\theta]\sqrt{r^2(\theta)+r'^2(\theta)}\mathrm{d}\theta.$$

计算时，应注意如下四点：（i）对弧长的曲线积分转化为定积分后，积分上限应大于积分下限；（ii）应根据积分曲线的特点和定积分的难易程度选择适当的计算方法；（iii）当 L 为分段光滑曲线弧或 L 是由分段函数表达的曲线弧时，应将其分成若干光滑曲线弧段计算；（iv）若按照 L 的某个方程，把 L 映射到某区间上有重影（此时参数方程表示的映射不是一一映射）时，应分段或把曲线再参数化映到无重影的坐标轴上来计算.

关于空间曲线积分 $\int_{\Gamma} f(x,y,z)\mathrm{d}s$ 的计算，也可以作类似的讨论，从略.

3. **关于第二类曲线积分的概念与性质**　两类不同的曲线积分产生于不同的实际问题，具有不尽相同的性质. 对弧长的曲线积分 $\int_L f(x,y)\mathrm{d}s$ 源于线形物体的质量问题，与数量有关，其被积函数 $f(x,y)$ 是定义在无向曲线 L 上的数量函数，$\mathrm{d}s$ 是曲线 L 的弧微分；对坐标的曲线积分 $\int_L P(x,y)\mathrm{d}x+Q(x,y)\mathrm{d}y$ 源于变力沿曲线所做的功的问题，与向量有关，其被积函数 $P(x,y)$，$Q(x,y)$ 分别是定义在有向曲线 L 上的向量函数 $\boldsymbol{F}(x,y)=P(x,y)\boldsymbol{i}+Q(x,y)\boldsymbol{j}$ 在坐标轴 x,y 上的投影，$\mathrm{d}x,\mathrm{d}y$ 分别是弧微分 $\mathrm{d}s$ 在坐标轴 x,y 上的有向投影，当有向曲线投影到坐标轴上的无向区间时，它们带有一定的符号，即 $\mathrm{d}x=\mathrm{d}s\cos\alpha, \mathrm{d}y=\mathrm{d}s\cos\beta$，其中 $0\leqslant\alpha,\beta\leqslant\pi$ 是 L 在点 (x,y)

处切向量的方向角，这与定积分 $\int_a^b f(x)\mathrm{d}x$ 中的 $\mathrm{d}x$ 恒为正值或恒为负值是不同的. 因此，对坐标的曲线积分具有区别于对弧长的曲线积分的有向性：

$$\int_L P(x,y)\mathrm{d}x+Q(x,y)\mathrm{d}y=-\int_{L^-}P(x,y)\mathrm{d}x+Q(x,y)\mathrm{d}y,$$

其中 L^- 是与 L 方向相反的曲线. 对坐标的曲线积分的有向性正好是定积分“交换积分上、下限，积分变号”性质的推广. 因此，对坐标的曲线积分不仅是定积分的推广，而且是补充定义后的定积分的推广.

事实上，当积分曲线 L 为坐标轴 x 或 y 上的有向直线段 I 时，对坐标的曲线积分就是定积分，即

$$\int_L P(x,y)\mathrm{d}x+Q(x,y)\mathrm{d}y=\int_I P(x,0)\mathrm{d}x \quad \text{或} \quad \int_L P(x,y)\mathrm{d}x+Q(x,y)\mathrm{d}y=\int_I Q(0,y)\mathrm{d}y.$$

对坐标的曲线积分也具有定积分类似的性质，除教材中列出的两条外，其余各条性质也可以仿定积分的性质列出. 例如，对坐标的曲线积分具有如下的积分中值定理：

若函数 $P(x,y),Q(x,y)$ 在分段光滑有向曲线弧 L 上连续，$A(a,b),B(c,d)$ 分别是 L 的起点和终点，且平行于坐标轴的直线与 L 的交点都不多于一个，则在曲线弧 L 上至少存在一点 (ξ,η)，使下式成立：

$$\int_L P(x,y)\mathrm{d}x+Q(x,y)\mathrm{d}y=P(\xi,\eta)(c-a)+Q(\xi,\eta)(d-b).$$

空间曲线积分 $\int_L P(x,y)\mathrm{d}x+Q(x,y)\mathrm{d}y+R(x,y)\mathrm{d}z$ 也可以作类似的讨论，从略.

4. 关于第二类曲线积分转化为定积分的方法 与对弧长的曲线积分的情形类似，在对坐标的曲线积分 $\int_L P(x,y)\mathrm{d}x+Q(x,y)\mathrm{d}y$ 中，其两个被积函数 $P(x,y),Q(x,y)$ 中的变量 x,y 也受积分曲线方程的限制，也不是独立的. 因此，曲线积分 $\int_L P(x,y)\mathrm{d}x+Q(x,y)\mathrm{d}y$ 中也只有一个独立的积分变量，它在一定条件下也可以转化为定积分.

为此，也必须找一个一一映射和一条坐标轴（通常是曲线的参数方程和参数所在的坐标轴），把曲线段 L 一一地映射到这条轴上的某个区间（通常是参数的取值范围）上，但应注意，这里的映射与对弧长的情形有所不同，它必须是首尾有序的. 转化过程通常也包括四个方面：（i）求出曲线 L 的参数方程；（ii）根据积分曲线的起点（终点），求出定积分对应的积分下（上）限；（iii）根据曲线的参数方程将函数 $P(x,y),Q(x,y)$ 转化成参数的一元函数；（iv）根据曲线的参数方程求出各个变量对参变量的微分 $\mathrm{d}x,\mathrm{d}y$.

设 L 的起点为 A，终点为 B. 根据平面光滑曲线弧如下常用四种形式的表达方式，也可以得到如下的四种把对坐标的曲线积分转化为定积分的方法：

（i）若 $L:y=y(x),x$ 单调地介于 $a(A)$ 与 $b(B)$ 之间，则 $\mathrm{d}y=y'(x)\mathrm{d}x$，

$$\int_L P(x,y)\mathrm{d}x+Q(x,y)\mathrm{d}y=\int_a^b\{P[x,y(x)]+Q[x,y(x)]y'(x)\}\mathrm{d}x;$$

（ii）若 $L:x=x(y),y$ 单调地介于 $c(A)$ 与 $d(B)$ 之间，则 $\mathrm{d}x=x'(y)\mathrm{d}y$，

$$\int_L P(x,y)\mathrm{d}x+Q(x,y)\mathrm{d}y=\int_c^d\{P[x(y),y]x'(y)+Q[x(y),y]\}\mathrm{d}y;$$

（iii）若 $L:x=x(t),y=y(t),t$ 单调地介于 $\alpha(A)$ 与 $\beta(B)$ 之间，则 $\mathrm{d}x=x'(t)\mathrm{d}t,\mathrm{d}y=y'(t)\mathrm{d}t$，

$$\int_L P(x,y)\mathrm{d}x+Q(x,y)\mathrm{d}y=\int_\alpha^\beta\{P[x(t),y(t)]x'(t)+Q[x(t),y(t)]y'(t)\}\mathrm{d}t;$$

（iv）若 $L: r=r(\theta), \theta$ 单调地介于 $\alpha(A)$ 与 $\beta(B)$ 之间，记 $r=r(\theta)$，$r'=r'(\theta)$，则

$$\mathrm{d}x=(r'\cos\theta-r\sin\theta)\mathrm{d}\theta,\quad \mathrm{d}y=(r'\sin\theta+r\cos\theta)\mathrm{d}\theta,$$

$$\int_L P(x,y)\mathrm{d}x+Q(x,y)\mathrm{d}y$$

$$=\int_\alpha^\beta[P(r\cos\theta,r\sin\theta)(r'\cos\theta-r\sin\theta)+Q(r\cos\theta,r\sin\theta)(r'\sin\theta+r\cos\theta)]\mathrm{d}\theta.$$

计算时，应特别注意积分曲线的起点（终点）与定积分下（上）限的对应关系，而不论上、下限的大小. 其余注意事项与对弧长的曲线积分相同，不一一赘述.

5. **关于两类曲线积分之间的关系**　由于两类曲线积分都可以转化成定积分，因此它们之间也可以互相转化. 根据曲线 L 的弧微分 $\mathrm{d}s$ 与其在坐标轴 x,y 上的有向投影 $\mathrm{d}x,\mathrm{d}y$ 之间的关系 $\mathrm{d}x=\mathrm{d}s\cos\alpha,\mathrm{d}y=\mathrm{d}s\cos\beta$，即得

$$\int_L P(x,y)\mathrm{d}x+Q(x,y)\mathrm{d}y=\int_L[P(x,y)\cos\alpha+Q(x,y)\cos\beta]\mathrm{d}s,$$

其中 $0\leqslant\alpha(x,y),\beta(x,y)\leqslant\pi$ 是有向曲线 L 在点 (x,y) 处切向量的方向角.

注意：尽管上式两边的积分曲线都是用 L 表示的，但左边的 L 是有向的，右边的 L 是无向的，右边 L 的方向已融入左边有向曲线 L 切向量的方向余弦 $\cos\alpha,\cos\beta$ 中.

四、例题分析

例 1　计算曲线积分 $\oint_L(x^2+2xy-y^2+1)\mathrm{d}s$，其中 L 为顶点 $O(0,0),A(1,0)$ 和 $B(0,1)$ 所围成的三角形边界.

分析　L 是分段光滑的闭曲线，应分段计算，并根据曲线积分对弧段的可加性得出结果. 由于各段均为直线段，因此适合使用直角坐标方程 $y=y(x)\ (x:a\sim b)$ 或 $x=x(y)\ (y:c\sim d)$ 求解.

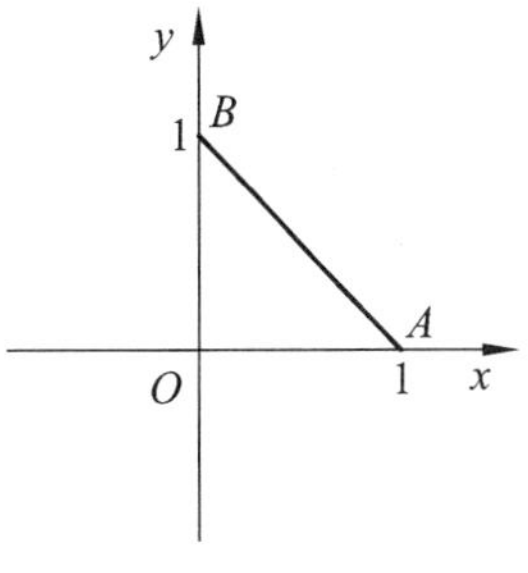

解　如图 10-1 所示，$L=\overline{OA}+\overline{AB}+\overline{OB}$. 而 $\overline{OA}: y=0\ (0\leqslant x\leqslant 1)$，$\mathrm{d}s=\mathrm{d}x$，所以

图 10-1

$$\int_{\overline{OA}}(x^2+2xy-y^2+1)\mathrm{d}s=\int_0^1(x^2+1)\mathrm{d}x=\left[\frac{1}{3}x^3+x\right]_0^1=\frac{4}{3};$$

同理　$$\int_{\overline{OB}}(x^2+2xy-y^2+1)\mathrm{d}s=\int_0^1(-y^2+1)\mathrm{d}y=\frac{2}{3};$$

又 $\overline{AB}: y=1-x\ (0\leqslant x\leqslant 1),\mathrm{d}s=\sqrt{2}\mathrm{d}x$，所以

$$\int_{\overline{AB}}(x^2+2xy-y^2+1)\mathrm{d}s=\sqrt{2}\int_0^1[x^2+2x(1-x)-(1-x)^2+1]\mathrm{d}x$$

$$=\sqrt{2}\int_0^1(-2x^2+4x)\mathrm{d}x=\sqrt{2}\left(-\frac{2}{3}x^3+2x^2\right)\Bigg|_0^1=\frac{4\sqrt{2}}{3}.$$

所以　$$\oint_L(x^2+2xy-y^2+1)\mathrm{d}s$$

$$=\int_{\overline{OA}}(x^2+2xy-y^2+1)\mathrm{d}s+\int_{\overline{AB}}(x^2+2xy-y^2+1)\mathrm{d}s+\int_{\overline{OB}}(x^2+2xy-y^2+1)\mathrm{d}s$$

$$=\frac{4}{3}+\frac{4\sqrt{2}}{3}+\frac{2}{3}=2+\frac{4\sqrt{2}}{3}.$$

思考 若 L 为三点 $O(0,0), A(1,0)$ 和 $B(0,1)$ 所确定的圆形边界，结果如何？

例 2 计算曲线积分 $\oint_L x^2 \mathrm{d}s$，其中 L 为平面 $x+y+z=0$ 与球面 $x^2+y^2+z^2=a^2$ 的交线.

分析 由于仅已知曲线的隐式方程，直接用曲线的参数方程求解较难，而根据曲线的对称性可以避免曲线方程的参数化，从而简化求解的运算.

解 根据 L 的对称性，显然有 $\oint_L x^2 \mathrm{d}s = \oint_L y^2 \mathrm{d}s = \oint_L z^2 \mathrm{d}s$，于是

$$\oint_L x^2 \mathrm{d}s = \frac{1}{3}\oint_L (x^2+y^2+z^2)\mathrm{d}s = \frac{1}{3}\oint_L a^2 \mathrm{d}s = \frac{1}{3}a^2 \oint_L \mathrm{d}s = \frac{1}{3}a^2 \cdot 2\pi a = \frac{2}{3}\pi a^3 .$$

思考 （i）若将曲线积分改为 $\oint_L (x^2+y^2)\mathrm{d}s$，结果如何？（ii）求 $\oint_L (lx^2+my^2+nz^2)\mathrm{d}s$，其中 l,m,n 为常数；（iii）若 L 为平面 $x+y-z=0$ 与球面 $x^2+y^2+z^2=a^2$ 的交线，问还能用对称求解以上各题吗？（iv）尝试用两种不同的参数化求解以上各种情境下的问题.

例 3 计算曲线积分 $\int_L \sqrt{x^2+y^2}\mathrm{d}s$，其中 L 为上半圆周 $x^2+y^2=ax\,(y \geqslant 0)$.

分析 容易求出曲线 L 的参数方程和极坐标方程，因此可以用这两种方法求解，但用极坐标方程更容易.

解 如图 10-2 所示，因为曲线的极坐标方程为 $L: r = a\cos\theta \left(0 \leqslant \theta \leqslant \frac{\pi}{2}\right)$，于是

$$x = r\cos\theta = a\cos^2\theta,\quad y = r\sin\theta = a\sin\theta\cos\theta,\quad \mathrm{d}s = \sqrt{r^2(\theta)+r'^2(\theta)} = a\mathrm{d}\theta,$$

则

$$x^2+y^2 = a^2\cos^4\theta + a^2\sin^2\theta\cos^2\theta = a^2\cos^2\theta,$$

所以

$$\int_L \sqrt{x^2+y^2}\mathrm{d}s = \int_0^{\frac{\pi}{2}} a\cos\theta \cdot a\mathrm{d}\theta = a^2 .$$

思考 （i）若将曲线积分改为 $\int_L (x^2+y^2)\mathrm{d}s$，结果如何？（ii）$L$ 为右半圆周 $x^2+y^2=ay$ $(x \geqslant 0)$，结果如何？左半圆周 $x^2+y^2=ay\,(x \leqslant 0)$；（iii）尝试用参数化求解以上各种情境下的问题.

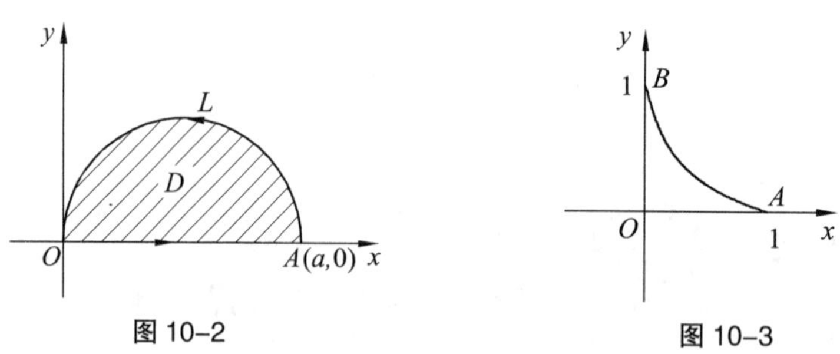

图 10–2　　图 10–3

例 4 计算曲线积分 $\oint_L (x-y)\mathrm{d}s$，其中 L 为曲线 $x^{\frac{2}{3}}+y^{\frac{2}{3}}=1$ 与坐标轴围成的第一象限区域的边界.

分析 L 是分段光滑的闭曲线，应分段计算，并根据曲线积分对弧段的可加性得出结果. 其中坐标轴上的段应使用直角坐标方程，而星形线部分适合使用一般的参数方程.

解 如图 10-3 所示，$L = \overline{OA} + \widehat{AB} + \overline{OB}$. 而 $\overline{OA}: y=0\,(0 \leqslant x \leqslant 1)$，$\mathrm{d}s = \mathrm{d}x$，所以

$$\int_{\overline{OA}}(x-y)\mathrm{d}s=\int_0^1 x\mathrm{d}x=\frac{1}{2};$$

同理
$$\int_{\overline{OB}}(x-y)\mathrm{d}s=\int_0^1(-y)\mathrm{d}y=-\frac{1}{2};$$

又 $\widehat{AB}: x^{\frac{2}{3}}+y^{\frac{2}{3}}=1\,(x\geqslant 0, y\geqslant 0)$ 的参数方程为 $x=\cos^3 t, y=\sin^3 t\left(0\leqslant t\leqslant\frac{\pi}{2}\right)$，则

$$\mathrm{d}s=\sqrt{x_t'^2+y_t'^2}\mathrm{d}t=\sqrt{(-3\cos^2 t\sin t)^2+(3\sin^2 t\cos t)^2}\mathrm{d}t=3\sin t\cos t\mathrm{d}t,$$

$$\oint_{\widehat{AB}}(x-y)\mathrm{d}s=3\int_0^{\frac{\pi}{2}}(\cos^3 t-\sin^3 t)\sin t\cos t\mathrm{d}t=-\frac{3}{5}[\cos^5 t+\sin^5 t]_0^{\frac{\pi}{2}}=0.$$

所以
$$\oint_L(x-y)\mathrm{d}s=\int_{\overline{OA}}(x-y)\mathrm{d}s+\int_{\widehat{AB}}(x-y)\mathrm{d}s+\int_{\overline{OB}}(x-y)\mathrm{d}s=\frac{1}{2}+0-\frac{1}{2}=0.$$

思考　若曲线积分为 $\oint_L(x+y)\mathrm{d}s$，结果如何？

例 5　计算曲线积分 $\oint_\Gamma\sqrt{5x^2+z^2}\mathrm{d}s$，其中 Γ 为球面 $x^2+y^2+z^2=a^2$ 与平面 $2x-y=0$ 的交线.

分析　先将曲线的方程参数化，再利用参数方程求解.

解法 1　由平面方程得 $y=2x$，代入球面方程得

$$5x^2+z^2=a^2,$$

即
$$x^2+\left(\frac{z}{\sqrt{5}}\right)^2=\left(\frac{a}{\sqrt{5}}\right)^2.$$

令 $x=\frac{a}{\sqrt{5}}\cos t,\ z=a\sin t$，得 $y=\frac{2a}{\sqrt{5}}\cos t$. 于是曲线的参数方程为

$$\Gamma: x=\frac{a}{\sqrt{5}}\cos t,\quad y=\frac{2a}{\sqrt{5}}\cos t,\quad z=a\sin t\ \ (0\leqslant t\leqslant 2\pi),$$

$$\mathrm{d}s=\sqrt{x_t'^2+y_t'^2+z_t'^2}\mathrm{d}t=\sqrt{\left(-\frac{a}{\sqrt{5}}\sin t\right)^2+\left(-\frac{2a}{\sqrt{5}}\sin t\right)^2+(a\cos t)^2}\ \mathrm{d}t=a\mathrm{d}t,$$

故
$$\oint_\Gamma\sqrt{5x^2+z^2}\mathrm{d}s=\int_0^{2\pi}a\cdot a\mathrm{d}t=2\pi a^2.$$

思考 1　（i）令 $x=\frac{a}{\sqrt{5}}\sin t,\ z=a\cos t$ 求解；（ii）用 $x=\frac{1}{2}y$ 代入球面方程，再将曲线的方程参数化求解.

解法 2　由曲线 $\Gamma:\begin{cases}x^2+y^2+z^2=a^2\\2x-y=0\end{cases}\Rightarrow 5x^2+z^2=a^2\Rightarrow\sqrt{5x^2+z^2}=a$，于是

$$\oint_\Gamma\sqrt{5x^2+z^2}\mathrm{d}s=\oint_\Gamma a\mathrm{d}s=a\oint_\Gamma\mathrm{d}s=a\cdot 2\pi a=2\pi a^2.$$

思考 2　若积分曲线为 $\Gamma:\begin{cases}x^2+y^2+z^2=a^2\\x-2y=0\end{cases}$，要求相应的曲线积分仍可以用上述方法求解，那么被积函数中 x^2 的系数应改为多少？

例 6　设线形物体 $L: x=\dfrac{1}{2}t, y=\dfrac{1}{2}t^2, z=\dfrac{1}{3}t^3\ (0\leqslant t\leqslant 1)$ 的密度 $\rho=xy+z$，求其质量.

分析　根据线形物体的质量公式，求出其定积分表达式并计算即可.

解　因为

$$\mathrm{d}s=\sqrt{x_t'^2+y_t'^2+z_t'^2}\,\mathrm{d}t=\sqrt{\left(\frac{1}{2}\right)^2+t^2+(t^2)^2}\,\mathrm{d}t=\sqrt{\frac{1}{4}+t^2+t^4}\,\mathrm{d}t=\left(t^2+\frac{1}{2}\right)\mathrm{d}t,$$

所以曲线的质量

$$\begin{aligned}M&=\int_L\rho(x,y,z)\mathrm{d}s=\int_L(xy+z)\mathrm{d}s=\int_0^1\left(\frac{1}{4}t^3+\frac{1}{3}t^3\right)\left(t^2+\frac{1}{2}\right)\mathrm{d}t\\&=\frac{7}{12}\int_0^1\left(t^5+\frac{1}{2}t^3\right)\mathrm{d}t=\frac{7}{12}\left[\frac{1}{6}t^6+\frac{1}{8}t^4\right]_0^1=\frac{49}{288}.\end{aligned}$$

思考　（i）若物体的密度为 $\rho=xyz$，结果如何？（ii）若曲线为 $L: x=t, y=\dfrac{1}{2}t^2,\ z=\dfrac{1}{3}t^3$ $(0\leqslant t\leqslant 1)$，结果又如何？

例 7　求均匀摆线的弧段 $L: x=\mathrm{e}^t\cos t, y=\mathrm{e}^t\sin t, z=\mathrm{e}^t\ (-\infty<t\leqslant 0)$ 的重心.

分析　先计算曲线的弧长，再按均匀曲线段的重心公式计算即可.

解　曲线的弧长

$$\begin{aligned}s&=\int_L\mathrm{d}s=\int_{-\infty}^0\sqrt{x_t'^2+y_t'^2+z_t'^2}\,\mathrm{d}t=\int_{-\infty}^0\sqrt{\mathrm{e}^{2t}(\cos t-\sin t)^2+\mathrm{e}^{2t}(\cos t+\sin t)^2+\mathrm{e}^{2t}}\,\mathrm{d}t\\&=\sqrt{3}\int_{-\infty}^0\mathrm{e}^t\,\mathrm{d}t=\sqrt{3}\mathrm{e}^t\big|_{-\infty}^0=\sqrt{3},\end{aligned}$$

曲线重心的坐标为

$$\begin{aligned}\overline{x}&=\frac{1}{s}\int_L x\mathrm{d}s=\frac{1}{\sqrt{3}}\int_{-\infty}^0\mathrm{e}^t\cos t\cdot\sqrt{3}\mathrm{e}^t\mathrm{d}t=\int_{-\infty}^0\mathrm{e}^{2t}\cos t\mathrm{d}t=\frac{1}{5}[\mathrm{e}^{2t}(\sin t+2\cos t)]_{-\infty}^0=\frac{2}{5},\\\overline{y}&=\frac{1}{s}\int_L y\mathrm{d}s=\frac{1}{\sqrt{3}}\int_{-\infty}^0\mathrm{e}^t\sin t\cdot\sqrt{3}\mathrm{e}^t\mathrm{d}t=\int_{-\infty}^0\mathrm{e}^{2t}\sin t\mathrm{d}t=\frac{1}{5}[\mathrm{e}^{2t}(2\sin t-\cos t)]_{-\infty}^0=-\frac{1}{5},\\\overline{z}&=\frac{1}{s}\int_L z\mathrm{d}s=\frac{1}{\sqrt{3}}\int_{-\infty}^0\mathrm{e}^t\cdot\sqrt{3}\mathrm{e}^t\mathrm{d}t=\int_{-\infty}^0\mathrm{e}^{2t}\mathrm{d}t=\frac{1}{2}\mathrm{e}^{2t}\big|_{-\infty}^0=\frac{1}{2},\end{aligned}$$

故所求重心的坐标为 $\left(\dfrac{2}{5},-\dfrac{1}{5},\dfrac{1}{2}\right)$.

思考　（i）若曲线为 $L: x=t-\sin t, y=1-\cos t\ (0\leqslant t\leqslant 2\pi)$，结果如何？（ii）若曲线不是均匀的，其密度为 $\rho=y$，结果如何？

例 8　求八分之一的球面 $x^2+y^2+z^2=R^2\ (x\geqslant 0, y\geqslant 0, z\geqslant 0)$ 的边界曲线的重心，设曲线的密度 $\rho=1$.

分析　曲线由分段光滑曲线段构成，根据质量和坐标的公式分段计算. 但利用对称性，可以简化运算.

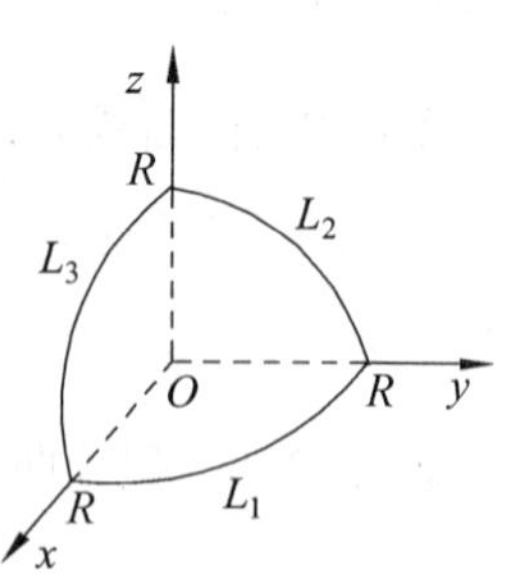

图 10–4

解　如图 10-4 所示，设边界曲线 $L=L_1+L_2+L_3$，其中 L_1,L_2,L_3 分别是 L 在三坐标面 xOy, yOz, zOx 上的部分，边界曲线的重心为

$(\bar{x},\bar{y},\bar{z})$，则由对称性，可得曲线的质量

$$m=\oint_L \mathrm{d}s=\oint_{L_1+L_2+L_3}\mathrm{d}s=3\int_{L_1}\mathrm{d}s=3\cdot\frac{2\pi R}{4}=\frac{3}{2}\pi R,$$

曲线重心的坐标

$$\begin{aligned}\bar{x}=\bar{y}=\bar{z}&=\frac{1}{m}\oint_L x\mathrm{d}s=\frac{1}{m}\oint_{L_1+L_2+L_3}x\mathrm{d}s=\frac{1}{m}\left(\int_{L_1}x\mathrm{d}s+\int_{L_2}x\mathrm{d}s+\int_{L_3}x\mathrm{d}s\right)\\&=\frac{1}{m}\left(\int_{L_1}x\mathrm{d}s+0+\int_{L_3}x\mathrm{d}s\right)=\frac{2}{m}\int_{L_1}x\mathrm{d}s=\frac{2}{m}\int_0^R x\frac{R}{\sqrt{R^2-x^2}}\mathrm{d}x=\frac{2}{m}R^2=\frac{4}{3\pi}R,\end{aligned}$$

故所求重心的坐标为$\left(\frac{4}{3\pi}R,\frac{4}{3\pi}R,\frac{4}{3\pi}R\right)$.

思考　（i）若曲线不是均匀的，是否可以利用对称性求解？（ii）若L_1,L_2,L_3的密度分别为$\rho_1=1,\rho_2=2,\rho_3=3$，结果如何？能在一定程度上利用曲线的对称性吗？（iii）若L为八分之一的椭球面$\frac{x^2}{a^2}+\frac{y^2}{b^2}+\frac{z^2}{c^2}=1\ (x\geqslant 0,y\geqslant 0,z\geqslant 0)$的边界曲线，求解以上各种情境下的问题.

例 9　求柱面$x^{\frac{2}{3}}+y^{\frac{2}{3}}=1$在球面$x^2+y^2+z^2=1$内部分的面积.

分析　由对称性，所求面积等于第一卦限面积的 8 倍，而第一卦限的面积使用微元法可以求解.

解　如图 10-5 所示，设柱面$x^{\frac{2}{3}}+y^{\frac{2}{3}}=1\ (x\geqslant 0,y\geqslant 0)$与坐标面$xOy$的交线为$L$，取宽度为$\mathrm{d}s$、两边平行于$z$的曲边梯形，则所求面积的微元$\mathrm{d}A=z\mathrm{d}s$，于是所求面积

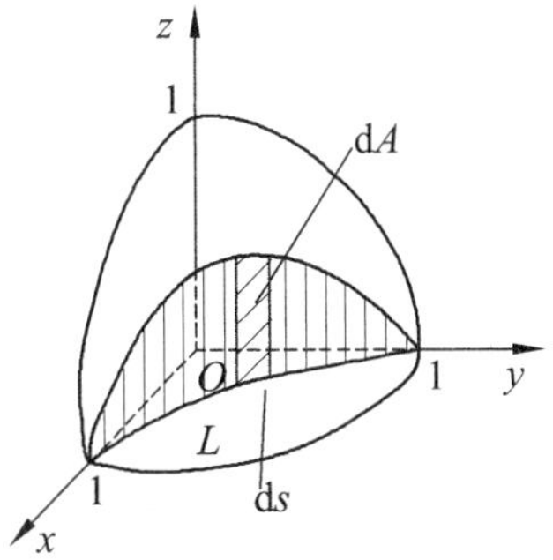

图 10-5

$$A=8\int_L z\mathrm{d}s=8\int_L\sqrt{1-x^2-y^2}\,\mathrm{d}s$$

根据例 4，L的参数方程为$x=\cos^3 t,y=\sin^3 t\left(0\leqslant t\leqslant\frac{\pi}{2}\right)$，于是

$$\mathrm{d}s=\sqrt{x_t'^2+y_t'^2}\,\mathrm{d}t=\sqrt{(-3\cos^2 t\sin t)^2+(3\sin^2 t\cos t)^2}\,\mathrm{d}t=3\sin t\cos t\mathrm{d}t,$$

$$\begin{aligned}\sqrt{1-x^2-y^2}&=\sqrt{1-\cos^6 t-\sin^6 t}=\sqrt{1-(\cos^2 t+\sin^2 t)(\cos^4 t-\sin^2 t\cos^2 t+\sin^4 t)}\\&=\sqrt{1-(\cos^4 t-\sin^2 t\cos^2 t+\sin^4 t)}=\sqrt{1-(\cos^2 t+\sin^2 t)^2+3\sin^2 t\cos^2 t}\\&=\sqrt{3\sin^2 t\cos^2 t}=\sqrt{3}\,|\sin t\cos t|,\end{aligned}$$

故

$$\begin{aligned}A&=24\sqrt{3}\int_0^{\frac{\pi}{2}}|\sin t\cos t|\sin t\cos t\mathrm{d}t=24\sqrt{3}\int_0^{\frac{\pi}{2}}\sin^2 t\cos^2 t\mathrm{d}t\\&=24\sqrt{3}\int_0^{\frac{\pi}{2}}(\sin^2 t-\sin^4 t)\mathrm{d}t=24\sqrt{3}\left(\frac{1}{2}\cdot\frac{\pi}{2}-\frac{3}{4}\cdot\frac{1}{2}\cdot\frac{\pi}{2}\right)=\frac{3\sqrt{3}}{2}\pi.\end{aligned}$$

思考　求柱面$|x|+|y|=1$在球面$x^2+y^2+z^2=1$内部分的面积.

例 10　计算曲线积分 $\int_L (1+x+y^3)\mathrm{d}x-(3x+y^2)\mathrm{d}y$，其中 L 是曲线 $y^3=x^2$ 上从坐标原点到点 $B(1,1)$ 的有向弧段.

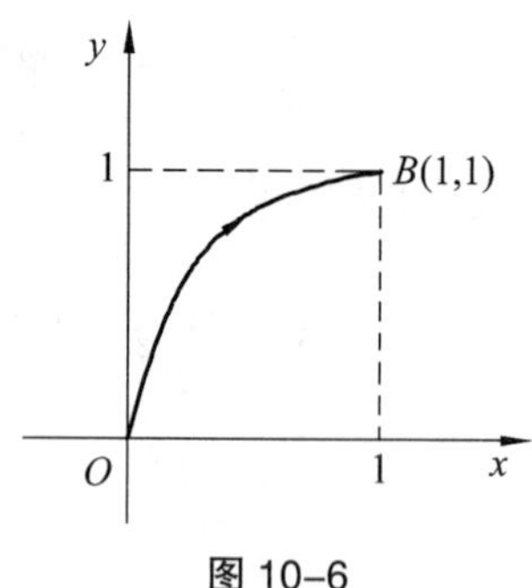

图 10–6

分析　选择 x 或 y 作为参数，求出 L 的显式方程求解.

解　如图 10-6 所示，取 x 为参数，则曲线的方程为

$$L: y=x^{\frac{2}{3}}\ (x:0\sim 1), \mathrm{d}y=\frac{2}{3}x^{-\frac{1}{3}}\mathrm{d}x,$$

于是

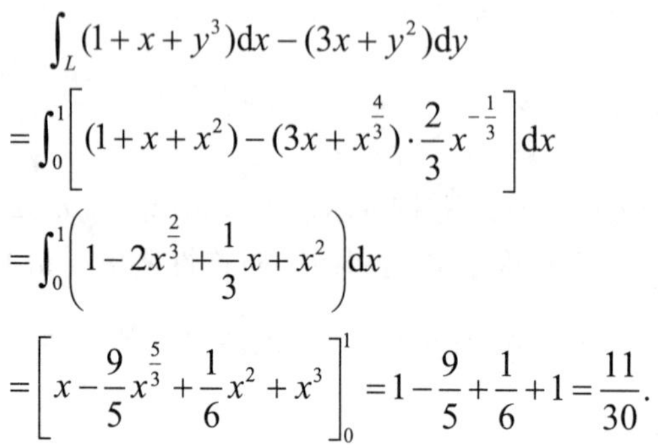

$$\begin{aligned}&\int_L (1+x+y^3)\mathrm{d}x-(3x+y^2)\mathrm{d}y\\&=\int_0^1\left[(1+x+x^2)-(3x+x^{\frac{4}{3}})\cdot\frac{2}{3}x^{-\frac{1}{3}}\right]\mathrm{d}x\\&=\int_0^1\left(1-2x^{\frac{2}{3}}+\frac{1}{3}x+x^2\right)\mathrm{d}x\\&=\left[x-\frac{9}{5}x^{\frac{5}{3}}+\frac{1}{6}x^2+x^3\right]_0^1=1-\frac{9}{5}+\frac{1}{6}+1=\frac{11}{30}.\end{aligned}$$

思考　（i）选择 y 作为参数求解；（ii）若 L 是曲线 $y^3=x^2$ 上从点 $A(-1,1)$ 到点 $B(1,1)$ 的有向弧段，利用以上两种方法求解.

例 11　计算曲线积分 $\int_L x^2y\mathrm{d}y-xy^2\mathrm{d}x$，其中积分曲线是 $L: x=\sqrt{\cos t}, y=\sqrt{\sin t}$ 上 t 从 0 到 $\frac{\pi}{2}$ 的弧段.

分析　已给曲线的参数方程及参数的范围，直接利用参数方程化成定积分计算即可.

解　因为 $\mathrm{d}x=-\frac{\sin t}{2\sqrt{\cos t}}$，$\mathrm{d}y=\frac{\cos t}{2\sqrt{\sin t}}$，所以

$$\int_L x^2y\mathrm{d}y-xy^2\mathrm{d}x=\int_0^{\frac{\pi}{2}}\left(\cos t\sqrt{\sin t}\cdot\frac{\cos t}{2\sqrt{\sin t}}+\sin t\sqrt{\cos t}\cdot\frac{\sin t}{2\sqrt{\cos t}}\right)\mathrm{d}t=\frac{1}{2}\int_0^{\frac{\pi}{2}}\mathrm{d}t=\frac{\pi}{4}.$$

思考　若曲线积分为 $\int_L x^2y\mathrm{d}y$ 或 $\int_L xy^2\mathrm{d}x$ 或 $\int_L x^4y\mathrm{d}y-xy^4\mathrm{d}x$，结果如何？（ii）若积分曲线为 $L: x=\sqrt{\sin t}, y=\sqrt{\cos t}$ 上 t 从 0 到 $\frac{\pi}{2}$ 的弧段，结果怎样？

例 12　计算曲线积分 $\oint_L \frac{-|x|\mathrm{d}x+|y|\mathrm{d}y}{2x^2+y^2}$，其中 L 是圆周 $x^2+y^2=a^2$ 按逆时针绕向.

分析　尝试用圆周的参数方程求解.

解　圆周的参数方程为 $L: x=a\cos t, y=a\sin t\ (t:0\sim 2\pi)$，于是

$$\mathrm{d}x=-a\sin t\mathrm{d}t,\quad \mathrm{d}y=a\cos t\mathrm{d}t.$$

故

$$\text{原式}=\int_0^{2\pi}\frac{-|a\cos t|\cdot(-a\sin t)+|a\sin t|\cdot a\cos t}{2a^2\cos^2 t+a^2\sin^2 t}\mathrm{d}t=\int_0^{2\pi}\frac{|\cos t|\cdot\sin t+|\sin t|\cdot\cos t}{1+\cos^2 t}\mathrm{d}t$$

$$=\int_0^{\frac{\pi}{2}}\frac{|\cos t|\cdot\sin t+|\sin t|\cdot\cos t}{1+\cos^2 t}\mathrm{d}t+\int_{\frac{\pi}{2}}^{\pi}\frac{|\cos t|\cdot\sin t+|\sin t|\cdot\cos t}{1+\cos^2 t}\mathrm{d}t+$$

$$\int_{\pi}^{\frac{3\pi}{2}}\frac{|\cos t|\cdot\sin t+|\sin t|\cdot\cos t}{1+\cos^2 t}\mathrm{d}t+\int_{\frac{3\pi}{2}}^{2\pi}\frac{|\cos t|\cdot\sin t+|\sin t|\cdot\cos t}{1+\cos^2 t}\mathrm{d}t$$

$$=\int_0^{\frac{\pi}{2}}\frac{2\sin t\cos t}{1+\cos^2 t}\mathrm{d}t+\int_{\pi}^{\frac{3\pi}{2}}\frac{-2\sin t\cos t}{1+\cos^2 t}\mathrm{d}t=-\int_0^{\frac{\pi}{2}}\frac{\mathrm{d}(1+\cos^2 t)}{1+\cos^2 t}+\int_{\pi}^{\frac{3\pi}{2}}\frac{d(1+\cos^2 t)}{1+\cos^2 t}$$

$$=-\ln(1+\cos^2 t)\Big|_0^{\frac{\pi}{2}}+\ln(1+\cos^2 t)\Big|_{\pi}^{\frac{3\pi}{2}}=-(\ln 1-\ln 2)+(\ln 1-\ln 2)=0.$$

思考 若所求曲线积分为$\oint_L\frac{-|x|\mathrm{d}x+|y|\mathrm{d}y}{kx^2+y^2}(k\in\mathbf{R}^+)$，结果如何？

例 13 计算曲线积分$\int_L y^3\mathrm{d}x+x^3\mathrm{d}y$，其中$L$是对数螺线$r=\mathrm{e}^{a\theta}$相应于$\theta$从0到$2\pi$的一段弧.

分析 当积分曲线为极坐标给出的曲线时，通常以极角作为参数，利用极坐标与直角坐标之间的关系$x=r\cos\theta, y=r\sin\theta$，将曲线的极坐标方程转化成参数方程来计算.

解 因为$x=r(\theta)\cos\theta=\mathrm{e}^{a\theta}\cos\theta, y=r(\theta)\sin\theta=\mathrm{e}^{a\theta}\sin\theta,\theta:0\sim 2\pi$，所以

$$\text{原式}=\int_0^{2\pi}(\mathrm{e}^{a\theta}\sin\theta)^3\mathrm{d}(\mathrm{e}^{a\theta}\cos\theta)+(\mathrm{e}^{a\theta}\cos\theta)^3\mathrm{d}(\mathrm{e}^{a\theta}\sin\theta)$$

$$=\int_0^{2\pi}\mathrm{e}^{4a\theta}[\sin^3\theta(a\cos\theta-\sin\theta)+\cos^3\theta(a\sin\theta+\cos\theta)]\mathrm{d}\theta$$

$$=\int_0^{2\pi}\mathrm{e}^{4a\theta}\left(\frac{1}{2}a\sin 2\theta+\cos 2\theta\right)\mathrm{d}\theta=\frac{1}{2}a\int_0^{2\pi}\mathrm{e}^{4a\theta}\sin 2\theta\mathrm{d}\theta+\int_0^{2\pi}\mathrm{e}^{4a\theta}\cos 2\theta\mathrm{d}\theta$$

$$=\frac{1}{(4a)^2+2^2}\left[\frac{1}{2}a\mathrm{e}^{4a\theta}(4a\sin 2\theta-2\cos 2\theta)+\mathrm{e}^{4a\theta}(2\sin 2\theta+4a\cos 2\theta)\right]_0^{2\pi}$$

$$=\frac{1}{16a^2+4}\left[\frac{1}{2}a\mathrm{e}^{8\pi a}(0-2)+\mathrm{e}^{8\pi a}(0+4a)-\frac{1}{2}a(0-2)-(0+4a)\right]=\frac{3a(\mathrm{e}^{8\pi a}-1)}{16a^2+4}.$$

思考 （i）若将曲线积分改为$\int_L y\mathrm{d}x-x\mathrm{d}y$，结果如何？（ii）若将积分曲线$L$改为阿基米德螺线$r=a\theta$相应于$\theta$从0到$2\pi$的一段弧，以上两题的结果如何？

例 14 计算曲线积分$I=\oint_\Gamma(y-z)\mathrm{d}x+(z-x)\mathrm{d}y+(x-y)\mathrm{d}z$，其中$\Gamma$是柱面$x^2+y^2=a^2$与平面$x+y+z=a$ $(a>0)$交线，且从x轴正向看去Γ是逆时针绕向的.

分析 利用投影法求解. 先求出积分曲线的参数方程，再代入公式化为定积分计算.

解 如图 10-7 所示，令$x=a\cos\theta, y=a\sin\theta$，代入平面方程，得$z=a(1-\cos\theta-\sin\theta)$，故曲线的参数方程为

$$\Gamma: x=a\cos\theta, y=a\sin\theta, z=a(1-\cos\theta-\sin\theta),$$

其中θ由0到2π. 于是

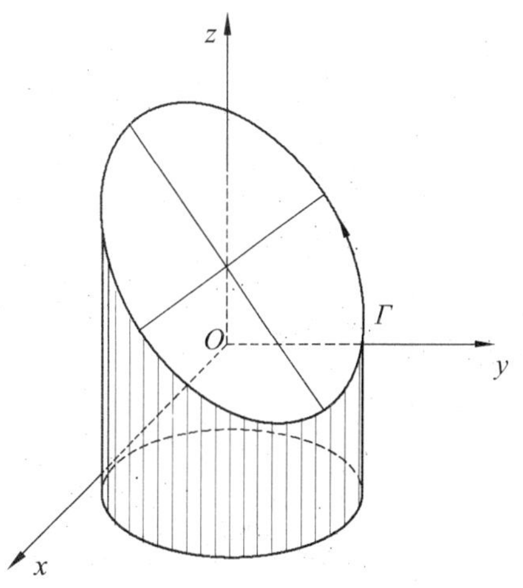

图 10-7

$$I = a^2\int_0^{2\pi}\{[\sin\theta-(1-\cos\theta-\sin\theta)](-\sin\theta)+[(1-\cos\theta-\sin\theta)-\cos\theta]\cos\theta+$$
$$(\cos\theta-\sin\theta)(\sin\theta-\cos\theta)\}\mathrm{d}\theta$$
$$=\int_0^{2\pi}(\sin\theta+\cos\theta-3)\mathrm{d}\theta=-6\pi.$$

思考 （i）若 $I=\oint_\Gamma(y-z)\mathrm{d}x$ 或 $I=\oint_\Gamma(z-x)\mathrm{d}y$ 或 $I=\oint_\Gamma(x-y)\mathrm{d}z$ ，结果如何？$I=\oint_\Gamma(z-x)\mathrm{d}y+(x-y)\mathrm{d}z$ 呢？（ii）若 Γ 是柱面 $x^2+y^2=a^2$ 与平面 $x+y+z=a\ (a>0)$ 的交线，以上各题结果如何？Γ 是柱面 $x^2+y^2=a^2$ 与平面 $bx+cy+z=a\ (a>0)$ 的交线呢？

例 15 质点 P 沿着以 AB 为直径的半圆周，从点 $A(1,2)$ 运动到点 $B(3,4)$ 的过程中受到变力 $\boldsymbol{F}$ 的作用，$\boldsymbol{F}$ 的大小等于点 P 与坐标原点 O 之间的距离，其方向垂直于线段 OP，且与 y 轴正向的夹角小于 $\dfrac{\pi}{2}$，求变力 $\boldsymbol{F}$ 对质点 P 所做的功 W.

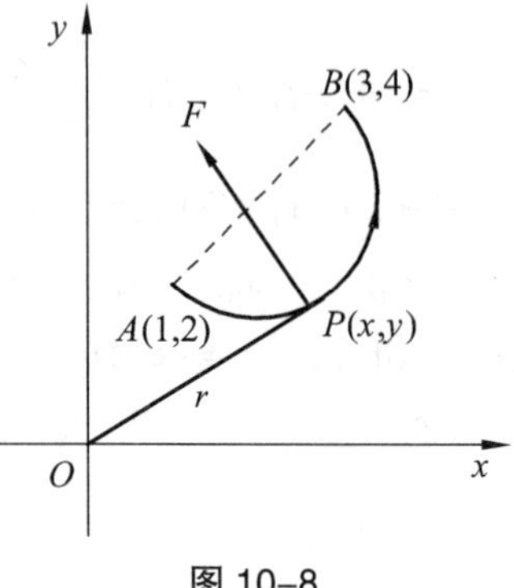

图 10–8

分析 先求出变力 $\boldsymbol{F}$ 以及有向圆弧 $\overset{\frown}{AB}$ 的参数方程，并根据曲线积分求出功的表达式，并计算出变力 $\boldsymbol{F}$ 对质点 P 所做的功 W.

解 如图 10-8 所示，根据题设得 $\boldsymbol{F}=-y\boldsymbol{i}+x\boldsymbol{j}$ ，$\overset{\frown}{AB}: x=2+\sqrt{2}\cos\theta, y=3+\sqrt{2}\sin\theta$ ，其中 θ 由 $-\dfrac{3}{4}\pi$ 到 $\dfrac{\pi}{4}$. 于是 $\boldsymbol{F}$ 所做的功

$$W=\int_{\overset{\frown}{AB}}\boldsymbol{F}\cdot\mathrm{d}\boldsymbol{s}=\int_{\overset{\frown}{AB}}-y\mathrm{d}x+x\mathrm{d}y$$
$$=\int_{-\frac{3\pi}{4}}^{\frac{\pi}{4}}[\sqrt{2}(3+\sqrt{2}\sin\theta)\sin\theta+\sqrt{2}(2+\sqrt{2}\cos\theta)\cos\theta]\mathrm{d}\theta$$
$$=\int_{-\frac{3\pi}{4}}^{\frac{\pi}{4}}(2+3\sqrt{2}\sin\theta+2\sqrt{2}\cos\theta)\mathrm{d}\theta$$
$$=[2\theta-3\sqrt{2}\cos\theta+2\sqrt{2}\sin\theta]_{-\frac{3\pi}{4}}^{\frac{\pi}{4}}=2(\pi-1).$$

思考 （i）若质点 P 沿着椭圆 $\dfrac{(x-2)^2}{a^2}+\dfrac{(y-3)^2}{b^2}=1\left(\dfrac{1}{a^2}+\dfrac{1}{b^2}=1\right)$ 的下方从点 A 运动到点 B，结果如何？（ii）若 $\boldsymbol{F}$ 的大小等于点 P 与坐标原点 O 之间距离的平方，以上两种情况的结果如何？

例 16 在变力 $\boldsymbol{F}=yz\boldsymbol{i}+zx\boldsymbol{j}+xy\boldsymbol{k}$ 的作用下，质点由坐标原点沿直线运动到椭球面 $\dfrac{x^2}{a^2}+\dfrac{y^2}{b^2}+\dfrac{z^2}{c^2}=1$ 上第一卦限的点 $M(\xi,\eta,\zeta)$，问 ξ,η,ζ 取何值时，力 $\boldsymbol{F}$ 所做的功 W 最大？并求出 W 的最大值.

分析 先根据曲线积分求出功的表达式并计算，得到点 $M(\xi,\eta,\zeta)$ 的一个函数，再求出函数满足椭球面方程的条件极值，从而求出功的最大值.

解 直线 OM 的对称式方程为 $\dfrac{x}{\xi}=\dfrac{y}{\eta}=\dfrac{z}{\zeta}$. 令 $\dfrac{x}{\xi}=\dfrac{y}{\eta}=\dfrac{z}{\zeta}=t$，得直线段的参数方程

$$\overline{OM}: x=\xi t, y=\eta t, z=\zeta t\text{，}\ t\text{ 由 }0\text{ 到 }1.$$

于是 $\boldsymbol{F}$ 所做的功

$$\begin{aligned}W&=\int_{\overline{OM}}\boldsymbol{F}\cdot\mathrm{d}\boldsymbol{s}=\int_{\overline{OM}}yz\mathrm{d}x+zx\mathrm{d}y+xy\mathrm{d}z\\&=\int_0^1(\eta t\cdot\zeta t\cdot\xi+\zeta t\cdot\xi t\cdot\eta+\xi t\cdot\eta t\cdot\zeta)\mathrm{d}t=3\xi\eta\zeta\int_0^1 t^2\mathrm{d}t=\xi\eta\zeta.\end{aligned}$$

令 $G(\xi,\eta,\zeta)=\xi\eta\zeta+\lambda\left(1-\dfrac{\xi^2}{a^2}-\dfrac{\eta^2}{b^2}-\dfrac{\zeta^2}{c^2}\right)$，于是由

$$\begin{cases}\dfrac{\partial G}{\partial\xi}=\eta\zeta-\dfrac{2\lambda\xi}{a^2}=0\\\dfrac{\partial G}{\partial\eta}=\zeta\xi-\dfrac{2\lambda\eta}{b^2}=0\\\dfrac{\partial G}{\partial\zeta}=\xi\eta-\dfrac{2\lambda\zeta}{c^2}=0\end{cases}\Rightarrow\begin{cases}\eta\zeta=\dfrac{2\lambda\xi}{a^2}\\\zeta\xi=\dfrac{2\lambda\eta}{b^2}\\\xi\eta=\dfrac{2\lambda\zeta}{c^2}\end{cases}\Rightarrow\frac{\xi^2}{a^2}=\frac{\eta^2}{b^2}=\frac{\zeta^2}{c^2},$$

代入椭球面方程，得

$$\xi=\frac{a}{\sqrt{3}},\quad\eta=\frac{b}{\sqrt{3}},\quad\zeta=\frac{c}{\sqrt{3}},$$

于是由问题的实际意义知，$\xi=\dfrac{a}{\sqrt{3}},\eta=\dfrac{b}{\sqrt{3}},\zeta=\dfrac{c}{\sqrt{3}}$ 时，力 $\boldsymbol{F}$ 所做的功 W 最大，且其最大值 $W_{\max}=\dfrac{\sqrt{3}}{9}abc$.

思考　若质点由坐标原点沿直线运动到椭球面 $\dfrac{x^2}{a^2}+\dfrac{y^2}{b^2}+\dfrac{z^2}{c^2}=1$ 上第二卦限的点 $M(\xi,\eta,\zeta)$，结果如何？若 $M(\xi,\eta,\zeta)$ 的卦限没有限制呢？

例 17　计算曲线积分 $\int_L[2f(x,y)-x]\mathrm{d}y+[f(x,y)+y]\mathrm{d}x$，其中 $f(x,y)$ 为连续函数，L 是直线 $x+2y=1$ 在第一象限部分沿自上而下的方向.

分析　由于 $f(x,y)$ 为抽象函数，不便用投影法求解，因而尝试用第一类曲面积分与第二类曲面积分之间的关系求解.

解　如图 10-9 所示，L 与 x 轴与 y 轴的交点分别为 $A(1,0)$ 和 $B\left(0,\dfrac{1}{2}\right)$. 于是 L 的方向量

$$\boldsymbol{T}=\overrightarrow{BA}=\left(1,-\frac{1}{2}\right),$$

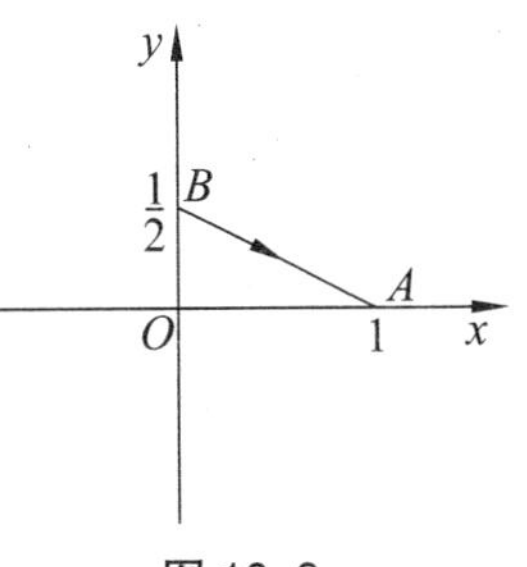

图 10–9

单位方向量为

$$\boldsymbol{T}^{\circ}=(\cos\alpha,\cos\beta)=\left(\frac{2}{\sqrt{5}},-\frac{1}{\sqrt{5}}\right).$$

根据两类曲线积分之间的关系及曲线积分的性质，得

$$\text{原式}=\int_L\{[f(x,y)+y]\cos\alpha+[2f(x,y)-x]\cos\beta\}\mathrm{d}s$$
$$=\frac{1}{\sqrt{5}}\int_L\{2[f(x,y)+y]-[2f(x,y)-x]\}\mathrm{d}s$$
$$=\frac{1}{\sqrt{5}}\int_L(x+2y)\mathrm{d}s=\frac{1}{\sqrt{5}}\int_L\mathrm{d}s=\frac{1}{\sqrt{5}}\cdot s=\frac{1}{\sqrt{5}}\cdot\frac{\sqrt{5}}{2}=\frac{1}{2}.$$

思考 若曲线积分为 $\int_L 2f(x,y)\mathrm{d}y+f(x,y)\mathrm{d}x$ 或 $\int_L[2f(x,y)-x]\mathrm{d}y+f(x,y)\mathrm{d}x$ 或 $\int_L 2f(x,y)\mathrm{d}y+[f(x,y)+y]\mathrm{d}x$，结果如何？$\int_L[2f(x,y)-ax]\mathrm{d}y+[f(x,y)+by]\mathrm{d}x\ (a,b\in\mathbf{R})$ 呢？

例 18 计算曲线积分 $\oint_\Gamma x\mathrm{d}x+y\mathrm{d}y+z\mathrm{d}z$，其中 Γ 是球面 $x^2+y^2+z^2=4a^2$ 与平面 $x+y+z=a$ 的交线，且从 x 轴正向看去是逆时针绕向的.

分析 利用投影法求解要求出曲线的参数方程，较复杂，现尝试用第一类曲线积分与第二类曲线积分之间的关系求解，以避免以上问题.

解 令 $\begin{cases}F(x,y,z)=x^2+y^2+z^2-4a^2\\G(x,y,z)=x+y+z-a\end{cases}$，则 Γ 的切向量为

$$\boldsymbol{T}=\begin{vmatrix}F_y & F_z\\G_y & G_z\end{vmatrix}\boldsymbol{i}+\begin{vmatrix}F_z & F_x\\G_z & G_x\end{vmatrix}\boldsymbol{j}+\begin{vmatrix}F_x & F_y\\G_x & G_y\end{vmatrix}\boldsymbol{k}=\begin{vmatrix}2y & 2z\\1 & 1\end{vmatrix}\boldsymbol{i}+\begin{vmatrix}2z & 2x\\1 & 1\end{vmatrix}\boldsymbol{j}+\begin{vmatrix}2x & 2y\\1 & 1\end{vmatrix}\boldsymbol{k}$$
$$=2(y-z)\boldsymbol{i}+2(z-x)\boldsymbol{j}+2(x-y)\boldsymbol{k},$$

于是 Γ 的单位法向量为

$$\boldsymbol{n}^\circ=\frac{(y-z)\boldsymbol{i}+(z-x)\boldsymbol{j}+(x-y)\boldsymbol{k}}{\sqrt{(y-z)^2+(z-y)^2+(x-y)^2}},$$

于是

$$\cos\alpha=\frac{y-z}{\sqrt{(y-z)^2+(z-y)^2+(x-y)^2}},$$
$$\cos\beta=\frac{z-x}{\sqrt{(y-z)^2+(z-y)^2+(x-y)^2}},$$
$$\cos\gamma=\frac{x-y}{\sqrt{(y-z)^2+(z-y)^2+(x-y)^2}}.$$

根据两类曲线积分之间的关系及曲线积分的性质，得

$$\text{原式}=\oint_\Gamma(x\cos\alpha+y\cos\beta+z\cos\gamma)\mathrm{d}z$$
$$=\oint_\Gamma\frac{x(y-z)+y(z-x)+z(x-y)}{\sqrt{(y-z)^2+(z-y)^2+(x-y)^2}}\mathrm{d}s=\oint_\Gamma 0\cdot\mathrm{d}s=0.$$

思考 若曲线积分为 $\oint_\Gamma x\mathrm{d}x$ 或 $\oint_\Gamma x\mathrm{d}x+y\mathrm{d}y$ 或 $\oint_\Gamma ax\mathrm{d}x+by\mathrm{d}y+cz\mathrm{d}z\ (a,b,c\in\mathbf{R})$，结果如何？

五、练习题 10.1

1. 设 Γ 是椭球面 $\frac{1}{6}x^2+\frac{1}{3}y^2+\frac{1}{2}z^2=1$ 与平面 $x-2y+3z=6$ 的交线，且其周长为 a，求曲线积分 $\oint_\Gamma(x^2+2y^2+3z^2+x-2y+3z-3)\mathrm{d}s$.

2. 计算曲线积分$\int_L (x^{\frac{4}{3}} + y^{\frac{4}{3}})\mathrm{d}s$，其中$x^{\frac{2}{3}} + y^{\frac{2}{3}} = a^{\frac{2}{3}}\ (a > 0)$在第一、二象限内的弧段.

3. 计算曲线积分$\oint_\Gamma \dfrac{y^2 + 2z^2}{\sqrt{x^2 + y^2 + z^2}}\mathrm{d}s$，其中设$\Gamma$是椭球面$x^2 + y^2 + z^2 = 4$与平面$x + y + z = 1$的交线.

4. 计算曲线$\begin{cases} x^2 + y^2 + z^2 = 4 \\ y + z = 1 \end{cases}$的弧长.

5. 设曲线$x = a\cos t, y = a\sin t, z = bt\ (0 \leqslant t \leqslant 2\pi)$在其上任意点$P(x,y,z)$的线密度$z = \dfrac{1}{2}(|x| + |y|)$，求其质量.

6. 求均匀摆线$x = t - \sin t, y = 1 - \cos t\ (0 \leqslant t \leqslant 2\pi)$重心的坐标.

7. 设L是正向星形线$x^{\frac{2}{3}} + y^{\frac{2}{3}} = a^{\frac{2}{3}}\ (a > 0)$在第一象限的部分，求曲线积分$\int_L 2x\mathrm{d}y - y\mathrm{d}x$.

8. 求曲线积分$\oint_\Gamma y^3\mathrm{d}x + xy^2\mathrm{d}y$，其中$L$是两抛物线$y^2 = x, x^2 = y$所围成区域的正向边界曲线.

9. 设Γ是螺旋线$x = a\cos t, y = a\sin t, z = bt$上参数自0到$2\pi$的一段弧，求曲线积分$\int_\Gamma \dfrac{\mathrm{d}x - 2\mathrm{d}y}{x^2 + y^2 + z^2}$.

10. 计算曲线积分$\oint_\Gamma (x^2 + y^2)\mathrm{d}x + (x^2 - y^2)\mathrm{d}y$，其中$L$是曲线$y = 1 - |1 - x|$与$x$轴所围成区域的逆向边界曲线.

11. 计算曲线积分$\int_L \sqrt{x^2 + y^2}\mathrm{d}x$，其中$L$是心形线$r = 1 - \cos\theta$上参数自0到$\pi$的一段弧.

12. 设位于点$(0,1)$的质点A对质点M的引力大小为$\dfrac{k}{r^2}$，其中常数$k > 0$，r为质点A与质点M之间的距离. 质点M沿曲线$y = \sqrt{2x - x^2}$自$B(2,0)$运动到$O(0,0)$，求在此运动过程中质点A对质点M的引力所做的功.

13. 计算曲线积分$\oint_\Gamma (z - y)\mathrm{d}x + (x - z)\mathrm{d}y + (x - y)\mathrm{d}z$，其中$\Gamma$是曲线$\begin{cases} x^2 + y^2 = 1 \\ x - y + z = 2 \end{cases}$，且从$z$轴正向往$z$轴负向看去$\Gamma$的方向是顺时针的.

第二节 曲面积分及其应用

一、教学目标

1. 了解对面积的曲面积分的概念与性质，对面积的曲面积分的几何、物理意义；掌握利用二重积分计算对面积的曲面积分的方法.

2. 了解对坐标的曲面积分的基本概念，对坐标的曲面积分的物理意义；掌握对坐标的曲面积分的基本性质和利用二重积分计算对坐标的曲面积分计算的方法.

3. 知道两类曲面积分之间的区别与联系.

二、内容提要

曲面积分

对面积的曲面积分

- 定义：$f(x,y,z)$ 在光滑曲面 Σ 上有界，将 Σ 任意分成 n 小块 $\Delta S_i(i=1,2,\cdots,n)$，$\forall(\xi_i,\eta_i,\zeta_i)\in\Delta S_i$，$\lim\limits_{\lambda\to 0}\sum\limits_{i=1}^{n}f(\xi_i,\eta_i,\zeta_i)\Delta S_i(\lambda=\max\limits_{1\leqslant i\leqslant n}\{\Delta S_i\text{的直径}\})$ 存在

  $$\Leftrightarrow\iint\limits_{\Sigma}f(x,y,z)\mathrm{d}S=\lim_{\lambda\to 0}\sum_{i=1}^{n}f(\xi_i,\eta_i,\zeta_i)\Delta S_i .$$

- 性质：$\iint\limits_{\Sigma_1+\cdots+\Sigma_n}f(x,y,z)\mathrm{d}S=\iint\limits_{\Sigma_1}f(x,y,z)\mathrm{d}S+\cdots+\iint\limits_{\Sigma_n}f(x,y,z)\mathrm{d}S$.

- 计算方法
  - Σ：$z=z(x,y)$ 在 xOy 面上的投影为 D_{xy}，z_x,z_y 在 D_{xy} 上连续 $\Rightarrow$

    $$\iint\limits_{\Sigma}f(x,y,z)\mathrm{d}S=\iint\limits_{D_{xy}}f[x,y,z(x,y)]\sqrt{1+z_x^2(x,y)+z_y^2(x,y)}\mathrm{d}x\mathrm{d}y .$$

  - Σ：$x=x(y,z)$，$\iint\limits_{\Sigma}f(x,y,z)\mathrm{d}S=\iint\limits_{D_{yz}}f[x(y,z),y,z]\sqrt{1+x_y^2(y,z)+x_z^2(y,z)}\mathrm{d}y\mathrm{d}z$.
  - Σ：$y=y(z,x)$，$\iint\limits_{\Sigma}f(x,y,z)\mathrm{d}S=\iint\limits_{D_{zx}}f[x,y(z,x),z]\sqrt{1+y_z^2(z,x)+y_x^2(z,x)}\mathrm{d}z\mathrm{d}x$.

- 应用
  - 面密度为 $\rho(x,y,z)$ 的曲面 Σ 的质量：$M=\iint\limits_{\Sigma}\rho(x,y,z)\mathrm{d}S$.

    $\downarrow\rho(x,y,z)=1$
  - 曲面 Σ 的面积：$S=\iint\limits_{\Sigma}\mathrm{d}S=\iint\limits_{D_{xy}}\sqrt{1+z_x^2+z_y^2}\mathrm{d}x\mathrm{d}y$.

对坐标的曲面积分

- 定义：$R(x,y,z)$ 在有向光滑曲面 Σ 上有界，将 Σ 任意分成 n 小块 $\Delta S_i(i=1,2,\cdots,n)$. $\forall(\xi_i,\eta_i,\zeta_i)\in\Delta S_i$，$\Delta S_i$ 在 xOy 面上的投影为 $(\Delta S_i)_{xy}$，$\lim\limits_{\lambda\to 0}\sum\limits_{i=1}^{n}R(\xi_i,\eta_i,\zeta_i)(\Delta S_i)_{xy}$.

  $(\lambda=\max\limits_{1\leqslant i\leqslant n}\{\Delta S_i\text{的直径}\})$ 存在 $\Leftrightarrow\iint\limits_{\Sigma}R(x,y,z)\mathrm{d}x\mathrm{d}y=\lim\limits_{\lambda\to 0}\sum\limits_{i=1}^{n}R(\xi_i,\eta_i,\zeta_i)(\Delta S_i)_{xy}$.

  类似地，$\iint\limits_{\Sigma}P(x,y,z)\mathrm{d}y\mathrm{d}z=\lim\limits_{\lambda\to 0}\sum\limits_{i=1}^{n}P(\xi_i,\eta_i,\zeta_i)(\Delta S_i)_{yz}$.

  $$\iint\limits_{\Sigma}Q(x,y,z)\mathrm{d}z\mathrm{d}x=\lim_{\lambda\to 0}\sum_{i=1}^{n}Q(\xi_i,\eta_i,\zeta_i)(\Delta S_i)zx .$$

- 性质
  - 有向性：$\iint\limits_{-\Sigma}P\mathrm{d}y\mathrm{d}z+Q\mathrm{d}z\mathrm{d}x+R\mathrm{d}x\mathrm{d}y=-\iint\limits_{\Sigma}P\mathrm{d}y\mathrm{d}z+Q\mathrm{d}z\mathrm{d}x+R\mathrm{d}x\mathrm{d}y$.
  - 可加性：$\iint\limits_{\Sigma_1+\cdots+\Sigma_n}P\mathrm{d}y\mathrm{d}z+Q\mathrm{d}z\mathrm{d}x+R\mathrm{d}x\mathrm{d}y=\iint\limits_{\Sigma_1}P\mathrm{d}y\mathrm{d}z+Q\mathrm{d}z\mathrm{d}x+R\mathrm{d}x\mathrm{d}y+\cdots+$

    $\iint\limits_{\Sigma_n}P\mathrm{d}y\mathrm{d}z+Q\mathrm{d}z\mathrm{d}x+R\mathrm{d}x\mathrm{d}y.$

曲面积分
- 对坐标的曲面积分
  - 计算方法
    - $\Sigma: z=z(x,y), \iint\limits_{\Sigma} R(x,y,z)\mathrm{d}x\mathrm{d}y = \pm\iint\limits_{D_{xy}} R[x,y,z(x,y)]\mathrm{d}x\mathrm{d}y.$
    - $\Sigma: x=x(y,z), \iint\limits_{\Sigma} P(x,y,z)\mathrm{d}y\mathrm{d}z = \pm\iint\limits_{D_{yz}} P[x(y,z),y,z]\mathrm{d}y\mathrm{d}z.$
    - $\Sigma: y=y(z,x), \iint\limits_{\Sigma} Q(x,y,z)\mathrm{d}z\mathrm{d}x = \pm\iint\limits_{D_{zx}} Q[x,y(z,x),z]\mathrm{d}z\mathrm{d}x.$
  - 应用：向量场 $\boldsymbol{v}=P(x,y,z)\boldsymbol{i}+Q(x,y,z)\boldsymbol{j}+R(x,y,z)\boldsymbol{k}$ 通过曲面 Σ 指定侧的流量；
    $$\Phi=\iint\limits_{\Sigma} P\mathrm{d}y\mathrm{d}z+Q\mathrm{d}z\mathrm{d}x+R\mathrm{d}x\mathrm{d}y .$$
- 两类曲面积分间的关系：$\iint\limits_{\Sigma} P\mathrm{d}y\mathrm{d}z+Q\mathrm{d}z\mathrm{d}x+R\mathrm{d}x\mathrm{d}y=\iint\limits_{\Sigma}(P\cos\alpha+Q\cos\beta+R\cos\gamma)\mathrm{d}S$，
  其中 $\cos\alpha,\cos\beta,\cos\gamma$ 是有向曲面 Σ 在点 (x,y,z) 处的法向量的方向余弦.

三、疑点解析

1. 关于第一类曲面积分的概念与性质　在二重积分的定义中，把坐标平面上的区域 D 换成空间曲面 Σ，把定义在区域 D 上有界的二元函数 $f(x,y)$ 换成定义在曲面 Σ 上有界的三元函数 $f(x,y,z)$，仍然按着“分割、近似、求和、取极限”的思想方法，可得到对面积的曲面积分的定义，可见对面积的曲面积分是二重积分的推广.

事实上，当积分曲面 Σ 为某坐标面（如 xOy）上的区域 D，而 $f(x,y,z)$ 为定义在曲面 D 上的有界函数时，对面积的曲面积分 $\iint\limits_{\Sigma} f(x,y,z)\mathrm{d}S$ 就是二重积分，即

$$\iint\limits_{\Sigma} f(x,y,z)\mathrm{d}S=\iint\limits_{D} f(x,y,0)\mathrm{d}S .$$

另一方面，对面积的曲面积分 $\iint\limits_{\Sigma} f(x,y,z)\mathrm{d}S$ 也可以看成是曲线积分 $\int_L f(x,y)\mathrm{d}s$ 的推广.

因此，对面积的曲面积分与对弧长的曲线积分和二重积分都具有类似的性质，除教材中列出的两条外，其余各条性质也可以仿二重积分的性质列出. 例如，对面积的曲面积分具有如下的估值定理：

若 M,m 分别函数 $f(x,y,z)$ 在分段光滑曲线面 Σ 的最大值和最小值，曲面 Σ 的面积为 S，则

$$mS\leqslant\iint\limits_{\Sigma} f(x,y,z)\mathrm{d}S\leqslant MS .$$

2. 关于第一类曲面积分转化为二重积分的方法　在对面积的曲面积分 $\iint\limits_{\Sigma} f(x,y,z)\mathrm{d}S$ 中，尽管被积函数是三元函数，但其三个变量 x,y,z 并不是独立的，因为被积函数 $f(x,y,z)$ 是定义在积分曲面 Σ 上的，受一个条件，即曲面 Σ 方程的限制. 可见，曲面积分 $\iint\limits_{\Sigma} f(x,y,z)\mathrm{d}S$ 中只有两个独立的积分变量，因此它在一定条件下可以转化成二重积分.

为此，必须找一个一一映射和一个坐标面（通常是曲面的参数方程和参数所在的坐标面），把曲面 Σ 一一映射到这个坐标面上的某个区域（通常是参数的取值范围）上，这样才能把曲

面积分化为二重积分. 尽管也可以把 Σ 映射到空间直角坐标系中三坐标面之外的某坐标平面上，但为简便起见，这里只讨论将 Σ 映射到空间直角坐标系三坐标面 xOy, yOz, zOx 上的情形. 因此，这里的映射通常就是曲面的显式方程 $z=z(x,y), x=x(y,z)$ 或 $y=y(z,x)$，而相应的坐标面就是 xOy, yOz 或 zOx. 转化过程通常包括四个方面：（i）确定投影的坐标面，并求出 Σ 关于该坐标面的显式方程；（ii）求出 Σ 在该坐标面上的投影区域，即二重积分的积分区域；（iii）根据曲面的显式方程将三元函数 $f(x,y,z)$ 转化成该坐标面上的二元函数；（iv）根据曲面的显式方程和面微分公式求出曲面 Σ 的面微分 $\mathrm{d}S$.

由于光滑曲面只有如下三种显式的表达方式，因此得到如下三种把对面积的曲面积分转化为二重积分的方法：

（i）若 $\Sigma: z=z(x,y),(x,y)\in D_{xy}$，则 $\mathrm{d}S=\sqrt{1+z_x^2+z_y^2}\,\mathrm{d}x\mathrm{d}y$，

$$\iint_{\Sigma} f(x,y,z)\mathrm{d}S=\iint_{D_{xy}} f[x,y,z(x,y)]\sqrt{1+z_x^2+z_y^2}\,\mathrm{d}x\mathrm{d}y\ ;$$

（ii）若 $\Sigma: x=x(y,z),(y,z)\in D_{yz}$，则 $\mathrm{d}S=\sqrt{1+x_y^2+x_z^2}\,\mathrm{d}y\mathrm{d}z$，

$$\iint_{\Sigma} f(x,y,z)\mathrm{d}S=\iint_{D_{yz}} f[x(y,z),y,z]\sqrt{1+x_y^2+x_z^2}\,\mathrm{d}y\mathrm{d}z\ ;$$

（iii）若 $\Sigma: y=y(z,x),(z,x)\in D_{zx}$，则 $\mathrm{d}S=\sqrt{1+y_z^2+y_x^2}\,\mathrm{d}z\mathrm{d}x$，

$$\iint_{\Sigma} f(x,y,z)\mathrm{d}S=\iint_{D_{zx}} f[x,y(z,x),z]\sqrt{1+y_z^2+y_x^2}\,\mathrm{d}z\mathrm{d}x.$$

计算时，应注意如下三点：（i）应根据积分曲线的特点和二重积分的难易程度选择适当的计算方法；（ii）当 Σ 为分片光滑曲面或 Σ 是由分段函数表达的曲面时，应将其分成若干光滑曲面来计算；（iii）当 Σ 在坐标面上有重影时，应将其分成若干片无重影的曲面来计算.

3. **关于第二类曲面积分的概念与性质**　两类不同的曲面积分产生于不同的实际问题，具有不尽相同的性质. 对面积的曲面积分源于曲面形物体的质量问题，与数量有关，$\iint\limits_{\Sigma} f(x,y,z)\mathrm{d}S$ 的被积函数 $f(x,y,z)$ 是定义在无向曲面 Σ 上的数量函数，$\mathrm{d}S$ 是曲线 Σ 的面微分；对坐标的曲面积分源于流体流过曲面的流量问题，与向量有关，$\iint\limits_{\Sigma} P(x,y,z)\mathrm{d}y\mathrm{d}z+Q(x,y,z)\mathrm{d}z\mathrm{d}x+R(x,y,z)\mathrm{d}x\mathrm{d}y$ 中的被积函数 P,Q,R 依次是在 Σ 上有定义的向量函数 $\boldsymbol{v}(x,y,z)=P(x,y,z)\boldsymbol{i}+Q(x,y,z)\boldsymbol{j}+R(x,y,z)\boldsymbol{k}$ 在坐标轴 x,y,z 上的投影，$\mathrm{d}y\mathrm{d}z, \mathrm{d}z\mathrm{d}x, \mathrm{d}x\mathrm{d}y$ 分别是面微分 $\mathrm{d}S$ 在坐标面 yOz, zOx, xOy 上的有向投影，当有向曲面投影到坐标面上的无向区域时，它们带有一定的符号，即 $\mathrm{d}y\mathrm{d}z=\mathrm{d}S\cos\alpha$，$\mathrm{d}z\mathrm{d}x=\mathrm{d}S\cos\beta$，$\mathrm{d}x\mathrm{d}y=\mathrm{d}S\cos\gamma$，其中 $0\leqslant\alpha,\beta,\gamma\leqslant\pi$ 是 Σ 在点 (x,y,z) 处法向量的方向角，这与二重积分 $\iint\limits_{D} f(x,y)\mathrm{d}x\mathrm{d}y$ 中的 $\mathrm{d}x\mathrm{d}y$ 恒为正值是不同的. 因此，对坐标的曲面积分具有区别于对面积的曲面积分的有向性：

$$\iint_{\Sigma^-} P\mathrm{d}y\mathrm{d}z+Q\mathrm{d}z\mathrm{d}x+R\mathrm{d}x\mathrm{d}y=-\iint_{\Sigma} P\mathrm{d}y\mathrm{d}z+Q\mathrm{d}z\mathrm{d}x+R\mathrm{d}x\mathrm{d}y\ ,$$

其中 Σ^- 是与 Σ 的方向相反的曲面.

从纵向上来看，对坐标的曲面积分是对坐标的曲线积分的推广；而从横向上来说，如果规定平面区域的侧向以及不同侧向上的二重积分，那么对坐标的曲面积分也可以和二重积分统一起来.

事实上，比如说积分曲面 Σ 为坐标面 xOy 的有向区域 D 时，对坐标的曲面积分

$$\iint_{\Sigma} P\mathrm{d}y\mathrm{d}z + Q\mathrm{d}z\mathrm{d}x + R\mathrm{d}x\mathrm{d}y = \iint_{D} R(x,y,0)\mathrm{d}x\mathrm{d}y = \pm\iint_{D_{xy}} R(x,y,0)\mathrm{d}x\mathrm{d}y .$$

除有向性外，对坐标的曲面积分也具有二重积分类似的性质，教材中列出了其中两条，其余各条也可以仿二重积分的性质列出. 例如，对坐标的曲面积分具有如下的中值定理：

若函数 $P(x,y,z),Q(x,y,z),R(x,y,z)$ 在分片光滑有向曲面 Σ 上连续，且平行于坐标面的直线与 Σ 的交点都不多于一个，则在曲面 Σ 上至少存在一点 (ξ,η,ζ)，使下式成立：

$$\iint_{\Sigma} P\mathrm{d}y\mathrm{d}z + Q\mathrm{d}z\mathrm{d}x + R\mathrm{d}x\mathrm{d}y = P(\xi,\eta,\zeta)D_{yz} + Q(\xi,\eta,\zeta)D_{zx} + R(\xi,\eta,\zeta)D_{xy} ,$$

其中 D_{yz},D_{zx},D_{xy} 依次为 Σ 在坐标面 yOz,zOx,xOy 上投影的有向面积.

4. 关于第二类曲面积分转化为二重积分的方法　与对面积的曲面积分类似，对坐标的曲面积分 $\iint_{\Sigma} P(x,y,z)\mathrm{d}y\mathrm{d}z + Q(x,y,z)\mathrm{d}z\mathrm{d}x + R(x,y,z)\mathrm{d}x\mathrm{d}y$ 被积函数 $P(x,y,z)$, $Q(x,y,z)$, $R(x,y,z)$ 中的三个变量 x,y,z 也受曲面方程的限制，也不是独立的. 因此，曲面积分 $\iint_{\Sigma} P(x,y,z)\mathrm{d}y\mathrm{d}z + Q(x,y,z)\mathrm{d}z\mathrm{d}x + R(x,y,z)\mathrm{d}x\mathrm{d}y$ 中也只有两个独立的积分变量，它在一定条件下也可以转化为二重积分.

为此，必须找一个一一映射和一个坐标面（通常是曲面的参数方程和参数所在的坐标面），把曲面 Σ 一一映射到这个坐标面上的某个区域（通常是参数的取值范围）上，这样才能把曲面积分化为二重积分. 为简便起见，也是用曲面的显式方程 $z=z(x,y),x=x(y,z)$ 或 $y=y(z,x)$，将 Σ 映射到空间直角坐标系的三坐标面 xOy,yOz,zOx 上. 转化过程通常包括四个方面：（i）确定投影的坐标面，并求出 Σ 关于该坐标面的显式方程；（ii）求出 Σ 在该坐标面上的投影区域，即二重积分的积分区域；（iii）根据曲面的显式方程将三元函数 $P(x,y,z),Q(x,y,z),R(x,y,z)$ 转化成该坐标面上的二元函数；（iv）根据 Σ 的侧向确定曲面积分转化成二重积分前的符号.

由于光滑曲面只有如下三种显式的表达方式，因此得到如下三种把对面积的曲面积分转化为二重积分的方法：

（i）若 $\Sigma: z=z(x,y),(x,y)\in D_{xy}$，则

$$\iint_{\Sigma} P(x,y,z)\mathrm{d}y\mathrm{d}z + Q(x,y,z)\mathrm{d}z\mathrm{d}x + R(x,y,z)\mathrm{d}x\mathrm{d}y = \pm\iint_{D_{xy}} R[x,y,z(x,y)]\mathrm{d}x\mathrm{d}y ;$$

（ii）若 $\Sigma: x=x(y,z),(y,z)\in D_{yz}$，则

$$\iint_{\Sigma} P(x,y,z)\mathrm{d}y\mathrm{d}z + Q(x,y,z)\mathrm{d}z\mathrm{d}x + R(x,y,z)\mathrm{d}x\mathrm{d}y = \pm\iint_{D_{yz}} P[x(y,z),y,z]\mathrm{d}y\mathrm{d}z ;$$

（iii）若 $\Sigma: y=y(z,x),(z,x)\in D_{zx}$，则

$$\iint\limits_{\Sigma} P(x,y,z)\mathrm{d}y\mathrm{d}z+Q(x,y,z)\mathrm{d}z\mathrm{d}x+R(x,y,z)\mathrm{d}x\mathrm{d}y=\pm\iint\limits_{D_{zx}} Q[x,y(z,x),z]\mathrm{d}z\mathrm{d}x .$$

可见，将 $\iint\limits_{\Sigma} P(x,y,z)\mathrm{d}y\mathrm{d}z+Q(x,y,z)\mathrm{d}z\mathrm{d}x+R(x,y,z)\mathrm{d}x\mathrm{d}y$ 投影到 xOy, yOz, zOx 中的某坐标面上时，只有被投影的这个坐标面的哪一项曲面积分不为零，而其余两项的曲面积分均为零. 这是因为，比如说在（i）中将 Σ 投影到 xOy 面上，此时 $z=0, \mathrm{d}z=0$，于是曲面积分中的前两项均为零.

这就是说，将整个曲面积分 $\iint\limits_{\Sigma} P(x,y,z)\mathrm{d}y\mathrm{d}z+Q(x,y,z)\mathrm{d}z\mathrm{d}x+R(x,y,z)\mathrm{d}x\mathrm{d}y$ 投影到各个坐标面上计算后求和，与分别计算各项曲面积分后求和是一样的.

计算时，应特别注意积分曲面的侧向与二重积分前的正、负号之间的关系. 其余注意事项与对面积的曲面积分相同，不一一赘述.

5. **关于两类曲面积分之间的关系** 由于两类曲面积分都可以转化为二重积分，因此它们之间也可以互相转化. 根据曲面 Σ 的面微分 $\mathrm{d}S$ 与其在坐标面 yOz, zOx, xOy 上的有向投影 $\mathrm{d}y\mathrm{d}z, \mathrm{d}z\mathrm{d}x, \mathrm{d}x\mathrm{d}y$ 之间的关系 $\mathrm{d}y\mathrm{d}z=\mathrm{d}S\cos\alpha, \mathrm{d}z\mathrm{d}x=\mathrm{d}S\cos\beta, \mathrm{d}x\mathrm{d}y=\mathrm{d}S\cos\gamma$，即得

$$\iint\limits_{\Sigma} P\mathrm{d}y\mathrm{d}z+Q\mathrm{d}z\mathrm{d}x+R\mathrm{d}x\mathrm{d}y=\iint\limits_{\Sigma}(P\cos\alpha+Q\cos\beta+R\cos\gamma)\mathrm{d}S ,$$

其中 $0\leqslant \alpha(x,y,z), \beta(x,y,z), \gamma(x,y,z)\leqslant \pi$ 是有向曲面 Σ 在点 (x,y,z) 处法向量的方向角.

注意：尽管上式两边的积分曲面都是用 Σ 表示的，但左边的 Σ 是有向的，右边的 Σ 是无向的，右边 Σ 的方向已融入到左边有向曲面 Σ 切向量的方向余弦 $\cos\alpha, \cos\beta, \cos\gamma$ 中.

四、例题分析

例 1 计算曲面积分 $\oiint\limits_{\Sigma}\dfrac{1}{(1+x+y+z)^2}\mathrm{d}S$，其中 Σ 是四面体 $x+y+z\leqslant 1, x\geqslant 0, y\geqslant 0$，$z\geqslant 0$ 的边界曲面.

分析 Σ 由四块光滑的闭曲面构成，应分片计算，并根据曲面积分对曲面的可加性得出结果. 注意：根据对称性可以简化计算.

解 如图 10-10 所示，$\Sigma=\Sigma_1+\Sigma_2+\Sigma_3+\Sigma_4$. 而 $\Sigma_1: z=0$ $(0\leqslant x\leqslant 1,\ 0\leqslant y\leqslant 1-x)$，$\mathrm{d}S=\mathrm{d}x\mathrm{d}y$，于是

$$\begin{aligned}\iint\limits_{\Sigma_1}\frac{1}{(1+x+y+z)^2}\mathrm{d}S&=\iint\limits_{D_{xy}}\frac{1}{(1+x+y)^2}\mathrm{d}x\mathrm{d}y\\&=\int_0^1\mathrm{d}x\int_0^{1-x}\frac{1}{(1+x+y)^2}\mathrm{d}y\\&=\int_0^1\left(\frac{1}{1+x}-\frac{1}{2}\right)\mathrm{d}x=\ln 2-\frac{1}{2};\end{aligned}$$

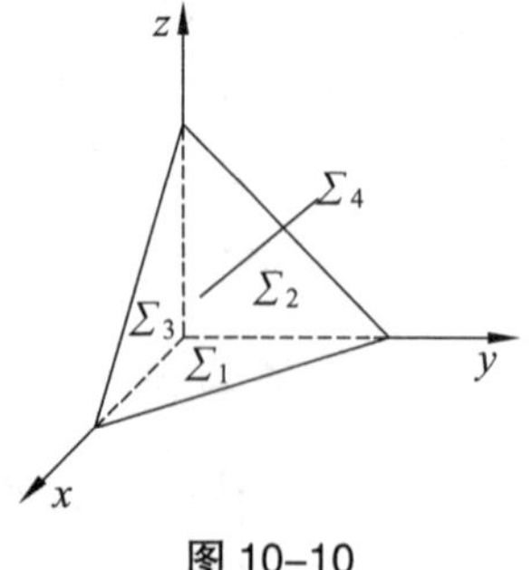

图 10-10

又
$$\iint_{\Sigma_4}\frac{1}{(1+x+y+z)^2}\mathrm{d}S=\iint_{\Sigma_4}\frac{1}{(1+1)^2}\mathrm{d}S=\frac{1}{4}\iint_{\Sigma_4}\mathrm{d}S=\frac{\sqrt{3}}{4}\iint_{D_{xy}}\mathrm{d}x\mathrm{d}y=\frac{\sqrt{3}}{8},$$

故根据对称性，有

$$\begin{aligned}\oint\!\!\!\oint_{\Sigma}\frac{1}{(1+x+y+z)^2}\mathrm{d}S&=\oint\!\!\!\oint_{\Sigma_1+\Sigma_2+\Sigma_3+\Sigma_4}\frac{1}{(1+x+y+z)^2}\mathrm{d}S\\&=3\iint_{\Sigma_1}\frac{1}{(1+x+y+z)^2}\mathrm{d}S+\iint_{\Sigma_4}\frac{1}{(1+x+y+z)^2}\mathrm{d}S\\&=3\left(\ln 2-\frac{1}{2}\right)+\frac{\sqrt{3}}{8}.\end{aligned}$$

思考　（i）若曲面积分为$\oint\!\!\!\oint_{\Sigma}\frac{1}{(1+x+y+z)^n}\mathrm{d}S\ (n\in\mathbf{N}^+)$或$\oint\!\!\!\oint_{\Sigma}\frac{1}{(1+x+y)^n}\mathrm{d}S\ (n\in\mathbf{N}^+)$，结果如何？（ii）若$\Sigma$是长方体$0\leqslant x\leqslant a,0\leqslant y\leqslant b,0\leqslant z\leqslant c$的边界曲面，计算以上各题.

例 2　计算曲面积分$\iint_{\Sigma}\frac{1}{1+x^2+y^2+z^2}\mathrm{d}S$，其中$\Sigma$是柱面$x^2+y^2=a^2$介于两平面$z=0,z=2$之间的部分.

分析　显然，要将Σ分成前、后或左、右两块，才能得到每块到坐标面yOz或zOx上的一一映射，即曲面块的显式方程. 因此，应分片计算，并根据曲面积分对曲面的可加性得出结果. 注意：根据对称性和曲面积分的性质化简，可以简化曲面积分的计算.

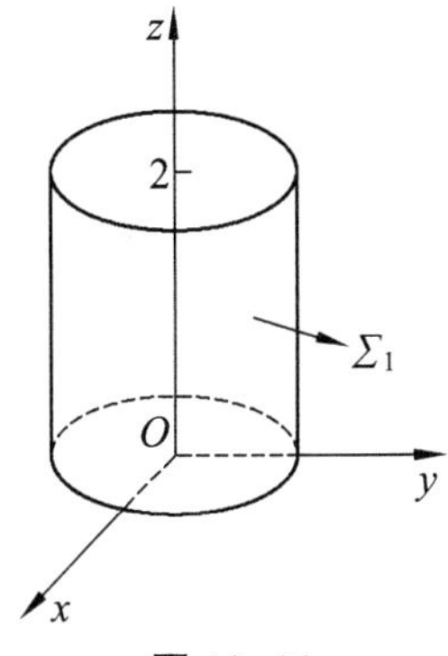

图 10–11

解　如图 10-11 所示，设Σ_1是Σ的前侧，其方程为

$$\Sigma_1: x=\sqrt{a^2-y^2},$$

其中$(y,z)\in D_{yz}:\begin{cases}-a\leqslant y\leqslant a\\0\leqslant z\leqslant 2\end{cases}$. 于是

$$\frac{\partial x}{\partial y}=-\frac{y}{\sqrt{a^2-y^2}},\quad\frac{\partial x}{\partial z}=0,$$

$$\mathrm{d}S=\sqrt{1+\left(\frac{\partial x}{\partial y}\right)^2+\left(\frac{\partial x}{\partial z}\right)^2}\mathrm{d}y\mathrm{d}z=\sqrt{1+\left(-\frac{y}{\sqrt{a^2-y^2}}\right)^2}\mathrm{d}y\mathrm{d}z=\frac{a}{\sqrt{a^2-y^2}}\mathrm{d}y\mathrm{d}z.$$

根据对称性和曲面积分的性质，得

$$\iint\limits_{\Sigma}\frac{1}{1+x^2+y^2+z^2}\mathrm{d}S=\iint\limits_{\Sigma}\frac{1}{1+a^2+z^2}\mathrm{d}S=2\iint\limits_{\Sigma_1}\frac{1}{1+a^2+z^2}\mathrm{d}S$$

$$=2\iint\limits_{D_{yz}}\frac{1}{1+a^2+z^2}\cdot\frac{a}{\sqrt{a^2-y^2}}\mathrm{d}y\mathrm{d}z$$

$$=2\int_{-a}^{a}\frac{a}{\sqrt{a^2-y^2}}\mathrm{d}y\int_0^2\frac{1}{1+a^2+z^2}\mathrm{d}z$$

$$=4a\left[\arcsin\frac{y}{a}\right]_0^a\cdot\frac{1}{\sqrt{1+a^2}}\left[\arctan\frac{z}{\sqrt{1+a^2}}\right]_0^2$$

$$=\frac{2\pi a}{\sqrt{1+a^2}}\arctan\frac{2}{\sqrt{1+a^2}}.$$

思考　（i）若曲面积分为 $\iint\limits_{\Sigma}\frac{1}{1+x^2+z^2}\mathrm{d}S$ 或 $\iint\limits_{\Sigma}\frac{1}{1+y^2+z^2}\mathrm{d}S$，结果如何？（ii）将 Σ 分成左、右两块，计算以上各题.

例 3　计算曲面积分 $\oiint\limits_{\Sigma}(3x^2-2y^2+z^2+2x+y-z)\mathrm{d}S$，其中 Σ 是球面 $x^2+y^2+z^2=R^2$.

分析　这是隐式方程所确定的曲面的曲面积分，若用投影法计算，需要将曲面分块并利用每块的显式方程，求解较烦较难，而根据曲面的对称性和第一类曲面积分的几何意义，可以避免以上问题，从而简化求解的运算.

解　根据 Σ 的对称性，有

$$\oiint\limits_{\Sigma}x\mathrm{d}S=\oiint\limits_{\Sigma}y\mathrm{d}S=\oiint\limits_{\Sigma}z\mathrm{d}S=0,$$

$$\oiint\limits_{\Sigma}x^2\mathrm{d}S=\oiint\limits_{\Sigma}y^2\mathrm{d}S=\oiint\limits_{\Sigma}z^2\mathrm{d}S=\frac{1}{3}\oiint\limits_{\Sigma}(x^2+y^2+z^2)\mathrm{d}S.$$

于是

$$\text{原式}=3\oiint\limits_{\Sigma}x^2\mathrm{d}S-2\oiint\limits_{\Sigma}y^2\mathrm{d}S+\oiint\limits_{\Sigma}z^2\mathrm{d}S+2\oiint\limits_{\Sigma}x\mathrm{d}S+\oiint\limits_{\Sigma}y\mathrm{d}S-\oiint\limits_{\Sigma}z\mathrm{d}S$$

$$=\oiint\limits_{\Sigma}(x^2+y^2+z^2)\mathrm{d}S-\frac{2}{3}\oiint\limits_{\Sigma}(x^2+y^2+z^2)\mathrm{d}S+\frac{1}{3}\oiint\limits_{\Sigma}(x^2+y^2+z^2)\mathrm{d}S$$

$$=\frac{2}{3}\oiint\limits_{\Sigma}(x^2+y^2+z^2)\mathrm{d}S=\frac{2}{3}\oiint\limits_{\Sigma}R^2\mathrm{d}S=\frac{2}{3}R^2\oiint\limits_{\Sigma}\mathrm{d}S=\frac{2}{3}R^2\cdot4\pi R^2=\frac{8}{3}\pi R^4.$$

思考　（i）尝试用投影法求解该题.（ii）若曲面积分为 $\oiint\limits_{\Sigma}(ax^2+by^2+cz^2+2x+y-z)\mathrm{d}S$ 或 $\oiint\limits_{\Sigma}(3x^2-2y^2+z^2+dx+ey+fz)\mathrm{d}S$ 或 $\oiint\limits_{\Sigma}(ax^2+by^2+cz^2+dx+ey+fz)\mathrm{d}S$，其中 a,b,c,d,e,f 为常数，结果如何？

例 4　计算曲面积分 $\oiint\limits_{\Sigma}(2|x|-|y|+|z|)\mathrm{d}S$，其中 Σ 是球面 $x^2+y^2+z^2=R^2$.

分析　这是隐式方程所确定的曲面的曲面积分，直接利用投影法计算，需要将曲面分块并利用每块的显式方程，求解较烦较难，而根据曲面的对称性，可以避免以上问题，从而简化求解的运算.

解　记球面 Σ 的上半部分 $\Sigma_1: z=\sqrt{R^2-x^2-y^2}$ ，根据 Σ 的对称性，显然有

$$\oiint_{\Sigma}|x|\mathrm{d}S=\oiint_{\Sigma}|y|\,\mathrm{d}S=\oiint_{\Sigma}|z|\mathrm{d}S=2\iint_{\Sigma_1}|z|\,\mathrm{d}S ,$$

又 Σ_1 在 xOy 的投影为 $D_{xy}: z=0\,(x^2+y^2\leqslant R^2)$ ，而

$$\frac{\partial z}{\partial x}=\frac{-x}{\sqrt{R^2-x^2-y^2}},\quad \frac{\partial z}{\partial x}=\frac{-y}{\sqrt{R^2-x^2-y^2}} ,$$

$$\mathrm{d}S=\sqrt{1+\left(\frac{\partial z}{\partial x}\right)^2+\left(\frac{\partial z}{\partial y}\right)^2}\,\mathrm{d}x\mathrm{d}y=\sqrt{\frac{R^2}{R^2-x^2-y^2}}\mathrm{d}x\mathrm{d}y ,$$

于是

$$\begin{aligned}\oiint_{\Sigma}(2|x|-|y|+|z|)\mathrm{d}S&=2\oiint_{\Sigma}|x|\mathrm{d}S-\oiint_{\Sigma}|y|\mathrm{d}S+\oiint_{\Sigma}|z|\mathrm{d}S\\&=2\oiint_{\Sigma}|z|\mathrm{d}S-\oiint_{\Sigma}|z|\mathrm{d}S+\oiint_{\Sigma}|z|\mathrm{d}S\\&=2\oiint_{\Sigma}|z|\mathrm{d}S=4\iint_{\Sigma_1}|z|\,\mathrm{d}S=4\iint_{\Sigma_1}z\mathrm{d}S\\&=4\iint_{D_{xy}}\sqrt{R^2-x^2-y^2}\cdot\sqrt{\frac{R^2}{R^2-x^2-y^2}}\mathrm{d}x\mathrm{d}y\\&=4R\iint_{D_{xy}}\mathrm{d}x\mathrm{d}y=4R\cdot\pi R^2=4\pi R^3.\end{aligned}$$

思考　（i）该曲面积分关于卦限具有对称性吗？（ii）若曲面积分为 $\oiint_{\Sigma}(a|x|+b|y|+c|z|)\mathrm{d}S$ ，结果如何？（iii）若曲面 Σ 为 $|x|+|y|+|z|=1$ ，以上各题的结果若何？

例 5　计算曲面积分 $\iint_{\Sigma}(x^2y+y^2z+z^2x)\mathrm{d}S$ ，其中 Σ 是旋转曲面 $y=\dfrac{x^2}{2}+\dfrac{z^2}{2}$ 被平面 $y=\dfrac{1}{2}$ 所截下的部分.

分析　显然，将 Σ 投影到 xOz 面上计算较为简单. 尽管 Σ 关于 xOy 和 yOz 面具有对称性，被积函数也具有某种对称性，但若对对称性拿不准时，待化简后再适时使用为妥.

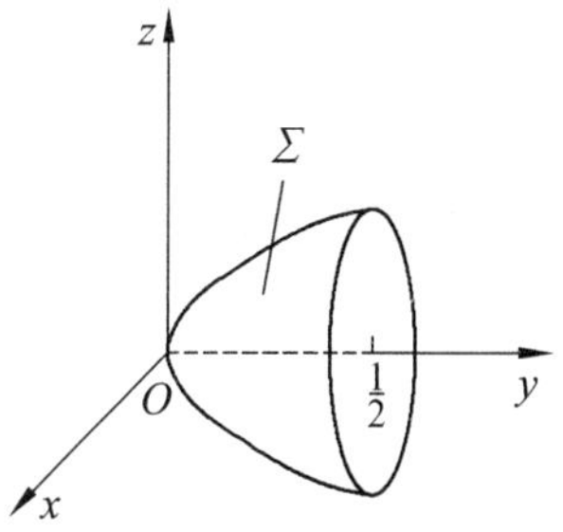

解　如图 10-12 所示，将 $\Sigma: y=\dfrac{x^2}{2}+\dfrac{z^2}{2}$ 投影到 xOz 面上，则其投影区域为 $D_{xz}: x^2+z^2\leqslant 1$ ，而

$$\frac{\partial y}{\partial x}=x,\quad \frac{\partial y}{\partial z}=z ,$$

$$\mathrm{d}S=\sqrt{1+\left(\frac{\partial y}{\partial x}\right)^2+\left(\frac{\partial y}{\partial z}\right)^2}\,\mathrm{d}x\mathrm{d}z=\sqrt{1+x^2+z^2}\mathrm{d}x\mathrm{d}z ,$$

图 10-12

所以

$$\text{原式}=\iint_{D_{xz}}\left[\frac{1}{2}x^2(x^2+z^2)+\frac{1}{4}(x^2+z^2)^2z+zx^2\right]\sqrt{1+x^2+z^2}\,\mathrm{d}x\mathrm{d}z$$

$$=\int_0^{2\pi}\mathrm{d}\theta\int_0^1\left(\frac{1}{2}r^2\cos^2\theta\cdot r^2+\frac{1}{4}r^4\cdot r\sin\theta+r\sin\theta\cdot r^2\cos^2\theta\right)\sqrt{1+r^2}\cdot r\mathrm{d}r$$

$$=\frac{1}{2}\int_0^{2\pi}\cos^2\theta\mathrm{d}\theta\int_0^1 r^5\sqrt{1+r^2}\mathrm{d}r+\frac{1}{4}\int_0^{2\pi}\sin\theta\mathrm{d}\theta\int_0^1 r^6\sqrt{1+r^2}\mathrm{d}r+\int_0^{2\pi}\sin\theta\cos^2\theta\mathrm{d}\theta\int_0^1 r^4\sqrt{1+r^2}\mathrm{d}r$$

$$=\frac{1}{2}\cdot 4\cdot\frac{1}{2}\int_0^{\frac{\pi}{2}}\cos^2\theta\mathrm{d}\theta\int_0^1[(r^2+1)^2-2(r^2+1)+1]\sqrt{1+r^2}\mathrm{d}(r^2+1)+0+0$$

$$=\frac{1}{2}\cdot\frac{\pi}{2}\int_0^1[(r^2+1)^{\frac{5}{2}}-2(r^2+1)^{\frac{3}{2}}+(r^2+1)^{\frac{1}{2}}]\mathrm{d}(r^2+1)$$

$$=\frac{\pi}{4}\left[\frac{2}{7}(r^2+1)^{\frac{7}{2}}-\frac{4}{5}(r^2+1)^{\frac{5}{2}}+\frac{2}{3}(r^2+1)^{\frac{3}{2}}\right]_0^1$$

$$=\frac{\pi}{4}\left[\frac{2}{7}(8\sqrt{2}-1)-\frac{4}{5}(4\sqrt{2}-1)+\frac{2}{3}(2\sqrt{2}-1)\right]=\frac{11\sqrt{2}-4}{105}\pi.$$

思考 （i）若 Σ 是锥面 $y=\sqrt{\frac{x^2}{2}+\frac{z^2}{2}}$ 被平面 $y=\frac{1}{2}$ 所截下的部分，结果如何？（ii）将 Σ 投影到 xOy 或 yOz 面上求解以上问题是否可行？

例 6 计算曲面积分 $\iint\limits_{\Sigma}\frac{z}{\rho(x,y,z)}\mathrm{d}S$，其中 Σ 是椭球面 $\frac{x^2}{2}+\frac{y^2}{2}+z^2=1$ 的上半部分，点 $P(x,y,z)\in\Sigma,\pi$ 为 Σ 在点 P 处的切平面，$\rho(x,y,z)$ 为坐标原点 $O(0,0,0)$ 到平面 π 的距离.

分析 先求出点 $P(x,y,z)\in\Sigma$ 的切平面 π，并利用点到平面的距离公式求出 $\rho(x,y,z)$，从而确定被积表达式；再用投影法计算此曲面积分.

解 设 (X,Y,Z) 是切平面 π 上任意一点，则 π 的方程为

$$\frac{x}{2}X+\frac{y}{2}Y+zZ=1,$$

即

$$xX+yY+2zZ-2=0.$$

由点到平面的距离公式，并注意到 $P(x,y,z)$ 满足椭球面 Σ 的方程，得

$$\rho(x,y,z)=\frac{|x\cdot 0+y\cdot 0+2z\cdot 0-2|}{\sqrt{x^2+y^2+(2z)^2}}=\frac{2}{\sqrt{4-x^2-y^2}},$$

又由椭圆的方程求得

$$\Sigma: z=\sqrt{1-\frac{x^2}{2}-\frac{y^2}{2}},$$

于是 Σ 在 xOy 平面上的投影为 $D_{xy}: x^2+y^2\leqslant 2$，而

$$\frac{\partial z}{\partial x}=\frac{-x}{2\sqrt{1-\frac{x^2}{2}-\frac{y^2}{2}}}=-\frac{x}{\sqrt{2(2-x^2-y^2)}},\quad \frac{\partial z}{\partial y}=-\frac{y}{\sqrt{2(2-x^2-y^2)}},$$

$$\mathrm{d}S=\sqrt{1+\left(\frac{\partial z}{\partial x}\right)^2+\left(\frac{\partial z}{\partial y}\right)^2}\mathrm{d}x\mathrm{d}y=\sqrt{1+\frac{x^2}{2(2-x^2-y^2)}+\frac{y^2}{2(2-x^2-y^2)}}\mathrm{d}x\mathrm{d}y$$

$$=\sqrt{\frac{4-x^2-y^2}{2(2-x^2-y^2)}}\mathrm{d}x\mathrm{d}y,$$

所以
$$\iint_{\Sigma}\frac{z}{\rho(x,y,z)}\mathrm{d}S=\iint_{D_{xy}}\sqrt{1-\frac{x^2}{2}-\frac{y^2}{2}}\cdot\frac{\sqrt{4-x^2-y^2}}{2}\cdot\sqrt{\frac{4-x^2-y^2}{2(2-x^2-y^2)}}\mathrm{d}x\mathrm{d}y$$

$$=\frac{1}{4}\iint_{D_{xy}}(4-x^2-y^2)\mathrm{d}x\mathrm{d}y=\frac{1}{4}\int_0^{2\pi}\mathrm{d}\theta\int_0^{\sqrt{2}}(4-r^2)r\mathrm{d}r=\frac{3}{2}\pi.$$

思考　（i）若曲面积分为 $\iint_{\Sigma}\rho(x,y,z)\mathrm{d}S$，结果如何？（ii）将 Σ 投影到 yOz 或 zOx 面上求解以上问题是否可行？

例 7　求旋转抛物面壳 $\Sigma: y=\frac{1}{2}(x^2+z^2)\left(y\leqslant\frac{1}{2}\right)$ 的质量，若此壳上任意一点 $P(x,y,z)$ 的密度 $\rho(x,y,z)$ 等于该点到 y 轴距离的平方.

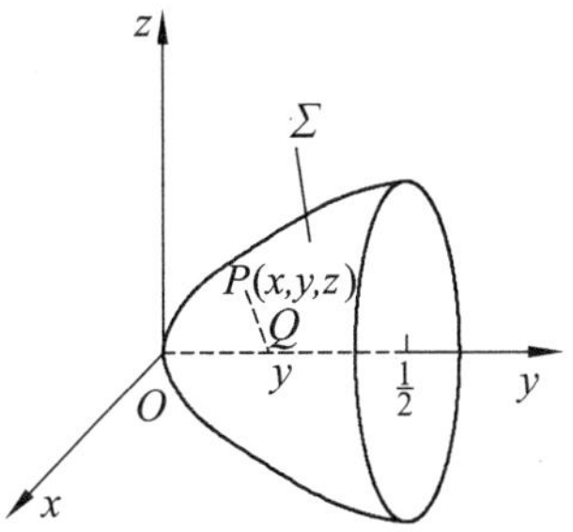

分析　先求出 Σ 面的密度函数 $\rho(x,y,z)$，再根据曲面质量公式计算.

解　如图 10-13 所示，由于 $P(x,y,z)$ 在 y 上的投影为 $Q(0,y,0)$，故 Σ 面的密度函数为

$$\rho(x,y,z)=(x-0)^2+(y-y)^2+(z-0)^2=x^2+z^2.$$

图 10-13

又 Σ 在 xOz 平面上的投影为 $D_{xz}: x^2+z^2\leqslant 1$，而

$$\frac{\partial y}{\partial x}=x,\quad \frac{\partial y}{\partial z}=z；\quad \mathrm{d}S=\sqrt{1+\left(\frac{\partial y}{\partial x}\right)^2+\left(\frac{\partial y}{\partial z}\right)^2}\mathrm{d}x\mathrm{d}z=\sqrt{1+x^2+z^2}\mathrm{d}x\mathrm{d}z.$$

于是 Σ 的质量

$$M=\iint_{\Sigma}\rho(x,y,z)\mathrm{d}S=\iint_{\Sigma}(x^2+z^2)\mathrm{d}S=\iint_{D_{xz}}(x^2+z^2)\sqrt{1+x^2+z^2}\mathrm{d}x\mathrm{d}z$$

$$=\int_0^{2\pi}\mathrm{d}\theta\int_0^1 r^2\sqrt{1+r^2}\cdot r\mathrm{d}r=\pi\int_0^1[(1+r^2)^{\frac{3}{2}}-(1+r^2)^{\frac{1}{2}}]\mathrm{d}(1+r^2)$$

$$=\pi\left[\frac{2}{5}(1+r^2)^{\frac{5}{2}}-\frac{2}{3}(1+r^2)^{\frac{3}{2}}\right]_0^1=\frac{4}{15}\pi(\sqrt{2}-1).$$

思考　（i）若旋转抛物面壳为 $\Sigma: y=x^2+z^2\ (y\leqslant 4)$，结果如何？（ii）若壳上任意一点 $P(x,y,z)$ 的密度 $\rho(x,y,z)$ 等于这点到 x 或 z 轴距离的平方，以上各题结果如何？

例 8　求均匀锥面 $\Sigma: z=1-\sqrt{x^2+y^2}$ 位于 xOy 面上部分的重心的坐标.

分析　先求出 Σ 的面积，再根据曲面的重心公式计算.

解　如图 10-14 所示，Σ 在 xOy 平面上的投影为 $D_{xy}: x^2+y^2\leqslant 1$，而

$$\frac{\partial z}{\partial x}=-\frac{x}{\sqrt{x^2+y^2}},\quad \frac{\partial z}{\partial y}=-\frac{y}{\sqrt{x^2+y^2}},$$

$$\mathrm{d}S=\sqrt{1+\left(\frac{\partial z}{\partial x}\right)^2+\left(\frac{\partial z}{\partial y}\right)^2}\mathrm{d}x\mathrm{d}y=\sqrt{2}\mathrm{d}x\mathrm{d}y,$$

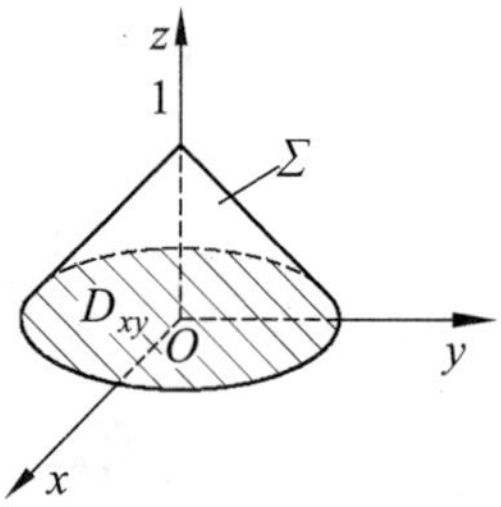

图 10-14

于是 Σ 的面积

$$S=\iint_{\Sigma}\mathrm{d}S=\sqrt{2}\iint_{D_{xy}}\mathrm{d}x\mathrm{d}y=\sqrt{2}\pi,$$

故根据曲面重心公式及曲面的对称性，有

$$\bar{x}=\frac{1}{S}\iint_{\Sigma}x\mathrm{d}S=0,\quad \bar{y}=\frac{1}{S}\iint_{\Sigma}y\mathrm{d}S=0,$$

而

$$\bar{z}=\frac{1}{S}\iint_{\Sigma}z\mathrm{d}S=\frac{1}{\sqrt{2}\pi}\iint_{D_{xy}}(1-\sqrt{x^2+y^2})\cdot\sqrt{2}\mathrm{d}x\mathrm{d}y=\frac{1}{\pi}\int_0^{2\pi}\mathrm{d}\theta\int_0^1(1-r)r\mathrm{d}r=2\left[\frac{1}{2}r^2-\frac{1}{3}r^3\right]_0^1=\frac{1}{3},$$

故曲面的重心坐标为$\left(0,0,\frac{1}{3}\right)$.

思考（i）若锥面为$\Sigma:z=1-\frac{1}{2}\sqrt{x^2+y^2}$，结果如何？（ii）若锥面为$\Sigma:z=a-\sqrt{x^2+y^2}$ $(a>0)$，且其重心的坐标为$(0,0,1)$，则 a 为多少？

例 9　已知半径为 a 的均匀球面上每一点的密度等于该点到某一直径的距离，求球面关于该直径的转动惯量.

分析　先建立适当的直角坐标系，确定球面的方程和旋转轴，并求出球面的密度函数，再根据曲面绕坐标轴旋转的转动惯量公式计算.

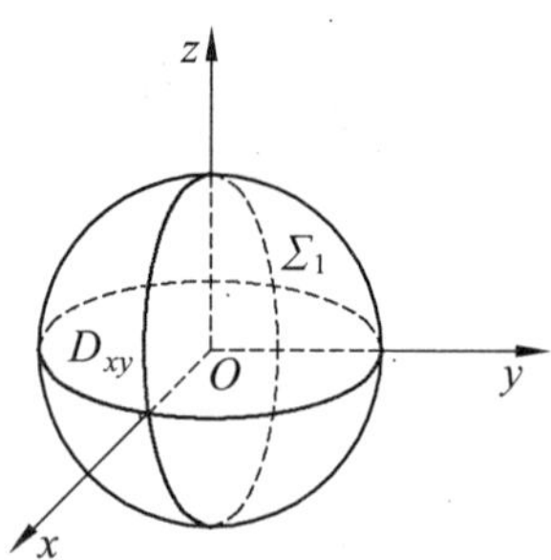

图 10-15

解　如图 10-15 所示，以球心为坐标原点、旋转直径为 z 轴建立直角坐标系，则球面的方程为$\Sigma:x^2+y^2+z^2=a^2$，球面的密度为$\rho(x,y,z)=\sqrt{x^2+y^2}$，则所求转动惯量为

$$I_z=\iint_{\Sigma}(x^2+y^2)\rho(x,y,z)\mathrm{d}S=\iint_{\Sigma}(x^2+y^2)\sqrt{x^2+y^2}\mathrm{d}S.$$

记$\Sigma_1:z=\sqrt{a^2-x^2-y^2}$，则$\Sigma_1$在 xOy 平面上的投影为$D_{xy}:x^2+y^2\leqslant a^2$，而

$$\frac{\partial z}{\partial x}=-\frac{x}{\sqrt{a^2-x^2-y^2}},\quad \frac{\partial z}{\partial y}=-\frac{y}{\sqrt{a^2-x^2-y^2}},$$

$$\mathrm{d}S=\sqrt{1+\left(\frac{\partial z}{\partial x}\right)^2+\left(\frac{\partial z}{\partial y}\right)^2}\mathrm{d}x\mathrm{d}y=\frac{a}{\sqrt{a^2-x^2-y^2}}\mathrm{d}x\mathrm{d}y,$$

于是由对称性，得

$$I_z=2\iint_{\Sigma_1}(x^2+y^2)\sqrt{x^2+y^2}\mathrm{d}S=2a\iint_{D_{xy}}(x^2+y^2)\sqrt{\frac{x^2+y^2}{a^2-x^2-y^2}}\mathrm{d}x\mathrm{d}y$$

$$=2a\int_0^{2\pi}\mathrm{d}\theta\int_0^a\frac{r^3}{\sqrt{a^2-r^2}}\cdot r\mathrm{d}r=4\pi a\int_0^a\frac{r^4}{\sqrt{a^2-r^2}}\mathrm{d}r$$

$$\xlongequal[\mathrm{d}r=a\cos t\mathrm{d}t]{r=a\sin t}4\pi a\int_0^{\frac{\pi}{2}}\frac{a^4\sin^4 t}{\sqrt{a^2-a^2\sin^2 t}}\cdot a\cos t\mathrm{d}t$$

$$=4\pi a^5\int_0^{\frac{\pi}{2}}\sin^4 t\mathrm{d}t=4\pi a^5\cdot\frac{3}{4}\cdot\frac{1}{2}\cdot\frac{\pi}{2}=\frac{3}{4}\pi^2a^5.$$

思考　（i）若球面上每一点的密度等于该点到某一直径距离的 $n\,(n\in\mathbf{N})$ 次方，结果如何？（ii）将球面 Σ 投影到坐标面 yOz 或 zOx 上计算以上各题，是否可行？

例 10　计算曲面积分 $\oiint_{\Sigma}x^{2m+1}\mathrm{d}y\mathrm{d}z+y^{2n+1}\mathrm{d}z\mathrm{d}x+z^{2l+1}\mathrm{d}x\mathrm{d}y\quad(m,n,l\in\mathbf{Z})$，其中 Σ 是球面 $x^2+y^2+z^2=1$ 表面的外侧.

分析　用投影法计算此曲面积分，关键是找到曲面到某坐标面上的一一映射，即曲面的显式方程. 显然，球面到任一坐标面的映射都不是一一的，因此要将球面分块，使每块球面到某坐标面上的映射是一一的.

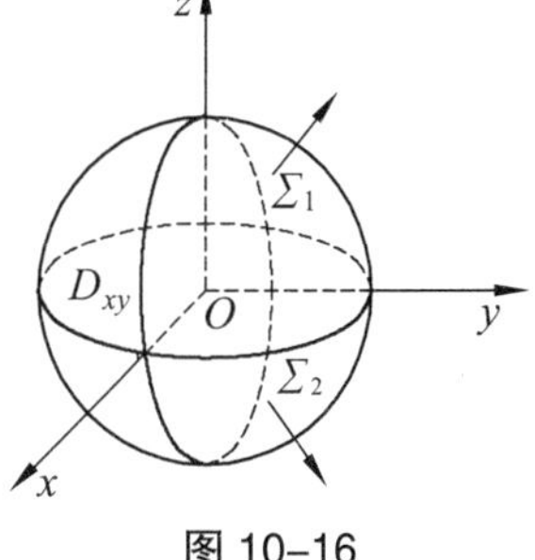

图 10–16

解　如图 10-16 所示，将 Σ 分成上、下两个半球面：

$\Sigma_1: z=\sqrt{1-x^2-y^2}$，上侧；$\Sigma_2: z=-\sqrt{1-x^2-y^2}$，下侧.

它们在坐标面 xOy 上的投影均为 $D_{xy}: x^2+y^2\leqslant 1$，于是

$$\oiint_{\Sigma}z^{2l+1}\mathrm{d}x\mathrm{d}y=\iint_{\Sigma_1}z^{2l+1}\mathrm{d}x\mathrm{d}y+\iint_{\Sigma_2}z^{2l+1}\mathrm{d}x\mathrm{d}y$$

$$=\iint_{D_{xy}}(\sqrt{1-x^2-y^2})^{2l+1}\mathrm{d}x\mathrm{d}y-\iint_{D_{xy}}(-\sqrt{1-x^2-y^2})^{2l+1}\mathrm{d}x\mathrm{d}y$$

$$=[1-(-1)^{2l+1}]\iint_{D_{xy}}(1-x^2-y^2)^{\frac{2l+1}{2}}\mathrm{d}x\mathrm{d}y=2\int_0^{2\pi}\mathrm{d}\theta\int_0^1(1-r^2)^{\frac{2l+1}{2}}r\mathrm{d}r$$

$$=-2\pi\int_0^1(1-r^2)^{\frac{2l+1}{2}}\mathrm{d}(1-r^2)=-\frac{4\pi}{2l+3}(1-r^2)^{\frac{2l+3}{2}}\Big|_0^1=\frac{4\pi}{2l+3};$$

由对称性，有

$$\oiint_{\Sigma}x^{2m+1}\mathrm{d}y\mathrm{d}z=\frac{4\pi}{2m+3},\qquad\oiint_{\Sigma}y^{2n+1}\mathrm{d}z\mathrm{d}x=\frac{4\pi}{2n+3}.$$

所以

$$\oiint_{\Sigma}x^{2m+1}\mathrm{d}y\mathrm{d}z+y^{2n+1}\mathrm{d}z\mathrm{d}x+z^{2l+1}\mathrm{d}x\mathrm{d}y=\frac{4\pi}{2m+3}+\frac{4\pi}{2n+3}+\frac{4\pi}{2l+3}.$$

思考　（i）若曲面积分为 $\oiint_{\Sigma}x^{2m}\mathrm{d}y\mathrm{d}z+y^{2n}\mathrm{d}z\mathrm{d}x+z^{2l}\mathrm{d}x\mathrm{d}y\,(m,n,l\in\mathbf{Z})$，结果如何？（ii）若曲面积分为 $\oiint_{\Sigma}ax^n\mathrm{d}y\mathrm{d}z+by^n\mathrm{d}z\mathrm{d}x+cz^n\mathrm{d}x\mathrm{d}y\,(n\in\mathbf{Z})$，结果如何？

例 11　计算曲面积分 $I=\oiint\limits_{\Sigma}\dfrac{e^z dxdy}{\sqrt{x^2+y^2+z^2}}$，其中 Σ 是锥面 $z=\sqrt{x^2+y^2}$ 和两平面 $z=1,z=2$ 所围成立体表面的外侧.

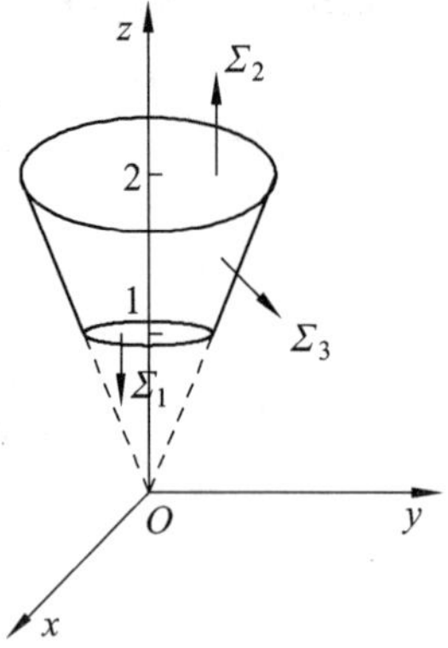

图 10–17

分析　显然，Σ 由锥面及两平面部分的三块分片光滑曲面所构成，且每块到坐标面 xOy 的映射都是一一的，因此将曲面分成这三部分，再利用投影法和曲面积分对曲面的可加性求解.

解　如图 10-17 的示，将 Σ 分成三块光滑的曲面，即

$$\Sigma_1: z=1\ (x^2+y^2\leqslant 1)，下侧；$$

$$\Sigma_2: z=2\ (x^2+y^2\leqslant 2^2)，上侧；$$

$$\Sigma_3: z=\sqrt{x^2+y^2}\ (1\leqslant x^2+y^2\leqslant 4)，下侧.$$

因为

$$\iint\limits_{\Sigma_1}\frac{e^z dxdy}{\sqrt{x^2+y^2+z^2}}=-\iint\limits_{D_{xy}}\frac{e^1 dxdy}{\sqrt{1+x^2+y^2}}=-e\int_0^{2\pi}d\theta\int_0^1\frac{1}{\sqrt{1+r^2}}\cdot rdr$$

$$=-2\pi e\sqrt{1+r^2}\Big|_0^1=-2\pi e(\sqrt{2}-1);$$

$$\iint\limits_{\Sigma_2}\frac{e^z dxdy}{\sqrt{x^2+y^2+z^2}}=\iint\limits_{D_{xy}}\frac{e^2 dxdy}{\sqrt{4+x^2+y^2}}=e^2\int_0^{2\pi}d\theta\int_0^2\frac{1}{\sqrt{4+r^2}}\cdot rdr$$

$$=2\pi e^2\sqrt{4+r^2}\Big|_0^2=2\pi e(2\sqrt{2}-2);$$

$$\iint\limits_{\Sigma_3}\frac{e^z dxdy}{\sqrt{x^2+y^2+z^2}}=-\frac{1}{\sqrt{2}}\iint\limits_{D_{xy}}\frac{e^{\sqrt{x^2+y^2}} dxdy}{\sqrt{x^2+y^2}}=-\frac{1}{\sqrt{2}}\int_0^{2\pi}d\theta\int_1^2\frac{e^r}{r}\cdot rdr$$

$$=-\sqrt{2}\pi e^r\Big|_1^2=-\sqrt{2}\pi(e^2-e);$$

所以

$$I=\iint\limits_{\Sigma_1}\frac{e^z dxdy}{\sqrt{x^2+y^2+z^2}}+\iint\limits_{\Sigma_2}\frac{e^z dxdy}{\sqrt{x^2+y^2+z^2}}+\iint\limits_{\Sigma_3}\frac{e^z dxdy}{\sqrt{x^2+y^2+z^2}}$$

$$=-2\pi e(\sqrt{2}-1)+2\pi e(2\sqrt{2}-2)-\sqrt{2}\pi(e^2-e)=\pi e[\sqrt{2}(3-e)-2].$$

思考　（i）若曲面积分为 $I=\oiint\limits_{\Sigma}\dfrac{e^z dydz}{\sqrt{x^2+y^2+z^2}}$ 或 $I=\oiint\limits_{\Sigma}\dfrac{e^z dzdx}{\sqrt{x^2+y^2+z^2}}$，结果如何？（ii）若再记 $\Sigma_4: z=\sqrt{x^2+y^2}\ (x^2+y^2\leqslant 4)$，下侧；$\Sigma_5: z=\sqrt{x^2+y^2}\ (x^2+y^2\leqslant 1)$，下侧；则 $\Sigma_3=\Sigma_4-\Sigma_5$，是否可以利用 $\iint\limits_{\Sigma_3}\dfrac{e^z dxdy}{\sqrt{x^2+y^2+z^2}}=\iint\limits_{\Sigma_4}\dfrac{e^z dxdy}{\sqrt{x^2+y^2+z^2}}-\iint\limits_{\Sigma_5}\dfrac{e^z dxdy}{\sqrt{x^2+y^2+z^2}}$ 的结果来计算以上各题？

例 12　计算曲面积分 $\oiint\limits_{\Sigma}\dfrac{xdydz+z^2dxdy}{x^2+y^2+z^2}$，其中 Σ 是柱面 $x^2+y^2=R^2$ 和两平面 $z=R,z=-R\ (R>0)$ 所围成立体表面的外侧.

分析　显然，Σ 由三块分片光滑的曲面所构成，而柱面上的一块到任一坐标面的映射都不是一一的，也要将其分块，使每小块到某坐标面上的映射是一一的. 再利用投影法和曲面积分对曲面的可加性求解.

解　如图 10-18 所示，将 Σ 分成四块光滑的曲面，即 $\Sigma_1: z=R\,(x^2+y^2\leqslant R^2)$，上侧；$\Sigma_2: z=-R\,(x^2+y^2\leqslant R^2)$，下侧；$\Sigma_3: y=\sqrt{R^2-x^2}$，右侧；$\Sigma_4: y=-\sqrt{R^2-x^2}$，左侧.

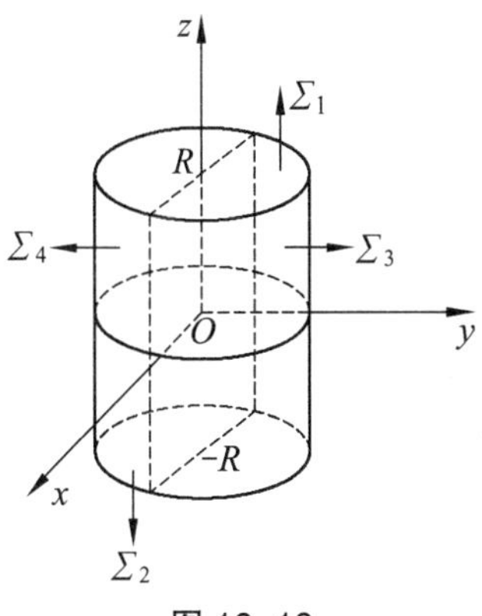

图 10-18

显然，Σ_1,Σ_2 在坐标面 yOz 上的投影为零，于是

$$\iint_{\Sigma_1}\frac{x\mathrm{d}y\mathrm{d}z}{x^2+y^2+z^2}=\iint_{\Sigma_2}\frac{x\mathrm{d}y\mathrm{d}z}{x^2+y^2+z^2}=0\,;$$

而 $$\iint_{\Sigma_1+\Sigma_2}\frac{z^2\mathrm{d}x\mathrm{d}y}{x^2+y^2+z^2}=\iint_{D_{xy}}\frac{R^2\mathrm{d}x\mathrm{d}y}{x^2+y^2+R^2}-\iint_{D_{xy}}\frac{(-R)^2\mathrm{d}x\mathrm{d}y}{x^2+y^2+(-R)^2}=0\,.$$

又 Σ_3,Σ_4 在坐标面 xOy 上的投影为零，于是

$$\iint_{\Sigma_3+\Sigma_4}\frac{z^2\mathrm{d}x\mathrm{d}y}{x^2+y^2+z^2}=0\,;$$

而 $$\iint_{\Sigma_3+\Sigma_4}\frac{x\mathrm{d}y\mathrm{d}z}{x^2+y^2+z^2}=\iint_{\Sigma_3+\Sigma_4}\frac{x\mathrm{d}y\mathrm{d}z}{R^2+z^2}=\iint_{D_{yz}}\frac{\sqrt{R^2-y^2}}{R^2+z^2}\mathrm{d}y\mathrm{d}z-\iint_{D_{yz}}\frac{-\sqrt{R^2-y^2}}{R^2+z^2}\mathrm{d}y\mathrm{d}z$$

$$=2\iint_{D_{yz}}\frac{\sqrt{R^2-y^2}}{R^2+z^2}\mathrm{d}y\mathrm{d}z=2\int_{-R}^{R}\sqrt{R^2-y^2}\,\mathrm{d}y\int_{-R}^{R}\frac{1}{R^2+z^2}\mathrm{d}z$$

$$=2\left[\frac{y}{2}\sqrt{R^2-y^2}+\frac{R^2}{2}\arcsin\frac{y}{R}\right]_{-R}^{R}\cdot\left[\frac{1}{R}\arctan\frac{z}{R}\right]_{-R}^{R}=\frac{1}{2}\pi^2R.$$

故 $\displaystyle\oiint_{\Sigma}\frac{x\mathrm{d}y\mathrm{d}z+z^2\mathrm{d}x\mathrm{d}y}{x^2+y^2+z^2}=\frac{1}{2}\pi^2R$.

思考　（i）若曲面积分为 $\displaystyle\oiint_{\Sigma}\frac{y\mathrm{d}z\mathrm{d}x+z^2\mathrm{d}x\mathrm{d}y}{x^2+y^2+z^2}$ 或 $\displaystyle\oiint_{\Sigma}\frac{x\mathrm{d}y\mathrm{d}z+y\mathrm{d}z\mathrm{d}x+z^2\mathrm{d}x\mathrm{d}y}{x^2+y^2+z^2}$，结果如何？（ii）若 Σ 是球面 $x^2+y^2+z^2=R^2$ 的外侧，以上各题结果如何？

例 13　计算曲面积分 $\displaystyle\iint_{\Sigma}(x-y)\mathrm{d}y\mathrm{d}z+(x+y)\mathrm{d}z\mathrm{d}x+z^2\mathrm{d}x\mathrm{d}y$，其中 Σ 是抛物面 $z=x^2+y^2$ 被平面 $z=4$ 所截部分的下侧.

分析　曲面积分需要将曲面 Σ 投影到三个坐标面上，但只有 xOy 面上可以直接投影，yOz,zOx 面上都要先分块，后投影，比较麻烦. 为此，利用曲面的法向量，将较难计算的面上的第二类曲面积分转化成较易计算的面上的第二类曲面积分，从而简化运算.

解　如图 10-19 所示，令 $F(x,y,z)=x^2+y^2-z$，则 Σ 的法向量为

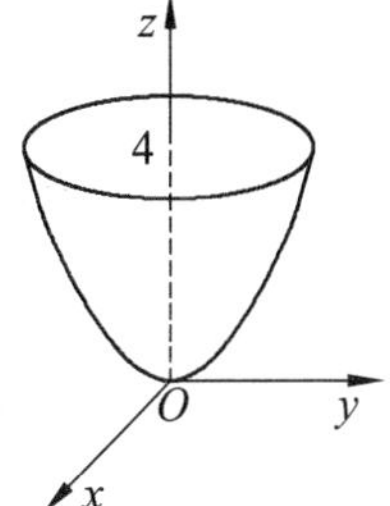

图 10-19

$$\boldsymbol{n}=(F_x,F_y,F_z)=(2x,2y,-1)\,,$$

于是 Σ 下侧的单位法向量为

$$\boldsymbol{n}^\circ=(\cos\alpha,\cos\beta,\cos\gamma)=\frac{1}{\sqrt{1+4x^2+4y^2}}(2x,2y,-1)\,.$$

由于 $\mathrm{d}S\cos\alpha=\mathrm{d}y\mathrm{d}z,\ \mathrm{d}S\cos\beta=\mathrm{d}z\mathrm{d}x$，$\mathrm{d}S\cos\gamma=\mathrm{d}x\mathrm{d}y$，所以

$$\mathrm{d}y\mathrm{d}z=\frac{\cos\alpha}{\cos\gamma}\mathrm{d}x\mathrm{d}y=-2x\mathrm{d}x\mathrm{d}y\ ,\quad \mathrm{d}z\mathrm{d}x=\frac{\cos\beta}{\cos\gamma}\mathrm{d}x\mathrm{d}y=-2y\mathrm{d}x\mathrm{d}y\ ,$$

故

$$\begin{aligned}\text{原式}&=\iint_{\Sigma}[-2x(x-y)-2y(x+y)+z^2]\mathrm{d}x\mathrm{d}y\\&=-\iint_{D_{xy}}[-2x(x-y)-2y(x+y)+(x^2+y^2)^2]\mathrm{d}x\mathrm{d}y\\&=\iint_{D_{xy}}[2(x^2+y^2)-(x^2+y^2)^2]\mathrm{d}x\mathrm{d}y\\&=\int_0^{2\pi}\mathrm{d}\theta\int_0^2(2r^2-r^4)\cdot r\mathrm{d}r=2\pi\left[\frac{2}{4}r^4-\frac{1}{6}r^6\right]_0^2=-\frac{16}{3}\pi.\end{aligned}$$

思考　（i）若曲面积分为 $\iint_{\Sigma}(x-y)\mathrm{d}y\mathrm{d}z+z^2\mathrm{d}x\mathrm{d}y$ 或 $\iint_{\Sigma}(x+y)\mathrm{d}z\mathrm{d}x+z^2\mathrm{d}x\mathrm{d}y$，结果如何？（ii）若 Σ 是抛物面 $z=x^2+y^2$ 被介于两平面 $z=1,z=4$ 之间部分的下侧，以上各题结果如何？（iii）若 Σ 是 $z=f(x,y)$ 的上侧（下侧），将 $\iint_{\Sigma}(x-y)\mathrm{d}y\mathrm{d}z+(x+y)\mathrm{d}z\mathrm{d}x+z^2\mathrm{d}x\mathrm{d}y$ 转化成 xOy 面上的曲面积分，结果如何？$\iint_{\Sigma}P\mathrm{d}y\mathrm{d}z+Q\mathrm{d}z\mathrm{d}x+R\mathrm{d}x\mathrm{d}y$ 呢？

例 14　计算曲面积分 $\oiint_{\Sigma}(x+1)\mathrm{d}y\mathrm{d}z+y\mathrm{d}z\mathrm{d}x+z\mathrm{d}x\mathrm{d}y$，其中 Σ 是平面 $x+y+z=1$ 与三坐标面所围成的四面体面的外侧.

分析　Σ 由四块分片光滑曲面构成，可用将各块曲面投影到各坐标面上分别计算，并用曲面积分对曲面的可加性求解. 注意：Σ 在平面 $x+y+z=1$ 上的部分，在三坐标面上的积分可以转化到一个坐标面上来计算.

解　如图 10-20 所示，记 $\Sigma_1,\Sigma_2,\Sigma_3,\Sigma_4$ 分别是 Σ 在坐标面 xOy,yOz,zOx 和平面 $x+y+z=1$ 上的部分，由于 Σ_1 在 yOz,zOx 面上投影的面积为零，故

$$\iint_{\Sigma_1}(x+1)\mathrm{d}y\mathrm{d}z=\iint_{\Sigma_1}y\mathrm{d}z\mathrm{d}x=0\ ,$$

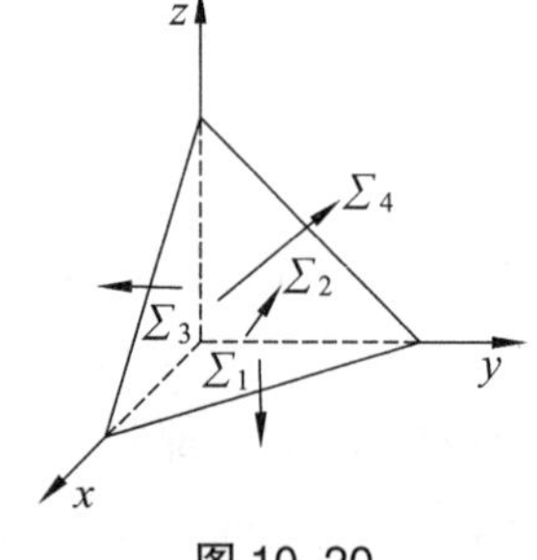

图 10-20

又在 Σ_1 上 $z=0$，故 $\iint_{\Sigma_1}z\mathrm{d}x\mathrm{d}y=0$，于是

$$\iint_{\Sigma_1}(x+1)\mathrm{d}y\mathrm{d}z+y\mathrm{d}z\mathrm{d}x+z\mathrm{d}x\mathrm{d}y=0\ ;$$

类似地　$$\iint_{\Sigma_3}(x+1)\mathrm{d}y\mathrm{d}z+y\mathrm{d}z\mathrm{d}x+z\mathrm{d}x\mathrm{d}y=0\ ;$$

又因为 Σ_2 在 zOx,xOy 面上投影的面积为零，故

$$\iint_{\Sigma_2}y\mathrm{d}z\mathrm{d}x=\iint_{\Sigma_2}z\mathrm{d}x\mathrm{d}y=0\ ,$$

在 Σ_2 上 $x=0$，故 $\iint_{\Sigma_2}(x+1)\mathrm{d}y\mathrm{d}z=\iint_{\Sigma_2}\mathrm{d}y\mathrm{d}z=-\iint_{D_{yz}}\mathrm{d}y\mathrm{d}z=-\frac{1}{2}$，于是

$$\iint_{\Sigma_2}(x+1)\mathrm{d}y\mathrm{d}z+y\mathrm{d}z\mathrm{d}x+z\mathrm{d}x\mathrm{d}y=-\frac{1}{2};$$

又因为 Σ_4 的单位法向量为 $\boldsymbol{n}^\circ=(\cos\alpha,\cos\beta,\cos\gamma)=\frac{1}{\sqrt{3}}(1,1,1)$，所以

$$\mathrm{d}y\mathrm{d}z=\frac{\cos\alpha}{\cos\gamma}\mathrm{d}x\mathrm{d}y=\mathrm{d}x\mathrm{d}y,\quad \mathrm{d}z\mathrm{d}x=\frac{\cos\beta}{\cos\gamma}\mathrm{d}x\mathrm{d}y=\mathrm{d}x\mathrm{d}y,$$

于是
$$\iint_{\Sigma_4}(x+1)\mathrm{d}y\mathrm{d}z+y\mathrm{d}z\mathrm{d}x+z\mathrm{d}x\mathrm{d}y=\iint_{\Sigma_4}(x+y+z+1)\mathrm{d}x\mathrm{d}y$$
$$=\iint_{D_{xy}}(1+1)\mathrm{d}x\mathrm{d}y=2\iint_{D_{xy}}\mathrm{d}x\mathrm{d}y=2\cdot\frac{1}{2}=1.$$

故　　原式
$$\oint\!\!\!\oint_{\Sigma_1+\Sigma_2+\Sigma_3+\Sigma_4}(x+1)\mathrm{d}y\mathrm{d}z+y\mathrm{d}z\mathrm{d}x+z\mathrm{d}x\mathrm{d}y=0-\frac{1}{2}+0+1=\frac{1}{2}.$$

思考　（i）若曲面积分为 $\oint\!\!\!\oint_{\Sigma}y\mathrm{d}z\mathrm{d}x$ 或 $\oint\!\!\!\oint_{\Sigma}(x+1)\mathrm{d}y\mathrm{d}z$ 或 $\oint\!\!\!\oint_{\Sigma}(x+1)\mathrm{d}y\mathrm{d}z+y\mathrm{d}z\mathrm{d}x$ 或 $\oint\!\!\!\oint_{\Sigma}y\mathrm{d}z\mathrm{d}x+cz\mathrm{d}x\mathrm{d}y$，结果如何？$\oint\!\!\!\oint_{\Sigma}(ax+1)\mathrm{d}y\mathrm{d}z+by\mathrm{d}z\mathrm{d}x+cz\mathrm{d}x\mathrm{d}y$ 呢？（ii）用投影法计算 $\iint_{\Sigma_4}(x+1)\mathrm{d}y\mathrm{d}z+y\mathrm{d}z\mathrm{d}x+z\mathrm{d}x\mathrm{d}y$.

例 15　计算曲面积分 $\oint\!\!\!\oint_{\Sigma}(x^3+2xy^2)\mathrm{d}y\mathrm{d}z+(y^3+2yz^2)\mathrm{d}z\mathrm{d}x+(z^3+2zx^2)\mathrm{d}x\mathrm{d}y$，其中 Σ 是球面 $x^2+y^2+z^2=R^2$ 的内侧.

分析　利用投影法求解要用到曲面积分对曲面的可加性，较复杂，现尝试用第一类曲面积分与第二类曲面积分之间的关系求解，以避免以上问题.

解　如图 10-21 所示，令 $F(x,y,z)=x^2+y^2+z^2-R^2$，则 Σ 的法向量

$$\boldsymbol{n}=(F_x,F_y,F_z)=(2x,2y,2z),$$

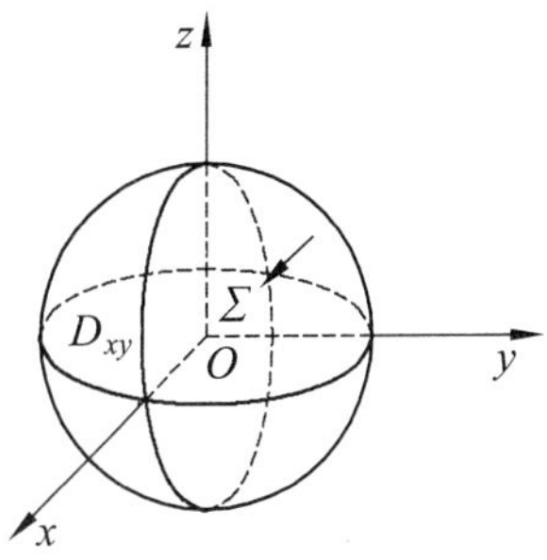

图 10-21

于是 Σ 内侧的单位法向量为

$$\boldsymbol{n}^\circ=\left(-\frac{x}{\sqrt{x^2+y^2+z^2}},-\frac{y}{\sqrt{x^2+y^2+z^2}},-\frac{z}{\sqrt{x^2+y^2+z^2}}\right),$$

于是

$$\cos\alpha=-\frac{x}{\sqrt{x^2+y^2+z^2}},\quad \cos\beta=-\frac{y}{\sqrt{x^2+y^2+z^2}},\quad \cos\gamma=-\frac{z}{\sqrt{x^2+y^2+z^2}}.$$

根据两类曲面积分之间的关系及曲面积分的性质，得

$$原式=\oiint_{\Sigma}[(x^3+2xy^2)\cos\alpha+(y^3+2yz^2)\cos\beta+(z^3+2zx^2)\cos\gamma]\mathrm{d}S$$

$$=-\oiint_{\Sigma}\frac{x(x^3+2xy^2)+y(y^3+2yz^2)+z(z^3+2zx^2)}{\sqrt{x^2+y^2+z^2}}\mathrm{d}S$$

$$=-\frac{1}{R}\oiint_{\Sigma}[x(x^3+2xy^2)+y(y^3+2yz^2)+z(z^3+2zx^2)]\mathrm{d}S$$

$$=-\frac{1}{R}\oiint_{\Sigma}R^4\mathrm{d}S=-R^3\oiint_{\Sigma}\mathrm{d}S=-R^3\cdot 4\pi R^2=-4\pi R^5.$$

思考　（i）若曲面积分为$\oiint_{\Sigma}(x^3+2xy^2)\mathrm{d}y\mathrm{d}z$或$\oiint_{\Sigma}(x^3+2xy^2)\mathrm{d}y\mathrm{d}z+(y^3+2yz^2)\mathrm{d}z\mathrm{d}x$，结果如何？$\oiint_{\Sigma}a(x^3+2xy^2)\mathrm{d}y\mathrm{d}z+b(y^3+2yz^2)\mathrm{d}z\mathrm{d}x+c(z^3+2zx^2)\mathrm{d}x\mathrm{d}y\ (a,b,c\in\mathbf{R})$呢？（ii）若$\Sigma$是球面$x^2+y^2+z^2=R^2$的外侧，以上各题结果如何？（iii）尝试利用投影法和对称性求解以上各题.

例 16　计算曲面积分$\iint_{\Sigma}[f(x,y,z)+x]\mathrm{d}y\mathrm{d}z+[2f(x,y,z)+y]\mathrm{d}z\mathrm{d}x+[f(x,y,z)+z]\mathrm{d}x\mathrm{d}y$，其中$f(x,y,z)$为连续函数，$\Sigma$是平面$x-y+z=1$在第四卦限部分的上侧.

分析　由于$f(x,y,z)$为抽象函数，不便用投影法求解，因而尝试用第一类曲面积分与第二类曲面积分之间的关系求解.

解　如图 10-22 所示，Σ上侧的单位法向量为

$$\boldsymbol{n}^{\circ}=(\cos\alpha,\cos\beta,\cos\gamma)=\left(\frac{1}{\sqrt{3}},-\frac{1}{\sqrt{3}},\frac{1}{\sqrt{3}}\right).$$

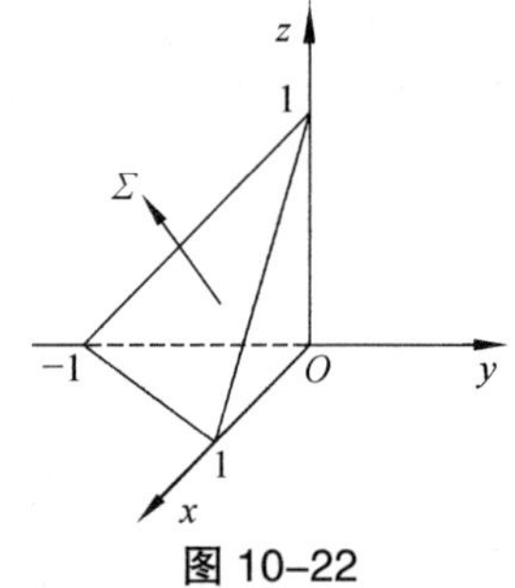

图 10-22

根据两类曲面积分之间的关系及曲面积分的性质，得

$$原式=\iint_{\Sigma}\{[f(x,y,z)+x]\cos\alpha+[2f(x,y,z)+y]\cos\beta+[f(x,y,z)+z]\cos\gamma\}\mathrm{d}S$$

$$=\frac{1}{\sqrt{3}}\iint_{\Sigma}\{[f(x,y,z)+x]-[2f(x,y,z)+y]+[f(x,y,z)+z]\}\mathrm{d}S$$

$$=\frac{1}{\sqrt{3}}\iint_{\Sigma}(x-y+z)\mathrm{d}S=\frac{1}{\sqrt{3}}\iint_{\Sigma}1\cdot\mathrm{d}S=\frac{S}{\sqrt{3}}=S\cos\gamma=S_{\triangle OAB}=\frac{1}{2}\cdot 1\cdot 1=\frac{1}{2}.$$

思考　（i）若曲面积分为$\iint_{\Sigma}uf(x,y,z)\mathrm{d}y\mathrm{d}z+(u+v)f(x,y,z)\mathrm{d}z\mathrm{d}x+vf(x,y,z)\mathrm{d}x\mathrm{d}y$，结果如何？$\iint_{\Sigma}[f(x,y,z)+ux]\mathrm{d}y\mathrm{d}z+[2f(x,y,z)+vy]\mathrm{d}z\mathrm{d}x+[f(x,y,z)+wz]\mathrm{d}x\mathrm{d}y$呢？（ii）若$\Sigma$是平面$\frac{x}{a}+\frac{y}{b}+\frac{z}{c}=1\ (ab+bc-2ac=0)$是三坐标面所夹有限部分的上侧，以上各题结果如何？

五、练习题 10.2

1. 计算曲面积分$\oiint_{\Sigma}(2|xy|-|yz|+|zx|)\mathrm{d}S$，其中$\Sigma$是球面$x^2+y^2+z^2=R^2$.

2. 计算曲面积分$\iint_{\Sigma}(x^2+3y^2-z^2+x)\mathrm{d}S$，其中$\Sigma$是锥面$z=\sqrt{x^2+y^2}$位于平面$z=1$之下的部分.

3. 计算曲面积分$\iint\limits_{\Sigma}|xyz|dS$，其中$\Sigma$是旋转抛物面$z=\dfrac{1}{2}(x^2+y^2)$位于平面$z=1$和$z=2$之间的部分.

4. 计算曲面积分$\iint\limits_{\Sigma}(x+|y|)\mathrm{d}S$，其中$\Sigma$是$|x|+|y|+|z|=1$.

5. 计算曲面积分$\oiint\limits_{\Sigma}f(x,y,z)\mathrm{d}S$，其中$f(x,y,z)=\begin{cases}\sqrt{x^2+y^2}, & z\geqslant\sqrt{x^2+y^2}\\ 0, & z<\sqrt{x^2+y^2}\end{cases}$，$\Sigma$是球面$x^2+y^2+z^2=a^2$.

6. 设有盖的圆锥面$z=\sqrt{x^2+y^2}\ (0\leqslant z\leqslant 1)$及$z=1\ (x^2+y^2\leqslant 1)$上任意一点的密度大小为这点到$z$轴距离的平方，求其质量.

7. 求均匀曲面$z=1-x^2-y^2$在坐标面xOy之上部分的重心的坐标.

8. 计算曲面积分$\iint\limits_{\Sigma}(x+1)\mathrm{d}y\mathrm{d}z+y\mathrm{d}z\mathrm{d}x+2z\mathrm{d}x\mathrm{d}y$，其中$\Sigma$是平面$x+y+2z=1$在第一卦限部分的上侧.

9. 计算曲面积分$\iint\limits_{\Sigma}(x-y)\mathrm{d}y\mathrm{d}z+(x+y)\mathrm{d}z\mathrm{d}x+z^2\mathrm{d}x\mathrm{d}y$，其中$\Sigma$是锥面$z=\sqrt{x^2+y^2}$介于两平面$z=1,z=2$之间部分的下侧.

10. 计算曲面积分$\oiint\limits_{\Sigma}\dfrac{\mathrm{e}^y}{\sqrt{x^2+z^2}}\mathrm{d}z\mathrm{d}x$，其中$\Sigma$是$y=1+\sqrt{x^2+z^2},y=5-\sqrt{x^2+z^2}$所围成的闭曲面的外侧.

11. 计算曲面积分$\oiint\limits_{\Sigma}y^2z\mathrm{d}x\mathrm{d}y$，其中$\Sigma$是$z=x^2+y^2,x^2+y^2=1$及坐标面$xOy$所围成的闭曲面的外侧.

12. 利用两类曲面积分之间的关系求$\oiint\limits_{\Sigma}x^2\mathrm{d}y\mathrm{d}z+y^2\mathrm{d}z\mathrm{d}x+z^2\mathrm{d}x\mathrm{d}y$，其中$\Sigma$是球面$(x-a)^2+(y-b)^2+(z-c)^2=R^2$的内侧.

第三节　各类积分之间的关系与应用

一、教学目标

1. 知道格林公式中平面区域的有关概念，掌握格林公式及在用格林公式计算曲线积分中的应用.

2. 理解曲线积分与路径无关的概念，沿任意闭曲线的曲线积分为零的条件；掌握曲线积分与路径无关在曲线积分计算中的应用.

3. 知道高斯公式中空间区域的有关概念，掌握两种形式的高斯公式以及高斯公式在计算曲面积分中的应用.

4. 知道曲面积分与曲面无关的概念，沿任意闭曲面的曲面积分为零的条件；会用曲面积分与曲面无关的条件计算一些曲面积分.

5. 知道斯托克斯公式中有关曲面的概念，了解斯托克斯公式与格林公式之间的联系；会用斯托克斯公式计算一些曲线积分.

6. 知道空间曲线积分与路径无关的条件，会用该条件计算有关的曲线积分.

7. 知道通量与散度、环流量与旋度的概念.

二、内容提要

各类积分之间的关系

- **曲线积分与二重积分间的关系**
  - 格林公式：$\oint_L P\mathrm{d}x+Q\mathrm{d}y=\iint\limits_D\left(\dfrac{\partial Q}{\partial x}-\dfrac{\partial P}{\partial y}\right)\mathrm{d}x\mathrm{d}y$，其中 L 是 D 的正向边界曲线 $P(x,y)$，$Q(x,y)$ 在 D 上有一阶连续偏导数.

    $\downarrow \dfrac{\partial Q}{\partial x}=\dfrac{\partial P}{\partial y}$
  - 应用
    - 曲线积分 $\int_L P\mathrm{d}x+Q\mathrm{d}y$ 与路径无关：$\int_{L_1}P\mathrm{d}x+Q\mathrm{d}y=\int_{L_2}P\mathrm{d}x+Q\mathrm{d}y$，其中 L_1, L_2 是 D 内起（终）点相同的两条曲线弧.
    - 闭曲线 L 所围成的图形的面积：$A=\dfrac{1}{2}\oint_L x\mathrm{d}y-y\mathrm{d}x$.
    - 二元函数全微分求积：$P\mathrm{d}x+Q\mathrm{d}y$ 在区域 G 内为 $u(x,y)$ 的全微分 $\Rightarrow$

      $u(x,y)=\int_{x_0}^{x}P(x,y_0)\mathrm{d}x+\int_{y_0}^{y}Q(x,y)\mathrm{d}y=\int_{y_0}^{y}Q(x_0,y)\mathrm{d}y+\int_{x_0}^{x}P(x,y)\mathrm{d}x$.

- **曲线积分与曲面积分间的关系**
  - 斯托克斯公式：$\oint_\Gamma P\mathrm{d}x+Q\mathrm{d}y+R\mathrm{d}z=\iint\limits_\Sigma\begin{vmatrix}\mathrm{d}y\mathrm{d}z & \mathrm{d}z\mathrm{d}x & \mathrm{d}x\mathrm{d}y\\ \dfrac{\partial}{\partial x} & \dfrac{\partial}{\partial y} & \dfrac{\partial}{\partial z}\\ P & Q & R\end{vmatrix}$，其中 Σ 是以 Γ 为边界的分片光滑有向曲面，P,Q,R 在 Σ 上具有一阶连续偏导数，Γ 正向与 Σ 侧向符合右手法则

    $\downarrow \dfrac{\partial P}{\partial y}=\dfrac{\partial Q}{\partial x},\quad \dfrac{\partial Q}{\partial z}=\dfrac{\partial R}{\partial y},\quad \dfrac{\partial R}{\partial x}=\dfrac{\partial P}{\partial z}$
  - 应用
    - 曲线积分 $\int_\Gamma P\mathrm{d}x+Q\mathrm{d}y+R\mathrm{d}z$ 与路径无关：$\int_{L_1}P\mathrm{d}x+Q\mathrm{d}y+R\mathrm{d}z=\int_{L_2}P\mathrm{d}x+Q\mathrm{d}y+R\mathrm{d}z$，其中 L_1, L_2 是起（终）点相同的两条曲线弧.
    - 三元函数全微分求积：$P\mathrm{d}x+Q\mathrm{d}y+R\mathrm{d}z$ 在区域 G 内为 $u(x,y,z)$ 的全微分 $\Rightarrow u(x,y,z)=\int_{x_0}^{x}P(x,y_0,z_0)\mathrm{d}x+\int_{y_0}^{y}Q(x,y,z_0)\mathrm{d}y+\int_{z_0}^{z}R(x,y,z)\mathrm{d}z$.
    - 旋度：$\mathrm{rot}\boldsymbol{A}=\left(\dfrac{\partial R}{\partial y}-\dfrac{\partial Q}{\partial z}\right)\boldsymbol{i}+\left(\dfrac{\partial P}{\partial z}-\dfrac{\partial R}{\partial x}\right)\boldsymbol{j}+\left(\dfrac{\partial Q}{\partial x}-\dfrac{\partial P}{\partial y}\right)\boldsymbol{k}$，其中 $\boldsymbol{A}(x,y,z)=P(x,y,z)\boldsymbol{i}+Q(x,y,z)\boldsymbol{j}+R(x,y,z)\boldsymbol{k}$.
    - 环流量：$\oint_\Gamma A_\tau\mathrm{d}s=\oint_\Gamma P\mathrm{d}x+Q\mathrm{d}y+R\mathrm{d}z$，其中 $\boldsymbol{\tau}=\cos\lambda\boldsymbol{i}+\cos\mu\boldsymbol{j}+\cos\nu\boldsymbol{k}$ 是曲线 Γ 的切向量，$A_\tau=\boldsymbol{A}\cdot\boldsymbol{\tau}=P\cos\lambda+Q\cos\mu+R\cos\nu$.

各类积分之间的关系 — 曲面积分与三重积分间的关系

高斯公式：$\oiint\limits_{\Sigma} P\mathrm{d}y\mathrm{d}z + Q\mathrm{d}z\mathrm{d}x + R\mathrm{d}x\mathrm{d}y = \iiint\limits_{\Omega}\left(\frac{\partial P}{\partial x}+\frac{\partial Q}{\partial y}+\frac{\partial R}{\partial z}\right)\mathrm{d}x\mathrm{d}y\mathrm{d}z$，或

$$\oiint\limits_{\Sigma}(P\cos\alpha + Q\cos\beta + R\cos\gamma)\mathrm{d}S = \iiint\limits_{\Omega}\left(\frac{\partial P}{\partial x}+\frac{\partial Q}{\partial y}+\frac{\partial R}{\partial z}\right)\mathrm{d}x\mathrm{d}y\mathrm{d}z,$$

其中 Σ 是 Ω 的整个边界曲面的外侧，P, Q, R 在 Ω 上具有一阶连续偏导数.

$$\downarrow \frac{\partial P}{\partial x}+\frac{\partial Q}{\partial y}+\frac{\partial R}{\partial z}=0$$

应用

- 曲线积分与曲面无关：$\iint\limits_{\Sigma_1} P\mathrm{d}y\mathrm{d}z + Q\mathrm{d}z\mathrm{d}x + R\mathrm{d}x\mathrm{d}y = \iint\limits_{\Sigma_2} P\mathrm{d}y\mathrm{d}z + Q\mathrm{d}z\mathrm{d}x + R\mathrm{d}x\mathrm{d}y$

  其中 Σ_1, Σ_2 是边界曲线相同、侧向相同的两曲面.
- 通量：$Q = \iint\limits_{\Sigma} P\mathrm{d}y\mathrm{d}z + Q\mathrm{d}z\mathrm{d}x + R\mathrm{d}x\mathrm{d}y = \iint\limits_{\Sigma}\boldsymbol{v}\cdot\boldsymbol{n}\mathrm{d}S$，

  其中，$\boldsymbol{n}=\cos\alpha\boldsymbol{i}+\cos\beta\boldsymbol{j}+\cos\gamma\boldsymbol{k}$ 是 Σ 上点 (x,y,z) 处的单位向量，$\boldsymbol{v}=P\boldsymbol{i}+Q\boldsymbol{j}+R\boldsymbol{k}$ 是稳定流动的不可压缩液体的速度场.
- 散度：$\mathrm{div}\boldsymbol{A}=\frac{\partial P}{\partial x}+\frac{\partial Q}{\partial y}+\frac{\partial R}{\partial z}$，

  其中 $\boldsymbol{A}(x,y,z)=P(x,y,z)\boldsymbol{i}+Q(x,y,z)\boldsymbol{j}+R(x,y,z)\boldsymbol{k}$ 为向量场.

三、疑点解析

1. 关于格林公式　格林公式建立了曲线积分与二重积分之间的关系. 即若 D 是由分段光滑的曲线 L 所围成的区域，函数 $P(x,y),Q(x,y)$ 在 D 上具有一阶连续偏导数，则

$$\oint_L P(x,y)dx + Q(x,y)\mathrm{d}y = \pm\iint\limits_D\left(\frac{\partial Q}{\partial x}-\frac{\partial P}{\partial y}\right)\mathrm{d}x\mathrm{d}y,$$

其中当 L 为 D 的正向边界曲线时取“+”号，反向边界曲线时取“−”号.

显然，给定曲线积分 $\oint_L P(x,y)\mathrm{d}x+Q(x,y)\mathrm{d}y$，那么函数 $P(x,y),Q(x,y)$ 就是确定的. 若 $\frac{\partial Q}{\partial x},\frac{\partial P}{\partial y}$ 在 D 上的连续性，那么就可以利用格林公式将该曲线积分转化成二重积分，从而用二重积分来计算曲线积分.

注意，应用格林公式时，并不需要刻意记忆并区分曲线积分中的两个被积函数哪个是 $P(x,y)$ 哪个是 $Q(x,y)$，而只要记住曲线积分中“dx 的系数对 y 求偏导数，dy 的系数对 x 求偏导数；并用 x 的偏导数减 y 的偏导数”即可.

例如，设 L 是上半圆 $y=\sqrt{1-x^2}$ 与 x 轴所围成区域的正向边界曲线，则由格林公式及二重积分的对称性，可得

$$\begin{aligned}\oint_L (x^2-xy^3)\mathrm{d}x+(y^2-2xy)\mathrm{d}y &= \iint\limits_D\left[\frac{\partial}{\partial x}(y^2-2xy)-\frac{\partial}{\partial y}(x^2-xy^3)\right]\mathrm{d}x\mathrm{d}y\\ &= \iint\limits_D(-2y+3xy^2)\mathrm{d}x\mathrm{d}y = -2\iint\limits_D y\mathrm{d}x\mathrm{d}y\\ &= -2\int_{-1}^1\mathrm{d}x\int_0^{\sqrt{1-x^2}} y\mathrm{d}y = -\int_{-1}^1(1-x^2)\mathrm{d}x = -\frac{4}{3}.\end{aligned}$$

2. 关于二重积分与曲线积分的转化　如上所述，利用格林公式容易将满足条件的曲线积分转化成二重积分. 但反过来，要将二重积分 $\iint\limits_D f(x,y)dxdy$ 转化成曲线积分，则要找到两个未知函数 $P(x,y),Q(x,y)$，使 $\frac{\partial Q}{\partial x}-\frac{\partial P}{\partial y}=f(x,y)$ 在区域 D 上恒成立.

显然，这里涉及偏微分方程的求解，由于不具备这方面的知识，一般情况下我们无法求解，因此根据格林公式很难将二重积分转化成曲线积分. 为此，文献[12]讨论曲线积分在二重积分中的应用，给出了如下的定理：

设平面闭区域 D 由分段光滑曲线 L 所围成，函数 $f(x,y)$ 在 D 上具有一阶连续偏导数，且

$$k_1x\frac{\partial f}{\partial x}+k_2y\frac{\partial f}{\partial y}=k_3f(x,y),\ k_1+k_2+k_3\neq 0,$$

则

$$\iint\limits_D f(x,y)\mathrm{d}x\mathrm{d}y=\frac{1}{k_1+k_2+k_3}\oint_L f(x,y)(k_1x\mathrm{d}y-k_2y\mathrm{d}x), \tag{1}$$

其中 L 取 D 的正向边界曲线.

这样，就可以把一些二重积分转化成曲线积分，并通过计算曲线积分来计算二重积分.

例如，在区域 $D:x^2+y^2\leqslant a^2$ 上，函数 $f(x,y)=x^2+y^2$ 满足 $x\frac{\partial f}{\partial x}+y\frac{\partial f}{\partial y}=2f(x,y)$，于是根据（1）式和曲线积分的性质，有

$$\begin{aligned}\iint\limits_D (x^2+y^2)\mathrm{d}x\mathrm{d}y&=\frac{1}{4}\oint_L (x^2+y^2)(xdy-ydx)\\&=\frac{1}{4}a^2\oint_L x\mathrm{d}y-y\mathrm{d}x=\frac{1}{4}a^2\cdot 2\pi a^2=\frac{1}{2}\pi a^4.\end{aligned}$$

注意，由于满足一个方程 $\frac{\partial Q}{\partial x}-\frac{\partial P}{\partial y}=f(x,y)$ 的两个未知函数对 $P(x,y),Q(x,y)$ 不唯一，因此二重积分转化成曲线积分也不是唯一的，公式（1）给出的只是其中一种情形.

3. 关于闭曲线所围成的图形的面积　利用格林公式及二重积分的几何意义，可以得到正向简单闭曲线 L 所围成的图形的面积公式

$$A=\frac{1}{2}\oint_L x\mathrm{d}y-y\mathrm{d}x=\oint_L x\mathrm{d}y=-\oint_L y\mathrm{d}x .$$

然而，仅仅知道这个公式与二重积分之间的联系是不全面的. 事实上，这个公式也可以根据定积分的几何意义得出.

如图 10-23 所示. 设正向简单闭曲线 L 由两条首尾相联的曲线 $L_1:y=f_1(x)$（x 由 a 到 b）和 $L_2:y=f_2(x)$（x 由 b 到 a）所构成，且 L_1 始终位于 L_2 的下方，由定积分的几何意义，得

$$\begin{aligned}A&=\int_a^b f_2(x)\mathrm{d}x-\int_b^a f_1(x)\mathrm{d}x\\&=-\int_{L_2} f_2(x)\mathrm{d}x-\int_{L_1} f_1(x)\mathrm{d}x=-\oint_L y\mathrm{d}x.\end{aligned}$$

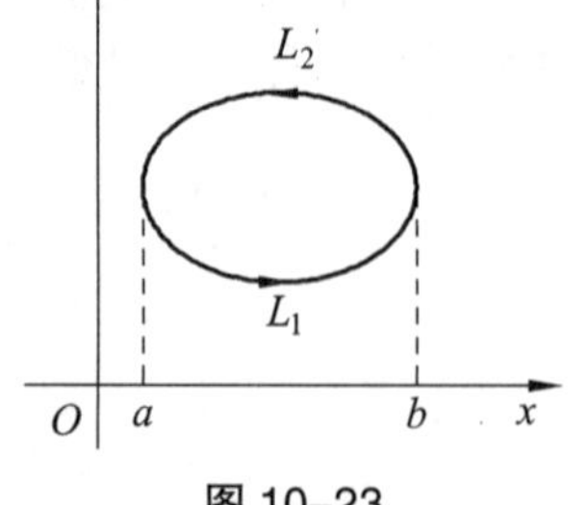

图 10-23

同理
$$A=\oint_L x\mathrm{d}y.$$

两式相加，得 $A=\frac{1}{2}\oint_L x\mathrm{d}y-y\mathrm{d}x$. 因此，这个公式也是定积分面积公式的推广.

4. **关于二元函数全微分求积**　一般情况下，曲线积分 $\oint_L P(x,y)\mathrm{d}x+Q(x,y)\mathrm{d}y$ 中的被积表达式 $P(x,y)\mathrm{d}x+Q(x,y)\mathrm{d}y$ 未必是某个二元函数 $u(x,y)$ 的全微分 $\mathrm{d}u=\frac{\partial u}{\partial x}\mathrm{d}x+\frac{\partial u}{\partial y}\mathrm{d}y$. 何时为二元函数的的全微分呢?

若 D 为单连通区域，$P(x,y),Q(x,y)$ 在 D 内具有一阶连续偏导数，则以下几个命题是等价的:

（i）曲线积分 $\oint_L P(x,y)\mathrm{d}x+Q(x,y)\mathrm{d}y$ 在 D 内与路径无关;

（ii）$\frac{\partial Q}{\partial x}=\frac{\partial P}{\partial y}$ 在 D 内恒成立;

（iii）在 D 内存在可微函数 $u(x,y)$，使 $\mathrm{d}u=P\mathrm{d}x+Q\mathrm{d}y$ 恒成立.

据此，若根据(ii)断定 $P(x,y)\mathrm{d}x+Q(x,y)\mathrm{d}y$ 为某函数的全微分，则在 D 内取一定点 (x_0,y_0) 到任意点 (x,y) 为对角线的矩形边界折线为路径，求曲线积分就可以得到原函数，即若 L 是由 $(x_0,y_0)\to(x,y_0)\to(x,y)$ 的折线，则
$$u(x,y)=\int_{x_0}^{x}P(x,y_0)dx+\int_{y_0}^{y}Q(x,y)dy;$$
若 L 是由 $(x_0,y_0)\to(x_0,y)\to(x,y)$ 的折线，则
$$u(x,y)=\int_{y_0}^{y}Q(x_0,y)dy+\int_{x_0}^{x}P(x,y)dx.$$

具体求积时，应该注意:（i）不必死记硬背公式，而应掌握“与路径无关，按折线求积的方法;（ii)原函数不是唯一的，选择不同的起点，原函数可能相差一个常数;（iii)定点 (x_0,y_0) 必须在区域 D 内，并尽可能使原函数计算简单.

5. **关于曲面积分与三重积分之间的互化**　高斯公式建立了曲面积分与三重积分之间的关系. 即若 Ω 是由分片光滑的曲面 Σ 所围成的区域，函数 $P(x,y,z),Q(x,y,z),R(x,y,z)$ 在 Ω 上具有一阶连续偏导数，则
$$\oiint_{\Sigma}P\mathrm{d}y\mathrm{d}z+Q\mathrm{d}z\mathrm{d}x+R\mathrm{d}x\mathrm{d}y=\pm\iiint_{\Omega}\left(\frac{\partial P}{\partial x}+\frac{\partial Q}{\partial y}+\frac{\partial R}{\partial z}\right)\mathrm{d}x\mathrm{d}y\mathrm{d}z,$$
其中当 Σ 为 Ω 整个边界曲面的外侧时取“+”号，内则时取“−”号.

与曲线积分的情形类似，如果给定曲面积分 $\oiint_{\Sigma}P\mathrm{d}y\mathrm{d}z+Q\mathrm{d}z\mathrm{d}x+R\mathrm{d}x\mathrm{d}y$，那么函数 P,Q,R 就是确定的，于是若 $\frac{\partial P}{\partial x},\frac{\partial Q}{\partial y},\frac{\partial R}{\partial z}$ 在 Ω 上的连续性，那么就可以利用高斯公式将该曲面积分转化成三重积分，从而用三重积分来计算曲面积分.

反过来，若要将三重积分 $\iiint_{\Omega}f(x,y,z)\mathrm{d}x\mathrm{d}y\mathrm{d}z$ 转化成曲面积分，这就是说，要找到三个未知函数 $P(x,y,z),Q(x,y,z),R(x,y,z)$，使 $\frac{\partial P}{\partial x}+\frac{\partial Q}{\partial y}+\frac{\partial R}{\partial z}=f(x,y,z)$ 在区域 Ω 上恒成立. 显然，

这里也涉及偏微分方程的求解，因此仅仅根据高斯公式也很难将三重积分转化成曲面积分. 为此，文献[13]讨论曲线积分在三重积分中的应用，给出了如下定理：

设空间闭区域Ω由分段曲线Σ所围成，函数$f(x,y,z)$在Ω上具有一阶连续偏导数，且

$$k_1 x\frac{\partial f}{\partial x}+k_2 y\frac{\partial f}{\partial y}+k_3 z\frac{\partial f}{\partial z}=k_4 f(x,y,z),\ k_1+k_2+k_3+k_4\neq 0,$$

则

$$\iiint_{\Omega} f(x,y,z)\mathrm{d}x\mathrm{d}y\mathrm{d}z$$

$$=\frac{1}{k_1+k_2+k_3+k_4}\iint_{\Sigma} f(x,y,z)(k_1 x\mathrm{d}y\mathrm{d}z+k_2 y\mathrm{d}z\mathrm{d}x+k_3 z\mathrm{d}x\mathrm{d}y),\tag{2}$$

其中Σ取Ω整个边界曲面的外侧.

这样，就可以把一些三重积分转化成曲面积分，并通过计算曲面积分来计算三重积分. 注意，由于满足一个方程$\frac{\partial P}{\partial x}+\frac{\partial Q}{\partial y}+\frac{\partial R}{\partial z}=f(x,y,z)$的三个未知函数$P(x,y,z),Q(x,y,z)$，$R(x,y,z)$也不是唯一的，因此三重积分转化成曲面积分不是唯一的，公式（2）给出的只是其中一种情形.

6. **关于斯托克斯公式** 斯托克斯公式建立了空间曲线积分与曲面积分之间的关系. 即若Γ是为分段光滑的空间有向闭曲线，Σ是以Γ为边界的分片光滑有向曲面，Γ的正向与Σ的侧向符合右手法则，函数$P(x,y,z),Q(x,y,z),R(x,y,z)$在$\Sigma$上具有一阶连续偏导数，则

$$\oint_{\Gamma} P\mathrm{d}x+Q\mathrm{d}y+R\mathrm{d}z=\iint_{\Sigma}\begin{vmatrix}\mathrm{d}y\mathrm{d}z & \mathrm{d}z\mathrm{d}x & \mathrm{d}x\mathrm{d}y\\ \frac{\partial}{\partial x} & \frac{\partial}{\partial y} & \frac{\partial}{\partial z}\\ P & Q & R\end{vmatrix}=\iint_{\Sigma}\begin{vmatrix}\cos\alpha & \cos\beta & \cos\gamma\\ \frac{\partial}{\partial x} & \frac{\partial}{\partial y} & \frac{\partial}{\partial z}\\ P & Q & R\end{vmatrix}\mathrm{d}S.$$

显然，若给定了曲线积分$\oint_{\Gamma} P\mathrm{d}x+Q\mathrm{d}y+R\mathrm{d}z$，则函数$P,Q,R$也就是确定的，于是若$\frac{\partial P}{\partial y},\frac{\partial P}{\partial z};\frac{\partial Q}{\partial z},\frac{\partial Q}{\partial x};\frac{\partial R}{\partial x},\frac{\partial R}{\partial y}$在$\Sigma$上的连续性，那么就可以利用斯托克斯公式将该曲线积分转化成曲面积分，从而用曲面积分来计算空间曲线积分.

注意，为便于记忆，通常利用以上行列式的形式表示斯托克斯公式. 事实上，该公式的各个要素都可以用坐标变量x,y,z的顺序来记忆：曲线积分中被积表达式是按x,y,z微分的顺序表达的；曲面积分中行列式的第一行是曲面Σ的面积微元dS在坐标面yOz,zOx,xOy上的投影$\mathrm{d}y\mathrm{d}z,\mathrm{d}z\mathrm{d}x,\mathrm{d}x\mathrm{d}y$，是按缺$x,y,z$微分的数序表达的；第二行是各变量的微分算子，也是按坐标x,y,z的顺序排列的；第三列是被积函数，即各变量微分的系数，也是按x,y,z微分的顺序表达的.

必须指出，与格林公式和高斯公式的情形有所不同，斯托克斯公式中的曲面Σ并不是唯一的，它可以是以Γ为边界（亦即曲线Γ张成）的任一分片光滑有向曲面. 也就是说，任何两个这样的曲面上的曲面积分都等于该曲线积分，当然要求P,Q,R在这样的曲面具有一阶连续偏导数.

例如，若Γ是球面$x^2+y^2+z^2=a^2$与平面$x+y+z=0$的交线，那么当P,Q,R在球面和平面上都具有一阶连续偏导数时，Σ可以是平面$x+y+z=0$上以Γ为边界的圆域，也可以是球面$x^2+y^2+z^2=a^2$位于平面$x+y+z=0$上方的半球面或下方的半球面.

其次，对不同的以Γ为边界的曲面，其侧向也可能是不同的，但都是根据右手法则来定.

例如，在上例中，不管Γ的方向如何，上半球面和下半曲面的侧向总是相反的，而圆面和其中一个半球面的侧向相同.

再次，斯托克斯公式是格林公式的推广. 事实上，当Γ是某坐标面（如xOy面上）的一条闭曲线时，按曲线积分的定义P,Q,R就应该是Γ上有定义的二元函数. 取Σ为Γ围成的xOy平面上的区域D，则$z=0$，$\mathrm{d}z=0$，从而斯托克斯公式就是xOy面上的格林公式

$$\oint_{\Gamma} P\mathrm{d}x+Q\mathrm{d}y=\iint_{D}\left(\frac{\partial Q}{\partial x}-\frac{\partial P}{\partial y}\right)\mathrm{d}x\mathrm{d}y .$$

四、例题分析

例 1　求笛卡儿叶形线$x^3+y^3=3axy\ (a>0)$所围成图形的面积.

分析　尽管在笛卡儿叶形线$x^3+y^3=3axy\ (a>0)$中，变量x,y的取值范围均为$(-\infty,+\infty)$，但对其所围成图形的面积而言，只需在围成闭区域部分的范围内考虑问题即可，故设法求出笛卡儿叶形线在此部分的参数方程，再利用面积的曲线积分公式求解.

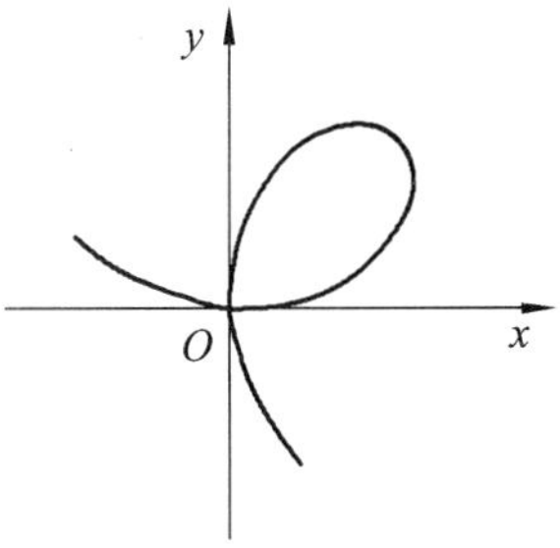

解　如图 10-24 所示，令$y=tx$，则曲线的参数方程为

$$x=\frac{3at}{1+t^3},\quad y=\frac{3at^2}{1+t^3}\quad (0\leqslant t<+\infty),$$

图 10-24

于是

$$\mathrm{d}x=\frac{3a(1-2t^3)}{(1+t^3)^2}\mathrm{d}t,\quad \mathrm{d}y=\frac{3a(2t-t^4)}{(1+t^3)^2}\mathrm{d}t ,$$

$$A=\frac{1}{2}\oint_{L} x\mathrm{d}y-y\mathrm{d}x=\frac{1}{2}\int_0^{+\infty}\left[\frac{3at}{1+t^3}\cdot\frac{3a(2t-t^4)}{(1+t^3)^2}-\frac{3at^2}{1+t^3}\cdot\frac{3a(1-2t^3)}{(1+t^3)^2}\right]\mathrm{d}t$$

$$=\frac{9}{2}a^2\int_0^{+\infty}\frac{t^2}{(1+t^3)^2}\mathrm{d}t=-\frac{3}{2}a^2\cdot\left.\frac{1}{1+t^3}\right|_0^{+\infty}=\frac{3}{2}a^2.$$

思考　（i）尝试利用面积公式$A=\oint_{L} x\mathrm{d}y$或$A=-\oint_{L} y\mathrm{d}x$求解，这两种解法是否可行？是否与以上方法一样容易？（ii）令$y=t^2x$，能否用以上三种方法求解？（iii）尝试利用其他的参数化方法求解.

例 2　求线段$2|x|+|y|=a,|x|+2|y|=b\left(2b>a>\dfrac{b}{2}>0\right)$所夹部分图形的面积.

分析　已知线段所夹图形是两个镶嵌的菱形之间的部分，它由四个部分组成，每部分又关于坐标轴对称. 因此，只需利用曲线积分求出第一象限中与两坐标轴对称的两个小部分的面积，就可以得出所求的面积.

解　如图 10-25 所示，设图形在第一象限中位于直线 $y=\dfrac{2b-a}{2a-b}x$ 两侧部分 D_1,D_2 的面积分别为 A_1,A_2，D_1,D_2 的正向边界分别为 $L'=L_1+L_2+L_3$，$L''=L_4+L_5+L_6$，其中 L_1,L_4 分别是 D_1,D_2 在 x,y 轴上的部分，L_2,L_5；L_3,L_6 分别是 D_1,D_2 在直线 $x+2y=b$ 和 $2x+y=a$ 上的部分.

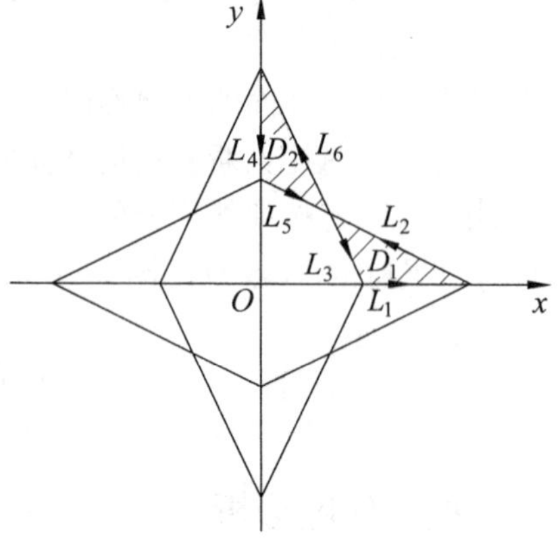

图 10-25

由 $\begin{cases}2x+y=a\\x+2y=b\end{cases}$，求得两线段的交点 $\begin{cases}x=\dfrac{2a-b}{3}\\y=\dfrac{2b-a}{3}\end{cases}$. 由于

$L_1:y=0\left(x:\dfrac{a}{2}\sim b\right)$，于是 $\mathrm{d}y=0$，故

$$\int_{L_1}x\mathrm{d}y=0\ ;$$

$L_2:x=b-2y\left(y:0\sim\dfrac{2b-a}{3}\right)$，于是

$$\int_{L_2}x\mathrm{d}y=\int_0^{\frac{2b-a}{3}}(b-2y)\mathrm{d}y=[by-y^2]_0^{\frac{2b-a}{3}}=\frac{1}{9}(a+b)(2b-a)\ ;$$

$L_3:x=\dfrac{a-y}{2}\left(y:\dfrac{2b-a}{3}\sim 0\right)$，于是

$$\int_{L_3}x\mathrm{d}y=\int_{\frac{2b-a}{3}}^0\frac{a-y}{2}\mathrm{d}y=\frac{1}{2}\left[ay-\frac{1}{2}y^2\right]_{\frac{2b-a}{3}}^0=\frac{1}{36}(2b-7a)(2b-a).$$

故
$$\begin{aligned}A_1&=\int_{L'}x\mathrm{d}y=\int_{L_1}x\mathrm{d}y+\int_{L_2}x\mathrm{d}y+\int_{L_3}x\mathrm{d}y\\&=\frac{1}{9}(a+b)(2b-a)+\frac{1}{36}(2b-7a)(2b-a)=\frac{1}{12}(2b-a)^2.\end{aligned}$$

类似地
$$A_2=\int_{L''}x\mathrm{d}y=\int_{L_4}x\mathrm{d}y+\int_{L_5}x\mathrm{d}y+\int_{L_6}x\mathrm{d}y=\frac{1}{12}(2a-b)^2.$$

因此所求面积
$$A=4(A_1+A_2)=\frac{1}{3}[(2b-a)^2+(2a-b)^2].$$

思考　（i）求线段 $2|x|+|y|=a,|x|+2|y|=b\left(2b>a>\dfrac{b}{2}>0\right)$ 所围成的两个菱形公共部分的面积；（ii）当 $a=b$ 时，以上两题的结果分别为多少？（iii）用定积分或二重积分验证以上结果的正确性.

例 3　计算曲线积分 $\oint_L(x^2y\cos x+2xy\sin x-y^2\mathrm{e}^x)\mathrm{d}x+(x^2\sin x-2y\mathrm{e}^x+2x)\mathrm{d}y$，其中 L 为正向星形线 $x^{\frac{2}{3}}+y^{\frac{2}{3}}=a^{\frac{2}{3}}\ (a>0)$.

分析　被积函数由三种不同类型的函数构成，曲线的参数化也很复杂，因此很难用参数化方法将其化为定积分，故尝试用格林公式化为二重积分，再设法用适当的方法计算.

解　如图 10-26 所示，设 L 所围成的区域为 D，因为

$$\frac{\partial Q}{\partial x}-\frac{\partial P}{\partial y}=\frac{\partial}{\partial x}(x^2\sin x-2ye^x+2x)-\frac{\partial}{\partial y}(x^2y\cos x+2xy\sin x-y^2e^x)$$
$$=(2x\sin x+x^2\cos x-2ye^x+2)-(x^2\cos x+2x\sin x-2ye^x)=2,$$

所以
$$\oint_L(x^2y\cos x+2xy\sin x-y^2e^x)dx+(x^2\sin x-2ye^x+2x)dy$$
$$=2\iint_D dxdy=2\oint_L xdy=2\int_0^{2\pi}a^3\cos^3 td(a^3\sin^3 t)=6a^6\int_0^{2\pi}\sin^2 t\cos^4 tdt$$
$$=6a^6\int_0^{2\pi}(\cos^4 t-\cos^6 t)dt=24a^6\int_0^{\frac{\pi}{4}}(\cos^4 t-\cos^6 t)dt$$
$$=24a^6\left(\frac{3}{4}\cdot\frac{1}{2}\cdot\frac{\pi}{2}-\frac{5}{6}\cdot\frac{3}{4}\cdot\frac{1}{2}\cdot\frac{\pi}{2}\right)=\frac{3}{4}\pi a^4.$$

思考　将曲线积分改为 $\oint_L(x^2y\cos x+2xy\sin x-y^2e^x)dx+(x^2\sin x-2ye^x+x^2y)dy$ 或 $\oint_L(x^2y\cos x+2xy\sin x-y^2e^x-y)dx+(x^2\sin x-2ye^x+2x)dy$，结果如何？

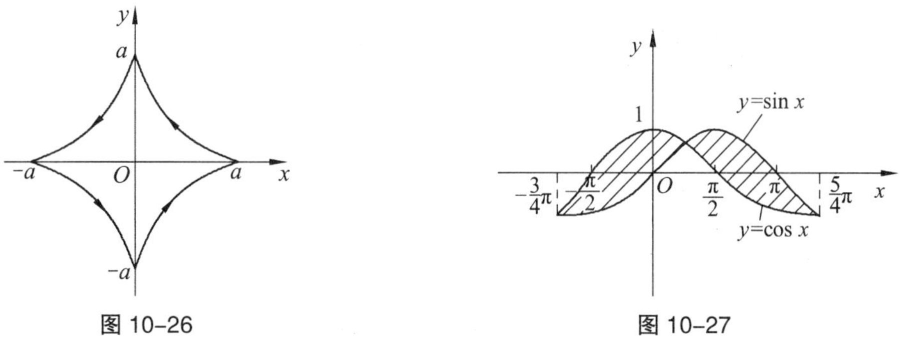

图 10-26　　图 10-27

例 4　计算曲线积分 $\oint_L(x+y)^2dx+(x^2+y^2)dy$，其中 L 为曲线 $y=\sin x$ 与 $y=\cos x$ $\left(-\frac{3\pi}{4}\leqslant x\leqslant\frac{5\pi}{4}\right)$ 围成区域的正向边界.

分析　曲线 L 是分段光滑的闭曲线，被积函数在曲线围成的闭区域上具有一阶连续偏导数，但由于该区域由两块小的闭区域构成，因此先将曲线积分化为两个闭曲线积分之和，再分别利用格林公式化为二重积分来计算.

解　如图 10-27 所示，记 $L=L_1+L_2$，其中 L_1,L_2 分别是当 $-\frac{3\pi}{4}\leqslant x\leqslant\frac{\pi}{4}$ 和 $\frac{\pi}{4}\leqslant x\leqslant\frac{5\pi}{4}$ 时两曲线 $y=\sin x$ 与 $y=\cos x$ 所围成的区域 D_1,D_2 的正向边界. 由于

$$D_1:\begin{cases}-\frac{3\pi}{4}\leqslant x\leqslant\frac{\pi}{4}\\ \sin x\leqslant y\leqslant\cos x\end{cases},\quad D_2:\begin{cases}\frac{\pi}{4}\leqslant x\leqslant\frac{5\pi}{4}\\ \cos x\leqslant y\leqslant\sin x\end{cases}$$

$$\frac{\partial P}{\partial y}=\frac{\partial}{\partial y}[(x+y)^2]=2(x+y),\qquad\frac{\partial Q}{\partial x}=\frac{\partial}{\partial x}(x^2+y^2)=2x,$$

$$\frac{\partial Q}{\partial x}-\frac{\partial P}{\partial y}=-2y\ ,$$

故
$$\text{原式}=\oint_{L_1}(x+y)^2\mathrm{d}x+(x^2+y^2)\mathrm{d}y+\oint_{L_2}(x+y)^2\mathrm{d}x+(x^2+y^2)\mathrm{d}y$$
$$=\iint_{D_1}-2y\mathrm{d}x\mathrm{d}y+\iint_{D_2}-2y\mathrm{d}x\mathrm{d}y=-2\int_{-\frac{3\pi}{4}}^{\frac{\pi}{4}}\mathrm{d}x\int_{\sin x}^{\cos x}y\mathrm{d}y-2\int_{\frac{\pi}{4}}^{\frac{5\pi}{4}}\mathrm{d}x\int_{\cos x}^{\sin x}y\mathrm{d}y$$
$$=-\int_{-\frac{3\pi}{4}}^{\frac{\pi}{4}}\cos 2x\mathrm{d}x+\int_{\frac{\pi}{4}}^{\frac{5\pi}{4}}\cos 2x\mathrm{d}x=-\frac{1}{2}\sin 2x\Big|_{-\frac{3\pi}{4}}^{\frac{\pi}{4}}+\frac{1}{2}\sin 2x\Big|_{\frac{\pi}{4}}^{\frac{5\pi}{4}}=0.$$

思考　（i）若 L 为曲线 $y=\sin x\ (0\leqslant x\leqslant 2\pi)$ 与 x 轴围成区域的正向边界，结果如何？（ii）直接用参数方程方法计算以上各题.

例 5　计算曲线积分 $\int_L[\mathrm{e}^x\sin y-b(x+y)]\mathrm{d}x+(\mathrm{e}^x\cos y-ax)\mathrm{d}y$，其中 a,b 为常数，L 为从点 $A(2a,0)$ 沿曲线 $y=\sqrt{2ax-x^2}$ 到坐标原点 $O(0,0)$ 的弧段.

分析　当积分曲线不是闭曲线且曲线积分与路径有关时，有时可以添加一些光滑的曲线段，与原积分曲线形成一条闭曲线，从而利用曲线积分的性质和格林公式将原曲线积分化为二重积分与一些简单曲线积分之差.

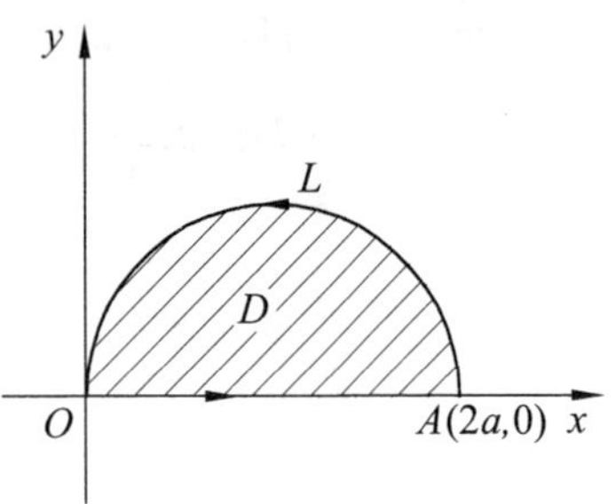

图 10–28

解　如图 10-28 所示，设 $\overline{OA}: y=0\ (x:0\sim 2a)$，$\overline{OA}$ 与 L 所围成的区域为 D. 于是

$$\int_{\overline{OA}}[\mathrm{e}^x\sin y-b(x+y)]\mathrm{d}x+(\mathrm{e}^x\cos y-ax)\mathrm{d}y$$
$$=\int_0^{2a}(0-bx)\mathrm{d}x=-\frac{b}{2}x^2\Big|_0^{2a}=-2a^2b;$$

$$\oint_{L+\overline{OA}}[\mathrm{e}^x\sin y-b(x+y)]\mathrm{d}x+(\mathrm{e}^x\cos y-ax)\mathrm{d}y$$
$$=\iint_D\left\{\frac{\partial}{\partial x}(\mathrm{e}^x\cos y-ax)-\frac{\partial}{\partial y}[\mathrm{e}^x\sin y-b(x+y)]\right\}\mathrm{d}x\mathrm{d}y$$
$$=\iint_D[(\mathrm{e}^x\cos y-a)-\mathrm{e}^x\cos y-b]\mathrm{d}x\mathrm{d}y=(b-a)\iint_D\mathrm{d}x\mathrm{d}y=\frac{1}{2}\pi a^2(b-a).$$

故
$$\text{原式}=\oint_{L+\overline{OA}}[\mathrm{e}^x\sin y-b(x+y)]\mathrm{d}x+(\mathrm{e}^x\cos y-ax)\mathrm{d}y-$$
$$\int_{\overline{OA}}[\mathrm{e}^x\sin y-b(x+y)]\mathrm{d}x+(\mathrm{e}^x\cos y-ax)\mathrm{d}y$$
$$=\frac{1}{2}\pi a^2(b-a)-(-2a^2b)=a^2\left[\frac{1}{2}\pi(b-a)+2b\right].$$

思考　（i）将原式化成两曲线积分 $\int_L\mathrm{e}^x\sin y\mathrm{d}x+\mathrm{e}^x\cos y\mathrm{d}y$ 与 $\int_L-b(x+y)\mathrm{d}x-ax\mathrm{d}y$ 之和，前一积分用与路径的无关性求解，后一个用参数化方法求解；（ii）L 为从点 $A(2a,0)$ 沿曲线 $y=\sin\frac{\pi}{2a}x$ 到坐标原点 $O(0,0)$ 的弧段，结果如何？

例 6　计算曲线积分$\int_L \frac{(x+y)\mathrm{d}y+(x-y)\mathrm{d}x}{x^2+y^2}$，其中 L 是摆线 $x=t-\pi-\sin t, y=1-\cos t$ 上从点 $(-\pi,0)$ 到点 $(\pi,0)$ 的一段弧.

分析　当积分曲线不是闭曲线但曲线积分与路径无关时，有时利用曲线积分与路径的无关性，可以把复杂的曲线积分转化成简单的曲线积分、把不规则曲线的积分转化成规则曲线的积分.

解　由

$$\begin{cases}\dfrac{\partial Q}{\partial x}=\dfrac{\partial}{\partial x}\left(\dfrac{x+y}{x^2+y^2}\right)=\dfrac{(x^2+y^2)-(x+y)\cdot 2x}{(x^2+y^2)^2}=\dfrac{y^2-x^2-2xy}{(x^2+y^2)^2}\\ \dfrac{\partial P}{\partial y}=\dfrac{\partial}{\partial y}\left(\dfrac{x-y}{x^2+y^2}\right)=\dfrac{-(x^2+y^2)-(x-y)\cdot 2y}{(x^2+y^2)^2}=\dfrac{y^2-x^2-2xy}{(x^2+y^2)^2}\end{cases}\Rightarrow \frac{\partial Q}{\partial x}=\frac{\partial P}{\partial y},$$

所以曲线积分与路径无关.

如图 10-29 所示，取 L' 是圆周 $x=\pi\cos t, y=\pi\sin t\ (t:-\pi\sim 0)$ 上从点 $(-\pi,0)$ 到点 $(\pi,0)$ 的一段弧，则

$$\int_L \frac{(x+y)\mathrm{d}y+(x-y)\mathrm{d}x}{x^2+y^2}$$

$$=\int_{L'} \frac{(x+y)\mathrm{d}y+(x-y)\mathrm{d}x}{x^2+y^2}$$

$$=\int_{\pi}^{0}\frac{\pi(\cos t+\sin t)\cdot\pi\cos t+\pi(\cos t-\sin t)(-\pi\sin t)}{\pi^2}\mathrm{d}t$$

$$=\int_{\pi}^{0}\mathrm{d}t=-\pi.$$

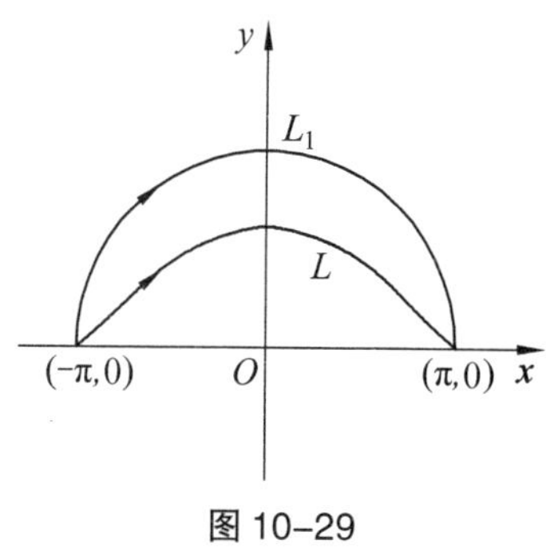

图 10-29

思考　（i）若将被积函数中的分母 x^2+y^2 改为 $2x^2+y^2$ 或 x^2+2y^2，结果如何？（ii）若将积分曲线 L 改为不通过坐标原点的从点 $(-\pi,0)$ 到点 $(0,\pi)$ 的任一段弧，以上各题结果又如何？（iii）计算曲线积分$\int_L \frac{(x+\alpha y)\mathrm{d}y+(\alpha x-y)\mathrm{d}x}{x^2+y^2}$ $(\alpha\in\mathbf{R})$，其中 L 是不通过坐标原点的从点 $(-\pi,0)$ 到点 $(0,\pi)$ 的任一段弧.

例 7　求参数 k，使 L 为不经过 x 轴的任一曲线时，曲线积分 $\int_L (x^2+y^2)^k\left(\frac{x}{y}\mathrm{d}x-\frac{x^2}{y^2}\mathrm{d}y\right)$ 与路径无关，并求 L 从点 $A(0,1)$ 到 $B(2,3)$ 的任一弧段时的曲线积分的值.

分析　根据曲线积分与路径无关的条件，得出含有参数 k 的一个恒等式，从而求出参数 k；再利用曲线积分与路径的无关性计算此积分.

解　这里 $P(x,y)=\frac{x}{y}(x^2+y^2)^k, Q(x,y)=-\frac{x^2}{y^2}(x^2+y^2)^k$，于是

$$\frac{\partial Q}{\partial x}=-\frac{2x}{y^2}(x^2+y^2)^k-2k\frac{x^3}{y^2}(x^2+y^2)^{k-1},\qquad \frac{\partial P}{\partial y}=-\frac{x}{y^2}(x^2+y^2)^k+2kx(x^2+y^2)^{k-1}.$$

由曲线积分与路径无关，得 $\frac{\partial Q}{\partial x}=\frac{\partial P}{\partial y}$，即

$$-\frac{2x}{y^2}(x^2+y^2)^k-2k\frac{x^3}{y^2}(x^2+y^2)^{k-1}=-\frac{x}{y^2}(x^2+y^2)^k+2kx(x^2+y^2)^{k-1},$$

化简得

$$-(x^2+y^2)-2k(x^2+y^2)=0,$$

于是 $k=-\frac{1}{2}$.

记 $C(2,1)$，$I=\int_{A(0,1)}^{B(2,3)}\frac{1}{\sqrt{x^2+y^2}}\left(\frac{x}{y}\mathrm{d}x-\frac{x^2}{y^2}\mathrm{d}y\right)$，取 L 为 $A(0,1)\to C(2,1)\to B(2,3)$ 的折线段，则

$$I=\int_{\overline{AC}}\frac{1}{\sqrt{x^2+y^2}}\left(\frac{x}{y}\mathrm{d}x-\frac{x^2}{y^2}\mathrm{d}y\right)+\int_{\overline{CB}}\frac{1}{\sqrt{x^2+y^2}}\left(\frac{x}{y}\mathrm{d}x-\frac{x^2}{y^2}\mathrm{d}y\right)$$

$$=\int_0^2\frac{x}{\sqrt{x^2+1}}\mathrm{d}x+\int_1^3\frac{4}{y^2\sqrt{4+y^2}}\mathrm{d}y\xlongequal[\mathrm{d}y=2\sec^2 t\mathrm{d}t]{y=2\tan t}\sqrt{x^2+1}\Big|_0^2+\int_{\arctan\frac{1}{2}}^{\arctan\frac{3}{2}}\frac{4\cdot 2\sec^2 t}{4\tan^2 t\cdot 2\sec t}\mathrm{d}t$$

$$=\sqrt{5}-1+\int_{\arctan\frac{1}{2}}^{\arctan\frac{3}{2}}\frac{\cos t}{\sin^2 t}\mathrm{d}t=\sqrt{5}-1-\left[\frac{1}{\sin t}\right]_{\arctan\frac{1}{2}}^{\arctan\frac{3}{2}}=\sqrt{5}-1-[\csc t]_{\arctan\frac{1}{2}}^{\arctan\frac{3}{2}}$$

$$=\sqrt{5}-1-[\sqrt{1+\cot^2 t}]_{\arctan\frac{1}{2}}^{\arctan\frac{3}{2}}=\sqrt{5}-1-\left[\sqrt{1+\left(\frac{2}{3}\right)^2}-\sqrt{1+2^2}\right]=2\sqrt{5}-1-\frac{1}{3}\sqrt{13}.$$

思考　（i）若求参数 k，使曲线积分 $\int_L(x^2+y^2)^k(x\mathrm{d}y-y\mathrm{d}x)$ 与路径无关，结果如何？（ii）利用 $A(0,1)$ 到 $B(2,3)$ 的直线段或 $A(0,1)\to C'(0,3)\to B(2,3)$ 的折线段计算以上两题的曲线积分.

例 8　设函数 $f(x)$ 在 $(-\infty,+\infty)$ 内具有一阶连续导数，L 是上半平面 $(y>0)$ 内的有向光滑曲线，其起点为 $A(a,b)$，终点为 $B(c,d)$. 证明曲线积分

$$I=\int_L\frac{1}{y}[1+y^2f(xy)]\mathrm{d}x+\frac{x}{y^2}[y^2f(xy)-1]\mathrm{d}y$$

与路径无关，并求当 $ab=cd$ 时曲线积分的值.

分析　只需证明它满足曲线积分与路径无关的等价条件 $\frac{\partial Q}{\partial x}=\frac{\partial P}{\partial y}$，再利用曲线积分与路径的无关性计算积分即可.

证明　这里 $P=\frac{1}{y}[1+y^2f(xy)]$，$Q=\frac{x}{y^2}[y^2f(xy)-1]$，求偏导数得

$$\frac{\partial P}{\partial y}=-\frac{1}{y^2}[1+y^2f(xy)]+\frac{1}{y}[2yf(xy)+y^2f'(xy)\cdot x]=f(xy)+xyf'(xy)-\frac{1}{y^2},$$

$$\frac{\partial Q}{\partial x}=\frac{1}{y^2}[y^2f(xy)-1]+\frac{x}{y^2}\cdot y^2f'(xy)\cdot y=f(xy)+xyf'(xy)-\frac{1}{y^2},$$

故有 $\frac{\partial Q}{\partial x}=\frac{\partial P}{\partial y}$，于是曲线积分与路径无关.

记 $f(xy)$ 的一个原函数为 $F(xy)$，则

$$\begin{aligned}\frac{1}{y}[1+y^2f(xy)]\mathrm{d}x+\frac{x}{y^2}[y^2f(xy)-1]\mathrm{d}y&=\left(\frac{1}{y}\mathrm{d}x-\frac{x}{y^2}\mathrm{d}y\right)+f(xy)(y\mathrm{d}x+x\mathrm{d}y)\\&=\left[\frac{1}{y}\mathrm{d}x+x\mathrm{d}\left(\frac{1}{y}\right)\right]+f(xy)\mathrm{d}(xy)\\&=\mathrm{d}\left(\frac{x}{y}\right)+\mathrm{d}F(xy)=\mathrm{d}\left[\frac{x}{y}+F(xy)\right],\end{aligned}$$

于是当 $ab=cd$ 时，

$$\begin{aligned}I&=\int_{(a,b)}^{(c,d)}\frac{1}{y}[1+y^2f(xy)]\mathrm{d}x+\frac{x}{y^2}[y^2f(xy)-1]\mathrm{d}y\\&=\left[\frac{x}{y}+F(xy)\right]_{(a,b)}^{(c,d)}=\frac{c}{d}-\frac{a}{b}+F(cd)-F(ab)=\frac{c}{d}-\frac{a}{b}.\end{aligned}$$

思考　（i）若 L 是下半平面 $(y<0)$ 内的有向光滑曲线，其起点为 $A(a,b)$，终点为 $B(c,d)$，结论如何？（ii）利用 $A(a,b)\to C(c,b)\to B(c,d)$ 或 $A(a,b)\to C(a,d)\to B(c,d)$ 的折线段计算以上曲线积分.

例 9　设函数 $\varphi(x)$ 具有一阶连续导数，$\varphi(1)=0$ 且 $xy^4\mathrm{d}x+y\varphi(xy)\mathrm{d}y$ 为二元函数的全微分，求其全体原函数，并计算曲线积分 $I=\int_{(0,0)}^{(1,1)}xy^4\mathrm{d}x+y\varphi(xy)\mathrm{d}y$ 的值.

分析　先利用 $xy^4\mathrm{d}x+y\varphi(xy)\mathrm{d}y$ 的二元函数全微分的等价条件 $\frac{\partial Q}{\partial x}=\frac{\partial P}{\partial y}$，得到关于未知函数 $\varphi(x)$ 的一个方程，并求出该函数，再利用曲线积分与路径的无关性求出所有的二元函数，并计算积分.

证明　因为 $xy^4\mathrm{d}x+y\varphi(xy)\mathrm{d}y$ 为二元函数的全微分，所以 $\frac{\partial Q}{\partial x}=\frac{\partial P}{\partial y}$. 由于

$$\frac{\partial P}{\partial y}=\frac{\partial}{\partial y}(xy^4)=4xy^3,\quad \frac{\partial Q}{\partial x}=\frac{\partial}{\partial x}[y\varphi(xy)]=y^2\varphi'(xy),$$

所以

$$y^2\varphi'(xy)=4xy^3\Rightarrow\varphi'(xy)=4xy\Rightarrow\varphi'(x)=4x\Rightarrow\varphi(x)=\int 4x\mathrm{d}x=2x^2+C.$$

将 $\varphi(1)=0$ 代入得 $C=-2$，故 $\varphi(x)=2x^2-2$.

取积分路径为折线段 $(0,0)\to(x,0)\to(x,y)$，则 $xy^4\mathrm{d}x+y\varphi(xy)\mathrm{d}y$ 的一个原函数为

$$\begin{aligned}u(x,y)&=\int_{(0,0)}^{(x,y)}xy^4\mathrm{d}x+2y[(xy)^2-1]\mathrm{d}y\\&=\int_0^x 0\cdot\mathrm{d}x+2\int_0^y y(x^2y^2-1)\mathrm{d}y=\left(\frac{1}{2}x^2y^2-1\right)y,\end{aligned}$$

故所求的全体原函数为

$$F(x,y)=\left(\frac{1}{2}x^2y^2-1\right)y^2+C,$$

曲线积分

$$I=\int_{(0,0)}^{(1,1)}xy^4\mathrm{d}x+2y[(xy)^2-1]\mathrm{d}y=\left[\left(\frac{1}{2}x^2y^2-1\right)y^2\right]_{(0,0)}^{(1,1)}=-\frac{1}{2}.$$

思考（i）利用凑微分法，求 $xy^4\mathrm{d}x+y\varphi(xy)\mathrm{d}y$ 的一个原函数；取积分路径为 $(0,0)\to(x,y)$，$xy^4\mathrm{d}x+y\varphi(xy)\mathrm{d}y$ 的一个原函数；（ii）利用 $(0,0)\to(1,1)$ 的直线段计算以上曲线积分.

例 10　设函数 $\varphi(y)$ 具有一阶连续导数，在围绕坐标原点的任意分段光滑的同向简单闭曲线 L 上曲线积分 $\oint_L\frac{\varphi(y)\mathrm{d}x+2xy\mathrm{d}y}{2x^2+y^4}$ 的值恒为同一常数. 证明：对右半平面 $(x>0)$ 内的任一分段光滑的简单闭曲线 L'，均有 $\oint_{L'}\frac{\varphi(y)\mathrm{d}x+2xy\mathrm{d}y}{2x^2+y^4}=0$，并求 $\varphi(y)$ 和曲线积分 $I=\int_{(1,0)}^{(\sqrt{2},-\sqrt{2})}\frac{\varphi(y)\mathrm{d}x+2xy\mathrm{d}y}{2x^2+y^4}$ 的值.

分析　首先，对右半平面 $(x>0)$ 内的任一分段光滑的简单闭曲线 L'，构造围绕坐标原点的两条分段光滑的简单闭曲线，若 L' 上的曲线积分可以表示成这两条曲线上的曲线积分之差即可；其次，利用任一分段光滑的简单闭曲线 L' 上的曲线积分为零的等价条件 $\frac{\partial Q}{\partial x}=\frac{\partial P}{\partial y}$，得到关于未知函数 $\varphi(y)$ 的方程，并求出该函数；最后利用曲线积分与路径的无关性求出所有的二元函数，并计算积分.

图 10-30

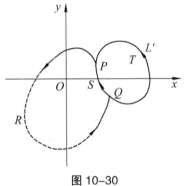

证明　如图 10-30 所示，不妨设 L' 是右半平面 $(x>0)$ 内的任一分段光滑正向简单闭曲线，在 L' 上取 P,Q 两点，从而将 L' 分成两段正向曲线 $\widehat{QTP},\widehat{PSQ}$，以曲线段 $\widehat{QTP}$ 为基础作围绕坐标原点的分段光滑简单正向闭曲线 $\widehat{PRQTP}$，同时得到另一条围绕坐标原点的分段光滑简单正向闭曲线 $\widehat{PRQSP}$. 依题设

$$\oint_{\widehat{PRQTP}}\frac{\varphi(y)\mathrm{d}x+2xy\mathrm{d}y}{2x^2+y^4}=\oint_{\widehat{PRQSP}}\frac{\varphi(y)\mathrm{d}x+2xy\mathrm{d}y}{2x^2+y^4}.$$

于是

$$\begin{aligned}\oint_{L'}\frac{\varphi(y)\mathrm{d}x+2xy\mathrm{d}y}{2x^2+y^4}&=\oint_{\widehat{QTP}}\frac{\varphi(y)\mathrm{d}x+2xy\mathrm{d}y}{2x^2+y^4}+\oint_{\widehat{PSQ}}\frac{\varphi(y)\mathrm{d}x+2xy\mathrm{d}y}{2x^2+y^4}\\&=\oint_{\widehat{QTP}}\frac{\varphi(y)\mathrm{d}x+2xy\mathrm{d}y}{2x^2+y^4}-\oint_{\widehat{QSP}}\frac{\varphi(y)\mathrm{d}x+2xy\mathrm{d}y}{2x^2+y^4}\\&=\oint_{\widehat{PRQTP}}\frac{\varphi(y)\mathrm{d}x+2xy\mathrm{d}y}{2x^2+y^4}-\oint_{\widehat{PRQSP}}\frac{\varphi(y)\mathrm{d}x+2xy\mathrm{d}y}{2x^2+y^4}=0.\end{aligned}$$

因为右半平面 $(x>0)$ 内任一分段光滑的简单闭曲线上的曲线积分均为零，所以曲线积分与路径无关，即 $\frac{\partial Q}{\partial x}=\frac{\partial P}{\partial y}$. 由于

$$\frac{\partial P}{\partial y}=\frac{\partial}{\partial y}\left[\frac{\varphi(y)}{2x^2+y^4}\right]=\frac{(2x^2+y^4)\varphi'(y)-4y^3\varphi(y)}{(2x^2+y^4)^2},$$

$$\frac{\partial Q}{\partial x}=\frac{\partial}{\partial x}\left(\frac{2xy}{2x^2+y^4}\right)=\frac{2y(2x^2+y^2)-2xy\cdot 4x}{(2x^2+y^4)^2}=\frac{2y^5-4x^2y}{(2x^2+y^4)^2},$$

所以

$$(2x^2+y^4)\varphi'(y)-4y^3\varphi(y)=2y^5-4x^2y\Rightarrow\begin{cases}\varphi'(y)=-2y\\ y\varphi'(y)-4\varphi(y)=2y^2\end{cases}.$$

由

$$\varphi'(y)=-2y\Rightarrow\varphi(y)=C-y^2.$$

将其代入第二方程，得

$$y(-2y)-4(C-y^2)=2y^2\Rightarrow C=0,$$

故 $\varphi(y)=-y^2$.

曲线积分

$$I=\int_{(1,0)}^{(\sqrt{2},-\sqrt{2})}\frac{\varphi(y)\mathrm{d}x+2xy\mathrm{d}y}{2x^2+y^4}=\int_{(1,0)}^{(\sqrt{2},-\sqrt{2})}\frac{-y^2\mathrm{d}x+2xy\mathrm{d}y}{2x^2+y^4}$$

$$=\int_{(1,0)}^{(\sqrt{2},-\sqrt{2})}\frac{-\frac{y^2}{x^2}\mathrm{d}x+\frac{2y}{x}\mathrm{d}y}{2+\left(\frac{y^2}{x}\right)^2}=\int_{(1,0)}^{(\sqrt{2},-\sqrt{2})}\frac{\mathrm{d}\left(\frac{y^2}{x}\right)}{2+\left(\frac{y^2}{x}\right)^2}$$

$$=\left[\frac{1}{\sqrt{2}}\arctan\frac{y^2}{\sqrt{2}x}\right]_{(1,0)}^{(\sqrt{2},-\sqrt{2})}=\frac{\sqrt{2}}{8}\pi.$$

思考　（i）取积分路径为折线段 $(1,0)\to(x,0)\to(x,y)$，求 $\frac{\varphi(y)\mathrm{d}x+2xy\mathrm{d}y}{2x^2+y^4}$ 的一个原函数，并计算曲线积分 $I=\int_{(1,0)}^{(\sqrt{2},-\sqrt{2})}\frac{\varphi(y)\mathrm{d}x+2xy\mathrm{d}y}{2x^2+y^4}$；（ii）利用 $(1,0)\to(\sqrt{2},-\sqrt{2})$ 的直线段计算曲线积分；（iii）对左半平面 $(x<0)$ 内任一分段光滑的简单闭曲线 L'，该结论是否成立？若是，计算曲线积分 $I=\int_{(-1,0)}^{(-\sqrt{2},-\sqrt{2})}\frac{\varphi(y)\mathrm{d}x+2xy\mathrm{d}y}{2x^2+y^4}$ 的值. 对上半平面 $(y>0)$ 和下半平面 $(y<0)$ 呢？

例 11　利用曲线积分计算二重积分 $\iint\limits_D \mathrm{e}^{-\frac{2x}{x+y}}\mathrm{d}x\mathrm{d}y$，其中 D 是直线 $x+y=1, x+y=2$ 和两坐标轴所围成的区域.

分析　根据公式（1），把二重积分转化成曲线积分，并利用曲线积分的性质化简、计算即可.

解　如图 10-31 所示，设 D 的正向边界在两直线 $x+y=1$, $x+y=2$ 上的部分依次为 L_1, L_3；在 x 轴、y 轴上的部分依次为 L_2, L_4.

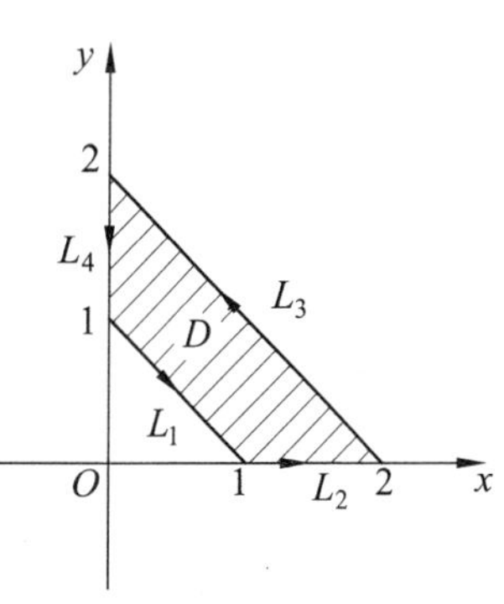

图 10-31

令 $f(x,y)=\mathrm{e}^{-\frac{2x}{x+y}}$，则

$$\frac{\partial f}{\partial x}=-\frac{2y}{(x+y)^2}\mathrm{e}^{-\frac{2x}{x+y}},\quad \frac{\partial f}{\partial y}=\frac{2x}{(x+y)^2}\mathrm{e}^{-\frac{2x}{x+y}},$$

于是
$$x\frac{\partial f}{\partial x}+y\frac{\partial f}{\partial y}=-\frac{2xy}{(x+y)^2}\mathrm{e}^{-\frac{2x}{x+y}}+\frac{2xy}{(x+y)^2}\mathrm{e}^{-\frac{2x}{x+y}}=0.$$

故利用公式（1）并注意到 L_2,L_4 上的曲线积分为零，得

$$\begin{aligned}原式&=\frac{1}{2}\sum_{i=1}^{4}\oint_{L_i}\mathrm{e}^{-\frac{2x}{x+y}}(x\mathrm{d}y-y\mathrm{d}x)=\frac{1}{2}\oint_{L_1}\mathrm{e}^{-\frac{2x}{x+y}}(x\mathrm{d}y-y\mathrm{d}x)+\frac{1}{2}\oint_{L_3}\mathrm{e}^{-\frac{2x}{x+y}}(x\mathrm{d}y-y\mathrm{d}x)\\&=\frac{1}{2}\oint_{L_1}\mathrm{e}^{-2x}(x\mathrm{d}y-y\mathrm{d}x)+\frac{1}{2}\oint_{L_3}\mathrm{e}^{-x}(x\mathrm{d}y-y\mathrm{d}x).\end{aligned}$$

由于 $L_1:y=1-x,\mathrm{d}y=-\mathrm{d}x,x$ 由 0 到 1，于是

$$\oint_{L_1}\mathrm{e}^{-2x}(x\mathrm{d}y-y\mathrm{d}x)=\int_0^1\mathrm{e}^{-2x}[x(-\mathrm{d}x)-(1-x)\mathrm{d}x]=-\int_0^1\mathrm{e}^{-2x}\mathrm{d}x=\frac{1}{2}\mathrm{e}^{-2x}\Big|_0^1=\frac{1}{2}(\mathrm{e}^{-2}-1);$$

而 $L_3:y=2-x,\mathrm{d}y=-\mathrm{d}x,x$ 由 2 到 0，于是

$$\oint_{L_3}\mathrm{e}^{-x}(x\mathrm{d}y-y\mathrm{d}x)=\int_2^0\mathrm{e}^{-x}[x(-\mathrm{d}x)-(2-x)\mathrm{d}x]=-\int_2^0\mathrm{e}^{-x}\mathrm{d}x=\frac{1}{2}\mathrm{e}^{-x}\Big|_2^0=\frac{1}{2}(1-\mathrm{e}^{-2}).$$

故
$$\iint_D\mathrm{e}^{-\frac{2x}{x+y}}\mathrm{d}x\mathrm{d}y=\frac{1}{4}(\mathrm{e}^{-2}-1)+\frac{1}{4}(1-\mathrm{e}^{-2})=0.$$

思考 （i）若二重积分为 $\iint\limits_D\mathrm{e}^{-\frac{2y}{x+y}}\mathrm{d}x\mathrm{d}y$ 或 $\iint\limits_D\mathrm{e}^{-\frac{x-y}{x+y}}\mathrm{d}x\mathrm{d}y$，结果如何？$\iint\limits_D\mathrm{e}^{\frac{ax+by}{x+y}}\mathrm{d}x\mathrm{d}y$ 呢？（ii）若 D 是由直线 $x+y=1,x+y=2$ 和 $y=x,y=2x$ 所围成的区域，以上各题结果如何？

例 12 利用曲线积分计算二重积分 $\iint\limits_D[(2x^2+y^2)^2-1]^2\mathrm{d}x\mathrm{d}y$，其中 D 是椭圆区域 $2x^2+y^2\leqslant 1$.

分析 根据公式（1）和格林公式，进行曲线积分与二重积分之间的互化，并利用曲线积分的性质化简和二重积分的几何意义计算即可.

解 设 L 表示 D 的正向边界曲线，利用公式（1）及曲线积分的性质和格林公式得

$$\begin{aligned}原式&=\iint_D(2x^2+y^2)^4\mathrm{d}x\mathrm{d}y-2\iint_D(2x^2+y^2)^2\mathrm{d}x\mathrm{d}y+\iint_D\mathrm{d}x\mathrm{d}y\\&=\frac{1}{10}\oint_L(2x^2+y^2)^4(x\mathrm{d}y-y\mathrm{d}x)-\frac{2}{6}\oint_L(2x^2+y^2)^2(x\mathrm{d}y-y\mathrm{d}x)+\frac{\pi}{\sqrt{2}}\\&=\frac{1}{10}\oint_L x\mathrm{d}y-y\mathrm{d}x-\frac{2}{6}\oint_L x\mathrm{d}y-y\mathrm{d}x+\frac{\pi}{\sqrt{2}}\\&=\frac{2}{10}\iint_D\mathrm{d}x\mathrm{d}y-\frac{2}{3}\iint_D\mathrm{d}x\mathrm{d}y+\frac{\pi}{\sqrt{2}}=\frac{4\sqrt{2}\pi}{15}.\end{aligned}$$

思考 （i）若二重积分为 $\iint\limits_D(\sqrt{2x^2+y^2}-1)^2\mathrm{d}x\mathrm{d}y$ 或 $\iint\limits_D[(2x^2+y^2)^2-1]^3\mathrm{d}x\mathrm{d}y$，结果如何？

$\iint\limits_{D}(\sqrt{2x^2+y^2}-1)^3\mathrm{d}x\mathrm{d}y$ 呢？（ii）若 D 是椭圆区域 $2x^2+y^2\leqslant 1$ 在第一象限内的部分，以上各题结果如何？

例 13　设曲面 $z=x^2+y^2$ 与球面 $x^2+y^2+z^2=2$ 所围成的上、下两个区域分别为 Ω_1,Ω_2，它们表面的外侧分别为 Σ_1,Σ_2，计算曲面积分

$$I_1=\oiint\limits_{\Sigma_1}2xz\mathrm{d}y\mathrm{d}z+y(z+x)\mathrm{d}z\mathrm{d}x-z^2\mathrm{d}x\mathrm{d}y,\quad I_2=\oiint\limits_{\Sigma_2}2xz\mathrm{d}y\mathrm{d}z+y(z+x)\mathrm{d}z\mathrm{d}x-z^2\mathrm{d}x\mathrm{d}y.$$

分析　这是闭曲面积分. 显然，它满足高斯公式条件，可直接转化成曲面所围成区域上的三重积分. 注意：利用两曲面积分与球面外侧曲面积分之间的关系可简化运算.

解　如图 10-32 所示，这里 $P=2xz,Q=y(z+x),R=-z^2$；

$$\frac{\partial P}{\partial x}+\frac{\partial Q}{\partial y}+\frac{\partial R}{\partial z}=2z+z+x-2z=x+z.$$

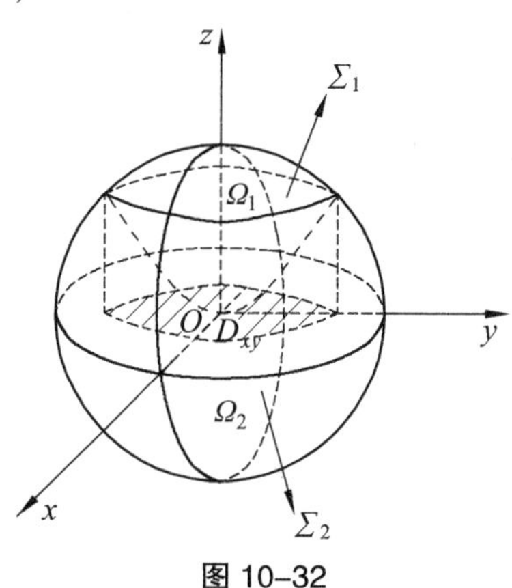

图 10-32

于是由高斯公式得

$$I_1=\iiint\limits_{\Omega_1}(x+z)\mathrm{d}x\mathrm{d}y\mathrm{d}z,$$

由于 Ω_1 关于 yOz 对称，且 x 为奇函数，故

$$I_1=\iiint\limits_{\Omega_1}x\mathrm{d}x\mathrm{d}y\mathrm{d}z+\iiint\limits_{\Omega_1}z\mathrm{d}x\mathrm{d}y\mathrm{d}z$$
$$=0+\iiint\limits_{\Omega_1}z\mathrm{d}x\mathrm{d}y\mathrm{d}z=\iiint\limits_{\Omega_1}z\mathrm{d}x\mathrm{d}y\mathrm{d}z.$$

由 $\begin{cases}z=x^2+y^2\\x^2+y^2+z^2=2\end{cases}$ 求得 Ω_1 在 xOy 面上的投影区域 $D_{xy}:x^2+y^2\leqslant 1$，故 Ω_1 可表示成

$$\Omega_1:0\leqslant\theta\leqslant 2\pi,0\leqslant r\leqslant 1,r^2\leqslant z\leqslant\sqrt{2-r^2}.$$

于是

$$I_1=\int_0^{2\pi}\mathrm{d}\theta\int_0^1 r\mathrm{d}r\int_{r^2}^{\sqrt{2-r^2}}z\mathrm{d}z=\int_0^{2\pi}\mathrm{d}\theta\int_0^1 r\mathrm{d}r\int_{r^2}^{\sqrt{2-r^2}}z\mathrm{d}z=2\pi\cdot\frac{1}{2}\int_0^1 r\cdot z^2\Big|_{z=r^2}^{\sqrt{2-r^2}}\mathrm{d}r$$
$$=\pi\int_0^1 r(2-r^2-r^4)\mathrm{d}r=\pi\left[r^2-\frac{1}{4}r^4-\frac{1}{6}r^6\right]_0^1=\frac{7}{12}\pi.$$

设球面 $x^2+y^2+z^2=2$ 所围成的区域为 Ω，其表面的外侧为 Σ，则

$$I_1+I_2=\oiint\limits_{\Sigma}2xz\mathrm{d}y\mathrm{d}z+y(z+x)\mathrm{d}z\mathrm{d}x-z^2\mathrm{d}x\mathrm{d}y.$$

由于 Ω 关于各坐标面对称，且 x 和 z 均为奇函数，故

$$I_1+I_2=\oiint\limits_{\Sigma}2xz\mathrm{d}y\mathrm{d}z+y(z+x)\mathrm{d}z\mathrm{d}x-z^2\mathrm{d}x\mathrm{d}y=\iiint\limits_{\Omega}(x+z)\mathrm{d}x\mathrm{d}y\mathrm{d}z=0,$$

于是 $I_2=-I_1=-\dfrac{7}{12}\pi$.

思考 （i）若 $I_1=\oiint\limits_{\Sigma_1}2xy\mathrm{d}y\mathrm{d}z+yz\mathrm{d}z\mathrm{d}x-z^2\mathrm{d}x\mathrm{d}y$，$I_2=\oiint\limits_{\Sigma_2}2xy\mathrm{d}y\mathrm{d}z+yz\mathrm{d}z\mathrm{d}x-z^2\mathrm{d}x\mathrm{d}y$，结果如何？（ii）若 Ω_1,Ω_2 由曲面 $z=\sqrt{x^2+y^2}$ 与球面 $x^2+y^2+z^2=2$ 所围成，以上各题的结果如何？

例 14 计算曲面积分 $I=\iint\limits_{\Sigma}(x^3+az^2)\mathrm{d}y\mathrm{d}z+(y^3+bx^2)\mathrm{d}z\mathrm{d}x+(z^3+cy^2)\mathrm{d}x\mathrm{d}y$，其中 Σ 是上半球面 $z=\sqrt{c^2-x^2-y^2}\ (c>0)$ 的上侧.

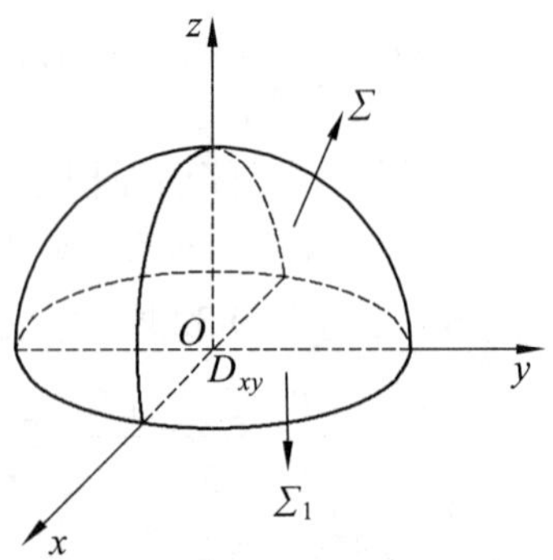

图 10–33

分析 该题不是闭曲面积分，添加一个与 Σ 边界相同的曲面，使其化为一个闭曲面积分与另一个曲面积分之差，进而利用高斯公式化为三重积分与另一个曲面积分之差. 如果三重积分与另一个曲面积分都比较简单，就可以使用该方法.

解 如图 10-33 所示，记 $\Sigma_1: z=0\ (x^2+y^2\leqslant c^2)$，下侧；$\Sigma$ 与 Σ_1 所围成的区域为 Ω. 由于 Σ_1 在坐标面 yOz, zOx 上投影的面积均为零，故

$$\iint\limits_{\Sigma_1}(x^3+az^2)\mathrm{d}y\mathrm{d}z=\iint\limits_{\Sigma_1}(y^3+bx^2)\mathrm{d}z\mathrm{d}x=0,$$

于是

$$\begin{aligned}I_1&=\iint\limits_{\Sigma_1}(x^3+az^2)\mathrm{d}y\mathrm{d}z+(y^3+bx^2)\mathrm{d}z\mathrm{d}x+(z^3+cy^2)\mathrm{d}x\mathrm{d}y\\&=\iint\limits_{\Sigma_1}(z^3+cy^2)\mathrm{d}x\mathrm{d}y=-\iint\limits_{x^2+y^2\leqslant c^2}cy^2\mathrm{d}x\mathrm{d}y\\&=-c\int_0^{2\pi}\sin^2\theta\mathrm{d}\theta\int_0^c r^3\mathrm{d}r=-\frac{1}{4}\pi c^5.\end{aligned}$$

又 $\Omega: 0\leqslant\theta\leqslant 2\pi,\ 0\leqslant\varphi\leqslant\dfrac{\pi}{2}, 0\leqslant r\leqslant c$，故由高斯公式得

$$\begin{aligned}I_2&=\oiint\limits_{\Sigma+\Sigma_1}(x^3+az^2)\mathrm{d}y\mathrm{d}z+(y^3+bx^2)\mathrm{d}z\mathrm{d}x+(z^3+cy^2)\mathrm{d}x\mathrm{d}y\\&=\iiint\limits_{\Omega}\left[\frac{\partial}{\partial x}(x^3+az^2)+\frac{\partial}{\partial y}(y^3+bx^2)+\frac{\partial}{\partial z}(z^3+cy^2)\right]\mathrm{d}x\mathrm{d}y\mathrm{d}z\\&=3\iiint\limits_{\Omega}(x^2+y^2+z^2)\mathrm{d}x\mathrm{d}y\mathrm{d}z=3\int_0^{2\pi}\mathrm{d}\theta\int_0^{\frac{\pi}{2}}\sin\varphi\mathrm{d}\varphi\int_0^c r^2\cdot r^2\mathrm{d}r=\frac{6}{5}\pi c^5,\end{aligned}$$

故 $I=I_2-I_1=\dfrac{6}{5}\pi c^5+\dfrac{1}{4}\pi c^5=\dfrac{29}{20}\pi c^5$.

思考 （i）若曲面积分为 $I=\iint\limits_{\Sigma}(x^2+az^2)\mathrm{d}y\mathrm{d}z+(y^2+bx^2)\mathrm{d}z\mathrm{d}x+(z^2+cy^2)\mathrm{d}x\mathrm{d}y$，结果如何？（ii）若 Σ 是下半球面 $z=-\sqrt{c^2-x^2-y^2}\ (c>0)$ 的下侧，以上各题结果如何？是右半球面 $y=\sqrt{c^2-x^2-z^2}\ (c>0)$ 的右侧或左半球面 $y=-\sqrt{c^2-x^2-z^2}\ (c>0)$ 的左侧呢？（iii）若以下半球面 $\Sigma_1: z=-\sqrt{c^2-x^2-y^2}$ 的下侧为添加的曲面，那么 Σ_1 上的曲面积分与 Σ 上的曲面积分之间是什么样的关系？（iv）若 $c<0$，以上各题的结果如何？

例 15　计算曲面积分 $I=\iint\limits_{\Sigma}\dfrac{x^3(x^2+y^2)\mathrm{d}y\mathrm{d}z+y^3(y^2+z^2)\mathrm{d}z\mathrm{d}x+z^3(z^2+x^2)\mathrm{d}x\mathrm{d}y}{\sqrt{x^2+y^2}}$，其中 Σ 是圆柱面 $x^2+y^2=R^2(0\leqslant z\leqslant h;R>0)$ 的外侧.

分析　该题不是闭曲面积分，添加圆柱体的上、下两个底面可使其化为一个闭曲面积分与另外两个曲面积分之差，但由于坐标原点不满足高斯公式条件，为此先根据曲面积分的性质化简，避免不能直接使用高斯公式的问题.

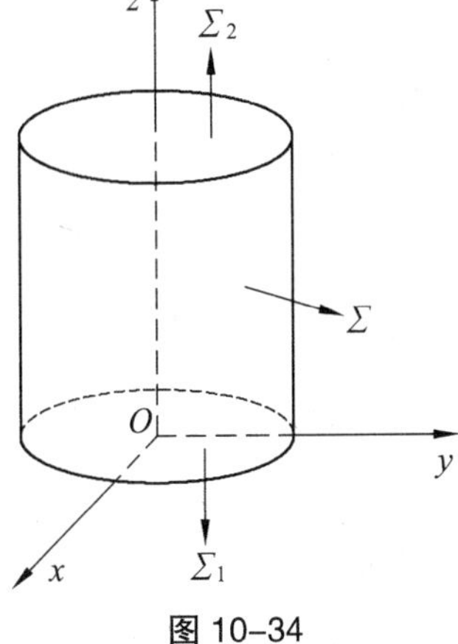

图 10-34

解　如图 10-34 所示，由于 Σ 在坐标面 xOy 上投影的面积为零，于是曲面积分的第三项为零，故

$$I=\iint\limits_{\Sigma}\frac{x^3(x^2+y^2)\mathrm{d}y\mathrm{d}z+y^3(y^2+z^2)\mathrm{d}z\mathrm{d}x}{\sqrt{x^2+y^2}}.$$

又在曲面积分中有 $x^2+y^2=R^2$，则

$$I=\iint\limits_{\Sigma}\frac{R^2x^3\mathrm{d}y\mathrm{d}z+y^3(y^2+z^2)\mathrm{d}z\mathrm{d}x}{R}$$
$$=\frac{1}{R}\iint\limits_{\Sigma}R^2x^3\mathrm{d}y\mathrm{d}z+y^3(y^2+z^2)\mathrm{d}z\mathrm{d}x.$$

记 $\Sigma_1:z=0\,(x^2+y^2\leqslant R^2)$，下侧；$\Sigma_2:z=h\,(x^2+y^2\leqslant R^2)$，上侧. 显然 Σ_1,Σ_2 在坐标面 yOz,zOx 上投影的面积均为零，故

$$I_1=\iint\limits_{\Sigma_1}R^2x^3\mathrm{d}y\mathrm{d}z+y^3(y^2+z^2)\mathrm{d}z\mathrm{d}x=0,\quad I_2=\iint\limits_{\Sigma_2}R^2x^3\mathrm{d}y\mathrm{d}z+y^3(y^2+z^2)\mathrm{d}z\mathrm{d}x=0;$$

又 Σ_1,Σ_2 与 Σ 所围成的区域为 $\Omega:0\leqslant\theta\leqslant 2\pi,0\leqslant r\leqslant R,0\leqslant z\leqslant h$，于是

$$I_3=\frac{1}{R}\oiint\limits_{\Sigma+\Sigma_1+\Sigma_2}R^2x^3\mathrm{d}y\mathrm{d}z+y^3(y^2+z^2)\mathrm{d}z\mathrm{d}x$$
$$=\frac{1}{R}\iiint\limits_{\Omega}\left[\frac{\partial}{\partial x}(R^2x^3)+\frac{\partial}{\partial y}(y^5+y^3z^2)\right]\mathrm{d}x\mathrm{d}y\mathrm{d}z$$
$$=\frac{1}{R}\iiint\limits_{\Omega}(3R^2x^2+5y^4+3y^2z^2)\mathrm{d}x\mathrm{d}y\mathrm{d}z$$
$$=\frac{1}{R}\int_0^{2\pi}\mathrm{d}\theta\int_0^R r\mathrm{d}r\int_0^h(3R^2r^2\cos^2\theta+5r^4\sin^4\theta+3r^2\sin^2\theta z^2)\mathrm{d}z$$
$$=\frac{h}{R}\int_0^{2\pi}\mathrm{d}\theta\int_0^R r(3R^2r^2\cos^2\theta+5r^4\sin^4\theta+h^2r^2\sin^2\theta)\mathrm{d}r$$
$$=R^3h\int_0^{2\pi}\left(\frac{3}{4}R^2\cos^2\theta+\frac{5}{6}R^2\sin^4\theta+\frac{1}{4}h^2\sin^2\theta\right)\mathrm{d}\theta$$
$$=4R^3h\int_0^{\frac{\pi}{2}}\left(\frac{3}{4}R^2\cos^2\theta+\frac{5}{6}R^2\sin^4\theta+\frac{1}{4}h^2\sin^2\theta\right)\mathrm{d}\theta$$
$$=4R^3h\left(\frac{3}{4}R^3\cdot\frac{1}{2}\frac{\pi}{2}+\frac{5}{6}R^2\cdot\frac{3}{4}\frac{1}{2}\frac{\pi}{2}+\frac{1}{4}h^2\cdot\frac{1}{2}\frac{\pi}{2}\right)=\frac{1}{8}\pi R^3h(11R^2+2h^2),$$

故 $I=I_3-I_1-I_2=\dfrac{1}{8}\pi R^2h(11R^2+2h^2)$.

思考 （i）若曲面积分为 $I=\iint\limits_{\Sigma}\dfrac{x^3(x^2-y^2)\mathrm{d}y\mathrm{d}z+y^3(y^2-z^2)\mathrm{d}z\mathrm{d}x+z^3(z^2-x^2)\mathrm{d}x\mathrm{d}y}{\sqrt{x^2+y^2}}$ 或 $I=\iint\limits_{\Sigma}\dfrac{x^3(x^2+y^2)\mathrm{d}y\mathrm{d}z+y^3(y^2+z^2)\mathrm{d}z\mathrm{d}x+z^3(z^2+x^2)\mathrm{d}x\mathrm{d}y}{\sqrt{(x^2+y^2)^n}}$ $(n\in\mathbf{N})$，结果如何？（ii）若 Σ 是圆锥面 $z=\sqrt{x^2+y^2}\,(0\leqslant z\leqslant h)$ 的外侧，以上各题结果如何？是旋转抛物面 $z=x^2+y^2\,(0\leqslant z\leqslant h)$ 的外侧呢？

例 16 计算曲面积分 $I=\iint\limits_{\Sigma}(x^2-2xy)\mathrm{d}y\mathrm{d}z+(y^2-2yz)\mathrm{d}z\mathrm{d}x+(z^2-2zx)\mathrm{d}x\mathrm{d}y$，其中 Σ 是曲面 $z=x^2+y^2$ 被平面 $x+y+z=0$ 所截下部分的外侧.

分析 当曲面积分与曲面 Σ 无关而只与曲面的边界有关，即 $\dfrac{\partial P}{\partial x}+\dfrac{\partial Q}{\partial y}+\dfrac{\partial R}{\partial z}=0$ 在包含曲面 Σ 的区域上恒成立时，可以把 Σ 上的曲面积分转化成该区域中与 Σ 边界相同的简单曲面上的曲面积分.

解 这里 $P=x^2-2xy,Q=y^2-2yz,R=z^2-2zx$，于是

$$\frac{\partial P}{\partial x}+\frac{\partial Q}{\partial y}+\frac{\partial R}{\partial z}=2x-2y+2y-2z+2z-2x=0$$

故该曲面积分与曲面无关.

记 Σ_1 为平面 $x+y+z=0$ 被曲面 $z=x^2+y^2$ 所截下部分的下侧，则

$$I=\iint\limits_{\Sigma_1}(x^2-2xy)\mathrm{d}y\mathrm{d}z+(y^2-2yz)\mathrm{d}z\mathrm{d}x+(z^2-2zx)\mathrm{d}x\mathrm{d}y.$$

又由 $\mathrm{d}S=\cos\alpha\mathrm{d}y\mathrm{d}z=\cos\beta\mathrm{d}z\mathrm{d}x=\cos\gamma\mathrm{d}x\mathrm{d}y$ 和平面的单位法向量 $(\cos\alpha,\cos\beta,\cos\gamma)=\left(\dfrac{1}{\sqrt{3}},\dfrac{1}{\sqrt{3}},\dfrac{1}{\sqrt{3}}\right)$，可得 $\mathrm{d}y\mathrm{d}z=\mathrm{d}z\mathrm{d}x=\mathrm{d}x\mathrm{d}y$；由 $\begin{cases}z=x^2+y^2\\x+y+z=0\end{cases}$ 可以求得 Σ_1 在 xOy 面上的投影 $D_{xy}:\left(x+\dfrac{1}{2}\right)^2+\left(y+\dfrac{1}{2}\right)^2\leqslant\dfrac{1}{2}$，即 $D_{xy}:\begin{cases}\dfrac{3}{4}\pi\leqslant\theta\leqslant\dfrac{7}{4}\pi\\0\leqslant r\leqslant-(\sin\theta+\cos\theta)\end{cases}$，故

$$\begin{aligned}I&=\iint\limits_{\Sigma_1}[(x^2-2xy)+(y^2-2yz)+(z^2-2zx)]\mathrm{d}x\mathrm{d}y\\&=-\iint\limits_{D_{xy}}[x^2-2xy+y^2-2y(-x-y)+(-x-y)^2-2x(-x-y)]\mathrm{d}x\mathrm{d}y\\&=-4\iint\limits_{D_{xy}}(x^2+y^2+xy)\mathrm{d}x\mathrm{d}y=-4\int_{\frac{3}{4}\pi}^{\frac{7}{4}\pi}(1+\sin\theta\cos\theta)\mathrm{d}\theta\int_0^{-(\sin\theta+\cos\theta)}r^3\mathrm{d}r\\&=-\int_{\frac{3}{4}\pi}^{\frac{7}{4}\pi}(1+\sin\theta\cos\theta)(\sin\theta+\cos\theta)^4\mathrm{d}\theta\end{aligned}$$

$$\xlongequal[d\theta=dt]{\theta=t+\frac{3}{4}\pi}-\int_0^{\pi}\left[1+\sin\left(t+\frac{3}{4}\pi\right)\cos\left(t+\frac{3}{4}\pi\right)\right]\left[\sin\left(t+\frac{3}{4}\pi\right)+\cos\left(t+\frac{3}{4}\pi\right)\right]^4 dt$$

$$=-\left(\frac{\sqrt{2}}{2}\right)^4\int_0^{\pi}\left[1-\frac{1}{2}(\cos t-\sin t)(\cos t+\sin t)\right][(\cos t-\sin t)-(\cos t+\sin t)]^4 dt$$

$$=-4\int_0^{\pi}\left(\frac{1}{2}\sin^4 t+\sin^6 t\right)dt=-4\int_0^{\frac{\pi}{2}}(\sin^4 t+2\sin^6 t)dt$$

$$=-4\left(\frac{3}{4}\cdot\frac{1}{2}\cdot\frac{\pi}{2}+2\cdot\frac{5}{6}\cdot\frac{3}{4}\cdot\frac{1}{2}\cdot\frac{\pi}{2}\right)=-2\pi.$$

思考　（i）用降次的方法计算 $\int_{\frac{3}{4}\pi}^{\frac{7}{4}\pi}(1+\sin\theta\cos\theta)(\sin\theta+\cos\theta)^4 d\theta$；（ii）若 Ω_1,Ω_2 由曲面 $z=\sqrt{x^2+y^2}$ 与球面 $x^2+y^2+z^2=2$ 所围成，以上各题的结果如何？（iii）该方法与添面转化成三重积分与曲面积分之差的方法有什么区别与联系？

例 17　设对于任意的光滑有向闭曲面 Σ，都有

$$I=\oiint_{\Sigma} xf(x)dydz-xyf(x)dzdx-zf'(x)dxdy=0,$$

其中函数 $f(x)$ 具有连续的一阶导数，且 $f(0)=1$，求 $f(x)$.

分析　该曲面积分显然满足高斯公式条件，据此可以将题设条件转化成关于函数 $f(x)$ 的一个方程，从而求出 $f(x)$.

解　这里 $P=xf(x),Q=-xyf(x),R=-zf'(x)$，于是

$$\frac{\partial P}{\partial x}+\frac{\partial Q}{\partial y}+\frac{\partial R}{\partial z}=f(x)+xf'(x)-xf(x)-f'(x)=(1-x)[f(x)-f'(x)],$$

记有向闭曲面 Σ 所围成的区域为 Ω，则由高斯公式及题设得

$$I=\pm\iiint_{\Omega}(1-x)[f(x)-f'(x)]dxdydz=0.$$

由曲面 Σ 的任意性，有

$$(1-x)[f(x)-f'(x)]=0,$$

即

$$f'(x)=f(x),$$

即

$$\frac{df(x)}{f(x)}=dx,$$

两边积分得

$$\ln|f(x)|=x+C_1,$$

即

$$f(x)=Ce^x.$$

将 $f(0)=1$ 代入，得 $C=1$，故 $f(x)=e^x$.

思考　（i）题设条件“对于任意的光滑有向闭曲面 Σ，曲面积分 $I=0$”与“曲面积分与曲面无关而只与曲面的边界有关”是什么关系？（ii）若对于任意的光滑有向闭曲面 Σ，都有

$I=\oiint\limits_{\Sigma} xf(x)\mathrm{d}y\mathrm{d}z-xyf(x)\mathrm{d}z\mathrm{d}x-zf(x)\mathrm{d}x\mathrm{d}y=0$，结果如何？若对于任意的光滑有向闭曲面 Σ 都有 $I=\oiint\limits_{\Sigma} f(x)\mathrm{d}y\mathrm{d}z-xyf(x)\mathrm{d}z\mathrm{d}x-zf(x)\mathrm{d}x\mathrm{d}y=0$ 呢？

例 18　计算曲线积分 $I=\oint_{\Gamma}(x+y)\mathrm{d}x+(y+z)\mathrm{d}y+(z+x)\mathrm{d}z$，其中 Γ 是柱面 $x^2+y^2=R^2$ 与平面 $x+2z=R$ 的交线，且从 x 轴正向看去，Γ 的方向是逆时针的.

分析　这是空间闭曲线积分，曲线张成的最简单的曲面是平面 $x+2z=R$ 上的椭圆，用斯托克斯公式求解比较容易；此外，由于柱面的参数方程与圆的参数方程形式上相同，据此容易求出曲线的参数方程，故也可以用曲线的参数方程求解.

解法 1　公式法　如图 10-35 所示，设 Σ 为平面 $x+2z=R$ 上被柱面 $x^2+y^2=R^2$ 截下部分的上侧，则由斯托克斯公式，并注意到 Σ 在坐标面 zOx 上投影的面积为零，得

$$I=\iint\limits_{\Sigma}\begin{vmatrix}\mathrm{d}y\mathrm{d}z & \mathrm{d}z\mathrm{d}x & \mathrm{d}x\mathrm{d}y\\ \dfrac{\partial}{\partial x} & \dfrac{\partial}{\partial y} & \dfrac{\partial}{\partial z}\\ x+y & y+z & z+x\end{vmatrix}$$
$$=\iint\limits_{\Sigma}(0-1)\mathrm{d}y\mathrm{d}z+(0-1)\mathrm{d}z\mathrm{d}x+(0-1)\mathrm{d}x\mathrm{d}y$$
$$=-\iint\limits_{\Sigma}\mathrm{d}y\mathrm{d}z-\iint\limits_{\Sigma}\mathrm{d}x\mathrm{d}y=-\iint\limits_{D_{yz}}\mathrm{d}y\mathrm{d}z-\iint\limits_{D_{xy}}\mathrm{d}x\mathrm{d}y$$
$$=-\iint\limits_{\frac{y^2}{R^2}+\frac{\left(z-\frac{R}{2}\right)^2}{\left(\frac{R}{2}\right)^2}\leqslant 1}\mathrm{d}y\mathrm{d}z-\iint\limits_{x^2+y^2\leqslant R^2}\mathrm{d}x\mathrm{d}y$$
$$=-\frac{1}{2}\pi R^2-\pi R^2=-\frac{3}{2}\pi R^2.$$

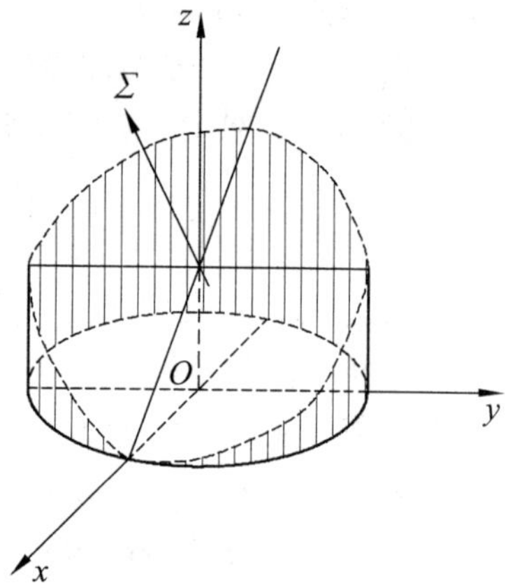

图 10-35

解法 2　参数方程法　令 $x=R\cos\theta, y=R\sin\theta$，代入平面的方程得 $z=\dfrac{R}{2}(1-\cos\theta)$，故曲线的参数方程为

$$\Gamma: x=R\cos\theta, y=R\sin\theta, z=\frac{R}{2}(1-\cos\theta), \theta: 0\sim 2\pi.$$

于是

$$I=R^2\int_0^{2\pi}\left[\cos\theta+\sin\theta)\cdot(-\sin\theta)+\left(\sin\theta+\frac{1-\cos\theta}{2}\right)\cdot\cos\theta+\left(\cos\theta+\frac{1-\cos\theta}{2}\right)\cdot\frac{\sin\theta}{2}\right]\mathrm{d}\theta$$
$$=R^2\int_0^{2\pi}\left(-\frac{3}{4}+\frac{1}{2}\cos\theta+\frac{1}{4}\sin\theta+\frac{1}{4}\sin\theta\cos\theta+\frac{1}{4}\cos 2\theta\right)\mathrm{d}\theta=-\frac{3}{2}\pi R^2.$$

思考　（i）若曲线积分为 $I=\oint_{\Gamma}(x+ay)\mathrm{d}x+(y+bz)\mathrm{d}y+(z+cx)\mathrm{d}z$，结果如何？（ii）若曲线积分为 $I=\oint_{\Gamma}xy\mathrm{d}x+yz\mathrm{d}y+zx\mathrm{d}z$，是否也能用以上两种方法求解？若否，哪种方法可用？并用该方法求解；（iii）若 Γ 是锥面 $z=\sqrt{x^2+y^2}$ 与平面 $x+2z=R$ 的交线，以上各题结果如何？

例 19 计算曲线积分 $I=\oint_{\Gamma}(y^3-z^3)\mathrm{d}x+(z^3-x^3)\mathrm{d}y+(x^3-y^3)\mathrm{d}z$，其中 Γ 是球面 $x^2+y^2+z^2=4$ 与平面 $x+y+z=2$ 的交线，且从 x 轴正向看去，Γ 的方向是逆时针的.

分析 这是空间闭曲线积分，曲线张成的最简单的曲面是平面 $x+y+z=2$ 上的圆，可用斯托克斯公式求解.

解 如图 10-36 所示，设 Σ 为平面 $x+y+z=2$ 上被球面 $x^2+y^2+z^2=4$ 截下部分的上侧，则 Σ 是一个圆. 设此圆的面积为 S，半径为 r，此圆圆心到坐标原点的距离为 d，则

$$r^2+d^2=4.$$

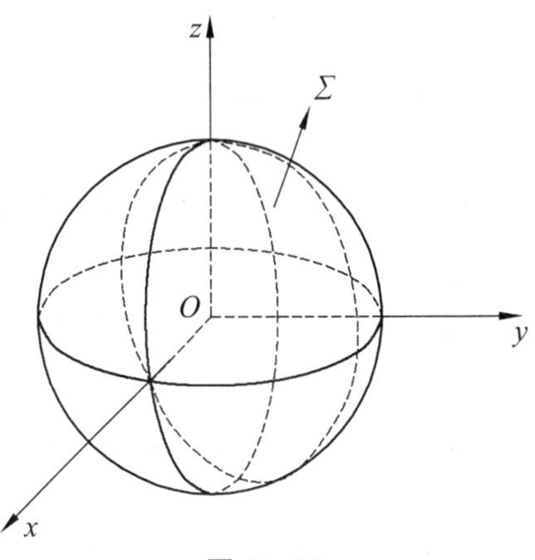

图 10-36

又显然 d 等于坐标原点到平面 $x+y+z=2$ 的距离，即

$$d=\frac{|1\cdot 0+1\cdot 0+1\cdot 0-2|}{\sqrt{1^2+1^2+1^2}}=\frac{2}{\sqrt{3}},$$

于是

$$r^2=4-d^2=4-\left(\frac{2}{\sqrt{3}}\right)^2=\frac{8}{3},\quad S=\pi r^2=\frac{8}{3}\pi.$$

又 Σ 上侧的单位法向量为

$$\boldsymbol{n}=(\cos\alpha,\cos\beta,\cos\gamma)=\left(\frac{1}{\sqrt{3}},\frac{1}{\sqrt{3}},\frac{1}{\sqrt{3}}\right),$$

故由斯托克斯公式，得

$$I=\iint_{\Sigma}\begin{vmatrix}\cos\alpha & \cos\beta & \cos\gamma\\ \dfrac{\partial}{\partial x} & \dfrac{\partial}{\partial y} & \dfrac{\partial}{\partial z}\\ y^3-z^3 & z^3-x^3 & x^3-y^3\end{vmatrix}\mathrm{d}S=\iint_{\Sigma}\begin{vmatrix}\dfrac{1}{\sqrt{3}} & \dfrac{1}{\sqrt{3}} & \dfrac{1}{\sqrt{3}}\\ \dfrac{\partial}{\partial x} & \dfrac{\partial}{\partial y} & \dfrac{\partial}{\partial z}\\ y^3-z^3 & z^3-x^3 & x^3-y^3\end{vmatrix}\mathrm{d}S$$

$$=\frac{1}{\sqrt{3}}\iint_{\Sigma}[-3(y^2+z^2)-3(z^2+x^2)-3(x^2+y^2)]\mathrm{d}S=-2\sqrt{3}\iint_{\Sigma}(x^2+y^2+z^2)\mathrm{d}S$$

$$=-2\sqrt{3}\iint_{\Sigma}4\mathrm{d}S=-8\sqrt{3}\iint_{\Sigma}\mathrm{d}S=-8\sqrt{3}S=-8\sqrt{3}\cdot\frac{8}{3}\pi=-\frac{64\sqrt{3}}{3}\pi.$$

思考 （i）若曲线积分为 $I=\oint_{\Gamma}(y^2-z^2)\mathrm{d}x+(z^2-x^2)\mathrm{d}y+(x^2-y^2)\mathrm{d}z$，结果如何？（ii）若 Γ 是球面 $x^2+y^2+z^2=4$ 与平面 $x+2y+3z=2$ 的交线，结果如何？（iii）以上两题是否可用参数方程法求解？

例 20 计算三重积分 $\iiint_{\Omega}(x^2+2y^2+3z^2)\mathrm{d}x\mathrm{d}y\mathrm{d}z$，其中 Ω 是上半椭球面 $z=\sqrt{2-\frac{x^2}{3}-\frac{2y^2}{3}}$ 与 $z=0$ 所围成的区域.

分析 利用公式（2）可以把三重积分转化成曲面积分，并利用曲面积分化简；再利用高斯公式和三重积分的几何意义可以求出结果.

解　记 Σ_1, Σ_2 分别为 Ω 在椭球面 $z=\sqrt{2-\dfrac{x^2}{3}-\dfrac{2y^2}{3}}$ 与 $z=0$ 上的边界曲面的外侧，利用公式（2）及高斯公式，并注意到 Σ_2 上的曲面积分为零，得

$$\begin{aligned}\text{原式}&=\frac{1}{5}\oiint_{\Sigma_1+\Sigma_2}(x^2+2y^2+3z^2)(x\mathrm{d}y\mathrm{d}z+y\mathrm{d}z\mathrm{d}x+z\mathrm{d}x\mathrm{d}y)\\&=\frac{1}{5}\iint_{\Sigma_1}(x^2+2y^2+3z^2)(x\mathrm{d}y\mathrm{d}z+y\mathrm{d}z\mathrm{d}x+z\mathrm{d}x\mathrm{d}y)=\frac{6}{5}\iint_{\Sigma_1}x\mathrm{d}y\mathrm{d}z+y\mathrm{d}z\mathrm{d}x+z\mathrm{d}x\mathrm{d}y\\&=\frac{6}{5}\oiint_{\Sigma_1+\Sigma_2}x\mathrm{d}y\mathrm{d}z+y\mathrm{d}z\mathrm{d}x+z\mathrm{d}x\mathrm{d}y=\frac{18}{5}\iiint_{\Omega}\mathrm{d}x\mathrm{d}y\mathrm{d}z=\frac{18}{5}\cdot\frac{4\pi abc}{3}=\frac{24\pi abc}{5}.\end{aligned}$$

思考　（i）若三重积分为 $\iiint\limits_{\Omega}\sqrt{x^2+2y^2+3z^2}\,\mathrm{d}x\mathrm{d}y\mathrm{d}z$ 或 $\iiint\limits_{\Omega}(x^2+2y^2+3z^2)^2\mathrm{d}x\mathrm{d}y\mathrm{d}z$，结果如何？$\iiint\limits_{\Omega}[(x^2+2y^2+3z^2)-1]^2\mathrm{d}x\mathrm{d}y\mathrm{d}z$ 呢？（ii）若积分区域 Ω 为椭球体 $x^2+2y^2+3z^2\leqslant 1$，以上各题结果如何？

例 21　利用曲面积分与三重积分之间的互化计算 $\oiint\limits_{\Sigma}x^3\mathrm{d}y\mathrm{d}z+y^3\mathrm{d}z\mathrm{d}x+z^3\mathrm{d}x\mathrm{d}y$，其中 Σ 是球体 $\Omega: x^2+y^2+z^2\leqslant 1$ 表面的外侧.

分析　这是闭曲面积分，利用高斯公式可以转化成三重积分；而利用公式（2）又可以把三重积分转化成另一个曲面积分，并利用曲面积分化简；再利用高斯公式和三重积分的几何意义就可以求出结果.

解　$$\begin{aligned}\text{原式}&=3\iiint_{\Omega}(x^2+y^2+z^2)\mathrm{d}x\mathrm{d}y\mathrm{d}z\\&=\frac{3}{5}\oiint_{\Sigma}(x^2+y^2+z^2)(x\mathrm{d}y\mathrm{d}z+y\mathrm{d}z\mathrm{d}x+z\mathrm{d}x\mathrm{d}y)\quad\left(\text{因为}x\frac{\partial f}{\partial x}+y\frac{\partial f}{\partial y}+z\frac{\partial f}{\partial z}=2f\right)\\&=\frac{3}{5}\oiint_{\Sigma}x\mathrm{d}y\mathrm{d}z+y\mathrm{d}z\mathrm{d}x+z\mathrm{d}x\mathrm{d}y=\frac{9}{5}\iiint_{\Omega}\mathrm{d}x\mathrm{d}y\mathrm{d}z=\frac{9}{5}\cdot\frac{4\pi}{3}=\frac{12}{5}\pi.\end{aligned}$$

思考　（i）若 Σ 是 $\Omega: 1\leqslant x^2+y^2+z^2\leqslant 4$ 表面的外侧，结果如何？（ii）利用三重积分直接计算，从而验证以上各题计算的正确性；（iii）解释为什么在三重积分中不能用 $x^2+y^2+z^2=1$ 代入，而在曲面积分中可以.

五、练习题 10.3

1. 利用曲线积分计算曲线 $y=x^2, x=y^2, 8xy=1$ 所围成图形的面积.

2. 利用曲线积分计算心形线 $x=2r\cos t-r\cos 2t, y=2r\sin t-r\sin 2t$ 所围成的图形的面积.

3. 计算曲线积分 $\oint_L 2(x^2+y^2)\mathrm{d}x+(x+y)^2\mathrm{d}y$，其中 L 是以 $P(1,1), Q(2,2), R(1,3)$ 为顶点的三角形的正向边界.

4. 计算曲线积分 $\int_L(2xy-y)\mathrm{d}x+(x^2+5x)\mathrm{d}y$，其中 L 是从点 $A(3,0)$ 到 $B(-3,0)$ 的上半圆周 $y=\sqrt{9-x^2}$.

5. 计算曲线积分$\oint_L \frac{x\mathrm{d}y - y\mathrm{d}x}{4x^2+y^2}$，其中$L$是以点$A(2,0)$为中心、$R$为半径的不经过坐标原点的正向圆周.

6. 计算曲线积分$\int_L \mathrm{e}^{-x}(\sin y - 2y + 1)\mathrm{d}x + \mathrm{e}^{-x}(2-\cos y)\mathrm{d}y$，其中$L$是正弦曲线$y=\sin x$相应于$x$从点0到$\pi$的一段弧.

7. 设函数$f(x)$在$(-\infty,+\infty)$内具有一阶连续导数，L是第一象限$(x>0,y>0)$内的有向光滑曲线，其起点为$A(a,b)$，终点为$B(c,d)$. 证明曲线积分

$$I=\int_L\left[\frac{1}{y}-\frac{y}{x^2}f\left(\frac{y}{x}\right)\right]\mathrm{d}x+\left[\frac{1}{x}f\left(\frac{y}{x}\right)-\frac{x}{y^2}\right]\mathrm{d}y$$

与路径无关，并求当$ad=bc$时曲线积分的值.

8. 已知$f(0)=-\frac{1}{2}$，求$f(x)$使曲线积分$\int_L[\mathrm{e}^x+f(x)]y\mathrm{d}x - f(x)\mathrm{d}y$与路径无关，并求$\int_{(0,0)}^{(1,1)}[\mathrm{e}^x+f(x)]y\mathrm{d}x - f(x)\mathrm{d}y$的值.

9. 验证$\left(\frac{1}{y}-\frac{y}{x^2+y^2}\right)\mathrm{d}x+\left(\frac{x}{x^2+y^2}-\frac{x}{y^2}\right)\mathrm{d}y=0$是某函数的全微分，并求$x=y=1$函数值为$1+\frac{\pi}{4}$的原函数.

10. 计算曲线积分$\oint_\Gamma (y-z)\mathrm{d}x+(z-x)\mathrm{d}y+(x-y)\mathrm{d}z$，其中$\Gamma$是曲线$\begin{cases}x^2+y^2+z^2=1\\ x-2y+3z=0\end{cases}$，且从$z$轴正向往$z$轴负向看去$\Gamma$的方向是顺时针的.

11. 计算曲面积分$\iint_\Sigma (2x+z)\mathrm{d}y\mathrm{d}z+z\mathrm{d}x\mathrm{d}y$，其中$\Sigma$是有向曲面$z=x^2+y^2\ (0\leqslant z\leqslant 1)$，其法向量与$z$轴正向的夹角为钝角.

12. 计算曲面积分$\oiint_\Sigma (x-y+1)\mathrm{d}y\mathrm{d}z+(y-z)\mathrm{d}z\mathrm{d}x+z\mathrm{d}x\mathrm{d}y$，其中$\Sigma$是曲面$|x|+|y|+|z|=1$的外侧.

13. 计算曲面积分$\iint_\Sigma [(z^2-x^3)\cos\alpha+(x^2-y^3)\cos\beta+(y^2-z^3)\cos\gamma]\mathrm{d}S$，其中$\Sigma$是下半球面$x^2+y^2+z^2=a^2\ (z\leqslant 0)$的外侧.

14. 证明曲面积分$\iint_\Sigma xy^2\mathrm{d}y\mathrm{d}z+y(3z^2-y^2)\mathrm{d}z\mathrm{d}x+z(2y^2-z^2)\mathrm{d}x\mathrm{d}y$与曲面无关，并求$\Sigma$是锥面$z=\sqrt{x^2+y^2}\ (z\leqslant 1)$内侧时曲面积分的值.

15. 利用曲线积分计算二重积分$\iint_D \cos\frac{x-y}{x+y}\mathrm{d}x\mathrm{d}y$，其中$D$是由直线$x+y=1, x+y=2$和两坐标轴所围成的区域.

16. 利用曲面积分计算三重积分$\iiint_\Omega (z^2-2x^2-3y^2)\mathrm{d}x\mathrm{d}y\mathrm{d}z$，其中$\Omega$是锥面$z=\sqrt{2x^2+3y^2}$与$z=c\,(c>0)$所围成的区域.

17. 利用曲面积分与三重积分之间的互化计算 $\iint\limits_{\Sigma} \frac{x^3}{a^2}\mathrm{d}y\mathrm{d}z + \frac{y^3}{b^2}\mathrm{d}z\mathrm{d}x + \frac{z^3}{c^2}\mathrm{d}x\mathrm{d}y$，其中 Σ 是 $\frac{x^2}{a^2}+\frac{y^2}{b^2}+\frac{z^2}{c^2}=1\,(z\geqslant 0)$ 的上侧.

综合测试题 10—A

一、填空题：1 ~ 5 小题，每小题 4 分，共 20 分，请将答案写在答题纸的指定位置上.

1. 设 $r=\sqrt{x^2+y^2+z^2}$，则 $\mathrm{div}(\mathbf{grad}\,r)|_{(1,-2,2)}=$ ________ .

2. 设 L 是上半圆 $y=\sqrt{1-x^2}$ 与 x 围成的区域的边界，则线积分 $\oint_L (x^2+y^2)\mathrm{d}s=$ ________ .

3. 设 Γ 是曲线 $x^2+y^2+z^2=a^2, x+y+z=0$，则曲线积分 $\oint_\Gamma (x^2+y^2+z^2)\mathrm{d}s=$ ________ .

4. 设 L 为 $y=\sin x\,(0\leqslant x\leqslant \pi)$ 与 x 所围成的区域的正向边界曲线，那么曲线积分 $\oint_L (y-\mathrm{e}^x\cos y)\mathrm{d}x+\mathrm{e}^x\sin y\mathrm{d}y=$ ________ .

5. 设 Σ 是由三坐标面与平面 $x+y+z=1$ 所围成的立体表面的内侧，则曲面积分 $\oiint\limits_{\Sigma} x\mathrm{d}y\mathrm{d}z+y\mathrm{d}z\mathrm{d}x+z\mathrm{d}x\mathrm{d}y=$ ____________ .

二、选择题：6 ~ 10 小题，每小题 4 分，共 20 分，下列每小题给出的四个选项中，只有一项符合题目要求，把所选项前的字母填在题后的括号内.

6. 空间曲线 $\Gamma: x=\mathrm{e}^{-t}\cos t, y=\mathrm{e}^{-t}\sin t, z=\mathrm{e}^{-t}\ (0<t<+\infty)$ 的弧长为（　　）.

A. 1　　B. $\sqrt{2}$　　C. $\sqrt{3}$　　D. $+\infty$

7. 设 Σ 是球面 $x^2+y^2+z^2=a^2$ 的上半部分，则以下曲面积分为 0 的是（　　）.

A. $\iint\limits_{\Sigma} x\sin z\mathrm{d}S$　　B. $\iint\limits_{\Sigma} x^2\sin z\mathrm{d}S$

C. $\iint\limits_{\Sigma} (x^2+y^2)\sin z\mathrm{d}S$　　D. $\iint\limits_{\Sigma} x^2\cos z\mathrm{d}S$

8. 已知 $\frac{ax+y}{x+y}\mathrm{d}x-\frac{x+by}{x+y}\mathrm{d}y$ 为某二元函数的全微分，则（　　）.

A. $a-b=0$　　B. $a+b=0$　　C. $a=1, b=1$　　D. $a=-1, b=-1$.

9. 设分段光滑的正向闭曲线 L 围成的平面区域的面积为 A，则下列曲线积分不等于 A 的是（　　）.

A. $\int_{-L} y\mathrm{d}x$　　B. $-\int_L (y+\mathrm{e}^x)\mathrm{d}x$

C. $\frac{1}{2}\oint_L y\mathrm{d}x-x\mathrm{d}y$　　D. $\int_L (2y+\mathrm{e}^x)\mathrm{d}x+(3x+2y)\mathrm{d}y$

10. 设 $\Sigma: |x|+|y|+|z|=1\,(z\geqslant 0)$，$\Sigma_1$ 表示 Σ 在第一卦限的部分，则（　　）.

A. $\iint\limits_{\Sigma} x\mathrm{d}S=4\iint\limits_{\Sigma_1} x\mathrm{d}S$　　B. $\iint\limits_{\Sigma} y\mathrm{d}S=4\iint\limits_{\Sigma_1} y\mathrm{d}S$

C. $\iint\limits_{\Sigma} z\mathrm{d}S = 4\iint\limits_{\Sigma_1} z\mathrm{d}S$　　　　D. $\iint\limits_{\Sigma} xyz\mathrm{d}S = 4\iint\limits_{\Sigma_1} xyz\mathrm{d}S$

三、解答题：11 ~ 18 小题，前四小题每题 7 分，后四小题每题 8 分，共 60 分. 请将解答写在答题纸指定的位置上. 解答应写出文字说明、证明过程或演算步骤.

11. 计算曲线积分 $\oint_{\Gamma} y\mathrm{d}x + z\mathrm{d}y + x\mathrm{d}z$，其中 Γ 为圆周 $x^2+y^2+z^2=a^2, x+y+z=0$，且从 x 轴正方向看去，该圆周取逆时针方向.

12. 求曲面积分 $\iint\limits_{\Sigma}(x^2+y^2+z)\mathrm{d}S$，其中 Σ 为锥面 $z=\sqrt{x^2+y^2}$ 介于平面 $z=0$ 和 $z=1$ 之间的部分.

13. $I=\iint\limits_{\Sigma} x^2y^2z\mathrm{d}x\mathrm{d}y$，其中 Σ 为球面 $x^2+y^2+z^2=R^2$ 的下半部分的下侧.

14. 求均匀摆线弧段 $L: x=t-\sin t, y=1-\cos t\ (0\leqslant t\leqslant 2\pi)$ 的重心的坐标.

15. 计算曲线积分 $\oint_{L}\dfrac{y\mathrm{d}x-x\mathrm{d}y}{x^2+y^2}$，其中 $L:|x|+|y|=1$，沿正向一周.

16. 计算曲面积分 $I=\iint\limits_{\Sigma}\dfrac{x\mathrm{d}y\mathrm{d}z+y\mathrm{d}z\mathrm{d}x+(z+3)\mathrm{d}x\mathrm{d}y}{(x^2+y^2+z^2)^{\frac{3}{2}}}$，其中 $\Sigma: x^2+y^2+z^2=R^2, 0\leqslant z\leqslant R$，取上侧.

17. 计算 $\iint\limits_{\Sigma}[f(x,y,z)+x]\mathrm{d}y\mathrm{d}z+[2f(x,y,z)+y]\mathrm{d}z\mathrm{d}x+[f(x,y,z)+z]\mathrm{d}x\mathrm{d}y$，其中 $f(x,y,z)$ 为连续函数，Σ 为平面 $x-y+z=1$ 在第一卦限部分的上侧.

18. 求一个可微函数 $P(x,y)$ 适合 $P(0,1)=1$，并使曲线积分：

$$I_1=\int_L(3xy^2+x^3)\mathrm{d}x+P(x,y)\mathrm{d}y \quad 及 \quad I_2=\int_L P(x,y)\mathrm{d}x+(3xy^2+x^3)\mathrm{d}y$$

都与积分路径无关.

综合测试题 10—B

一、填空题：1 ~ 5 小题，每小题 4 分，共 20 分，请将答案写在答题纸指定位置上.

1. 设 L: $x=2\cos t, y=2\sin t, 0\leqslant t\leqslant\dfrac{\pi}{2}$，则曲线积分 $\int_L xy\mathrm{d}s=$ ________.

2. 设 L 为从点 $A(1,-1)$ 沿曲线 $y^2=x$ 到点 $B(1,1)$ 的弧段，则曲线积分 $\int_L xy\mathrm{d}x=$ ________.

3. 设 L 为圆周 $x=R\cos t, y=R\sin t$ 对应于 t 从 0 到 π 的一段弧，那么曲线积分 $\int_L(\mathrm{e}^x\sin y+x)\mathrm{d}x+(\mathrm{e}^x\cos y-\sin y)\mathrm{d}y=$ ______.

4. 设 Σ 是球面 $x^2+y^2+z^2=R^2$ 的内侧，将第二类曲面积分化为第一类曲面积分，则 $\oiint\limits_{\Sigma}\dfrac{x\mathrm{d}y\mathrm{d}z+y\mathrm{d}z\mathrm{d}x+z\mathrm{d}x\mathrm{d}y}{x^2+y^2+z^2}=$ ________.

5. 设 Σ 是立方体 $0 \leqslant x,y,z \leqslant a$ 表面的外侧，则 $\oiint\limits_{\Sigma}(x+y)\mathrm{d}y\mathrm{d}z+(y+z)\mathrm{d}z\mathrm{d}x+(x+y)\mathrm{d}x\mathrm{d}y$ = ________.

二、选择题：6 ~ 10 小题，每小题 4 分，共 20 分，下列每小题给出的四个选项中，只有一项符合题目要求，把所选项前的字母填在题后的括号内.

6. 设 L 是以点 $A(1,0),B(0,1),C(-1,0),D(0,-1)$ 为顶点的正方形边界曲线，则以下计算错误的是（　　）.

A. $\oint_L(|x|+|y|)\mathrm{d}s=\oint_L \mathrm{d}s=4\sqrt{2}$

B. $\oint_L(|x|+|y|)\mathrm{d}s=4\int_{\overline{AB}}(|x|+|y|)\mathrm{d}s=4\int_0^1\sqrt{2}\mathrm{d}x=4\sqrt{2}$

C. $\int_{\overline{BC}}(|x|+|y|)\mathrm{d}s=\int_{\overline{BC}}(y-x)\mathrm{d}s=\int_{-1}^{0}(-\sqrt{2})\mathrm{d}x=-\sqrt{2}$

D. $\int_{\overline{CD}}(|x|+|y|)\mathrm{d}s=-\int_{\overline{CD}}(x+y)\mathrm{d}s=-\int_{-1}^{0}(-\sqrt{2})\mathrm{d}x=\sqrt{2}$

7. 设 $f(x,y)$ 具有连续的一阶偏导数，曲线 $C: f(x,y)=1$ 过第二象限的点 M 和第四象限的点 N，L 是曲线 C 上从点 M 到点 N 的一段弧，则下列积分必定小于零的是（　　）.

A. $\int_L f(x,y)\mathrm{d}x$　　B. $\int_L f(x,y)\mathrm{d}y$

C. $\int_L f(x,y)\mathrm{d}x+f(x,y)\mathrm{d}y$　　D. $\int_L f_x'(x,y)\mathrm{d}x+f_y'(x,y)\mathrm{d}y$

8. 设 Σ 是上半球面 $z=\sqrt{1-x^2-y^2}$ 的上侧,则曲面积分 $\iint\limits_{\Sigma}x\mathrm{d}y\mathrm{d}z+2y\mathrm{d}z\mathrm{d}x-2z\mathrm{d}x\mathrm{d}y=$（　　）.

A. $\dfrac{\pi}{3}$　　B. $\dfrac{2\pi}{3}$　　C. π　　D. 2π

9. 设 Σ 是平面 $x+y+z=1$ 在第一卦限的部分，则 $\iint\limits_{\Sigma}(|x|+|y|+|z|)\mathrm{d}S=$（　　）.

A. $\dfrac{\sqrt{3}}{6}$　　B. $\dfrac{\sqrt{3}}{3}$　　C. $\dfrac{\sqrt{3}}{2}$　　D. $\sqrt{3}$

10. 向量场 $\boldsymbol{v}=x^2z\boldsymbol{i}+x^2y\boldsymbol{j}-xz^2\boldsymbol{k}$ 流向长方体 $0\leqslant x\leqslant a,0\leqslant y\leqslant b,0\leqslant z\leqslant c$ 表面外侧的通量为（　　）.

A. $\dfrac{1}{3}a^3bc$　　B. $\dfrac{1}{3}ab^3c$　　C. $\dfrac{1}{3}abc^3$　　D. $\dfrac{1}{3}a^2b^2c^2$

三、解答题：11 ~ 18 小题，前四小题每题 7 分，后四小题每题 8 分，共 60 分. 请将解答写在答题纸指定的位置上.解答应写出文字说明. 证明过程或演算步骤.

11. 求曲线积分 $\oint_L|y|\mathrm{d}s$，其中 L 为圆周 $x^2+y^2=ax\,(a>0)$.

12. 求曲面积分 $\iint\limits_{\Sigma}z\mathrm{d}S$，其中 Σ 是上半球面 $z=\sqrt{R^2-x^2-y^2}$.

13. 计算曲线积分 $\oint_{\Gamma}xy^2\mathrm{d}x+yz^2\mathrm{d}y+zx^2\mathrm{d}z$，其中 Γ 为椭圆 $\dfrac{x^2}{a^2}+\dfrac{y^2}{b^2}=1,z=0$，且从 z 轴正方向看去，取逆时针方向.

14. 如图 10-37 所示，质点 P 沿着以 AB 为直径的圆周，从点 $A(-\sqrt{2},-\sqrt{2})$ 按逆时针方向运动到点 $B(\sqrt{2},\sqrt{2})$ 的过程中受到

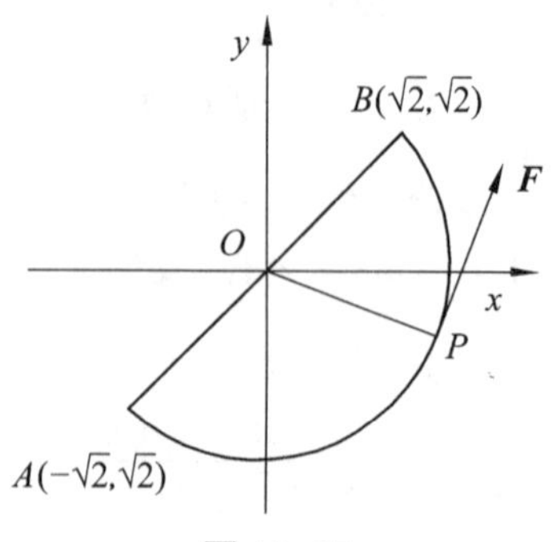

图 10-37

变力 $\boldsymbol{F}$ 的作用，$\boldsymbol{F}$ 的大小等于点 P 到坐标原点的距离，$\boldsymbol{F}$ 的方向垂直于 OP 且与 y 轴正向的夹角小于 $\frac{\pi}{2}$，求变力 $\boldsymbol{F}$ 对质点所做的功.

15. 设 $\int_L \frac{(x-y)\mathrm{d}x+(x+y)\mathrm{d}y}{x^2+y^2}$，其中 L 是摆线 $x=t-\sin t-\pi, y=1-\cos t$ 上从 $t=0$ 到 $t=2\pi$ 的有向线段，证明该曲线积分与路径无关，并求其值.

16. 计算曲面积分 $\iint\limits_{\Sigma}(x-2y)\mathrm{d}y\mathrm{d}z+(2y-z)\mathrm{d}x\mathrm{d}y$，其中 Σ 是球面 $x^2+y^2+(z-a)^2=a^2$ 下半部分的下侧.

17. 计算曲面积分 $\iint\limits_{\Sigma}x\mathrm{d}y\mathrm{d}z+y\mathrm{d}z\mathrm{d}x+z\mathrm{d}x\mathrm{d}y$，其中 Σ 是柱面 $x^2+y^2=a^2$ $(0\leqslant z\leqslant h)$ 的外侧.

18. 设 $\frac{(x-y)\mathrm{d}x+(x+y)\mathrm{d}y}{(x^2+y^2)^n}$ 在右半平面 $x>0$ 内为某函数 $u(x,y)$ 的全微分，求 n 和 $u(x,y)$，并计算积分：$I=\int_{(1,0)}^{(2,2)}\frac{(x-y)\mathrm{d}x+(x+y)\mathrm{d}y}{(x^2+y^2)^n}$.

第十一章　无穷级数

第一节　常数项级数

一、教学目标

1. 理解常数项级数的基本概念，级数收敛、发散与数列收敛、发散之间的关系.

2. 掌握常数项级数的性质和常数项级数收敛的必要条件.

3. 了解正项级数、交错级数、一般项级数的概念，级数绝对收敛与条件收敛的概念以及它们之间的关系.

4. 理解比较审敛法的思想方法，能用比较审敛法判断一些级数的敛散性.

5. 掌握正项级数的比值审敛法和根值审敛法，并能运用这两种方法判断一般项级数是否绝对收敛.

6. 掌握交错级数的莱布尼兹审敛法，并能判断交错级数是绝对收敛，还是条件收敛.

二、内容提要

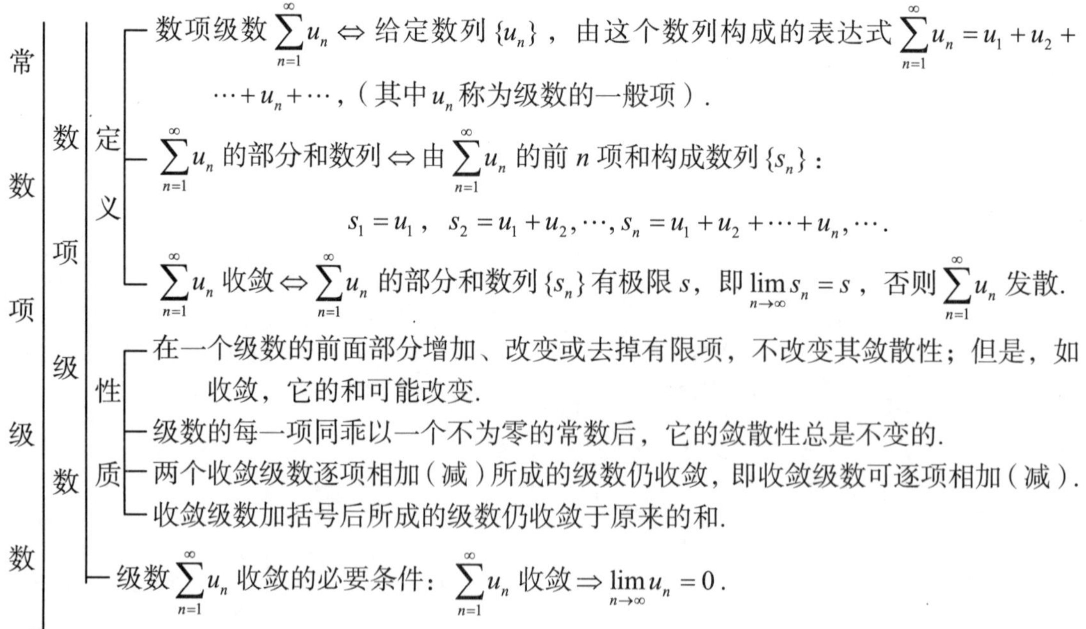

常数项级数
- 数项级数
  - 定义
    - 数项级数 $\sum\limits_{n=1}^{\infty}u_n$ ⇔ 给定数列 $\{u_n\}$，由这个数列构成的表达式 $\sum\limits_{n=1}^{\infty}u_n=u_1+u_2+\cdots+u_n+\cdots$，（其中 u_n 称为级数的一般项）.
    - $\sum\limits_{n=1}^{\infty}u_n$ 的部分和数列 ⇔ 由 $\sum\limits_{n=1}^{\infty}u_n$ 的前 n 项和构成数列 $\{s_n\}$：
      $$s_1=u_1,\ s_2=u_1+u_2,\cdots,s_n=u_1+u_2+\cdots+u_n,\cdots.$$
    - $\sum\limits_{n=1}^{\infty}u_n$ 收敛 ⇔ $\sum\limits_{n=1}^{\infty}u_n$ 的部分和数列 $\{s_n\}$ 有极限 s，即 $\lim\limits_{n\to\infty}s_n=s$，否则 $\sum\limits_{n=1}^{\infty}u_n$ 发散.
  - 性质
    - 在一个级数的前面部分增加、改变或去掉有限项，不改变其敛散性；但是，如收敛，它的和可能改变.
    - 级数的每一项同乘以一个不为零的常数后，它的敛散性总是不变的.
    - 两个收敛级数逐项相加（减）所成的级数仍收敛，即收敛级数可逐项相加（减）.
    - 收敛级数加括号后所成的级数仍收敛于原来的和.
  - 级数 $\sum\limits_{n=1}^{\infty}u_n$ 收敛的必要条件：$\sum\limits_{n=1}^{\infty}u_n$ 收敛 ⇒ $\lim\limits_{n\to\infty}u_n=0$.

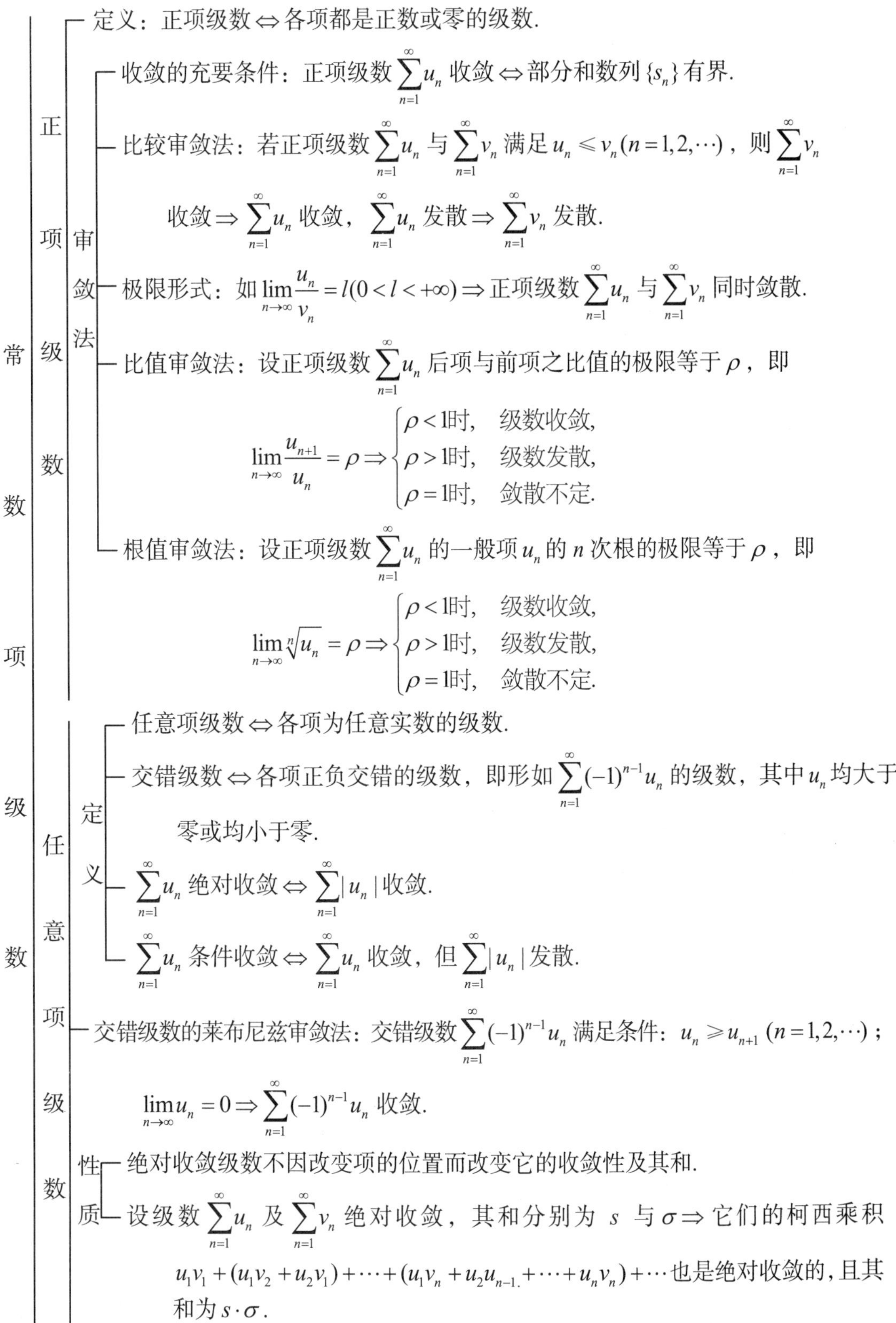

- 常数项级数
  - 正项级数
    - 定义：正项级数 $\Leftrightarrow$ 各项都是正数或零的级数.
    - 审敛法
      - 收敛的充要条件：正项级数 $\sum\limits_{n=1}^{\infty}u_n$ 收敛 $\Leftrightarrow$ 部分和数列 $\{s_n\}$ 有界.
      - 比较审敛法：若正项级数 $\sum\limits_{n=1}^{\infty}u_n$ 与 $\sum\limits_{n=1}^{\infty}v_n$ 满足 $u_n \leqslant v_n (n=1,2,\cdots)$，则 $\sum\limits_{n=1}^{\infty}v_n$ 收敛 $\Rightarrow \sum\limits_{n=1}^{\infty}u_n$ 收敛，$\sum\limits_{n=1}^{\infty}u_n$ 发散 $\Rightarrow \sum\limits_{n=1}^{\infty}v_n$ 发散.
      - 极限形式：如 $\lim\limits_{n\to\infty}\dfrac{u_n}{v_n}=l(0<l<+\infty) \Rightarrow$ 正项级数 $\sum\limits_{n=1}^{\infty}u_n$ 与 $\sum\limits_{n=1}^{\infty}v_n$ 同时敛散.
      - 比值审敛法：设正项级数 $\sum\limits_{n=1}^{\infty}u_n$ 后项与前项之比值的极限等于 ρ，即
        $$\lim_{n\to\infty}\frac{u_{n+1}}{u_n}=\rho \Rightarrow \begin{cases}\rho<1\text{时，} & \text{级数收敛,}\\ \rho>1\text{时，} & \text{级数发散,}\\ \rho=1\text{时，} & \text{敛散不定.}\end{cases}$$
      - 根值审敛法：设正项级数 $\sum\limits_{n=1}^{\infty}u_n$ 的一般项 u_n 的 n 次根的极限等于 ρ，即
        $$\lim_{n\to\infty}\sqrt[n]{u_n}=\rho \Rightarrow \begin{cases}\rho<1\text{时，} & \text{级数收敛,}\\ \rho>1\text{时，} & \text{级数发散,}\\ \rho=1\text{时，} & \text{敛散不定.}\end{cases}$$
  - 任意项级数
    - 定义
      - 任意项级数 $\Leftrightarrow$ 各项为任意实数的级数.
      - 交错级数 $\Leftrightarrow$ 各项正负交错的级数，即形如 $\sum\limits_{n=1}^{\infty}(-1)^{n-1}u_n$ 的级数，其中 u_n 均大于零或均小于零.
      - $\sum\limits_{n=1}^{\infty}u_n$ 绝对收敛 $\Leftrightarrow \sum\limits_{n=1}^{\infty}|u_n|$ 收敛.
      - $\sum\limits_{n=1}^{\infty}u_n$ 条件收敛 $\Leftrightarrow \sum\limits_{n=1}^{\infty}u_n$ 收敛，但 $\sum\limits_{n=1}^{\infty}|u_n|$ 发散.
    - 交错级数的莱布尼兹审敛法：交错级数 $\sum\limits_{n=1}^{\infty}(-1)^{n-1}u_n$ 满足条件：$u_n \geqslant u_{n+1}\ (n=1,2,\cdots)$；$\lim\limits_{n\to\infty}u_n=0 \Rightarrow \sum\limits_{n=1}^{\infty}(-1)^{n-1}u_n$ 收敛.
    - 性质
      - 绝对收敛级数不因改变项的位置而改变它的收敛性及其和.
      - 设级数 $\sum\limits_{n=1}^{\infty}u_n$ 及 $\sum\limits_{n=1}^{\infty}v_n$ 绝对收敛，其和分别为 s 与 $\sigma \Rightarrow$ 它们的柯西乘积 $u_1v_1+(u_1v_2+u_2v_1)+\cdots+(u_1v_n+u_2u_{n-1.}+\cdots+u_nv_n)+\cdots$ 也是绝对收敛的，且其和为 $s\cdot\sigma$.

三、疑点解析

1. 关于级数的部分和与部分和数列 级数$\sum_{n=1}^{\infty}u_n=u_1+u_2+u_3+\cdots$是无穷项的和，级数的部分和是指其前$n$项的和，即$s_n=u_1+u_2+\cdots+u_n$，是有限项的和；级数的部分和数列是其前$n$项的和构成的数列$\{s_n\}$，即$u_1,u_1+u_2,\cdots,u_1+u_2+\cdots+u_n,\cdots$这样的一个数列，通过求此数列的极限$\lim_{n\to\infty}s_n$，就可以建立有限项的和$s_n$与无限项的和$\sum_{n=1}^{\infty}u_n$之间的联系. 把前$n$项的和数列极限的敛散性与级数的敛散性等同起来，就可以判断级数$\sum_{n=1}^{\infty}u_n$的敛散性.

例如，级数$\sum_{n=1}^{\infty}\frac{1}{n(n+1)}$的部分和是

$$s_n=\frac{1}{1\cdot 2}+\frac{1}{2\cdot 3}+\cdots+\frac{1}{n(n+1)}=\left(\frac{1}{1}-\frac{1}{2}\right)+\left(\frac{1}{2}-\frac{1}{3}\right)+\cdots+\left(\frac{1}{n}-\frac{1}{n+1}\right)=1-\frac{1}{n+1},$$

部分和数列的极限为

$$\lim_{n\to\infty}s_n=\lim_{n\to\infty}\left(1-\frac{1}{n+1}\right)=1,$$

因此该级数是收敛的.

而级数$\sum_{n=1}^{\infty}n$的部分和为$s_n=1+2+\cdots+n=\frac{1}{2}n(n+1)$，部分和数列的极限为$\lim_{n\to\infty}s_n=\frac{1}{2}n(n+1)=+\infty$，因此该级数发散.

可见，从算术中的有限和推广到级数的无限和，产生了质的变化的. 因为有限和总是存在的，也就是有个数相加仍然是一个数；而级数的无穷和未必是存在的，亦即无限多个数相加，它可能是一个数也可能不是一个数，而是与不是对应于级数的收敛与发散.

2. 关于级数相加减的性质 由于无穷多个数相加未必是一个数，因此有限多个数相加的性质也不能无条件的推广到级数上去. 显然，要两个级数相加减，其必定是一个收敛级数，它们都收敛是必需的，这就相当于说两个数相加减还是一个数一样理所当然；利用级数收敛的定义，可以证明这个条件也充分的. 于是有

若级数$\sum_{n=1}^{\infty}u_n,\sum_{n=1}^{\infty}v_n$分别收敛于和$s,\sigma$，即$\sum_{n=1}^{\infty}u_n=s,\sum_{n=1}^{\infty}v_n=\sigma$，则级数

$$\sum_{n=1}^{\infty}(u_n\pm v_n)=s\pm\sigma=\sum_{n=1}^{\infty}u_n\pm\sum_{n=1}^{\infty}v_n.$$

亦即两个级数相加减，等于对应项相加减得到的级数，反之亦然.

问题是两个不都收敛的级数相加减可能是一个收敛级数吗？利用以上结论和反证法可以证明如下结论：

若级数$\sum_{n=1}^{\infty}u_n,\sum_{n=1}^{\infty}v_n$中一个收敛，另一个发散，则级数$\sum_{n=1}^{\infty}(u_n\pm v_n)$一定发散；若级数

$\sum\limits_{n=1}^{\infty}u_n,\sum\limits_{n=1}^{\infty}v_n$ 均发散，则级数 $\sum\limits_{n=1}^{\infty}(u_n\pm v_n)$ 可能收敛，也可能发散.

事实上，不妨设 $\sum\limits_{n=1}^{\infty}u_n$ 收敛，$\sum\limits_{n=1}^{\infty}v_n$ 发散. 假设级数 $\sum\limits_{n=1}^{\infty}(u_n\pm v_n)$ 收敛，则根据收敛级数的性质，可以得出级数 $\sum\limits_{n=1}^{\infty}[(u_n\pm v_n)-u_n]=\pm\sum\limits_{n=1}^{\infty}v_n$ 收敛，这与题设 $\sum\limits_{n=1}^{\infty}v_n$ 发散相矛盾. 因此，级数 $\sum\limits_{n=1}^{\infty}(u_n\pm v_n)$ 发散.

例如，级数 $\sum\limits_{n=1}^{\infty}\left(\dfrac{1}{n^2}\pm\dfrac{1}{n}\right)$ 是发散的. 这是因为 $p-$级数 $\sum\limits_{n=1}^{\infty}\dfrac{1}{n^2}$ 是收敛的，而 $p-$级数 $\sum\limits_{n=1}^{\infty}\dfrac{1}{n}$ 是发散的.

对于两个级数均发散的情形，很容易举例说明. 例如，$\sum\limits_{n=1}^{\infty}\dfrac{1}{2n},\sum\limits_{n=1}^{\infty}\dfrac{1}{n}$ 均发散，而 $\sum\limits_{n=1}^{\infty}\left(\dfrac{1}{n}-\dfrac{1}{2n}\right)=\sum\limits_{n=1}^{\infty}\dfrac{1}{2n}$ 发散；$\sum\limits_{n=1}^{\infty}\left(\dfrac{1}{n}+\dfrac{1}{2^n}\right)$，$\sum\limits_{n=1}^{\infty}\dfrac{1}{n}$ 均发散，而 $\sum\limits_{n=1}^{\infty}\left(\dfrac{1}{n}+\dfrac{1}{2^n}-\dfrac{1}{n}\right)=\sum\limits_{n=1}^{\infty}\dfrac{1}{2^n}$ 收敛.

3. **关于级数收敛的必要条件**　若级数 $\sum\limits_{n=1}^{\infty}u_n$ 收敛，则有 $\lim\limits_{n\to\infty}u_n=0$. 对于这个结论，应根据四种命题之间的关系，从两方面来把握与应用.

这个命题的逆否命题是：若 $\lim\limits_{n\to\infty}u_n\neq 0$，则级数 $\sum\limits_{n=1}^{\infty}u_n$ 发散. 逆命题是：若 $\lim\limits_{n\to\infty}u_n=0$，则级数 $\sum\limits_{n=1}^{\infty}u_n$ 收敛.

因此，要判断一个给定的级数 $\sum\limits_{n=1}^{\infty}u_n$ 的敛散性，首先看这个级数是否满足级数收敛的必要条件，即看 $\lim\limits_{n\to\infty}u_n=0$ 是否成立. 由于原命题与其逆否命题等价，但与其否命题不等价，因此若 $\lim\limits_{n\to\infty}u_n\neq 0$，可直接得出级数 $\sum\limits_{n=1}^{\infty}u_n$ 是发散的，而不必用其他的判敛方法来判断；若 $\lim\limits_{n\to\infty}u_n=0$，则不能断定级数收敛或发散，还要根据其他方法来判断.

例如，对级数 $\sum\limits_{n=1}^{\infty}(-1)^n$，尽管 $\lim\limits_{n\to\infty}(-1)^n$ 不存在，但显然 $\lim\limits_{n\to\infty}(-1)^{2n}=1,\ \lim\limits_{n\to\infty}(-1)^{2n+1}=-1$，因此有 $\lim\limits_{n\to\infty}(-1)^n\neq 0$，从而级数 $\sum\limits_{n=1}^{\infty}(-1)^n$ 发散；而对 $p-$级数 $\sum\limits_{n=1}^{\infty}\dfrac{1}{n^p}$，尽管 $\lim\limits_{n\to\infty}\dfrac{1}{n^p}=0$，但当 $0<p\leqslant 1$ 时级数发散，当 $p>1$ 时级数收敛.

4. **关于比较审敛法**　设 $\sum\limits_{n=1}^{\infty}u_n$，$\sum\limits_{n=1}^{\infty}v_n$ 是两个正项级数，且 $u_n\geqslant v_n(n=1,2,\cdots)$. 若 $\sum\limits_{n=1}^{\infty}u_n$ 收敛，则 $\sum\limits_{n=1}^{\infty}v_n$ 收敛；若 $\sum\limits_{n=1}^{\infty}v_n$ 发散，则 $\sum\limits_{n=1}^{\infty}u_n$ 发散. 这是就所谓的比较审敛法.

可见，利用比较审敛法判断一个给定的正级数 $\sum\limits_{n=1}^{\infty}u_n$ 的敛散性，首先，应根据已有的一些知识与经验，初步猜测级数是收敛还是发散的. 其次，根据初步猜测，构造相应的满足条件的级数$\sum_{n=1}^{\infty}v_n$：若初步猜测$\sum_{n=1}^{\infty}u_n$是收敛的，就构造满足条件$u_n \leqslant v_n(n=1,2,\cdots)$的收敛级数$\sum_{n=1}^{\infty}v_n$；若初步猜测$\sum_{n=1}^{\infty}u_n$是发散的，就构造满足条件$u_n \geqslant v_n(n=1,2,\cdots)$的发散级数$\sum_{n=1}^{\infty}v_n$. 最后，验证以上条件和所构造的级数的敛散性，并按比较法的要求写出即可.

利用比较法应注意如下几点：一是只有两个收敛或两个发散的级数之间才能比较，一个收敛一个发散的两个级数之间是不能比较的.

例如，对两级数$\sum_{n=1}^{\infty}\frac{1}{n}$，$\sum_{n=1}^{\infty}\frac{1}{n^2}$，有$\frac{1}{n} \geqslant \frac{1}{n^2}(n=1,2,\cdots)$，若从$\sum_{n=1}^{\infty}\frac{1}{n^2}$收敛来推$\sum_{n=1}^{\infty}\frac{1}{n}$收敛，或从$\sum_{n=1}^{\infty}\frac{1}{n}$发散来推$\sum_{n=1}^{\infty}\frac{1}{n^2}$发散都是错误的. 事实上，$\sum_{n=1}^{\infty}\frac{1}{n}$发散，$\sum_{n=1}^{\infty}\frac{1}{n^2}$收敛，它们之间不能比较，之所以产生以上问题是搞错了两个级数通项不等式的方向.

二是只有初步猜测正确，才能构造满足条件的级数，否则就构造不出满足条件的级数，此时应作出相反的猜测再做.

例如，判断级数$\sum_{n=1}^{\infty}\frac{1}{\sqrt{n^2+n+1}}$的敛散性，若初步猜测该级数是收敛的，你会发现，不管怎样也构造不出满足条件的收敛级数，于是猜测该级数是发散的. 由于$\frac{1}{\sqrt{n^2+n+1}} > \frac{1}{\sqrt{n^2+2n+1}} = \frac{1}{n+1}$，且级数$\sum_{n=1}^{\infty}\frac{1}{n+1} = \frac{1}{2}+\frac{1}{3}+\cdots$发散，所以$\sum_{n=1}^{\infty}\frac{1}{\sqrt{n^2+n+1}}$发散.

三是根据在一个级数前添加或去掉有限项不会改变级数的收敛散性，因此比较法中关于通项的条件可放宽为存在正整数N，使$n \geqslant N$时$u_n \geqslant v_n$成立即可.

5. 关于比较审敛法的极限形式 利用比较法判断级数$\sum_{n=1}^{\infty}u_n$的敛散性，关键是找到与之比较的级数$\sum_{n=1}^{\infty}v_n$，但在一般情况下要做到这一点并非易事，而比较审敛法的极限形式较好地解决了这个问题. 即

对两个正项级数$\sum_{n=1}^{\infty}u_n, \sum_{n=1}^{\infty}v_n$，若$\lim\limits_{n\to\infty}\frac{u_n}{v_n}=k>0$，则级数$\sum_{n=1}^{\infty}u_n, \sum_{n=1}^{\infty}v_n$具有相同的敛散性.

由$\lim\limits_{n\to\infty}\frac{u_n}{v_n}=k>0$和极限与无穷小之间的关系，可得$u_n = kv_n+\alpha$，其中$n\to\infty$时，$\alpha$是无穷小量，并不要求$\alpha$的正负，更不需要两正项级数的一般项满足$u_n \geqslant v_n(n=1,2,\cdots)$或$u_n \leqslant v_n(n=1,2,\cdots)$的条件，它只要求两个满足收敛必要条件的级数的一般项是同阶的无穷小量即可.

因此，给出一个正项级数$\sum_{n=1}^{\infty}u_n$，它满足收敛必要条件，应如何找出与之比较的级数$\sum_{n=1}^{\infty}v_n$呢？比较审敛法的极限形式告诉我们，只要可以找出与其通项u_n等价的无穷小量v_n，则$\sum_{n=1}^{\infty}v_n$

可能就是所要构造的用来比较的级数；若与 u_n 等价的无穷小量 v_n 不凑效，还可以用与 u_n 同阶的无穷小量 $kv_n(k>0)$ 代替.

例如，判断级数 $\sum_{n=1}^{\infty}\frac{1}{n\sqrt{n^2+(-1)^{n+1}}}$ 的敛散性. 显然，该级数满足收敛的必要条件. 又因为 $\frac{1}{n\sqrt{n^2+(-1)^{n+1}}}\sim\frac{1}{n^2}(n\to\infty)$，且 $\sum_{n=1}^{\infty}\frac{1}{n^2}$ 收敛，所以根据比较审敛法的极限形式可知 $\sum_{n=1}^{\infty}\frac{1}{n\sqrt{n^2+(-1)^{n+1}}}$ 收敛. 注意：当 $n=4,6,\cdots$ 时，不等式 $\frac{1}{n\sqrt{n^2+(-1)^{n+1}}}<\frac{1}{n^2}$ 并不成立，但 $\frac{1}{n\sqrt{n^2+(-1)^{n+1}}}<\frac{2}{n^2}$ $(n=1,2,\cdots)$ 恒成立，因此若不用比较审敛法的极限形式而用比较审敛法，比较的级数就应改为比 $\sum_{n=1}^{\infty}\frac{1}{n^2}$ 大一些的 $\sum_{n=1}^{\infty}\frac{2}{n^2}$ 等之类的级数.

6. **关于比值审敛法和根值审敛法**　对正项级数 $\sum_{n=1}^{\infty}u_n$，若 $\lim_{n\to\infty}\frac{u_{n+1}}{u_n}=\rho$（或 $\lim_{n\to\infty}\sqrt[n]{u_n}=\rho$）. 则当 $\rho<1$ 时，级数 $\sum_{n=1}^{\infty}u_n$ 收敛；当 $\rho>1$ 时，级数 $\sum_{n=1}^{\infty}u_n$ 发散；当 $\rho=1$ 时，比值法和根值法均失效.

可见，比值审敛法和根值审敛法都不需要级数本身之外的信息来判断级数的敛散性，因此与比较审敛法相比，更能揭示级数的本质属性，而且只需要后项与前项之比 $\frac{u_{n+1}}{u_n}$（或一般项的 n 次方根 $\sqrt[n]{u_n}$）的极限来判断，因此使用的信息也比较少，更简洁. 不过，由于这两种审敛法都是根据比较审敛法证明的，并没有完全脱离比较审敛法的知识体系，因此以上优点多半是使用上的，而不是本质上的.

其次，这两种审敛法给出的均是级数收敛（发散）的充分条件，而不是必要条件. 也就是说，若级数 $\sum_{n=1}^{\infty}u_n$ 收敛（或发散），并不能得出 $\rho<1$（或 $\rho>1$）的结论.

例如，当 $p\leqslant1$ 时 $p-$级数 $\sum_{n=1}^{\infty}\frac{1}{n^p}$ 发散，当 $p>1$ 时 $p-$级数 $\sum_{n=1}^{\infty}\frac{1}{n^p}$ 收敛，但不管何种情形均有 $\lim_{n\to\infty}\frac{u_{n+1}}{u_n}=1$（或 $\lim_{n\to\infty}\sqrt[n]{u_n}=1$）.

再次，比较审敛法（根值审敛法）的前提是极限 $\lim_{n\to\infty}\frac{u_{n+1}}{u_n}$（$\lim_{n\to\infty}\sqrt[n]{u_n}$）存在. 若极限 $\lim_{n\to\infty}\frac{u_{n+1}}{u_n}$（$\lim_{n\to\infty}\sqrt[n]{u_n}$）不存在，级数 $\sum_{n=1}^{\infty}u_n$ 可能收敛也可能发散，但不能用比较审敛法（根值审敛法）来判断.

例如，判断正项级数 $\sum_{n=1}^{\infty}\frac{2+(-1)^n}{2^n}$ 和 $\sum_{n=1}^{\infty}\frac{[2+(-1)^n]^n}{2^n}$ 的敛散性. 记 $u_n=\frac{2+(-1)^n}{2^n}$，

$v_n = \dfrac{[2+(-1)^n]^n}{2^n}$. 对前一个级数，若用比值审敛法，由于

$$\lim_{n\to\infty}\frac{u_{2n+1}}{u_{2n}} = \lim_{n\to\infty}\frac{2+(-1)^{2n+1}}{2^{2n+1}}\cdot\frac{2^{2n}}{2+(-1)^{2n}} = \frac{1}{6},\quad \lim_{n\to\infty}\frac{u_{2n}}{u_{2n-1}} = \lim_{n\to\infty}\frac{2+(-1)^{2n}}{2^{2n}}\cdot\frac{2^{2n-1}}{2+(-1)^{2n-1}} = \frac{3}{2},$$

所以 $\lim\limits_{n\to\infty}\dfrac{u_{n+1}}{u_n}$ 不存在，因此不能用比较审敛法来判断. 若用根值法，由于

$$\lim_{n\to\infty}\sqrt[n]{u_n} = \lim_{n\to\infty}\sqrt[n]{\frac{2+(-1)^n}{2^n}} = \frac{\sqrt[n]{2+(-1)^n}}{2} = \frac{1}{2} < 1,$$

所以级数 $\sum\limits_{n=1}^{\infty}\dfrac{2+(-1)^n}{2^n}$ 收敛.

对第二个级数，类似地可得 $\lim\limits_{n\to\infty}\dfrac{u_{2n+1}}{u_{2n}} = 0$，$\lim\limits_{n\to\infty}\dfrac{u_{2n}}{u_{2n-1}} = \infty$，所以 $\lim\limits_{n\to\infty}\dfrac{u_{n+1}}{u_n}$ 不存在. 而 $\lim\limits_{n\to\infty}\sqrt[2n]{u_{2n}} = \dfrac{3}{2}$，$\lim\limits_{n\to\infty}\sqrt[2n+1]{u_{2n+1}} = \dfrac{1}{2}$，所以 $\lim\limits_{n\to\infty}\sqrt[n]{u_n}$ 也不存在. 因此 $\sum\limits_{n=1}^{\infty}\dfrac{[2+(-1)^n]^n}{2^n}$ 既不能用比较审敛法，也不能用根值审敛法来判断.

但显然，$v_{2n} = \dfrac{[2+(-1)^{2n}]^{2n}}{2^{2n}} = \left(\dfrac{3}{2}\right)^{2n} \to \infty (n\to\infty)$，因此根据级数收敛的必要条件，知 $\sum\limits_{n=1}^{\infty}\dfrac{[2+(-1)^n]^n}{2^n}$ 发散.

7. 关于莱布尼兹定理　莱布尼兹定理是关于交错级数 $\sum\limits_{n=1}^{\infty}(-1)^{n+1}u_n\ (u_n > 0)$ 的判敛定理，即若级数满足两个条件：（i）$u_n \geqslant u_{n+1} (n = 1,2,\cdots)$；（ii）$\lim\limits_{n\to\infty}u_n = 0$，则该级数收敛，且其和 $0 < s \leqslant u_1$. 应如何理解莱布尼兹定理呢?

首先，关于定理的条件. 将级数的一般项 $(-1)^{n+1}u_n$ 取绝对值，得到数列 $\{u_n\}$，那么定理的条件（i）实际上就是这个数列的单调不增性；条件（ii）是指这个数列的极限为零，亦即级数收敛的必要条件，因为 $\lim\limits_{n\to\infty}(-1)^{n+1}u_n = 0 \Leftrightarrow \lim\limits_{n\to\infty}u_n = 0$. 可见，一个满足级数收敛必要条件的交错级数，只要它还满足一般项取绝对值所成的数列 $\{u_n\}$ 具有单调不增性，就是收敛的.

例如，交错级数 $\sum\limits_{n=1}^{\infty}(-1)^{n+1}\dfrac{1}{n^p}\ (p > 0)$ 显然是满足级数收敛的必要条件，又 $u_n = \dfrac{1}{n^p} > \dfrac{1}{(n+1)^p} = u_{n+1}$，故由莱布尼兹定理 $\sum\limits_{n=1}^{\infty}(-1)^{n+1}\dfrac{1}{n^p}\ (p > 0)$ 收敛.

其次，关于定理条件的证明. 由于直接证明数列 $\{u_n\}$ 单调性和求数列极限的方法有限，因此，我们常常要将数列转化成函数来处理. 即若 $u_n = f(n)$，则通过相应的函数 $y = f(x)$ 的单调性和极限的讨论，就可以得到数列 $\{u_n\}$ 的单调性和极限，从而把利用导数判断函数单调

性和求极限的方法应用到数列相应的问题上来.

例如，用莱布尼兹定理判断交错级数$\sum_{n=1}^{\infty}(-1)^{n+1}\frac{\ln n}{n}$的敛散性. 这里$u_n=\frac{\ln n}{n}$，直接求其极限并判断其单调不增性较难，故令$f(x)=\frac{\ln x}{x}$，于是根据归结原理和洛比达法则有

$$\lim_{n\to\infty}u_n=\lim_{n\to\infty}f(n)=\lim_{x\to+\infty}f(x)=\lim_{x\to+\infty}\frac{\ln x}{x}=\lim_{x\to+\infty}\frac{1}{x}=0\ ,$$

又由$f'(x)=\frac{1-\ln x}{x^2}<0\,(x>\mathrm{e})$，故当$x>\mathrm{e}$时，函数$f(x)=\frac{\ln x}{x}$单调减少，于是

$$u_n=f(n)=\frac{\ln n}{n}>\frac{\ln(n+1)}{n+1}=f(n+1)=u_{n+1}\ (n=3,4,\cdots)\,.$$

故由莱布尼兹定理，级数$\sum_{n=1}^{\infty}(-1)^{n+1}\frac{\ln n}{n}$收敛.

最后，莱布尼兹定理给出了交错级数收敛的一个充分条件，而不是必要条件. 因此一些不满足莱布尼兹定理条件的交错级数也可能收敛，但不能用莱布尼兹定理来判断.

例如，设$u_n=\begin{cases}\frac{1}{n^2},\ n=2k\\ \frac{1}{n^3},n=2k+1\end{cases}$，则利用收敛级数的性质，容易证明交错级数$\sum_{n=1}^{\infty}(-1)^{n+1}u_n$是收敛的，但显然该级数不满足莱布尼兹定理的条件（i）.

8. **关于交错级数的判敛**　交错级数$\sum_{n=1}^{\infty}(-1)^{n+1}u_n\,(u_n>0)$是一般项级数中较为典型的一种级数，具有广泛的应用. 如何判断这种级数的敛散性呢？分如下两种情形：

首先，若$\sum_{n=1}^{\infty}(-1)^{n+1}u_n\ (u_n>0)$绝对收敛或发散，直接判断其各项取绝对值后所成的正项级数$\sum_{n=1}^{\infty}u_n$收敛或发散即可，可以应用级数审敛的各种方法. 注意：此时没有必要应用莱布尼兹定理来判断，否则在应用该定理判断了级数收敛的基础上，还要用其他方法来判断级数绝对收敛.

例如，判断交错级数$\sum_{n=1}^{\infty}(-1)^{n+1}\frac{1}{n^2}$和$\sum_{n=1}^{\infty}(-1)^{n}\frac{1}{n^5}\left(\frac{11}{10}\right)^n$的敛散性，若收敛，是绝对收敛，还是条件收敛？

显然，第一个级数各项取绝对值所成的级数是p-级数$\sum_{n=1}^{\infty}\frac{1}{n^2}$，因为$p=2>1$，所以$\sum_{n=1}^{\infty}\frac{1}{n^2}$收敛，从而级数$\sum_{n=1}^{\infty}(-1)^{n+1}\frac{1}{n^2}$绝对收敛. 对于第二个级数，由于

$$\lim_{n\to\infty}\left|\frac{(-1)^{n+1}\dfrac{1}{(n+1)^5}\left(\dfrac{11}{10}\right)^{n+1}}{(-1)^n\dfrac{1}{n^5}\left(\dfrac{11}{10}\right)^n}\right|=\frac{11}{10}\lim_{n\to\infty}\left(\frac{n}{n+1}\right)^5=\frac{11}{10}\left(\lim_{n\to\infty}\frac{n}{n+1}\right)^5=\frac{11}{10}>1,$$

所以$\sum\limits_{n=1}^{\infty}(-1)^n\dfrac{1}{n^5}\left(\dfrac{11}{10}\right)^n$发散.

其次，若$\sum\limits_{n=1}^{\infty}(-1)^{n+1}u_n\ (u_n>0)$条件收敛，则通常用莱布尼兹定理判断其收敛，而用其他方法判断其各项取绝对值后所成的正项级数$\sum\limits_{n=1}^{\infty}u_n$发散.

例如，判断交错级数$\sum\limits_{n=1}^{\infty}(-1)^{n+1}\dfrac{1}{n}$的敛散性，若收敛，是绝对收敛，还是条件收敛？显然，该级数各项取绝对值所成的级数是调和级数$\sum\limits_{n=1}^{\infty}\dfrac{1}{n}$，发散；另一方面，由于$\dfrac{1}{n}>\dfrac{1}{n+1}$，即$u_n>u_{n+1}$，且$u_n=\dfrac{1}{n}\to 0(n\to\infty)$，故由莱布尼兹定理知$\sum\limits_{n=1}^{\infty}(-1)^{n+1}\dfrac{1}{n}$收敛. 故$\sum\limits_{n=1}^{\infty}(-1)^{n+1}\dfrac{1}{n}$条件收敛.

9. **关于级数收敛、绝对收敛与条件收敛之间的关系** 对于正项级数$\sum\limits_{n=1}^{\infty}u_n(u_n\geqslant 0)$或负项级数$\sum\limits_{n=1}^{\infty}u_n(u_n\leqslant 0)$，不存在条件收敛的问题，级数收敛与绝对收敛是一样的，可以不加区分. 因此，级数收敛、绝对收敛与条件收敛主要是针对各项符号不定的级数来讨论的.

对一般项级数$\sum\limits_{n=1}^{\infty}u_n$，若其通项加绝对值所成的级数$\sum\limits_{n=1}^{\infty}|u_n|$收敛，则称$\sum\limits_{n=1}^{\infty}u_n$绝对收敛；若级数$\sum\limits_{n=1}^{\infty}|u_n|$发散，但级数$\sum\limits_{n=1}^{\infty}u_n$收敛，则称$\sum\limits_{n=1}^{\infty}u_n$条件收敛.

设$\sum\limits_{n=1}^{\infty}u_n$和$\sum\limits_{n=1}^{\infty}|u_n|$的前$n$项和分别为$s_n$和$\sigma_n$，则由

$$s_n=u_1+u_2+\cdots+u_n\leqslant|u_1|+|u_2|+\cdots+|u_n|=\sigma_n\Rightarrow s=\lim_{n\to\infty}s_n\leqslant\lim_{n\to\infty}\sigma_n=\sigma,$$

因此由$\sum\limits_{n=1}^{\infty}|u_n|$收敛可以推出$\sum\limits_{n=1}^{\infty}u_n$收敛. 可见绝对收敛是比收敛更强的一个条件，确切地说，是在级数$\sum\limits_{n=1}^{\infty}u_n$收敛的前提下，较其条件收敛更强的一种收敛. 显然，一般项级数的收敛无外乎绝对收敛和条件收敛，因此根据敛散性可以得到一般项级数如下的分类：

$$一般项级数\begin{cases}收敛级数\begin{cases}绝对收敛级数\\条件收敛级数\end{cases}\\发散级数\end{cases}$$

10. **关于常数项级数判敛的一般过程** 综上所述，一般项级数判敛的一般过程如下：

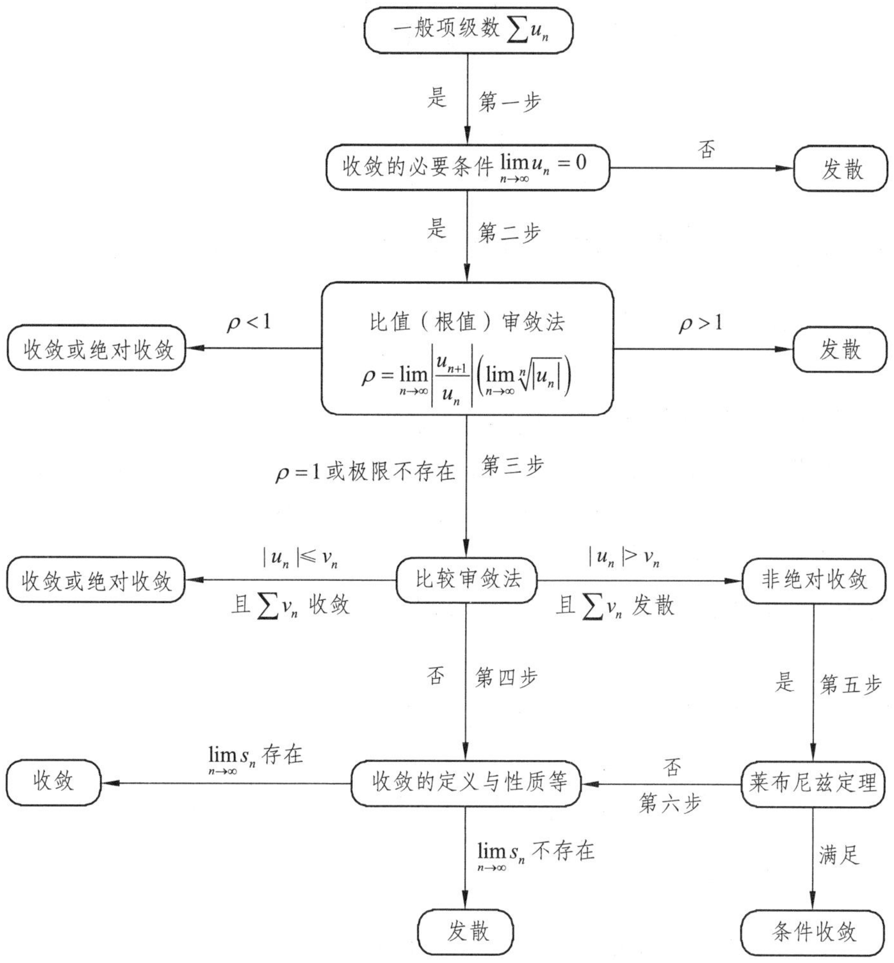

11. **关于绝对收敛级数的重排性**　绝对收敛的级数，具有一个与条件收敛级数不同的重要性质，即所谓的绝对收敛级数的重排性：改变其项的位置后所构成的级数也绝对收敛，且其和与原级数的和相同. 这说明数的加减法的交换律对绝对收敛的级数也是成立的，即两个数相加减的交换律可以推广到绝对收敛的无穷多个数相加减上去.

毕竟要问，两个数相加减的交换律对条件收敛的无穷多个数相加减是否成立？结论是否定的. 事实上，对条件收敛的级数，改变其项的位置后所成的级数，即使收敛，其和也不一定收敛于原级数的和，确切地说，适当地改变条件收敛级数项的位置，可以得到发散的级数或收敛于任何事先指定的数的级数.

例如，级数 $\sum\limits_{n=1}^{\infty}(-1)^{n+1}\dfrac{1}{n}$ 是条件收敛的，设其和为 s，即

$$\sum_{n=1}^{\infty}(-1)^{n+1}\frac{1}{n} = 1-\frac{1}{2}+\frac{1}{3}-\frac{1}{4}+\frac{1}{5}-\frac{1}{6}+\frac{1}{7}-\frac{1}{8}+\cdots = s,$$

上式两边同乘以 $\dfrac{1}{2}$ 后，得

$$\frac{1}{2}\sum_{n=1}^{\infty}(-1)^{n+1}\frac{1}{n}=\frac{1}{2}-\frac{1}{4}+\frac{1}{6}-\frac{1}{8}+\cdots=\frac{1}{2}s\text{，}$$

将上述两级数相加，得

$$1+\frac{1}{3}-\frac{1}{2}+\frac{1}{5}+\frac{1}{7}-\frac{1}{4}+\cdots=\frac{3}{2}s\text{，}$$

此式左边为级数 $\sum_{n=1}^{\infty}(-1)^{n+1}\frac{1}{n}$ 重排后所得到的级数，而右边却是该级数和的 $\frac{3}{2}$ 倍.

四、例题分析

例 1　根据定义判断级数 $\sin\frac{\pi}{6}+\sin\frac{2\pi}{6}+\sin\frac{3\pi}{6}+\cdots+\sin\frac{n\pi}{6}+\cdots$ 的敛散性.

分析　级数收敛（发散），即其前 n 项和数列 $\{s_n\}$ 收敛（发散）. 由于 $\{s_n\}$ 的极限就是级数本身，因此 $n\to\infty$ 时 s_n 是无穷项的和，故先应设法将 s_n 转化成有限项的和，再求其极限. 若极限存在，级数收敛；若极限不存在，级数发散.

解　因为 $s_n=\sin\frac{\pi}{6}+\sin\frac{2\pi}{6}+\sin\frac{3\pi}{6}+\cdots+\sin\frac{n\pi}{6}$，所以

$$\begin{aligned}2\sin\frac{\pi}{12}s_n&=2\sin\frac{\pi}{12}\sin\frac{\pi}{6}+2\sin\frac{\pi}{12}\sin\frac{2\pi}{6}+2\sin\frac{\pi}{12}\sin\frac{3v}{6}+\cdots+2\sin\frac{\pi}{12}\sin\frac{n\pi}{6}\\&=\left(\cos\frac{\pi}{12}-\cos\frac{3\pi}{12}\right)+\left(\cos\frac{3\pi}{12}-\cos\frac{5\pi}{12}\right)+\cdots+\left(\cos\frac{2n-1}{12}\pi-\cos\frac{2n+1}{12}\pi\right)\\&=\cos\frac{\pi}{12}-\cos\frac{2n+1}{12}\pi,\end{aligned}$$

由于 $\lim\limits_{n\to\infty}\cos\frac{2n+1}{12}\pi$ 不存在，所以 $\lim\limits_{n\to\infty}s_n$ 不存在，故级数发散.

思考　若级数为 $\sin\frac{\pi}{4}+\sin\frac{2\pi}{4}+\sin\frac{3\pi}{4}+\cdots+\sin\frac{n\pi}{4}+\cdots$，结果如何？$\sin\frac{\pi}{a}+\sin\frac{2\pi}{a}+\sin\frac{3\pi}{a}+\cdots+\sin\frac{n\pi}{a}+\cdots\ (a>0)$ 呢？

例 2　根据定义证明级数 $\frac{1}{2}+\frac{3}{2^2}+\frac{5}{2^3}+\cdots+\frac{2n-1}{2^n}+\cdots$ 收敛，并求其和.

分析　只需证明其前 n 项和数列 $\{s_n\}$ 极限存在. 先利用等比数列的性质将 s_n 转化成有限项的和，再求其极限即可.

证明　因为

$$s_n=\frac{1}{2}+\frac{3}{2^2}+\frac{5}{2^3}+\cdots+\frac{2n-1}{2^n}\text{，}$$

于是

$$\frac{1}{2}s_n=\frac{1}{2^2}+\frac{3}{2^3}+\frac{5}{2^4}+\cdots+\frac{2n-1}{2^{n+1}}\text{，}$$

两式相减，得

$$\frac{1}{2}s_n=\frac{1}{2}+\frac{2}{2^2}+\frac{2}{2^3}+\cdots+\frac{2}{2^n}-\frac{2n-1}{2^{n+1}}=\frac{1}{2}\left(1+1+\frac{1}{2}+\cdots+\frac{1}{2^{n-2}}-\frac{2n-1}{2^n}\right)$$

$$=\frac{1}{2}\left(1+\frac{1-\frac{1}{2^{n-2}}}{1-\frac{1}{2}}-\frac{2n-1}{2^n}\right)=\frac{1}{2}\left(3-\frac{1}{2^{n-1}}-\frac{2n-1}{2^n}\right),$$

故 $\lim\limits_{n\to\infty}s_n=\lim\limits_{n\to\infty}\left(3-\frac{1}{2^{n-1}}-\frac{2n-1}{2^n}\right)=3$，所以级数收敛，且其和 $s=3$.

思考　（i）若级数为 $\frac{1}{2}-\frac{3}{2^2}+\frac{5}{2^3}-\cdots+(-1)^{n-1}\frac{2n-1}{2^n}+\cdots$ 或 $\frac{1}{3}+\frac{3}{3^2}+\frac{5}{3^3}+\cdots+\frac{2n-1}{3^n}+\cdots$，结果如何？ $\frac{1}{2}+\frac{2}{2^2}+\frac{3}{2^3}+\cdots+\frac{n}{2^n}+\cdots$ 或 $\frac{1}{3}+\frac{2}{3^2}+\frac{3}{3^3}+\cdots+\frac{n}{3^n}+\cdots$ 呢？（ii）若级数 $\frac{1}{a}+\frac{3}{a^2}+\frac{5}{a^3}+\cdots+\frac{2n-1}{a^n}+\cdots$ 收敛，求 a 的范围.

例 3　判断级数 $\sum\limits_{n=1}^{\infty}n^2\left(1-\cos\frac{1}{n}\right)$ 的敛散性.

分析　判断级数的敛散性，先看其通项的极限是否为零. 若极限不为零，级数发散；若极限为零，应利用级数审敛法作出判断.

解　这里 $u_n=n^2\left(1-\cos\frac{1}{n}\right)$. 因为

$$\lim_{n\to\infty}u_n=2\lim_{n\to\infty}n^2\sin^2\frac{1}{2n}=2\lim_{n\to\infty}n^2\left(\frac{1}{2n}\right)^2=\frac{1}{2}\neq0,$$

故由级数收敛的必要条件知级数发散.

思考　（i）若级数为 $\sum\limits_{n=1}^{\infty}n\left(1-\cos\frac{1}{n}\right)$ 或 $\sum\limits_{n=1}^{\infty}n^3\left(1-\cos\frac{1}{n}\right)$，结果如何？ $\sum\limits_{n=1}^{\infty}n^2\left(1-\cos\frac{1}{\sqrt{n}}\right)$ 或 $\sum\limits_{n=1}^{\infty}n^3\left(1-\cos\frac{1}{n^2}\right)$（ii）设 α 为实数，讨论级数 $\sum\limits_{n=1}^{\infty}n^{\alpha}\left(1-\cos\frac{1}{n}\right)$ 和 $\sum\limits_{n=1}^{\infty}n^2\left(1-\cos\frac{1}{n^{\alpha}}\right)$ 的敛散性.

例 4　判断级数 $\frac{1}{2}+\frac{1}{3}+\frac{1}{4}+\frac{1}{3^2}+\frac{1}{6}+\frac{1}{3^3}+\cdots+\frac{1}{2n}+\frac{1}{3^n}+\cdots$ 的敛散性.

分析　观察级数的通项，发现其奇、偶项是有规律的，因此应分别考察其奇、偶项分别组成的级数的敛散性，并根据级数的性质作出级数是否收敛的判断.

解　将级数每相邻两项加括号得到的新级数为 $\sum\limits_{n=1}^{\infty}\left(\frac{1}{2n}+\frac{1}{3^n}\right)$，因此该级数可以看成是两级数 $\sum\limits_{n=1}^{\infty}\frac{1}{2n}$、$\sum\limits_{n=1}^{\infty}\frac{1}{3^n}$ 的和.

因为 $\sum\limits_{n=1}^{\infty}\frac{1}{2n}=\frac{1}{2}\sum\limits_{n=1}^{\infty}\frac{1}{n}$，且调和级数 $\sum\limits_{n=1}^{\infty}\frac{1}{n}$ 发散，所以 $\sum\limits_{n=1}^{\infty}\frac{1}{2n}$ 发散；而 $\sum\limits_{n=1}^{\infty}\frac{1}{3^n}$ 是公比为 $\frac{1}{3}<1$ 的几何级数，故收敛. 因此根据级数的性质，级数

$$\frac{1}{2}+\frac{1}{3}+\frac{1}{4}+\frac{1}{3^2}+\frac{1}{6}+\frac{1}{3^3}+\cdots+\frac{1}{2n}+\frac{1}{3^n}+\cdots$$

发散.

思考 （i）若级数$\frac{1}{2}+\frac{1}{3}+\frac{1}{4}+\frac{1}{3^2}+\frac{1}{8}+\frac{1}{3^3}+\cdots+\frac{1}{2^n}+\frac{1}{3^n}+\cdots$，结果如何？$\frac{1}{2}+\frac{1}{3}+\frac{3}{4}+\frac{1}{3^2}+\frac{5}{8}+\frac{1}{3^3}+\cdots+\frac{2n-1}{2^n}+\frac{1}{3^n}+\cdots$呢？（ii）若级数$\frac{1}{a}+\frac{1}{3}+\frac{3}{a^2}+\frac{1}{3^2}+\frac{5}{a^3}+\frac{1}{3^3}+\cdots+\frac{2n-1}{a^n}+\frac{1}{3^n}+\cdots$发散，求$a$的取值范围.

例 5 判断级数$\sum\limits_{n=1}^{\infty}\frac{1}{1+a^n}\,(a>0)$的敛散性.

分析 由于级数的通项$\frac{1}{1+a^n}$中含有指数函数，可尝试用比值审敛法来判断；而注意到$\frac{1}{1+a^n}\leqslant\frac{1}{a^n}$，可利用比较审敛法和几何级数$\sum\limits_{n=1}^{\infty}\frac{1}{a^n}$的敛散性来判断. 注意：级数中含有参数，要对参数进行讨论.

解法 1 因为

$$\rho=\lim_{n\to\infty}\frac{u_{n+1}}{u_n}=\lim_{n\to\infty}\frac{1+a^n}{1+a^{n+1}}=\begin{cases}\dfrac{1+0}{1+0}=1, & 0<a<1\\ \dfrac{1+1}{1+1}=1, & a=1\\ \dfrac{1}{a}\lim\limits_{n\to\infty}\dfrac{1+a^{-n}}{1+a^{-n-1}}=\dfrac{1}{a}\cdot\dfrac{1+0}{1+0}=\dfrac{1}{a}<0, & a>1\end{cases},$$

故$a>1$时，级数$\sum\limits_{n=1}^{\infty}\frac{1}{1+a^n}$收敛；而当$0<a\leqslant1$时，比值审敛法失效，此时要用其他方法判断.

由于当$0<a\leqslant1$时，$|a|^n\leqslant1$，通项

$$u_n=\frac{1}{1+a^n}\geqslant\frac{1}{1+|a|^n}\geqslant\frac{1}{1+1}=\frac{1}{2},$$

于是$\lim\limits_{n\to\infty}u_n\neq0$，由级数收敛的必要条件可知，级数发散.

思考 （i）当$-1<a\leqslant0$时，结果如何？此时比值审敛法是否有效？（ii）若级数为$\sum\limits_{n=1}^{\infty}\frac{n}{1+a^n}\,(a>0)$，结果如何？$\sum\limits_{n=1}^{\infty}\frac{n^2}{1+a^n}\,(a>0)$呢？

解法 2 当$0<a\leqslant1$时，解法同上.

当$a>1$时，$0<\frac{1}{a}<1$，于是$u_n=\frac{1}{1+a^n}<\frac{1}{a^n}=\left(\frac{1}{a}\right)^n$. 由几何级数的敛散性易知，级数$\sum\limits_{n=1}^{\infty}\left(\frac{1}{a}\right)^n$收敛，故由比较审敛法知原级数收敛.

思考 （i）利用$1+a^n=1+(a^{\frac{n}{2}})^2\geqslant2a^{\frac{n}{2}}$，运用以上方法能否得出当$a>1$时级数收敛？（ii）若级数为$\sum\limits_{n=1}^{\infty}\frac{1}{0.5+a^n}\,(a>0)$或$\sum\limits_{n=1}^{\infty}\frac{1}{2+a^n}\,(a>0)$，结果如何？$\sum\limits_{n=1}^{\infty}\frac{1}{b+a^n}\,(a,b>0)$呢？

例 6　判断级数$\sum_{n=1}^{\infty}\frac{1}{n^p}\sin\frac{\pi}{n}(p\in\mathbf{R})$的敛散性.

分析　由于级数的通项$\frac{1}{n^p}\sin\frac{\pi}{n}\sim\frac{1}{n^p}\cdot\frac{\pi}{n}=\frac{\pi}{n^{p+1}}$，因此可以利用比较法和$p-$级数的敛散性来判断.

解　当$p>0$时，由于$\lim\limits_{n\to\infty}\frac{u_n}{\frac{1}{n^{1+p}}}=\lim\limits_{n\to\infty}\frac{\frac{1}{n^p}\sin\frac{\pi}{n}}{\frac{1}{n^{1+p}}}=\lim\limits_{n\to\infty}\frac{\sin\frac{\pi}{n}}{\frac{1}{n}}=\pi$，且$p-$级数$\sum_{n=1}^{\infty}\frac{1}{n^{1+p}}$收敛，故由比较审敛法知原级数收敛；

当$p=0$时，级数$\sum_{n=1}^{\infty}\frac{1}{n^p}\sin\frac{\pi}{n}=\sum_{n=1}^{\infty}\sin\frac{\pi}{n}$. 因为$\lim\limits_{n\to\infty}\frac{\sin\frac{\pi}{n}}{\frac{1}{n}}=\pi$，且调和级数$\sum_{n=1}^{\infty}\frac{1}{n}$发散，故由比较审敛法知原级数发散；

当$p<0$时，因为$\lim\limits_{n\to\infty}\frac{u_n}{\frac{1}{n}}=\lim\limits_{n\to\infty}\frac{\frac{1}{n^p}\sin\frac{\pi}{n}}{\frac{1}{n}}=\lim\limits_{n\to\infty}\frac{\sin\frac{\pi}{n}}{\frac{1}{n}}\cdot\frac{1}{n^p}=\infty$，由调和级数$\sum_{n=1}^{\infty}\frac{1}{n}$发散可知，原级数发散.

思考　（i）若级数为$\sum_{n=1}^{\infty}\frac{1}{n}\sin\frac{\pi}{n^q}(q\in\mathbf{R})$，结果如何？$\sum_{n=1}^{\infty}\frac{1}{n^p}\sin\frac{\pi}{n^q}(p,q\in\mathbf{R})$呢？（ii）若级数为$\sum_{n=1}^{\infty}\frac{1}{n^p}\tan\frac{\pi}{n}(p\in\mathbf{R})$，结果又如何？$\sum_{n=1}^{\infty}\frac{1}{n^p}\cos\frac{\pi}{n}(p\in\boldsymbol{R})$呢？

例 7　判断级数$\sum_{n=1}^{\infty}\frac{3^n\cdot n!}{n^n}$的敛散性，并证明$\lim\limits_{n\to\infty}\sqrt[n]{n!}=\infty$.

分析　级数的通项含有阶乘，适合使用比值审敛法；而要证明$\lim\limits_{n\to\infty}\sqrt[n]{n!}=\infty$，则应从根值审敛法入手.

解　因为

$$\lim_{n\to\infty}\frac{u_{n+1}}{u_n}=\lim_{n\to\infty}\frac{3^{n+1}\cdot(n+1)!}{(n+1)^{n+1}}\cdot\frac{n^n}{3^n\cdot n!}=3\lim_{n\to\infty}\left(\frac{n}{n+1}\right)^n=3\lim_{n\to\infty}\frac{1}{\left(1+\frac{1}{n}\right)^n}=\frac{3}{\mathrm{e}}>1,$$

故由比值审敛法知，级数$\sum_{n=1}^{\infty}\frac{3^n\cdot n!}{n^n}$发散.

假设$\lim\limits_{n\to\infty}\sqrt[n]{n!}\neq\infty$，显然该极限必存在，即$\lim\limits_{n\to\infty}\sqrt[n]{n!}=A$. 于是

$$\lim_{n\to\infty}\sqrt[n]{u_n}=\lim_{n\to\infty}\sqrt[n]{\frac{3^n\cdot n!}{n^n}}=\lim_{n\to\infty}\frac{3}{n}\sqrt[n]{n!}=0<1,$$

故由根值审敛法知，级数$\sum_{n=1}^{\infty}\frac{3^n\cdot n!}{n^n}$收敛，这与级数$\sum_{n=1}^{\infty}\frac{3^n\cdot n!}{n^n}$发散相矛盾. 因此$\lim\limits_{n\to\infty}\sqrt[n]{n!}=\infty$.

思考　（i）若级数为$\sum_{n=1}^{\infty}\frac{2^n\cdot n!}{n^n}$，结果如何？（ii）讨论级数$\sum_{n=1}^{\infty}\frac{a^n\cdot n!}{n^n}\ (a>0)$的敛散性.

例 8　判断级数$\sum_{n=1}^{\infty}\frac{(n+1)^n}{(2n-1)^n}$的敛散性.

分析　级数通项是n次幂的形式，比值和根值均适用.

解法 1　因为

$$\begin{aligned}\lim_{n\to\infty}\frac{u_{n+1}}{u_n}&=\lim_{n\to\infty}\frac{[(n+1)+1]^{n+1}}{[2(n+1)-1]^{n+1}}\cdot\frac{(2n-1)^n}{(n+1)^n}\\&=\lim_{n\to\infty}\left(1+\frac{1}{n+1}\right)^{n+1}\cdot\left(1-\frac{2}{2n+1}\right)^{n+1}\cdot\frac{n+1}{2n+1}\\&=\lim_{n\to\infty}\left(1+\frac{1}{n+1}\right)^{n+1}\cdot\left[\left(1-\frac{2}{2n+1}\right)^{-\frac{2n+1}{2}}\right]^{-1}\cdot\left(1-\frac{2}{2n+1}\right)^{\frac{1}{2}}\cdot\left(\frac{n+1}{2n+1}\right)\\&=\mathrm{e}\cdot\mathrm{e}^{-1}\cdot1\cdot\frac{1}{2}=\frac{1}{2}<1,\end{aligned}$$

所以级数$\sum_{n=1}^{\infty}\frac{(n+1)^n}{(2n-1)^n}$收敛.

思考 1　若级数为$\sum_{n=1}^{\infty}\frac{(n+1)!}{(2n-1)^n}$或$\sum_{n=1}^{\infty}\frac{(n+1)^n}{(2n-1)!}$，结果如何？

解法 2　因为$\lim_{n\to\infty}\sqrt[n]{\frac{(n+1)^n}{(2n-1)^n}}=\lim_{n\to\infty}\frac{n+1}{2n-1}=\frac{1}{2}<1$，所以级数$\sum_{n=1}^{\infty}\frac{(n+1)^n}{(2n-1)^n}$收敛.

思考 2　（i）若级数为$\sum_{n=1}^{\infty}\frac{(2n+1)^n}{(2n-1)^n}$或$\sum_{n=1}^{\infty}\frac{(3n+1)^n}{(2n-1)^n}$或$\sum_{n=1}^{\infty}\frac{(2n+1)^n}{(3n-1)^n}$，结果如何？（ii）讨论级数$\sum_{n=1}^{\infty}\frac{(an+b)^n}{(cn+d)^n}\left(\text{其中}ac\neq0\text{且}\frac{d}{c}\text{不为整数}\right)$的敛散性.

例 9　判断级数$\sum_{n=1}^{\infty}\frac{1}{2^{n+(-1)^n}}$的敛散性.

分析　这是正项级数的判敛问题. 由于级数通项为指数函数的倒数，故可用根值审敛法或比较审敛法，前提是相应的极限存在.

解　因为

$$\rho=\lim_{n\to\infty}\sqrt[n]{u_n}=\lim_{n\to\infty}\sqrt[n]{2^{-[n+(-1)^n]}}=\lim_{n\to\infty}2^{-1+\frac{(-1)^{n+1}}{n}}=\frac{1}{2}<1,$$

所以级数$\sum_{n=1}^{\infty}\frac{1}{2^{n+(-1)^n}}$收敛.

思考　（i）若级数为$\sum_{n=1}^{\infty}\frac{1}{2^{\frac{1}{2}n+(-1)^n}}$或$\sum_{n=1}^{\infty}\frac{1}{2^{2n+(-1)^n}}$或$\sum_{n=1}^{\infty}\frac{1}{2^{n-(-1)^n}}$或$\sum_{n=1}^{\infty}\frac{1}{3^{n+(-1)^n}}$，结果如何？（ii）讨论级数$\sum_{n=1}^{\infty}\frac{1}{a^{bn+(-1)^n}}\ (a,b>0)$的敛散性；（iii）能否用比值判别法判别以上各题的敛散

性？为什么？

例 10　判断级数$\sum\limits_{n=1}^{\infty}\left(\frac{1}{n}-\ln\frac{n+1}{n}\right)$的敛散性.

分析　这是正项级数的判敛问题. 由于$\ln\frac{n+1}{n}=\ln\left(1+\frac{1}{n}\right)=\frac{1}{n}-\frac{1}{2}\left(\frac{1}{n}\right)^2+o\left(\frac{1}{n^2}\right)$，所以$\frac{1}{n}-\ln\frac{n+1}{n}=\frac{1}{2}\left(\frac{1}{n}\right)^2+o\left(\frac{1}{n^2}\right)$，故尝试用比较审敛法.

解　令$u(x)=x-\ln(1+x)$，则当$x>0$时，$u'(x)=1-\frac{1}{1+x}>0$，$u(x)>u(0)=0$. 因为

$$\lim_{x\to0^+}\frac{x-\ln(1+x)}{x^2}=\lim_{x\to0^+}\frac{1-\dfrac{1}{1+x}}{2x}=\frac{1}{2}\lim_{x\to0^+}\frac{1}{1+x}=\frac{1}{2},$$

所以$\lim\limits_{n\to\infty}\dfrac{\dfrac{1}{n}-\ln\left(1+\dfrac{1}{n}\right)}{\dfrac{1}{n^2}}=\dfrac{1}{2}$.

由于$\sum\limits_{n=1}^{\infty}\frac{1}{n^2}$收敛，故由比较审敛法知，级数$\sum\limits_{n=1}^{\infty}\left(\frac{1}{n}-\ln\frac{n+1}{n}\right)$收敛.

思考　（i）若级数为$\sum\limits_{n=1}^{\infty}\left(\frac{1}{\sqrt{n}}-\ln\frac{\sqrt{n}+1}{\sqrt{n}}\right)$，结果如何？讨论级数$\sum\limits_{n=1}^{\infty}\left(\frac{1}{n^\alpha}-\ln\frac{n^\alpha+1}{n^\alpha}\right)(\alpha>0)$；（ii）若级数为$\sum\limits_{n=1}^{\infty}\left(\frac{1}{n}+\ln\frac{n-1}{n}\right)$或$\sum\limits_{n=1}^{\infty}\left(\frac{1}{n^2}+\ln\frac{n^2+1}{n^2}\right)$，结果又如何？讨论级数$\sum\limits_{n=1}^{\infty}\left(\frac{1}{n^\alpha}+\ln\frac{n^\alpha+1}{n^\alpha}\right)(\alpha>0)$的敛散性.

例 11　判断级数$\frac{2}{1}+\frac{2\cdot5}{1\cdot5}+\frac{2\cdot5\cdot8}{1\cdot5\cdot9}+\cdots+\frac{2\cdot5\cdot8\cdot\cdots\cdot[2+3(n-1)]}{1\cdot5\cdot9\cdot\cdots\cdot[1+4(n-1)]}+\cdots$的敛散性.

分析　这是正项级数的判敛问题. 由于级数通项$u_n=\frac{2\cdot5\cdot8\cdot\cdots\cdot[2+3(n-1)]}{1\cdot5\cdot9\cdot\cdots\cdot[1+4(n-1)]}$中由多个因子之积的商构成，故适合使用比较审敛法.

解　因为

$$\begin{aligned}\rho&=\lim_{n\to\infty}\frac{u_{n+1}}{u_n}=\lim_{n\to\infty}\frac{2\cdot5\cdot8\cdot\cdots\cdot[2+3(n+1-1)]}{1\cdot5\cdot9\cdot\cdots\cdot[1+4(n+1-1)]}\cdot\frac{1\cdot5\cdot9\cdot\cdots\cdot[1+4(n-1)]}{2\cdot5\cdot8\cdot\cdots\cdot[2+3(n-1)]}\\&=\lim_{n\to\infty}\frac{2+3n}{1+4n}=\frac{3}{4}<1,\end{aligned}$$

所以该级数收敛.

思考　（i）若级数为$\sum\limits_{n=1}^{\infty}\frac{10\cdot13\cdot16\cdot\cdots\cdot[10+3(n-1)]}{1\cdot5\cdot9\cdot\cdots\cdot[1+4(n-1)]}$或$\sum\limits_{n=1}^{\infty}\frac{100\cdot103\cdot106\cdot\cdots\cdot[100+3(n-1)]}{1\cdot5\cdot9\cdot\cdots\cdot[1+4(n-1)]}$，结果如何？（ii）讨论级数$\sum\limits_{n=1}^{\infty}\frac{2\cdot5\cdot8\cdot\cdots\cdot[2+3(n-1)]}{1\cdot(1+b)\cdot(1+2b)\cdot\cdots\cdot[1+b(n-1)]}(b>0)$的敛散性.

例 12 判断下列级数$\sum_{n=1}^{\infty}\frac{\cos nx}{n\sqrt{n}}$的敛散性，若收敛，问是绝对收敛，还是条件收敛？

分析 这是一般项级数的判敛问题. 通常先判断级数是否绝对收敛，若否，再进一步判断其是否条件收敛.

解 级数通项$u_n=\frac{\cos nx}{n\sqrt{n}}$，且对任意的$x$，都有

$$|u_n|\leqslant\frac{1}{n\sqrt{n}}=\frac{1}{n^{\frac{3}{2}}},$$

而$\sum_{n=1}^{\infty}\frac{1}{n^{\frac{3}{2}}}$是$p=\frac{3}{2}>1$的$p-$级数，故该级数收敛，从而级数$\sum_{n=1}^{\infty}|u_n|$收敛. 因此原级数$\sum_{n=1}^{\infty}\frac{\cos nx}{n\sqrt{n}}$绝对收敛.

思考 （i）若级数为$\sum_{n=1}^{\infty}\frac{\cos nx}{n\sqrt[3]{n}}$，结果如何？$\sum_{n=1}^{\infty}\frac{\cos nx}{n\sqrt[k]{n}}(k\in\mathbf{N}^{+})$呢？（ii）若级数为$\sum_{n=1}^{\infty}\frac{\sin nx}{n\sqrt{n}}$，结果又如何？$\sum_{n=1}^{\infty}\frac{\sin nx}{n\sqrt[k]{n}}(k\in\mathbf{N}^{+})$呢？

例 13 判断级数$\sum_{n=1}^{\infty}(-1)^{n+1}\frac{n^n}{n!}$的敛散性，若收敛，问是绝对收敛，还是条件收敛？

分析 这是交错级数的判敛问题. 一般先判断级数是否绝对收敛，若否，需进一步判断其是条件收敛还是绝对发散.

解 将$\sum_{n=1}^{\infty}(-1)^{n+1}\frac{n^n}{n!}$视为一般项级数，其通项$u_{n+1}=(-1)^{n+1}\frac{n^n}{n!}$. 由于

$$\lim_{n\to\infty}\left|\frac{u_{n+1}}{u_n}\right|=\lim_{n\to\infty}\frac{(n+1)^{n+1}}{(n+1)!}\cdot\frac{n!}{n^n}=\lim_{n\to\infty}\frac{(n+1)^n}{n^n}=\lim_{n\to\infty}\left(1+\frac{1}{n}\right)^n=\mathrm{e}>1,$$

所以该级数不绝对收敛.

又根据极限的定义，取$\varepsilon=1$，存在N，则$n>N$时，恒有

$$\left|\left|\frac{u_{n+1}}{u_n}\right|-\mathrm{e}\right|<1,$$

即

$$-1<\left|\frac{u_{n+1}}{u_n}\right|-\mathrm{e}<1,$$

即

$$\mathrm{e}-1<\left|\frac{u_{n+1}}{u_n}\right|<\mathrm{e}+1.$$

从而由$\left|\frac{u_{n+1}}{u_n}\right|>\mathrm{e}-1(n=N,N+1,N+2,\cdots)$，可得

$$|u_{n+1}|>(\mathrm{e}-1)|u_n|>(\mathrm{e}-1)^2|u_{n-1}|>\cdots>(\mathrm{e}-1)^{n-N+1}|u_{n-(n-N)}|=(\mathrm{e}-1)^{n-N+1}|u_N|,$$

所以

$$\lim_{n\to\infty}|u_n|\geqslant\lim_{n\to\infty}(\mathrm{e}-1)^{n-N}|u_N|=+\infty\Rightarrow\lim_{n\to\infty}|u_n|=+\infty\Rightarrow\lim_{n\to\infty}u_n=\infty,$$

故由级数收敛的必要条件知，$\sum_{n=1}^{\infty}(-1)^{n+1}\frac{n^n}{n!}$发散.

思考　(i) 若级数为$\sum_{n=1}^{\infty}(-1)^{n+1}\frac{n^n}{(n+1)!}$或$\sum_{n=1}^{\infty}(-1)^{n+1}\frac{n^n}{(n+2)!}$，结果如何？$\sum_{n=1}^{\infty}(-1)^{n+1}\frac{n^n}{(n+k)!}$ $(k\in\mathbf{N})$ 呢？(ii) 若级数为$\sum_{n=2}^{\infty}(-1)^{n+1}\frac{(n-1)^{n-1}}{n!}$或$\sum_{n=3}^{\infty}(-1)^{n+1}\frac{(n-2)^{n-2}}{n!}$，又结果如何？$\sum_{n=k}^{\infty}(-1)^{n+1}\frac{(n-k)^{n-k}}{n!}(k\in\mathbf{N})$呢？

注：根据$\lim\limits_{n\to\infty}\left|\frac{u_{n+1}}{u_n}\right|=\mathrm{e}>1$，可得原级数每一项加绝对值后所成的级数$\sum_{n=1}^{\infty}\frac{n^n}{n!}$发散，但据此并不能推出原级数$\sum_{n=1}^{\infty}(-1)^{n+1}\frac{n^n}{n!}$发散.

例 14　判断级数$\sum_{n=1}^{\infty}(-1)^n\frac{a^n}{n}$的敛散性，若收敛，问是绝对收敛，还是条件收敛？

分析　这是交错级数的判敛问题. 一般先判断级数是否绝对收敛，若否，需进一步判断其是条件收敛还是发散. 注意：级数中含有参数，要对参数进行讨论.

解　将$\sum_{n=1}^{\infty}(-1)^n\frac{a^n}{n}$视为一般项级数，其通项$u_n=(-1)^n\frac{a^n}{n}$. 由于

$$\lim_{n\to\infty}\left|\frac{u_{n+1}}{u_n}\right|=\lim_{n\to\infty}\left|\frac{a^{n+1}}{n+1}\cdot\frac{n}{a^n}\right|=\lim_{n\to\infty}\frac{n}{n+1}|a|=|a|,$$

故当$|a|<1$时，级数$\sum_{n=1}^{\infty}(-1)^n\frac{a^n}{n}$绝对收敛；当$|a|>1$时，级数$\sum_{n=1}^{\infty}(-1)^n\frac{a^n}{n}$发散；当$a=1$时，级数$\sum_{n=1}^{\infty}(-1)^n\frac{a^n}{n}=\sum_{n=1}^{\infty}(-1)^n\frac{1}{n}$，利用莱布尼兹定理可以证明该级数条件收敛；当$a=-1$时，级数$\sum_{n=1}^{\infty}(-1)^n\frac{a^n}{n}=\sum_{n=1}^{\infty}\frac{1}{n}$，为调和级数，发散.

思考　(i) 若级数为$\sum_{n=1}^{\infty}(-1)^n\frac{a^n}{n^2}$，结果如何？(ii) 讨论级数$\sum_{n=1}^{\infty}(-1)^n\frac{a^n}{n^p}(p>0)$的敛散性.

例 15　判断级数$\sum_{n=1}^{\infty}(-1)^n\frac{1}{n-\ln n}$的敛散性，若收敛，问是绝对收敛，还是条件收敛？

分析　这是交错级数的判敛问题. 一般先判断级数是否绝对收敛，若否，再进一步判断其是否条件收敛.

解　先判断级数是否绝对收敛. 因为$u_n=\frac{1}{n-\ln n}$，而$n-\ln n\leqslant n$，所以$\frac{1}{n-\ln n}>\frac{1}{n}$. 因为调和级数$\sum_{n=1}^{\infty}\frac{1}{n}$发散，故由比较审敛法知，原级数每一项加绝对值后所成的级数$\sum_{n=1}^{\infty}\frac{1}{n-\ln n}$发散，从而原级数$\sum_{n=1}^{\infty}(-1)^n\frac{1}{n-\ln n}$非绝对收敛.

再判断级数是否条件收敛. 首先，由于 $\lim\limits_{x\to+\infty}\dfrac{\ln x}{x}=\lim\limits_{x\to+\infty}\dfrac{1}{x}=0$，所以

$$\lim_{x\to+\infty}\frac{1}{x-\ln x}=\lim_{x\to+\infty}\frac{\frac{1}{x}}{1-\frac{\ln x}{x}}=\frac{0}{1-0}=0,$$

于是 $\lim\limits_{n\to\infty}u_n=\lim\limits_{n\to\infty}\dfrac{1}{n-\ln n}=0$；

其次，令 $f(x)=\dfrac{1}{x-\ln x}$，则当 $x\geqslant 1$ 时，

$$f'(x)=\frac{-\left(1-\frac{1}{x}\right)}{(x-\ln x)^2}=\frac{1-x}{x(x-\ln x)^2}\leqslant 0,$$

故 $f(x)$ 在 $[1,+\infty)$ 上单调减少，于是 $f(n)\geqslant f(n+1)$，即

$$u_n\geqslant u_{n+1}\ (n=1,2,\cdots).$$

故由莱布尼兹定理知，级数 $\sum\limits_{n=1}^{\infty}(-1)^n\dfrac{1}{n-\ln n}$ 收敛.

所以级数 $\sum\limits_{n=1}^{\infty}(-1)^n\dfrac{1}{n-\ln n}$ 条件收敛.

思考　（i）对条件收敛的级数，若采取与该题解法相反的顺序，即先判断该级数是否条件收敛，再进一步判断其是否绝对收敛，解答过程有没有实质上的不同？对绝对收敛的级数呢？（ii）若级数为 $\sum\limits_{n=1}^{\infty}(-1)^n\dfrac{1}{\sqrt{n}-\ln n}$ 或 $\sum\limits_{n=1}^{\infty}(-1)^n\dfrac{1}{\sqrt{n^3}-\ln n}$，结果如何？（iii）讨论级数 $\sum\limits_{n=1}^{\infty}(-1)^n\dfrac{1}{n^{\alpha}-\ln n}$ $(\alpha>0)$ 的敛散性.

例 16　当 $a>0,b>0$ 时，判断级数 $\dfrac{a}{1}-\dfrac{b}{2}+\dfrac{a}{3}-\dfrac{b}{4}+\cdots+\dfrac{a}{2n-1}-\dfrac{b}{2n}+\cdots$ 的敛散性.

分析　因为 $a>0,b>0$，故该级数为交错级数. 但由于 a,b 为未知常数，故不能判断 $u_n\geqslant u_{n+1}\ (n=1,2,\cdots)$，因此不能用莱布尼兹定理，考虑用敛散性定义.

解　记级数 $\dfrac{a}{1}-\dfrac{b}{2}+\dfrac{a}{3}-\dfrac{b}{4}+\cdots$ 的前 n 项和为 s_n，交错级数 $1-\dfrac{1}{2}+\dfrac{1}{3}-\dfrac{1}{4}+\cdots$ 的前 n 项和为 σ_n，调和级数 $1+\dfrac{1}{2}+\cdots+\dfrac{1}{n}+\cdots$ 的前 n 项和为 ω_n，于是

$$\begin{aligned}s_{2n}&=\frac{a}{1}-\frac{b}{2}+\frac{a}{3}-\frac{b}{4}+\cdots+\frac{a}{2n-1}-\frac{b}{2n}\\&=a\left(1-\frac{1}{2}+\frac{1}{3}-\frac{1}{4}+\cdots+\frac{1}{2n-1}-\frac{1}{2n}\right)+(a-b)\left(\frac{1}{2}+\frac{1}{4}+\cdots+\frac{1}{2n}\right)\\&=a\sum_{k=1}^{2n}(-1)^{k-1}\frac{1}{k}+\frac{1}{2}(a-b)\sum_{k=1}^{n}\frac{1}{k}=a\sigma_{2n}+\frac{1}{2}(a-b)\omega_n,\end{aligned}$$

则

$$s_{2n+1}=s_{2n}+\frac{a}{2n+1}=a\sigma_{2n}+\frac{a}{2n+1}+\frac{1}{2}(a-b)\omega_n=a\sigma_{2n+1}+\frac{1}{2}(a-b)\omega_n.$$

因此当 $a=b$ 时，

$$\lim_{n\to\infty}s_{2n}=\lim_{n\to\infty}\left[a\sigma_{2n}+\frac{1}{2}(a-b)\omega_n\right]=a\lim_{n\to\infty}\sigma_{2n}=a\sigma,$$

从而 $\lim_{n\to\infty}s_n=a\sigma$，原级数收敛；

当 $a\neq b$ 时，

$$\lim_{n\to\infty}s_{2n}=\lim_{n\to\infty}\left[a\sigma_{2n}+\frac{1}{2}(a-b)\omega_n\right]=\infty,\quad \lim_{n\to\infty}s_{2n+1}=\lim_{n\to\infty}\left[a\sigma_{2n+1}+\frac{1}{2}(a-b)\omega_n\right]=\infty,$$

从而 $\lim_{n\to\infty}s_n=\infty$，原级数收敛.

思考　(i) 若级数 $\sum_{n=1}^{\infty}u_n$ 和 $\sum_{n=1}^{\infty}v_n$ 均发散，利用该题方法证明 $\sum_{n=1}^{\infty}(u_n\pm v_n)$ 发散；(ii) 若级数为 $\frac{a}{1}-\frac{b}{2}+\frac{a}{3}-\frac{b}{4}+\cdots+\frac{a}{2n-1}-\frac{b}{2^n}+\cdots$ 或 $\frac{a}{1}-\frac{b}{2}+\frac{a}{3}-\frac{b}{4}+\cdots+\frac{a}{3^{n-1}}-\frac{b}{2n}+\cdots$，结果如何？(iii) 若级数 $\sum_{n=1}^{\infty}u_n$ 收敛，$\sum_{n=1}^{\infty}v_n$ 发散，利用该题方法证明 $\sum_{n=1}^{\infty}(u_n\pm v_n)$ 也发散.

例 17　判断下列级数 $\sum_{n=1}^{\infty}(-1)^{\frac{(n+2)(n-1)}{2}}\frac{\ln n}{n}$ 的敛散性，若收敛，问是绝对收敛，还是条件收敛？

分析　这是任意项级数的判敛问题. 一般先判断级数是否绝对收敛，若否，需进一步判断其是否条件收敛.

解　级数通项 $u_n=(-1)^{\frac{(n+2)(n-1)}{2}}\frac{\ln n}{n}$. 由于 $\lim_{n\to\infty}n|u_n|=\lim_{n\to\infty}\ln n=\infty$，所以级数 $\sum_{n=1}^{\infty}|u_n|$ 发散，故原级数 $\sum_{n=1}^{\infty}(-1)^{\frac{(n+2)(n-1)}{2}}\frac{\ln n}{n}$ 不绝对收敛. 又因为

$$\begin{aligned}\sum_{n=1}^{\infty}(-1)^{\frac{(n+2)(n-1)}{2}}\frac{\ln n}{n}&=\frac{\ln 1}{1}+\frac{\ln 2}{2}-\frac{\ln 3}{3}-\frac{\ln 4}{4}+\frac{\ln 5}{5}+\frac{\ln 6}{6}-\frac{\ln 7}{7}-\frac{\ln 8}{8}+\cdots\\&=\left[\frac{\ln 1}{1}-\frac{\ln 3}{3}+\frac{\ln 5}{5}-\frac{\ln 7}{7}+\cdots+(-1)^{n-1}\frac{\ln(2n-1)}{2n-1}+\cdots\right]+\\&\quad\left[\frac{\ln 2}{2}-\frac{\ln 4}{4}+\frac{\ln 6}{6}-\frac{\ln 7}{7}+\cdots+(-1)^{n-1}\frac{\ln(2n)}{2n}+\cdots\right],\end{aligned}$$

又根据莱布尼兹定理，易证级数 $\sum_{n=1}^{\infty}(-1)^{n-1}\frac{\ln(2n-1)}{2n-1}$, $\sum_{n=1}^{\infty}(-1)^{n-1}\frac{\ln(2n)}{2n}$ 条件收敛，从而由收敛级数的性质知 $\sum_{n=1}^{\infty}(-1)^{\frac{(n+2)(n-1)}{2}}\frac{\ln n}{n}$ 收敛.

思考　(i) 若级数为 $\sum_{n=1}^{\infty}(-1)^{\frac{(n+2)(n-1)}{2}}\frac{\ln n}{\sqrt{n}}$ 或 $\sum_{n=1}^{\infty}(-1)^{\frac{(n+2)(n-1)}{2}}\frac{\ln n}{n^2}$，结果如何？(ii) 讨论级数 $\sum_{n=1}^{\infty}(-1)^{\frac{(n+2)(n-1)}{2}}\frac{\ln n}{n^{\alpha}}\ (\alpha>0)$ 的敛散性.

例 18 证明：$\lim\limits_{n\to\infty}\frac{(n!)^2}{2^{n^2}}=0$.

分析 证明一个数列的极限，除常用的一些方法外，还可以把此数列的通项看成是无穷级数的通项，从而把证明数列极限的问题，转化成级数敛散性判断的问题.

证明 先考察级数$\sum\limits_{n=0}^{\infty}\frac{(n!)^2}{2^{n^2}}$的敛散性. 因为

$$\lim_{n\to\infty}\frac{u_{n+1}}{u_n}=\lim_{n\to\infty}\frac{[(n+1)!]^2}{2^{(n+1)^2}}\cdot\frac{2^{n^2}}{(n!)^2}=\lim_{n\to\infty}\frac{(n+1)^2}{2^{2n+1}},$$

为求此极限，可再考虑级数$\sum\limits_{n=1}^{\infty}\frac{(n+1)^2}{2^{2n+1}}$的敛散性. 由于

$$\lim_{n\to\infty}\frac{(n+2)^2}{2^{2n+3}}\cdot\frac{2^{2n+1}}{(n+1)^2}=\lim_{n\to\infty}\left(\frac{n+2}{2n+2}\right)^2=\frac{1}{4}<1,$$

所以级数$\sum\limits_{n=1}^{\infty}\frac{(n+1)^2}{2^{2n+1}}$收敛. 故由级数收敛的必要条件知$\lim\limits_{n\to\infty}\frac{(n+1)^2}{2^{2n+1}}=0$，于是

$$\lim_{n\to\infty}\frac{u_{n+1}}{u_n}=\lim_{n\to\infty}\frac{(n+1)^2}{2^{2n+1}}=0<1,$$

所以级数$\sum\limits_{n=0}^{\infty}\frac{(n!)^2}{2^{n^2}}$收敛，故$\lim\limits_{n\to\infty}\frac{(n!)^2}{2^{n^2}}=0$.

思考 （i）若极限为$\lim\limits_{n\to\infty}\frac{[(n-1)!]^2}{2^{n^2}}$或$\lim\limits_{n\to\infty}\frac{(n!)^2}{2^{(n-1)^2}}$，结论如何？（ii）若$\sum\limits_{n=1}^{\infty}u_n$发散，能否得出$\lim\limits_{n\to\infty}u_n\neq 0$；（iii）若$\sum\limits_{n=1}^{\infty}u_n$发散，给出$\lim\limits_{n\to\infty}u_n=\infty$的一个充分条件.

例 19 设级数$\sum\limits_{n=1}^{\infty}(u_n-u_{n-1})$收敛，而$\sum\limits_{n=1}^{\infty}v_n$为正项级数且收敛，证明：级数$\sum\limits_{n=1}^{\infty}u_nv_n$绝对收敛.

分析 即要证级数$\sum\limits_{n=1}^{\infty}|u_nv_n|$收敛，其通项$|u_nv_n|=|u_n||v_n|=|u_n|v_n$. 此时，若能证数列$\{u_n\}$有界，结论显然成立，因此设法证明$\{u_n\}$有界.

证明 因为$\sum\limits_{n=1}^{\infty}(u_n-u_{n-1})$收敛，记其前$n$项和为$s_n$，和为$s$，则

$$s_n=\sum_{k=1}^{n}(u_k-u_{k-1})=(u_1-u_0)+(u_2-u_1)+\cdots+(u_n-u_{n-1})=u_n-u_0,$$

即$u_n=s_n+u_0$，于是

$$\lim_{n\to\infty}u_n=\lim_{n\to\infty}(s_n+u_0)=\lim_{n\to\infty}s_n+u_0=s+u_0.$$

于是由收敛数列极限的有界性知，存在$M>0$，使得

$$|u_n|<M\quad(n=0,1,2,\cdots),$$

从而

$$|u_nv_n|=|u_n|v_n\leqslant Mv_n.$$

由正项级数$\sum_{n=1}^{\infty}v_n$收敛知，级数$\sum_{n=1}^{\infty}Mv_n=M\sum_{n=1}^{\infty}v_n$收敛. 再由比较审敛法知，级数$\sum_{n=1}^{\infty}|u_nv_n|$收敛，即级数$\sum_{n=1}^{\infty}u_nv_n$绝对收敛.

思考　（i）若$\sum_{n=1}^{\infty}v_n$为负项级数且收敛，结论如何？（ii）若$\sum_{n=1}^{\infty}v_n$为收敛的交错级数，结论是否仍然成立？若是，给出证明；若否，举出反例.

五、练习题 11.1

1. 用定义求级数$\sum_{n=1}^{\infty}\dfrac{1}{\sqrt{n(n+1)}(\sqrt{n}+\sqrt{n+1})}$的和.

2. 判断下列级数的敛散性：

（i）$\sum_{n=1}^{\infty}\dfrac{n-1}{n^3-n+5}$；　（ii）$\sum_{n=1}^{\infty}\left(\dfrac{1}{n^2+1}\right)^{\frac{1}{n}}$；　（iii）$\sum_{n=1}^{\infty}\dfrac{(n+p)^n}{n^{n+p}}$；

（iv）$\sum_{n=1}^{\infty}\dfrac{a^n}{n^k}\,(a>0)$；　（v）$\sum_{n=1}^{\infty}\dfrac{2^{n-1}}{n^n}\cos^2\dfrac{n\pi}{4}$；

（vi）$\sum_{n=1}^{\infty}\dfrac{n}{\mathrm{e}^n-1}$；　（vii）$\sum_{n=1}^{\infty}\dfrac{\ln(n+2)}{\left(a+\dfrac{1}{n}\right)^n}\,(a>0)$.

3. 讨论下列级数的敛散性，若收敛，指出是绝对收敛，还是条件收敛？

（i）$\sum_{n=1}^{\infty}(-1)^{n+1}\dfrac{2^{n^2}}{n!}$；　（ii）$\sum_{n=1}^{\infty}\dfrac{(-1)^{\frac{n(n+1)}{2}}}{3^n}$；

（iii）$\sum_{n=1}^{\infty}\dfrac{(-1)^n}{a+n}\,(a\notin\mathbf{Z}^-)$；　（iv）$\sum_{n=1}^{\infty}\dfrac{a^n}{\sqrt{n(n+1)}}\,(a\in\mathbf{R})$.

4. 证明：$\lim\limits_{n\to\infty}\dfrac{(a+1)(2a+1)\cdots(na+1)}{(b+1)(2b+1)\cdots(nb+1)}=0\,(b>a>0)$.

5. 若正项级数$\sum_{n=1}^{\infty}\dfrac{1}{a^n},\sum_{n=1}^{\infty}\dfrac{1}{b^n}$均收敛，且$a\neq b$，证明：$\sum_{n=1}^{\infty}\dfrac{1}{a^n-b^n}$收敛.

6. 设常数$\lambda>0$，且级数$\sum_{n=1}^{\infty}a_n^2$收敛，试讨论级数$\sum_{n=1}^{\infty}(-1)^n\dfrac{|a_n|}{\sqrt{n^2+\lambda}}$的敛散性.

第二节　幂级数

一、教学目标

1. 知道函数项级数的概念；了解幂级数、幂级数的收敛域及收敛半径的概念，幂级数敛散性与数项级数敛散性之间的区别与联系.

2. 掌握幂级数的性质，以及幂级数收敛区间、收敛半径与和函数的求法.

3. 了解泰勒级数的概念和泰勒级数收敛的条件；掌握函数展开成幂级数的间接法，会用直接法将函数展开成幂级数.

4. 了解函数的幂级数展开式在近似计算、级数求和等方面的应用；知道欧拉公式.

二、内容提要

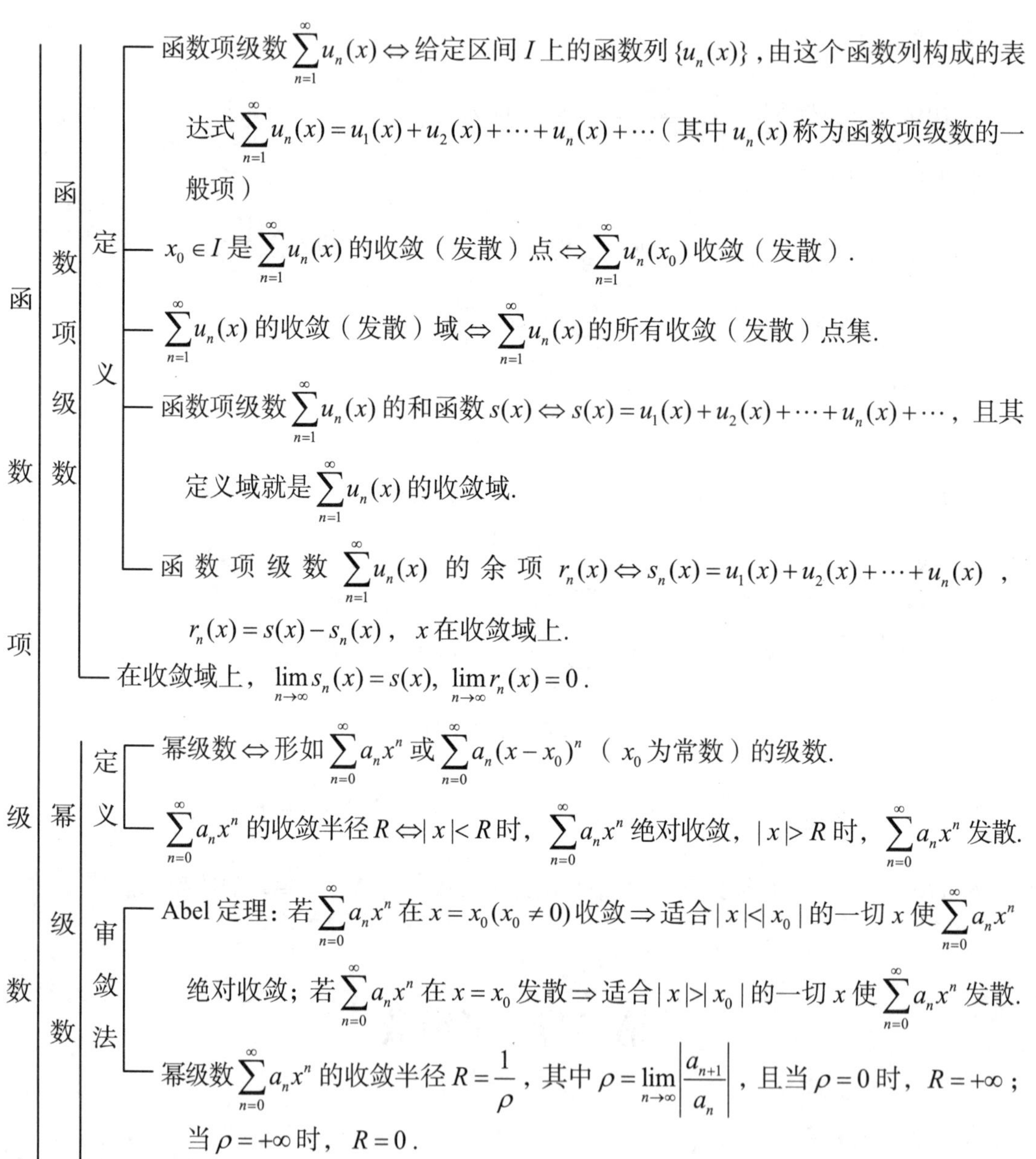

函数项级数

- 函数项级数
  - 定义
    - 函数项级数 $\sum\limits_{n=1}^{\infty}u_n(x)\Leftrightarrow$ 给定区间 I 上的函数列 $\{u_n(x)\}$，由这个函数列构成的表达式 $\sum\limits_{n=1}^{\infty}u_n(x)=u_1(x)+u_2(x)+\cdots+u_n(x)+\cdots$（其中 $u_n(x)$ 称为函数项级数的一般项）
    - $x_0\in I$ 是 $\sum\limits_{n=1}^{\infty}u_n(x)$ 的收敛（发散）点 $\Leftrightarrow\sum\limits_{n=1}^{\infty}u_n(x_0)$ 收敛（发散）.
    - $\sum\limits_{n=1}^{\infty}u_n(x)$ 的收敛（发散）域 $\Leftrightarrow\sum\limits_{n=1}^{\infty}u_n(x)$ 的所有收敛（发散）点集.
    - 函数项级数 $\sum\limits_{n=1}^{\infty}u_n(x)$ 的和函数 $s(x)\Leftrightarrow s(x)=u_1(x)+u_2(x)+\cdots+u_n(x)+\cdots$，且其定义域就是 $\sum\limits_{n=1}^{\infty}u_n(x)$ 的收敛域.
    - 函数项级数 $\sum\limits_{n=1}^{\infty}u_n(x)$ 的余项 $r_n(x)\Leftrightarrow s_n(x)=u_1(x)+u_2(x)+\cdots+u_n(x)$，$r_n(x)=s(x)-s_n(x)$，$x$ 在收敛域上.
  - 在收敛域上，$\lim\limits_{n\to\infty}s_n(x)=s(x)$，$\lim\limits_{n\to\infty}r_n(x)=0$.
- 幂级数
  - 定义
    - 幂级数 $\Leftrightarrow$ 形如 $\sum\limits_{n=0}^{\infty}a_nx^n$ 或 $\sum\limits_{n=0}^{\infty}a_n(x-x_0)^n$（$x_0$ 为常数）的级数.
    - $\sum\limits_{n=0}^{\infty}a_nx^n$ 的收敛半径 $R\Leftrightarrow|x|<R$ 时，$\sum\limits_{n=0}^{\infty}a_nx^n$ 绝对收敛，$|x|>R$ 时，$\sum\limits_{n=0}^{\infty}a_nx^n$ 发散.
  - 审敛法
    - Abel 定理：若 $\sum\limits_{n=0}^{\infty}a_nx^n$ 在 $x=x_0(x_0\neq0)$ 收敛 $\Rightarrow$ 适合 $|x|<|x_0|$ 的一切 x 使 $\sum\limits_{n=0}^{\infty}a_nx^n$ 绝对收敛；若 $\sum\limits_{n=0}^{\infty}a_nx^n$ 在 $x=x_0$ 发散 $\Rightarrow$ 适合 $|x|>|x_0|$ 的一切 x 使 $\sum\limits_{n=0}^{\infty}a_nx^n$ 发散.
    - 幂级数 $\sum\limits_{n=0}^{\infty}a_nx^n$ 的收敛半径 $R=\dfrac{1}{\rho}$，其中 $\rho=\lim\limits_{n\to\infty}\left|\dfrac{a_{n+1}}{a_n}\right|$，且当 $\rho=0$ 时，$R=+\infty$；当 $\rho=+\infty$ 时，$R=0$.

函数项级数

幂级数 性质：
- 幂级数的和函数在其收敛区间内连续，如在 $x=R$ 或 $x=-R$ 也收敛 $\Rightarrow$ 和函数在 $x=R$ 处左连续，在 $x=-R$ 处右连续.
- 幂级数在收敛区间 $(-R,R)$ 内可逐项求导，且所得幂级数的收敛半径仍为 R.
- 幂级数在收敛区间 $(-R,R)$ 内可逐项积分，且所得幂级数的收敛半径仍为 R.

泰勒级数

定义：
- $f(x)$ 在 x_0 处的泰勒级数：$\sum\limits_{n=0}^{\infty}\dfrac{f^{(n)}(x_0)}{n!}(x-x_0)^n$，其中 $f(x)$ 在 $U(x_0)$ 内具有任意阶导数.
- $f(x)$ 的麦克劳林级数：$\sum\limits_{n=0}^{\infty}\dfrac{f^{(n)}(0)}{n!}x^n$，其中 $f(x)$ 在 $U(0)$ 内具有任意阶导数.
- $\sum\limits_{n=0}^{\infty}\dfrac{f^{(n)}(x_0)}{n!}(x-x_0)^n$ 称为 $f(x)$ 在 x_0 处的泰勒展开式

$$\Leftrightarrow f(x)=\sum_{n=0}^{\infty}\frac{f^{(n)}(x_0)}{n!}(x-x_0)^n,\ x\in U(x_0).$$

- $\sum\limits_{n=0}^{\infty}\dfrac{f^{(n)}(0)}{n!}x^n$ 称为 $f(x)$ 的麦克劳林展开式 $\Leftrightarrow f(x)=\sum\limits_{n=0}^{\infty}\dfrac{f^{(n)}(0)}{n!}x^n,\ x\in U(0)$.

定理：
- 设函数 $f(x)$ 在 $x=x_0$ 处有任意阶导数，展开式 $f(x)=f(x_0)+f'(x_0)(x-x_0)+\dfrac{1}{2!}f''(x_0)(x-x_0)^2+\cdots+\dfrac{1}{n!}f^{(n)}(x_0)(x-x_0)^n+\cdots$ 成立 $\Leftrightarrow \lim\limits_{n\to\infty}R_n(x)=0$，其中 $R_n(x)=\dfrac{1}{(n+1)!}f^{(n+1)}(\xi)(x-x_0)^{n+1}(\xi\text{在}x,x_0\text{之间})$.
- 函数 $f(x)$ 的泰勒展开式的唯一性：在 (x_0-R,x_0+R) 内，函数 $f(x)$ 可展成幂级数 $f(x)=\sum\limits_{n=0}^{\infty}a_n(x-x_0)^n \Rightarrow a_n=\dfrac{f^{(n)}(x_0)}{n!},(n=0,1,2,\cdots)$.

常用展开式：
- $e^x=1+x+\dfrac{1}{2!}x^2+\cdots+\dfrac{1}{n!}x^n+\cdots\ (-\infty<x<+\infty)$.
- $\sin x=x-\dfrac{1}{3!}x^3+\dfrac{1}{5!}x^5-\cdots+\dfrac{(-1)^m}{(2m+1)!}x^{2m+1}+\cdots\ (-\infty<x<+\infty)$.
- $\cos x=1-\dfrac{1}{2!}x^2+\dfrac{1}{4!}x^4-\cdots+\dfrac{(-1)^m}{(2m)!}x^{2m}+\cdots\ (-\infty<x<+\infty)$.
- $\ln(1+x)=x-\dfrac{x^2}{2}+\dfrac{x^3}{3}-\cdots+(-1)^{n-1}\dfrac{x^n}{n}+\cdots\ (-1<x\leqslant 1)$.
- $(1+x)^{\alpha}=1+\alpha x+\dfrac{\alpha(\alpha-1)}{2!}x^2+\cdots+\dfrac{\alpha(\alpha-1)\cdots(\alpha-n+1)}{n!}x^n+\cdots\ (-1<x<1)$

  其中 α 为任意实数.

三、疑点解析

1. 关于幂级数的收敛半径 求标准的幂级数 $\sum\limits_{n=0}^{\infty}a_nx^n$ 的收敛半径，可以直接利用公式 $R=\dfrac{1}{\rho}$ 求得，其中 $\rho=\lim\limits_{n\to\infty}\dfrac{a_{n+1}}{a_n}$. 可见，这种幂级数的收敛半径只与其通项 $u_n=a_nx^n$ 的系数有关. 但若所讨论的级数不是这种标准形式，则要将所给的级数进行适当的变量替换，化成某个新变量的标准的幂级数，并用公式法求新变量的收敛半径，再根据新变量与原变量之间的关系求出原变量的收敛半径.

例如，对缺奇数幂项的幂函数$\sum_{n=0}^{\infty}\mathrm{e}^n x^{2n}$，先令$z=x^2$，则原级数可转化成变量$z$的标准幂级数$\sum_{n=0}^{\infty}\mathrm{e}^n z^n$. 利用公式法可以求得这个级数的收敛半径$R_1=\frac{1}{\mathrm{e}}$，于是原级数的收敛半径为$R=\sqrt{R_1}=\frac{\sqrt{\mathrm{e}}}{\mathrm{e}}$.

在一般情况下，这种非标准的幂级数的收敛半径，往往用以上公式的推导方法来求. 即把这样的幂级数$\sum_{n=0}^{\infty}u_n(x)$看成是常数项级数，其中，$x$看成是参变量，利用常数项级数的比较审敛法或根值审敛法，求出极限$\lim\limits_{n\to\infty}\left|\frac{u_{n+1}(x)}{a_n(x)}\right|=\rho(x)$或$\lim\limits_{n\to\infty}\sqrt[n]{|u_n(x)|}=\rho(x)$，再令$\rho(x)<1$，求出$|x-x_0|<R$，则$R$就是该级数的收敛半径.

例如，要求幂函数$\sum_{n=0}^{\infty}\frac{(2x+1)^{2n+1}}{2^n}$，由于

$$\lim_{n\to\infty}\sqrt[n]{|u_n(x)|}=\lim_{n\to\infty}\sqrt[n]{\frac{(2x+1)^{2n+1}}{2^n}}=\frac{(2x+1)^2}{2}$$

$$\left(\text{或}\lim_{n\to\infty}\left|\frac{u_{n+1}(x)}{a_n(x)}\right|=\lim_{n\to\infty}\left|\frac{(2x+1)^{2(n+1)+1}}{2^{n+1}}\cdot\frac{2^n}{(2x+1)^{2n+1}}\right|=\frac{(2x+1)^2}{2}\right),$$

令$\frac{(2x+1)^2}{2}<1$，解得$\left|x+\frac{1}{2}\right|<\frac{\sqrt{2}}{2}$，故幂级数$\sum_{n=0}^{\infty}\frac{(2x+1)^{2n+1}}{2^n}$的收敛半径为$R=\frac{\sqrt{2}}{2}$.

必须指出：以上方法对求更一般的函数项级数的收敛区间也是适用的，值得提倡.

2. 关于幂级数的收敛区间与收敛域 根据阿贝尔定理，幂级数的收敛域是一个区间，而一般函数项级数的收敛域未必是一个区间.

例如，若$u_n(x)=\begin{cases}1, x\text{为有理数}\\0, x\text{为无理数}\end{cases}$，则显然函数项级数$\sum_{n=1}^{\infty}u_n(x)$的收敛域为有理数集$\mathbf{Q}$，而不是一个区间.

若幂级数$\sum_{n=0}^{\infty}a_n x^n$的收敛半径为$R$，则开区间$(-R,R)$称为$\sum_{n=0}^{\infty}a_n x^n$的收敛区间，再加上幂级数$\sum_{n=0}^{\infty}a_n x^n$在$x=\pm R$处的收敛性得到如下四个区间之一：$(-R,R),[-R,R),(-R,R]$或$[-R,R]$，称为$\sum_{n=0}^{\infty}a_n x^n$的收敛域. 因此，幂级数的收敛区间和收敛域仅仅在区间端点处有区别.

例如，幂级数$\sum_{n=0}^{\infty}\frac{x^n}{n+1}$的收敛区间为$(-1,1)$，收敛域为$[-1,1)$.

3. 关于幂级数的和函数的逐项求导性 幂级数$\sum_{n=0}^{\infty}a_n x^n$的和函数$s(x)$在其收敛区间$(-R,R)$

内可导，且可逐项求导，即

$$s'(x)=(\sum_{n=0}^{\infty}a_nx^n)'=\sum_{n=0}^{\infty}(a_nx^n)'=\sum_{n=1}^{\infty}na_nx^{n-1}\text{，}\quad x\in(-R,R).$$

注意：以上性质对所有的幂级数都适用.

我们知道，可导函数的代数和等于导数的代数和. 但在一般情况下，这个性质只能推广到有限多个可导函数的情形；而对于无穷多个可导函数而言，该性质未必成立. 幂级数和函数的逐项求导性说明，以上结论可以推广到无穷多个幂函数代数和的情形.

其次，上式还说明导函数 $s'(x)$ 是求导后得到的幂级数 $\sum_{n=1}^{\infty}na_nx^{n-1}$ 的和函数，因此还可以再求 $s'(x)$ 的导数，即

$$s''(x)=\left(\sum_{n=1}^{\infty}na_nx^{n-1}\right)'=\sum_{n=1}^{\infty}(na_nx^{n-1})'=\sum_{n=2}^{\infty}n(n-1)a_nx^{n-2},\quad x\in(-R,R).$$

在此基础上，还可以求 $s(x)$ 的三阶导数、四阶导数，等等. 可见 $s(x)$ 在幂级数收敛区间 $(-R,R)$ 内是无穷阶可导的.

最后，还必须指出，尽管求导不会改变幂级数的收敛区间 $(-R,R)$，但可能改变幂级数在收敛区间端点 $x=\pm R$ 的收敛性. 确切地说，若幂级数 $\sum_{n=0}^{\infty}a_nx^n$ 在收敛区间 $(-R,R)$ 的端点 $x=R$ 或 $x=-R$ 处收敛，即其收敛域为 $(-R,R]$ 或 $[-R,R)$ 或 $[-R,R]$，那么各项求导后得到的幂级数 $\sum_{n=1}^{\infty}na_nx^{n-1}$ 在 $x=R$ 或 $x=-R$ 处可能发散，也就是收敛域在端点处可能缩小.

例如，幂级数 $\sum_{n=1}^{\infty}\frac{1}{n}x^n$ 的收敛区域为 $[-1,1)$，而求导后的幂级数 $\sum_{n=1}^{\infty}x^{n-1}=\sum_{n=0}^{\infty}x^n$ 的收敛区域为 $(-1,1)$.

4. 关于幂级数的和函数的逐项求积性　幂级数 $\sum_{n=0}^{\infty}a_nx^n$ 的和函数 $s(x)$ 在其收敛区间 $(-R,R)$ 内可积，且可逐项求积，即

$$\int_0^x s(x)\mathrm{d}x=\int_0^x(\sum_{n=0}^{\infty}a_nx^n)\mathrm{d}x=\sum_{n=0}^{\infty}\int_0^x a_nx^n\mathrm{d}x=\sum_{n=0}^{\infty}\frac{1}{n+1}a_nx^{n+1}\text{，}\quad x\in(-R,R).$$

注意：以上性质对所有的幂级数都适用.

幂级数和函数的逐项求积性说明，当所有的函数都是幂函数时，无穷多个函数代数和的积分等于各个函数积分的代数和，即可积函数的线性性质可以推广到无穷多个幂函数的情形.

其次，上式还说明上限函数 $\int_0^x s(x)\mathrm{d}x$ 是求积后得到的幂级数 $\sum_{n=0}^{\infty}\frac{1}{n+1}a_nx^{n+1}$ 的和函数，因此还可以求 $\int_0^x s(x)\mathrm{d}x$ 的积分，即

$$\begin{aligned}\int_0^x(\int_0^x s(x)\mathrm{d}x)\mathrm{d}x&=\int_0^x\left(\sum_{n=0}^{\infty}\frac{1}{n+1}a_nx^{n+1}\right)\mathrm{d}x=\sum_{n=0}^{\infty}\int_0^x\frac{1}{n+1}a_nx^{n+1}\mathrm{d}x\\&=\sum_{n=0}^{\infty}\frac{1}{(n+1)(n+2)}a_nx^{n+2},\quad x\in(-R,R),\end{aligned}$$

在此基础上，还可以再求 $\int_0^x\left(\int_0^x s(x)\mathrm{d}x\right)\mathrm{d}x$ 的积分，等等.

最后，还必须指出，尽管求积不会改变幂级数的收敛区间 $(-R,R)$ ，但可能改变幂级数在收敛区间端点 $x=\pm R$ 的敛散性. 确切地说，若幂级数 $\sum\limits_{n=0}^{\infty}a_n x^n$ 在收敛区间 $(-R,R)$ 的端点 $x=R$ 或 $x=-R$ 发散，即其收敛域为 $(-R,R]$ 或 $[-R,R)$ 或 $(-R,R)$ ，那么各项求积后得到的幂级数 $\sum\limits_{n=0}^{\infty}\frac{1}{n+1}a_n x^{n+1}$ 在 $x=R$ 或 $x=-R$ 处可能收敛，也就是收敛域在端点处可能扩大.

例如，幂级数 $\sum\limits_{n=0}^{\infty}(-1)^n x^{2n}$ 的收敛域为 $(-1,1)$ ，而求积后的幂级数 $\sum\limits_{n=0}^{\infty}(-1)^n\frac{1}{2n+1}x^{2n+1}$ 的收敛域为 $[-1,1]$.

5. **关于函数的泰勒级数** 任意阶可导函数 $f(x)$ 的形如 $\sum\limits_{n=0}^{\infty}\frac{f^{(n)}(x_0)}{n!}(x-x_0)^n$ 的幂级数称为 $f(x)$ 在 x_0 处的泰勒级数. 特别地，当 $x_0=0$ 时，相应的幂级数 $\sum\limits_{n=0}^{\infty}\frac{f^{(n)}(0)}{n!}x^n$ 称为 $f(x)$ 的麦克劳林级数.

因此，给定一个函数 $f(x)$ ，只要 $f(x)$ 在 x_0 处任意阶可导，就可以得到其泰勒级数 $\sum\limits_{n=0}^{\infty}\frac{f^{(n)}(x_0)}{n!}(x-x_0)^n$ ，但这个级数未必收敛于 $f(x)$. 这是因为：

首先，泰勒级数 $\sum\limits_{n=0}^{\infty}\frac{f^{(n)}(x_0)}{n!}(x-x_0)^n$ 的收敛域未必就是函数 $f(x)$ 的定义域 D_f . 在一般情况下，泰勒级数的收敛域是包含 x_0 的一个区间 $<x_0-R,x_0+R>$ ，其中 R 是泰勒级数的收敛半径，尖括号"<"和">"表示这个区间可能包含区间的端点，而 $f(x)$ 的定义域 D_f 未必是一个区间. 但不管如何，总有 $<x_0-R,x_0+R>\subset D_f$ ，因此函数 $f(x)$ 泰勒级数 $\sum\limits_{n=0}^{\infty}\frac{f^{(n)}(x_0)}{n!}(x-x_0)^n$ 的收敛域是包含于函数定义域 D_f 内的一个子区间.

例如，函数 $f(x)=\frac{1}{2-x}$ 的定义域为 $D_f=(-\infty,2)\cup(2,+\infty)$ ，它的麦克劳林级数 $\sum\limits_{n=0}^{\infty}\frac{1}{2^{n+1}}x^n$ 的收敛域为 $(-2,2)$ ，它在 $x_0=1$ 处的泰勒级数 $\sum\limits_{n=0}^{\infty}(x-1)^n$ 的收敛域是 $(-2,0)$. 显然，这两个级数的收敛域都是函数定义域的一个子区间，且远比函数的定义域范围小.

其次，更进一步地，即使在泰勒级数 $\sum\limits_{n=0}^{\infty}\frac{f^{(n)}(x_0)}{n!}(x-x_0)^n$ 的收敛域内，该级数的和函数 $s(x)$ 也未必就是 $f(x)$.

例如，可以验证函数 $f(x)=\begin{cases}\mathrm{e}^{-\frac{1}{x^2}}, x\neq 0\\ 0, \quad x=0\end{cases}$ 在 $x=0$ 处任意阶可导，且 $f^{(n)}(0)=0\ (n=0,1,2,\cdots)$ ，因此 $f(x)$ 的麦克劳林级数为 $\sum\limits_{n=0}^{\infty}\frac{f^{(n)}(0)}{n!}x^n=\sum\limits_{n=0}^{\infty}0\cdot x^n$ ，该级数在 $(-\infty,+\infty)$ 收敛，其和函数

$s(x)=\sum\limits_{n=0}^{\infty}0\cdot x^n\equiv 0$．可见除 $x=0$ 处外，$f(x)$ 的麦克劳林级数的和函数 $s(x)$ 都不等于 $f(x)$．即 $f(x)$ 的麦克劳林级数处处收敛，但除零点外处处不收敛于 $f(x)$．

最后，就是函数 $f(x)$ 的泰勒级数 $\sum\limits_{n=0}^{\infty}\dfrac{f^{(n)}(x_0)}{n!}(x-x_0)^n$ 在 x_0 的某邻域 $U(x_0)$ 内何时收敛于 $f(x)$ 的问题．教材中给出函数 $f(x)$ 的泰勒级数收敛于 $f(x)$ 的一个充要条件：即若函数 $f(x)$ 在 x_0 的某邻域 $U(x_0)$ 内具有任意阶导数，则

$$f(x)=\sum_{n=0}^{\infty}\frac{f^{(n)}(x_0)}{n!}(x-x_0)^n,x\in U(x_0)\Leftrightarrow \lim_{n\to\infty}R_n(x)=0,\quad x\in U(x_0),$$

其中 $R_n(x)=\dfrac{f^{(n+1)}(\xi)}{(n+1)!}(x-x_0)^{n+1}$ 是泰勒公式中的余项．

可以验证，函数 $f(x)=\begin{cases}e^{-\frac{1}{x^2}}, x\neq 0\\ 0,\quad x=0\end{cases}$ 在 0 的某邻域 $U(0)$ 内具有任意阶导数，但其麦克劳林级数 $\sum\limits_{n=0}^{\infty}\dfrac{f^{(n)}(0)}{n!}x^n=\sum\limits_{n=0}^{\infty}0\cdot x^n$ 不满足条件 $\lim\limits_{n\to\infty}R_n(x)=0,x\in U(x_0)$，因此 $f(x)$ 在 0 的任何邻域 $U(0)$ 内都不收敛于 $f(x)$．

四、例题分析

例 1　若级数 $\sum\limits_{n=0}^{\infty}a_n(x-2)^n$ 在 $x=-2$ 处收敛，判断该级数在 $x=5$ 处的敛散性．

分析　这类问题通常用阿贝尔定理来判断．

解　设该级数的收敛半径为 R，由 $\sum\limits_{n=0}^{\infty}a_n(x-2)^n$ 在 $x=-2$ 处收敛，则当 x 满足

$$-R+2<-2\leqslant x<R+2$$

时，级数绝对收敛．由 $-R+2<-2$ 可得 $R>4$，于是 $R+2>6$，可见 $x=5$ 适合以上条件，因此级数 $\sum\limits_{n=0}^{\infty}a_n(x-2)^n$ 在 $x=5$ 处绝对收敛．

思考　（i）能否判断级数 $\sum\limits_{n=0}^{\infty}a_n(x-2)^n$ 在 $x=6$ 的敛散性？（ii）能否判断级数 $\sum\limits_{n=0}^{\infty}a_n(x-2)^n$ 在 $[-2,6)$ 内收敛？若能，是绝对收敛吗？

例 2　求下列幂级数 $\sum\limits_{n=1}^{\infty}\dfrac{(-1)^n}{(2n-1)!!}x^n$ 的收敛半径及收敛域．

分析　此题均是幂级数 $\sum\limits_{n=0}^{\infty}a_nx^n$ 的标准形式，可直接用公式 $R=\dfrac{1}{\rho}$ 求解．通项系数是 $(-1)^n$ 与双阶乘的商，宜采用比值法求 ρ．

解（i）这里 $a_n=\dfrac{(-1)^n}{(2n-1)!!}$，于是

$$\rho=\lim_{n\to\infty}\left|\frac{a_{n+1}}{a_n}\right|=\lim_{n\to\infty}\frac{1\cdot3\cdot5\cdot\cdots\cdot(2n-1)}{1\cdot3\cdot5\cdot\cdots\cdot(2n-1)(2n+1)}=\lim_{n\to\infty}\frac{1}{2n+1}=0,$$

因此幂级数$\sum_{n=1}^{\infty}\frac{(-1)^n}{(2n-1)!!}x^n$的收敛半径$R=\frac{1}{\rho}=+\infty$，收敛域为$(-\infty,+\infty)$.

思考 （i）若幂级数为$\sum_{n=1}^{\infty}\frac{(-1)^n}{(2n+1)!!}x^n$或$\sum_{n=1}^{\infty}\frac{(-1)^{\frac{n(n-1)}{2}}}{(2n-1)!!}x^n$，结果如何？$\sum_{n=1}^{\infty}\frac{(2n)!}{(2n-1)!!}x^n$呢？（ii）若欲使幂级数$\sum_{n=1}^{\infty}\frac{(kn)!}{(2n-1)!!}x^n\ (k\in\mathbf{N})$的收敛半径为2，求$k$.

例 3 求幂级数$\sum_{n=2}^{\infty}\frac{(n!)^2}{(n-1)(n+1)}x^n$的收敛半径及收敛域.

分析 此题也是幂级数$\sum_{n=0}^{\infty}a_nx^n$的标准形式，可直接用公式$R=\frac{1}{\rho}$求解. 由于通项系数由阶乘和两个一次因式构成，宜采用比值法求ρ.

解 这里$a_n=\frac{(n!)^2}{(n-1)(n+1)}>0$，于是

$$\rho=\lim_{n\to\infty}\frac{a_{n+1}}{a_n}=\lim_{n\to\infty}\frac{[(n+1)!]^2}{n(n+2)}\cdot\frac{(n-1)(n+1)}{(n!)^2}=\lim_{n\to\infty}\frac{(n-1)(n+1)^3}{n(n+2)}=+\infty,$$

因此幂级数$\sum_{n=2}^{\infty}\frac{(n!)^2}{(n-1)(n+1)}x^n$的收敛半径$R=\frac{1}{\rho}=0$，即该级数仅在$x=0$收敛.

思考 （i）若幂级数为$\sum_{n=2}^{\infty}\frac{n!}{(n-1)(n+1)}x^n$或$\sum_{n=2}^{\infty}\frac{(n!)^2}{(n-1)!(n+1)!}x^n$，结果如何？（ii）若欲使幂级数$\sum_{n=2}^{\infty}\frac{(n!)^\alpha}{(n-1)(n+1)}x^n\ (\alpha\in\mathbf{R})$的收敛半径为$R>0$，求$\alpha$.

例 4 求幂级数$\sum_{n=1}^{\infty}\frac{n}{2^{2n+(-1)^n}}x^n$的收敛半径及收敛域.

分析 此题也是幂级数$\sum_{n=0}^{\infty}a_nx^n$的标准形式，可直接用公式$R=\frac{1}{\rho}$求解. 尽管通项系数是$n$与2的指数之商，但由于2的幂$2n+(-1)^n$是奇、偶有别的，故宜采用根值法求$\rho$.

解 这里$a_n=\frac{n}{2^{2n+(-1)^n}}>0$，于是

$$\rho=\lim_{n\to\infty}\sqrt[n]{a_n}=\lim_{n\to\infty}\sqrt[n]{\frac{n}{2^{2n+(-1)^n}}}=\lim_{n\to\infty}\frac{\sqrt[n]{n}}{2^{\frac{2n+(-1)^n}{n}}}=\frac{1}{2^2}=\frac{1}{4},$$

因此幂级数$\sum_{n=1}^{\infty}\frac{n}{2^{2n+(-1)^n}}x^n$的收敛半径$R=\frac{1}{\rho}=4$.

又当$x=\pm4$时，相应的级数分别为$\sum_{n=1}^{\infty}\frac{n}{2^{2n+(-1)^n}}(\pm4)^n$，两级数通项的绝对值均为

$\frac{n}{2^{2n+(-1)^n}}\cdot 4^n \to \infty\ (n\to\infty)$，故由级数收敛的必要条件易知，两级数均发散.

因此，级数$\sum_{n=1}^{\infty}\frac{n}{2^{2n+(-1)^n}}x^n$的收敛域为$(-4,4)$.

思考　（i）若幂级数为$\sum_{n=1}^{\infty}(-1)^n\frac{n}{2^{2n+(-1)^n}}x^n$或$\sum_{n=1}^{\infty}\frac{1}{n\cdot 2^{2n+(-1)^n}}x^n$，结果如何？$\sum_{n=1}^{\infty}\frac{(-1)^n}{n\cdot 2^{2n+(-1)^n}}x^n$呢？（ii）能否用比值法求以上各题的收敛半径？为什么？

例5　求幂级数$\sum_{n=1}^{\infty}\frac{(-1)^{n-1}}{3^n+(-2)^n}x^n$的收敛半径及收敛域.

分析　此题也是幂级数$\sum_{n=0}^{\infty}a_nx^n$的标准形式，可直接用公式$R=\frac{1}{\rho}$求解. 用比值法和根值法求$\rho$均可.

解法1　比值法　这里$a_n=\frac{(-1)^{n-1}}{3^n+(-2)^n}$，于是

$$\rho=\lim_{n\to\infty}\left|\frac{a_{n+1}}{a_n}\right|=\lim_{n\to\infty}\frac{3^n+(-2)^n}{3^{n+1}+(-2)^{n+1}}=\frac{1}{3}\lim_{n\to\infty}\frac{1+\left(-\frac{2}{3}\right)^n}{1+\left(-\frac{2}{3}\right)^{n+1}}=\frac{1}{3},$$

因此幂级数$\sum_{n=1}^{\infty}\frac{(-1)^{n-1}}{3^n+(-2)^n}x^n$的收敛半径$R=\frac{1}{\rho}=3$.

又当$x=\pm 3$时，相应的级数分别为$\sum_{n=1}^{\infty}(-1)^{n-1}\frac{3^n}{3^n+(-2)^n}$，$-\sum_{n=1}^{\infty}\frac{3^n}{3^n+(-2)^n}$，两级数通项的绝对值均为$\frac{3^n}{3^n+(-2)^n}\to 1\ (n\to\infty)$，故由级数收敛的必要条件知两级数均发散.

因此，级数$\sum_{n=1}^{\infty}\frac{(-1)^{n-1}}{3^n+(-2)^n}x^n$的收敛域为$(-3,3)$.

思考（i）若幂级数为$\sum_{n=1}^{\infty}\frac{(-2)^{n-1}}{3^n+(-2)^n}x^n$或$\sum_{n=1}^{\infty}\frac{(-1)^{n-1}}{(-3)^n+2^n}x^n$，结果如何？$\sum_{n=1}^{\infty}\frac{(-2)^{n-1}}{(-3)^n+2^n}x^n$呢？（ii）欲使幂级数$\sum_{n=1}^{\infty}\frac{a^n}{3^n+(-2)^n}x^n$的收敛半径$R=1$，求$a$的值.

解法2　根值法　这里$a_n=\frac{(-1)^{n-1}}{3^n+(-2)^n}$，于是

$$\rho=\lim_{n\to\infty}\sqrt[n]{|a_n|}=\lim_{n\to\infty}\sqrt[n]{\left|\frac{(-1)^{n-1}}{3^n+(-2)^n}\right|}=\frac{1}{3}\lim_{n\to\infty}\frac{1}{\sqrt[n]{1+\left(-\frac{2}{3}\right)^n}}=\frac{1}{3},$$

因此幂级数$\sum_{n=1}^{\infty}\frac{(-1)^{n-1}}{3^n+(-2)^n}x^n$的收敛半径$R=\frac{1}{\rho}=3$.

收敛域求解与解法 1 相同.

思考 （i）若幂级数为$\sum\limits_{n=1}^{\infty}\dfrac{(-1)^{n-1}}{3^n+(-2)^{n+(-1)^n}}x^n$，结果如何？能否用比值法求其收敛半径？$\sum\limits_{n=1}^{\infty}\dfrac{(-1)^{n-1}}{2^n+(-3)^{n+(-1)^n}}x^n$呢？（ii）若幂级数$\sum\limits_{n=1}^{\infty}\dfrac{(-1)^{n-1}}{3^n+b^n}x^n$的收敛半径$R=3$，求参数$b$的取值范围.

例 6 求级数$\sum\limits_{n=1}^{\infty}\dfrac{1}{3n+1}(2x+1)^n$的收敛域.

分析 此题不是标准的幂级数$\sum\limits_{n=0}^{\infty}a_nx^n$的形式，但通过变量替换$z=2x+1$可将其转化成标准的幂级数$\sum\limits_{n=0}^{\infty}a_nz^n$的形式，从而由$\sum\limits_{n=0}^{\infty}a_nz^n$的收敛域求出该幂级数的收敛域.

解 令$z=2x+1$，则原级数化为$\sum\limits_{n=1}^{\infty}\dfrac{1}{3n+1}z^n$，现用比值法求该幂级数的收敛半径. 因为

$$\rho=\lim_{n\to\infty}\frac{a_{n+1}}{a_n}=\lim_{n\to\infty}\frac{3n+1}{3(n+1)+1}=\lim_{n\to\infty}\frac{3n+1}{3n+4}=1,$$

所以$\sum\limits_{n=1}^{\infty}\dfrac{1}{3n+1}z^n$的收敛半径$R=1$.

而当$z=1$时，级数$\sum\limits_{n=1}^{\infty}\dfrac{1}{3n+1}$发散；当$z=-1$时，级数$\sum\limits_{n=1}^{\infty}\dfrac{(-1)^n}{3n+1}$收敛，故其收敛域为$-1\leqslant z<1$.

由$-1\leqslant 2x+1<1$解得$-1\leqslant x<0$，所以级数$\sum\limits_{n=1}^{\infty}\dfrac{1}{3n+1}(2x+1)^n$的收敛域为$[-1,0)$.

思考 若幂级数为$\sum\limits_{n=1}^{\infty}\dfrac{(-1)^{n-1}}{3n+1}(2x+1)^n$或$\sum\limits_{n=1}^{\infty}\dfrac{(-1)^{n-1}}{3n+1}(2x-1)^n$或$\sum\limits_{n=1}^{\infty}\dfrac{1}{3n-1}(2x+1)^n$，结果如何？$\sum\limits_{n=1}^{\infty}\dfrac{1}{3n+1}(ax+b)^n\ (a\neq 0)$呢？

例 7 求级数$\sum\limits_{n=1}^{\infty}\dfrac{(-1)^n}{n\cdot 4^n}x^{2n-1}$的收敛域.

分析 此题均不是标准的幂级数$\sum\limits_{n=0}^{\infty}a_nx^n$的形式，用变量替换也不易将其转化成标准的幂级数形式. 为此，把它视为带参变量的x数项级数，从而直接用常数项级数的比值法和根值法求解.

解法 1 比值法 因为

$$\lim_{n\to\infty}\left|\frac{u_{n+1}(x)}{u_n(x)}\right|=\lim_{n\to\infty}\left|\frac{(-1)^{n+1}x^{2n+1}}{(n+1)\cdot 4^{n+1}}\cdot\frac{n\cdot 4^n}{(-1)^n x^{2n-1}}\right|=\frac{1}{4}x^2\lim_{n\to\infty}\frac{n}{n+1}=\frac{1}{4}x^2,$$

故当$\dfrac{1}{4}x^2<1$，即$|x|<2$时，幂级数$\sum\limits_{n=1}^{\infty}\dfrac{(-1)^n}{n\cdot 4^n}x^{2n-1}$绝对收敛；

当$|x|>2$时，幂级数$\sum\limits_{n=1}^{\infty}\dfrac{(-1)^n}{n\cdot 4^n}x^{2n-1}$发散；

当 $x=\pm2$ 时，原幂级数为 $\pm\sum\limits_{n=1}^{\infty}\frac{(-1)^n}{2n}$，由莱布尼兹定理可知，级数收敛.

因此，幂级数的收敛域为 $[-2,2]$.

思考 1 若幂级数为 $\sum\limits_{n=1}^{\infty}\frac{(-1)^n}{n\cdot 4^n}x^{2n+1}$ 或 $\sum\limits_{n=1}^{\infty}\frac{(-1)^n}{n\cdot 4^n}x^{3n+1}$ 或 $\sum\limits_{n=1}^{\infty}\frac{(-1)^n}{n\cdot 3^n}x^{2n-1}$，结果如何？$\sum\limits_{n=1}^{\infty}\frac{(-1)^n}{n\cdot a^n}x^{2n-1}$ $(a\neq 0)$ 呢?

解法 2 根值法 因为

$$\lim_{n\to\infty}\sqrt[n]{|u_n(x)|}=\lim_{n\to\infty}\sqrt[n]{\left|\frac{(-1)^n}{n\cdot 4^n}x^{2n-1}\right|}=\frac{1}{4}\lim_{n\to\infty}\frac{x^{2-\frac{1}{n}}}{\sqrt[n]{n}}=\frac{1}{4}x^2,$$

因此，当 $\frac{1}{4}x^2<1$，即 $|x|<2$ 时，幂级数 $\sum\limits_{n=1}^{\infty}\frac{(-1)^n}{n\cdot 4^n}x^{2n-1}$ 绝对收敛;

当 $|x|>2$ 时，幂级数 $\sum\limits_{n=1}^{\infty}\frac{(-1)^n}{n\cdot 4^n}x^{2n-1}$ 发散;

当 $x=\pm2$ 时，原幂级数为 $\pm\sum\limits_{n=1}^{\infty}\frac{(-1)^n}{2n}$，由莱布尼兹定理可知，级数收敛.

因此，幂级数的收敛域为 $[-2,2]$.

思考 (i)用根值法求解思考 1 中的问题;(ii)若幂级数为 $\sum\limits_{n=1}^{\infty}\frac{(-1)^n}{n\cdot 4^{n+(-1)^n}}x^{2n+1}$ 或 $\sum\limits_{n=1}^{\infty}\frac{(-1)^n}{n\cdot 4^{n+(-1)^n}}x^{3n+1}$ 或 $\sum\limits_{n=1}^{\infty}\frac{(-1)^n}{n\cdot 3^{n+(-1)^n}}x^{2n-1}$，结果如何？$\sum\limits_{n=1}^{\infty}\frac{(-1)^n}{n\cdot a^{n+(-1)^n}}x^{2n-1}$ $(a\neq 0)$ 呢?

例 8 求函数项级数 $\sum\limits_{n=1}^{\infty}\frac{1}{3n-1}\left(\frac{x-3}{x}\right)^n$ 的收敛域.

分析 此级数是一般项的函数项级数，通过适当的变量替换可以将其化成标准的幂级数 $\sum\limits_{n=0}^{\infty}a_nx^n$ 的形式来求解.

解 令 $z=\frac{x-3}{x}$，则原级数化为 $\sum\limits_{n=1}^{\infty}\frac{1}{3n-1}z^n$. 该级数的收敛半径

$$R=\frac{1}{\rho}=\lim_{n\to\infty}\left|\frac{a_n}{a_{n+1}}\right|=\lim_{n\to\infty}\frac{3(n+1)-1}{3n-1}=1,$$

且当 $z=1$ 时，级数 $\sum\limits_{n=1}^{\infty}\frac{1}{3n-1}$，发散；当 $z=-1$ 时，交错级数 $\sum\limits_{n=1}^{\infty}\frac{(-1)^n}{3n-1}$ 收敛.

因此级数 $\sum\limits_{n=1}^{\infty}\frac{1}{3n-1}z^n$ 的收敛域为 $[-1,1)$. 故由 $-1\leqslant z<1$，即 $-1\leqslant\frac{x-3}{x}<1$ 解得 $x\geqslant\frac{3}{2}$，于是原级数的收敛域为 $\left[\frac{3}{2},+\infty\right)$.

思考　（i）若函数项级数为 $\sum_{n=1}^{\infty}\frac{1}{3n+1}\left(\frac{x-3}{x}\right)^n$ 或 $\sum_{n=1}^{\infty}\frac{1}{3n+1}\left(\frac{x}{x-3}\right)^n$，结果如何？$\sum_{n=1}^{\infty}\frac{1}{an+b}\left(\frac{x-3}{x}\right)^n$ $(a\neq 0)$ 或 $\sum_{n=1}^{\infty}\frac{1}{an+b}\left(\frac{x}{x-3}\right)^n$ $(a\neq 0)$ 呢？（ii）把以上级数视为带参变量的 x 数项级数，直接用常数项级数的比值法和根值法求解以上各题.

例 9　求函数项级数 $\sum_{n=1}^{\infty}\frac{n^2+4}{x^{n^2}}$ 的收敛域.

分析　此题也是一般项的函数项级数，也可以将其视为带参变量的 x 数项级数，直接用常数项级数的比值法或根值法求解.

解　**比值法**　因为

$$\lim_{n\to\infty}\left|\frac{u_{n+1}(x)}{u_n(x)}\right|=\lim_{n\to\infty}\left|\frac{(n+1)^2+4}{x^{(n+1)^2}}\cdot\frac{x^{n^2}}{n^2+4}\right|=\lim_{n\to\infty}\frac{n^2+2n+5}{n^2+4}\cdot\frac{1}{|x|^{2n+1}}$$

$$=\lim_{n\to\infty}\frac{1}{|x|^{2n+1}}=\begin{cases}0, & |x|>1\\ 1, & |x|=1\\ +\infty, & |x|<1\end{cases},$$

故当 $|x|>1$，级数 $\sum_{n=1}^{\infty}\frac{n^2+4}{x^{n^2}}$ 绝对收敛，当 $|x|<1$，级数 $\sum_{n=1}^{\infty}\frac{n^2+4}{x^{n^2}}$ 发散.

而当 $|x|=1$ 时，原级数为 $\sum_{n=1}^{\infty}(\pm1)^n(n^2+4)$，其级数的通项 $u_n=(\pm1)^n(n^2+4)\to\infty\ (n\to\infty)$，故由级数收敛的必要条件知，级数 $\sum_{n=1}^{\infty}(\pm1)^n(n^2+4)$ 发散.

因此，级数 $\sum_{n=1}^{\infty}\frac{n^2+4}{x^{n^2}}$ 的收敛域为 $(-\infty,-1)\cup(1,+\infty)$.

思考　（i）若函数项级数为 $\sum_{n=1}^{\infty}\frac{n^2-4}{x^{n^2}}$ 或 $\sum_{n=1}^{\infty}\frac{n^2+4}{x^{n^3}}$，结果如何？（ii）是否宜用根值法求解以上各题题？为什么？

例 10　求幂级数 $1+\frac{x^5}{5}+\frac{x^9}{9}+\cdots+\frac{x^{4n+1}}{4n+1}+\cdots$ 的和函数.

分析　通项系数是 n 的一次多项式 $4n+1$ 的倒数，通常可利用幂级数和函数的逐项求导的性质将分母消除，从而利用一些已知函数的幂级数展开式求和，再通过定积分求出其和函数. 注意：幂级数求导后可能会丢失收敛区间端点的收敛性，因此当求导之后的幂级数在收敛区间端点发散时，应另外判断原级数在这样的点是否收敛.

解　令

$$s(x)=1+\frac{x^5}{5}+\frac{x^9}{9}+\cdots+\frac{x^{4n+1}}{4n+1}+\cdots=1+\sum_{n=1}^{\infty}\frac{x^{4n+1}}{4n+1}=1+s_1(x),$$

则 $s_1(0)=0$.

对 $s_1(x)$ 求导，得

$$s_1'(x)=\left(\sum_{n=1}^{\infty}\frac{x^{4n+1}}{4n+1}\right)'=\sum_{n=1}^{\infty}\left(\frac{x^{4n+1}}{4n+1}\right)'=\sum_{n=1}^{\infty}x^{4n}=\frac{x^4}{1-x^4},$$

其中由几何级数的收敛性知 $x^4<1$，解得 $-1<x<1$.

将上式两边同时积分，得

$$\int_0^x s_1'(x)\mathrm{d}x=\int_0^x\frac{x^4}{1-x^4}\mathrm{d}x,$$

于是

$$s_1(x)-s_1(0)=\int_0^x\left[-1+\frac{1}{2(1+x^2)}+\frac{1}{4(1+x)}+\frac{1}{4(1-x)}\right]\mathrm{d}x,$$

即

$$s_1(x)=\frac{1}{2}\arctan x+\frac{1}{4}\ln\frac{1+x}{1-x}-x,\ |x|<1,$$

又显然，当 $x=\pm1$ 时，原级数分别为 $1\pm\frac{1}{5}\pm\frac{1}{9}\pm\cdots\pm\frac{1}{4n+1}\pm\cdots$，均发散，所以

$$s(x)=1+s_1(x)=\frac{1}{2}\arctan x+\frac{1}{4}\ln\frac{1+x}{1-x}-x,\quad |x|<1.$$

思考　（i）用以上方法求幂级数 $x+\frac{x^5}{5}+\frac{x^9}{9}+\cdots+\frac{x^{4n+1}}{4n+1}+\cdots$ 的和函数；（ii）直接用本题结果求该幂级数的和函数.

例 11　求幂级数 $\sum_{n=1}^{\infty}\frac{(2x-3)^n}{n\cdot3^n}$ 的和函数.

分析　若该级数的通项改写成 $u_n(x)=\frac{1}{n}\left(\frac{2x-3}{3}\right)^n$，则此级数就可以看成是分母为 n 的一次多项式的幂级数，从而利用上题的方法求解.

解　令 $s(x)=\sum_{n=1}^{\infty}\frac{(2x-3)^n}{n\cdot3^n}$，则 $s\left(\frac{3}{2}\right)=0$. 而

$$\begin{aligned}s'(x)&=\left[\sum_{n=1}^{\infty}\frac{(2x-3)^n}{n\cdot3^n}\right]'=\sum_{n=1}^{\infty}\left[\frac{(2x-3)^n}{n\cdot3^n}\right]'=2\sum_{n=1}^{\infty}\frac{(2x-3)^{n-1}}{3^n}=\frac{2}{3}\sum_{n=1}^{\infty}\left(\frac{2x-3}{3}\right)^{n-1}\\&=\frac{2}{3}\cdot\frac{1}{1-\frac{2x-3}{3}}=\frac{2}{3-(2x-3)}=\frac{1}{3-x},\end{aligned}$$

其中由几何级数的收敛性知，$\left|\frac{2x-3}{3}\right|<1$，解得 $0<x<3$. 将上式两边积分得

$$\int_{\frac{3}{2}}^{x}s'(x)\mathrm{d}x=\int_{\frac{3}{2}}^{x}\frac{1}{3-x}\mathrm{d}x,$$

即

$$s(x)=\ln\frac{3}{2}-\ln(3-x),\quad 0<x<3.$$

又显然，当 $x=0$ 时，原级数为 $\sum_{n=1}^{\infty}\frac{(-1)^n}{n}$，收敛；当 $x=3$ 时，原级数为 $\sum_{n=1}^{\infty}\frac{1}{n}$，发散.

所以
$$s(x)=\ln\frac{3}{2}-\ln(3-x)\text{，}\quad 0\leqslant x<3\text{.}$$

思考 （i）若级数为$\sum_{n=1}^{\infty}\frac{(2x+3)^n}{n\cdot 3^n}$或$\sum_{n=1}^{\infty}\frac{(2x-3)^n}{n\cdot 2^n}$，结果如何？$\sum_{n=1}^{\infty}\frac{(2x+3)^n}{n\cdot 2^n}$呢？（ii）若级数为$\sum_{n=0}^{\infty}\frac{(2x-3)^n}{(n+1)\cdot 3^n}$或$\sum_{n=0}^{\infty}\frac{(2x-3)^n}{(n+1)\cdot 2^n}$，结果又如何？

例 12 求幂级数$\sum_{n=1}^{\infty}(2n+1)x^n$的和函数.

分析 对于通项系数为n的一次多项式的幂级数，通常可以利用拆项将其分成几个幂级数的和，而其中每个幂级数又是某个几何级数的导数，从而利用几何级数的和函数和导数求出其和函数.

解 令$s(x)=\sum_{n=1}^{\infty}(2n+1)x^n$，则

$$\begin{aligned}s(x)&=\sum_{n=1}^{\infty}[(n+1)+n]x^n=\sum_{n=1}^{\infty}(n+1)x^n+\sum_{n=1}^{\infty}nx^n=\sum_{n=1}^{\infty}(n+1)x^n+x\sum_{n=1}^{\infty}nx^{n-1}\\&=\sum_{n=1}^{\infty}(x^{n+1})'+x\sum_{n=1}^{\infty}(x^n)'=\left(\sum_{n=1}^{\infty}x^{n+1}\right)'+x\left(\sum_{n=1}^{\infty}x^n\right)'=\left(\frac{x^2}{1-x}\right)'+x\cdot\left(\frac{x}{1-x}\right)'\\&=\frac{2x-x^2}{(1-x)^2}+x\cdot\frac{1}{(1-x)^2}=\frac{3x-x^2}{(1-x)^2},\end{aligned}$$

其中由几何级数的收敛性知，$|x|<1$. 由于求导不会扩大所得级数在收敛区间端点处的收敛性，因此原级数的收敛域亦为$-1<x<1$. 故级数的和函数为

$$s(x)=\frac{3x-x^2}{(1-x)^2}\quad(-1<x<1)\text{.}$$

思考 （i）若级数为$\sum_{n=1}^{\infty}(3n-2)x^n$，结果如何？$\sum_{n=1}^{\infty}(an+b)x^n$呢？（ii）用两边求定积分的方法求解以上问题.

例 13 求下列幂级数$\sum_{n=1}^{\infty}\frac{n}{(n+1)!}x^{n-1}$的和函数.

分析 对于通项分子中含n的一次多项式的幂级数，通常利用幂级数和函数的逐项求积的性质消除n的一次多项式，从而利用一些已知函数的幂级数展开式求和，再通过微分求出其和函数. 注意：幂级数求积后可能会获得收敛区间端点的收敛性，因此当积分之后的幂级数在收敛区间端点收敛时，应另外判断原级数在这样的点是否仍收敛.

解 令$s(x)=\sum_{n=1}^{\infty}\frac{n}{(n+1)!}x^{n-1}$，则

$$\begin{aligned}\int_0^x s(x)\mathrm{d}x&=\int_0^x\sum_{n=1}^{\infty}\frac{n}{(n+1)!}x^{n-1}\mathrm{d}x=\sum_{n=1}^{\infty}\int_0^x\frac{n}{(n+1)!}x^{n-1}\mathrm{d}x=\sum_{n=1}^{\infty}\frac{1}{(n+1)!}x^n\\&=\frac{1}{x}\sum_{n=1}^{\infty}\frac{1}{(n+1)!}x^{n+1}=\frac{1}{x}\left(\sum_{n=0}^{\infty}\frac{1}{n!}x^n-1-\frac{1}{1!}x\right)=\frac{1}{x}(\mathrm{e}^x-1-x)\quad(x\neq 0),\end{aligned}$$

其中由级数 $\mathrm{e}^x=\sum_{n=0}^{\infty}\frac{1}{n!}x^n$ 的收敛域知，$-\infty<x<+\infty$，所以上式在 $(-\infty,0)\cup(0,+\infty)$ 内成立. 于是

$$s(x)=\left(\frac{\mathrm{e}^x-1-x}{x}\right)'=\frac{(\mathrm{e}^x-1)x-(\mathrm{e}^x-1-x)}{x^2}=\frac{(x-1)\mathrm{e}^x+1}{x^2}\quad(x\neq 0),$$

由于求导不会扩大所得级数在收敛区间端点处的收敛性，因此原级数的收敛域亦为 $(-\infty,0)\cup(0,+\infty)$.

又显然，$s(0)=\frac{1}{2!}\cdot 0^0+\frac{1}{3!}\cdot 0^1+\frac{1}{4!}\cdot 0^2+\cdots=\frac{1}{2}$，故原级数的和函数为

$$s(x)=\begin{cases}\dfrac{(x-1)\mathrm{e}^x+1}{x^2}, & x\neq 0\\ \dfrac{1}{2}, & x=0\end{cases}.$$

思考　（i）将幂级数分解成 $\sum_{n=1}^{\infty}\frac{n}{(n+1)!}x^{n-1}=\sum_{n=1}^{\infty}\frac{(n+1)-1}{(n+1)!}x^{n-1}=\sum_{n=1}^{\infty}\frac{1}{n!}x^{n-1}-\sum_{n=1}^{\infty}\frac{1}{(n+1)!}x^{n-1}$，再利用 $\mathrm{e}^x=\sum_{n=0}^{\infty}\frac{1}{n!}x^n$ 求解；（ii）若级数为 $\sum_{n=1}^{\infty}\frac{n}{(n-1)!}x^{n-1}$，结果如何？$\sum_{n=1}^{\infty}\frac{n}{(n+1)!}x^{2n-1}$ 呢？试用以上两种方法求解.

例 14　求数项级数 $\sum_{n=1}^{\infty}\frac{1}{n\cdot 3^n}$ 的和.

分析　这是一个利用幂级数的和函数求常数项级数的和的问题. 我们可以把级数 $\sum_{n=1}^{\infty}\frac{1}{n\cdot 3^n}$ 的和看成是当 $x=\frac{1}{3}$ 时幂级数 $\sum_{n=1}^{\infty}\frac{1}{n}x^n$ 的和，如果幂级数在 $x=\frac{1}{3}$ 处收敛的话.

解　设 $s(x)=\sum_{n=1}^{\infty}\frac{1}{n}x^n$，容易求得该级数的收敛域为 $-1\leqslant x<1$，且 $\frac{1}{3}\in[-1,1)$. 由于

$$s(0)=0,\quad s'(x)=\sum_{n=1}^{\infty}x^{n-1}=\frac{1}{1-x},\quad(-1<x<1),$$

于是

$$s(x)-s(0)=\int_0^x s'(x)\mathrm{d}x=\int_0^x\frac{1}{1-x}\mathrm{d}x=-\ln(1-x),$$

即

$$s(x)=-\ln(1-x),\quad(-1\leqslant x<1).$$

因此，令 $x=\frac{1}{3}$，得 $s\left(\frac{1}{3}\right)=-\ln\left(1-\frac{1}{3}\right)$，即 $\sum_{n=1}^{\infty}\frac{1}{n\cdot 3^n}=\ln\frac{3}{2}$.

思考　（i）若级数为 $\sum_{n=1}^{\infty}(-1)^n\frac{1}{n\cdot 3^n}$ 或 $\sum_{n=1}^{\infty}\frac{1}{n\cdot 2^n}$ 或 $\sum_{n=1}^{\infty}(-1)^n\frac{1}{n\cdot 2^n}$，结果如何？$\sum_{n=1}^{\infty}\frac{1}{n\cdot a^n}\ (|a|>1)$ 呢？（ii）能否用幂级数 $\sum_{n=1}^{\infty}\frac{x^n}{n\cdot 3^n}$ 或 $\sum_{n=1}^{\infty}\frac{x^n}{n\cdot 2^n}$ 或 $\sum_{n=1}^{\infty}\frac{x^n}{n\cdot a^n}\ (|a|>1)$ 求以上数项级数的和？若能，试用这些幂级数求出以上数项级数的和.

例 15 求极限 $\lim\limits_{n\to\infty}[2^{\frac{1}{3}}\cdot 4^{\frac{1}{9}}\cdot 8^{\frac{1}{27}}\cdot\cdots\cdot(2^n)^{\frac{1}{3^n}}]$.

分析 由于 $(2^k)^{\frac{1}{3^k}}=2^{\frac{k}{3^k}}\ (k=1,2,\cdots,n)$，所以可以先把 $2^{\frac{1}{3}}\cdot 4^{\frac{1}{9}}\cdot 8^{\frac{1}{27}}\cdot\cdots\cdot(2^n)^{\frac{1}{3^n}}$ 转化成 2 的幂的形式，从而把该极限化成幂的极限.

解 因为

$$2^{\frac{1}{3}}\cdot 4^{\frac{1}{9}}\cdot 8^{\frac{1}{27}}\cdot\cdots\cdot(2^n)^{\frac{1}{3^n}}=2^{\frac{1}{3}}\cdot 2^{\frac{2}{3^2}}\cdot 2^{\frac{3}{3^3}}\cdot\cdots\cdot 2^{\frac{n}{3^n}}=2^{\frac{1}{3}+\frac{2}{3^2}+\cdots+\frac{n}{3^n}},$$

于是

$$\lim_{n\to\infty}[2^{\frac{1}{3}}\cdot 4^{\frac{1}{9}}\cdot 8^{\frac{1}{27}}\cdot\cdots\cdot(2^n)^{\frac{1}{3^n}}]=\lim_{n\to\infty}2^{\frac{1}{3}+\frac{2}{3^2}+\cdots+\frac{n}{3^n}}=2^{\lim\limits_{n\to\infty}\left(\frac{1}{3}+\frac{2}{3^2}+\cdots+\frac{n}{3^n}\right)}=2^{\frac{1}{3}+\frac{2}{3^2}+\cdots+\frac{n}{3^n}+\cdots}.$$

令 $s(x)=\sum\limits_{n=1}^{\infty}nx^{n-1}\ (-1<x<1)$，则级数 $\frac{1}{3}+\frac{2}{3^2}+\cdots+\frac{n}{3^n}+\cdots$ 的和可以看成是该幂级数在 $x=\frac{1}{3}$ 处的和的 $\frac{1}{3}$. 由于

$$s(x)=\sum_{n=1}^{\infty}(x^n)'=\left(\sum_{n=1}^{\infty}x^n\right)'=\left(\frac{x}{1-x}\right)'=\frac{1}{(1-x)^2},\quad(-1<x<1),$$

令 $x=\frac{1}{3}$，得 $s\left(\frac{1}{3}\right)=\dfrac{1}{\left(1-\frac{1}{3}\right)^2}$，即

$$1+\frac{2}{3}+\frac{3}{3^2}+\cdots+\frac{n+1}{3^{n+1}}+\cdots=\frac{9}{4},$$

于是

$$\lim_{n\to\infty}[2^{\frac{1}{3}}\cdot 4^{\frac{1}{9}}\cdot 8^{\frac{1}{27}}\cdot\cdots\cdot(2^n)^{\frac{1}{3^n}}]=2^{\frac{1}{3}+\frac{2}{3^2}+\cdots+\frac{n}{3^n}+\cdots}=2^{\frac{1}{3}\left(1+\frac{2}{3}+\frac{3}{3^2}+\cdots+\frac{n}{3^{n-1}}+\cdots\right)}=2^{\frac{1}{3}\cdot\frac{9}{4}}=2^{\frac{3}{4}}.$$

思考 （i）令 $u_n=2^{\frac{1}{3}}\cdot 4^{\frac{1}{9}}\cdot 8^{\frac{1}{27}}\cdot\cdots\cdot(2^n)^{\frac{1}{3^n}}$，用对数的方法表述该题的求解过程；（ii）若极限为 $\lim\limits_{n\to\infty}[2^{\frac{1}{2}}\cdot 4^{\frac{1}{4}}\cdot 8^{\frac{1}{8}}\cdot\cdots\cdot(2^n)^{\frac{1}{2^n}}]$ 或 $\lim\limits_{n\to\infty}[2^{\frac{1}{3}}\cdot 4^{-\frac{1}{9}}\cdot 8^{\frac{1}{27}}\cdot\cdots\cdot(2^n)^{(-1)^{n-1}\frac{1}{3^n}}]$，结果如何？$\lim\limits_{n\to\infty}[b^{\frac{1}{a}}\cdot(b^2)^{\frac{1}{a^2}}\cdot\cdots\cdot(b^n)^{\frac{1}{a^n}}]$ $(b>1,\ |a|>1)$ 或 $\lim\limits_{n\to\infty}[b^{\frac{1}{a}}\cdot(b^2)^{\frac{1}{a^2}}\cdot\cdots\cdot(b^n)^{\frac{1}{a^n}}]\ (0<b<1,\ |a|<1)$ 呢？（iii）$\lim\limits_{n\to\infty}[b^{\frac{1}{a}}\cdot(b^2)^{\frac{1}{a^2}}\cdot\cdots\cdot(b^n)^{\frac{1}{a^n}}]=\infty$，则 a,b 的取值范围为多少？

例 16 将函数 $f(x)=\cos^2 x$ 展开成 x 的幂级数.

分析 直接展开比较麻烦，宜采用间接展开法. 但若用 $\cos x$ 幂级数展开式直接代入，将涉及幂级数的乘法，计算不便. 故先用半角公式将 $\cos^2 x$ 转化成一次的三角函数.

解 根据余弦函数的幂级数展开式

$$\cos x=\sum_{n=1}^{\infty}(-1)^n\frac{x^{2n}}{(2n)!},\quad(-\infty<x<+\infty),$$

并将 $2x$ 代 x 得

$$\cos 2x=\sum_{n=1}^{\infty}(-1)^n\frac{(2x)^{2n}}{(2n)!}=\sum_{n=1}^{\infty}(-1)^n\frac{2^{2n}}{(2n)!}x^{2n},\quad(-\infty<x<+\infty),$$

因为 $f(x)=\frac{1}{2}+\frac{1}{2}\cos 2x$，所以

$$f(x)=\frac{1}{2}+\frac{1}{2}\sum_{n=1}^{\infty}(-1)^n\frac{2^{2n}}{(2n)!}x^{2n}=\frac{1}{2}+\sum_{n=1}^{\infty}(-1)^n\frac{2^{2n-1}}{(2n)!}x^{2n},\ (-\infty<x<+\infty).$$

思考　（i）若 $f(x)=\cos^2\frac{x}{2}$ 或 $f(x)=\cos^2 2x$，结果如何？ $f(x)=\cos^2 bx$ 呢？（ii）若将函数展开成 $x-\pi$ 的幂级数，以上各题的结果如何？展开成 $x-x_0$ 的幂级数呢？

例 17　将函数 $f(x)=(x^2-2x+3)\mathrm{e}^{-2x}$ 展开成 x 的幂级数.

分析　$f(x)$ 的因式 x^2-2x+3 已是 x 的幂，因此只需将 $f(x)$ 的另一部分 e^{-2x} 展开成 x 的幂级数，并将两者相乘即可.

解　根据对数函数的展开式

$$\mathrm{e}^x=\sum_{n=0}^{\infty}\frac{1}{n!}x^n,\quad(-\infty<x<+\infty),$$

并将 $-2x$ 代 x 得

$$\mathrm{e}^{-2x}=\sum_{n=0}^{\infty}(-1)^n\frac{2^n}{n!}x^n,\quad(-\infty<x<+\infty),$$

故

$$\begin{aligned}
f(x)&=(x^2-2x+3)\sum_{n=0}^{\infty}(-1)^n\frac{2^n}{n!}x^n\\
&=\sum_{n=0}^{\infty}(-1)^n\frac{2^n}{n!}x^{n+2}-\sum_{n=0}^{\infty}(-1)^n\frac{2^{n+1}}{n!}x^{n+1}+3\sum_{n=0}^{\infty}(-1)^n\frac{2^n}{n!}x^n\\
&=\sum_{n=2}^{\infty}(-1)^{n-2}\frac{2^{n-2}}{(n-2)!}x^n-\sum_{n=1}^{\infty}(-1)^{n-1}\frac{2^n}{(n-1)!}x^n+3\sum_{n=0}^{\infty}(-1)^n\frac{2^n}{n!}x^n\\
&=\sum_{n=2}^{\infty}(-1)^{n-2}\frac{2^{n-2}}{(n-2)!}x^n-\sum_{n=1}^{\infty}(-1)^{n-1}\frac{2^n}{(n-1)!}x^n+3\sum_{n=0}^{\infty}(-1)^n\frac{2^n}{n!}x^n\\
&=3-8x+\sum_{n=2}^{\infty}(-1)^{n-2}\frac{2^{n-2}}{(n-2)!}x^n-\sum_{n=2}^{\infty}(-1)^{n-1}\frac{2^n}{(n-1)!}x^n+3\sum_{n=2}^{\infty}(-1)^n\frac{2^n}{n!}x^n\\
&=3-8x+\sum_{n=2}^{\infty}(-1)^n\frac{2^{n-2}}{(n-2)!}\left[1+\frac{2}{n-1}+\frac{12}{n(n-1)}\right]x^n\\
&=3-8x+\sum_{n=0}^{\infty}(-1)^{n+2}\frac{2^n}{n!}\left[1+\frac{2}{n+1}+\frac{12}{(n+2)(n+1)}\right]x^{n+2}\\
&=3-8x+\sum_{n=0}^{\infty}(-1)^{n+2}\frac{2^n}{n!}\left[1+\frac{2}{n+1}+\frac{12}{(n+2)(n+1)}\right]x^{n+2}\\
&=3-8x+\sum_{n=0}^{\infty}(-1)^n\frac{(n^2+5n+18)2^n}{(n+2)!}x^{n+2},\ (-\infty<x<+\infty).
\end{aligned}$$

思考 若$f(x)=(x^2-2x+3)e^{-\frac{1}{2}x}$或$f(x)=(x^2+2x-3)e^{-2x}$，结果如何? $f(x)=(x^2+2x-3)e^{-\frac{1}{2}x}$呢?

例 18 将函数$f(x)=\dfrac{x}{9-x^2}$展开成x的幂级数.

分析 若容易将一个函数的原函数展开成幂级数，则可先将其原函数展开成幂级数，再通过求导求出此函数幂级数的展开式. 注意：幂级数求导后可能会丢失收敛区间端点的收敛性.

解 根据对数函数的展开式

$$\ln(1-x)=x+\frac{1}{2}x^2+\frac{1}{3}x^3+\cdots+\frac{1}{n}x^n+\cdots,\quad (-1\leqslant x<1),$$

并将$\dfrac{x^2}{9}$代x，得

$$\begin{aligned}\int_0^x f(x)dx&=\int_0^x\frac{x}{9-x^2}dx=-\frac{1}{2}\ln(9-x^2)\Big|_0^x=\frac{1}{2}\ln 9-\frac{1}{2}\ln(9-x^2)\\&=\frac{1}{2}\ln 9-\left[\frac{1}{2}\ln 9-\frac{1}{2}\ln\left(1-\frac{x^2}{9}\right)\right]=\frac{1}{2}\ln\left(1-\frac{x^2}{9}\right)\\&=\frac{1}{2}\left[\frac{x^2}{9}+\frac{1}{2}\left(\frac{x^2}{9}\right)^2+\frac{1}{3}\left(\frac{x^2}{9}\right)^3+\cdots+\frac{1}{n}\left(\frac{x^2}{9}\right)^n+\cdots\right],\quad\left(-1\leqslant-\frac{x^2}{9}<1\right)\\&=\frac{1}{2}\left(\frac{x^2}{9}+\frac{1}{2}\cdot\frac{x^4}{3^4}+\frac{1}{3}\cdot\frac{x^6}{3^6}+\cdots+\frac{1}{n}\cdot\frac{x^{2n}}{3^{2n}}+\cdots\right),\quad(-3\leqslant x<3),\end{aligned}$$

上式两边求导，注意到上式右边的幂级数求导后左端点的敛散性发生改变，可得

$$f(x)=\frac{x}{3^2}+\frac{x^3}{3^4}+\frac{x^5}{3^6}+\cdots+\frac{x^{2n-1}}{3^{2n}}+\cdots,\quad(-3<x<3).$$

思考 （i）将$f(x)$分成分部分式，从而用例 16 的方法求解；（ii）利用几何级数将$\dfrac{1}{9-x^2}$展开成x的幂级数，从而利用例 17 的方法求解；（iii）若$f(x)=\dfrac{x-1}{9-x^2}$或$f(x)=\dfrac{x}{9+x^2}$，结果如何? $f(x)=\dfrac{x-1}{9+x^2}$呢? 是否也宜用以上各种方法求解?

例 19 将函数$f(x)=\arctan\dfrac{1+x}{1-x}$展开成$x$的幂级数.

分析 若容易将一个函数的导数展开成幂级数，可先将其导数展开成幂级数，再通过积分求出此函数幂级数的展开式. 注意：幂级数积分后可能会获得收敛区间端点的收敛性.

解 因为

$$f'(x)=\frac{1}{1+\left(\dfrac{1+x}{1-x}\right)^2}\cdot\frac{(1-x)-(1+x)\cdot(-1)}{(1-x)^2}=\frac{1}{1+x^2},$$

根据几何级数$\dfrac{1}{1-x}=\sum\limits_{n=0}^{\infty}x^n\ (-1<x<1)$，并将$-x^2$代$x$得

$$f'(x)=\sum_{n=0}^{\infty}(-x^2)^n \quad (-1<-x^2<1)=\sum_{n=0}^{\infty}(-1)^n x^{2n} \quad (-1<x<1),$$

两边积分得

$$\int_0^x f'(x)\mathrm{d}x=\int_0^x\sum_{n=0}^{\infty}(-1)^n x^{2n}\mathrm{d}x=\sum_{n=0}^{\infty}(-1)^n\int_0^x x^{2n}\mathrm{d}x \quad (-1<x<1),$$

即
$$f(x)=f(0)+\sum_{n=0}^{\infty}\frac{(-1)^n}{2n+1}x^{2n+1} \quad (-1<x<1).$$

又 $f(0)=\arctan 1=\dfrac{\pi}{4}$，且当 $x=\pm 1$ 时，级数 $\sum\limits_{n=0}^{\infty}\dfrac{(-1)^n}{2n+1}x^{2n+1}$ 均收敛，故函数的展开式为

$$f(x)=\frac{\pi}{2}+\sum_{n=0}^{\infty}\frac{(-1)^n}{2n+1}x^{2n+1} \quad (-1\leqslant x\leqslant 1).$$

思考　若 $f(x)=\arctan\dfrac{1+2x}{1-x}$ 或 $f(x)=\arctan\dfrac{1+x}{1-2x}$ 或 $f(x)=\arctan\dfrac{1-x}{1+x}$，结果如何?

例 20　将下列函数展开成指定点的泰勒级数：

（i）$f(x)=\ln(2x^2+x-3), x_0=3$；　　　　（ii）$f(x)=x\mathrm{e}^{-x}, x_0=1$.

分析　所谓泰勒级数是形如 $\sum\limits_{n=0}^{\infty}a_n(x-x_0)^n$ 的级数. 显然，若令 $z=x-x_0$，则泰勒级数可以转化成麦克劳林级数 $\sum\limits_{n=0}^{\infty}a_n z^n$；反之亦然. 因此，只要将 $x-x_0$ 视为 x，那么将函数展开成麦克劳林级数的方法，就可以直接应用到这里来.

解　（i）将函数变形为

$$\begin{aligned}f(x)&=\ln[(2x+3)(x-1)]=\ln(2x+3)+\ln(x-1)=\ln[9+2(x-3)]+\ln[2+(x-3)]\\&=\ln 9+\ln\left[1+\frac{2}{9}(x-3)\right]+\ln 2+\ln\left[1+\frac{1}{2}(x-3)\right],\end{aligned}$$

根据对数函数的展开式 $\ln(1+x)=\sum\limits_{n=1}^{\infty}\dfrac{(-1)^{n-1}}{n}x^n\ (-1<x\leqslant 1)$，并分别用 $\dfrac{2}{9}(x-3)$ 和 $\dfrac{1}{2}(x-3)$ 代 x，得

$$\ln\left[1+\frac{2}{9}(x-3)\right]=\sum_{n=1}^{\infty}\frac{(-1)^{n-1}2^n}{n\cdot 9^n}(x-3)^n,\ \left(-1<\frac{2}{9}(x-3)\leqslant 1\right)\Rightarrow -\frac{3}{2}<x\leqslant\frac{15}{2}$$

$$\ln\left[1+\frac{1}{2}(x-3)\right]=\sum_{n=1}^{\infty}\frac{(-1)^{n-1}}{n\cdot 2^n}(x-3)^n,\ \left(-1<\frac{1}{2}(x-3)\right)\leqslant 1\Rightarrow 1<x\leqslant 5,$$

于是

$$f(x)=\ln 18+\sum_{n=1}^{\infty}\frac{(-1)^{n-1}2^n}{n\cdot 9^n}(x-3)^n+\sum_{n=1}^{\infty}\frac{(-1)^{n-1}}{n\cdot 2^n}(x-3)^n,\ (1<x\leqslant 5).$$

思考　（i）若 $f(x)=\ln(2x^2-x-3)$ 或 $f(x)=\ln(2x^2+x+3)$，结果如何?（ii）若 $x_0=1$，以上各题结果如何?

（ii）因为 $\mathrm{e}^x=\sum\limits_{n=0}^{\infty}\frac{1}{n!}x^n\ (-\infty<x<\infty)$，所以

$$
\begin{aligned}
f(x)&=[(x-1)+1]\mathrm{e}^{-(x-1)-1}=\frac{1}{\mathrm{e}}[(x-1)+1]\mathrm{e}^{-(x-1)}\\
&=\frac{1}{\mathrm{e}}[(x-1)+1]\sum_{n=0}^{\infty}\frac{(-1)^n}{n!}(x-1)^n\\
&=\frac{1}{\mathrm{e}}\left[\sum_{n=0}^{\infty}\frac{(-1)^n}{n!}(x-1)^{n+1}+\sum_{n=0}^{\infty}\frac{(-1)^n}{n!}(x-1)^n\right]\\
&=\frac{1}{\mathrm{e}}\left[\sum_{n=1}^{\infty}\frac{(-1)^{n-1}}{(n-1)!}(x-1)^n+\sum_{n=1}^{\infty}\frac{(-1)^n}{n!}(x-1)^n+1\right]\\
&=\frac{1}{\mathrm{e}}+\frac{1}{\mathrm{e}}\sum_{n=1}^{\infty}(-1)^{n-1}\left[\frac{1}{(n-1)!}-\frac{1}{n!}\right](x-1)^n\\
&=\frac{1}{\mathrm{e}}+\frac{1}{\mathrm{e}}\sum_{n=1}^{\infty}(-1)^{n-1}\frac{n-1}{n!}(x-1)^n,\quad(-\infty<x<+\infty).
\end{aligned}
$$

思考　（i）若 $f(x)=(x+3)\mathrm{e}^{-x}$ 或 $f(x)=x\mathrm{e}^{-2x}$，结果如何？$f(x)=(x+3)\mathrm{e}^{-2x}$ 呢？（ii）若 $x_0=2$，以上各题结果如何？

例 21　设 $f(x)=\begin{cases}\dfrac{\sin x}{x}, & x\neq 0\\ 1, & x=0\end{cases}$，求 $f^{(n)}(0)\ (n=1,2,\cdots)$.

分析　若一个函数可以展开成麦克劳林级数，则用其麦克劳林级数就可以求出 $f^{(n)}(0)\ (n=1,2,\cdots)$，因为麦克劳林级数的系数与 $f^{(n)}(0)\ (n=1,2,\cdots)$ 有关.

解　因为

$$\sin x=x-\frac{x^3}{3!}+\frac{x^5}{5!}-\cdots+(-1)^n\frac{x^{2n+1}}{(2n+1)!}+\cdots,\quad(-\infty<x<+\infty),$$

所以

$$\frac{\sin x}{x}=1-\frac{x^2}{3!}+\frac{x^4}{5!}-\cdots+(-1)^n\frac{x^{2n}}{(2n+1)!}+\cdots,\quad(-\infty<x<+\infty\wedge x\neq 0).$$

又显然，当 $x=0$ 时，幂级数 $1-\frac{x^2}{3!}+\frac{x^4}{5!}-\cdots+(-1)^n\frac{x^{2n}}{(2n+1)!}+\cdots$ 的和为1，所以

$$f(x)=1-\frac{x^2}{3!}+\frac{x^4}{5!}-\cdots+(-1)^n\frac{x^{2n}}{(2n+1)!}+\cdots,\quad(-\infty<x<+\infty).$$

另一方面，根据函数的麦克劳林级数公式，得

$$f(x)=f(0)+\frac{f'(0)}{1!}x+\frac{f''(0)}{2!}x^2+\cdots+\frac{f^{(n)}(0)}{n!}x^n+\cdots,\quad(-\infty<x<+\infty),$$

两式对比可得

$$\frac{f^{(2k-1)}(0)}{(2k)!}=0,\frac{f^{(2k)}(0)}{(2k)!}=\frac{(-1)^k}{(2k+1)!}\Rightarrow f^{(2k-1)}(0)=0,f^{(2k)}(0)=\frac{(-1)^k}{2k+1},\quad(k=1,2,\cdots).$$

思考 若 $f(x)=\begin{cases}\dfrac{\sin 2x}{x}, x\neq 0\\ 2, \quad x=0\end{cases}$，结果如何？$f(x)=\begin{cases}\dfrac{\sin kx}{x}, x\neq 0\\ k, \quad x=0\end{cases}(k\neq 0)$ 呢？

五、练习题 11.2

1. 判断级数 $\sum\limits_{n=1}^{\infty}\dfrac{(nx)^n}{(n+1)!}(x>0)$ 当 $x=\dfrac{1}{2}, x=\dfrac{1}{3}$ 时的敛散性.

2. 求下列幂级数的收敛半径和收敛域：

（i）$\sum\limits_{n=1}^{\infty}\left[\dfrac{(-1)^n}{2^n}+3^n\right]x^n$；（ii）$\sum\limits_{n=1}^{\infty}\dfrac{1}{(2n)!!}x^n$.

3. 求下列幂级数的收敛域：

（i）$\sum\limits_{n=1}^{\infty}\dfrac{(x-5)^n}{\sqrt{n}}$；（ii）$\sum\limits_{n=1}^{\infty}\dfrac{2n-1}{8^n}x^{2n}$.

4. 求级数 $\sum\limits_{n=1}^{\infty}\dfrac{1}{2n+1}\left(\dfrac{1-x}{1+x}\right)^n$ 的收敛域.

5. 设 $f(x)=\operatorname{arccot}x$，求 $f^{(n)}(0)$.

6. 求下列幂级数的和函数：

（i）$\sum\limits_{n=1}^{\infty}nx^{2n}$；（ii）$\sum\limits_{n=1}^{\infty}\dfrac{1}{n\cdot 2^n}(x-1)^n$；（iii）$\sum\limits_{n=0}^{\infty}(-1)^{\frac{n(n-1)}{2}}\dfrac{1}{n!}x^{2n}$.

7. 求常数项级数 $\sum\limits_{n=2}^{\infty}\dfrac{1}{(n^2-1)2^n}$ 的和.

8. 将下列函数展开成 x 的幂级数.

（i）$f(x)=\sin^2 x$；（ii）$f(x)=\ln(1-x-2x^2)$.

9. 将下列函数展开成指定点处的泰勒级数.

（i）$f(x)=10^x, x_0=1$；（ii）$f(x)=\dfrac{1}{x^2+3x+2}, x_0=4$.

10. 设 $f(x)=\begin{cases}\dfrac{1+x^2}{x}\arctan x, x\neq 0\\ 1, \qquad x=0\end{cases}$，将 $f(x)$ 展开成 x 的幂级数，并求级数 $\sum\limits_{n=1}^{\infty}\dfrac{(-1)^n}{1-4n^2}$ 的和.

第三节 傅里叶级数

一、教学目标

1. 了解三角级数的概念以及三角函数系的正交性.

2. 了解傅里叶级数和傅里叶系数的概念，以及傅里叶级数收敛的狄利克雷条件；掌握函数展开成傅里叶级数的方法.

3. 了解正弦级数、余弦级数的概念，掌握奇、偶函数展开成傅里叶级数的方法.

4. 能对一个区间上有定义的函数做函数周期性的延拓、奇延拓和偶延拓；能用傅里叶级数求数项级数的和.

5. 知道周期为 $2l$ 的周期函数的傅里叶级数及其收敛条件，周期为 $2l$ 的周期函数的傅里叶级数与周期为 2π 的周期函数的傅里叶级数之间的关系.

6. 会求一些简单的周期为 $2l$ 的周期函数的傅里叶级数.

二、内容提要

傅里叶级数

- 三角函数系
  - 定义：三角函数系 $\Leftrightarrow 1,\cos x,\sin x,\cos 2x,\sin 2x,\cdots,\cos nx,\sin nx,\cdots$
  - 正交性：三角函数系中任意两个不同函数在 $[-\pi,\pi]$ 上的积分为零. 即

$$\int_{-\pi}^{\pi}\cos nx\mathrm{d}x=0,\ \int_{-\pi}^{\pi}\sin nx\mathrm{d}x=0(n=1,2,\cdots);\ \int_{-\pi}^{\pi}\sin kx\cos nx\mathrm{d}x=0$$

$$\int_{-\pi}^{\pi}\cos kx\cos nx\mathrm{d}x=0,\ \int_{-\pi}^{\pi}\sin kx\sin nx\mathrm{d}x=0\ (k,n=1,2,\cdots;k\neq n)$$

- 定义
  - 以 2π 为周期的函数 $f(x)$ 在 $[-\pi,\pi]$ 上的傅里叶级数 $\Leftrightarrow \dfrac{a_0}{2}+\sum\limits_{n=1}^{\infty}(a_n\cos nx+b_n\sin nx)$，

    其中，$a_n=\dfrac{1}{\pi}\int_{-\pi}^{\pi}f(x)\cos nx\mathrm{d}x\quad(n=0,1,2,\cdots)$；$b_n=\dfrac{1}{\pi}\int_{-\pi}^{\pi}f(x)\sin nx\mathrm{d}x\quad(n=1,2,\cdots)$，

    记为：$f(x)\sim\dfrac{a_0}{2}+\sum\limits_{n=1}^{\infty}(a_n\cos nx+b_n\sin nx)$.

    特列⇓
  - 正弦级数：$f(x)$ 为奇函数时，$f(x)\sim\sum\limits_{n=1}^{\infty}b_n\sin nx$；
  - 余弦级数：$f(x)$ 为偶函数时，$f(x)\sim\sum\limits_{n=0}^{\infty}a_n\cos nx$.
  - 以 $2l$ 为周期的函数 $f(x)$ 在 $[-l,l]$ 上的傅里叶级数 $\Leftrightarrow$

$$\frac{a_0}{2}+\sum_{n=1}^{\infty}\left(a_n\cos\frac{n\pi}{l}x+b_n\sin\frac{n\pi}{l}x\right),$$

其中，$a_n=\dfrac{1}{l}\int_{-l}^{l}f(x)\cos\dfrac{n\pi}{l}x\mathrm{d}x,(n=0,1,2,\cdots)$；$b_n=\dfrac{1}{l}\int_{-l}^{l}f(x)\sin\dfrac{n\pi}{l}x\mathrm{d}x,(n=,1,2,\cdots)$

记为：$f(x)\sim\dfrac{a_0}{2}+\sum\limits_{n=1}^{\infty}\left(a_n\cos\dfrac{n\pi}{l}x+b_n\sin\dfrac{n\pi}{l}x\right)$.

特列⇓

$f(x)$ 为奇函数时，$f(x)\sim\sum\limits_{n=1}^{\infty}b_n\sin\dfrac{n\pi}{l}x$；

$f(x)$ 为偶函数时，$f(x)\sim\sum\limits_{n=1}^{\infty}a_n\cos\dfrac{n\pi}{l}x$.

- 狄利克雷收敛定理：$f(x)$ 是周期为 2π 的周期函数，它在一个周期内连续或只有有限个第一类间断点，并且至多只有有限个极值点 $\Rightarrow f(x)$ 的傅里叶级数收敛. 且

  （i）当 x 是 $f(x)$ 的连续点时，级数收敛于 $f(x)$；

  （ii）当 x 是 $f(x)$ 的间断点时，级数收敛于 $\dfrac{f(x-0)+f(x+0)}{2}$.

三、疑点解析

1. 关于函数 $f(x)$的傅里叶级数的收敛性　一个定义在$(-\infty,+\infty)$上周期为2π的函数$f(x)$，如果它在一个周期上可积，则一定可以作出$f(x)$的傅里叶级数，但是此傅里叶级数未必在每一点都收敛于$f(x)$.

例如，设函数$f(x)=\begin{cases}-1, -\pi\leqslant x<0\\ 1, \quad 0\leqslant x<\pi\end{cases}$是以$2\pi$为周期的函数，显然它在一个周期$[-\pi,\pi]$上是可积的，通过计算可知其傅里叶为

$$\frac{4}{\pi}\left[\sin x+\frac{1}{3}\sin 3x+\cdots+\frac{1}{2k-1}\sin(2k-1)x+\cdots\right].$$

显然，在$x=0$处，上述级数收敛于零，而$f(0)=1$.

2. 关于函数$f(x)$与傅里叶级数的和函数关系　根据狄利克雷收敛定理，函数$f(x)$只要满足定理条件，就可以得到$f(x)$的傅里叶级数

$$\frac{a_0}{2}+\sum_{n=1}^{\infty}(a_n\cos nx+b_n\sin nx),$$

且当x为$f(x)$的连续点时，该级数收敛于$f(x)$；当x为$f(x)$的间断点时，该级数收敛于$\frac{1}{2}[f(x^-)+f(x^+)]$；当$x$为端点$\pm\pi$时，该级数收敛于$\frac{1}{2}[f(\pi^-)+f(\pi^+)]$.

因此，级数的和函数为

$$s(x)=\begin{cases}f(x), & x\text{为连续点}\\ \frac{1}{2}[f(x^-)+f(x^+)], & x\text{为间断点}\\ \frac{1}{2}[f(\pi^-)+f(-\pi^+)], & x=\pm\pi\end{cases},$$

于是，在一般情况下，$f(x)$和$s(x)$的图形也是不一样的.

例如，周期为2π的函数$f(x)=x,(-\pi\leqslant x<\pi)$，其图形如图11.1所示.

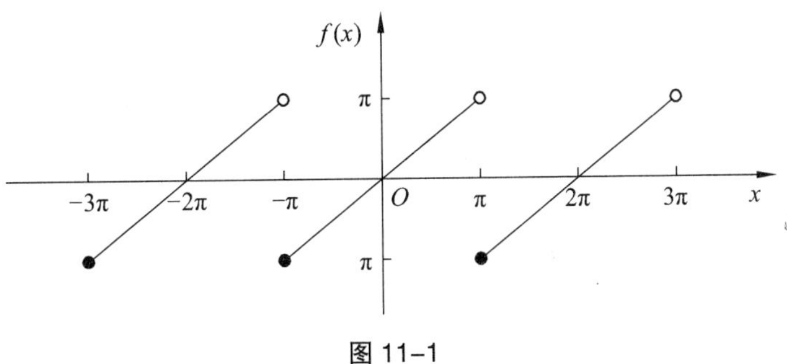

图 11–1

而其和函数的图形如图 11.2 所示.

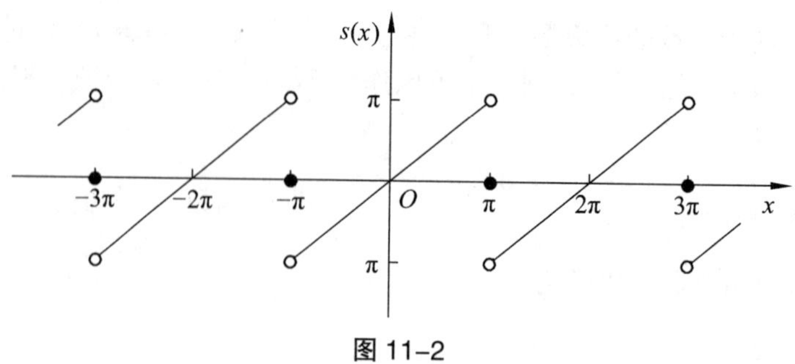

图 11-2

3. **关于函数的奇、偶延拓**　若函数 $f(x)$ 定义在 $[0,\pi]$，要延拓成以 2π 为周期的周期函数，那么可在开区间 $(-\pi,0)$ 内补充函数 $f(x)$ 的定义，得到定义在 $(-\pi,\pi]$ 的函数 $F(x)$．$F(x)$ 通常用以下两种方式得出：

第一种是奇延拓（见图 11.3），即

$$F(x)=\begin{cases} f(x), & 0<x\leqslant\pi \\ 0, & x=0 \\ -f(-x), & -\pi<x<0 \end{cases},$$

这时 $f(x)$ 的傅里叶级数是正弦级数：$f(x)\leftrightarrow\sum_{n=1}^{\infty}b_n\sin nx,(0\leqslant x\leqslant\pi)$.

第二种是偶延拓（见图 11.4），即

$$F(x)=\begin{cases} f(x), & 0<x\leqslant\pi \\ 0, & x=0 \\ f(-x), & -\pi<x<0 \end{cases},$$

这时 $f(x)$ 的傅里叶级数是余弦级数：$f(x)\leftrightarrow\sum_{n=1}^{\infty}a_n\cos nx,(0\leqslant x\leqslant\pi)$.

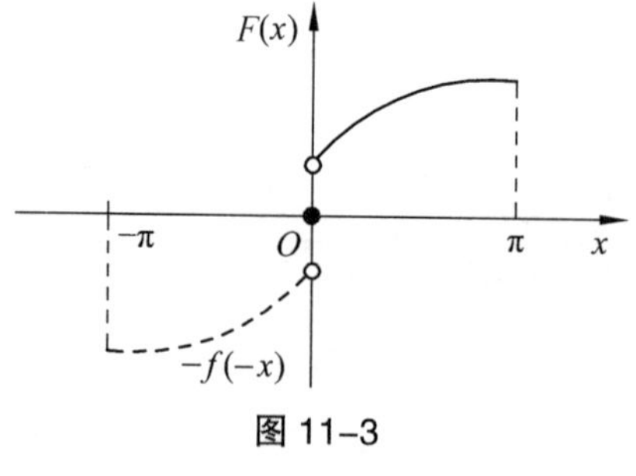

图 11-3

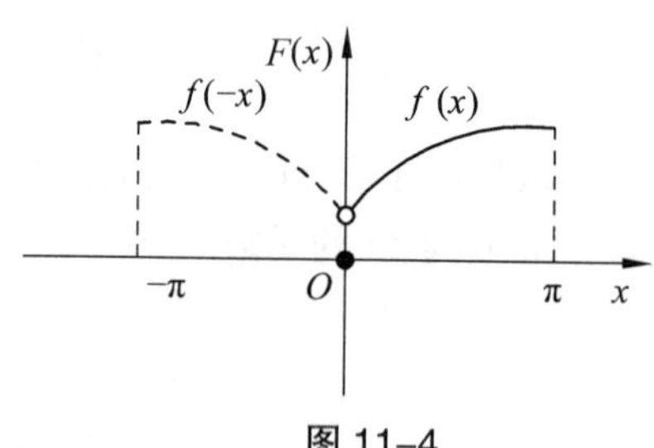

图 11-4

注意：若 $f(x)$ 在 $(0,\pi)$ 上连续，那么以上两种展开中的正弦级数和余弦级数在 $(0,\pi)$ 上是恒等的.

4. **关于一般的以 $2l$ 为周期的函数的傅里叶级数**　若函数 $f(x)$ 是以 $2l$ 为周期的满足狄利克雷收敛定理条件的函数，那么通过变量替换 $\frac{\pi x}{l}=t$ 或 $x=\frac{lt}{\pi}$ 就可以把 $f(x)$ 变换成以 2π 周期

的 t 周期函数 $F(t)=f\left(\frac{lt}{\pi}\right)$，且该函数满足狄利克雷收敛定理条件，于是求得 $F(t)$ 的的傅里叶级数

$$F(t)\leftrightarrow \frac{a_0}{2}+\sum_{n=1}^{\infty}(a_n\cos nt+b_n\sin nt)=\frac{a_0}{2}+\sum_{n=1}^{\infty}\left(a_n\cos\frac{n\pi}{l}x+b_n\sin\frac{n\pi}{l}x\right),$$

其中
$$a_n=\frac{1}{\pi}\int_{-\pi}^{\pi}F(t)\cos nt\mathrm{d}t=\frac{1}{l}\int_{-l}^{l}f(x)\cos\frac{n\pi}{l}x\mathrm{d}x, n=0,1,2,\cdots,$$

$$b_n=\frac{1}{\pi}\int_{-\pi}^{\pi}F(t)\sin nt\mathrm{d}t=\frac{1}{l}\int_{-l}^{l}f(x)\sin\frac{n\pi}{l}x\mathrm{d}x, n=1,2,\cdots.$$

可见，通过这种变量替换，就可以把周期为 2π 的函数的傅里叶级数推广得到一般的周期函数的傅里叶级数. 在此基础上，还可以得到一般周期函数的正、余弦傅里叶级数.

四、例题分析

例 1　设 $f(x)$ 是周期为 2π 的周期函数，如果 $f(x-\pi)=-f(x)$，问 $f(x)$ 的傅里叶级数有何特点?

分析　利用周期为 2π 的周期函数的傅里叶系数公式计算，求出其系数的特点即可.

解　令 $x-\pi=u$，则

$$\int_0^{\pi}f(x-\pi)\mathrm{d}x=-\int_{-\pi}^{0}f(u)\mathrm{d}u=\int_0^{-\pi}f(u)\mathrm{d}u;$$

$$\begin{aligned}\int_0^{\pi}f(x-\pi)\cos nx\mathrm{d}x&=\int_{-\pi}^{0}f(u)\cos n(\pi+u)\mathrm{d}u\\&=(-1)^n\int_{-\pi}^{0}f(u)\cos nu\mathrm{d}u,\quad n=1,2,\cdots;\end{aligned}$$

同理
$$\int_0^{\pi}f(x-\pi)\sin nx\mathrm{d}x=(-1)^n\int_{-\pi}^{0}f(u)\sin nu\mathrm{d}u,\quad n=1,2,\cdots,$$

于是
$$\begin{aligned}a_0&=\frac{1}{\pi}\int_{-\pi}^{\pi}f(x)\mathrm{d}x=\frac{1}{\pi}\int_{-\pi}^{0}f(x)\mathrm{d}x+\frac{1}{\pi}\int_0^{\pi}f(x)\mathrm{d}x\\&=\frac{1}{\pi}\int_{-\pi}^{0}f(x)\mathrm{d}x-\frac{1}{\pi}\int_0^{\pi}f(x-\pi)\mathrm{d}x=\frac{1}{\pi}\int_{-\pi}^{0}f(x)\mathrm{d}x-\frac{1}{\pi}\int_{-\pi}^{0}f(x)\mathrm{d}x=0;\end{aligned}$$

$$\begin{aligned}a_n&=\frac{1}{\pi}\int_{-\pi}^{\pi}f(x)\cos nx\mathrm{d}x=\frac{1}{\pi}\int_{-\pi}^{0}f(x)\cos nx\mathrm{d}x+\frac{1}{\pi}\int_0^{\pi}f(x)\cos nx\mathrm{d}x\\&=\frac{1}{\pi}\int_{-\pi}^{0}f(x)\cos nx\mathrm{d}x-\frac{1}{\pi}\int_0^{\pi}f(x-\pi)\cos nx\mathrm{d}x\\&=\frac{1}{\pi}\int_{-\pi}^{0}f(x)\cos nx\mathrm{d}x-\frac{1}{\pi}(-1)^n\int_{-\pi}^{0}f(x)\cos nx\mathrm{d}x\\&=\frac{1-(-1)^n}{\pi}\int_{-\pi}^{0}f(x)\cos nx\mathrm{d}x,\quad n=1,2,\cdots\end{aligned}$$

同理
$$b_n=\frac{1-(-1)^n}{\pi}\int_{-\pi}^{0}f(x)\sin nx\mathrm{d}x,\quad n=1,2,\cdots,$$

因此

$$a_{2n}=0,\ a_{2n-1}=\frac{2}{\pi}\int_{-\pi}^{0}f(x)\cos nx\mathrm{d}x\ ;\ \ b_{2n}=0,\ \ b_{2n-1}=\frac{2}{\pi}\int_{-\pi}^{0}f(x)\sin nx\mathrm{d}x\ .$$

可见该函数的傅里叶级数是形如$\sum\limits_{n=1}^{\infty}(a_{2n-1}\cos 2nx+b_{2n-1}\sin 2nx)$的三角级数.

思考　若$f(x-\pi)=-2f(x)$或$f(x-\pi)=f(x)$或$f(x-\pi)=2f(x)$，结果如何？

例 2　设$f(x)=\begin{cases}x, & -\pi\leqslant x<0\\ 1, & x=0\\ 2x, & 0<x\leqslant\pi\end{cases}$，求$f(x)$的傅里叶级数的和函数.

分析　根据狄利克雷收敛定理求解即可，而不必求出$f(x)$的傅里叶级数.

解　设$f(x)$的傅里叶级数的和函数为$s(x)$，即

$$s(x)=\frac{1}{2}a_0+\sum_{n=1}^{\infty}(a_n\cos nx+b_n\sin nx)\,.$$

显然，当$-\pi<x<0$和$0<x<\pi$时，$f(x)$是连续函数，故根据狄利克雷收敛定理，此时$f(x)$的傅里叶级数收敛于$f(x)$，即$s(x)=f(x)$；

当$x=0$时，$f(0^-)=f(0^+)=0\neq f(0)=1$，故$x=0$是$f(x)$的第一类间断点，故根据狄利克雷收敛定理，此时$f(x)$的傅里叶级数收敛于$\frac{1}{2}[f(0^-)+f(0^+)]=0$，即$s(x)=0$；

当$x=\pm\pi$时，故根据狄利克雷收敛定理，此时$f(x)$的傅里叶级数收敛于$\frac{1}{2}[f(\pi^-)+f(-\pi^+)]$ $=\frac{1}{2}[2\pi-\pi]=\frac{\pi}{2}$，即$s(x)=\frac{\pi}{2}$.

综上所述，$f(x)$的傅里叶级数的和函数为

$$s(x)=\begin{cases}f(x), & x\in(-\pi,\pi)\setminus\{0\}\\ \dfrac{\pi}{2}, & x=\pm\pi\\ 0, & x=0\end{cases}$$

思考　(i) 若$f(x)=\begin{cases}2x, & -\pi\leqslant x<0\\ 1, & x=0\\ x, & 0<x\leqslant\pi\end{cases}$或$f(x)=\begin{cases}x+1, & -\pi\leqslant x<0\\ 1, & x=0\\ 2x, & 0<x\leqslant\pi\end{cases}$，结果如何？

(ii) 若$f(x)=\begin{cases}\pi-x, & -\pi\leqslant x<0\\ 1, & x=0\\ 2x, & 0<x\leqslant\pi\end{cases}$或$f(x)=\begin{cases}x, & -\pi\leqslant x<0\\ 1, & x=0\\ \pi-2x, & 0<x\leqslant\pi\end{cases}$，结果又如何？

(iii) 若$f(x)=\begin{cases}x+b, & -\pi\leqslant x<0\\ 1, & x=0\\ 2x, & 0<x\leqslant\pi\end{cases}$，且$s(x)=\begin{cases}f(x), & x\in[-\pi,\pi]\setminus\{0\}\\ 0, & x=0\end{cases}$，求常数$b$.

例 3　设$f(x)$是周期为2π的周期函数，且$f(x)=\begin{cases}x, & -\pi<x\leqslant 0\\ \dfrac{1}{2}, & 0<x\leqslant\pi\end{cases}$，试将$f(x)$展开成傅里叶级数.

分析　由于函数的傅里叶级数的一般形式是确定的，故求函数的傅里叶级数，实质上就是求其系数. 因此，只需将 $f(x)$ 代入系数公式计算即可. 此外，由于在间断处 $f(x)$ 的傅里叶级数不收敛于 $f(x)$，故还应求出 $f(x)$ 的间断点，并把间断点从 $f(x)$ 的傅里叶级数剔除.

解　函数 $f(x)$ 满足狄利克雷收敛定理条件，它在 $x=k\pi(k=0,\pm1,\pm2,\cdots)$ 处不连续，在其他点处连续. 故由狄利克雷收敛定理可知，$f(x)$ 的傅里叶级数处处收敛，且当 $x\neq k\pi(k=0,\pm1,\pm2,\cdots)$，级数收敛于 $f(x)$；当 $x=2k\pi(k=0,\pm1,\pm2,\cdots)$，级数收敛于 $\frac{1}{2}[f(0^+)+f(0^-)]=\frac{1}{4}$；当 $x=(2k+1)\pi$ $(k=0,\pm1,\pm2,\cdots)$，级数收敛于 $\frac{1}{2}[f(-\pi^+)+f(\pi^-)]=\frac{1-2\pi}{4}$. 和函数 $s(x)$ 的图形如图 11-5 所示.

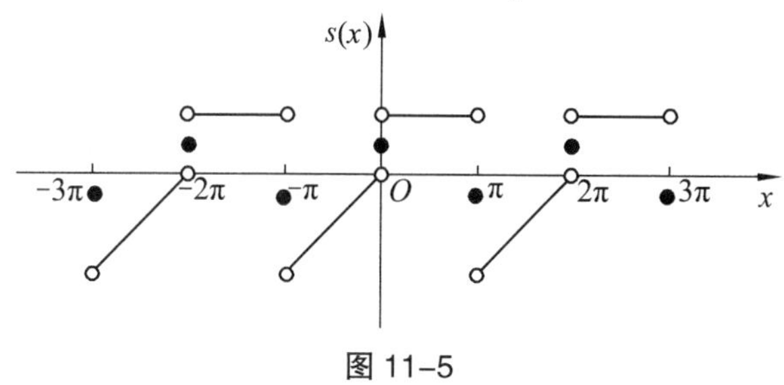

图 11-5

将 $f(x)$ 代入傅里叶系数公式，得

$$a_0=\frac{1}{\pi}\int_{-\pi}^{\pi}f(x)\mathrm{d}x=\frac{1}{\pi}\int_{-\pi}^{0}x\mathrm{d}x+\frac{1}{\pi}\int_{0}^{\pi}\frac{1}{2}\mathrm{d}x=\frac{1-\pi}{2}\ ;$$

$$\begin{aligned}a_n&=\frac{1}{\pi}\int_{-\pi}^{\pi}f(x)\cos nx\mathrm{d}x=\frac{1}{\pi}\int_{-\pi}^{0}x\cos nx\mathrm{d}x+\frac{1}{\pi}\int_{0}^{\pi}\frac{1}{2}\cos nx\mathrm{d}x\\&=\frac{1}{n\pi}\left[x\sin nx\,\Big|_{-\pi}^{0}-\int_{-\pi}^{0}\sin nx\mathrm{d}x\right]+\frac{1}{2n\pi}\sin nx\,\Big|_{-\pi}^{0}=0+\frac{1}{n^2\pi}\cos nx\,\Big|_{-\pi}^{0}+0\\&=\frac{1}{n^2\pi}[1-(-1)^n]=\begin{cases}\dfrac{2}{n^2\pi},n=1,3,5,\cdots\\0,\quad n=2,4,6,\cdots\end{cases};\end{aligned}$$

$$\begin{aligned}b_n&=\frac{1}{\pi}\int_{-\pi}^{\pi}f(x)\sin nx\mathrm{d}x=\frac{1}{\pi}\int_{-\pi}^{0}x\sin nx\mathrm{d}x+\frac{1}{\pi}\int_{0}^{\pi}\frac{1}{2}\sin nx\mathrm{d}x\\&=-\frac{1}{n\pi}\int_{-\pi}^{0}x\mathrm{d}(\cos nx)+\frac{1}{\pi}\int_{0}^{\pi}\frac{1}{2}\sin nx\mathrm{d}x\\&=-\frac{1}{n\pi}\left[x\cos nx\,\Big|_{-\pi}^{0}-\int_{-\pi}^{0}\cos nx\mathrm{d}x\right]-\frac{1}{2n\pi}\cos nx\,\Big|_{-\pi}^{0}\\&=-\frac{(-1)^n}{n}+\frac{1}{n^2\pi}\sin nx\,\Big|_{-\pi}^{0}-\frac{1}{2n\pi}[1-(-1)^n]=\begin{cases}\dfrac{\pi-1}{n\pi},n=1,3,5,\cdots\\-\dfrac{1}{n},\quad n=2,4,6,\cdots\end{cases}.\end{aligned}$$

将所求的傅里叶系数代入傅里叶级数表达式，得

$$f(x)=\frac{1}{4}-\frac{\pi}{4}+\sum_{n=1}^{\infty}\left[\frac{2}{(2n-1)^2\pi}\cos(2n-1)x+\frac{\pi-1}{(2n-1)\pi}\sin(2n-1)x-\frac{1}{2n}\sin 2nx\right],$$

其中 $-\infty<x<+\infty,x\neq0,\pm\pi,\pm2\pi,\cdots$.

思考　（i）若 $f(x)=\begin{cases}x,-\pi<x<0\\ \dfrac{1}{2},0\leqslant x\leqslant\pi\end{cases}$ 或 $f(x)=\begin{cases}x,-\pi\leqslant x\leq 0\\ \dfrac{1}{2},0<x<\pi\end{cases}$ 或 $f(x)=\begin{cases}x,-\pi\leqslant x<0\\ \dfrac{1}{2},0\leqslant x<\pi\end{cases}$，结果如何？（ii）若 $f(x)=\begin{cases}x,-\pi<x\leqslant 0\\ 0,0<x\leqslant\pi\end{cases}$，结果又如何？ $f(x)=\begin{cases}\dfrac{1}{2},-\pi<x\leqslant 0\\ x,\ 0<x\leqslant\pi\end{cases}$ 或 $f(x)=\begin{cases}0,-\pi<x\leqslant 0\\ x,0<x\leqslant\pi\end{cases}$ 呢？

例 4　设 $f(x)=\begin{cases}0,-\pi<x\leqslant 0\\ x^2,0<x\leqslant\pi\end{cases}$，求 $f(x)$ 的傅里叶级数展开式.

分析　因为 $f(x)$ 只在 $(-\pi,\pi]$ 上有定义，且在此区间上满足收敛定理条件，因此要对 $f(x)$ 进行周期延拓，并将延拓后的函数展开成傅里叶级数，此级数限制在 $(-\pi,\pi]$ 上即得 $f(x)$ 的傅里叶级数展开式.

解　将函数 $f(x)$ 延拓成 $(-\infty,+\infty)$ 上有定义的以 2π 为周期的周期函数 $F(x)$，则 $F(x)$ 满足狄利克雷收敛定理条件，它在 $x=(2k+1)\pi(k=0,\pm1,\pm2,\cdots)$ 处不连续，在其他点处连续. 函数 $f(x)$ 和 $F(x)$ 的图形如图 11-6 所示.

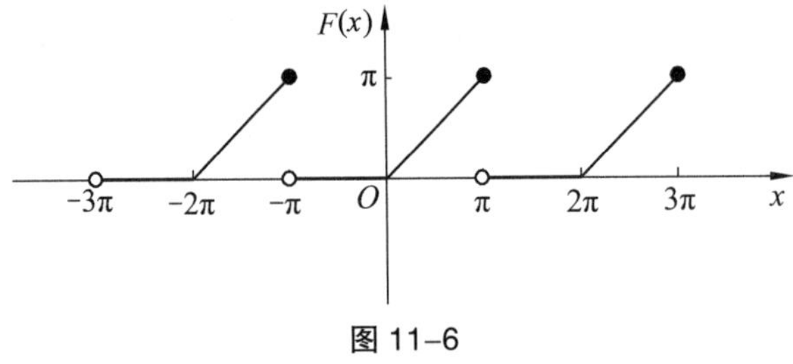

图 11-6

将 $F(x)$ 代入傅里叶系数公式，得

$$a_0=\frac{1}{\pi}\int_{-\pi}^{\pi}F(x)\mathrm{d}x=\frac{1}{\pi}\int_{-\pi}^{0}0\cdot\mathrm{d}x+\frac{1}{\pi}\int_0^{\pi}x^2\mathrm{d}x=\frac{\pi^2}{3};$$

$$\begin{aligned}a_n&=\frac{1}{\pi}\int_{-\pi}^{\pi}F(x)\cos nx\mathrm{d}x=\frac{1}{\pi}\int_{-\pi}^{0}0\cdot\cos nx\mathrm{d}x+\frac{1}{\pi}\int_0^{\pi}x^2\cos nx\mathrm{d}x\\&=\frac{1}{n\pi}\int_0^{\pi}x^2\mathrm{d}(\sin nx)=\frac{1}{n\pi}\left(x^2\sin nx\Big|_0^{\pi}-2\int_0^{\pi}x\sin nx\mathrm{d}x\right)=\frac{2}{n^2\pi}\int_0^{\pi}x\mathrm{d}(\cos nx)\\&=\frac{2}{n^2\pi}\left(x\cos nx\Big|_0^{\pi}-\int_0^{\pi}\cos nx\mathrm{d}x\right)=\frac{2}{n^2\pi}\left(\pi\cos n\pi-\frac{1}{n}\sin nx\Big|_0^{\pi}\right)=(-1)^n\frac{2}{n^2};\end{aligned}$$

$$\begin{aligned}b_n&=\frac{1}{\pi}\int_{-\pi}^{\pi}f(x)\sin nx\mathrm{d}x=\frac{1}{\pi}\int_{-\pi}^{0}0\cdot\sin nx\mathrm{d}x+\frac{1}{\pi}\int_0^{\pi}x^2\sin nx\mathrm{d}x\\&=-\frac{1}{n\pi}\int_0^{\pi}x^2\mathrm{d}(\cos nx)=-\frac{1}{n\pi}\left(x^2\cos nx\Big|_0^{\pi}-2\int_0^{\pi}x\cos nx\mathrm{d}x\right)\\&=(-1)^{n+1}\frac{\pi}{n}+\frac{2}{n^2\pi}\int_0^{\pi}x\mathrm{d}(\sin nx)=(-1)^{n+1}\frac{\pi}{n}+\frac{2}{n^2\pi}\left(x\sin nx\Big|_0^{\pi}-\int_0^{\pi}\sin nx\mathrm{d}x\right)\\&=(-1)^{n+1}\frac{\pi}{n}+\frac{2}{n^3\pi}\cos nx\Big|_0^{\pi}=(-1)^{n+1}\frac{\pi}{n}+\frac{2}{n^3\pi}[(-1)^n-1]=\begin{cases}-\dfrac{\pi}{n}, & n=2,4,\cdots\\ \dfrac{\pi}{n}-\dfrac{4}{n^3\pi}, & n=1,3,\cdots\end{cases},\end{aligned}$$

将所求的傅里叶系数代入傅里叶级数表达式，得

$$f(x)=\frac{\pi^2}{6}+\sum_{n=1}^{\infty}\left\{(-1)^n\frac{2}{n}\cos nx+\left[\frac{\pi}{2n-1}-\frac{4}{(2n-1)^3\pi}\right]\sin(2n-1)x-\frac{1}{2n}\sin 2nx\right\},$$

其中 $-\pi<x<\pi$.

当 $x=\pm\pi$ 时,上式右边的级数收敛于 $\frac{1}{2}[f(-\pi^+)+f(\pi^-)]=\frac{\pi}{2}$. $F(x)$ 的和函数 $s(x)$ 的图形如图 11-7 所示.

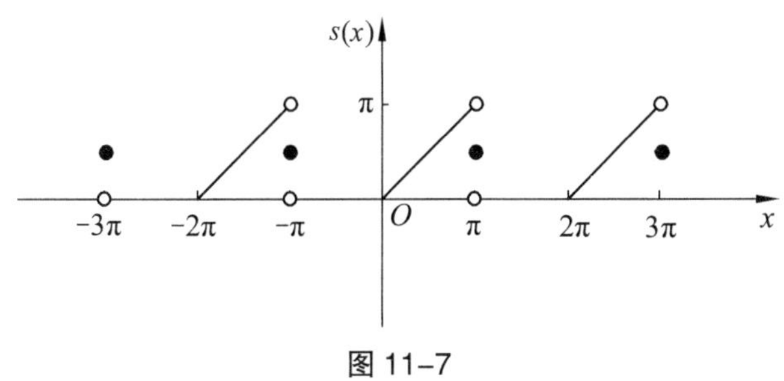

图 11–7

思考　(i) 若 $f(x)=\begin{cases}0,-\pi\leqslant x\leqslant 0\\ x^2,0<x<\pi\end{cases}$ 或 $f(x)=\begin{cases}x^2,-\pi<x\leqslant 0\\ 0,\quad 0<x\leqslant\pi\end{cases}$ 或 $f(x)=\begin{cases}x^2,-\pi\leqslant x\leqslant 0\\ 0,\quad 0<x<\pi\end{cases}$，结果如何？(ii) 若 $f(x)=\begin{cases}1,-\pi<x\leqslant 0\\ x^2,0<x\leqslant\pi\end{cases}$，结果又如何？ $f(x)=\begin{cases}x^2,-\pi<x\leqslant 0\\ 1,\quad 0<x\leqslant\pi\end{cases}$ 呢？

例 5　将函数 $f(x)=|\sin x|$ 展开成周期为 2π 的傅里叶级数.

分析　只需将 $f(x)$ 代入系数公式计算即可. 注意:尽管 $f(x)$ 也是周期函数,但其周期为π,而这里所称的傅里叶级数的周期为 2π；此外，$f(x)$ 也是偶函数.

解　如图 11-8 所示，所给函数满足狄利克雷收敛定理条件，它在整个坐标轴上连续，因此其傅里叶级数处处收敛于 $f(x)$.

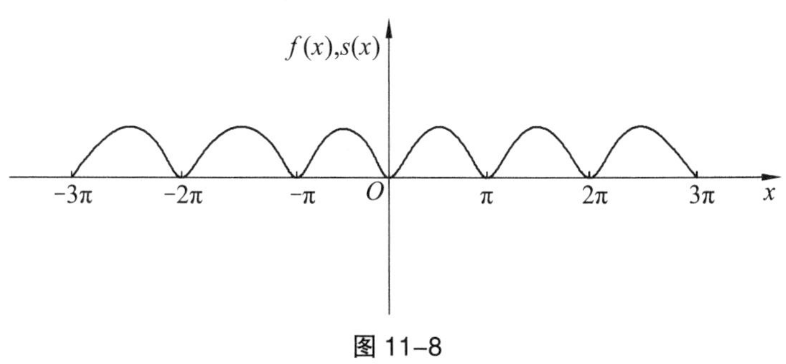

图 11–8

因为 $f(x)$ 为偶函数，所以 $b_n=0,n=1,2,\cdots$，而

$$a_0=\frac{2}{\pi}\int_0^{\pi}f(x)\mathrm{d}x=\frac{2}{\pi}\int_0^{\pi}\sin x\mathrm{d}x=\frac{4}{\pi};$$

$$a_1=\frac{2}{\pi}\int_0^{\pi}f(x)\cos x\mathrm{d}x=\frac{2}{\pi}\int_0^{\pi}\sin x\cos x\mathrm{d}x=\frac{1}{\pi}\sin^2 x\Big|_0^{\pi}=0;$$

$$a_n=\frac{2}{\pi}\int_0^{\pi}f(x)\cos nx\mathrm{d}x=\frac{2}{\pi}\int_0^{\pi}\sin x\cos nx\mathrm{d}x=\frac{1}{\pi}\int_0^{\pi}[\sin(1-n)x+\sin(1+n)x]\mathrm{d}x$$
$$=\frac{1}{\pi}\left[\frac{1}{n-1}\cos(1-n)x-\frac{1}{n+1}\cos(1+n)x\right]\Big|_0^{\pi}=\frac{2}{\pi(n^2-1)}[(-1)^{n-1}-1]$$
$$=\begin{cases}-\frac{4}{\pi}\cdot\frac{1}{n^2-1},n=2,4,\cdots\\0, \qquad n=3,5,\cdots\end{cases},$$

故
$$f(x)=\frac{2}{\pi}-\sum_{n=1}^{\infty}\frac{4}{4n^2-1}\cos 2nx,\quad -\infty<x<\infty.$$

思考（i）若将该函数展开成周期为π的傅里叶级数，结果如何？（ii）若 $f(x)=\left|\sin\frac{1}{2}x\right|$ 或 $f(x)=|\cos x|$ 或 $f(x)=\left|\cos\frac{1}{2}x\right|$，结果如何？（iii）若 $f(x)=\sin x$ 或 $f(x)=\cos x$，结果又如何？$f(x)=\sin\frac{1}{2}x$ 或 $f(x)=\cos\frac{1}{2}x$ 或 $f(x)=\sin 2x$ 或 $f(x)=\cos 2x$ 呢？

例 6　将函数 $f(x)=x,-5<x\leqslant 5$ 展开成周期为10的傅里叶级数.

分析　这是定义在 $(-5,5]$ 上的函数，要将其延拓成周期为10的周期函数，并将延拓的函数展开成傅里叶级数，再将此傅里叶级数限制在 $(-5,5]$ 上，即得傅里叶级数.

解　函数 $f(x)$ 及其周期延拓后的函数的图形如图 11-9 所示. 显然，延拓的函数满足狄利克雷收敛定理条件，且为奇函数，所以 $a_n=0,n=0,1,2,\cdots$，而

$$b_n=\frac{2}{5}\int_0^5 f(x)\sin\frac{n\pi}{5}x\mathrm{d}x=\frac{2}{5}\int_0^5 x\sin\frac{n\pi}{5}x\mathrm{d}x=-\frac{2}{n\pi}\int_0^5 x\mathrm{d}\left(\cos\frac{n\pi}{5}x\right)$$
$$=-\frac{2}{n\pi}\left[x\cos\frac{n\pi}{5}x\Big|_0^5-\int_0^5\cos\frac{n\pi}{5}x\mathrm{d}x\right]=(-1)^{n+1}\frac{10}{n\pi}.$$

故
$$f(x)=\frac{10}{\pi}\sum_{n=1}^{\infty}(-1)^{n+1}\frac{1}{n}\sin\frac{n\pi}{5}x,\quad -5<x<5.$$

当 $x=\pm 5$ 时，上式右边的级数收敛于 $\frac{1}{2}[f(-5^+)+f(5^-)]=\frac{-5+5}{2}=0$.

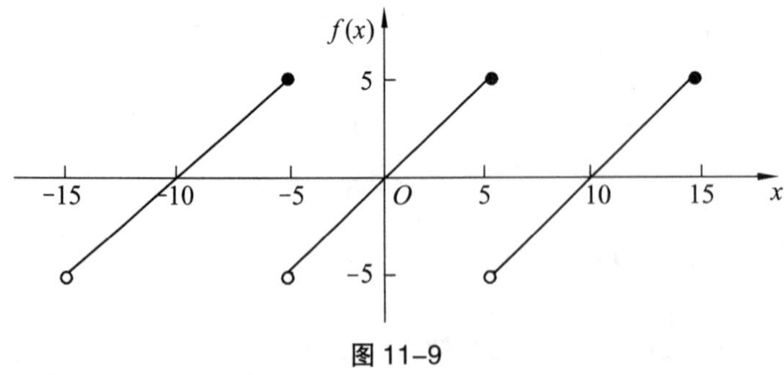

图 11-9

思考（i）若将函数 $f(x)=x,-5<x\leqslant 5$ 展开成周期为20的傅里叶级数，结果如何？（ii）若 $f(x)=x+1,-5<x\leqslant 5$，以上两种情况的结果如何？

例 7　将函数 $f(x)=x(1-x), 0<x<2$ 展开成周期为 2 的傅里叶级数.

分析　这是定义在 $(0,2)$ 内的函数，因此要用变量替换，化成定义在 $(-1,1)$ 内的函数，再将其周期延拓，从而得到周期为 2 的函数；把该函数展开成周期为 2 的傅里叶级数，最后把变量还原回来即可.

解　令 $z=x-1$，则由 $0<x<2$，可得 $-1<z<1$. 而

$$f(x)=x(1-x)=-z(z+1)=F(z),$$

补充定义 $F(-1)=0$，则

$$F(z)=-z(z+1),\quad -1\leqslant z<1.$$

对 $F(z)$ 作周期性延拓，则此周期函数满足狄利克雷收敛定理条件，它的傅里叶级数在 $(-1,1)$ 内收敛于 $F(z)$，其傅里叶系数为

$$a_0=\int_{-1}^{1}F(z)\mathrm{d}z=-\int_{-1}^{1}z(z+1)\mathrm{d}z=-\frac{2}{3};$$

$$\begin{aligned}
a_n&=\int_{-1}^{1}F(z)\cos n\pi z\mathrm{d}z=-\int_{-1}^{1}z(z+1)\cos n\pi z\mathrm{d}z=-2\int_{0}^{1}z^2\cos n\pi z\mathrm{d}z\\
&=-\frac{2}{n\pi}\int_0^1 z^2\mathrm{d}(\sin n\pi z)=-\frac{2}{n\pi}\left(z^2\sin n\pi z\,\big|_0^1-2\int_0^1 z\sin n\pi z\mathrm{d}z\right)\\
&=-\frac{4}{n^2\pi^2}\int_0^1 z\mathrm{d}(\cos n\pi z)=-\frac{4}{n^2\pi^2}\left(z\cos n\pi z\,\big|_0^1-\int_0^1\cos n\pi z\mathrm{d}z\right)=(-1)^{n+1}\frac{4}{n^2\pi^2};
\end{aligned}$$

$$\begin{aligned}
b_n&=\int_{-1}^{1}F(z)\sin n\pi z\mathrm{d}z=-\int_{-1}^{1}z(z+1)\sin n\pi z\mathrm{d}z=-2\int_0^1 z^2\sin n\pi z\mathrm{d}z\\
&=\frac{2}{n\pi}\int_0^1 z\mathrm{d}(\cos n\pi z)=\frac{2}{n\pi}\left(z\cos n\pi z\,\big|_0^1-\int_0^1\cos n\pi z\mathrm{d}z\right)=(-1)^n\frac{2}{n\pi}.
\end{aligned}$$

于是

$$F(z)=-\frac{1}{3}+\frac{2}{\pi}\sum_{n=1}^{\infty}(-1)^n\left(\frac{1}{n}\sin n\pi z-\frac{2}{n^2\pi}\cos n\pi z\right),\quad -1<z<1,$$

即

$$\begin{aligned}
f(x)&=-\frac{1}{3}+\frac{2}{\pi}\sum_{n=1}^{\infty}(-1)^n\left[\frac{1}{n}\sin n\pi(x-1)-\frac{2}{n^2\pi}\cos n\pi(x-1)\right]\\
&=-\frac{1}{3}+\frac{2}{\pi}\sum_{n=1}^{\infty}\left(\frac{1}{n}\sin n\pi x-\frac{2}{n^2\pi}\cos n\pi x\right),\quad 0<x<2.
\end{aligned}$$

思考　（i）若将函数 $f(x)=x(1-x), 0<x<2$ 展开成周期为 4 的傅里叶级数，结果如何？（ii）若 $f(x)=x(1+x), 0<x<2$，以上两种情况的结果如何？

例 8　将函数 $f(x)=\begin{cases}1, 0\leqslant x\leqslant 1\\ 0, 1<x\leqslant 2\end{cases}$ 分别展开成正弦级数和余弦级数.

分析　先对函数 $f(x)$ 分别作奇延拓和偶延拓，再将延拓后的函数展开成相应的傅里叶级数即可.

解　如图 11-10 所示，对函数 $f(x)$ 作奇延拓，得

$$F(x)=\begin{cases}f(x), & 0<x\leqslant 2\\ 0, & x=0\\ -f(x), & -2<x<0\end{cases}.$$

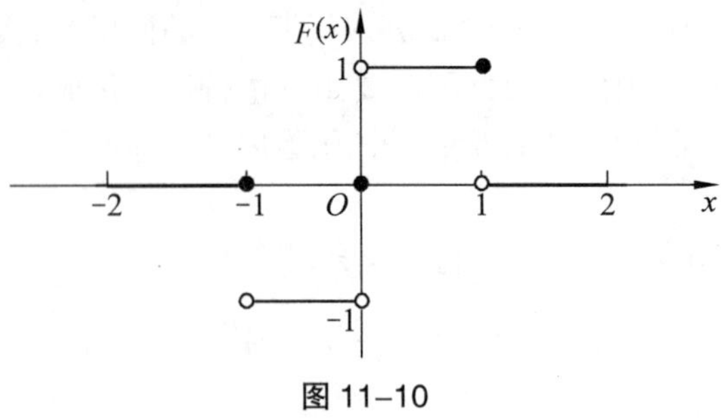

图 11-10

由于 $F(x)$ 为奇函数，所以 $a_n=0, n=0,1,2,\cdots$. 而

$$b_n=\frac{2}{2}\int_0^2 F(x)\sin\frac{n\pi}{2}x\mathrm{d}x=\int_0^1\sin\frac{n\pi}{2}x\mathrm{d}x+\int_1^2 0\cdot\sin\frac{n\pi}{2}x\mathrm{d}x$$

$$=-\frac{2}{n\pi}\cos\frac{n\pi}{2}x\Big|_0^1=-\frac{2}{n\pi}\left(\cos\frac{n\pi}{2}-1\right),\quad n=1,2,\cdots.$$

于是
$$F(x)=f(x)=\frac{2}{\pi}\sum_{n=1}^{\infty}\frac{1}{n}\left(1-\cos\frac{n\pi}{2}\right)\sin\frac{n\pi}{2}x,\quad x\in(0,1)\cup(1,2].$$

当 $x=0$ 时，$F(x)$ 间断，此时级数收敛于 $\frac{1}{2}[F(0^+)+F(0^-)]=\frac{-1+1}{2}=0$；当 $x=1$ 时，$F(x)$ 也间断，此时级数收敛于 $\frac{1}{2}[F(1^+)+F(1^-)]=\frac{1+0}{2}=\frac{1}{2}$. 所以 $f(x)$ 的正弦级数为

$$f(x)=\frac{2}{\pi}\sum_{n=1}^{\infty}\frac{1}{n}\left(1-\cos\frac{n\pi}{2}\right)\sin\frac{n\pi}{2}x,\quad x\in[0,1)\cup(1,2].$$

如图 11-11 所示，对函数 $f(x)$ 作偶延拓，得

$$G(x)=\begin{cases}f(x), & 0\leqslant x\leqslant 2\\ f(-x), & -2<x<0\end{cases}.$$

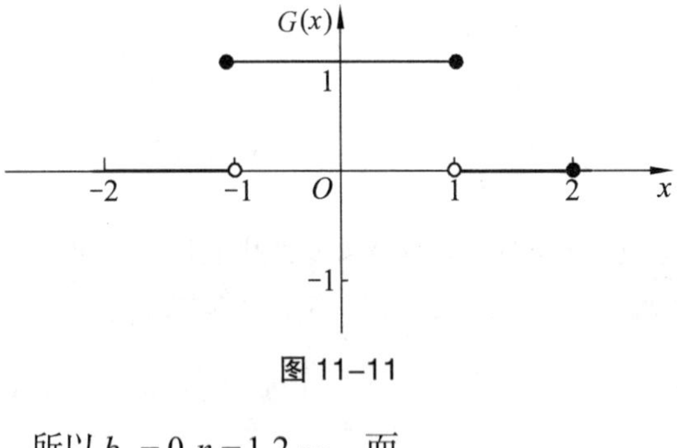

图 11-11

由于 $G(x)$ 为偶函数，所以 $b_n=0, n=1,2,\cdots$. 而

$$a_0=\frac{2}{2}\int_0^2 G(x)\mathrm{d}x=\int_0^1\mathrm{d}x+\int_1^2 0\cdot\mathrm{d}x=1;$$

$$a_n=\frac{2}{2}\int_0^2 G(x)\cos\frac{n\pi}{2}x\mathrm{d}x=\int_0^1\cos\frac{n\pi}{2}x\mathrm{d}x+\int_1^2 0\cdot\cos\frac{n\pi}{2}x\mathrm{d}x$$

$$=\frac{2}{n\pi}\sin\frac{n\pi}{2}x\Big|_0^1=\frac{2}{n\pi}\sin\frac{n\pi}{2}, n=1,2,\cdots.$$

于是
$$G(x)=f(x)=\frac{1}{2}+\frac{2}{\pi}\sum_{n=1}^{\infty}\frac{1}{n}\sin\frac{n\pi}{2}\cos\frac{n\pi}{2}x,\quad x\in[0,1)\cup(1,2],$$

当 $x=1$ 时，$G(x)$ 间断，此时级数收敛于 $\frac{1}{2}[G(1^+)+G(1^-)]=\frac{1+0}{2}=\frac{1}{2}$. 所以 $f(x)$ 的余弦级数为

$$f(x)=\frac{1}{2}+\frac{2}{\pi}\sum_{n=1}^{\infty}\frac{1}{n}\sin\frac{n\pi}{2}\cos\frac{n\pi}{2}x,\quad x\in[0,1)\cup(1,2].$$

思考 （i）若将函数 $f(x)=\begin{cases}0,0\leqslant x\leqslant 1\\1,1<x\leqslant 2\end{cases}$ 展开成周期为 2 的傅里叶级数，结果如何？

（ii）若将 $f(x)=\begin{cases}1,0\leqslant x\leqslant 1\\0,1<x\leqslant 2\end{cases}$ 或 $f(x)=\begin{cases}0,0\leqslant x\leqslant 1\\1,1<x\leqslant 2\end{cases}$ 展开成周期为2的傅里叶级数，结果如何？

例 9 将函数 $f(x)=\frac{\pi}{4}$ 在 $[0,\pi]$ 上展开成正弦级数，并据此推出

（i）$1-\frac{1}{3}+\frac{1}{5}-\frac{1}{7}+\cdots=\frac{\pi}{4}$； （ii）$1+\frac{1}{5}-\frac{1}{7}-\frac{1}{11}+\frac{1}{13}+\frac{1}{17}-\cdots=\frac{\pi}{3}$.

分析 这是利用函数的傅里叶级数求数项函数的和的问题. 先将函数展开成傅里叶级数，再在傅里叶级数中取特定值，得出相应的数项级数及其和.

解 对 $f(x)=\frac{\pi}{4}$ 作奇开拓，之后再作周期延拓，所得函数满足狄利克雷定理条件，于是有 $a_n=0,n=0,1,2,\cdots$. 而

$$b_n=\frac{2}{\pi}\int_0^{\pi}\frac{\pi}{4}\sin nx\mathrm{d}x=\frac{1}{2}\int_0^{\pi}\sin nx\mathrm{d}x=-\frac{1}{2n}\cos nx\Big|_0^{\pi}$$
$$=\frac{1}{2n}[1-(-1)^n]=\begin{cases}\frac{1}{n},n=1,3,\cdots\\0,n=2,4,\cdots\end{cases},$$

于是
$$f(x)=\sum_{n=1}^{\infty}\frac{1}{2n-1}\sin(2n-1)x,\quad x\in(0,\pi),$$

当 $x=0,\pi$ 时，级数均收敛于 0，不等于函数 $f(x)$ 的函数值 $f(0)=\frac{\pi}{4},f(\pi)=\frac{\pi}{4}$. 所以 $f(x)$ 的正弦级数为

$$f(x)=\frac{\pi}{4}=\sum_{n=1}^{\infty}\frac{1}{2n-1}\sin(2n-1)x,\quad x\in(0,\pi).$$

（i）在上式中令 $x=\frac{\pi}{2}\in(0,\pi)$，得

$$\frac{\pi}{4}=\sum_{n=1}^{\infty}\frac{1}{2n-1}\sin\frac{2n-1}{2}\pi=\sum_{n=1}^{\infty}\frac{1}{2n-1}\left(\sin n\pi\cos\frac{1}{2}\pi-\cos n\pi\sin\frac{1}{2}\pi\right)$$
$$=\sum_{n=1}^{\infty}(-1)^{n+1}\frac{1}{2n-1}=1-\frac{1}{3}+\frac{1}{5}-\frac{1}{7}+\cdots.$$

所以
$$1-\frac{1}{3}+\frac{1}{5}-\frac{1}{7}+\cdots=\frac{\pi}{4}.$$

（ii）将上式两边同乘以$\frac{1}{3}$，得

$$\frac{1}{3}-\frac{1}{9}+\frac{1}{15}-\frac{1}{21}+\cdots=\frac{\pi}{12},$$

将以上两式相加，得

$$\left(1-\frac{1}{3}+\frac{1}{5}-\frac{1}{7}+\cdots\right)+\left(\frac{1}{3}-\frac{1}{9}+\frac{1}{15}-\frac{1}{21}+\cdots\right)=\frac{\pi}{4}+\frac{\pi}{12},$$

即

$$1+\frac{1}{5}-\frac{1}{7}-\frac{1}{11}+\frac{1}{13}+\frac{1}{17}-\cdots=\frac{\pi}{3}.$$

思考 将函数$f(x)=\frac{\pi}{4}$在$[0,1]$或$[0,2]$上展开成正弦级数；（ii）据此能否推出$1-\frac{1}{3}+\frac{1}{5}-\frac{1}{7}+\cdots=\frac{\pi}{4}$，$1+\frac{1}{5}-\frac{1}{7}-\frac{1}{11}+\frac{1}{13}+\frac{1}{17}-\cdots=\frac{\pi}{3}$？

五、练习题 11.3

1. 设$f(x)$是周期为2π的周期函数，如果$f(x-\pi)=f(x)$，问$f(x)$的傅里叶级数有何特点？

2. 设

$$f(x)=\begin{cases}x, & 0\leqslant x\leqslant\frac{1}{2}\\ 2-2x, & \frac{1}{2}<x<1\end{cases},$$

而

$$s(x)=\frac{a_0}{2}+\sum_{n=1}^{\infty}a_n\cos n\pi x,-\infty<x<+\infty,$$

其中$a_n=2\int_0^1 f(x)\cos n\pi x\mathrm{d}x$，$n=0,1,2,\cdots$，求$s\left(-\frac{5}{2}\right)$.

3. 将周期为2π的函数$f(x)=\begin{cases}0, -\pi\leqslant x<0\\ 3x, 0\leqslant x\leqslant\pi\end{cases}$展开成傅里叶级数.

4. 将函数$f(x)=2\sin\frac{x}{3},-\pi\leqslant x<\pi$展开成傅里叶级数.

5. 设周期函数在一个周期内的表达式为$f(x)=\begin{cases}2x+1, -3\leqslant x<0\\ 1, \quad 0\leqslant x<3\end{cases}$，试将其展开成傅里叶级数.

6. 将函数$f(x)=\begin{cases}x, 0\leqslant x\leqslant 2\\ 1, 2<x<3\end{cases}$分别展开成正弦级数和余弦级数.

7. 将函数$f(x)=\begin{cases}x, & -\frac{\pi}{2}\leqslant x<\frac{\pi}{2}\\ \pi-x, & \frac{\pi}{2}\leqslant x\leqslant\frac{3\pi}{2}\end{cases}$展开成傅里叶级数.

8. 将函数$f(x)=\pi^2-x^2$在$[-\pi,\pi)$展开成傅里叶级数，并据此求数项级数$\sum_{n=1}^{\infty}(-1)^{n-1}\frac{1}{n^2}$的和.

9. 将函数$f(x)=x^2$在$[0,2\pi)$上分别展开成傅里叶级数、正弦级数和余弦级数.

10. 证明：当$0\leqslant x\leqslant \pi$时，$\sum_{n=1}^{\infty}\frac{1}{n^2}\cos n\pi x=\frac{1}{4}x^2-\frac{\pi}{2}x+\frac{1}{6}\pi^2$.

综合测试题 11—A

一、填空题：1～5 小题，每小题 4 分，共 20 分，请将答案写在答题纸的指定位置上.

1. 设$\sigma=\sum_{n=1}^{\infty}\frac{1}{n(n+2)}$，则$\sigma=$________.

2. 若级数$\sum_{n=0}^{\infty}a_n x^n$的收敛半径为$R$，则级数$\sum_{n=0}^{\infty}(a_n+a_{n+1})x^{2n}$的收敛半径为________.

3. 设幂级数$\sum_{n=0}^{\infty}a_n(x-1)^{2n}$在$x=2$处条件收敛，则其收敛域为________.

4. 若级数$\sum_{n=0}^{\infty}\frac{(-1)^n}{n^p}$条件收敛，则$p\in$________.

5. 设$y=f(x)$是周期为 2 的周期函数，它在区间$(-1,1]$上的定义为$f(x)=\begin{cases}2,-1<x\leqslant 0\\ x^3,0<x\leqslant 1\end{cases}$，则$f(x)$的傅里叶级数在$x=2$处收敛于________.

二、选择题：6～10 小题，每小题 4 分，共 20 分，下列每小题给出的四个选项中，只有一项符合题目要求，把所选项前的字母填在题后的括号内.

6. 对于$\sum_{n=1}^{\infty}\left(\frac{(-1)^n}{n^p}+\frac{1}{n^{3-p}}\right)$，下列结论正确的是（　　）.

A. $p>0$时，级数收敛　　　　B. $p>1$时，级数收敛

C. $0<p<2$时，级数绝对收敛　　　　D. $1<p<2$，级数绝对收敛

7. $n=1,2,3,\cdots$，总有$a_n\leqslant b_n\leqslant c_n$，则（　　）.

A. 若$\sum a_n,\sum c_n$都收敛，则必有$\sum b_n$收敛

B. 若$\sum a_n,\sum c_n$都发散，则必有$\sum b_n$求和等发散

C. $\sum a_n<\sum b_n<\sum c_n$

D. 以上结论都不对

8. 下列命题正确的是（　　）.

A. 设正项级数$\sum_{n=1}^{\infty}a_n$发散，则$a_n\geqslant\frac{1}{n}(n\geqslant N)$

B. 设$\sum_{n=1}^{\infty}(a_{2n-1}+a_{2n})$收敛，则$\sum_{n=1}^{\infty}a_n$收敛

C. 设$\sum_{n=1}^{\infty}a_n,\sum_{n=1}^{\infty}b_n$均发散，则$\sum_{n=1}^{\infty}a_n b_n$发散

D. 设$\sum_{n=1}^{\infty}a_n^2,\sum_{n=1}^{\infty}b_n^2$ 均收敛，则$\sum_{n=1}^{\infty}|a_nb_n|$收敛

9. 已知级数$\sum_{n=1}^{\infty}(-1)^{n-1}a_n=2,\sum_{n=1}^{\infty}a_{2n-1}=5$，则级数$\sum_{n=1}^{\infty}a_n=$（　　）.

A. 3　　B. 7　　C. 8　　D. 9

10. 设级数$\sum_{n=1}^{\infty}a_n$收敛，则必收敛的级数为（　　）.

A. $\sum_{n=1}^{\infty}(-1)^n\frac{a_n}{n}$　　B. $\sum_{n=1}^{\infty}a_n^2$　　C. $\sum_{n=1}^{\infty}(a_{2n-1}-a_{2n})$　　D. $\sum_{n=1}^{\infty}(a_n+a_{n+1})$

三、解答题：11～18 小题，前四小题每题 7 分，后四小题每题 8 分，共 60 分. 请将解答写在答题纸指定的位置上. 解答应写出文字说明、证明过程或演算步骤.

11. 判断级数$\sum_{n=1}^{\infty}(-1)^n\frac{\ln n}{n}$的敛散性，若收敛，指出是条件收敛，还是绝对收敛.

12. 将函数$f(x)=\frac{1}{x^2-x-2}$展开成$x-1$的幂级数.

13. 求幂级数$\sum_{n=0}^{\infty}(-1)^n\frac{x^{2n+1}}{3^n(2n+1)}$的收敛半径与收敛域.

14. 判断级数$\sum_{n=0}^{\infty}\frac{\mathrm{e}^n n!}{n^n}$的敛散性.

15. 判断级数$\sum_{n=1}^{\infty}\int_n^{n+1}\mathrm{e}^{-\sqrt{x}}\mathrm{d}x$的敛散性.

16. 求幂级数$\sum_{n=0}^{\infty}\frac{x^n}{(n+1)2^n}$的收敛域及和函数.

17. 设有幂级数$\sum_{n=1}^{\infty}\left(\frac{1}{n}+\frac{2^n}{n^2}\right)x^n$，求（1）收敛域；（2）和函数在收敛区间内的导函数.

18. 设函数$f(x)$在$(-\infty,+\infty)$上有定义，在$x=0$的某个邻域内有一阶连续导数，且$\lim\limits_{x\to 0}\frac{f(x)}{x}=a>0$，证明$\sum_{n=1}^{\infty}(-1)^n f\left(\frac{1}{n}\right)$收敛而$\sum_{n=1}^{\infty}f\left(\frac{1}{n}\right)$发散.

综合测试题 11—B

一、填空题：1～5 小题，每小题 4 分，共 20 分，请将答案写在答题纸的指定位置上.

1. 若级数$\sum_{n=1}^{\infty}\left(\frac{1}{b_n}-\frac{1}{b_{n-1}}\right)=-\frac{1}{b_0}$，则$\lim\limits_{n\to\infty}b_n=$________.

2. 若级数$\sum_{n=0}^{\infty}a_nx^n$的收敛域为$[-R,R]$，则级数$\sum_{n=0}^{\infty}\frac{a_n}{n+1}x^{2n+1}$的收敛域为________.

3. 设 $f(x)=\sin x^2$，则 $f^{(4n+2)}(0)=$ __________ .

4. 设 $\sum\limits_{n=0}^{\infty}a_n(x-b)^n$ 在点 $x=0$ 处收敛，在 $x=2b$ 处发散，则幂级数 $\sum\limits_{n=0}^{\infty}(n+1)a_{n+1}x^n$ 的收敛半径为 __________ .

5. 设 $f(x)=\begin{cases}-1, & -\pi<x\leqslant 0\\ 1+2x^2, & 0<x\leqslant\pi\end{cases}$ 是周期为 2π 的周期函数，则 $f(x)$ 的傅里叶级数在 $x=\pi$ 处收敛于 __________ .

二、选择题：6 ~ 10 小题，每小题 4 分，共 20 分，下列每小题给出的四个选项中，只有一项符合题目要求，把所选项前的字母填在题后的括号内.

6. 若 $\sum\limits_{n=1}^{\infty}a_n$ 收敛，则级数（　　）.

A. $\sum\limits_{n=1}^{\infty}a_n^2$ 收敛　　B. $\sum\limits_{n=1}^{\infty}(-1)^n a_n$ 收敛　　C. $\sum\limits_{n=1}^{\infty}a_n a_{n+1}$ 收敛　　D. $\sum\limits_{n=1}^{\infty}(a_n+a_{n+1})$ 收敛

7. 下列结论中成立的是（　　）.

A. 若数列 $\{a_n\}$ 收敛，$\{b_n\}$ 发散，则数列 $\{a_nb_n\}$ 必发散

B. 若数列 $\{a_n\}$ 收敛，$\{b_n\}$ 发散，则数列 $\{a_nb_n\}$ 必定收敛

C. 若数列 $\{a_n\},\{b_n\}$ 都发散，则数列 $\{a_nb_n\}$ 必发散

D. 若数列 $\{a_n\},\{b_n\}$ 都发散，则数列 $\{a_nb_n\}$ 有可能收敛

8. 设幂级数 $\sum\limits_{n=0}^{\infty}a_nx^n$ 的收敛域为 $(-2,2)$，则幂级数 $\sum\limits_{n=0}^{\infty}na_n(x+1)^n$ 的收敛域为（　　）.

A. $(-1,3)$　　B. $(-1,3]$　　C. $(-3,1)$　　D. $[-3,1]$

9. 设 k 为常数，则 $\sum\limits_{n=1}^{\infty}(-1)^n\dfrac{n+k}{n^2}$（　　）.

A. 绝对收敛　　B. 条件收敛　　C. 发散　　D. 敛散性与 k 的取值有关

10. 极限 $\lim\limits_{n\to\infty}\dfrac{2^n n!}{n^n}=$（　　）.

A. 0　　B. $\dfrac{2}{\mathrm{e}}$　　C. 1　　D. ∞

三、解答题：11 ~ 18 小题，前四小题每题 7 分，后四小题每题 8 分，共 60 分. 请将解答写在答题纸指定的位置上. 解答应写出文字说明、证明过程或演算步骤.

11. 判断级数 $\sum\limits_{n=1}^{\infty}(-1)^{n+1}\dfrac{n}{n^2+1}$ 的敛散性，若收敛，指出是条件收敛，还是绝对收敛.

12. 求幂级数 $\sum\limits_{n=1}^{\infty}\dfrac{(2x-1)^n}{n}$ 的收敛半径与收敛域.

13. 把函数 $f(x)=\dfrac{\pi}{4}-\dfrac{x}{2}(0\leqslant x\leqslant\pi)$ 展开成正弦级数.

14. 判断级数 $\sum\limits_{n=1}^{\infty}\int_0^{\frac{1}{n}}\dfrac{\sqrt{x}}{1+x^2}\mathrm{d}x$ 的敛散性.

15. 设$\alpha \in \mathbf{R}, \beta \geqslant 0$为常数，讨论级数$\sum_{n=1}^{\infty} n^{\alpha} \beta^{n}$的敛散性，若收敛，指出是绝对收敛，还是条件收敛.

16. 已知$\lim_{n \to \infty} n u_n = 0$，级数$\sum_{n=0}^{\infty} (n+1)(u_{n+1} - u_n)$收敛，证明级数$\sum_{n=0}^{\infty} u_n$也收敛.

17. 已知$a_0 = 3, a_1 = 5$且对任意的自然数$n > 1, n a_n = \frac{2}{3} a_{n-1} - (n-1) a_{n-1}$，证明：当$|x| < 1$时，幂级数$\sum_{n=1}^{\infty} a_n x^n$收敛，并求其和函数.

18. 已知级数$\sum_{n=1}^{\infty} (-1)^{n-1} \frac{x^{2n-1}}{4^{2n-2}(2n-1)!}$，求该级数的收敛区间及和函数，并将所求的和函数展开成$x-1$的幂级数.

第十二章　微分方程

第一节　可分离变量微分方程

一、教学目标

1. 了解微分方程的基本概念.
2. 了解可分离变量微分方程的概念，掌握可分离变量微分方程的解法.
3. 了解齐次方程的概念，掌握齐次方程的解法；了解一些可化为齐次方程的解法.

二、内容提要

可分离变量的微分方程

- 微分方程的定义
  - 微分方程 ⇔ 表示未知函数、未知函数的导数与自变量之间关系的方程.
  - 常微分方程 ⇔ 未知函数是一元函数的微分方程.
  - 偏微分方程 ⇔ 未知函数是多元函数的微分方程.
  - 微分方程的阶 ⇔ 微分方程中所出现的未知函数的最高阶导数的阶数.
- 微分方程的解
  - 函数 $y=\varphi(x)$ 是方程 $F(x,y,y',\cdots,y^{(n)})=0$ 的解 ⇔ 函数 $y=\varphi(x)$ 在区间 I 上有 n 阶连续导数，且满足 $F[x,\varphi(x),\varphi'(x),\cdots,\varphi^{(n)}]\equiv 0$.
  - 微分方程的通解 ⇔ 微分方程的解中含有任意常数，且任意常数的个数与方程的阶数相同.
  - 微分方程的特解 ⇔ 利用初始条件确定了通解中的任意常数的值后所得到的解.
- 积分曲线 ⇔ 微分方程的解的图形.
- 定义：变量可分离的方程 ⇔ 形如
  $$g(y)\mathrm{d}y=f(x)\mathrm{d}x \tag{1}$$
  的方程.
- 解法：方程两边同时积分，可得方程式（1）的通解：$G(y)=F(x)+C$，其中 $G(y)$、$F(x)$ 分别是 $g(y),f(x)$ 的原函数.
- 齐次方程
  - 定义：齐次方程 ⇔ 形如
    $$\frac{\mathrm{d}y}{\mathrm{d}x}=\varphi\left(\frac{y}{x}\right) \tag{2}$$
    的方程.
  - 解法
    - 令 $u=\dfrac{y}{x}$，于是 $\dfrac{\mathrm{d}y}{\mathrm{d}x}=u+x\dfrac{\mathrm{d}u}{\mathrm{d}x}$，代入式（2）后可化为变量可分离的方程.
    - 有时也可令 $u=\dfrac{x}{y}$，将方程式（2）中 x 看成未知函数，y 看成自变量来求解.

三、疑点解析

1. 关于微分方程的通解和特解　一般地，凡表示未知函数、未知函数的导数与自变量之间关系的方程，叫做微分方程. 未知函数是一元函数的，叫做常微分方程；未知函数是多元函数的，叫做偏微分方程. 微分方程有时也简称为方程.

微分方程中所出现的未知函数的最高阶导数的阶数，叫做微分方程的阶.

如果微分方程的解中含有任意常数，且任意常数的个数与微分方程的阶数相同，这样的解叫做微分方程的通解.

例如，函数 $y=(C_1\mathrm{e}^{-x}+C_2\mathrm{e}^{4x})-\dfrac{1}{6}\mathrm{e}^x$（这里 C_1,C_2 是任意常数）是方程 $\dfrac{\mathrm{d}^2y}{\mathrm{d}x^2}-3\dfrac{\mathrm{d}y}{\mathrm{d}x}-4y=\mathrm{e}^x$ 的解，它含有两个任意常数，而方程 $\dfrac{\mathrm{d}^2y}{\mathrm{d}x^2}-3\dfrac{\mathrm{d}y}{\mathrm{d}x}-4y=\mathrm{e}^x$ 又是二阶的，所以函数 $y=(C_1\mathrm{e}^{-x}+C_2\mathrm{e}^{4x})-\dfrac{1}{6}\mathrm{e}^x$ 是该方程的通解.

需要注意的是：一个微分方程的通解并不一定包含该微分方程的所有解. 事实上，一个微分方程的通解也可以是不唯一的.

例如，对于微分方程 $\left(\dfrac{\mathrm{d}y}{\mathrm{d}x}-1\right)\left(\dfrac{\mathrm{d}y}{\mathrm{d}x}-2\right)=0$，它是一阶微分方程，而函数 $y=x+C$ 和 $y=2x+C$（其中 C 是常数）都是它的通解，当然，这两个通解都不能包含方程的所有解.

通常，利用定解条件确定了通解中的任意常数以后，就得到微分方程的特解.

例如，二阶微分方程 $\dfrac{\mathrm{d}^2y}{\mathrm{d}x^2}+5\dfrac{\mathrm{d}y}{\mathrm{d}x}+4y=0$ 的通解为 $y=C_1\mathrm{e}^{-x}+C_2\mathrm{e}^{-4x}$，这里 C_1,C_2 是任意常数；满足初始条件 $y(0)=2,\dfrac{\mathrm{d}y(0)}{\mathrm{d}x}=1$ 的特解是 $y=3\mathrm{e}^{-x}-\mathrm{e}^{-4x}$，它可以在通解中令 $C_1=3,C_2=-1$ 而得到.

一个微分方程还可能有不带任意常数的解，或者出现任意常数的个数少于方程阶数的解，这种解有时包含在某个通解中，但也有可能不在其通解中. 这种解也可称为微分方程的特解（奇解）.

例如，对于方程 $\dfrac{\mathrm{d}y}{\mathrm{d}x}=\sqrt[3]{y}$，其通解是 $\dfrac{3}{2}\sqrt[3]{y^2}=x+C$. 它还有一个特解是 $y=0$，而这个解并不在其通解中.

在求微分方程的定解问题时，常常是先求方程的通解，然后用定解条件来确定通解中的任意常数的值，从而得到所要求的特解. 这种方法很明显需要有一前提，即必须要求所要求的特解在通解中，否则，可能会出现找不到特解的现象.

例如，对于方程 $\dfrac{\mathrm{d}y}{\mathrm{d}x}=y^2\cos x$，其通解是 $y=-\dfrac{1}{\sin x+C}$，这里 C 是任意常数. 此外，方程还有 $y=0$ 的解.

如果要求满足初始条件：当 $x=0$ 时，$y=1$ 的特解，此时，以 $x=0,y=1$ 代入通解中，得到 $C=-1$，因而所求的特解是 $y=\dfrac{1}{1-\sin x}$.

如果要求满足条件：当 $x=0$ 时，$y=0$ 的特解，这时你会发现，在通解中找不到你要的特解！

事实上，这个特解就是 $y=0$，它不在方程的通解中.

线性微分方程（第 4 节（伯努利方程除外）和第 7、8、9 节所讨论的方程）的通解一定包含该方程的所有解，这时在求特解问题时，不会出现上面找不到特解的情况.

只有在求某些非线性方程的定解问题时，才有可能出现上面所说的在通解中找不到特解的情况.

在求某些非线性方程的定解问题时，有时在同一个定解条件下，又有可能出现多个特解的情况.

例如，对于方程 $\frac{dy}{dx}=\sqrt[3]{y}$，其满足条件 $y(0)=0$ 的特解有 $\frac{3}{2}\sqrt[3]{y^2}=x$ 和 $y=0$ 两个特解.

2. 关于一阶微分方程的初等解法、未知函数和自变量　高等数学中介绍的能用初等方法求出通解的方程有 5 种类型，分别是变量可分离的方程、齐次方程、一阶线性方程、贝努科方程和全微分方程. 这些方程都是可以将未知函数的最高阶导数项显式地解出来的方程.

在解一阶微分方程时，要会识别方程的类型，这一点很重要. 因为不同类型的方程，其解法不同，而且不同类型的方程，其解法差别也很大. 还有，一种类型的方程，其解法对其他类型的方程的求解一般是无效的.

有些方程需要通过适当的恒等变形，以及变量变换等手段，才能化成上面 5 种类型中的某种形式.

在一个常微分方程中，通常有两个变量 x,y. 在这两个变量中，哪个是自变量，哪个是函数，应随情况而定. 也就是说，在解出未知函数的最高阶导数项时，是把 x 当成未知函数，还是把 y 当成未知函数，要根据情况而定.

例如，对于方程 $\frac{dy}{dx}=\frac{1}{2xy+2y^3}$，把 y 当成未知函数时，该方程并不是上述 5 种方程中的某一类型，但如果将 x 看做未知函数，方程将变为 $\frac{dx}{dy}=2xy+2y^3$，这是一阶线性方程. 其通解可用公式求得：$x=Ce^{y^2}-y^2-1$.

3. 关于积分方程　有些积分方程，可以化成微分方程来解. 在将一个积分方程化成微分方程时，常常采用“方程两边同时求导”的方法. *需要注意的是：在方程两边同时求导之后所得到的方程，通常与原积分方程并不一定是同解的！而是与“方程两边同时求导之后所得到的方程”的某个定解问题的解相同. 所以在对积分方程两边同时求导之后，还需要设法再导出一个定解条件.*

4. 关于可分离变量的方程及其解法　先看一个简单的例子：对于一阶微分方程

$$\frac{dy}{dx}=2x,$$

将方程写成 $dy=2xdx$，两端积分 $\int dy=\int 2xdx$，不难得到这个方程的通解是：$y=x^2+C$.

但是并不是所有的一阶微分方程都能这样来求解. 例如，对于一阶微分方程 $\frac{dy}{dx}=2xy^2$，就不能像上面那样直接对方程两端用积分的方法求出它的通解. 其原因是方程 $\frac{dy}{dx}=2xy^2$ 的右端含有未知函数 y，积分 $\int 2xy^2dx$ 求不出来，这是困难所在.（这里，积分 $\int 2xy^2dx$ 中的 y 不能当做常数，否则将导致错误的结果）.

为了解决这个困难，在方程 $\frac{\mathrm{d}y}{\mathrm{d}x}=2xy^2$ 的两端同时乘以 $\frac{\mathrm{d}x}{y^2}$，使方程 $\frac{\mathrm{d}y}{\mathrm{d}x}=2xy^2$ 变为 $\frac{\mathrm{d}y}{y^2}=2x\mathrm{d}x$，这样，变量 x 与 y 已分离在等式的两端，然后两端积分可得 $-\frac{1}{y}=x^2+C$ 或 $y=-\frac{1}{x^2+C}$，其中 C 是任意常数.

可以验证，函数 $y=-\frac{1}{x^2+C}$ 确实满足一阶微分方程 $\frac{\mathrm{d}y}{\mathrm{d}x}=2xy^2$，且含有一个任意常数，所以它是方程 $\frac{\mathrm{d}y}{\mathrm{d}x}=2xy^2$ 的通解.

从上面的求解过程可以得出一类可解的微分方程：一个方程如果能写成 $g(y)\mathrm{d}y=f(x)\mathrm{d}x$ 的形式，也就是说，能把微分方程写成一端只含 y 的函数和 $\mathrm{d}y$，另一端只含 x 的函数和 dx，就可以通过方程两边同时积分得到其通解.

一般地，如果一个一阶微分方程能写成

$$g(y)\mathrm{d}y=f(x)\mathrm{d}x$$

的形式，或者能写成

$$P(x)Q(y)\mathrm{d}x+M(x)N(y)\mathrm{d}y=0$$

的形式，那么该方程就称为可分离变量的微分方程.

可分离变量的方程的解法：先将变量分开，然后积分即可求得通解.

5. **齐次方程及其解法** 可分离变量的方程是可以通过直接积分求出解的方程. 有些方程可以通过变量变换化成可分离变量的方程. 齐次方程就是这种方程.

如果一阶微分方程 $\frac{\mathrm{d}y}{\mathrm{d}x}=f(x,y)$ 中的函数 $f(x,y)$ 可写成 $\frac{y}{x}$ 的函数，即

$$f(x,y)=g\left(\frac{y}{x}\right),$$

则称这方程为齐次方程.

齐次方程的解法：作变量变换 $u=\frac{y}{x}$，则 $y=xu$，$\frac{\mathrm{d}y}{\mathrm{d}x}=u+x\frac{\mathrm{d}u}{\mathrm{d}x}$，代入方程后，得

$$u+x\frac{\mathrm{d}u}{\mathrm{d}x}=g(u),\quad x\frac{\mathrm{d}u}{\mathrm{d}x}=g(u)-u$$

这就化成了可分离变量的方程.

有时需要将 x 视为未知函数，而将 y 视为自变量，作变量变换 $v=\frac{x}{y}$，这样可以使计算更简单.

四、例题分析

例 1 求微分方程 $x^2y\mathrm{d}x=(1-y^2+x^2-x^2y^2)\mathrm{d}y$ 的通解.

分析　这是变量可分离的方程，关键是要能将两个变量分开.

解　将变量分开，得

$$\frac{x^2}{1+x^2}\mathrm{d}x=\frac{1-y^2}{y}\mathrm{d}y,$$

两边积分，得

$$\int\frac{x^2}{1+x^2}\mathrm{d}x=\int\frac{1-y^2}{y}\mathrm{d}y,$$

方程的通解是

$$x-\arctan x=\ln y-\frac{y^2}{2}+C.$$

思考　（ⅰ）若方程为 $xy^2\mathrm{d}x=(1-y^2+x^2-x^2y^2)\mathrm{d}y$ 或 $x^2y\mathrm{d}x=(1+y^2+x^2+x^2y^2)\mathrm{d}y$ 或 $xy^2\mathrm{d}x=(1+y^2+x^2+x^2y^2)\mathrm{d}y$，结果如何？（ⅱ）$y=0$ 是否为以上各原方程的解？若是，问它是否包含在各方程的通解中？为什么会出现这种情形？

例 2　求通过原点，且与方程 $\frac{\mathrm{d}y}{\mathrm{d}x}=\mathrm{e}^y(x+1)$ 的一切积分曲线均正交的曲线方程.

分析　微分方程的积分曲线就是该方程的解. 所谓两曲线正交，是指两曲线在交点处的切线是正交（即相互垂直）的. 因此，问题的关键是求出曲线的斜率，列出微分方程.

解　依题设，所求曲线的切线斜率为 $-\frac{\mathrm{e}^{-y}}{1+x}$，于是所求的定解问题是

$$\begin{cases}\dfrac{\mathrm{d}y}{\mathrm{d}x}=-\dfrac{\mathrm{e}^{-y}}{1+x}\\ y(0)=0\end{cases}.$$

方程

$$\frac{\mathrm{d}y}{\mathrm{d}x}=-\frac{\mathrm{e}^{-y}}{1+x}$$

是变量可分离的方程. 分离变量，得

$$\mathrm{e}^y\mathrm{d}y=-\frac{\mathrm{d}x}{1+x},$$

两边积分，得到方程的通解

$$\mathrm{e}^y=-\ln(1+x)+C.$$

由定解条件 $y(0)=0$ 得 $C=1$. 于是所求曲线的方程是

$$\mathrm{e}^y=-\ln(1+x)+1.$$

思考（ⅰ）若所求曲线通过点 $(0,1)$，结果如何？通过点 $(0,b)$ 呢？（ⅱ）若所求曲线通过点 $(-2,0)$，以上解法是否正确？若否，应如何求解？通过点 $(-2,b)$ 呢？（ⅲ）画出以上两种曲线的图形，随着 x 的增大，曲线是向上的，还是向下的？可否通过直线 $x=-1$？

例 3　求微分方程 $\frac{\mathrm{d}y}{\mathrm{d}x}+\frac{\mathrm{e}^{y^2+3x}}{y}=0$ 的通解.

分析　关键是通过恒等变形，将方程化成能解的形式. 可以利用指数的什么性质？

解　由于 $\mathrm{e}^{y^2+3x}=\mathrm{e}^{y^2}\cdot\mathrm{e}^{3x}$，所以原方程可化成

$$y\mathrm{e}^{-y^2}\mathrm{d}y+\mathrm{e}^{3x}\mathrm{d}x=0,$$

两边积分，得
$$\int y\mathrm{e}^{-y^2}\mathrm{d}y+\int \mathrm{e}^{3x}\mathrm{d}x=C,$$
故原方程的通解是
$$-\frac{1}{2}\mathrm{e}^{-y^2}+\frac{1}{3}\mathrm{e}^{3x}=C.$$

思考（i）若方程为$\frac{\mathrm{d}y}{\mathrm{d}x}+\frac{\mathrm{e}^{x^2+3y}}{y}=0$，可否求出其通解？为什么？$\frac{\mathrm{d}x}{\mathrm{d}y}+\frac{\mathrm{e}^{y^2+3x}}{y}=0$呢？（ii）求微分方程$\frac{\mathrm{d}y}{\mathrm{d}x}+\frac{x\mathrm{e}^{x^2+3y}}{y}=0$的通解.

例 4　求微分方程$3xy\frac{\mathrm{d}y}{\mathrm{d}x}+12x^2=2x^2\frac{\mathrm{d}y}{\mathrm{d}x}+4y^2-xy$的通解.

分析　一般地，在微分方程中如果同时将x用tx代，y用ty代之后，方程的形式能保持不变，这样的方程就是齐次方程. 本题的方程就是齐次方程.

解　将方程中$\frac{\mathrm{d}y}{\mathrm{d}x}$解出，得
$$\frac{\mathrm{d}y}{\mathrm{d}x}=\frac{4y^2-xy-12x^2}{3xy-2x^2},$$
即
$$\frac{\mathrm{d}y}{\mathrm{d}x}=\frac{4\left(\frac{y}{x}\right)^2-\frac{y}{x}-12}{3\left(\frac{y}{x}\right)-2}.$$
令$u=\frac{y}{x}$，则$y=xu$，$\frac{\mathrm{d}y}{\mathrm{d}x}=u+x\frac{\mathrm{d}u}{\mathrm{d}x}$，代入原方程中，得
$$u+x\frac{\mathrm{d}u}{\mathrm{d}x}=\frac{4u^2-u-12}{3u-2},$$
即
$$x\frac{\mathrm{d}u}{\mathrm{d}x}=\frac{u^2+u-12}{3u-2},$$
分离变量，得
$$\frac{3u-2}{u^2+u-12}\mathrm{d}u=\frac{\mathrm{d}x}{x},$$
即
$$\left(\frac{1}{u-3}+\frac{2}{u+4}\right)\mathrm{d}u=\frac{\mathrm{d}x}{x}$$
两边积分，得
$$\int\left(\frac{1}{u-3}+\frac{2}{u+4}\right)\mathrm{d}u=\int\frac{\mathrm{d}x}{x},$$
解得
$$\ln|u-3|+2\ln|u+4|=\ln|x|+\ln C,$$
则原方程的通解是
$$\left|\frac{y}{x}-3\right|\left(\frac{y}{x}+4\right)^2=C|x|.$$

思考（i）从方程中解出$\frac{\mathrm{d}x}{\mathrm{d}y}$，即把$x$看做是$y$的函数，结果如何？（ii）若方程为$3xy\frac{\mathrm{d}x}{\mathrm{d}y}+12x^2=2x^2\frac{\mathrm{d}x}{\mathrm{d}y}+4y^2-xy$，结果如何？（iii）比较（i）和（ii）两个问题以及两个问题的解的异同.

例 5　求微分方程 $e^{\frac{x}{y}}\frac{dy}{dx}=\left(1-\frac{xdy}{ydx}\right)\sin\frac{x}{y}$ 满足条件 $y(0)=1$ 的特解.

分析　应先求方程的通解，再求其特解. 若将 y 视为未知函数，x 视为自变量，该方程不是齐次方程；但将 x 视为未知函数，y 视为自变量，该方程就是齐次方程.

解　将原方程写成

$$\frac{dx}{dy}=e^{\frac{x}{y}}\sin^{-1}\frac{x}{y}+\frac{x}{y},$$

则该方程为齐次方程. 令 $v=\frac{x}{y}$，则 $x=yv$，$\frac{dx}{dy}=v+y\frac{dv}{dy}$，代入方程后，得

$$v+y\frac{dv}{dy}=e^{v}\sin^{-1}v+v,$$

即

$$e^{-v}\sin v dv=\frac{dy}{y}.$$

两边积分，得

$$\int e^{-v}\sin v dv=\int\frac{dy}{y},$$

则原方程的通解是

$$\frac{e^{-v}(\sin v+\cos v)}{2}=\ln|y|+C,$$

即

$$\frac{e^{-\frac{x}{y}}\left(\sin\frac{x}{y}+\cos\frac{x}{y}\right)}{2}=\ln|y|+C.$$

再由 $y(0)=1$ 得 $C=\frac{1}{2}$，故所求特解是

$$\frac{e^{-\frac{x}{y}}\left(\sin\frac{x}{y}+\cos\frac{x}{y}\right)}{2}=\ln y+\frac{1}{2}.$$

思考　（i）若方程为 $e^{\frac{x}{y}}\frac{dy}{dx}=\left(1-\frac{dy}{dx}\right)\sin\frac{x}{y}$，结果如何？ $e^{-\frac{x}{y}}\frac{dy}{dx}=\left(1-\frac{xdy}{ydx}\right)\sin\frac{x}{y}$ 呢？（ii）求微分方程 $e^{\frac{x}{y}}\frac{dx}{dy}=\left(1-\frac{xdx}{ydy}\right)\sin\frac{x}{y}$ 的通解.

例 6　求方程 $\frac{dy}{dx}=\frac{y^6-2x^2}{2xy^5+x^2y^2}$ 的通解.

分析　将 y^3 视为一个变量，通过变量变换，将方程化成可解的形式.

解　原方程可化成

$$3y^2\frac{dy}{dx}=3\frac{y^6-2x^2}{2xy^3+x^2},$$

令 $u=y^3$，则原方程可化成

$$\frac{\mathrm{d}u}{\mathrm{d}x}=3\frac{u^2-2x^2}{2xu+x^2}=3\frac{\left(\frac{u}{x}\right)^2-2}{2\left(\frac{u}{x}\right)+1},$$

这是齐次方程. 再令 $v=\frac{u}{x}$，则 $u=xv$，$\frac{\mathrm{d}u}{\mathrm{d}x}=v+x\frac{\mathrm{d}v}{\mathrm{d}x}$，代入上面方程，得

$$x\frac{\mathrm{d}v}{\mathrm{d}x}=\frac{v^2-v-6}{2v+1},$$

即

$$\frac{2v+1}{v^2-v-6}\mathrm{d}v=\frac{\mathrm{d}x}{x},$$

即

$$\frac{1}{5}\left(\frac{7}{v-3}+\frac{3}{v+2}\right)\mathrm{d}v=\frac{\mathrm{d}x}{x},$$

两边积分，得

$$\frac{1}{5}\int\left(\frac{7}{v-3}+\frac{3}{v+2}\right)\mathrm{d}v=\int\frac{\mathrm{d}x}{x},$$

解得通解

$$\frac{7}{5}\ln|v-3|+\frac{3}{5}\ln|v+2|=\ln|x|+\ln C \quad 或 \quad |v-3|^{\frac{7}{5}}|v+2|^{\frac{3}{5}}=|Cx|.$$

再将 $v=\frac{u}{x}=\frac{y^3}{x}$ 代入，得原方程的通解：

$$\left|\frac{y^3}{x}-3\right|^{\frac{7}{5}}\left|\frac{y^3}{x}+2\right|^{\frac{3}{5}}=|Cx|.$$

思考　（i）若微分方程为 $\frac{\mathrm{d}y}{\mathrm{d}x}=\frac{y^4-2x^2}{2xy^3+x^2y}$，结果如何？（ii）若分别令 $x=v^3$ 和 $x=v^2$，是否可以将以上两方程化为齐次方程？若是，试用该方法求解两方程.

例 7　设函数 $y=f(x)$ 连续，且满足积分方程 $f(x)=\int_1^x\frac{xf(t)\mathrm{d}t}{1+t^2}+x$，求 $f(x)$ 的表达式.

分析　方程两边同时求导，可以将积分方程化成微分方程. 注意：对积分来说，方程的自变量 x 应看成常量，可以移到积分符号的外边来，这样对方程的形式作适当的改变，就可以在一次求导之后，使方程中不出现积分；其次，在得到微分方程后，还需要导出定解条件.

解　在原方程两边令 $x=1$，得 $f(1)=1$. 将原方程化为

$$\frac{f(x)}{x}=\int_1^x\frac{f(t)\mathrm{d}t}{1+t^2}+1,$$

再在方程两边同时对 x 求导数，得

$$\frac{f'(x)}{x}-\frac{f(x)}{x^2}=\frac{1}{1+x^2}f(x),$$

即

$$f'(x)=\left(\frac{x}{1+x^2}+\frac{1}{x}\right)f(x),$$

将变量分开，得
$$\frac{\mathrm{d}f(x)}{f(x)}=\left(\frac{x}{1+x^2}+\frac{1}{x}\right)\mathrm{d}x,$$
两边积分，得
$$\int\frac{\mathrm{d}f(x)}{f(x)}=\int\left(\frac{x}{1+x^2}+\frac{1}{x}\right)\mathrm{d}x,$$
解得
$$\ln f(x)=\frac{1}{2}\ln(1+x^2)+\ln x+\ln C,$$
即
$$f(x)=Cx\sqrt{1+x^2}.$$

将初始条件 $f(1)=1$ 代入，得 $C=\frac{1}{\sqrt{2}}$. 所以 $f(x)=\frac{1}{\sqrt{2}}x\sqrt{1+x^2}$.

思考 (i) 我们知道，函数连续未必可导. 但在本题中只知道 $y=f(x)$ 连续，为什么可以对其求导? (ii) 若函数满足积分方程 $f(x)=\int_1^x\frac{f(t)\mathrm{d}t}{1+t^2}+x$，结果如何? (iii) 若函数满足积分方程 $f(x)=\int_1^{2x}\frac{xf(t)\mathrm{d}t}{1+t^2}+x$，结果又如何? $f(x)=\int_1^{bx}\frac{xf(t)\mathrm{d}t}{1+t^2}+x\ (b\neq 0)$ 呢?

例 8 设函数 $f(x)$ 具有连续的导数，$f(1)=0$，且
$$[x^2f(x)+xf^2(x)]\mathrm{d}y+[x^2+3xf(x)+3f^2(x)]y\mathrm{d}x=0$$
是全微分方程，求 $\lim\limits_{x\to 1}\frac{f^2(x)+xf(x)}{1-x}$.

分析 注意本题并不是要解这个全微分方程，而是要求函数 $f(x)$ 或 $f^2(x)+xf(x)$. 利用全微分方程的判别法，导出函数 $f(x)$ 所满足的微分方程及其定解问题，从中求出函数 $f(x)$.

解 这里 $P=[x^2+3xf(x)+3f^2(x)]y$，$Q=x^2f(x)+xf^2(x)$，于是
$$\frac{\partial P}{\partial y}=x^2+3xf(x)+3f^2(x),\qquad \frac{\partial Q}{\partial x}=[x^2+2xf(x)]f'(x)+2xf(x)+f^2(x).$$
由 $\frac{\partial P}{\partial y}=\frac{\partial Q}{\partial x}$，得
$$f'(x)=\frac{x^2+xf(x)+2f^2(x)}{x^2+2xf(x)}.$$
令 $u=\frac{f(x)}{x}$，则 $f(x)=xu$，$f'(x)=u+x\frac{\mathrm{d}u}{\mathrm{d}x}$，代入方程得
$$u+x\frac{\mathrm{d}u}{\mathrm{d}x}=\frac{1+u+2u^2}{1+2u},$$
即
$$x\frac{\mathrm{d}u}{\mathrm{d}x}=\frac{1}{1+2u},$$
即
$$(1+2u)\mathrm{d}u=\frac{\mathrm{d}x}{x},$$
方程两边积分，得
$$\int(1+2u)\mathrm{d}u=\int\frac{\mathrm{d}x}{x},$$
求得通解是
$$u^2+u=\ln|x|+C\quad 或\quad \left[\frac{f(x)}{x}\right]^2+\frac{f(x)}{x}=\ln|x|+C.$$

当 $x>0$ 时，得 $$f^2(x)+xf(x)=x^2(\ln x+C).$$
由 $f(1)=0$ 得 $C=0$，所以
$$f^2(x)+xf(x)=x^2\ln x.$$
故 $$\lim_{x\to1}\frac{f^2(x)+xf(x)}{1-x}=\lim_{x\to1}\frac{x^2\ln x}{1-x}=\lim_{x\to1}\frac{\ln x}{1-x}=-1.$$

思考 （i）若已知 $f(-1)=0$，求 $\lim\limits_{x\to-1}\dfrac{f^2(x)+xf(x)}{1+x}$；（ii）若全微分方程为 $[x^2f(x)+xf^2(x)]\mathrm{d}y+[x^2+2xf(x)+2f^2(x)]y\mathrm{d}x=0$，以上两种情况的结果如何？

例 9 当 $\Delta x\to0$ 时，α 是比 Δx 高阶的无穷小，函数 $y(x)$ 在任意点处的增量 $\Delta y=\dfrac{y\Delta x}{x^2+x+1}+\alpha$，且 $y(0)=\pi$，求 $y(1)$.

分析 本题需要用函数微分的概念来建立微分方程，然后求出方程的解. 最后从定解问题的解中求出 $y(1)$.

解 由一元函数微分的定义可知，函数 $y(x)$ 在任意点 x 处可微，且
$$\mathrm{d}y=\frac{y\mathrm{d}x}{x^2+x+1},$$
将变量分开，得 $$\frac{\mathrm{d}y}{y}=\frac{\mathrm{d}x}{x^2+x+1},$$
两边积分，得 $$\int\frac{\mathrm{d}y}{y}=\int\frac{\mathrm{d}x}{x^2+x+1},$$
则方程的隐式通解为
$$\ln y=\int\frac{\mathrm{d}\left(x+\frac{1}{2}\right)}{\left(x+\frac{1}{2}\right)^2+\frac{3}{4}}=\frac{2}{\sqrt3}\int\frac{\frac{2}{\sqrt3}\mathrm{d}\left(x+\frac{1}{2}\right)}{\frac{4}{3}\left(x+\frac{1}{2}\right)^2+1}=\frac{2}{\sqrt3}\arctan\frac{2x+1}{\sqrt3}+C,$$

由初始条件 $y(0)=\pi$，得 $C=\ln\pi-\dfrac{\pi}{3\sqrt3}$. 于是定解问题的解是
$$\ln y=\frac{2}{\sqrt3}\arctan\frac{2x+1}{\sqrt3}+\ln\pi-\frac{\pi}{3\sqrt3}.$$
最后，解得 $y(1)=\pi\mathrm{e}^{\frac{\pi}{3\sqrt3}}$.

思考 （i）若 $y(0)=1$，结果如何？（ii）若 $y(0)=-\pi$ 或 $y(0)=-1$，以上求解过程是否正确？若否，应对其做哪些修改？并求出满足这两个初始条件的特解？

例 10 将物体放置于空气中，在时刻 $t=0$ 时，测得它的温度为 $u_0=150$ ℃，10 分钟后测得温度为 $u_1=100$ ℃. 我们要求此物体的温度 u 和时间 t 的关系，并计算 20 分钟后物体的温度. 这里假定空气温度恒为 $u_a=24$ ℃.

分析 为了解决上述问题，需要了解有关热力学的一些基本规律. 例如，热量总是从温度高的物体向温度低的物体传导；在一定的温度范围内，一个物体的温度变化速度与这

一物体的温度和其所在介质温度的差值成正比. 这是已为实验证实了的牛顿（Newton）冷却定律.

解 设物体在时刻 t 的温度为 $u=u(t)$，则温度的变化速度以 $\frac{\mathrm{d}u}{\mathrm{d}t}$ 来表示. 注意到热量总是从温度高的物体向温度低的物体传导，因而 $u_0>u_a$. 所以温度差 $u-u_a$ 恒正；又因物体将随时间而逐渐冷却，故温度变化速度 $\frac{\mathrm{d}u}{\mathrm{d}t}$ 恒负. 因此有

$$\frac{\mathrm{d}u}{\mathrm{d}t}=-k(u-u_a),$$

这里 $k>0$ 是比例常数.

将变量分开得 $$\frac{\mathrm{d}(u-u_a)}{u-u_a}=-k\mathrm{d}t$$

两边积分，得到方程的通解 $$\ln(u-u_a)=-kt+C,$$

这里 C 是任意常数.

再根据初始条件：$t=0$ 时，$u=u_0=150$，得到 $C=\ln(u_0-u_a)=\ln 126$；$t=10$ 时，$u=u_1=100$，得到 $\ln(u_1-u_a)=-k\times 10+C$，$k=\frac{1}{10}\ln\frac{126}{76}$. 所以方程的特解为

$$\ln(u-24)=-\frac{t}{10}\ln\frac{126}{76}+\ln 126.$$

于是 20 分钟后物体的温度为 $u_2=24+126\mathrm{e}^{-2\ln\frac{126}{76}}\approx 70\ ^\circ\mathrm{C}$.

思考 （i）若 5 分钟后测得温度为 $u_1=120\ ^\circ\mathrm{C}$，分别计算 10 分钟和 20 分钟后物体的温度；（ii）在以上两种情形下，分别求物体冷却到 80 °C 时，所需要的时间.

例 11 设对任意实数 s 和 t，连续函数 $x(t)$ 具有性质 $x(t+s)=\frac{x(t)+x(s)}{1-x(t)x(s)}$，且 $x'(0)$ 存在，求函数 $x(t)$ 的表达式.

分析 首先要根据已知条件来建立函数 $x(t)$ 所满足的微分方程及相应的定解条件，这需要用函数的导数概念.

解 所给等式为

$$x(t+s)-x(t+s)x(t)x(s)=x(t)+x(s),$$

令 $t=s=0$，得 $$x(0)[x^2(0)+1]=0,$$

所以 $x(0)=0$.

又由 $x(t+s)-x(t+s)x(t)x(s)=x(t)+x(s)$ 及 $x(0)=0$，得到

$$\frac{x(t+s)-x(t)}{s}=\frac{x(s)[x(t+s)x(t)+1]}{s}=\frac{[x(s)-x(0)][x(t+s)x(t)+1]}{s},$$

上式两边令 $s\to 0$，根据导数定义，并注意到函数 $x(t)$ 连续和 $x'(0)$ 存在，得到

$$\frac{\mathrm{d}x(t)}{\mathrm{d}t}=x'(0)[x^2(t)+1],$$

于是得定解问题

$$\begin{cases}\dfrac{\mathrm{d}x(t)}{\mathrm{d}t}=x'(0)[x^2(t)+1]\\ x(0)=0\end{cases}.$$

而方程

$$\frac{\mathrm{d}x(t)}{\mathrm{d}t}=x'(0)[x^2(t)+1]$$

是变量可分离的方程. 将变量分开，得

$$\frac{\mathrm{d}x(t)}{x^2(t)+1}=x'(0)\mathrm{d}t$$

两边积分，解得通解 $\arctan[x(t)]=x'(0)t+C$.

再由 $x(0)=0$，所以又得 $C=0$. 于是 $x(t)=\tan\left[x'(0)t\right]$.

思考 （i）若 $x(t)$ 具有性质 $x(t-s)=\dfrac{x(t)-x(s)}{1+x(t)x(s)}$，结果如何？（ii）若 $x(t)$ 具有性质 $x(t+s)=x(t)+x(s)$ 或 $x\left(\dfrac{t}{s}\right)=x(t)-x(s)$，结果又如何？

五、练习题 12.1

1. 求定解问题 $(y^2+xy^2)\mathrm{d}x-(x^2+yx^2)\mathrm{d}y=0, y(1)=-1$ 的解.

2. 求通过原点，且与方程 $\dfrac{\mathrm{d}y}{\mathrm{d}x}=x+1$ 的一切积分曲线均正交的曲线方程.

3. 求方程 $xy'-y=(x+y)\ln\dfrac{x+y}{x}$ 的通解.

4. 求方程 $\sin x\sin y\mathrm{d}x+\cos y\cos x\mathrm{d}y=2x\mathrm{d}x+3y\mathrm{d}y$ 的通解.

5. 求方程 $(2xy-5y^2)\mathrm{d}x=(3x^2-10xy+6y^2)\mathrm{d}y$ 的通解.

6. 求方程 $y\left(x\cos\dfrac{y}{x}+y\sin\dfrac{y}{x}\right)\mathrm{d}x=x\left(y\sin\dfrac{y}{x}-x\cos\dfrac{y}{x}\right)\mathrm{d}y$ 的通解.

7. 设可导函数 $f(x)$ 满足积分方程 $f(x)=-\ln 2+\int_0^x t\mathrm{e}^{-f(t)}\mathrm{d}t$，求函数 $f(x)$.

8. 设曲线 $y=f(x)$ 上任意点 (x,y) 处切线的斜率等于 $\dfrac{x^2+y^2}{xy}$，且经过点 $(1,\sqrt{2})$，求该曲线的方程.

9. 已知当 $x\geqslant 0$ 时，可导函数 $f(x)\geqslant 0$，又在区间 $[0,x]$ 上以 $f(x)$ 为曲边的曲边梯形绕 x 轴旋转一周，所得立体的体积等于 $f^3(x)-\left(\dfrac{\pi}{3}\right)^3$，求 $f(x)$.

10. 设函数 $f(x)$ 在 $(-\infty,+\infty)$ 上连续，且满足

$$f(t)=2\iint\limits_{x^2+y^2\leqslant t^2}(x^2+y^2)f(\sqrt{x^2+y^2})\mathrm{d}x\mathrm{d}y+t^4$$

求 $f(x)$.

第二节　一阶线性微分方程与可降阶高阶微分方程

一、教学目标

1. 理解一阶线性微分方程的概念，掌握一阶线性微分方程的解法；了解伯努利方程的概念，会求解伯努利方程.

2. 了解全微分方程的概念，掌握一些简单的全微分方程的解法；知道积分因子的概念，能用观察法求一些特殊的微分方程的积分因子.

3. 掌握 $y^{(n)}=f(x)$ 型微分方程和 $y''=f(x,y')$ 型微分方程的解法；了解 $y''=f(y,y')$ 型微分方程的解法.

二、内容提要

一阶线性微分方程与可降阶的高阶微分方程

- 一阶线性微分方程
  - 定义：一阶线性微分方程 ⇔ 形如
    $$\frac{\mathrm{d}y}{\mathrm{d}x}+P(x)y=Q(x) \qquad (3)$$
    的方程.
  - 解法
    - 公式法：方程式（3）的通解是：$y=\mathrm{e}^{-\int P(x)\mathrm{d}x}\left[\int Q(x)\mathrm{e}^{\int P(x)\mathrm{d}x}\mathrm{d}x+C\right]$.
    - 常数变易法：先求对应的齐次线性方程 $\frac{\mathrm{d}y}{\mathrm{d}x}+P(x)y=0$ 的通解
      $$Y=C\mathrm{e}^{-\int P(x)\mathrm{d}x},$$
      再设 $y=C(x)\mathrm{e}^{-\int P(x)\mathrm{d}x}$ 是方程式（3）的解，代入方程式（3）求出 $C(x)$，即得方程式（3）的通解.
  - 伯努利方程
    - 定义：伯努利方程 ⇔ 形如
      $$\frac{\mathrm{d}y}{\mathrm{d}x}+P(x)y=Q(x)y^n \quad (n\neq 0,1) \qquad (4)$$
      的方程.
    - 解法：令 $z=y^{1-n}$，代入方程式（4）后可化为 $z=z(x)$ 的一阶线性微分方程
      $$\frac{\mathrm{d}z}{\mathrm{d}x}+(1-n)P(x)z=(1-n)Q(x),$$
      求出通解后，再将 $z=y^{1-n}$ 代回即可.
  - 全微分方程
    - 定义：全微分方程 ⇔ 形如
      $$P(x,y)\mathrm{d}x+Q(x,y)\mathrm{d}y=0 \qquad (5)$$
      的方程，这里存在一个二元函数 $u(x,y)$ 使得 $\mathrm{d}u=P(x,y)\mathrm{d}x+Q(x,y)\mathrm{d}y$.
    - 全微分方程的判定：形如式（5）的方程在 xOy 平面上某个单连通区域内成立等式 $\frac{\partial Q}{\partial x}=\frac{\partial P}{\partial y}$ ⇔ 方程式（5）是全微分方程.
    - 解法：$\int_{x_0}^{x}P(x,y)\mathrm{d}x+\int_{y_0}^{y}Q(x_0,y)\mathrm{d}y=C$ 或 $\int_{x_0}^{x}P(x,y_0)\mathrm{d}x+\int_{y_0}^{y}Q(x,y)\mathrm{d}y=C$.

一阶线性微分方程与可降阶的高阶微分方程

可降阶的高阶微分方程

类型Ⅰ
- $y^{(n)}=f(x)$ 型方程（方程中不显含未知函数 y 及其 n 阶以下的导数）.
- 解法：方程两边积分 n 次，即可得通解.

类型Ⅱ
- $y''=f(x,y')$ 型方程（方程中不显含未知函数 y）.
- 解法：令 $p=y'$，于是 $p'=y''$，代入原方程可得一阶方程 $p'=f(x,p)$. 设其通解为 $p=\varphi(x,C_1)$，则原方程的通解是 $y=\int\varphi(x,C_1)\mathrm{d}x+C_2$.

类型Ⅲ
- $y''=f(y,y')$ 型方程（方程中不显含自变量 x）.
- 解法：令 $p=y'$，于是 $y''=p\dfrac{\mathrm{d}p}{\mathrm{d}y}$. 代入原方程可得一阶方程 $p\dfrac{\mathrm{d}p}{\mathrm{d}y}=f(y,p)$. 设其通解是 $p=\varphi(y,C_1)$，即 $\dfrac{\mathrm{d}y}{\mathrm{d}x}=\varphi(y,C_1)$，于是原方程的通解是 $\int\dfrac{\mathrm{d}y}{\varphi(y,C_1)}=x+C_2$.

三、疑点解析

1. 一阶线性方程的解法 对于一阶线性方程

$$\frac{\mathrm{d}y}{\mathrm{d}x}+P(x)y=Q(x),$$

其通解是

$$y=\mathrm{e}^{-\int P(x)\mathrm{d}x}\left(\int Q(x)\mathrm{e}^{\int P(x)\mathrm{d}x}\mathrm{d}x+C\right)$$

其中 C 是任意常数. 在通解公式中，不定积分求出之后，不要加常数.

在解题时，有时方程写成 $\dfrac{\mathrm{d}y}{\mathrm{d}x}=P(x)y+Q(x)$ 或 $\dfrac{\mathrm{d}y}{\mathrm{d}x}+P(x)y+Q(x)=0$ 的形式，所以在用公式求方程的通解时，要注意方程的 $P(x)y$ 项和 $Q(x)$ 项的位置. 另外，$\dfrac{\mathrm{d}y}{\mathrm{d}x}$ 项的系数必须是1.

一阶线性方程通解的求法也可以用常数变易法. 即先求出对应的齐次方程 $\dfrac{\mathrm{d}y}{\mathrm{d}x}+P(x)y=0$ 的通解 $Y(x)=C\mathrm{e}^{-\int P(x)\mathrm{d}x}$；再设函数 $y(x)=C(x)\mathrm{e}^{-\int P(x)\mathrm{d}x}$ 是方程 $\dfrac{\mathrm{d}y}{\mathrm{d}x}+P(x)y=Q(x)$ 的解，其中 $C(x)$ 是待定函数，将 $y(x)$ 代入方程 $\dfrac{\mathrm{d}y}{\mathrm{d}x}+P(x)y=Q(x)$ 中，即可求得 $C(x)=\int Q(x)\mathrm{e}^{\int P(x)\mathrm{d}x}\mathrm{d}x+C$. 从而得到原方程的通解 $y=\mathrm{e}^{-\int P(x)\mathrm{d}x}\left(\int Q(x)\mathrm{e}^{\int P(x)\mathrm{d}x}\mathrm{d}x+C\right)$.

一阶线性方程还可以用下面方法来求解：在方程

$$\frac{\mathrm{d}y}{\mathrm{d}x}+P(x)y=Q(x)$$

两边同时乘以函数 $\mathrm{e}^{\int_{x_0}^{x}P(s)\mathrm{d}s}$，得

$$\frac{\mathrm{d}y}{\mathrm{d}x}\mathrm{e}^{\int_{x_0}^{x}P(s)\mathrm{d}s}+P(x)y\mathrm{e}^{\int_{x_0}^{x}P(s)\mathrm{d}s}=Q(x)\mathrm{e}^{\int_{x_0}^{x}P(s)\mathrm{d}s}.$$

两边积分，得

$$\int_{x_0}^{x}\left[\frac{\mathrm{d}y}{\mathrm{d}t}\mathrm{e}^{\int_{x_0}^{t}P(s)\mathrm{d}s}+P(t)y\mathrm{e}^{\int_{x_0}^{t}P(s)\mathrm{d}s}\right]\mathrm{d}t=\int_{x_0}^{x}Q(t)\mathrm{e}^{\int_{x_0}^{t}P(s)\mathrm{d}s}\mathrm{d}t.$$

则
$$\left[y\mathrm{e}^{\int_{x_0}^{t}P(s)\mathrm{d}s}\right]_{x_0}^{x}=\int_{x_0}^{x}Q(t)\mathrm{e}^{\int_{x_0}^{t}P(s)\mathrm{d}s}\mathrm{d}t.$$

所以通解是
$$y=\mathrm{e}^{-\int_{x_0}^{x}P(s)\mathrm{d}s}\left[\int_{x_0}^{x}Q(t)\mathrm{e}^{\int_{x_0}^{t}P(s)\mathrm{d}s}\mathrm{d}t+y(x_0)\right].$$

这个通解是用定积分来表示的. 这里当然也可以用不定积分来做.

2. **伯努利方程的解法**　对于方程

$$\frac{\mathrm{d}y}{\mathrm{d}x}+P(x)y=Q(x)y^n\ （其中 n\neq 0,1）,$$

其解法是令 $z=y^{1-n}$，得到关于 z 的一阶线性方程

$$\frac{\mathrm{d}z}{\mathrm{d}x}+(1-n)P(x)z=(1-n)Q(x).$$

解出 z 后即可得到函数 y.

注意：原方程可能有 $y=0$ 的解，这个解有可能不在通解中.

例如，对于方程 $\frac{\mathrm{d}y}{\mathrm{d}x}+y=y^2$，它有 $y=0$ 的解. 令 $z=y^{1-n}=y^{-1}$，得到方程 $\frac{\mathrm{d}z}{\mathrm{d}x}-z=-1$，其通解是 $z=\mathrm{e}^{\int\mathrm{d}x}\left(\int-\mathrm{e}^{-\int\mathrm{d}x}\mathrm{d}x+C\right)=C\mathrm{e}^x+1$. 于是原方程的通解是 $y=z^{-1}=\frac{1}{C\mathrm{e}^x+1}$，它不含 $y=0$ 的解.

3. **全微分方程的解法**　一个一阶微分方程写成

$$P(x,y)\mathrm{d}x+Q(x,y)\mathrm{d}y=0$$

形式后，如果其左端恰好是某一个函数 $u=u(x,y)$ 的全微分：

$$\mathrm{d}u(x,y)=P(x,y)\mathrm{d}x+Q(x,y)\mathrm{d}y,$$

那么这个方程就叫做全微分方程.

判别法：当 $P(x,y),Q(x,y)$ 在单连通域 G 内具有一阶连续偏导数时，上面的方程是全微分方程的充要条件是 $\frac{\partial P}{\partial y}=\frac{\partial Q}{\partial x}$ 在区域 G 内恒成立.

解法：

（i）全微分方程的通解为

$$u(x,y)\equiv\int_{x_0}^{x}P(x,y)\mathrm{d}x+\int_{y_0}^{y}Q(x,y)\mathrm{d}y=C,$$

其中 x_0,y_0 是在区域 G 内任意选定的点 $M_0(x_0,y_0)$ 的坐标. $u(x,y)=C$ 是全微分方程的隐式通解，其中 C 是任意常数.

（ii）从方程组 $\begin{cases}\dfrac{\partial u}{\partial x}=P(x,y)\\ \dfrac{\partial u}{\partial y}=Q(x,y)\end{cases}$ 中解出函数 $u(x,y)$，即可得到原方程的通解.

（iii）通过对原方程中的项进行分项组合，凑微分的方法，求出通解.

4. 可降阶的高阶微分方程

（i）$y^{(n)}=f(x)$型的微分方程.

特点：微分方程$y^{(n)}=f(x)$的右端仅含有自变量x.

解法：方程两边积分n次，便得方程含有n个任意常数的通解.

（ii）$y''=f(x,y')$型的微分方程.

特点：方程$y''=f(x,y')$的右端不显含未知函数y.

解法：设$y'=p$，那么$y''=\dfrac{\mathrm{d}p}{\mathrm{d}x}=p'$，原方程就成为

$$p'=f(x,p),$$

这是一个关于变量x,p的一阶微分方程. 设其通解为$p=\varphi(x,C_1)$，但是$p=\dfrac{\mathrm{d}y}{\mathrm{d}x}$，因此又得到一个一阶微分方程

$$\frac{\mathrm{d}y}{\mathrm{d}x}=\varphi(x,C_1).$$

对它进行积分，便得原方程的通解：$y=\int\varphi(x,C_1)\mathrm{d}x+C_2$.

（iii）$y''=f(y,y')$型的微分方程.

特点：方程$y''=f(y,y')$中不明显地含自变量x.

解法：令$y'=p$，利用复合函数的求导法则把y''化为对y的导数，即

$$y''=\frac{\mathrm{d}p}{\mathrm{d}x}=\frac{\mathrm{d}p}{\mathrm{d}y}\times\frac{\mathrm{d}y}{\mathrm{d}x}=p\frac{\mathrm{d}p}{\mathrm{d}y}$$

原方程就成为
$$\frac{\mathrm{d}p}{\mathrm{d}y}=f(y,p),$$

这是一个关于变量y,p的一阶微分方程. 设它的通解为

$$y'=p=\varphi(y,C_1)$$

分离变量并积分，便得原方程的通解：$\int\dfrac{\mathrm{d}y}{\varphi(y,C_1)}=x+C_2$

注意：第（ii）、（iii）两种方程第一次作变量时都是令$y'=p$，但变换后得到的方程是不一样的.

四、例题分析

例 1　求微分方程$y'+y\cos x=\mathrm{e}^{-\sin x}$的通解.

分析　这是一阶线性非齐次微分方程. 由于该方程为能利用公式的标准形式，故可直接套用通解公式求解. 注意：由于统一加了一个任意常数，因此公式法中的三个不定积分都不必加任意常数.

解　这里$P(x)=\cos x,Q(x)=\mathrm{e}^{-\sin x}$，故由一阶线性非齐次微分方程的通解公式得

$$y=\mathrm{e}^{-\int P(x)\mathrm{d}x}\left(\int Q(x)\mathrm{e}^{\int P(x)\mathrm{d}x}\mathrm{d}x+C\right)=\mathrm{e}^{-\int\cos x\mathrm{d}x}\left(\int \mathrm{e}^{-\sin x}\mathrm{e}^{\int\cos x\mathrm{d}x}\mathrm{d}x+C\right)$$
$$=\mathrm{e}^{-\sin x}\left(\int \mathrm{e}^{-\sin x}\mathrm{e}^{\sin x}\mathrm{d}x+C\right)=\mathrm{e}^{-\sin x}(x+C).$$

思考　（i）若在公式中指数部分的两个积分中加任意常数，例如$\int\cos x\mathrm{d}x=\sin x+C_1$，验证以上结果仍然正确；（ii）若方程为$y'-y\cos x=\mathrm{e}^{-\sin x}$或$y'+2y\cos x=\mathrm{e}^{-\sin x}$，结果如何？$y'+ky\cos x=\mathrm{e}^{-\sin x}$呢？（iii）用常数变易法求解以上各题.

例 2　求微分方程$(1+x)y'=ny+x(x+1)^{n+1}\sin x^2$的通解.

分析　这是一阶线性非齐次微分方程. 若用公式法求解，务必将其化为能利用公式的标准形式，否则会产生错误.

解　将原方程化为

$$y'-\frac{n}{1+x}y=x(x+1)^n\sin x^2,$$

于是$P(x)=-\dfrac{n}{1+x}$，$Q(x)=x(x+1)^n\sin x^2$，根据一阶线性非齐次微分方程通解公式得

$$y=\mathrm{e}^{-\int P(x)\mathrm{d}x}\left(\int Q(x)\mathrm{e}^{\int P(x)\mathrm{d}x}\mathrm{d}x+C\right)=\mathrm{e}^{\int\frac{n}{1+x}\mathrm{d}x}\left[\int x(x+1)^n\sin x^2\cdot\mathrm{e}^{-\int\frac{n}{1+x}\mathrm{d}x}\mathrm{d}x+C\right]$$
$$=\mathrm{e}^{n\ln|1+x|}\left[\int x(x+1)^n\sin x^2\cdot\mathrm{e}^{-n\ln|1+x|}\mathrm{d}x+C\right]=|1+x|^n\left[\int x(x+1)^n\sin x^2\cdot|1+x|^{-n}\,\mathrm{d}x+C\right]$$
$$=|1+x|^n\left[\int(-1)^n x\sin x^2\mathrm{d}x+C\right]=|1+x|^n\left[C-\frac{1}{2}(-1)^n x\cos x^2\right]=(x+1)^n\left(C_1-\frac{1}{2}\cos x^2\right).$$

思考　（i）若把以上积分中的$\ln|1+x|$均改为$\ln(1+x)$，结果如何？（ii）若微分方程$(1+x)y'=ny+(x+1)^{n+1}\sin x$或$(1+x)y'=ny+x(x+1)^{n+1}\cos x^2$，结果如何？（iii）用常数变易法求解以上各题.

例 3　求微分方程$(x-2)\dfrac{\mathrm{d}y}{\mathrm{d}x}=y+(x-2)^3\mathrm{e}^{-x}$的通解.

分析　这是一阶线性非齐次微分方程. 若用常数变易法求解，不必化成标准形式，直接置其自由项为零即可.

解　微分方程相应的齐次方程为

$$(x-2)\frac{\mathrm{d}y}{\mathrm{d}x}=y,$$

即
$$\frac{\mathrm{d}y}{y}=\frac{\mathrm{d}x}{x-2},$$

两边积分，得
$$\int\frac{\mathrm{d}y}{y}=\int\frac{\mathrm{d}x}{x-2},$$

解得
$$\ln|y|=\ln|x-2|+\ln|C|,$$

即
$$y=C(x-2).$$

令$y=C(x)(x-2)$，则$\dfrac{\mathrm{d}y}{\mathrm{d}x}=C'(x)(x-2)+C(x)$，代入原方程得

$$(x-2)[C'(x)(x-2)+C(x)]=C(x)(x-2)+(x-2)^3\mathrm{e}^{-x},$$

即
$$C'(x)=(x-2)\mathrm{e}^{-x},$$

于是
$$C(x)=\int(x-2)\mathrm{e}^{-x}\mathrm{d}x=C-(x-1)\mathrm{e}^{-x}.$$

故方程的通解为

$$y=[C-(x-1)](x-2)\mathrm{e}^{-x}=(C-x+1)(x-2)\mathrm{e}^{-x}.$$

思考　（i）若常数变易后，对应的齐次方程的通解求导数，并代入原方程化简后得到的仍为一阶线性非齐次方程，说明什么问题？（ii）若微分方程为 $(x-2)\dfrac{\mathrm{d}y}{\mathrm{d}x}=2y+(x-2)^3\mathrm{e}^{-x}$，结果如何？$(x-2)\dfrac{\mathrm{d}y}{\mathrm{d}x}=ky+(x-2)^3\mathrm{e}^{-x}\ (k\neq 0)$ 呢？（iii）用公式法求解以上各题.

例 4　求微分方程 $xy'\ln x+y=ax(\ln x+1)$ 的通解.

分析　这是一阶线性非齐次微分方程，可用公式法或常数变易法求解. 注意：用公式法务必将其化为能利用公式的标准形式，而用常数变易法可直接置其自由项为零.

解法 1　公式法　将原方程写成

$$y'+\frac{1}{x\ln x}y=\frac{a(\ln x+1)}{\ln x}.$$

其中 $P(x)=\dfrac{1}{x\ln x},Q(x)=\dfrac{a(\ln x+1)}{\ln x}$. 于是由一阶线性非齐次微分方程的通解公式得

$$\begin{aligned}y&=\mathrm{e}^{-\int P(x)\mathrm{d}x}\left(\int Q(x)\mathrm{e}^{\int P(x)\mathrm{d}x}\mathrm{d}x+C\right)=\mathrm{e}^{-\int\frac{1}{x\ln x}\mathrm{d}x}\left(a\int\frac{\ln x+1}{\ln x}\mathrm{e}^{\int\frac{1}{x\ln x}\mathrm{d}x}\mathrm{d}x+C\right)\\&=\mathrm{e}^{-\int\frac{1}{\ln x}\mathrm{d}\ln x}\left(a\int\frac{\ln x+1}{\ln x}\mathrm{e}^{\int\frac{1}{\ln x}\mathrm{d}\ln x}\mathrm{d}x+C\right)=\mathrm{e}^{-\ln(\ln x)}\left(a\int\frac{\ln x+1}{\ln x}\mathrm{e}^{\ln(\ln x)}\mathrm{d}x+C\right)\\&=(\ln x)^{-1}\left(a\int\frac{\ln x+1}{\ln x}\cdot\ln x\mathrm{d}x+C\right)=\frac{1}{\ln x}(ax\ln x+C)=ax+\frac{C}{\ln x}.\end{aligned}$$

思考 1　（i）若方程为 $xy'\ln x+y=ax(\ln x+2)$，结果如何？$xy'\ln x+y=ax(\ln x+b)$ 呢？（ii）若方程为 $xy'\ln x-y=ax(\ln x+1)$ 或 $xy'\ln x+2y=ax(\ln x+1)$，是否都能用公式法求解？能，求出其通解；不能，说明理由，$xy'\ln x-y=ax(\ln x-1)$ 呢？

解法 2　常数变易法　令 $xy'\ln x+y=0$，分离变量得

$$\frac{\mathrm{d}y}{y}+\frac{\mathrm{d}x}{x\ln x}=0,$$

两边积分得
$$\ln|y|+\ln|\ln x|=\ln|C|,$$

即
$$y\ln x=C,$$

即
$$y=\frac{C}{\ln x}.$$

令 $y=\dfrac{C(x)}{\ln x}$，则 $\dfrac{\mathrm{d}y}{\mathrm{d}x}=\dfrac{C'(x)}{\ln x}-\dfrac{C(x)}{x\ln^2 x}$，代入原方程，得

$$x\ln x\cdot\left[\frac{C'(x)}{\ln x}-\frac{C(x)}{x\ln^2 x}\right]+\frac{C(x)}{\ln x}=ax(\ln x+1),$$

化简得
$$xC'(x)=ax(\ln x+1),$$
即
$$C'(x)=a(\ln x+1),$$
解得
$$C(x)=ax\ln x+C,$$
于是原方程的通解为
$$y=\frac{ax\ln x+C}{\ln x}=ax+\frac{C}{\ln x}.$$

思考 2　（i）常数变易后得到的积分 $C(x)=\int a(\ln x+1)\mathrm{d}x$，相当于公式法中哪部分？（ii）利用常数变易法求解思考 1 中的问题，其中不能用公式法求解的问题可否用常数变易法求解？

例 5　求微分方程 $y'+y=x$ 的通解.

分析　这是标准的一阶线性非齐次微分方程，除利用公式法和常数变易法求解，也可以应用其他几种方法求解.

解法 1　公式法　这里 $P(x)=1,Q(x)=x$，根据一阶线性非齐次微分方程通解公式，得

$$y=\mathrm{e}^{-\int\mathrm{d}x}(\int x\mathrm{e}^{\int\mathrm{d}x}\mathrm{d}x+C)=\mathrm{e}^{-x}\left(\int x\mathrm{e}^{x}\mathrm{d}x+C\right)=\mathrm{e}^{-x}[(x-1)\mathrm{e}^{x}+C]=C\mathrm{e}^{-x}+(x-1).$$

思考 1　若微分方程为 $y'+ky=x\ (k\neq 0)$，结果如何？ $y'+ky=ax+b\ (k\neq 0)$ 或 $y'+xy=ax+b\ (k\neq 0)$ 呢？

解法 2　常数变易法　由 $y'+y=0$，即

$$\frac{\mathrm{d}y}{y}+\mathrm{d}x=0,$$

两边积分得
$$\ln y+x=\ln C,$$
即
$$y=C\mathrm{e}^{-x}\text{（包括 }y=0\text{，即 }C=0\text{ 时已成立）}.$$

令 $y=C(x)\mathrm{e}^{-x}$，于是 $y=C'(x)\mathrm{e}^{-x}-C(x)\mathrm{e}^{-x}$，代入原方程，得

$$C'(x)\mathrm{e}^{-x}=x,$$
即
$$C'(x)=x\mathrm{e}^{x},$$
积分得
$$C(x)=(x-1)\mathrm{e}^{x},$$
于是方程的通解为
$$y=C\mathrm{e}^{-x}+(x-1).$$

思考 2　（i）上述求解中 C 可否为零？ $y=0$ 是否为方程的解？若以上两个问题的回答都是肯定的，解释为什么这种解法会产生失根的问题？应如何避免？（ii）思考 1 中的问题是否都可以用常数变易法求解？

解法 3　变量替换法　令 $y-x=u$，则 $\frac{\mathrm{d}y}{\mathrm{d}x}-1=\frac{\mathrm{d}u}{\mathrm{d}x}$，即 $\frac{\mathrm{d}y}{\mathrm{d}x}=\frac{\mathrm{d}u}{\mathrm{d}x}+1$，代入原方程，得

$$\frac{\mathrm{d}u}{\mathrm{d}x}+(1+u)=0.$$

分离变量并积分，得
$$\int\frac{\mathrm{d}u}{1+u}+\int\mathrm{d}x=C_1,$$

即 $$\ln|1+u|+x=C_1,$$

即 $$1+u=Ce^{-x},$$

即 $$1+y-x=Ce^{-x},$$

故所求通解为 $$y=Ce^{-x}+(x-1).$$

思考 3 （i）以上解法中是否存在增根或失根的问题？（ii）思考 1 中的问题是否都可以用变量替换法求解？若否，哪些可以，哪些不可以？

解法 4 凑微分法 原方程化为

$$dy+ydx=xdx,$$

方程两边同乘以 e^x，得

$$e^x dy+ye^x dx=xe^x dx,$$

即 $$e^x dy+yde^x=xe^x dx,$$

即 $$d(ye^x)=xe^x dx,$$

两边积分得通解 $$ye^x=\int xe^x dx,$$

即 $$ye^x=(x-1)e^x+C,$$

即 $$y=Ce^{-x}+x-1.$$

思考 4 （i）以上解法中是否存在增根或失根的问题？（ii）思考 1 中的问题是否都可以用凑微分法求解？若否，哪些可以，哪些不可以？

解法 5 特征根法 特征方程

$$r+1=0,$$

特征根 $r=-1$. 于是对应的齐次方程 $y'+y=0$ 的通解

$$Y=Ce^{-x}.$$

令原方程的特解 $y^*=ax+b$，则 $y^{*\prime}=a$，代入原方程得

$$a+ax+b=x,$$

于是根据多项式恒等得 $$a=1,\ a+b=0,$$

于是 $a=1,\ b=-1,\ y^*=x-1$. 故原方程的通解

$$y=Y+y^*=Ce^{-x}+x-1.$$

思考 5 （i）若方程为 $y'+y=ax^n\ (a\neq 0)$，结果如何？ $y'+y=ax^n+bx^{n-1}\ (a\neq 0)$ 呢？（ii）思考 1 中的问题是否都可以用特征根法求解？若否，哪些可以，哪些不可以？

注：解法 5 为常系数线性微分方程的求解方法，将在下节中学习深入.

例 6 求微分方程 $\dfrac{dy}{dx}=\dfrac{y}{2(\ln y-x)}$ 的通解.

分析 方程的该种形式不是线性方程，但若将 y 看成自变量，x 看成未知函数，则可将该方程化为一阶线性微分方程.

解法 1 把 y 看成自变量，x 看成未知函数，可将原方程化成

$$\frac{\mathrm{d}x}{\mathrm{d}y}+\frac{2x}{y}=\frac{2\ln y}{y},$$

它为一阶线性非齐次微分方程. 由其通解公式得

$$x=\mathrm{e}^{-\int\frac{2}{y}\mathrm{d}y}\left(\int\frac{2\ln y}{y}\mathrm{e}^{\int\frac{2}{y}\mathrm{d}y}\mathrm{d}y+C\right)=\mathrm{e}^{-2\ln y}\left(\int\frac{2\ln y}{y}\mathrm{e}^{2\ln y}\mathrm{d}y+C\right)$$

$$=\frac{1}{y^2}\left(\int\frac{2\ln y}{y}\cdot y^2\mathrm{d}y+C\right)=\frac{1}{y^2}\left(\int 2y\ln y\mathrm{d}y+C\right)=\frac{1}{y^2}\left(\int\ln y\mathrm{d}y^2+C\right)$$

$$=\frac{1}{y^2}\left(y^2\ln y-\int y^2\mathrm{d}(\ln y)+C\right)=\frac{1}{y^2}\left(y^2\ln y-\int y\mathrm{d}y+C\right)$$

$$=\frac{1}{y^2}\left(y^2\ln y-\frac{1}{2}y^2+C\right)=\frac{C}{y^2}+\ln y-\frac{1}{2}.$$

思考 1　（i）$\frac{\mathrm{d}y}{\mathrm{d}x}=\frac{y}{\ln y-2x}$，结果如何？$\frac{\mathrm{d}y}{\mathrm{d}x}=\frac{y}{2(\ln y+x)}$呢？（ii）用常数变易法求解以上各题.

解法 2　凑微分法　原方程化为

$$2(\ln y-x)\mathrm{d}y=y\mathrm{d}x,$$

即
$$y\mathrm{d}x+2x\mathrm{d}y=2\ln y\mathrm{d}y,$$

两边同乘以 y，得
$$y^2\mathrm{d}x+2xy\mathrm{d}y=2y\ln y\mathrm{d}y,$$

即
$$y^2\mathrm{d}x+x\mathrm{d}y^2=2y\ln y\mathrm{d}y,$$

即
$$\mathrm{d}(xy^2)=2y\ln y\mathrm{d}y$$

两边积分，得
$$\int\mathrm{d}(xy^2)=\int 2y\ln y\mathrm{d}y,$$

即
$$xy^2=\int\ln y\mathrm{d}y^2=y^2\ln y-\int y^2\mathrm{d}(\ln y)=y^2\ln y-\int y\mathrm{d}y=y^2\left(\ln y-\frac{1}{2}\right)+C,$$

于是原方程的通解为
$$xy^2=y^2\left(\ln y-\frac{1}{2}\right)+C.$$

思考 2　思考 1 中的问题是否可以用凑微分法求解？

例 7　求微分方程 $xy'+2y=3x^3y^{\frac{4}{3}}$ 的通解.

分析　这是伯努利方程，用变量替换转化成一阶线性非齐次微分方程求解. 注意：要将 y' 项的系数化成1，再用变量替换将其化成一阶线性非齐次方程. 此外，当 $n>1$ 时，伯努利方程的通解中可能不含 $y=0$ 的解.

解　将原方程化成标准的伯努利方程的形式

$$y'+\frac{2}{x}y=3x^2y^{\frac{4}{3}},$$

其中 $n=\frac{4}{3}$. 令 $z=y^{1-\frac{4}{3}}=y^{-\frac{1}{3}}$，则 $\frac{\mathrm{d}z}{\mathrm{d}x}=-\frac{1}{3}y^{-\frac{4}{3}}\frac{\mathrm{d}y}{\mathrm{d}x}$，代入原方程得一阶线性方程

$$\frac{\mathrm{d}z}{\mathrm{d}x}-\frac{2}{3x}z=-x^2,$$

由一阶线性方程的通解公式得

$$z=\mathrm{e}^{-\int P(x)\mathrm{d}x}\left(\int Q(x)\mathrm{e}^{\int P(x)\mathrm{d}x}\mathrm{d}x+C\right)=\mathrm{e}^{\int\frac{2}{3x}\mathrm{d}x}\left(\int -x^2\mathrm{e}^{-\int\frac{2}{3x}\mathrm{d}x}\mathrm{d}x+C\right)=Cx^{\frac{2}{3}}-\frac{3}{7}x^{\frac{7}{3}},$$

即所求通解为
$$y^{-\frac{1}{3}}=Cx^{\frac{2}{3}}-\frac{3}{7}x^{\frac{7}{3}}.$$

此外，原方程还有 $y=0$ 的解，它不在通解中.

思考 （i）以上求解过程中产生失根的原因是什么？给出一种形式的通解，使其包含失根 $y=0$；（ii）若微分方程为 $x^2y'+2y=3x^3y^{\frac{4}{3}}$ 或 $y'+2y=3x^3y^{\frac{4}{3}}$ 或微分方程 $xy'+2y=y^{\frac{4}{3}}$ 或 $xy'+2y=2x^2y^{\frac{4}{3}}$，结果如何？

例 8 求微分方程 $\cos y\dfrac{\mathrm{d}y}{\mathrm{d}x}-\dfrac{1}{x}\sin y=\mathrm{e}^x\sin^2 y$ 的通解.

分析 有些方程通过作未知函数的变换后，可以化成能解的方程. 本题将 $\sin y$ 看作新的未知函数，原方程即可化成伯努利方程.

解 令 $u=\sin y$，原方程化为

$$\frac{\mathrm{d}u}{\mathrm{d}x}-\frac{1}{x}u=\mathrm{e}^x u^2,$$

这是伯努利方程，$n=2$. 令 $z=u^{-1}$，方程又化为

$$\frac{\mathrm{d}z}{\mathrm{d}x}+\frac{1}{x}z=-\mathrm{e}^x,$$

这是一阶线性方程. 由通解公式得

$$\begin{aligned}z&=\mathrm{e}^{-\int P(x)\mathrm{d}x}\left(\int Q(x)\mathrm{e}^{\int P(x)\mathrm{d}x}\mathrm{d}x+C\right)=\mathrm{e}^{-\int\frac{1}{x}\mathrm{d}x}\left(\int \mathrm{e}^x\mathrm{e}^{\int\frac{1}{x}\mathrm{d}x}\mathrm{d}x+C\right)\\&=\mathrm{e}^{-\ln x}\left(\int \mathrm{e}^x\mathrm{e}^{\ln x}\mathrm{d}x+C\right)=\frac{1}{x}\left(\int x\mathrm{e}^x+C\right)=\frac{(x-1)\mathrm{e}^x+C}{x}\end{aligned}$$

则
$$\sin^{-1}y=\frac{(x-1)\mathrm{e}^x+C}{x}.$$

另外，原方程还有 $y=0$ 的解，它不在通解中.

思考 若方程为 $\cos y\dfrac{\mathrm{d}y}{\mathrm{d}x}-\dfrac{1}{x}\sin y=\mathrm{e}^x\sin y$ 或 $\cos y\dfrac{\mathrm{d}y}{\mathrm{d}x}-x\sin y=\mathrm{e}^x\sin^2 y$，结果如何？$\cos y\dfrac{\mathrm{d}y}{\mathrm{d}x}-\dfrac{1}{x}\sin y=\mathrm{e}^x\sin^n y\ (n\in\mathbf{N})$ 或 $\cos y\dfrac{\mathrm{d}y}{\mathrm{d}x}-x\sin y=\mathrm{e}^x\sin^n y\ (n\in\mathbf{N})$ 呢？

例 9 求方程 $\cos y\mathrm{d}x+\sin x\mathrm{d}y-x\sin y\mathrm{d}y+y\cos x\mathrm{d}x=0$ 的通解.

分析 识别方程的类型这一步很重要.

解 将方程写成

$$(\cos y+y\cos x)\mathrm{d}x+(\sin x-x\sin y)\mathrm{d}y=0.$$

令 $P(x,y)=\cos y+y\cos x$，$Q(x,y)=\sin x-x\sin y$，则

$$\frac{\partial P}{\partial y}=-\sin y+\cos x=\frac{\partial Q}{\partial x},$$

所以原方程是全微分方程. 其通解有三种求法.

方法 1 曲线积分法

$$u(x,y)=\int_{(0,0)}^{(x,y)}(\cos y+y\cos x)\mathrm{d}x+(\sin x-x\sin y)\mathrm{d}y$$
$$=\int_0^x \mathrm{d}x+\int_0^y(\sin x-x\sin y)\mathrm{d}y=y\sin x+x\cos y,$$

所以微分方程的通解为　$y\sin x+x\cos y=C$.

方法 2　方程组法　解方程组

$$\begin{cases}\dfrac{\partial u}{\partial x}=P(x,y)=\cos y+y\cos x\\[2mm] \dfrac{\partial u}{\partial y}=Q(x,y)=\sin x-x\sin y\end{cases},$$

由 $\dfrac{\partial u}{\partial x}=\cos y+y\cos x$，得

$$u(x,y)=x\cos y+y\sin x+C(y),$$

其中 $C(y)$ 为待定函数. 于是

$$\frac{\partial u}{\partial y}=-x\sin y+\sin x+C'(y),$$

代入第二个方程，得

$$-x\sin y+\sin x+C'(y)=\sin x-x\sin y,$$

即 $C'(y)=0$，从而 $C(y)=C$. 故原方程的通解为

$$u(x,y)=x\cos y+y\sin x+C=0.$$

方法三　凑微分法　原方程写成

$$(\cos y\mathrm{d}x-x\sin y\mathrm{d}y)+(y\cos x\mathrm{d}x+\sin x\mathrm{d}y)=0,$$

即　$$\mathrm{d}(x\cos y)+\mathrm{d}(y\sin x)=0,$$

所以原方程的通解是　$x\cos y+y\sin x=C$.

思考　(i) 按 $(0,0)\to(0,y)\to(x,y)$ 的折线路径，求解该题；(ii) 若微分方程为 $\sin y\mathrm{d}x+$ 了 $x\cos y\mathrm{d}y+\cos x\mathrm{d}y-y\sin x\mathrm{d}x=0$，结果如何？用以上三种方法求解.

例 10　已知函数 $f(x)$ 具有连续的导数，且满足 $f(x)=\int_0^x\dfrac{\cos t-f(t)}{t}\mathrm{d}t+1$，试求函数 $f(x)$ 的表达式.

分析　在将积分方程化成微分方程后，要导出定解条件. 有时，还需要通过变量变换，才能将方程化成可解的形式.

解　方程两边同时对 x 求导数，得

$$f'(x)=\frac{\cos x-f(x)}{x},$$

即
$$xf'(x)+f(x)=\cos x.$$

又在原方程两边同时令 $x=0$，得 $f(0)=1$. 将上述方程化为

$$f'(x)+\frac{1}{x}f(x)=\frac{\cos x}{x},$$

这是一阶线性方程，其通解为

$$f(x)=\mathrm{e}^{-\int P(x)\mathrm{d}x}\left(\int\frac{\cos x}{x}\mathrm{e}^{\int P(x)\mathrm{d}x}\mathrm{d}x+C\right)=\mathrm{e}^{-\int\frac{1}{x}\mathrm{d}x}\left(\int\frac{\cos x}{x}\mathrm{e}^{\int\frac{1}{x}\mathrm{d}x}\mathrm{d}x+C\right)=\frac{\sin x+C}{x}.$$

再由 $f(0)=1$ 得 $\lim\limits_{x\to0}\frac{\sin x+C}{x}=1$，故 $C=0$，所以 $f(x)=\frac{\sin x}{x}$.

思考 （i）说明由初始条件 $f(0)=1$ 得出 $\lim\limits_{x\to0}f(x)=\lim\limits_{x\to0}\frac{\sin x+C}{x}=1$ 的理由；（ii）若 $f(x)=\int_0^{2x}\frac{\cos t-f(t)}{t}\mathrm{d}t+1$ 或 $f(x)=\int_0^{x}\frac{\sin t-f(t)}{t}\mathrm{d}t+1$ 或 $f(x)=\int_0^{x}\frac{\cos t-kf(t)}{t}\mathrm{d}t+1$，结果如何？ $f(x)=\int_0^{ax}\frac{\cos t-kf(t)}{t}\mathrm{d}t+b$ 呢？

例 11 求微分方程 $yy''-(y')^2-yy'=0$ 的通解.

分析 这是可降阶的方程，方程不显含自变量. 降阶后的方程又是齐次方程.

解 令 $p=y'$，则 $p''=\frac{\mathrm{d}p}{\mathrm{d}x}=\frac{\mathrm{d}p}{\mathrm{d}y}\frac{\mathrm{d}y}{\mathrm{d}x}=p\frac{\mathrm{d}p}{\mathrm{d}y}$，于是原方程化为

$$yp\frac{\mathrm{d}p}{\mathrm{d}y}=p^2+yp.$$

若 $p=0$，则有方程 $y'=0$，所以 $y=C$.

若 $p\neq0$，得到方程
$$y\frac{\mathrm{d}p}{\mathrm{d}y}=p+y,$$

这是齐次方程. 又令 $u=\frac{p}{y}$，则 $p=yu$，$\frac{\mathrm{d}p}{\mathrm{d}y}=u+y\frac{\mathrm{d}u}{\mathrm{d}y}$，代入方程中，又得到

$$u+y\frac{\mathrm{d}u}{\mathrm{d}y}=u+1,$$

即
$$\mathrm{d}u=\frac{\mathrm{d}y}{y},$$

积分得
$$\int\mathrm{d}u=\int\frac{\mathrm{d}y}{y},$$

即
$$u=\ln y+C_1,$$

于是
$$y'=p=y(\ln y+C_1),$$

该方程是变量可分离的方程. 将变量分开，得

$$\frac{\mathrm{d}y}{y(\ln y+C_1)}=\mathrm{d}x,$$

即
$$\int\frac{\mathrm{d}y}{y(\ln y+C_1)}=\int\mathrm{d}x,$$

则原方程的通解是
$$\ln(\ln y+C_1)=x+C_2.$$

思考　若方程为 $yy''-(y')^2-y=0$ 或 $yy''-(y')^2-y'=0$ 或 $y''-(y')^2-yy'=0$，结果如何？$yy''-(y')^2-y^2y'=0$ 呢？

例 12　设 $x>-1$ 时，可微函数 $f(x)$ 满足方程 $f'(x)+f(x)-\dfrac{1}{1+x}\displaystyle\int_0^x f(x)\mathrm{d}x=0$，且 $f(0)=1$，试证：当 $x\geqslant 0$ 时，有 $\mathrm{e}^{-x}\leqslant f(x)\leqslant 1$.

分析　要先解出函数 $f(x)$，就需要解一个积分方程. 一般是将积分方程化成微分方程. 在方程两边求导后，所得的微分方程与原积分方程并不是同解的，此时需要设法导出定解条件.

证明　方程两边同时乘以 $(x+1)$，然后再关于 x 求导，得

$$(x+1)f''(x)+(x+2)f'(x)=0,$$

又方程两边令 $x=0$，得 $f'(0)=-f(0)=-1$. 于是得定解问题

$$\begin{cases}(x+1)f''(x)+(x+2)f'(x)=0\\ f'(0)=-1,f(0)=1\end{cases}.$$

令 $p=f'(x)$，则方程 $(x+1)f''(x)+(x+2)f'(x)=0$ 化成

$$(x+1)p'+(x+2)p=0,$$

这是变量可分离的方程，不难求得其通解是

$$p=\frac{C\mathrm{e}^{-x}}{x+1},$$

即
$$f'(x)=\frac{C\mathrm{e}^{-x}}{1+x}.$$

由定解条件 $f'(0)=-1$ 知 $C=-1$，故 $f'(x)=-\dfrac{\mathrm{e}^{-x}}{1+x}$.

于是当 $x\geqslant 0$ 时，有 $f'(x)\geqslant -\mathrm{e}^{-x}$，即 $\int_0^x f'(x)\mathrm{d}x\geqslant -\int_0^x \mathrm{e}^{-x}\mathrm{d}x$，所以 $f(x)\geqslant \mathrm{e}^{-x}$；又 $f'(x)<0$，$f(x)$ 单调减少，所以又有 $f(x)\leqslant f(0)=1$. 故当 $x\geqslant 0$ 时，有 $\mathrm{e}^{-x}\leqslant f(x)\leqslant 1$.

思考　（i）当 $-1<x\leqslant 0$ 时，可以得到怎样类似的不等式？（ii）若 $f(0)=-1$，则当 $-1<x\leqslant 0$ 或 $x\geqslant 0$ 时，分别可以得到怎样类似的不等式？

例 13　设函数 $y=f(x)$ 有二阶连续的导数. 若 $y=f(x)$ 是单调增加的，$y=f(x)$ 的图形是凹的，且曲线 $y=f(x)$ 上任意点 (x,y) 处的曲率等于 $\dfrac{1}{2y^{\frac{3}{2}}}$，$f(0)=1,f'(0)=0$，求 $f(x)$.

分析　本题需要曲率的计算公式，注意到曲线 $y=f(x)$ 的图形是凹的，利用函数图形

的凹凸性与函数二阶导数的符号之间的关系，知 $f''(x)\geqslant 0$，这样曲率公式中的绝对值号就可以不要了.

解　由题设知 $f'(x)\geqslant 0$，$f''(x)\geqslant 0$. 所以曲线 $y=f(x)$ 是下面定解问题的解

$$\begin{cases}\dfrac{y''}{(1+y'^2)^{\frac{3}{2}}}=\dfrac{1}{2y^{\frac{3}{2}}}\\ y(0)=1,\ y'(0)=0\end{cases}.$$

方程不显含 x，令 $p=y'$，则 $y''=p\dfrac{\mathrm{d}p}{\mathrm{d}y}$，代入方程，得

$$\frac{p\dfrac{\mathrm{d}p}{\mathrm{d}y}}{(1+p^2)^{\frac{3}{2}}}=\frac{1}{2y^{\frac{3}{2}}},$$

两边积分，解得
$$-\frac{1}{\sqrt{1+p^2}}=-\frac{1}{\sqrt{y}}+C_1.$$

由 $y(0)=1, y'(0)=0$ 得 $C_1=0$，于是

$$\sqrt{1+p^2}=\sqrt{y},$$

注意到 $f'(x)\geqslant 0$，所以
$$p=\sqrt{y-1},$$

即
$$y'=\sqrt{y-1},$$

即
$$\frac{\mathrm{d}y}{\sqrt{y-1}}=\mathrm{d}x,$$

方程两边积分，解得
$$2\sqrt{y-1}=x+C_2,$$

再由 $y(0)=1$ 得 $C_2=0$. 所以

$$y=\frac{x^2}{4}+1\quad (x\geqslant 0).$$

思考　若 $y=f(x)$ 是单调减少的，$y=f(x)$ 的图形是凹的；或 $y=f(x)$ 是单调减少的，$y=f(x)$ 的图形是凸的；或 $y=f(x)$ 是单调增加的，$y=f(x)$ 的图形是凸的，结果如何？

例 14　设函数 $y(t)$ 在 $[0,+\infty)$ 上可微，且有 $\lim\limits_{t\to+\infty}[y'(t)+y(t)]=0$. 试证：$\lim\limits_{t\to+\infty}y(t)=0$.

分析　本题在解一阶线性方程的通解时，需要用定积分的形式.

证明　设 $y'(t)+y(t)=f(t)$，因为 $\lim\limits_{t\to+\infty}[y'(t)+y(t)]=0$，所以 $\lim\limits_{t\to\infty}f(t)=0$. 于是对任意 $\varepsilon>0$，存在 $T>0$，当 $t>T$ 时，成立 $|f(t)|<\varepsilon$.

方程 $y'(t)+y(t)=f(t)$ 是一阶线性方程，其通解是

$$\begin{aligned}y(t)&=\mathrm{e}^{-\int_0^t P(s)\mathrm{d}s}\left[\int_0^t Q(r)\mathrm{e}^{\int_0^r P(s)\mathrm{d}s}\mathrm{d}r+y(0)\right]\\&=\mathrm{e}^{-\int_0^t \mathrm{d}s}\left[\int_0^t f(r)\mathrm{e}^{\int_0^r \mathrm{d}s}\mathrm{d}r+y(0)\right]=\mathrm{e}^{-t}\left[\int_0^t f(r)\mathrm{e}^{r}\mathrm{d}r+y(0)\right],\end{aligned}$$

当 $t>T$ 时，

$$y(t)=\mathrm{e}^{-t}\left[\int_0^t f(r)\mathrm{e}^r\mathrm{d}r+y(0)\right]=\mathrm{e}^{-t}\left[\int_0^T f(r)\mathrm{e}^r\mathrm{d}r+\int_T^t f(r)\mathrm{e}^r\mathrm{d}r+y(0)\right],$$

故

$$|y(t)|\leqslant \mathrm{e}^{-t}\left|\int_0^T f(r)\mathrm{e}^r\mathrm{d}r+y(0)\right|+\mathrm{e}^{-t}\int_T^t|f(r)\mathrm{e}^r|\mathrm{d}r$$

$$\leqslant \mathrm{e}^{-t}\left|\int_0^T f(r)\mathrm{e}^r\mathrm{d}r+y(0)\right|+\varepsilon\mathrm{e}^{-t}\int_T^t\mathrm{e}^r\mathrm{d}r\to 0,$$

即 $\lim\limits_{t\to+\infty}y(t)=0$.

思考　若 $\lim\limits_{t\to+\infty}[y'(t)+2y(t)]=0$，结果如何？

五、练习题 12.2

1. 求方程 $(1+x)y'-ny=(x+1)^{n+1}x\sin(x^2)$ 的通解.
2. 求方程 $\dfrac{\mathrm{d}y}{\mathrm{d}x}=\dfrac{y}{2x-y}$ 的通解.
3. 求方程 $\dfrac{\mathrm{d}y}{\mathrm{d}x}=6\dfrac{y}{x}-xy^2$ 的通解.
4. 求方程 $\left(\cos x+\dfrac{1}{y}\right)\mathrm{d}x+\left(\dfrac{1}{y}-\dfrac{x}{y^2}\right)\mathrm{d}y=0$ 的通解.
5. $y=\mathrm{e}^x+\int_0^x y(t)\mathrm{d}t$.
6. 求方程 $2(x^2+1)y'=6xy+3x\sqrt[3]{y}$ 的通解.
7. 求方程 $2x\sin y\mathrm{d}x+xy\sin x\mathrm{d}x+x^2\cos y\mathrm{d}y=y\cos x\mathrm{d}x+x\cos x\mathrm{d}y$ 的通解.
8. 求方程 $y''+y'=y'^2$ 的通解.
9. 设 $y=\varphi(x)$ 满足不等式 $y'+a(x)y\leqslant 0\ (x\geqslant 0)$. 证明：$\varphi(x)\leqslant\varphi(0)\mathrm{e}^{-\int_0^x a(s)\mathrm{d}s}\ (x\geqslant 0)$.

第三节　高阶线性微分方程

一、教学目标

1. 理解线性微分方程的概念，掌握线性微分方程解的结构；了解降阶法和常数变易法的思想.

2. 理解常系数齐次线性方程的概念，掌握二阶常系数齐次线性方程的解法，了解 n 阶常系数线性微分方程的解法.

3. 理解二阶常系数非齐次线性微分方程的概念，理解二阶常系数非齐次线性微分方程解的结构；掌握 $f(x)=\mathrm{e}^{\lambda x}P_m(x)$ 型和 $f(x)=\mathrm{e}^{\lambda x}[P_l\cos\omega x+P_n\sin\omega x]$ 型的二阶常系数非齐次线性微分方程特解的待定系数求解法.

4. 了解欧拉方程的概念，掌握欧拉方程的解法.

5. 了解微分方程幂级数解法的思想，了解一阶、二阶微分方程的幂级数解法.

二、内容提要

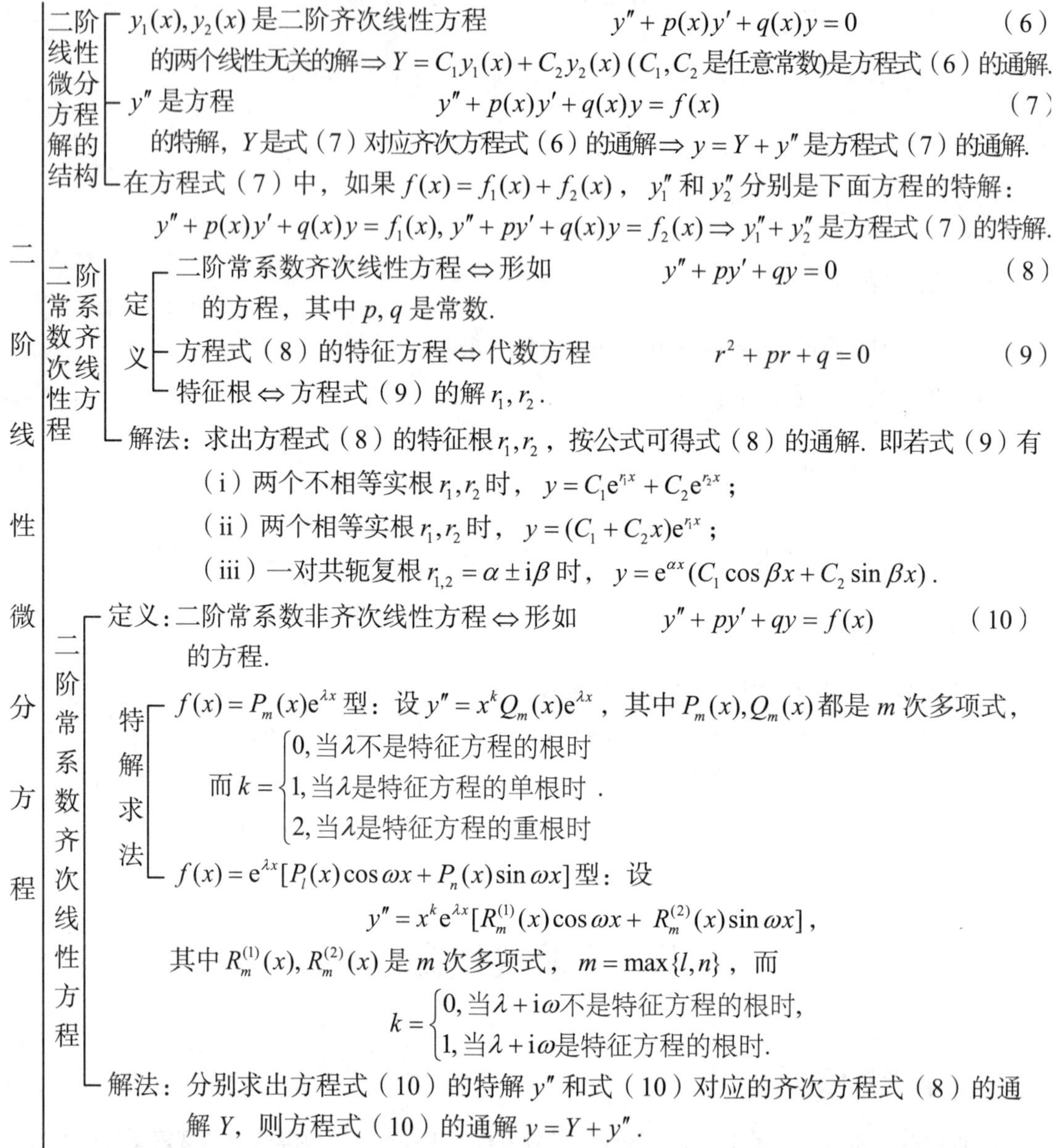

二阶线性微分方程

- **二阶线性微分方程解的结构**
  - $y_1(x),y_2(x)$ 是二阶齐次线性方程 $$y''+p(x)y'+q(x)y=0 \qquad (6)$$ 的两个线性无关的解 $\Rightarrow Y=C_1y_1(x)+C_2y_2(x)$（$C_1,C_2$ 是任意常数）是方程式（6）的通解.
  - y^* 是方程 $$y''+p(x)y'+q(x)y=f(x) \qquad (7)$$ 的特解，Y 是式（7）对应齐次方程式（6）的通解 $\Rightarrow y=Y+y^*$ 是方程式（7）的通解.
  - 在方程式（7）中，如果 $f(x)=f_1(x)+f_2(x)$，y_1^* 和 y_2^* 分别是下面方程的特解：$y''+p(x)y'+q(x)y=f_1(x),\ y''+py'+q(x)y=f_2(x)\Rightarrow y_1^*+y_2^*$ 是方程式（7）的特解.
- **二阶常系数齐次线性方程**
  - 定义
    - 二阶常系数齐次线性方程 $\Leftrightarrow$ 形如 $$y''+py'+qy=0 \qquad (8)$$ 的方程，其中 p,q 是常数.
    - 方程式（8）的特征方程 $\Leftrightarrow$ 代数方程 $$r^2+pr+q=0 \qquad (9)$$
    - 特征根 $\Leftrightarrow$ 方程式（9）的解 r_1,r_2.
  - 解法：求出方程式（8）的特征根 r_1,r_2，按公式可得式（8）的通解. 即若式（9）有
    - （i）两个不相等实根 r_1,r_2 时，$y=C_1\mathrm{e}^{r_1x}+C_2\mathrm{e}^{r_2x}$；
    - （ii）两个相等实根 r_1,r_2 时，$y=(C_1+C_2x)\mathrm{e}^{r_1x}$；
    - （iii）一对共轭复根 $r_{1,2}=\alpha\pm\mathrm{i}\beta$ 时，$y=\mathrm{e}^{\alpha x}(C_1\cos\beta x+C_2\sin\beta x)$.
- **二阶常系数非齐次线性方程**
  - 定义：二阶常系数非齐次线性方程 $\Leftrightarrow$ 形如 $$y''+py'+qy=f(x) \qquad (10)$$ 的方程.
  - 特解求法
    - $f(x)=P_m(x)\mathrm{e}^{\lambda x}$ 型：设 $y^*=x^kQ_m(x)\mathrm{e}^{\lambda x}$，其中 $P_m(x),Q_m(x)$ 都是 m 次多项式，
      $$\text{而 } k=\begin{cases}0,\text{当}\lambda\text{不是特征方程的根时}\\1,\text{当}\lambda\text{是特征方程的单根时}\\2,\text{当}\lambda\text{是特征方程的重根时}\end{cases}.$$
    - $f(x)=\mathrm{e}^{\lambda x}[P_l(x)\cos\omega x+P_n(x)\sin\omega x]$ 型：设
      $$y^*=x^k\mathrm{e}^{\lambda x}[R_m^{(1)}(x)\cos\omega x+R_m^{(2)}(x)\sin\omega x],$$
      其中 $R_m^{(1)}(x),R_m^{(2)}(x)$ 是 m 次多项式，$m=\max\{l,n\}$，而
      $$k=\begin{cases}0,\text{当}\lambda+\mathrm{i}\omega\text{不是特征方程的根时},\\1,\text{当}\lambda+\mathrm{i}\omega\text{是特征方程的根时}.\end{cases}$$
  - 解法：分别求出方程式（10）的特解 y^* 和式（10）对应的齐次方程式（8）的通解 Y，则方程式（10）的通解 $y=Y+y^*$.

三、疑点解析

1. 关于线性方程及其解的结构　称如下的 n 阶微分方程

$$\frac{\mathrm{d}^nx}{\mathrm{d}t^n}+a_1(t)\frac{\mathrm{d}^{n-1}x}{\mathrm{d}t^{n-1}}+\cdots+a_{n-1}(t)\frac{\mathrm{d}x}{\mathrm{d}t}+a_n(t)x=f(t)$$

为 n 阶线性微分方程，其中 $a_i(t)(i=1,2,\cdots,n)$ 及 $f(t)$ 都是区间 $a\leqslant t\leqslant b$ 上的连续函数. 如果

$f(t)\neq 0$，则称上面方程为n阶非齐次线性微分方程. 如果$f(t)\equiv 0$，则方程变为

$$\frac{\mathrm{d}^n x}{\mathrm{d}t^n}+a_1(t)\frac{\mathrm{d}^{n-1}x}{\mathrm{d}t^{n-1}}+\cdots+a_{n-1}(t)\frac{\mathrm{d}x}{\mathrm{d}t}+a_n(t)x=0$$

称为n阶齐次线性微分方程，简称为齐线性微分方程，也称上述方程为非齐次方程所对应的齐线性方程.

对于二阶线性微分方程，其解的结构有以下三个结论.

定理 1　如果函数$y_1(x)$与$y_2(x)$是方程$y''+P(x)y'+Q(x)y=0$的两个解，那么$y=C_1y_1(x)+C_2y_2(x)$也是方程$y''+P(x)y'+Q(x)y=0$的解，其中C_1,C_2是任意常数.

定理 2　如果$y_1(x)$与$y_2(x)$是方程$y''+P(x)y'+Q(x)y=0$的两个线性无关的特解，那么$y=C_1y_1(x)+C_2y_2(x)$（其中C_1,C_2是任意常数）就是方程$y''+P(x)y'+Q(x)y=0$的通解.

定理 3　设$y^*(x)$是二阶非齐次线性方程$y''+P(x)y'+Q(x)y=f(x)$的一个特解，$Y(x)$是与该议程对应的齐次方程$y''+P(x)y'+Q(x)y=0$的通解，那么$y=Y(x)+y^*(x)$是二阶非齐次线性方程$y''+P(x)y'+Q(x)y=f(x)$的通解.

上面三个定理可以推广到一般的n阶线性方程的情形.

利用上面三个定理，可以求一些线性微分方程的通解.

例如，对于方程$y''+2y'+2y=0$，有两个特解$y_1(x)=\mathrm{e}^{-(1-\mathrm{i})x}$和$y_2(x)=\mathrm{e}^{-(1+\mathrm{i})x}$. 因这两个解中含有复数，所以令

$$\overline{y}_1(x)=\frac{y_1(x)+y_2(x)}{2}=\mathrm{e}^{-x}\cos x,\quad \overline{y}_2(x)=\frac{y_1(x)-y_2(x)}{2\mathrm{i}}=\mathrm{e}^{-x}\sin x$$

由定理 1 知$\overline{y}_1(x)$和$\overline{y}_2(x)$也是原微分方程的解，且这两个解是线性无关的，再由定理 2，可得原微分方程的通解

$$y=C_1\overline{y}_1(x)+C_2\overline{y}_2(x)=\mathrm{e}^{-x}(C_1\cos x+C_2\sin x)\text{（其中 }C_1,C_2\text{ 是任意常数）}.$$

对于线性方程解的结构，除了上面三个定理的结论外，我们还可得到如下结论：

如果$y_1(x)$与$y_2(x)$是非齐次线性微分方程$y''+P(x)y'+Q(x)y=f(x)$的任意两个解，则函数$y(x)=y_1(x)-y_2(x)$一定是对应的齐次线性方程$y''+P(x)y'+Q(x)y=0$的解.

下面一个结论可称为微分方程解的叠加原理.

定理 4　设非齐次线性微分方程$y''+P(x)y'+Q(x)y=f(x)$的右端$f(x)$是几个函数之和，如$y''+P(x)y'+Q(x)y=f_1(x)+f_2(x)$，而$y_1^*(x)$与$y_2^*(x)$分别是方程$y''+P(x)y'+Q(x)y=f_1(x)$与$y''+P(x)y'+Q(x)y=f_2(x)$的特解，那么$y_1^*(x)+y_2^*(x)$就是原方程$y''+P(x)y'+Q(x)y=f(x)$的特解.

这些结论也可以推广到一般的n阶线性方程的情形.

2. 关于常系数线性方程通解的解法　对于常系数线性方程$y''+py'+qy=0$，先写出特征方程$r^2+pr+q=0$，然后再根据特征根的不同情况即可写出方程的通解.

该方法还可用于一般的n阶线性方程通解的求解.

注意：该方法只能对常系数的情形进行求解. 对于变系数线性方程，不能用这种方法求解.

例如，对于方程$x^2y''+2xy'+y=0$，如果还用解常系数线性方程通解的方法，特征方程是

$x^2r^2+2xr+1=0$，所以 $r=-\dfrac{1}{x}$，于是 $y=(C_1+C_2x)\mathrm{e}^{-1}$. 但这个函数并不是方程的解.

对于常系数线性方程 $y''+py'+qy=0$，它也是不显含自变量 x 的方程，但不要用降阶法求解，因为降阶法常常并不简单.

例如，对于方程 $y''+3y'+2y=0$，写出特征方程和特征根后，可很容易地求出通解：$y=C_1\mathrm{e}^{-x}+C_2\mathrm{e}^{-2x}$. 但如果用降阶法，令 $y'=p$，则 $y''=\dfrac{\mathrm{d}p}{\mathrm{d}x}=p\dfrac{\mathrm{d}p}{\mathrm{d}y}$，代入原方程后，可得方程 $p\dfrac{\mathrm{d}p}{\mathrm{d}y}+3p+2y=0$. 要想求出该方程的通解，还得费好一番周折. 显然，这种解法实在不是好的选择.

前面所学过的高阶方程的降阶法，通常只用于解非线性方程的情形.

3. 关于常系数非齐次线性方程的特解　首先，这里所说的特解与微分方程的定解问题的特解是不同的. 微分方程的定解问题的特解是指微分方程的通解（或解）中满足特定定解条件的解，而这里所说的非齐次线性方程的特解是针对方程的非齐次项 $f(x)$ 而言的，所求得的函数只是微分方程的一个（或一些）解.

考虑方程 $y''+py'+qy=f(x)$，对于非齐次项 $f(x)$ 的两种形式，给出了特解的形式.

（i）若 $f(x)=\mathrm{e}^{\lambda x}P_m(x)$，其特解可设为 $y^*=x^kQ_m(x)\mathrm{e}^{\lambda x}$，其中 k 是 λ 为特征方程 $r^2+pr+q=0$ 根的重数，$Q_m(x)$ 是待定的 m 次多项式.

（ii）若 $f(x)=\mathrm{e}^{\lambda x}[P_l(x)\cos(\omega x)+P_n(x)\sin(\omega x)]$，其特解可设为 $y^*=x^k\mathrm{e}^{\lambda x}[R_m^{(1)}(x)\cos(\omega x)+R_m^{(2)}(x)\sin(\omega x)]$，其中 k 是 $\lambda+\mathrm{i}\omega$ 为特征方程 $r^2+pr+q=0$ 根的重数，$m=\max(l,n)$，$R_m^{(1)}(x)$ 和 $R_m^{(2)}(x)$ 都是待定的 m 次多项式.

注意：在函数 $f(x)$ 的表达式中，有的只含 $\cos(\omega x)$ 项而有的只含 $\sin(\omega x)$ 项，但在设特解 y^* 的形式时，$R_m^{(1)}(x)$ 和 $R_m^{(2)}(x)$ 两项都必须有，不能只有一项. 否则，结果通常不对.

例如，对于方程 $y''+2y'-y=-4\sin x$，此时 $f(x)=-4\sin x$，如果设特解 $y^*=A\sin x$，将得不到正确结果. 事实上，应将特解 y^* 设为 $A\sin x+B\cos x$ 的形式才对.

这里函数 $f(x)$ 的形式是不能变的，可以变动的只是其中的一些参数的值. 如果 $f(x)$ 不是上面所述的两种形式中的某一种函数，那么这里所给出的设特解形式的方法都不能用.

例如，对于函数 $f(x)=\tan x$ 或 $f(x)=\dfrac{1}{\sin x}$ 或 $f(x)=\sqrt[3]{\sin x}$ 的情形，上面所给出的设特解形式的方法就不能用.

甚至像 $f(x)=\mathrm{e}^x+\mathrm{e}^{-2x}$ 或 $f(x)=\mathrm{e}^x+\sin x$ 或 $f(x)=\sin x+\cos(2x)$ 这样的函数，也需要将函数 $f(x)$ 分成两个函数，相应地得到两个微分方程，再分别写出其特解，最后利用线性方程解的叠加原理，将这两个特解相加，用所得到的函数作为原方程的特解形式.

例如，对于方程 $y''+2y'-y=f(x)$，如果设 $f(x)=\sin x+\cos(2x)$，可写出两个方程 $y''+2y'-y=\sin x$ 和 $y''+2y'-y=\cos(2x)$.

对于方程 $y''+2y'-y=\sin x$，其特解可设为 $y_1^*=A\cos x+B\sin x$；

对于方程 $y''+2y'-y=\cos(2x)$，其特解可设为 $y_2^*=C\cos(2x)+D\sin(2x)$.

而原方程 $y''+2y'-y=f(x)=\sin(x)+\cos(2x)$ 的特解可设为

$$y^* = y_1^* + y_2^* = A\cos x + B\sin x + C\cos(2x) + D\sin(2x)$$

这种设特解的方法，也可用于高阶线性非齐次方程的情形.

对于二阶常系数线性方程，为了确定特解中的系数的值，通常是将特解 y^* 代入原微分方程，然后令方程两边同类项的系数相等得到. 也可以用下面等式求得：

$$Q''(x) + (2\lambda + p)Q'(x) + (\lambda^2 + p\lambda + q)Q(x) = P_m(x)$$

必须注意：利用上式求 $Q_m(x)$ 中的系数时，原微分方程中 y'' 项的系数必须等于 1.

对于非齐次线性方程求特解形式的问题，可以不用求出 $Q_m(x)$ 中的系数的值.

四、例题分析

例 1　求微分方程 $y'' + 4y' + 29y = 0$ 满足初始条件 $y|_{x=0} = 0, y'|_{x=0} = 15$ 的特解.

分析　这是二阶常系数线性齐次微分方程，可直接利用特征方程求解. 将微分方程中的 n 阶导数 $y^{(n)}$ 换成 r^n（其中 $y^{(0)} = y$ 用 $r^0 = 1$ 替换），其余都不变，即得相应的特征方程.

解　特征方程为

$$r^2 + 4r + 29 = 0,$$

特征根 $r_{1,2} = \dfrac{-4 \pm \sqrt{4^2 - 4\cdot 1\cdot 29}}{2\cdot 1} = -2 \pm 5\mathrm{i}$，故方程的通解为

$$y = \mathrm{e}^{-2x}(C_1\cos 5x + C_2\sin 5x).$$

于是

$$y' = -2y - 5\mathrm{e}^{-2x}(C_1\sin 5x - C_2\cos 5x),$$

将初始条件 $y|_{x=0} = 0, y'|_{x=0} = 15$ 代入，得

$$\begin{cases} C_1 + C_2\cdot 0 = 0 \\ 0 - 5(0 - C_2) = 15 \end{cases} \Rightarrow \begin{cases} C_1 = 0 \\ C_2 = 3 \end{cases},$$

故所求特解

$$y = 3\mathrm{e}^{-2x}\sin 5x.$$

思考　（i）若微分方程为 $y'' - 4y' + 29y = 0$，结果如何？（ii）若初始条件为 $y|_{x=0} = 1$，$y'|_{x=0} = 15$，以上两题的结果如何？

例 2　求微分方程 $2y''' + 2y'' - y' - 3 = 0$ 的通解.

分析　这是三阶常系数线性齐次微分方程，其特征方程是三次的，没有一般的求根公式. 此时，只要可以求出方程的一个实根，就可以通过降次把它转化成二次方程. 带余除法就是一种求多项式方程实根的方法.

解　特征方程为

$$f(r) = 2r^3 + 2r^2 - r - 3 = 0,$$

由于首项系数与常数项的因数分别为1,2; 1,3，故方程的实根可能是 $\pm\dfrac{1}{2}, \pm\dfrac{3}{2}, \pm 1, \pm 3$.

因为 $f(1) = 0$，所以 $r - 1$ 是 $f(r)$ 的一个因式. 于是用带余除法或如下的分组分解法，就可以将 $f(r)$ 分解成一个一次因式 $r - 1$ 和比原来低一次的因式的乘积，即

$$f(r) = 2r^2(r-1) + 4r(r-1) + 3(r-1) = (r-1)(2r^2 + 4r + 3) = 0,$$

于是方程的特征根为 $r_1=1,\ r_{2,3}=\dfrac{-4\pm\sqrt{4^2-4\cdot 2\cdot 3}}{2\cdot 2}=-1\pm\dfrac{\sqrt{2}}{2}\mathrm{i}$，则原方程的通解为

$$y=C_1\mathrm{e}^x+\mathrm{e}^{-x}\left(C_2\cos\frac{\sqrt{2}}{2}x+C_2\sin\frac{\sqrt{2}}{2}x\right).$$

思考 （i）若微分方程为 $3y'''+y''-y'-3=0$ 或 $y'''+3y''-y'-3=0$ 或 $2y'''+2y''-3y'-1=0$，结果如何？（ii）求以上各题满足初始条件 $y|_{x=0}=0,y'|_{x=0}=0,y''|_{x=0}=0$ 的特解.

例 3 求微分方程 $y^{(4)}-3y'''+3y''+3y'-4=0$ 的通解.

分析 这是四阶常系数线性齐次微分方程，可直接利用特征方程求解. 切记通解公式的构造.

解 特征方程为

$$f(r)=r^4-3r^3+3r^2+3r-4=0,$$

由于首项系数与常数项的因数分别为1; 1,2,4，故方程的实根可能是 $\pm1,\pm2,\pm4$.

因为 $f(\pm1)=(\pm1)^4-3(\pm1)^3+3(\pm1)^2+3(\pm1)-4=0$，所以 $r_{1,2}=\pm1$ 是方程的两个特征根. 于是由

$$f(r)=r^2(r^2-1)-3r(r^2-1)+4(r^2-1)=(r^2-1)(r^2-3r+4)=0$$

求得特征方程的其余两个特征根 $r_{1,2}=-1,r_3=1,r_4=3$，故方程的通解为

$$y=(C_1+C_2x)\mathrm{e}^{-x}+C_3\mathrm{e}^x+C_4\mathrm{e}^{3x}.$$

思考 （i）求方程满足初始条件 $y|_{x=0}=1,y'|_{x=0}=1,y''|_{x=0}=1,y'''|_{x=0}=1$ 的特解.（ii）若微分方程为 $y^{(4)}+3y'''-3y''+3y'-4=0$ 或 $y^{(4)}+3y'''+3y''-3y'-4=0$，结果如何？

例 4 设方程 $y''+P(x)y'+Q(x)y=f(x)$ 的三个解 $y_1=x$, $y_2=\mathrm{e}^x$, $y_3=\mathrm{e}^{2x}$，求此方程满足初始条件 $y(0)=1,y'(0)=3$ 的特解.

分析 首先要利用线性方程解的结构性质写出方程的通解，再在通解中求出所要的特解. 为此，要求出对应的齐次线性方程 $y''+P(x)y'+Q(x)y=0$ 的两个线性无关的特解，而非齐次线性方程 $y''+P(x)y'+Q(x)y=f(x)$ 的任意两个解之差是对应的齐次线性方程 $y''+P(x)y'+Q(x)y=0$ 解.

解 由题意易知，函数 $Y_1=y_2-y_1=\mathrm{e}^x-x$，$Y_2=y_3-y_1=\mathrm{e}^{2x}-x$ 是对应的齐次方程 $y''+P(x)y'+Q(x)y=0$ 的两个解，且这两个解线性无关. 于是方程 $y''+P(x)y'+Q(x)y=0$ 的通解是

$$Y=C_1Y_1+C_2Y_2.$$

再由定理 3 可知，方程 $y''+P(x)y'+Q(x)y=f(x)$ 的通解是

$$y=Y+y_1=C_1\mathrm{e}^x+C_2\mathrm{e}^{2x}+(1-C_1-C_2)x,$$

由初始条件可得

$$\begin{cases}C_1+C_2=1\\ C_2=2\end{cases}\Rightarrow\begin{cases}C_1=-1\\ C_2=2\end{cases}.$$

故所求的特解是

$$y=2\mathrm{e}^{2x}-\mathrm{e}^x.$$

思考 （i）$y=Y+y_2$ 和 $y=Y+y_3$ 是否为方程 $y''+P(x)y'+Q(x)y=f(x)$ 的通解？若是，求出这两种情形的通解与满足初始条件的特解；（ii）若 $y_1=x+\mathrm{e}^x-\mathrm{e}^{2x}$，则 $y=C_1\mathrm{e}^x+C_2\mathrm{e}^{2x}+(1-C_1-C_2)x$ 和 $y=2\mathrm{e}^{2x}-\mathrm{e}^x$ 是否仍为该方程的通解和特解？为什么？（iii）试用 $y_1=x$，

$y_2 = e^x, y_3 = e^{2x}$ 的另一个组合来构造方程的通解，并据此求方程满足初始条件的特解.

例 5　设某个四阶常系数线性齐次微分方程的特征方程的四个特征根分别是 $-1, 2, 1\pm i$，求该方程的通解，并写出特征方程和微分方程.

分析　常系数线性齐次微分方程及其特征方程和特征根是一一对应的，三者只要知其一即可知微分方程、特征方程和特征根.

解　方程的通解为

$$y = C_1 e^{-x} + C_2 e^{2x} + e^x (C_3 \cos x + C_4 \sin x);$$

特征方程为

$$(r+1)(r-2)(r-1-i)(r-1+i) = 0,$$

即

$$r^4 - 3r^3 + 2r^2 + 2r - 4 = 0;$$

微分方程为

$$\frac{d^4 y}{dx^4} - 3\frac{d^3 y}{dx^3} + 2\frac{d^2 y}{dx^2} + 2\frac{dy}{dx} - 4y = 0.$$

思考　（i）若方程的特征方程的四个特征根分别是 $-1,-1,-1,-1$ 或 $-1,-1,-1,2$ 或 $-1,-1,2,2$ 或 $-1,-1,1\pm i$ 或 $2,2,1\pm i$ 或 $1\pm i, 1\pm i$，结果如何？（ii）若 $-1,2,1\pm i$ 是某个四阶常系数线性非齐次微分方程的特征方程的四个特征根，结果如何？

例 6　求微分方程 $y'' - 2y' + y = xe^x - e^x$ 满足初始条件 $y(1) = y'(1) = 1$ 的特解.

分析　先求出方程的通解，然后从通解中求出满足定解条件的特解. 需要注意两点：首先，方程是非齐次的，其非齐次项 $f(x) = (x-1)e^x$ 是多项式与指数函数相乘的形式，不需要将 $f(x)$ 分成两项；其次这里的特解与 y^* 不是一回事.

解　特征方程是

$$r^2 - 2r + 1 = 0,$$

特征根是 $r_1 = r_2 = 1$，对应的齐次方程的通解是

$$Y = (C_1 + C_2 x)e^x.$$

因为 $f(x) = (x-1)e^x$，所以 $\lambda = 1$，它是特征方程的 2 重根，故 $k = 2$，又 $P_m(x) = x - 1$ 是一次多项式，所以 $m = 1$，于是特解可设为

$$y^* = x^2(ax+b)e^x = (ax^3 + bx^2)e^x.$$

要求出系数 a, b 的值，先将 y^* 求出一、二阶导数：

$$(y^*)' = [ax^3 + (3a+b)x^2 + 2bx]e^x$$

$$(y^*)'' = [ax^3 + (6a+b)x^2 + (6a+4b)x + 2b]e^x$$

代入原微分方程中，解得 $a = \dfrac{1}{6}, b = -\dfrac{1}{2}$. 于是原微分方程的一个特解是

$$y^* = \left(\frac{x^3}{6} - \frac{x^2}{2}\right)e^x.$$

故原微分方程的通解是

$$y = Y + y^* = \left(C_1 + C_2 x + \frac{x^3}{6} - \frac{x^2}{2}\right)e^x.$$

又
$$y'=\left[(C_1+C_2)+(C_2-1)x+\frac{x^3}{6}\right]e^x$$

由初始条件 $y(1)=1$ 和 $y'(1)=1$ 得

$$\left(C_1+C_2-\frac{1}{3}\right)e=1,\quad \left(C_1+2C_2-\frac{5}{6}\right)e=1$$

解得 $C_1=\frac{1}{e}-\frac{1}{6}, C_2=\frac{1}{2}$. 所以原微分方程的特解是

$$y=\left(\frac{1}{e}-\frac{1}{6}+\frac{1}{2}x+\frac{x^3}{6}-\frac{x^2}{2}\right)e^x .$$

思考　（i）若微分方程 $y''+2y'-3y=xe^x-e^x$ 或 $y''-2y'-3y=xe^x-e^x$ 或 $y''-2y'+y=xe^{2x}-e^x$ 或 $y''-2y'+y=xe^x-e^{2x}$，结果如何？（ii）若初始条件为 $y(1)=1, y'(1)=2$，以上各题结果如何？（iii）若 $y(1)=a, y'(1)=b$，以上各题是否都满足初始条件的特解？若否，给出有特解的条件.

例 7　求下面方程的通解：

（i）$y''+6y'+8y=xe^{2x}$；　　（ii）$y''-2y'=xe^{2x}$；　　（iii）$y''-4y'+4y=xe^{2x}$.

分析　它们均为非齐次微分方程，但仅对应的齐次方程不同，而非齐次项相同. 应先求出对应的齐次方程的通解，再根据对应的齐次方程的通解求出特解. 注意：对应的齐次方程的通解不同，相应特解的形式也不同.

解　（i）特征方程是

$$r^2+6r+8=0,$$

特征根是 $r_1=-2, r_2=-4$. 对应的齐次线性方程的通解是

$$Y=C_1e^{-2x}+C_2e^{-4x}$$

因为 $f(x)=xe^{2x}$，$\lambda=2$ 不是特征方程的根，所以 $k=0$. 又 $P_1(x)=x$ 是 1 次多项式，所以 $m=1$. 于是可设原微分方程的一个特解为 $y^*=(Ax+B)e^{2x}$. 代入原方程后可得 $A=\frac{1}{24}, B=\frac{5}{288}$. 所以原微分方程的通解是

$$y=C_1e^{-2x}+C_2e^{-4x}+\left(\frac{1}{24}x+\frac{5}{288}\right)e^{2x}.$$

思考　若微分方程为 $y''+2y'-8y=xe^{2x}$，结果如何？ $y''-2y'+8y=xe^{2x}$ 呢？

（ii）特征方程是

$$r^2-2r=0,$$

特征根是 $r_1=0$，$r_2=2$. 对应的齐次线性方程的通解是

$$Y=C_1+C_2e^{2x}$$

因为 $f(x)=xe^{2x}, \lambda=2$ 是特征方程的单根，所以 $k=1$. 又 $P_1(x)=x$ 是 1 次多项式，所以 $m=1$. 于是可设原微分方程的一个特解为 $y^*=x(Ax+B)e^{2x}=(Ax^2+Bx)e^{2x}$. 代入原方程后可得 $A=\frac{1}{20}$，

$B=\dfrac{1}{100}$ 所以原微分方程的通解是

$$y=C_1+C_2\mathrm{e}^{2x}+\left(\frac{1}{20}x+\frac{1}{100}\right)\mathrm{e}^{2x}.$$

思考 若微分方程为 $y''+2y'=x\mathrm{e}^{2x}$，结果如何？ $y''-4y=x\mathrm{e}^{2x}$ 或 $y''+4y=x\mathrm{e}^{2x}$ 呢？

（iii）特征方程是

$$r^2-4r+4=0,$$

特征根是 $r_1=r_2=2$．对应的齐次线性方程的通解是

$$Y=(C_1+C_2x)\mathrm{e}^{2x}$$

因为 $f(x)=x\mathrm{e}^{2x}$，$\lambda=2$ 是特征方程的重根，所以 $k=2$．又 $P_1(x)=x$ 是 1 次多项式，所以 $m=1$．于是可设原微分方程的一个特解为 $y^*=x^2(Ax+B)\mathrm{e}^{2x}=(Ax^3+Bx^2)\mathrm{e}^{2x}$．代入原方程后可得 $A=\dfrac{1}{6}$，$B=0$，所以原微分方程的通解是

$$y=\left(C_1+C_2x+\frac{1}{6}x^2\right)\mathrm{e}^{2x}.$$

思考 若微分方程为 $y''+4y'+4y=x\mathrm{e}^{2x}$，结果如何？ $y''+4y'-4y=x\mathrm{e}^{2x}$ 呢？

例 8 求微分方程 $y''+y=x\mathrm{e}^x\cos x$ 的特解.

分析 求常系数线性非齐次微分方程的特解，是针对非齐次项 $f(x)$ 而言的. 首先，应根据 $f(x)$ 的形式确定特解形式，这里需要确定特解形式中 k 的值，待定多项式的次数和形式，再代入原方程求出待定多项式中的系数.

解 特征方程是 $r^2+1=0$，特征根是 $r_{1,2}=\pm\mathrm{i}$.

因为 $P_l(x)=x$，$P_n(x)=0$，所以 $m=\max\{l,n\}=1$．$\lambda=1,\omega=1,\lambda+\mathrm{i}\omega=1+\mathrm{i}$ 不是特征方程的根，所以 $k=0$．故原微分方程的特解可设为

$$y^*=[(ax+b)\cos x+(cx+d)\sin x]\mathrm{e}^x,$$

其中 a,b,c,d 都是待定常数. 于是

$$\begin{aligned}
y^{*\prime}&=y^*+[a\cos x+c\sin x-(ax+b)\sin x+(cx+d)\cos x]\mathrm{e}^x\\
&=y^*+[(c-ax-b)\sin x+(cx+a+d)\cos x]\mathrm{e}^x\\
y^{*\prime\prime}&=y^{*\prime}+[(c-ax-b)\sin x+(cx+a+d)\cos x]\mathrm{e}^x+\\
&\quad[-a\sin x+c\cos x+(c-ax-b)\cos x-(cx+a+d)\sin x]\mathrm{e}^x\\
&=y^*+2[(c-ax-b)\sin x+(cx+a+d)\cos x]\mathrm{e}^x+\\
&\quad[(2c-ax-b)\cos x-(cx+2a+d)\sin x]\mathrm{e}^x,
\end{aligned}$$

将 y^* 和 $y^{*\prime\prime}$ 代入原方程，消除 e^x，并整理得

$$[(a+c)x+(a+b+2c+d)]\cos x+[(c-2a)x+(2c+d-2a-2b)]\sin x=x\cos x,$$

于是有方程组

$$\begin{cases} a+c=1 \\ a+b+2c+d=0 \\ c-2a=0 \\ 2c+d-2a-2b=0 \end{cases} \Rightarrow \begin{cases} a=\dfrac{1}{3} \\ b=-\dfrac{1}{3} \\ c=\dfrac{2}{3} \\ d=-\dfrac{4}{3} \end{cases}.$$

所以方程的特解为

$$y^*=\left[\frac{1}{3}(x-1)\cos x+\frac{2}{3}(x-2)\sin x\right]\mathrm{e}^x.$$

思考　（i）若 $f(x)=x\mathrm{e}^x\sin x$ 或 $f(x)=\mathrm{e}^x(\cos x-\sin x)$，结果如何？（ii）若 $f(x)=x\sin x$ 或 $f(x)=x\cos x$ 或 $f(x)=x(\cos x-\sin x)$，结果又如何？

例 9　一质量均匀的链条挂在一无摩擦的钉子上，运动开始时，链条的一边下垂 8 米，另一边下垂 10 米，试问整个链条滑过钉子需要多少时间？

分析　关键是根据牛顿运动定律，建立链条运动所满足的微分方程，从而求出链条运动的微分方程.

解　设链条的线密度为 μ，经过时间 t，链条下滑了 x 米，则由牛顿第二定律得

$$m\frac{\mathrm{d}^2x}{\mathrm{d}t^2}=(10+x)\mu g-(8-x)\mu g$$

即

$$x''-\frac{g}{9}x=\frac{g}{9},\quad x(0)=0,\quad x'(0)=0,$$

其中 g 是重力加速度.

方程 $x''-\dfrac{g}{9}x=\dfrac{g}{9}$ 是二阶常系数线性方程，特征方程和特征根分别是

$$r^2-\frac{g}{9}=0,\quad r_{1,2}=\pm\frac{\sqrt{g}}{3},$$

对应的齐次线性方程的通解是

$$X=C_1\mathrm{e}^{-\frac{\sqrt{g}}{3}t}+C_2\mathrm{e}^{\frac{\sqrt{g}}{3}t}.$$

又不难得到原微分方程的一个特解是 $x^*=-1$，故原微分方程的通解是

$$x=X+x^*=C_1\mathrm{e}^{-\frac{\sqrt{g}}{3}t}+C_2\mathrm{e}^{\frac{\sqrt{g}}{3}t}-1$$

由定解条件 $x(0)=0,x'(0)=0$ 可得 $C_1=C_2=\dfrac{1}{2}$，于是原定解问题的解是

$$x=X+x^*=\frac{1}{2}(\mathrm{e}^{-\frac{\sqrt{g}}{3}t}+\mathrm{e}^{\frac{\sqrt{g}}{3}t})-1,$$

整个链条滑过钉子，即 $x=8$. 代入上式，得 $t=\dfrac{3}{\sqrt{g}}\ln(9+\sqrt{80})$.

思考　（i）在上述求解过程中，默认链条作直线运动的坐标原点在何处？坐标轴的正向是什么方向？（ii）若把坐标轴的原点设在钉子所在的位置，坐标轴的正向向下，求解该题；（iii）若链条是分段均匀的，且已知较短一侧的密度是较长一侧密度的 2 倍，结果如何？

例 10　求方程 $y''+4y=\frac{1}{2}(x+\cos 2x)$ 的通解.

分析　本题在写出特解形式时，需要将 $f(x)=\frac{1}{2}(x+\cos 2x)$ 分成 $f_1(x)=\frac{1}{2}x$ 和 $f_2(x)=\frac{1}{2}\cos 2x$ 两种情况.

解　特征方程是

$$r^2+4=0,$$

特征根是 $r_{1,2}=\pm 2\mathrm{i}$. 对应的齐次方程的通解是

$$Y=C_1\cos 2x+C_2\sin 2x.$$

方程 $y''+4y=\frac{1}{2}x$ 的特解设为 $y_1{}^*=ax+b$，代入方程 $y''+4y=\frac{1}{2}x$ 中，得 $a=\frac{1}{8},b=0$. 所以

$$y_1{}^*=\frac{1}{8}x;$$

方程 $y''+4y=\frac{1}{2}\cos 2x$ 的特解设为 $y_2{}^*=x(c\cos 2x+d\sin 2x)$，代入方程 $y''+4y=\frac{1}{2}\cos 2x$ 中，得 $c=0$ m $d=\frac{1}{8}$. 所以

$$y_2{}^*=\frac{1}{8}x\sin 2x.$$

故原微分方程的通解是

$$y=C_1\cos 2x+C_2\sin 2x+\frac{1}{8}x+\frac{1}{8}x\sin 2x.$$

思考　（i）若 $f(x)=x+\cos 2x$ 或 $f(x)=\frac{1}{2}(x+1+\cos 2x)$ 或 $f(x)=\frac{1}{2}(x+\sin 2x)$，结果如何？ $f(x)=3x-1+\cos 2x-\sin 2x$ 呢？（ii）若 $f(x)=\frac{1}{2}x\cos 2x$ 或 $f(x)=\frac{1}{2}x\sin 2x$，结果又如何？

例 11　求微分方程 $y''+y=x\mathrm{e}^x\cos x+x^2+1$ 的特解形式.

分析　将 $f(x)=x\mathrm{e}^x\cos x+x^2+1$ 分成 $f_1(x)=x\mathrm{e}^x\cos x$ 和 $f_2(x)=x^2+1$ 两种情况.

解　特征方程是

$$r^2+1=0,$$

特征根是 $r_{1,2}=\pm\mathrm{i}$.

对于方程 $y''+y=x\mathrm{e}^x\cos x$，$P_l(x)=1$，$P_n(x)=0$，$m=\max\{l,n\}=1$，$\lambda=1$，$\omega=1$，$\lambda+\mathrm{i}\omega=1+\mathrm{i}$ 不是特征方程的根，所以 $k=0$. 于是微分方程 $y''+y=x\mathrm{e}^x\cos x$ 的特解可设为

$$y_1{}^*=[(ax+b)\cos x+(cx+d)\sin x]\mathrm{e}^x$$

对于方程 $y''+y=x^2+1$，$P_m(x)=x^2+1$，$m=2$，$\lambda=0$ 不是特征方程的根，所以 $k=0$．于是方程 $y''+y=x^2+1$ 的特解可设为

$$y_2{}^*=\mathrm{e}x^2+fx+g$$

而原微分方程的特解可设为

$$y^*=y_1{}^*+y_2{}^*=[(ax+b)\cos x+(cx+d)\sin x]\mathrm{e}^x+ex^2+fx+g\ ,$$

其中 a,b,c,d,e,f,g 都是待定常数.

思考 （i）若 $f(x)=x\mathrm{e}^x\cos x+x^2$ 或 $f(x)=x\mathrm{e}^x\sin x+x^2+1$，结果如何？（ii）若微分方程为 $y''+y'=x\mathrm{e}^x\cos x+x^2+1$ 或 $y''-y'=x\mathrm{e}^x\cos x+x^2+1$，结果如何？（iii）求以上各题的特解.

例 12 求方程 $4y''+4y'+y=x\mathrm{e}^{-\frac{1}{2}x}\sin^2 x$ 的特解形式.

分析 本题不能直接写出特解的形式. 应将自由项中的二次三角函数化成一次的三角函数，再根据函数的类型设解.

解 特征方程是

$$4r^2+4r+1=0\ ,$$

特征根是 $r_{1,2}=-\dfrac{1}{2}$. 因为 $\sin^2 x=\dfrac{1-\cos 2x}{2}$，故原方程为

$$4y''+4y'+y=\frac{1}{2}x\mathrm{e}^{-\frac{1}{2}x}(1-\cos 2x)\ .$$

对方程 $4y''+4y'+y=\dfrac{1}{2}x\mathrm{e}^{-\frac{1}{2}x}$，$P_1(x)=\dfrac{1}{2}x$，$m=1$，$\lambda=-\dfrac{1}{2}$ 是特征方程的重根，所以 $k=2$，于是

$$y_1{}^*=x^2(Ax+B)\mathrm{e}^{-\frac{1}{2}x}=(Ax^3+Bx^2)\mathrm{e}^{-\frac{1}{2}x}\ ;$$

对方程 $4y''+4y'+y=\dfrac{1}{2}x\mathrm{e}^{-\frac{1}{2}x}\cos 2x$，$P_l(x)=\dfrac{1}{2}x$，$P_n(x)=0$，$m=\max\{l,n\}=1$，$\lambda=-\dfrac{1}{2}$，$\omega=2$，$\lambda+\mathrm{i}\omega=-\dfrac{1}{2}+2\mathrm{i}$ 不是特征方程的根，所以 $k=0$，于是

$$y_2{}^*=[(Cx+D)\cos 2x+(Ex+F)\sin 2x]\mathrm{e}^{-\frac{1}{2}x}\ .$$

故原微分方程的特解可设为

$$y^*=y_1{}^*+y_2{}^*=(Ax^3+Bx^2)\mathrm{e}^{-\frac{1}{2}x}+[(Cx+D)\cos 2x+(Ex+F)\sin 2x]\mathrm{e}^{-\frac{1}{2}x}\ .$$

思考 （i）若 $f(x)=x\mathrm{e}^{-\frac{1}{2}x}\cos^2 x$ 或 $f(x)=x\mathrm{e}^{-\frac{1}{2}x}\cos^2 x+\sin 2x$，结果如何？（ii）求出以上各题的特解.

例 13 设 $f(x)$ 连续，满足微分方程 $f'(x)=\int_0^x[f'(t)+6f(t)+5\mathrm{e}^{-2t}]\mathrm{d}t+x$，且满足 $f(0)=\dfrac{11}{6}$，求 $f(x)$.

分析　在积分方程两边同时求导之后，要导出一个定解条件.

解　将积分方程

$$f'(x)=\int_0^x[f'(t)+6f(t)+5\mathrm{e}^{-2t}]\mathrm{d}t+x$$

两边关于 x 求导数，得

$$f''(x)-f'(x)-6f(x)=1+5\mathrm{e}^{-2x}$$

又在积分方程

$$f'(x)=\int_0^x[f'(t)+6f(t)+5\mathrm{e}^{-2t}]\mathrm{d}t+x$$

两边令 $x=0$，得 $f'(0)=0$，于是得定解问题

$$\begin{cases}f''(x)-f'(x)-6f(x)=1+5\mathrm{e}^{-2x}\\ f'(0)=0,f(0)=\dfrac{11}{6}\end{cases}$$

方程 $f''(x)-f'(x)-6f(x)=1+5\mathrm{e}^{-2x}$ 的特征方程是

$$r^2-r-6=0,$$

特征根是 $r_1=-2,r_2=3$. 对应的齐次方程的通解是

$$F=C_1\mathrm{e}^{-2x}+C_2\mathrm{e}^{3x}.$$

对于方程 $f''(x)-f'(x)-6f(x)=5\mathrm{e}^{-2x}$，因为 $\lambda=-2$ 是特征方程的单根，故其特解可设为 $y_1{}^*=Ax\mathrm{e}^{-2x}$，代入方程 $f''(x)-f'(x)-6f(x)=5\mathrm{e}^{-2x}$ 中，可得 $A=-1$；

方程 $f''(x)-f'(x)-6f(x)=1$ 的一个特解是 $y_2{}^*=-\dfrac{1}{6}$.

于是方程 $f''(x)-f'(x)-6f(x)=1+5\mathrm{e}^{-2x}$ 的通解是

$$f(x)=F+y_1^*+y_2^*=C_1\mathrm{e}^{-2x}+C_2\mathrm{e}^{3x}-x\mathrm{e}^{-2x}-\frac{1}{6},$$

利用定解条件可得

$$\begin{cases}-2C_1+3C_2-1=0\\ C_1+C_2-\dfrac{1}{6}=\dfrac{11}{6}\end{cases}\Rightarrow\begin{cases}C_1=1\\ C_2=1\end{cases}.$$

所以

$$f(x)=\mathrm{e}^{-2x}+\mathrm{e}^{3x}-x\mathrm{e}^{-2x}-\frac{1}{6}.$$

思考　（i）仅已知 $f(x)$ 连续，为什么可以在方程 $f'(x)=\int_0^x[f'(t)+6f(t)+5\mathrm{e}^{-2t}]\mathrm{d}t+x$ 两边求导？（ii）若 $f(x)=\int_0^x[f'(t)+6f(t)+5\mathrm{e}^{-2t}]\mathrm{d}t+x$，且满足 $f'(0)=\dfrac{11}{6}$，结果如何？

例 14　设曲线 $y=y(x)$ 满足方程 $4y''-4y'+y=2\mathrm{e}^{\frac{1}{2}x}$，且在点 $(0,1)$ 处切线斜率为 $\dfrac{1}{2}$，求 y 的方程.

分析　本题是求特解. 要注意定解条件.

解 定解条件是 $y(0)=1$，$y'(0)=\dfrac{1}{2}$.

方程 $4y''-4y'+y=2\mathrm{e}^{\frac{1}{2}x}$ 的通解是 $y=\left(C_1+C_2x+\dfrac{1}{4}x^2\right)\mathrm{e}^{\frac{1}{2}x}$.

由 $y(0)=1$ 得 $C_1=1$；由 $y'(0)=\dfrac{1}{2}$ 得 $C_2=-1$.

因此曲线方程是 $y=\left(1-x+\dfrac{1}{4}x^2\right)\mathrm{e}^{\frac{1}{2}x}$.

思考 若方程为 $4y''+4y'+y=2\mathrm{e}^{\frac{1}{2}x}$ 或 $4y''-4y'+y=2x\mathrm{e}^{\frac{1}{2}x}$，结果如何？

例 15 求微分方程 $x^2y''-xy'+y=0$ 的满足初始条件 $y(-1)=1,y'(-1)=2$ 的特解.

分析 这是二阶齐次欧拉方程，可以转化成常系数线性微分方程来求解，也可以用降阶法求解；先求通解，再根据初始条件求特解.

解法 1 降阶法 显然 $y=x$ 是方程的一个特解，令 $y=x\int z\mathrm{d}x$，则

$$y'=xz+\int z\mathrm{d}x,\quad y''=2z+xz',$$

代入原方程得

$$x^2(2z+xz')-x\left(xz+\int z\mathrm{d}x\right)+x\int z\mathrm{d}x=0,$$

即

$$xz'+z=0,$$

解此方程得 $z=\dfrac{C_1}{x}$. 于是原方程的通解为

$$y=x\int\frac{C_1}{x}\mathrm{d}x=(C_1\ln|x|+C_2)x.$$

求通解的导数，并将初始条件 $y(-1)=1,y'(-1)=2$ 代入得

$$1=-C_1\ln1-C_2,\quad 2=C_1\ln1+C_1+C_2,$$

解得 $C_1=3,C_2=-1$，故所求特解为 $y=(3\ln|x|-1)x$.

思考 1 （i）若微分方程为 $x^2y''+xy'-y=0$ 或 $x^2y''-2xy'+2y=0$，结果如何？（ii）给出 $y=x$ 或 $y=2x$ 是方程 $x^2y''+pxy'+qy=0$ 一个特解的条件，$y=kx\ (k\neq0)$ 呢？（iii）给出 $y=\dfrac{1}{x}$ 是方程 $x^2y''+pxy'+qy=0$ 一个特解的条件.

解法 2 化为常系数方程 令 $x=-\mathrm{e}^t$，则

$$\frac{\mathrm{d}y}{\mathrm{d}x}=\frac{\mathrm{d}y}{\mathrm{d}t}\cdot\frac{1}{\frac{\mathrm{d}x}{\mathrm{d}t}}=\frac{\mathrm{d}y}{\mathrm{d}t}\cdot\frac{1}{-\mathrm{e}^t}=-\frac{1}{x}\cdot\frac{\mathrm{d}y}{\mathrm{d}t}\Rightarrow x\frac{\mathrm{d}y}{\mathrm{d}x}=-\frac{\mathrm{d}y}{\mathrm{d}t},$$

$$\frac{\mathrm{d}^2y}{\mathrm{d}x^2}=\frac{\mathrm{d}y}{\mathrm{d}x}\left(-\frac{1}{x}\cdot\frac{\mathrm{d}y}{\mathrm{d}t}\right)=\frac{1}{x^2}\cdot\frac{\mathrm{d}y}{\mathrm{d}t}-\frac{1}{x}\cdot\frac{\mathrm{d}^2y}{\mathrm{d}t^2}\cdot\frac{1}{\frac{\mathrm{d}x}{\mathrm{d}t}}=\frac{1}{x^2}\left(\frac{\mathrm{d}^2y}{\mathrm{d}t^2}+\frac{\mathrm{d}y}{\mathrm{d}t}\right)$$

$$\Rightarrow x^2\frac{\mathrm{d}^2y}{\mathrm{d}x^2}=\frac{\mathrm{d}^2y}{\mathrm{d}t^2}+\frac{\mathrm{d}y}{\mathrm{d}t},$$

代入原方程，得
$$\frac{d^2y}{dt^2}+\frac{dy}{dt}-\left(-\frac{dy}{dt}\right)+y=0,$$
即
$$\frac{d^2y}{dt^2}-2\frac{dy}{dt}+y=0,$$

该常系数线性齐次方程的特征方程为
$$r^2-2r+1=0,$$
特征根为$r_{1,2}=1$，其通解为
$$y=(C_{11}+C_{22}t)e^t,$$
将$t=\ln(-x)$代入，并记$C_1=-C_{11},C_2=-C_{22}$，得原方程的通解
$$y=[C_1+C_2\ln(-x)]x.$$

求通解的导数，并将初始条件$y(1)=1,y'(1)=2$代入得
$$-1=C_1+C_2\ln 1,\quad 2=C_1+C_2+C_2\ln 1,$$
解得$C_1=-1,C_2=3$，故所求特解为
$$y=[3\ln(-x)-1]x.$$

思考　（i）若令$x=e^t$与令$x=-e^t$得到的二阶常系数方程是否相同？是否可以用替换$x=e^t$求解？（ii）用该方法求解思考1（i）中的两个问题.

例16　求微分方程$x^3y'''+2xy'-2y=x^2\ln x+3x$的通解.

分析　这是三阶非齐次欧拉方程，可转化成常系数线性微分方程来求解. 注意：使用微分算子$D^n=\dfrac{d^n}{dt^n}(n=1,2,\cdots)$可以简化求解的过程.

解　令$x=e^t$，则$xy'=Dy,\ x^3y'''=D(D-1)(D-2)y$，于是方程化为
$$D(D-1)(D-2)y+2Dy-2y=te^{2t}+3e^t,$$
即
$$(D^3-3D^2+4D-2)y=te^{2t}+3e^t,$$
即
$$\frac{d^3y}{dt^3}-3\frac{d^2y}{dt^2}+4\frac{dy}{dt}-2y=te^{2t}+3e^t, \tag{1}$$
该方程对应的齐次方程为
$$\frac{d^3y}{dt^3}-3\frac{d^2y}{dt^2}+4\frac{dy}{dt}-2y=0, \tag{2}$$
其特征方程为
$$f(r)=r^3-3r^2+4r-2=0.$$

因为$f(1)=0$，所以$r=1$是一个特征根. 由于
$$f(r)=(r^3-r^2)-2(r^2-r)+2(r-1)=(r-1)(r^2-2r+2)=0,$$
所以另两个特征根为$r=1\pm i$. 故方程（2）的通解为
$$Y=C_1e^t+e^t(C_2\cos t+C_2\sin t).$$

又方程（2）的特解可设为 $y^*=(at+b)\mathrm{e}^{2t}+ct\mathrm{e}^t$，代入方程（1）可得 $a=\dfrac{1}{2},b=-1,c=3$，故 $y^*=\left(\dfrac{1}{2}t-1\right)\mathrm{e}^{2t}+3t\mathrm{e}^t$. 从而方程（1）的通解为

$$y=Y+y^*=C_1\mathrm{e}^t+\mathrm{e}^t(C_2\cos t+C_2\sin t)+\left(\frac{1}{2}t-1\right)\mathrm{e}^{2t}+3t\mathrm{e}^t,$$

将 $t=\ln x$ 代入得原方程的通解

$$y=C_1x+x[C_2\cos(\ln x)+C_2\sin(\ln x)]+\left(\frac{1}{2}\ln x-1\right)x^2+3x\ln x.$$

思考 （i）该题是否有 $x<0$ 的解？为什么？（ii）该题是否也可以用降阶法求解？若是，写出求解过程；（iii）若微分方程为 $x^3y'''-2xy'+2y=x^2\ln x+3x$，结果如何？

例 17 已知 $y_1=x$ 是微分方程 $y''-\dfrac{1}{x}y'+Q(x)y=0$ 的一个特解，求该方程以及该方程的通解.

分析 这是二阶线性齐次变系数微分方程. 将 $y_1=x$ 代入该方程可以确定未知函数 $Q(x)$，从而确定该方程；要求其通解，还需求出与 $y_1=x$ 线性无关的另一个特解. 可以用降阶法求解.

解 因为 $y_1'=1,y_1''=0$，代入原方程得

$$0-\frac{1}{x}+Q(x)x=0,$$

于是 $Q(x)=\dfrac{1}{x^2}$. 故原方程为

$$y''-\frac{1}{x}y'+\frac{1}{x^2}y=0.$$

为求该方程的通解，作变量替换 $y=y_1\int z\mathrm{d}x=x\int z\mathrm{d}x$，则

$$y'=xz+\int z\mathrm{d}x,\quad y''=xz'+2z,$$

将 y,y',y'' 代入原方程，得

$$xz'+2z-\frac{1}{x}\left(xz+\int z\mathrm{d}x\right)+\frac{1}{x^2}\cdot x\int z\mathrm{d}x=0,$$

即

$$xz'+z=0,$$

即

$$\frac{\mathrm{d}z}{z}+\frac{\mathrm{d}x}{x}=0,$$

两边积分解得 $z=\dfrac{C_1}{x}$. 于是原方程的通解为

$$y=x\int\frac{C_1}{x}\mathrm{d}x=x(C_1\ln|x|+C_2),$$

即

$$y=x(C_1\ln|x|+C_2).$$

思考 （i）若已知 $y_1=x\ln|x|$ 是原方程的一个特解，用以上方法求该方程及该方程的通解；（ii）若其中微分方程为 $y''-\dfrac{2}{x}y'+Q(x)y=0$ 或 $y''+P(x)y'-\dfrac{1}{x^2}y=0$，结果如何？

例 18　求微分方程 $y''+y=\sec x$ 的通解.

分析　这是二阶常系数线性非齐次微分方程，但自由项 $f(x)=\sec x$ 不属于用待定系数法求其特解的函数类型，因此应先求出对应的齐次方程的通解，再用常数变易法求原方程的通解.

解　特征方程

$$r^2+1=0,$$

特征根 $r=\pm\mathrm{i}$，于是对应的齐次方程 $y''+y=0$ 的通解是

$$Y=C_1\cos x+C_2\sin x.$$

则原方程的通解为

$$y=C_1(x)\cos x+C_2(x)\sin x.$$

则

$$y'=C_1'(x)\cos x+C_2'(x)\sin x-C_1(x)\sin x+C_2(x)\cos x.$$

令 $C_1'(x)\cos x+C_2'(x)\sin x=0$，则

$$y'=-C_1(x)\sin x+C_2(x)\cos x,$$

于是

$$y''=-C_1'(x)\sin x+C_2'(x)\cos x-C_1(x)\cos x-C_2(x)\sin x,$$

将 y,y'' 代入原方程，得

$$-C_1'(x)\sin x+C_2'(x)\cos x=\sec x.$$

由方程组 $\begin{cases}C_1'(x)\cos x+C_2'(x)\sin x=0\\-C_1'(x)\sin x+C_2'(x)\cos x=\sec x\end{cases}$，解得

$$\begin{cases}C_1'(x)=-\tan x\\C_2'(x)=1\end{cases}\Rightarrow\begin{cases}C_1(x)=\ln|\cos x|+C_1\\C_2'(x)=x+C_2\end{cases},$$

故原方程的通解为

$$y=C_1(x)\cos x+C_2(x)\sin x+\cos x\ln|\cos x|+x\sin x.$$

思考　若微分方程为 $y''+y=\csc x$ 或 $y''-y=\sec x$ 或 $y''-y=\csc x$，结果如何?

例 19　已知 $y_1=\mathrm{e}^x$ 是微分方程 $(x-1)y''-xy'+y=0$ 的一个特解，求非齐次方程 $(x-1)y''-xy'+y=1$ 的通解.

分析　这是二阶线性变系数非齐次微分方程. 先应用降阶法求解求出其对应的齐次微分的通解，再用常数变易法求非齐次微分的通解.

解　为求方程 $(x-1)y''-xy'+y=0$ 的通解，作变量替换 $y=y_1\int z\mathrm{d}x=\mathrm{e}^x\int z\mathrm{d}x$，则

$$y'=z\mathrm{e}^x+\mathrm{e}^x\int z\mathrm{d}x,\quad y''=2z\mathrm{e}^x+z'\mathrm{e}^x+\mathrm{e}^x\int z\mathrm{d}x,$$

将 y,y',y'' 代入原方程，得

$$(x-1)\left(2z\mathrm{e}^x+z'\mathrm{e}^x+\mathrm{e}^x\int z\mathrm{d}x\right)-x\left(z\mathrm{e}^x+\mathrm{e}^x\int z\mathrm{d}x\right)+\mathrm{e}^x\int z\mathrm{d}x=0,$$

化简得

$$(x-1)z'+(x-2)z=0,$$

即
$$\frac{\mathrm{d}z}{z}+\frac{x-2}{x-1}\mathrm{d}x=0,$$
两边积分，得
$$z=C_{11}(x-1)\mathrm{e}^{-x}.$$
于是方程 $(x-1)y''-xy'+y=0$ 的通解为
$$y=\mathrm{e}^{x}\int C_{11}(x-1)\mathrm{e}^{-x}\mathrm{d}x=\mathrm{e}^{x}(-C_{11}x\mathrm{e}^{-x}+C_2)=-C_{11}x+C_2\mathrm{e}^{x},$$
即
$$y=C_1x+C_2\mathrm{e}^{x}.$$

令所求方程的通解为 $y=C_1(x)x+C_2(x)\mathrm{e}^{x}$，于是
$$y'=C_1'(x)x+C_2'(x)\mathrm{e}^{x}+C_1(x)+C_2(x)\mathrm{e}^{x},$$
再令 $C_1'(x)x+C_2'(x)\mathrm{e}^{x}=0$，则
$$y'=C_1(x)+C_2(x)\mathrm{e}^{x},$$
于是
$$y''=C_1'(x)+C_2'(x)\mathrm{e}^{x}+C_2(x)\mathrm{e}^{x},$$
将 y,y',y'' 代入所求方程，得
$$(x-1)[C_1'(x)+C_2'(x)\mathrm{e}^{x}+C_2(x)\mathrm{e}^{x}]-x[C_1(x)+C_2(x)\mathrm{e}^{x}]+C_1(x)x+C_2(x)\mathrm{e}^{x}=1,$$
即
$$(x-1)C_1'(x)+(x-1)\mathrm{e}^{x}C_2'(x)=1.$$

解联立方程组
$$\begin{cases}C_1'(x)x+C_2'(x)\mathrm{e}^{x}=0\\(x-1)C_1'(x)+(x-1)\mathrm{e}^{x}C_2'(x)=1\end{cases},$$
得
$$\begin{cases}C_1'(x)=-\dfrac{1}{(x-1)^2}\\C_2'(x)=\dfrac{x}{(x-1)^2}\mathrm{e}^{-x}\end{cases}$$
于是 $C_1(x)=-\displaystyle\int\frac{1}{(x-1)^2}\mathrm{d}x=\frac{1}{x-1}+C_1$，
$$\begin{aligned}C_2(x)&=\int\frac{x}{(x-1)^2}\mathrm{e}^{-x}\mathrm{d}x=\int\frac{1}{x-1}\mathrm{e}^{-x}\mathrm{d}x+\int\frac{1}{(x-1)^2}\mathrm{e}^{-x}\mathrm{d}x=-\int\frac{1}{x-1}\mathrm{d}(\mathrm{e}^{-x})+\int\frac{1}{(x-1)^2}\mathrm{e}^{-x}\mathrm{d}x\\&=-\frac{1}{x-1}\mathrm{e}^{-x}+\int\mathrm{e}^{-x}\mathrm{d}\left(\frac{1}{x-1}\right)+\int\frac{1}{(x-1)^2}\mathrm{e}^{-x}\mathrm{d}x=C_2-\frac{1}{x-1}\mathrm{e}^{-x},\end{aligned}$$
故所求方程的通解为
$$y=\left(C_1+\frac{1}{x-1}\right)x+\left(C_2-\frac{1}{x-1}\mathrm{e}^{-x}\right)\mathrm{e}^{x}=C_1x+C_2\mathrm{e}^{x}+1.$$

思考 （i）若微分方程为 $(x-1)y''-xy'+y=a$ 的一个特解，结果如何？（ii）若已知 $y_1=\mathrm{e}^{x}$ 是微分方程 $(x+1)y''-xy'-y=0$ 的一个特解，求非齐次方程 $(x+1)y''-xy'-y=1$ 的通解.

五、练习题 12.3

1. 求方程 $y^{(5)}+y^{(4)}+2y^{(3)}+2y^{(2)}+y'+y=0$ 的通解.

2. 求方程 $y''-4y'+4y=\mathrm{e}^{x}+\mathrm{e}^{2x}+1$ 的通解.

3. 求方程 $\dfrac{\mathrm{d}^3y}{\mathrm{d}x^3}+3\dfrac{\mathrm{d}^2y}{\mathrm{d}x^2}+3\dfrac{\mathrm{d}y}{\mathrm{d}x}+y=\mathrm{e}^{-x}(x-5)$ 的通解.

4. 求方程 $\dfrac{\mathrm{d}^2y}{\mathrm{d}x^2}+4\dfrac{\mathrm{d}y}{\mathrm{d}x}+4y=\cos 2x$ 的通解.

5. 已知某二阶常系数非齐次线性微分方程的三个解分别是 $y_1(x)=\mathrm{e}^{2x}+\sin x$，$y_2(x)=\mathrm{e}^{x}+\sin x$，$y_3(x)=2\mathrm{e}^{2x}+3\mathrm{e}^{x}+\sin x$，求该方程的通解，并写出该微分方程.

6. 写出方程 $\dfrac{\mathrm{d}^2y}{\mathrm{d}x^2}-2\dfrac{\mathrm{d}y}{\mathrm{d}x}+2y=2\mathrm{e}^{x}\sin x\cos 2x$ 的特解形式.

7. 设 $f(x)$ 是连续函数，且满足积分方程 $f(x)=x\int_x^{\pi}f(t)\mathrm{d}t+\int_0^x[tf(t)+\sin t]\mathrm{d}t$，求 $f(x)$.

8. 已知函数 $y=f(x)$ 满足方程 $y''+y'+y=0$，且在 $(0,1)$ 点处取极值，求 $f(x)$，并问函数 $f(x)$ 在 $(0,1)$ 点是取极大值，还是取极小值？

9. 已知函数 $y(x)=C_1\mathrm{e}^{-2x}+C_2\mathrm{e}^{-3x}+\cos 2x$ 是微分方程 $y''+py'+qy=f(x)$ 的通解，求极限 $\lim\limits_{x\to 0}\dfrac{2-f(x)}{x}$.

10. 已知 $y_1=\dfrac{\sin x}{x}$ 是微分方程 $y''+\dfrac{2}{x}y'+y=0$ 的一个特解，求该微分方程的通解.

综合测试题 12—A

一、填空题：1 ~ 5 小题，每小题 4 分，共 20 分，请将答案写在答题纸的指定位置上.

1. 设微分方程 $\dfrac{\mathrm{d}y}{\mathrm{d}x}+p(x)y=f(x)$ 有两个特解 $y_1=-\dfrac{1}{4}x^2, y_2=-\dfrac{1}{4}x^2-\dfrac{4}{x^2}$，则方程的通解为____________.

2. 设 $\Delta x\to 0$ 时，α 是比 Δx 高阶的无穷小，函数 $y(x)$ 在任意点处的增量 $\Delta y=yP(x)\Delta x+\alpha$，其中 $P(x)$ 为连续函数，且 $y(0)=1,\ \ y(1)=A>0$，则 $\int_0^1 P(x)\mathrm{d}x=$__________.

3. 微分方程 $xy''+3y'=0$ 的通解为________.

4. 设 $y=\mathrm{e}^{x}(C_1\cos x+C_2\sin x)$（$C_1,C_2$ 为任意常数）为某二阶常系数线性齐次微分方程的通解，则该微分方程为________.

5. 方程 $2y^2\mathrm{d}x+3x\mathrm{d}y=0$ 的积分因子是__________.

二、选择题：6 ~ 10 小题，每小题 4 分，共 20 分，下列每小题给出的四个选项中，只有一项符合题目要求，把所选项前的字母填在题后的括号内.

6. 微分方程 $y''+y=x\sin x$ 的特解可设为（　　）.

A. $y^*=ax\cos x+cx\sin x$　　B. $y^*=(ax+b)\cos x+(cx+d)\sin x$

C. $y^*=(ax+b)\sin x$　　D. $y^*=x[(ax+b)\cos x+(cx+d)\sin x]$

7. 设 $q>0$，方程 $y''+py'+qy=0$ 的所有解当 $x\to+\infty$ 时都趋于零，则（　　）.

A. $p>0$ B. $p\geqslant 0$ C. $p<0$ D. $p\leqslant 0$

8. 设 y_1,y_2,y_3 是二阶非齐次线性方程 $y''+p(x)y'+q(x)y=f(x)$ 的三个线性无关的特解，C_1,C_2 是任意常数，则该方程的通解 $y\neq$（ ）.

A. $C_1y_1+C_2y_2+(1-C_1-C_2)y_3$ B. $C_1y_1+(C_2+1)y_2-(C_1+C_2)y_3$

C. $(C_1-1)y_1+C_2y_2+(1-C_1-C_2)y_3$ D. $(C_1-1)y_1+C_2y_2+(2-C_1-C_2)y_3$

9. 设 $y=f(x)$ 是方程 $y''-2y'+4y=0$ 的一个解，若 $f(x_0)>0$ 且 $f'(x_0)=0$，则函数在 x_0 处（ ）.

A. 取得极大值 B. 取得极小值

C. 取得极值但不能判断是极大值还是极小值 D. 无极值

10. 设 $y=\dfrac{x}{\ln x}$ 是微分方程 $y'=\dfrac{y}{x}+\varphi\left(\dfrac{x}{y}\right)$ 的解，则 $\varphi\left(\dfrac{x}{y}\right)=$（ ）.

A. $-\dfrac{y^2}{x^2}$ B. $\dfrac{y^2}{x^2}$ C. $-\dfrac{x^2}{y^2}$ D. $\dfrac{x^2}{y^2}$

三、解答题：11 ~ 18 小题，前四小题每题 7 分，后四小题每题 8 分，共 60 分. 请将解答写在答题纸指定的位置上. 解答应写出文字说明、证明过程或演算步骤.

11. 设 $f(x)$ 是连续函数，且满足方程 $\int_0^x tf(t)\mathrm{d}t=x^2+f(x)$，求 $f(x)$.

12. 求伯努利方程 $y'+\dfrac{y}{x}=(a\ln x)y^2$ 的通解.

13. 求微分方程 $y''+y'-2y=\mathrm{e}^x$ 的通解.

14. 求 $x^2y''-(y')^2=0$ 在 $(1,0)$ 处与直线 $y=x-1$ 相切的积分曲线.

15. 求微分方程 $x^2\dfrac{\mathrm{d}^2y}{\mathrm{d}x^2}-2x\dfrac{\mathrm{d}y}{\mathrm{d}x}-4y=2x$ 满足初始条件 $y(1)=\dfrac{2}{3},y'(1)=\dfrac{2}{3}$ 的特解.

16. 设函数 $y=y(x)$ 在 $\mathbf{R}$ 内具有二阶导数，且 $y'\neq 0,x=x(y)$ 是 $y=y(x)$ 的反函数. 试将 $x=x(y)$ 所满足的微分方程 $\dfrac{\mathrm{d}^2x}{\mathrm{d}y^2}+(y+\sin x)\left(\dfrac{\mathrm{d}x}{\mathrm{d}y}\right)^3=0$ 变换为 $y=y(x)$ 的方程，并求变换后的微分方程的通解.

17. 求微分方程 $y'+y=f(x)$，其中 $f(x)=\begin{cases}1,x\leqslant 1\\0,x>1\end{cases}$ 满足初始条件 $y(0)=0$ 并且在 $(-\infty,+\infty)$ 内连续的特解 $y=y(x)$.

18. 一根光滑柔软的均匀绳索挂在一光滑的钉子上，设一侧长为 15cm，另一侧长为 25cm. 在重力作用下，绳索由静止状态开始无摩擦地滑过钉子，求经过多少时间绳索较短的一侧就全部滑过钉子？

综合测试题 12—B

一、填空题：1 ~ 5 小题，每小题 4 分，共 20 分，请将答案写在答题纸的指定位置上.

1. 微分方程 $(1+x^2)\mathrm{d}y+y\mathrm{d}x=0$ 满足初始条件 $y(0)=1$ 的特解是 $y=$________.

2. 具有特解 $y_1=\mathrm{e}^{-x}, y_2=2x\mathrm{e}^{-x}, y_3=3\mathrm{e}^{x}$ 的三阶常系数齐次线性微分方程为 ________.

3. 设可导函数 $\varphi(x)$ 满足方程 $\varphi(x)\cos x+\int_0^x \varphi(t)\sin t\mathrm{d}t=x+1$，则 $\varphi(x)=$ ________.

4. 作替换 $y=x\int z\mathrm{d}x$，则微分方程 $y''-\dfrac{1}{x}y'+\dfrac{1}{x^2}y=0$ 可化为 ______.

5. 微分方程 $yy''-y'^2=0$ 的通解为 ________________.

二、选择题：6～10 小题，每小题 4 分，共 20 分，下列每小题给出的四个选项中，只有一项符合题目要求，把所选项前的字母填在题后的括号内.

6. 以下选项不正确的是（　　）.

A. $x^2y'+5xy=x^2$ 是一阶线性微分方程

B. $\dfrac{\mathrm{d}^2y}{\mathrm{d}x^2}-4x\dfrac{\mathrm{d}y}{\mathrm{d}x}=x^2$ 是二阶线性齐次微分方程

C. $x^2y'(y'')^2+5xy=x^2$ 是二阶非线性微分方程

D. $x^2\left(\dfrac{\mathrm{d}y}{\mathrm{d}x}\right)^2+y^2=0$ 是一阶线性微分方程

7. 设函数 y_1,y_2,y_3 是线性非齐次方程 $y''+P(x)y'+Q(x)y=f(x)$ 的三个互不相等的特解，则对于任意常数 C_1,C_2，函数 $y=\left(\dfrac{1}{2}-C_1\right)y_1+(C_1-C_2)y_2+\left(C_2+\dfrac{1}{2}\right)y_3$（　　）

A. 是给定微分方程的特解

B. 是给定微分方程的通解

C. 不是给定微分方程的解

D. 是给定微分方程的解，但绝对不是特解，也可能不是通解.

8. 若连续函数 $f(x)$ 满足关系式 $f(x)=\int_0^{2x} f\left(\dfrac{t}{2}\right)\mathrm{d}t+1$，则 $f(x)=$（　　）.

A. $C\mathrm{e}^{x}$　　B. $C\mathrm{e}^{2x}$　　C. e^{x}　　D. e^{2x}

9. 微分方程 $y''-y=\mathrm{e}^x+x$ 的特解应设为（　　）.

A. $y^*=a\mathrm{e}^x+bx$　　B. $y^*=ax\mathrm{e}^x+bx$

C. $y^*=a\mathrm{e}^x+bx+c$　　D. $y^*=ax\mathrm{e}^x+bx^2+cx$

10. 设 $y=f(x)$ 是微分方程 $y''-y'-x\mathrm{e}^{\sin x}=0$ 的解，且 $f'(x_0)=0$，则必有（　　）.

A. 当 $x_0\neq 0$ 时，函数 $f(x)$ 在 x_0 处有极值，且当 $x_0>0$ 取得极大值，当 $x_0<0$ 取得极小值

B. 当 $x_0\neq 0$ 时，$(x_0,f(x_0))$ 是曲线 $y=f(x)$ 的拐点

C. 当 $x_0=0$ 时，函数 $f(x)$ 在 x_0 处有极值，但无法判断是极大值还是极小值

D. 当 $x_0=0$ 时，$(x_0,f(x_0))$ 是曲线 $y=f(x)$ 的拐点

三、解答题：11～18 小题，前四小题每题 7 分，后四小题每题 8 分，共 60 分. 请将解答写在答题纸指定的位置上. 解答应写出文字说明、证明过程或演算步骤.

11. 设函数 $f(x)$ 在 $\mathbf{R}$ 内可导且 $f'(x)\neq 0$，其反函数为 $\varphi(x)$. 若 $f(0)=1$，$\int_0^{f(x)}\varphi(x)\mathrm{d}x=x^2$，求 $f(x)$.

12. 求微分方程 $y=\mathrm{e}^{y'}(y'-1)$ 的通解.

13. 求微分方程 $y'(x+y^2)=y$ 的通解.

14. 已知二阶常系数线性微分方程 $y''+ay'+by=ce^x$ 的一个特解为 $y=(x^2-12x+3)e^x$，试确定常数 a,b,c 的值，并求微分方程的通解.

15. 求微分方程 $x\frac{dy}{dx}=xe^{\frac{y}{x}}+y$ 满足初始条件 $y(1)=0$ 的特解.

16. 在温度为 20 °C 的空气中，一物体在 20 分钟内从 100 °C 冷却到 60 °C. 已知冷却的速度与温差成正比，并假定空气的温度不变，求物体冷却的规律；问经过多少分钟它将冷却到 30 °C?

17. 证明：e^x 是微分方程 $(x\cos y-y\sin y)dy+(x\sin y+y\cos y)dx=0$ 的积分因子，并求该方程的通解.

18. 设函数 $f(x)$ 具有二阶连续导数，且 $f(0)=0, f'(0)=-1$. 已知曲线积分

$$\int_L [xe^{2x}-6f(x)]\sin y dx-[5f(x)-f'(x)]\cos y dy$$

与路径无关，求 $f(x)$.

练习题与综合测试题答案或提示

第八章

练习 8.1

1.（1）$\left\{(x,y)\middle|-\frac{1}{2}\leqslant x\leqslant\frac{1}{2},y^2\leqslant 4x,0<x^2+y^2<1\right\}$；

（2）$\left\{(x,y)\middle|\frac{x^2}{3^3}+\frac{y^2}{\left(\frac{3}{2}\right)^2}<1,y^2-1<x^2<y^2+1\right\}$.

3. $f(x,y)=x^3-2xy+3y^2$，$f\left(\frac{1}{x},\frac{1}{y}\right)=\frac{1}{x^3}-\frac{4}{xy}+\frac{12}{y^2}$.

4. 0.　　5. $x\neq k_1\pi$且$y\neq k_2\pi(k_1,k_2\in\mathbf{Z})$ 时函数连续.

6.（i）$D=\{(x,y)\mid(x,y)\neq(0,0)\}$，$O(0,0)$ 是 D 的聚点，因为 $\lim\limits_{\substack{x\to0\\y\to0}}\frac{\sin(x^3+y^3)}{x^2+y^2}=0$，故可补充定义 $f(0,0)=0$ 可使函数在 $O(0,0)$ 处连续；

（ii）$D=\{(x,y)\mid(x,y)\neq(0,0)\}$，$O(0,0)$ 是 D 的聚点，但因为 $\lim\limits_{\substack{x\to0\\y\to0}}\arctan\frac{x+y}{x^2+y^2}$ 不存在，故不能补充定义 $f(0,0)$ 使函数在 $O(0,0)$ 处连续.

7. 提示：可用特殊路径证明极限不存在.

8. 当 $p+q-2>0$时，函数连续，$p+q-2\leqslant 0$时，函数在点 $(0,0)$ 不连续.　　9. 1.　　10. 1.

练习题 8.2

1. (i) $\frac{\partial z}{\partial x}=x^{x^y+y-1}(y\ln x+1)$，$\frac{\partial z}{\partial y}=x^{x^y+y}(\ln x)^2$；

(ii) $\frac{\partial z}{\partial x}=x^{y^x}y^x\left(\ln y\ln x+\frac{1}{x}\right)$，$\frac{\partial z}{\partial y}=x^{y^x+1}y^{x-1}\ln x$；

(iii) $\frac{\partial z}{\partial x}=y^{x^x}x^x\ln y(\ln x+1)$，$\frac{\partial z}{\partial y}=y^{x^x-1}x^x$.

3. 提示：用定义证明.

4. 当 $x>0,y>0$ 或 $x<0,y<0$，$f_x(x,y)=y,f_y(x,y)=x$；当 $x>0,y<0$ 或 $x<0,y>0$，$f_x(x,y)=-y$，$f_y(x,y)=-x$；当 $x=0$ 或 $y=0$，$f_x(x,y)=0,f_y(x,y)=0$.

故 $f(x,y)$ 在定义域连续，偏导数存在，在点 $(0,0)$ 不可微.

5. 可证 $\lim\limits_{\substack{x\to0\\y=x}}f(x,y)=0$，$\lim\limits_{\substack{x\to0\\y=-x}}f(x,y)=\frac{\pi}{4}$，所以 $f(x,y)$ 在 $(0,0)$ 处不连续. 而

$$f_x(0,0)=\lim_{x\to 0}\frac{f(x,0)-f(0,0)}{x-0}=0,\ f_y(0,0)=\lim_{y\to 0}\frac{f(0,y)-f(0,0)}{y-0}=\infty.$$

6. 由于 $f(x,y)=\begin{cases}x+|y|, & x\geqslant 0\\ -x+|y|, & x<0\end{cases}$，故当 $x\neq 0$ 时，$f_x(x,y)=\begin{cases}1, & x>0\\ -1, & x<0\end{cases}$；当 $y\neq 0$ 时，$f_y(x,y)=\begin{cases}1, & y>0\\ -1, & y<0\end{cases}$.

当 $x=0$ 时，在点 $(0,b)\ (b\in\mathbf{R})$ 处，$f_x(0,b)=\lim\limits_{x\to 0}\dfrac{f(x,b)-f(0,b)}{x-0}=\lim\limits_{x\to 0}\dfrac{|x|}{x}$ 不存在；

当 $y=0$ 时，在点 $(a,0)\ (a\in\mathbf{R})$ 处，$f_y(a,0)=\lim\limits_{x\to 0}\dfrac{|y|}{y}$ 不存在.

因此 $f(x,y)$ 的偏导数 $f_x(x,y)=\begin{cases}1, & x>0\\ -1, & x<0\end{cases}$，$f_y(x,y)=\begin{cases}1, & y>0\\ -1, & y<0\end{cases}$.

7. 提示：求出各个偏导数代入方程. 8. $\dfrac{2-n}{r^2}$.

9. $\dfrac{\partial z}{\partial x}=\dfrac{y}{x^2+y^2}$，$\dfrac{\partial z}{\partial y}=\dfrac{-x}{x^2+y^2}$. 10. $\dfrac{\partial z}{\partial x}=4xy\csc(2x^2y)$；$\dfrac{\partial z}{\partial y}=2x^2\csc(2x^2y)$.

11. 提示：由连续的定义可知，若能证明，即可证明. 12. $(x+p)(y+q)z\mathrm{e}^{x+y+z}$.

13. 当 $x^2+y^2\neq 0$ 时，等式成立. 14. 可微. 16. $\dfrac{x\mathrm{d}x+y\mathrm{d}y}{1+x^2+y^2}$.

练习题 8.3

1. -1. 2. $\dfrac{\mathrm{d}z}{\mathrm{d}t}=[2\sin t+\cos 2t\cos(\sin t\cos 2t)]\cos t-2\sin t\cos(\sin t\cos 2t)\sin 2t+\dfrac{2}{\sqrt{1-4t^2}}$.

3. 1568.

4. $\dfrac{\partial z}{\partial x}=y(x^2+y^2)(xy+\sin y)^{x^2+y^2-1}+2x(xy+\sin y)^{x^2+y^2}\ln(xy+\sin y)$；

$\dfrac{\partial z}{\partial y}=(x+\cos y)(x^2+y^2)(xy+\sin y)^{x^2+y^2-1}+2y(xy+\sin y)^{x^2+y^2}\ln(xy+\sin y)$.

5. $\dfrac{\partial u}{\partial x}=f_1'+f_2'+f_3'$，$\dfrac{\partial u}{\partial y}=f_2'+f_3'$，$\dfrac{\partial u}{\partial z}=f_3'$.

6. $\dfrac{\partial^2 z}{\partial x^2}=\arctan y[f_{11}''\cdot\arctan y+f_{12}''\cdot y^2\cos(xy)]-y^3\sin xyf_2'+y^2\cos xy[f_{21}''\cdot\arctan y+y^2\cos(xy)f_{22}'']$.

7. $\dfrac{\partial y}{\partial x}=-\dfrac{f_1'+f_2'+yg'(xy)}{f_1'-f_2'+xg'(xy)}$. 8. $\dfrac{\partial z}{\partial x}=\mathrm{e}^{-u}(v\cos v-u\sin v)$，$\dfrac{\partial z}{\partial y}=\mathrm{e}^{-u}(v\sin v+u\cos v)$.

9、$u_x'=f_x'+f_y'g_x'+f_y'g_t'h_x'$，$u_z'=f_z'+f_y'g_t'h_z'$. 10. $\mathrm{d}u\big|_{(1,1,1)}=\mathrm{d}x+\mathrm{d}y+\mathrm{d}z$.

11. $\mathrm{d}z=\mathrm{d}x-\sqrt{2}\mathrm{d}y$. 12. $a=3$.

13. $\dfrac{\partial u}{\partial x}=\dfrac{1-12v}{1-8uv}$，$\dfrac{\partial u}{\partial y}=\dfrac{4v-2}{1-8uv}$，$\dfrac{\partial v}{\partial x}=\dfrac{2u-3}{1-8uv}$，$\dfrac{\partial v}{\partial y}=\dfrac{1-4v}{8uv-1}$.

14. $\dfrac{\partial u}{\partial x}=\dfrac{u(1-2yvg_2')f_1'-f_2'g_1'}{(1-xf_1')(1-2yvg_2')-f_2'g_1'}$，$\dfrac{\partial u}{\partial y}=\dfrac{(xf_1'+uf_1'-1)g_1'}{(1-xf_1')(1-2yvg_2')-f_2'g_1'}$.

15. $\dfrac{\mathrm{d}u}{\mathrm{d}x}=\dfrac{\partial f}{\partial x}+\dfrac{\partial f}{\partial y}\cdot\cos x-\dfrac{\partial f}{\partial z}\cdot\dfrac{1}{\varphi_3'}(2x\varphi_1'+\mathrm{e}^{\sin x}\cos x\varphi_2')$.

16. $\dfrac{\mathrm{d}u}{\mathrm{d}x}=\dfrac{\partial f}{\partial x}-\dfrac{y}{x}\dfrac{\partial f}{\partial y}+\left[1-\dfrac{\mathrm{e}^x(x-z)}{\sin(x-z)}\right]\dfrac{\partial f}{\partial z}$.

17、$\dfrac{\partial u}{\partial x}=\dfrac{\sin v}{\mathrm{e}^u(\sin v-\cos v)+1}$，$\dfrac{\partial v}{\partial x}=\dfrac{\cos v-\mathrm{e}^u}{u[\mathrm{e}^u(\sin v-\cos v)+1]}$.

18. $\dfrac{\partial z}{\partial x}=-\dfrac{2x}{2z-\varphi'\left(\dfrac{z}{y}\right)}$，$\dfrac{\partial z}{\partial y}=-\dfrac{z\varphi'\left(\dfrac{z}{y}\right)-y\varphi\left(\dfrac{z}{y}\right)}{2yz-y\varphi'\left(\dfrac{z}{y}\right)}$.

练习题 8.4

1. 切线方程：$\dfrac{x-\dfrac{\pi}{2}+1}{1}=\dfrac{y-1}{1}=\dfrac{z-2\sqrt{2}}{\sqrt{2}}$；法平面方程：$x+y+\sqrt{2}z=\dfrac{\pi}{2}+4$.

2. $(-1,1,-1)$ 和 $\left(-\dfrac{1}{3},\dfrac{1}{9},-\dfrac{1}{27}\right)$.

3. $\dfrac{x-1}{1}=\dfrac{y+2}{-4}=\dfrac{z-2}{6}$.

4. $x-y+2z-\sqrt{\dfrac{11}{2}}=0$ 和 $x-y+2z+\sqrt{\dfrac{11}{2}}=0$.

5. $\dfrac{x+3}{1}=\dfrac{y+1}{3}=\dfrac{z-3}{1}$.

6. 先求出曲面上任意点 $M(x_0,y_0,z_0)$ 处切平面方程的截距式方程：$\dfrac{x}{\sqrt{ax_0}}+\dfrac{y}{\sqrt{ay_0}}+\dfrac{z}{\sqrt{az_0}}=1$，再证明其截距之和为 a 即可.

7. $\dfrac{98}{13}$.

8. 方向导数取最大值的方向为 $\mathbf{grad}u\big|_{(1,-1,2)}=\{2,-4,1\}$，最大值为 $|\mathbf{grad}u\big|_{(1,-1,2)}|=\sqrt{21}$.

9. 函数在点(3, 2)取得极大值 $f(3,2)=36$.

10. $\left(\dfrac{8}{5},\dfrac{16}{5}\right)$.

11. 最长距离为 $d_1=\sqrt{9+5\sqrt{3}}$，最短距离为 $d_2=\sqrt{9-5\sqrt{3}}$.

11. 长方体的长、宽、高分别为 a, b 和 $\dfrac{c}{2}$ 时，其体积最大.

综合测试题 8—A

1. **解** 4.

$$\text{原式}=\lim_{(x,y)\to(0,-2)}\frac{\sin(xy^2)}{xy^2}\cdot y^2=1\cdot(-2)^2=4$$

2. **解** $\dfrac{2x(1-y)}{1+y}$.

令 $\begin{cases}x+y=u\\ \dfrac{y}{x}=v\end{cases}\Rightarrow\begin{cases}x=\dfrac{u}{1+v}\\ y=\dfrac{uv}{1+v}\end{cases}\Rightarrow f(u,v)=\left(\dfrac{u}{1+v}\right)^2-\left(\dfrac{uv}{1+v}\right)^2=\dfrac{u^2(1-v)}{1+v}$，所以

$$f(x,y)=\left(\frac{u}{1+v}\right)^2-\left(\frac{uv}{1+v}\right)^2=\frac{x^2(1-y)}{1+y}\Rightarrow\frac{\partial f}{\partial x}=\frac{2x(1-y)}{1+y}.$$

3. **解** $\dfrac{z}{y^2}$.

因为 $\frac{\partial z}{\partial x}=y\cdot\frac{2x}{x^2-y^2}=\frac{2xy}{x^2-y^2}$，$\frac{\partial z}{\partial y}=\ln(x^2-y^2)-y\cdot\frac{2y}{x^2-y^2}=\ln(x^2-y^2)-\frac{2y^2}{x^2-y^2}$，于是

$$\frac{1}{x}\frac{\partial z}{\partial x}+\frac{1}{y}\frac{\partial z}{\partial y}=\frac{1}{x}\cdot\frac{2xy}{x^2-y^2}+\frac{1}{y}\left[\ln(x^2-y^2)-\frac{2y^2}{x^2-y^2}\right]=\frac{1}{y}\ln(x^2-y^2)=\frac{z}{y^2}.$$

4. **解**　$\frac{1}{2}$.

因为 $\mathbf{grad}u\,|_A=\left(\frac{1}{x+\sqrt{y^2+z^2}},\frac{y}{(x+\sqrt{y^2+z^2})\sqrt{y^2+z^2}},\frac{z}{(x+\sqrt{y^2+z^2})\sqrt{y^2+z^2}}\right)\bigg|_A=\left(\frac{1}{2},0,\frac{1}{2}\right)$，

$$\boldsymbol{l}=\overrightarrow{AB}=(2,-2,1)\Rightarrow\boldsymbol{l}^\circ=\left(\frac{2}{3},-\frac{2}{3},\frac{1}{3}\right),$$

所以
$$\frac{\partial u}{\partial \boldsymbol{l}}=\mathbf{grad}u\,|_A\cdot\boldsymbol{l}^\circ=\left(\frac{1}{2},0,\frac{1}{2}\right)\cdot\left(\frac{2}{3},-\frac{2}{3},\frac{1}{3}\right)=\frac{1}{2}\cdot\frac{2}{3}-0\cdot\frac{2}{3}+\frac{1}{2}\cdot\frac{1}{3}=\frac{1}{2}.$$

5. **解**　$-\frac{5}{9}\mathrm{d}x+\frac{10}{9}\mathrm{d}y$.

因为 $\frac{\partial z}{\partial x}=\frac{y(x^2-y^2)-xy\cdot 2x}{(x^2-y^2)^2}=-\frac{(x^2+y^2)y}{(x^2-y^2)^2}$，$\frac{\partial z}{\partial y}=\frac{x(x^2-y^2)-xy\cdot(-2y)}{(x^2-y^2)^2}=\frac{x(x^2+y^2)}{(x^2-y^2)^2}$，所以

$$\mathrm{d}z\,|_{(2,1)}=-\frac{(x^2+y^2)y}{(x^2-y^2)^2}\bigg|_{(2,1)}\mathrm{d}x+\frac{x(x^2+y^2)}{(x^2-y^2)^2}\bigg|_{(2,1)}\mathrm{d}y=-\frac{5}{9}\mathrm{d}x+\frac{10}{9}\mathrm{d}y.$$

6. **解**　C.

因为 $\lim\limits_{(x,y)\to(0,0)}f(x,y)=\lim\limits_{(x,y)\to(0,0)}\frac{\ln(1-2xy)-1}{|x|+|y|}=-2\lim\limits_{(x,y)\to(0,0)}\frac{xy}{|x|+|y|}.$

$$=-2\lim_{r\to0}\frac{r\sin\theta\cos\theta}{|\cos\theta|+|\sin\theta|}=-\lim_{r\to0}\frac{r\sin2\theta}{|\cos\theta|+|\sin\theta|}=0.$$

7. **解**　D.

例如，可以证明，当 $n=1,2$ 时函数 $f(x,y)=\begin{cases}\frac{xy}{(x^2+y^2)^n},(x,y)=(0,0)\\0,\qquad(x,y)\neq(0,0)\end{cases}$ 在 $(0,0)$ 处的两个偏导数 $f'_x(0,0)=0$，$f'_y(0,0)=0$，但当 $n=1$ 时函数不连续，而 $n=2$ 时函数连续.

8. **解**　D.

由 $\begin{cases}f_x(1,1)=(3ax^2+cy)|_{(1,1)}=3a+c=0\\f_y(1,1)=(3by^2+cx)|_{(1,1)}=3b+c=0\\f(1,1)=(ax^3+by^3+cxy)|_{(1,1)}=a+b+c=-1\end{cases}\Rightarrow\begin{cases}a=1\\b=1\\c=-3\end{cases}.$

9. **解**　C.

设 P 的坐标为 (x_0,y_0,z_0)，于是曲面在 P 的法向量 $\boldsymbol{n}_1=(-z_x,-z_y,1)|_P=(2x,2y,1)|_P=(2x_0,2y_0,1)$，由平面的法向量 $\boldsymbol{n}_2=(2,2,1)$．依题设 $\boldsymbol{n}_1$ 与 $\boldsymbol{n}_2$，故有 $\frac{2x_0}{2}=\frac{2y_0}{2}=\frac{1}{1}\Rightarrow x_0=y_0=1$，于是 $z_0=4-x_0^2-y_0^2=4-1-1=2$，故选 C.

10. **解**　C.

令 $F(x,y,z)=xy-z\ln y+\mathrm{e}^{xz}-1$，则

$$F_x(0,1,-1)=(y+ze^{xz})|_{(0,1,-1)}=0\ ,\quad F_y(0,1,-1)=\left(x-\frac{z}{y}\right)\Bigg|_{(0,1,-1)}=1\neq 0\ ,$$

$$F_z(0,1,-1)=(-\ln y+xe^{xz})|_{(0,1,-1)}=0\ ,$$

故根据隐函数存在定理，存在点 $(0,1,-1)$ 的一个邻域，在此邻域内方程能确定一个通过该点且具有连续偏导数的隐函数 $y=y(z,x)$.

11. **解** 令 $F(x,y,z)=\dfrac{x^2}{4}+\dfrac{y^2}{4}+z^2-1$ ，于是

$$\boldsymbol{n}|_{\left(\frac{4}{3},\frac{4}{3},\frac{1}{3}\right)}=\{F_x,F_y,F_z\}|_{\left(\frac{4}{3},\frac{4}{3},\frac{1}{3}\right)}=\left\{\frac{x}{2},\frac{y}{2},2z\right\}|_{\left(\frac{4}{3},\frac{4}{3},\frac{1}{3}\right)}=\frac{2}{3}\{1,1,1\}\ ,$$

故切平面方程：
$$\left(x-\frac{4}{3}\right)+\left(y-\frac{4}{3}\right)+\left(z-\frac{1}{3}\right)=0\Rightarrow x+y+z-3=0\ ,$$

法线方程：
$$x-\frac{4}{3}=y-\frac{4}{3}=z-\frac{1}{3}\ .$$

12. **证明** 方程两边对 x 求偏导数得

$$\varphi_1'\cdot b\frac{\partial z}{\partial x}+\varphi_2'\cdot\left(c-a\frac{\partial z}{\partial x}\right)+\varphi_3'\cdot(-b)=0\Rightarrow\frac{\partial z}{\partial x}=\frac{b\varphi_3'-c\varphi_2'}{b\varphi_1'-a\varphi_2'}\ ;$$

同理
$$\frac{\partial z}{\partial y}=\frac{c\varphi_1'-a\varphi_3'}{b\varphi_1'-a\varphi_2'}\ .$$

于是
$$a\frac{\partial z}{\partial x}+b\frac{\partial z}{\partial y}=a\frac{b\varphi_3'-c\varphi_2'}{b\varphi_1'-a\varphi_2'}+b\frac{c\varphi_1'-a\varphi_3'}{b\varphi_1'-a\varphi_2'}=c\frac{b\varphi_1'-a\varphi_2'}{b\varphi_1'-a\varphi_2'}=c\ .$$

13. **解** 方程两边分别对 x 求导，得

$$3z^2\frac{\partial z}{\partial x}-2z-2x\frac{\partial z}{\partial x}=0\Rightarrow\frac{\partial z}{\partial x}=\frac{2z}{3z^2-2x}\ ,$$

于是

$$\frac{\partial^2 z}{\partial x^2}=\frac{\partial}{\partial x}\left(\frac{2z}{3z^2-2x}\right)=2\cdot\frac{(3z^2-2x)\dfrac{\partial z}{\partial x}-z\left(6z\dfrac{\partial z}{\partial x}-2\right)}{(3z^2-2x)^2}=2\cdot\frac{(-3z^2-2x)\dfrac{\partial z}{\partial x}+2z}{(3z^2-2x)^2}$$
$$=2\cdot\frac{(-3z^2-2x)\cdot\dfrac{2z}{3z^2-2x}+2z}{(3z^2-2x)^2}=-\frac{16xz}{(3z^2-2x)^2}.$$

14. **解** 方程组各方程的两边分别对 x 求导，得

$$\begin{cases}2x+2y\dfrac{dy}{dx}+2z\dfrac{dz}{dx}=0\\[2mm]2x-2y\dfrac{dy}{dx}+2\dfrac{dz}{dx}=0\end{cases}\Rightarrow\begin{cases}y\dfrac{dy}{dx}+z\dfrac{dz}{dx}=-x\\[2mm]y\dfrac{dy}{dx}-\dfrac{dz}{dx}=x\end{cases},$$

于是

$$\frac{dy}{dx}=\frac{\begin{vmatrix}-x & z\\ x & -1\end{vmatrix}}{\begin{vmatrix}y & z\\ y & -1\end{vmatrix}}=\frac{x(1-z)}{y(-1-z)}=\frac{x(z-1)}{y(z+1)},\qquad \frac{dy}{dx}=\frac{\begin{vmatrix}y & -x\\ y & x\end{vmatrix}}{\begin{vmatrix}y & z\\ y & -1\end{vmatrix}}=\frac{2xy}{y(-1-z)}=-\frac{2xy}{y(z+1)}\ .$$

15. **解** Γ 的投影柱面为 $x^2+2y^2=6-2x^2-y^2 \Rightarrow x^2+y^2=2$，因此要求 $f(x,y)=z=x^2+2y^2$ 在 $x^2+y^2=2$ 条件下的极值.

令 $F(x,y)=x^2+2y^2+\lambda(x^2+y^2-2)$，于是由

$$\begin{cases}\dfrac{\partial F}{\partial x}=2x+2\lambda x=0\\ \dfrac{\partial F}{\partial y}=4y+2\lambda y=0\\ x^2+y^2=2\end{cases} \Rightarrow \begin{cases}x=\pm\sqrt{2}\\ y=0\\ \lambda=-1\end{cases} \text{ or } \begin{cases}x=0\\ y=\pm\sqrt{2}\\ \lambda=-2\end{cases}.$$

根据问题的实际意义，可知 $x=\pm\sqrt{2}, y=0, \lambda=-1$ 时，z 的最小值为 $(x^2+2y^2)|_{x=\pm\sqrt{2},y=0}=2$；当 $x=0, y=\pm\sqrt{2}, \lambda=-2$ 时，z 的最大值为 $(x^2+2y^2)|_{x=0,y=\pm\sqrt{2}}=4$.

16. **解** 方程两边分别对 x,y 求偏导数得

$$\frac{\partial z}{\partial x}=f_1+f_2\frac{\partial z}{\partial x},\quad \frac{\partial z}{\partial y}=f_1+f_2\left(\frac{\partial z}{\partial y}+1\right),$$

于是
$$\frac{\partial z}{\partial x}=\frac{f_1}{1-f_2},\quad \frac{\partial z}{\partial y}=\frac{f_1+f_2}{1-f_2},$$

所以

$$\begin{aligned}(1-f_2)\frac{\partial^2 z}{\partial x\partial y}&=f_{11}+f_{12}\frac{\partial z}{\partial x}+f_{22}\frac{\partial z}{\partial x}\frac{\partial z}{\partial y}+f_{22}\frac{\partial z}{\partial x}=f_{11}+(f_{12}+f_{22})\frac{\partial z}{\partial x}+f_{22}\frac{\partial z}{\partial x}\frac{\partial z}{\partial y}\\ &=f_{11}+(f_{12}+f_{22})\frac{f_1}{1-f_2}+f_{22}\frac{f_1}{1-f_2}\frac{f_1+f_2}{1-f_2},\end{aligned}$$

所以
$$\frac{\partial^2 z}{\partial x\partial y}=\frac{1}{(1-f_2)^3}[f_{11}(1-f_2)^2+f_1(1-f_2)(f_{12}+f_{22})+f_1f_{22}(f_1+f_2)].$$

17. **证明** 因为 $\lim\limits_{\substack{x\to0\\y\to0}}f(x,y)=\lim\limits_{\substack{x\to0\\y\to0}}\sqrt{|xy|}\lim\limits_{\substack{x\to0\\y\to0}}\dfrac{\sin(x^2+y^2)}{x^2+y^2}=0\cdot1=0=f(0,0)$，所以该函数 $(0,0)$ 处连续.

又因为

$$\left.\frac{\partial f}{\partial x}\right|_{\substack{x=0\\y=0}}=\lim_{x\to0}\frac{f(x,0)-f(0,0)}{x-0}=\lim_{x\to0}\frac{0-0}{x}=0,\quad \left.\frac{\partial f}{\partial y}\right|_{\substack{x=0\\y=0}}=0,$$

所以在 $(0,0)$ 处的两个偏导数存在. 而

$$\begin{aligned}\lim_{\substack{\Delta x\to0\\\Delta y\to0}}\frac{\Delta z-\mathrm{d}z}{\rho}&=\lim_{\substack{\Delta x\to0\\\Delta y\to0}}\frac{f(\Delta x,\Delta y)-\dfrac{\partial f}{\partial x}\Delta x-\dfrac{\partial f}{\partial y}\Delta y}{\sqrt{(\Delta x)^2+(\Delta y)^2}}=\lim_{\substack{\Delta x\to0\\\Delta y\to0}}\frac{\sqrt{|\Delta x\Delta y|}\sin[(\Delta x)^2+(\Delta y)^2]}{[(\Delta x)^2+(\Delta y)^2]^{\frac{3}{2}}}\\ &=\lim_{\substack{\Delta x\to0\\\Delta y\to0}}\frac{\sqrt{|\Delta x\Delta y|}}{\sqrt{(\Delta x)^2+(\Delta y)^2}}\text{不存在},\end{aligned}$$

这是因为 $\Delta y=\Delta x\to0$ 时极限为 $\dfrac{\sqrt{2}}{2}$，$\Delta y=0\to0$ 时极限为 0，故该函数在 $(0,0)$ 处不可微.

18. **解**
$$\frac{\partial u}{\partial x}=f_1'+f_3'\cdot\left(yz+xy\frac{\partial z}{\partial x}\right),\quad \frac{\partial u}{\partial y}=f_2'+f_3'\cdot\left(xz+xy\frac{\partial z}{\partial y}\right),$$

令 $u=xy+z-t$，则 $\mathrm{d}u=-\mathrm{d}t$，当 $t=z$ 时，$u=xy$；当 $t=xy$ 时，$u=z$，于是

$$\int_{xy}^{z} g(xy+z-t)\mathrm{d}t=-\int_{z}^{xy} g(u)\mathrm{d}u=\int_{xy}^{z} g(u)\mathrm{d}u ,$$

故 $\mathrm{e}^{xyz}=\int_{xy}^{z} g(u)\mathrm{d}u$.

方程 $\mathrm{e}^{xyz}=\int_{xy}^{z} g(u)\mathrm{d}u$ 两边对 x 求导得

$$\mathrm{e}^{xyz}\left(yz+xy\frac{\partial z}{\partial x}\right)=g(z)\frac{\partial z}{\partial x}-yg(xy)\Rightarrow\frac{\partial z}{\partial x}=\frac{yg(xy)+yz\mathrm{e}^{xyz}}{g(z)-xy\mathrm{e}^{xyz}}$$

同理可得

$$\frac{\partial z}{\partial y}=\frac{xg(xy)+xz\mathrm{e}^{xyz}}{g(z)-xy\mathrm{e}^{xyz}} ,$$

于是

$$x\frac{\partial u}{\partial x}-y\frac{\partial u}{\partial y}=x\left[f_1'+f_3'\cdot(yz+xy\frac{yg(xy)+yz\mathrm{e}^{xyz}}{g(z)-xy\mathrm{e}^{xyz}}\right]-y\left[f_2'+f_3'\cdot\left(xz+xy\frac{xg(xy)+xz\mathrm{e}^{xyz}}{g(z)-xy\mathrm{e}^{xyz}}\right)\right]=xf_1'-yf_2' .$$

综合测试题 8—B

1. **解** $\{(x,y)\,|\,-y^2\leqslant x\leqslant y^2\wedge y\neq 0\}$.

当 $y\neq 0$ 时，$\left|\frac{x}{y^2}\right|\leqslant 1\Rightarrow -1\leqslant\frac{x}{y^2}\leqslant 1\Rightarrow -y^2\leqslant x\leqslant y^2$. 即定义域为两抛物线 $y^2=-x$，$x=y^2$ 间的部分，原点 $(0,0)$ 除外.

2. **解** x.

因为 $\frac{\partial z}{\partial x}=f'(u)\cdot\frac{\partial u}{\partial x}=2xf'(u)$，$\frac{\partial z}{\partial y}=1+f'(u)\frac{\partial z}{\partial y}=1-2yf'(u)$，所以

$$y\frac{\partial z}{\partial x}+x\frac{\partial z}{\partial y}=2xyf'(u)+x[1-2yf'(u)]=x .$$

3. **解** $-\frac{7}{5}$.

因为 $\left.\frac{\partial z}{\partial x}\right|_{(1,1)}=2x-3y\,|_{(1,1)}=-1$，$\left.\frac{\partial z}{\partial y}\right|_{(1,1)}=2y-3x\,|_{(1,1)}=-1$；$\boldsymbol{l}^0=\{\cos\alpha,\cos\beta\}=\left\{\frac{3}{5},\frac{4}{5}\right\}$，所以

$$\left.\frac{\partial z}{\partial \boldsymbol{l}}\right|_{(1,1)}=\left.\frac{\partial z}{\partial x}\right|_{(1,1)}\cos\alpha+\left.\frac{\partial z}{\partial y}\right|_{(1,1)}\cos\beta=-\frac{3}{5}-\frac{4}{5}=-\frac{7}{5} .$$

4. **解** $-3\boldsymbol{i}+3\boldsymbol{k}$.

因为

$$\left.\frac{\partial u}{\partial x}\right|_M=[(y-z)(z-x)-(x-y)(y-z)]\,|_M=-3 ;\quad \left.\frac{\partial u}{\partial y}\right|_M=[(z-x)(x-y)-(y-z)(z-x)]\,|_M=0 ,$$

$$\left.\frac{\partial u}{\partial z}\right|_M=[(x-y)(y-z)-(z-x)(x-y)]\,|_M=3 ,$$

所以

$$\mathbf{grad}u\,|_M=\left.\frac{\partial u}{\partial x}\right|_M\boldsymbol{i}+\left.\frac{\partial u}{\partial y}\right|_M\boldsymbol{j}+\left.\frac{\partial u}{\partial z}\right|_M\boldsymbol{k}=-3\boldsymbol{i}+3\boldsymbol{k} .$$

5. **解** $k\pi+\frac{\pi}{2}$.

当 $F_y=\cos(x+y)\neq 0$，即 $x_0+y_0\neq k\pi+\dfrac{\pi}{2}$ 时，方程 $F(x,y)=0$ 在点 (x_0,y_0) 的某邻域内可以唯一确定一个函数通过点 (x_0,y_0) 的连续、可导的函数 $y=y(x)$.

6. **解** D

因为

$$\lim_{(x,y)\to(0,0)}\frac{\sin(x^3+y^3)}{\sqrt{(x^2+y^2)^3}}=\lim_{(x,y)\to(0,0)}\frac{\sin(x^3+y^3)}{x^3+y^3}\cdot\frac{x^3+y^3}{\sqrt{(x^2+y^2)^3}}=\lim_{(x,y)\to(0,0)}\frac{x^3+y^3}{\sqrt{(x^2+y^2)^3}}$$

$$=\lim_{r\to 0}\frac{r^3(\cos^3\theta+\sin^3\theta)}{r^3}=\lim_{r\to 0}(\cos^3\theta+\sin^3\theta)\text{ 不存在.}$$

7. **解** B.

设 $F(x,y,z)=z-xy$，则 $\boldsymbol{n}|_{(-3,-1,3)}=\{-y,-x,1\}|_{(-3,-1,3)}=\{1,3,1\}$，与平面 $x+3y+z+9=0$ 的法向量平行，故曲面在点 $(-3,-1,3)$ 处的法线与平面垂直.

8. **解** D.

9. **解** C.

利用定义可以证明 $f(x,y)$ 在 $(0,0)$ 处连续、两个偏导数均存在且可微，但两个偏导数不连续.

10. **解** B.

因为 $\dfrac{\partial z}{\partial x}=\dfrac{\partial z}{\partial y}=x+y$，所以 $\left.\dfrac{\partial z}{\partial x}\right|_{(1,-1)}=\left.\dfrac{\partial z}{\partial y}\right|_{(1,-1)}=(x+y)|_{(1,-1)}=0$，$(1,-1)$ 是 $z=z(x,y)$ 的驻点. 又由 $\mathrm{d}z=(x+y)(\mathrm{d}x+\mathrm{d}y)\Rightarrow z=\dfrac{1}{2}(x+y)^2+C\geqslant C$，等号仅当 $y=-x$ 时成立. 因为在点 $(1,-1)$ 处的任何去心邻域内，均有适合 $y=-x$ 的点，使 $z=C$ 成立，因此 $z(1,-1)=C$ 并不是函数的极小值，选 B.

11. **解** 方程 $x+y+z+xyz=0$ 两边对 y 求偏导数，得

$$1+\frac{\partial z}{\partial y}+xz+xy\frac{\partial z}{\partial y}=0\Rightarrow\frac{\partial z}{\partial y}=-\frac{1+xz}{1+xy}.$$

于是

$$f_y(x,y,z)=z^2\mathrm{e}^x+2yz\mathrm{e}^x\frac{\partial z}{\partial y}=z^2\mathrm{e}^x-2yz\mathrm{e}^x\cdot\frac{1+xz}{1+xy},$$

所以

$$f_y(0,1,-1)=\left.\left(z^2\mathrm{e}^x-2yz\mathrm{e}^x\cdot\frac{1+xz}{1+xy}\right)\right|_{(0,1,-1)}=(-1)^2\mathrm{e}^0-2\cdot 1\cdot(-1)\mathrm{e}^0\cdot\frac{1+0}{1+0}=3.$$

12. **解** 曲线的参数方程为 $\varGamma: x=y^6, y=z^3, z=z$，故其切向量 $\boldsymbol{T}=(6z^5,3z^2,1)$，平面的法向量 $\boldsymbol{n}=(1,-2,0)$. 依题设

$$\boldsymbol{n}\cdot\boldsymbol{T}=6z^5-6z^2=0\Rightarrow z=0,1,$$

对应切点分别为 $P_1(0,0,0),P_2(1,1,1)$；切向量分别为 $\boldsymbol{T}_1=(0,0,1),\boldsymbol{T}_2=(6,3,1)$. 故所求切线为

$$\frac{x}{0}=\frac{y}{0}=\frac{z}{1}\quad\text{和}\quad\frac{x-1}{6}=\frac{y-1}{3}=\frac{z-1}{1}.$$

13. **解** 由

$$\begin{cases}\dfrac{\partial z}{\partial x}=2xy=0\\[2mm]\dfrac{\partial z}{\partial y}=x^2+3y^2-3=0\end{cases}\Rightarrow\begin{cases}x=0\\y=\pm 1\end{cases},\begin{cases}x=\pm\sqrt{3}\\y=0\end{cases}.$$

因为 $A=\dfrac{\partial^2 z}{\partial x^2}=2y, B=\dfrac{\partial^2 z}{\partial x\partial y}=2x, C=\dfrac{\partial^2 z}{\partial y^2}=6y$，所以

$$A(0,\pm 1)=\pm 1,\quad B(0,\pm 1)=0,\quad C(0,\pm 1)=\pm 6,\quad B^2-AC=-6<0.$$

在 $(0,1)$ 处，$A>0$，极小值 $f(0,1)=-2$；在 $(0,-1)$ 处，$A<0$，极大值 $f(0,-1)=2$.

又 $A(\pm\sqrt{3},0)=0, B(\pm\sqrt{3},0)=\pm2\sqrt{3}, C(\pm\sqrt{3},0)=0$，$B^2-AC=12>0$，函数在 $(\pm\sqrt{3},0)$ 处无极值.

14. **解**　因为

$$\begin{aligned}u(x,y)&=\int_0^{xy}f(t)(xy-t)\mathrm{d}t-\int_{xy}^{1}f(t)(xy-t)\mathrm{d}t\\&=xy\int_0^{xy}f(t)\mathrm{d}t-\int_0^{xy}tf(t)\mathrm{d}t+xy\int_1^{xy}f(t)\mathrm{d}t-\int_1^{xy}tf(t)\mathrm{d}t\end{aligned},$$

所以

$$\begin{aligned}\frac{\partial u}{\partial x}&=y\int_0^{xy}f(t)\mathrm{d}t+xyf(xy)\cdot y-xyf(xy)\cdot y+y\int_1^{xy}f(t)\mathrm{d}t+xyf(xy)\cdot y-xyf(xy)\cdot y\\&=y\int_0^{xy}f(t)\mathrm{d}t+y\int_1^{xy}f(t)\mathrm{d}t.\end{aligned}$$

15. **解**　方程组各方程的两边分别对 y 求导，得

$$\begin{cases}\dfrac{\partial u}{\partial y}+\dfrac{\partial v}{\partial y}-1=0\\ x\dfrac{\partial u}{\partial y}+y\dfrac{\partial v}{\partial y}+v=0\end{cases}\Rightarrow\begin{cases}\dfrac{\partial u}{\partial y}+\dfrac{\partial v}{\partial y}=1\\ x\dfrac{\partial u}{\partial y}+y\dfrac{\partial v}{\partial y}=-v\end{cases},$$

于是

$$\frac{\partial u}{\partial y}=\frac{\begin{vmatrix}1&1\\-v&y\end{vmatrix}}{\begin{vmatrix}1&1\\x&y\end{vmatrix}}=\frac{y+v}{y-x},\qquad\frac{\partial v}{\partial y}=\frac{\begin{vmatrix}1&1\\x&-v\end{vmatrix}}{\begin{vmatrix}y&z\\y&-1\end{vmatrix}}=-\frac{x+v}{y-x},$$

$$\frac{\partial^2u}{\partial y^2}=\frac{\partial}{\partial y}\left(\frac{y+v}{y-x}\right)=\frac{\left(1+\dfrac{\partial v}{\partial y}\right)(y-x)-(y+v)}{(y-x)^2}=\frac{\left(1-\dfrac{x+v}{y-x}\right)(y-x)-(y+v)}{(y-x)^2}=-\frac{2(x+v)}{(y-x)^2}.$$

16. **解**　把 z 看成是由 $z=z(u,v)$ 和 $u=xy, v=\dfrac{x}{y}$ 复合而成的函数，根据复合函数求导法则得

$$\frac{\partial z}{\partial x}=\frac{\partial z}{\partial u}\frac{\partial u}{\partial x}+\frac{\partial z}{\partial v}\frac{\partial v}{\partial x}=y\frac{\partial z}{\partial u}+\frac{1}{y}\frac{\partial z}{\partial v},\quad\frac{\partial z}{\partial y}=\frac{\partial z}{\partial u}\frac{\partial u}{\partial y}+\frac{\partial z}{\partial v}\frac{\partial v}{\partial y}=x\frac{\partial z}{\partial u}-\frac{x}{y^2}\frac{\partial z}{\partial v},$$

于是

$$x\frac{\partial z}{\partial x}-y\frac{\partial z}{\partial y}=x\left(y\frac{\partial z}{\partial u}+\frac{1}{y}\frac{\partial z}{\partial v}\right)-y\left(x\frac{\partial z}{\partial u}-\frac{x}{y^2}\frac{\partial z}{\partial v}\right)=\frac{2x}{y}\frac{\partial z}{\partial v}=2v\frac{\partial z}{\partial v},$$

故原方程化为 $2v\dfrac{\partial z}{\partial v}=1$.

17. **解**

$$\frac{\mathrm{d}z}{\mathrm{d}x}=f_1'+f_2'\cdot\frac{\mathrm{d}y}{\mathrm{d}x},$$

$$\begin{aligned}\frac{\mathrm{d}^2z}{\mathrm{d}x^2}&=f_{11}''+f_{12}''\cdot\frac{\mathrm{d}y}{\mathrm{d}x}+f_{21}''\cdot\frac{\mathrm{d}y}{\mathrm{d}x}+f_{22}''\cdot\left(\frac{\mathrm{d}y}{\mathrm{d}x}\right)^2+f_2'\cdot\frac{\mathrm{d}^2y}{\mathrm{d}x^2}\\&=f_{11}''+2f_{12}''\cdot\frac{\mathrm{d}y}{\mathrm{d}x}+f_{22}''\cdot\left(\frac{\mathrm{d}y}{\mathrm{d}x}\right)^2+f_2'\cdot\frac{\mathrm{d}^2y}{\mathrm{d}x^2},\end{aligned}$$

又

$$\frac{\mathrm{d}y}{\mathrm{d}x}=\frac{\mathrm{d}y/\mathrm{d}t}{\mathrm{d}x/\mathrm{d}t}=\frac{\varphi'(t)}{1+\cos t},\qquad\frac{\mathrm{d}^2y}{\mathrm{d}x^2}=\frac{\mathrm{d}}{\mathrm{d}x}\left[\frac{\varphi'(t)}{1+\cos t}\right]=\frac{\varphi''(t)(1+\cos t)+\varphi'(t)\sin t}{(1+\cos t)^2},$$

所以

$$\frac{\mathrm{d}^2z}{\mathrm{d}x^2}=f_{11}''+\frac{2\varphi'(t)}{1+\cos t}f_{12}''+\left(\frac{\varphi'(t)}{1+\cos t}\right)^2f_{22}''+\frac{\varphi''(t)(1+\cos t)+\varphi'(t)\sin t}{(1+\cos t)^2}f_2'.$$

18. **证明**　$-1\leqslant \mathrm{e}^xy^2z\leqslant1\Leftrightarrow0\leqslant\mathrm{e}^xy^2|z|\leqslant1$，把该问题转化成 $u=\mathrm{e}^xy^2|z|$ 在条件 $\mathrm{e}^x+y^2+|z|=3$ 下

的极值问题. 由于 $u=\mathrm{e}^x y^2(3-\mathrm{e}^x-y^2)$，所以由

$$\begin{cases}\dfrac{\partial u}{\partial x}=\mathrm{e}^x y^2(3-2\mathrm{e}^x-y^2)=0\\ \dfrac{\partial u}{\partial y}=2\mathrm{e}^x y(3-\mathrm{e}^x-2y^2)=0\end{cases}$$

求得驻点 $(x,0)(x\in\mathbf{R}),(0,\pm1)$.

在 $(x,0)(x\in\mathbf{R})$ 处，函数无极值，但显然有 $u(x,y)\geqslant u(x,0)=0$；在 $(0,\pm1)$ 处，

$$A=\left.\frac{\partial^2 u}{\partial x^2}\right|_{(0,\pm1)}=\mathrm{e}^x y^2(3-\mathrm{e}^x-y^2)|_{(0,\pm1)}=-2，\ B=\left.\frac{\partial^2 u}{\partial x\partial y}\right|_{(0,\pm1)}=2\mathrm{e}^x y(3-2\mathrm{e}^x-2y^2)|_{(0,\pm1)}=\mp2，$$

$$C=\left.\frac{\partial^2 u}{\partial y^2}\right|_{(0,\pm1)}=2\mathrm{e}^x(3-\mathrm{e}^x-6y^2)|_{(0,\pm1)}=-8,\quad B^2-AC=4-16=-12<0,\quad A<0，$$

因此 $u(0,\pm1)=1$ 为函数的最大值，从而 $0\leqslant \mathrm{e}^x y^2|z|\leqslant1$，即 $-1\leqslant \mathrm{e}^x y^2 z\leqslant 1$.

第九章

练习题 9.1

1. $-\dfrac{2}{3}$； 2. $\dfrac{16}{9}(3\pi-2)$； 3. $\dfrac{\pi}{2}\ln2$； 4. $\int_0^{\frac{1}{2}}\mathrm{d}x\int_{x^2}^{x}f(x,y)\mathrm{d}y$；

5. $\int_0^{\frac{\pi}{2}}\mathrm{d}\theta\int_0^{2a\sin\theta}f(r^2)r\mathrm{d}r$； 6. $2-\dfrac{\pi}{2}$； 7. $\dfrac{4}{5}$； 8. $\mathrm{e}-1$；

9. $\dfrac{\pi^2}{32}$； 10. $\dfrac{2\pi}{3}(b^3-a^3)$； 11. $\dfrac{3}{4}(2+\pi)$； 12. $\dfrac{4}{3}$；

13. $\dfrac{17}{6}$； 14. $I_x=\dfrac{72}{5}$，$I_y=\dfrac{96}{7}$； 15. 提示：交换积分次序；

16. 提示：交换积分次序； 17. $\dfrac{2}{3}f'(0)$；

18. 仿例 18 将不等式的左边转化成二重积分证明；19. $\dfrac{1}{2}$.

练习题 9.2

1. $\dfrac{4\pi}{15}$； 2. $\dfrac{\pi h^2 r^2}{4}$； 3. $\dfrac{\pi}{8}$； 4. 336π；5. 16π； 6. $\dfrac{\pi}{20}$； 7. $\dfrac{1}{180}$； 8. $\dfrac{972\pi}{5}$；9. $\dfrac{3\pi}{10}$；

10. $\dfrac{5\pi}{6}$； 11. 2π；

12. $\displaystyle\iiint_{\Omega}\frac{z^2}{c^2}\mathrm{d}x\mathrm{d}y\mathrm{d}z=2\int_0^c\mathrm{d}z\iint_{D_Z}\frac{z^2}{c^2}\mathrm{d}x\mathrm{d}y=\frac{4\pi abc}{15}$，$I=3\times\dfrac{4\pi abc}{15}=\dfrac{4}{5}\pi abc$，

综合测试题 9–A

1. **解** 6.

根据二重积分的几何意义，可得 $\displaystyle\iint_D \mathrm{d}x\mathrm{d}y=\frac{1}{2}(4^2-2^2)=6$.

2. **解** $\dfrac{512}{15}$.

因为 $D:\begin{cases} -2\leqslant x\leqslant 2 \\ x^2\leqslant y\leqslant 8-x^2 \end{cases}$，所以

$$\iint\limits_D x^2 y\mathrm{d}x\mathrm{d}y=\int_{-2}^{2}x^2\mathrm{d}x\int_{x^2}^{8-x^2}y\mathrm{d}y=\frac{1}{2}\int_{-2}^{2}x^2[(8-x^2)^2-x^4]\mathrm{d}x$$

$$=32\int_0^2(2x^2-x^4)\mathrm{d}x=32\left[\frac{2}{3}x^3-\frac{1}{5}x^5\right]_0^2=\frac{512}{15}.$$

3. **解** $\dfrac{2\pi}{3}$.

因为 $\iint\limits_D\sqrt{1-x^2-y^2}\mathrm{d}x\mathrm{d}y=\int_0^{2\pi}\mathrm{d}\theta\int_0^1\sqrt{1-r^2}r\mathrm{d}r=2\pi\cdot\left(-\frac{1}{3}\right)(1-r^2)^{\frac{3}{2}}\big|_0^1=\frac{2\pi}{3}$.

4. **解** $\dfrac{1}{x}\mathrm{e}^{\sin\ln x}\cos\ln x$ 和 $\dfrac{1}{\mathrm{e}}\mathrm{e}^{\sin 1}\cos 1$.

因为 $\Omega:\begin{cases} 0\leqslant\theta\leqslant 2\pi \\ 0\leqslant r\leqslant 1 \\ r^2\leqslant z\leqslant 1 \end{cases}$，所以

$$\iiint\limits_\Omega f(x,y,z)\mathrm{d}x\mathrm{d}y\mathrm{d}z=\int_0^{2\pi}\mathrm{d}\theta\int_0^1 r\mathrm{d}r\int_{r^2}^1 f(r\cos\theta,r\sin\theta,z)\mathrm{d}z.$$

5. **解** $\dfrac{32\pi}{3}$.

由 $\begin{cases} z=6-x^2-y^2 \\ z=\sqrt{x^2+y^2} \end{cases}\Rightarrow z=2\Rightarrow x^2+y^2=4$，于是

$$V=\iint\limits_D[(6-x^2-y^2)-\sqrt{x^2+y^2}]\mathrm{d}x\mathrm{d}y=\int_0^{2\pi}\mathrm{d}\theta\int_0^2(6-r-r^2)r\mathrm{d}r$$

$$=2\pi\left(3r^2-\frac{1}{3}r^3-\frac{1}{4}r^4\right)\Bigg|_0^2=\frac{32}{3}\pi.$$

6. **解** B

在 D 内，$\mathrm{e}^{-(x^2+y^2)}-1\leqslant 0$，

$$\cos x^2\sin y^2=\left(1-\frac{1}{2}x^4+o(x^4)\right)\left(y^2-\frac{1}{6}y^6+o(y^6)\right)$$

$$=y^2-\frac{1}{2}x^4y^2-\frac{1}{6}y^6+o(x^4y^2+y^6)\geqslant(x+y)^3$$

故在 D 内有 $\qquad \cos x^2\sin y^2\geqslant(x+y)^3\geqslant\mathrm{e}^{-(x^2+y^2)}-1$.

7. **解** B.

由

$$\begin{cases} 0\leqslant x\leqslant 1 \\ -\sqrt{x}\leqslant y\leqslant\sqrt{x} \end{cases} \text{和} \begin{cases} 1\leqslant x\leqslant 4 \\ x-2\leqslant y\leqslant\sqrt{x} \end{cases},$$

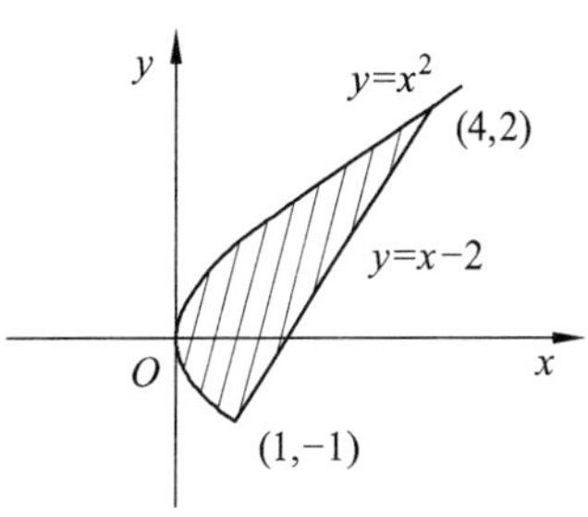

画出积分区域图：如图所示. 写成 $Y-$ 型区域为

$$\begin{cases} -1\leqslant y\leqslant 2 \\ y^2\leqslant x\leqslant y+2 \end{cases},$$

故选 B.

8. **解** C.

积分区域 $D:\begin{cases}0\leqslant\theta\leqslant\dfrac{\pi}{4}\\0\leqslant r\leqslant 1\end{cases}$，表示成直角坐标系的区域为 $D_X:\begin{cases}0\leqslant y\leqslant\dfrac{\sqrt{2}}{2}\\y\leqslant x\leqslant\sqrt{1-y^2}\end{cases}$，因此

$$\int_0^{\frac{\pi}{4}}\mathrm{d}\theta\int_0^1 f(r\cos\theta,r\sin\theta)r\mathrm{d}r=\int_0^{\frac{\sqrt{2}}{2}}\mathrm{d}y\int_y^{\sqrt{1-y^2}}f(x,y)\mathrm{d}x .$$

9. **解** D.

因为在求坐标系下积分区域为 $\Omega:\begin{cases}0\leqslant\theta\leqslant 2\pi\\0\leqslant\varphi\leqslant\dfrac{\pi}{4}\\\dfrac{1}{\cos\varphi}\leqslant r\leqslant\sqrt{2}\end{cases}$，故是错误的.

10. **解** D.

因为
$$\iiint_{\Omega_1}xyz\mathrm{d}v=\int_0^{2\pi}\sin\theta\cos\theta\mathrm{d}\theta\int_0^{\frac{\pi}{2}}\sin^3\varphi\cos\varphi\mathrm{d}\varphi\int_0^R r^5\mathrm{d}r=0$$
$$\iiint_{\Omega_2}xyz\mathrm{d}v=\int_0^{\frac{\pi}{2}}\sin\theta\cos\theta\mathrm{d}\theta\int_0^{\frac{\pi}{2}}\sin^3\varphi\cos\varphi\mathrm{d}\varphi\int_0^R r^5\mathrm{d}r>0 .$$

11. **解**
$$D_X:0\leqslant y\leqslant\frac{\pi}{3},y\leqslant x\leqslant\frac{\pi}{3}\Rightarrow D_Y:0\leqslant x\leqslant\frac{\pi}{3},0\leqslant y\leqslant x ,$$
于是
$$\int_0^{\frac{\pi}{3}}\frac{\cos x}{x}\mathrm{d}x\int_0^x\mathrm{d}y=\int_0^{\frac{\pi}{3}}\cos x\mathrm{d}x=\sin x\Big|_0^{\frac{\pi}{3}}=\frac{\sqrt{3}}{2} .$$

12. **解** 原式 $=\dfrac{1}{2}\iint\limits_D\left(\dfrac{x^2+y^2}{a^2}-\dfrac{x^2+y^2}{b^2}\right)\mathrm{d}x\mathrm{d}y=\dfrac{1}{2}\left(\dfrac{1}{a^2}-\dfrac{1}{b^2}\right)\iint\limits_D(x^2+y^2)\mathrm{d}x\mathrm{d}y$

$$=\frac{1}{2}\left(\frac{1}{a^2}-\frac{1}{b^2}\right)\int_0^{2\pi}\mathrm{d}\theta\int_0^1 r^3\mathrm{d}r=\frac{\pi}{4}\left(\frac{1}{a^2}-\frac{1}{b^2}\right).$$

13. **解** 因为 $\dfrac{\partial z}{\partial x}=\dfrac{-x}{\sqrt{4-x^2-y^2}},\dfrac{\partial z}{\partial y}=\dfrac{-y}{\sqrt{4-x^2-y^2}}$，所以

$$\mathrm{d}S=\sqrt{1+\left(\frac{\partial z}{\partial x}\right)^2+\left(\frac{\partial z}{\partial y}\right)^2}\mathrm{d}\sigma=\sqrt{1+\frac{x^2}{4-x^2-y^2}+\frac{y^2}{4-x^2-y^2}}\mathrm{d}\sigma=\frac{2}{\sqrt{4-x^2-y^2}}\mathrm{d}\sigma ,$$

$$S=\iint\limits_{x^2+y^2\leqslant 1}\frac{2}{\sqrt{4-x^2-y^2}}\mathrm{d}\sigma=2\int_0^{2\pi}\mathrm{d}\theta\int_0^1\frac{r}{\sqrt{4-r^2}}\mathrm{d}\theta=4\pi[-\sqrt{4-r^2}]_0^1=4\pi(2-\sqrt{3}).$$

14. **解** 如图所示. 因为 $D=D_1+D_2$，其中

$$D_1:\begin{cases}0\leqslant x\leqslant 1\\0\leqslant y\leqslant x\end{cases},\quad D_2:\begin{cases}0\leqslant y\leqslant 1\\0\leqslant x\leqslant y\end{cases},$$

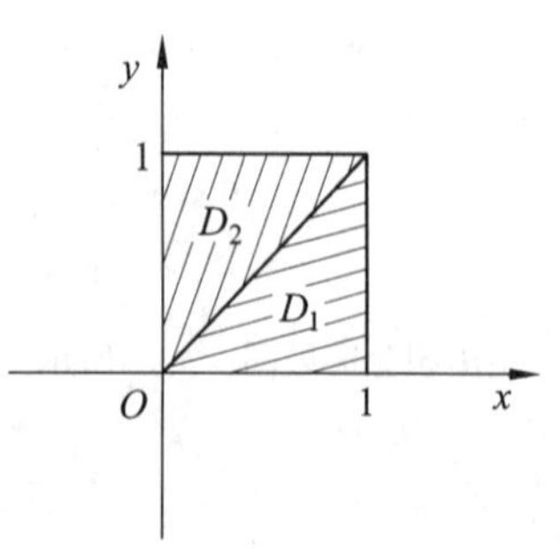

所以

$$\text{原式}=\iint\limits_{D_1}\mathrm{e}^{\min\{x,y\}}\mathrm{d}x\mathrm{d}y+\iint\limits_{D_2}\mathrm{e}^{\min\{x,y\}}\mathrm{d}x\mathrm{d}y$$
$$=2\int_0^1\mathrm{d}x\int_0^x\mathrm{e}^y\mathrm{d}y=2\int_0^1(\mathrm{e}^x-1)\mathrm{d}x=2[\mathrm{e}^x-x]_0^1=2(\mathrm{e}-2).$$

15. **解** 积分区域 $D:\begin{cases}0\leqslant\theta\leqslant 2\pi\\0\leqslant r\leqslant a(1+\cos\theta)\end{cases}$，于是

$$I_O=\iint_D(x^2+y^2)\mathrm{d}x\mathrm{d}y=\int_0^{2\pi}\mathrm{d}\theta\int_0^{a(1+\cos\theta)}r^2\cdot r\mathrm{d}r=\frac{1}{4}a^4\int_0^{2\pi}(1+\cos\theta)^4\mathrm{d}\theta$$

$$=\frac{1}{4}a^4\int_0^{2\pi}\left(2\cos^2\frac{\theta}{2}\right)^4\mathrm{d}\theta=4a^4\int_0^{2\pi}\cos^8\frac{\theta}{2}\mathrm{d}\theta\overset{\theta=2t}{=\!=\!=}8a^4\int_0^{\pi}\cos^8 t\mathrm{d}t$$

$$=16a^4\int_0^{\frac{\pi}{2}}\cos^8 t\mathrm{d}t=16a^4\cdot\frac{7}{8}\cdot\frac{5}{6}\cdot\frac{3}{4}\cdot\frac{1}{2}\cdot\frac{\pi}{2}=\frac{35}{16}\pi a^4.$$

16. **解** 用球坐标表示积分区域 $\Omega:\begin{cases}0\leqslant\theta\leqslant 2\pi\\0\leqslant\varphi\leqslant\dfrac{3\pi}{4}\\0\leqslant r\leqslant 1\end{cases}$，所以

$$\iiint_\Omega(x+z)\mathrm{d}v=\int_0^{2\pi}\mathrm{d}\theta\int_0^{\frac{3\pi}{4}}\sin\varphi\mathrm{d}\varphi\int_0^1(r\cos\theta\sin\varphi+r\cos\varphi)\cdot r^2\mathrm{d}r$$

$$=\int_0^{2\pi}\cos\theta\mathrm{d}\theta\int_0^{\frac{3\pi}{4}}\sin^2\varphi\mathrm{d}\varphi\int_0^1 r^3\mathrm{d}r+\int_0^{2\pi}d\theta\int_0^{\frac{3\pi}{4}}\sin\varphi\cos\varphi\mathrm{d}\varphi\int_0^1 r^3\mathrm{d}r$$

$$=0+2\pi\cdot\frac{1}{2}\sin^2\varphi\Big|_0^{\frac{3\pi}{4}}\cdot\frac{1}{4}r^4\Big|_0^1=\frac{\pi}{8}.$$

17. **证明** 由题设 $\dfrac{\iiint\limits_\Omega x\mathrm{d}x\mathrm{d}y\mathrm{d}z}{V}=\dfrac{1}{3}x$，因为

$$V=\pi\int_0^x f^2(x)\mathrm{d}x,\quad \iiint_\Omega x\mathrm{d}x\mathrm{d}y\mathrm{d}z=\int_0^x x\mathrm{d}x\iint_D\mathrm{d}y\mathrm{d}z=\pi\int_0^x xf^2(x)\mathrm{d}x,$$

所以
$$\pi\int_0^x xf^2(x)\mathrm{d}x=\frac{\pi}{3}x\int_0^x f^2(x)\mathrm{d}x\Rightarrow 3\int_0^x xf^2(x)\mathrm{d}x=x\int_0^x f^2(x)\mathrm{d}x,$$

方程两边对 x 求导，得

$$\int_0^x f^2(x)\mathrm{d}x=xf^2(x)\Rightarrow f^2(x)=2xf(x)f'(x)\Rightarrow f(x)+2xf'(x)=0.$$

18. **解** 因为

$$\iiint_\Omega f(\sqrt{x^2+y^2+z^2})\mathrm{d}x\mathrm{d}y\mathrm{d}z=\int_0^{2\pi}\mathrm{d}\theta\int_0^{\pi}\sin\varphi\mathrm{d}\varphi\int_0^t f(r)r^2\mathrm{d}\theta=4\pi\int_0^t f(r)r^2\mathrm{d}\theta,$$

所以
$$\lim_{t\to 0}\frac{1}{\pi t^4}\iiint_\Omega f(\sqrt{x^2+y^2+z^2})\mathrm{d}x\mathrm{d}y\mathrm{d}z=\lim_{t\to 0}\frac{4\pi\int_0^t f(r)r^2\mathrm{d}\theta}{\pi t^4}=\lim_{t\to 0}\frac{4f(t)t^2}{4t^3}$$

$$=\lim_{t\to 0}\frac{f(t)}{t}=\lim_{t\to 0}\frac{f(t)-f(0)}{t-0}=f'(0)=-3.$$

综合测试题 9—B

1. **解** $4f(0,0)$.

根据积分中值定理，存在 $(\xi,\eta)\in D$，使 $\iint\limits_D f(x,y)\mathrm{d}\sigma=4a^2 f(\xi,\eta)$，于是

$$\lim_{a\to 0}\frac{\iint\limits_D f(x,y)\mathrm{d}\sigma}{a^2}=\lim_{a\to 0}\frac{4a^2 f(\xi,\eta)}{a^2}=4\lim_{a\to 0}f(\xi,\eta)=4f(0,0).$$

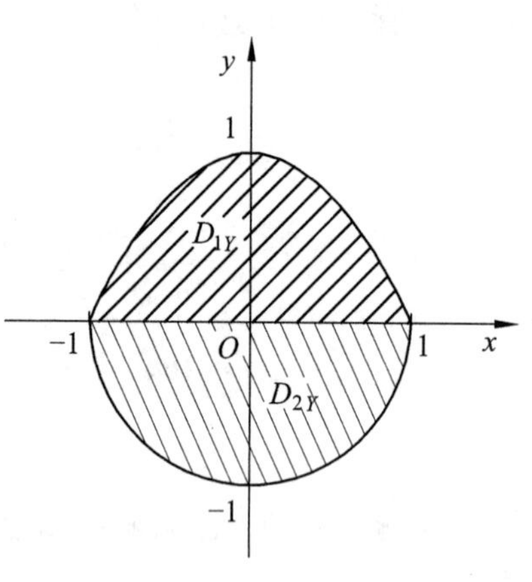

2. **解**　$\int_0^1\mathrm{d}y\int_{-\sqrt{1-y}}^{\sqrt{1-y}}f(x,y)\mathrm{d}x+\int_{-1}^0\mathrm{d}y\int_{-\sqrt{1-y^2}}^{\sqrt{1-y^2}}f(x,y)\mathrm{d}x$.

如图所示，原积分区域为

$$D_X:\begin{cases}-1\leqslant x\leqslant 1\\ -\sqrt{1-x^2}\leqslant y\leqslant 1-x^2\end{cases},$$

于是

$$D_{1Y}:\begin{cases}0\leqslant y\leqslant 1\\ -\sqrt{1-y}\leqslant x\leqslant\sqrt{1-y}\end{cases},\quad D_{2Y}:\begin{cases}-1\leqslant y\leqslant 0\\ -\sqrt{1-y^2}\leqslant x\leqslant\sqrt{1-y^2}\end{cases},$$

故
$$\int_{-1}^1\mathrm{d}x\int_{-\sqrt{1-x^2}}^{1-x^2}f(x,y)\mathrm{d}y=\int_0^1\mathrm{d}y\int_{-\sqrt{1-y}}^{\sqrt{1-y}}f(x,y)\mathrm{d}x+\int_{-1}^0\mathrm{d}y\int_{-\sqrt{1-y^2}}^{\sqrt{1-y^2}}f(x,y)\mathrm{d}x$$

3. **解**　$(\mathrm{e}^{\pi}-1)(\mathrm{e}-1)$.

因为$\iint\limits_D \mathrm{e}^{x+\sin y}\cos y\mathrm{d}x\mathrm{d}y=\int_0^{\pi}\mathrm{e}^x\mathrm{d}x\int_0^{\frac{\pi}{2}}\mathrm{e}^{\sin y}\cos y\mathrm{d}y=\mathrm{e}^x\big|_0^{\pi}\ \mathrm{e}^{\sin y}\big|_0^{\frac{\pi}{2}}=(\mathrm{e}^{\pi}-1)(\mathrm{e}-1)$.

4. **解**　$\int_0^1\mathrm{d}x\int_{-\sqrt{x}}^{\sqrt{x}}\frac{1}{x}\sin\frac{y}{x}\mathrm{d}y+\int_1^2\mathrm{d}x\int_{-\sqrt{2x-x^2}}^{\sqrt{2x-x^2}}\frac{1}{x}\sin\frac{y}{x}\mathrm{d}y$.

因为$D=D_{1X}+D_{2X}$（见右图），其中

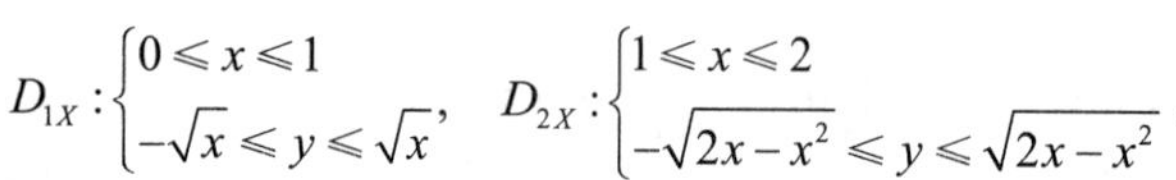

$$D_{1X}:\begin{cases}0\leqslant x\leqslant 1\\ -\sqrt{x}\leqslant y\leqslant\sqrt{x}\end{cases},\quad D_{2X}:\begin{cases}1\leqslant x\leqslant 2\\ -\sqrt{2x-x^2}\leqslant y\leqslant\sqrt{2x-x^2}\end{cases},$$

所以

$$\iint\limits_D\frac{1}{x}\sin\frac{y}{x}\mathrm{d}x\mathrm{d}y=\int_0^1\mathrm{d}x\int_{-\sqrt{x}}^{\sqrt{x}}\frac{1}{x}\sin\frac{y}{x}\mathrm{d}y+\int_1^2\mathrm{d}x\int_{-\sqrt{2x-x^2}}^{\sqrt{2x-x^2}}\frac{1}{x}\sin\frac{y}{x}\mathrm{d}y.$$

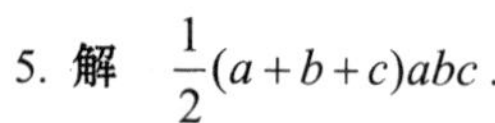

5. **解**　$\frac{1}{2}(a+b+c)abc$.

$$M=\iiint\limits_{\Omega}(x+y+z)\mathrm{d}v=\int_0^a\mathrm{d}x\int_0^b\mathrm{d}y\int_0^c(x+y+z)\mathrm{d}x=c\int_0^a\mathrm{d}x\int_0^b(x+y)\mathrm{d}y+\frac{1}{2}c^2\int_0^a\mathrm{d}x\int_0^b\mathrm{d}y$$
$$=bc\int_0^a x\mathrm{d}x+\frac{1}{2}b^2c\int_0^a\mathrm{d}x+\frac{1}{2}abc^2=\frac{1}{2}a^2bc+\frac{1}{2}ab^2c+\frac{1}{2}abc^2=\frac{1}{2}(a+b+c)abc.$$

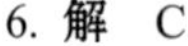

6. **解**　C.

显然$\bar{x}=0$，而

$$\bar{y}=\frac{\iint\limits_D y\mathrm{d}\sigma}{S_D}=\frac{\int_0^{\pi}\sin\theta\mathrm{d}\theta\int_{\sin\theta}^{2\sin\theta}r^2\mathrm{d}r}{\pi-\frac{1}{4}\pi}=\frac{28}{9\pi}\int_0^{\pi}\sin^4\theta\mathrm{d}\theta=\frac{56}{9\pi}\int_0^{\frac{\pi}{2}}\sin^4\theta\mathrm{d}\theta=\frac{56}{9\pi}\cdot\frac{3}{4}\cdot\frac{1}{2}\cdot\frac{\pi}{2}=\frac{7}{6}.$$

7. **解** B.

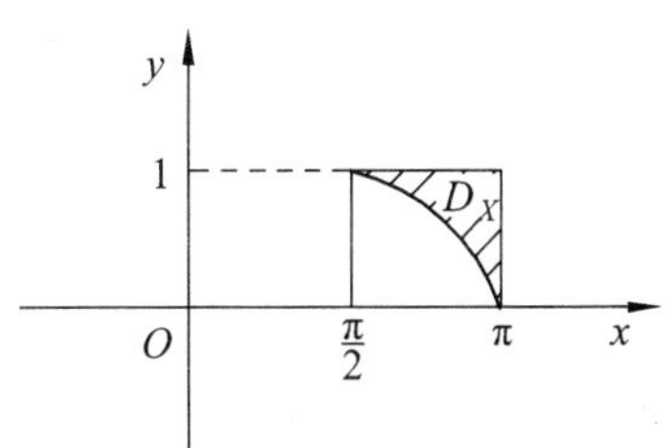

积分区域 $D_X:\begin{cases}\dfrac{\pi}{2}\leqslant x\leqslant\pi\\ \sin x\leqslant y\leqslant 1\end{cases}$，如图所示. 于是

$$D_Y:\begin{cases}0\leqslant y\leqslant 1\\ \dfrac{\pi}{2}\leqslant x\leqslant \pi-\arcsin y\end{cases},$$

故 $\int_0^1 \mathrm{d}x\int_{\pi-\arcsin y}^{\pi} f(x,y)\mathrm{d}x$.

8. **解** C.

如图所示，积分区域 $D=D_{1X}+D_{2X}$ ，其中

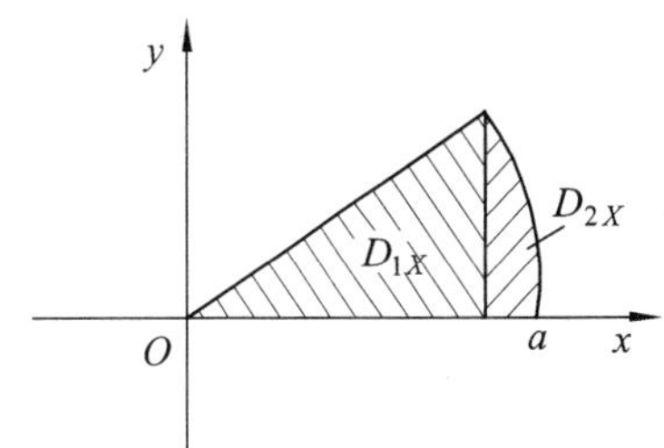

$$D_{1X}:\begin{cases}0\leqslant x\leqslant\dfrac{\sqrt{3}}{2}a\\ 0\leqslant y\leqslant\dfrac{1}{\sqrt{3}}x\end{cases},\quad D_{2X}:\begin{cases}\dfrac{\sqrt{3}}{2}a\leqslant x\leqslant a\\ 0\leqslant y\leqslant\sqrt{a^2-x^2}\end{cases}.$$

在极坐标系下为 $D:\begin{cases}0\leqslant\theta\leqslant\dfrac{\pi}{6}\\ 0\leqslant r\leqslant a\end{cases}$，故

$$\int_0^{\frac{\sqrt{3}}{2}a}\mathrm{d}x\int_0^{\frac{1}{\sqrt{3}}x}f(x,y)\mathrm{d}y+\int_{\frac{\sqrt{3}}{2}a}^{a}\mathrm{d}x\int_0^{\sqrt{a^2-x^2}}f(x,y)\mathrm{d}y=\int_0^{\frac{\pi}{6}}\mathrm{d}\theta\int_0^a f(r\cos\theta,r\sin\theta)r\mathrm{d}r.$$

9. **解** B.

因为 $\iiint\limits_{\Omega}(x^2+y^2)\mathrm{d}v=2\iiint\limits_{\Omega}x^2\mathrm{d}v=2\int_0^a x^2\mathrm{d}x\int_0^a\mathrm{d}y\int_0^a\mathrm{d}z=\dfrac{2}{3}a^5$.

10. **解** B.

因为 $\iiint\limits_{\Omega}f(z)\mathrm{d}v=\int_0^{2\pi}\mathrm{d}\theta\int_0^{\frac{\pi}{4}}\sin\varphi\mathrm{d}\varphi\int_{\frac{1}{\cos\varphi}}^{\frac{2}{\cos\varphi}}r^2f(r\cos\varphi)\mathrm{d}r$ ，其余均正确.

11. **解** $D_X:0\leqslant y\leqslant\dfrac{\pi}{3},y\leqslant x\leqslant\dfrac{\pi}{3}\Rightarrow D_Y:0\leqslant x\leqslant\dfrac{\pi}{3},0\leqslant y\leqslant x$,

于是 $$\int_0^{\frac{\pi}{3}}\frac{\cos x}{x}\mathrm{d}x\int_0^x\mathrm{d}y=\int_0^{\frac{\pi}{3}}\cos x\mathrm{d}x=\sin x\big|_0^{\frac{\pi}{3}}=\frac{\sqrt{3}}{2}.$$

12. **解** 因为 $D:\begin{cases}0\leqslant\theta\leqslant 2\pi\\ \sqrt{\mathrm{e}}\leqslant r\leqslant\mathrm{e}\end{cases}$，所以

$$\iint\limits_D\ln(x^2+y^2)\mathrm{d}x\mathrm{d}y=2\int_0^{2\pi}\mathrm{d}\theta\int_{\sqrt{\mathrm{e}}}^{\mathrm{e}}\ln r\cdot r\mathrm{d}r=4\pi\int_{\sqrt{\mathrm{e}}}^{\mathrm{e}}r\ln r\mathrm{d}r=\pi[2r^2\ln r-r^2]_{\sqrt{\mathrm{e}}}^{\mathrm{e}}=\pi\mathrm{e}^2.$$

13. **解** 因为 $\Omega:\begin{cases}0\leqslant\theta\leqslant 2\pi\\ 0\leqslant\varphi\leqslant\pi\\ 0\leqslant r\leqslant R\end{cases}$，所以

$$\iiint\limits_{\Omega} x^2\mathrm{d}v=\frac{1}{3}\iiint\limits_{\Omega}(x^2+y^2+z^2)\mathrm{d}v=\frac{1}{3}\int_0^{2\pi}\mathrm{d}\theta\int_0^{\pi}\sin\varphi\mathrm{d}\varphi\int_0^{R}r^2\cdot r^2\mathrm{d}\theta$$

$$=\frac{1}{3}\cdot 2\pi\cdot[-\cos\varphi]_0^{\pi}\cdot\left[\frac{1}{5}r^5\right]_0^R=\frac{4}{15}\pi R^5.$$

14. **解** 由 $z=xy$ 和 $z=0$ 可得，$x=0,y=0$，因此 Ω 为曲面 $z=xy,y=x,x=1,x=0,y=0,z=0$ 所围成的闭区域，于是 $\Omega:\begin{cases}0\leqslant x\leqslant 1\\0\leqslant y\leqslant x\\0\leqslant z\leqslant xy\end{cases}$．所以

$$\iiint\limits_{\Omega} xy^2z^3\mathrm{d}v=\int_0^1 x\mathrm{d}x\int_0^x y^2\mathrm{d}y\int_0^{xy}z^3\mathrm{d}z=\frac{1}{4}\int_0^1 x^5\mathrm{d}x\int_0^x y^6\mathrm{d}y=\frac{1}{28}\int_0^1 x^{12}\mathrm{d}x=\frac{1}{364}.$$

15. **解** 因为 $\Omega:\begin{cases}-\frac{\pi}{2}\leqslant\theta\leqslant\frac{\pi}{2}\\0\leqslant r\leqslant 2\cos\theta\\0\leqslant z\leqslant 1\end{cases}$，所以

$$\iiint\limits_{\Omega} z\sqrt{x^2+y^2}\mathrm{d}v=\int_{-\frac{\pi}{2}}^{\frac{\pi}{2}}\mathrm{d}\theta\int_0^{2\cos\theta}r\cdot r\mathrm{d}r\int_0^1 z\mathrm{d}z=\frac{8}{6}\int_{-\frac{\pi}{2}}^{\frac{\pi}{2}}\cos^3\theta\mathrm{d}\theta=\frac{8}{3}\int_0^{\frac{\pi}{2}}\cos^3\theta\mathrm{d}\theta=\frac{8}{3}\cdot\frac{2}{3}=\frac{16}{9}.$$

16. **解** 如图所示，由 $\begin{cases}r=\sin\theta\\r=\sqrt{3}\cos\theta\end{cases}$ 求得两圆的交点 $\left(\frac{\sqrt{3}}{2},\frac{\pi}{3}\right)$，于是 $D=D_1+D_2$，其中

$$D_1:\begin{cases}0\leqslant\theta\leqslant\frac{\pi}{3}\\0\leqslant r\leqslant\sqrt{3}\cos\theta\end{cases},\quad D_2:\begin{cases}\frac{\pi}{3}\leqslant\theta\leqslant\frac{\pi}{2}\\0\leqslant r\leqslant\sin\theta\end{cases}.$$

所以

$$M=\iint\limits_{D}\sqrt{x^2+y^2}\mathrm{d}\sigma=\iint\limits_{D_1}\sqrt{x^2+y^2}\mathrm{d}\sigma+\iint\limits_{D_2}\sqrt{x^2+y^2}\mathrm{d}\sigma$$

$$=\int_0^{\frac{\pi}{3}}\mathrm{d}\theta\int_0^{\sqrt{3}\cos\theta}r\cdot r\mathrm{d}r+\int_{\frac{\pi}{3}}^{\frac{\pi}{2}}\mathrm{d}\theta\int_0^{\sin\theta}r\cdot r\mathrm{d}r$$

$$=\sqrt{3}\int_0^{\frac{\pi}{3}}\cos^3\theta\mathrm{d}\theta+\frac{1}{3}\int_{\frac{\pi}{3}}^{\frac{\pi}{2}}\sin^3\theta\mathrm{d}\theta$$

$$=\sqrt{3}\int_0^{\frac{\pi}{3}}\cos^3\theta\mathrm{d}\theta+\frac{1}{3}\int_{\frac{\pi}{3}}^{\frac{\pi}{2}}\sin^3\theta\mathrm{d}\theta$$

$$=\sqrt{3}\int_0^{\frac{\pi}{3}}(1-\sin^2\theta)\mathrm{d}(\sin\theta)-\frac{1}{3}\int_{\frac{\pi}{3}}^{\frac{\pi}{2}}(1-\cos^2\theta)\mathrm{d}(\cos\theta)$$

$$=\sqrt{3}\left[\sin\theta-\frac{1}{3}\sin^3\theta\right]_0^{\frac{\pi}{3}}-\frac{1}{3}\left[\cos\theta-\frac{1}{3}\cos^3\theta\right]_{\frac{\pi}{3}}^{\frac{\pi}{2}}$$

$$=\sqrt{3}\left(\frac{\sqrt{3}}{2}-\frac{1}{3}\cdot\frac{3\sqrt{3}}{8}\right)+\frac{1}{3}\left(\frac{1}{2}-\frac{1}{3}\cdot\frac{1}{8}\right)=\frac{3}{2}-\frac{3}{8}+\frac{1}{6}-\frac{1}{72}=\frac{23}{18}.$$

17. **解** 记 $D_1:\frac{1}{2}\leqslant|x|+|y|\leqslant 1(x\geqslant 0,y\geqslant 0)$，于是

$$\iint_D \left(|x| + \frac{1}{\sqrt{x^2+y^2}} \right) dxdy = 4\iint_{D_1} \left(x + \frac{1}{\sqrt{x^2+y^2}} \right) dxdy = 4\iint_{D_1} x dxdy + 4\iint_{D_1} \frac{1}{\sqrt{x^2+y^2}} dxdy,$$

因为
$$\iint_{D_1} x dxdy = \int_0^1 dx \int_0^{1-x} x dy - \int_0^{\frac{1}{2}} dx \int_0^{\frac{1}{2}-x} x dy = \frac{7}{48},$$

$$\iint_{D_1} \frac{1}{\sqrt{x^2+y^2}} dxdy = \int_0^{\frac{\pi}{2}} d\theta \int_{\frac{1}{2\sqrt{2}}\csc(\theta+\pi)}^{\frac{1}{\sqrt{2}}\csc(\theta+\pi)} dr = \frac{\sqrt{2}}{2}\ln(1+\sqrt{2}),$$

故
$$\iint_D \left(|x| + \frac{1}{\sqrt{x^2+y^2}} \right) dxdy = 4\times\frac{7}{48} + 4\times\frac{\sqrt{2}}{2}\ln(1+\sqrt{2}) = \frac{7}{12} + 2\sqrt{2}\ln(1+\sqrt{2}).$$

18. **证明** 设 $P_0(x_0,y_0,z_0)$ 是抛物面 $z=x^2+y^2+1$ 上任意一点，那么该点的法向量 $\boldsymbol{n}=(2x,2y,-1)|_{P_0}=(2x_0,2y_0,-1)$，切平面为

$$2x_0(x-x_0)+2y_0(y-y_0)-(z-z_0)=0,$$

即
$$z=2x_0x+2y_0y-x_0^2-y_0^2+1.$$

由 $\begin{cases} z=x^2+y^2 \\ z=2x_0x+2y_0y-x_0^2-y_0^2+1 \end{cases}$，求得切平面与抛物面 $z=x^2+y^2$ 所围成立体在 xOy 面上的投影区域为 $D:(x-x_0)^2+(y-y_0)^2\leqslant 1$，故切平面与抛物面 $z=x^2+y^2$ 所围立体的体积

$$V=\iint_D [(2x_0x+2y_0y-x_0^2-y_0^2+1)-(x^2+y^2)]dxdy = \iint_D [1-(x-x_0)^2-(y-y_0)^2]dxdy$$

$$= \iint_{x^2+y^2\leqslant 1} (1-x^2-y^2)dxdy = \int_0^{2\pi} d\theta \int_0^1 (1-r^2)r dr = 2\pi\left[\frac{1}{2}r^2-\frac{1}{4}r^2\right]_0^1 = \frac{\pi}{2} \text{为定值}.$$

第十章

练习题 10.1

1. $\frac{19}{6}a$； 2. $2a^{\frac{7}{3}}$； 3. $4\sqrt{\frac{11}{3}}\pi$； 4. $\sqrt{14}\pi$； 5. $4a\sqrt{a^2+b^2}$；

6. $\left(\frac{8}{3},\frac{4}{3}\right)$； 7. $-\frac{9}{32}a^2$； 8. $\frac{6}{35}$； 9. $-\frac{\sqrt{a^2+b^2}}{ab}\arctan\frac{2\pi b}{a}$； 10. $-\frac{8}{3}$；

11. $-\frac{10}{3}$； 12. $k\left(1-\frac{1}{\sqrt{5}}\right)$； 13. -2π.

练习题 10.2

1. $\frac{16}{3}R^4$； 2. $\frac{\sqrt{2}}{2}\pi$； 3. $\frac{200}{21}\sqrt{5}-\frac{44}{35}\sqrt{3}$； 4. $\frac{2}{3}$；

5. $\pi a^3\left(\frac{\pi}{4}-\frac{1}{2}\right)$； 6. $\frac{1+\sqrt{2}}{2}\pi$； 7. $\left(0,0,\frac{1293+265\sqrt{5}}{930}\right)$； 8. $\frac{7}{12}$；

9. $-\frac{17}{6}\pi$； 10. $2\pi e(e^2-1)^2$； 11. $\frac{1}{6}\pi$； 12. $-\frac{8}{3}\pi R^3(a+b+c)$.

练习题 10.3

1. $\dfrac{1+3\ln 2}{24}$；　2. $6\pi r^2$；　3. $-\dfrac{4}{3}$；　4. 27π；

5. 当$0<R<2$时，结果为0；当$R>2$时，结果为π.　6. $1-\mathrm{e}^{-\pi}$；

7. 仿例 8 证明，$I=\dfrac{a}{b}-\dfrac{c}{d}$；　8. $-\dfrac{1}{2}\mathrm{e}^x,\dfrac{1}{2}\mathrm{e}$；　9. $u=\dfrac{x}{y}+\arctan\dfrac{y}{x}$；　10. $-\dfrac{2}{7}\sqrt{14}\pi$；

11. $\dfrac{\pi}{2}$；　12. 4；　13. $-\dfrac{12}{5}\pi a^5-\dfrac{1}{4}\pi a^4$；　14. $-\dfrac{\pi}{2}$；

15. $\dfrac{3}{2}\sin 1$；　16. $\dfrac{\pi c^5}{10\sqrt{6}}$；　17. $\dfrac{6\pi abc}{5}$.

综合测试题 10—A

1. **解**　$\dfrac{2}{3}$.

因为$\dfrac{\partial r}{\partial x}=\dfrac{x}{r}$，$\dfrac{\partial^2 r}{\partial x^2}=\dfrac{\partial}{\partial x}\left(\dfrac{x}{r}\right)=\dfrac{1}{r}-\dfrac{x^2}{r^3}$. 同理$\dfrac{\partial^2 r}{\partial y^2}=\dfrac{1}{r}-\dfrac{y^2}{r^3}$，$\dfrac{\partial^2 r}{\partial z^2}=\dfrac{1}{r}-\dfrac{z^2}{r^3}$. 所以

$$\operatorname{div}(\mathbf{grad}r)=\frac{\partial^2 r}{\partial x^2}+\frac{\partial^2 r}{\partial y^2}+\frac{\partial^2 r}{\partial z^2}=\frac{2}{r},\ \operatorname{div}(\mathbf{grad}r)\big|_{(1,-2,2)}=\frac{2}{r}\bigg|_{(1,-2,2)}=\frac{2}{3}.$$

2. **解**　$\pi+\dfrac{2}{3}$.

设L在圆和x轴上的部分分别为L_1,L_2，于是原式$=\displaystyle\int_{L_1}+\int_{L_2}=\int_{L_1}\mathrm{d}s+\int_{-1}^{1}x^2\mathrm{d}x=\pi+\frac{2}{3}$.

3. **解**　$2\pi a^3$.

因为$\displaystyle\oint_\Gamma(x^2+y^2+z^2)\mathrm{d}s=\oint_\Gamma a^2\mathrm{d}s=a^2\oint_\Gamma\mathrm{d}s=2\pi a^3$.

4. **解**　-2.

因为$P=y-\mathrm{e}^x\cos y,Q=\mathrm{e}^x\sin y,\dfrac{\partial Q}{\partial x}=\mathrm{e}^x\sin y,\dfrac{\partial P}{\partial y}=1+\mathrm{e}^x\sin y$，故由格林公式得

$$\oint_L(y-\mathrm{e}^x\cos y)\mathrm{d}x+\mathrm{e}^x\sin y\mathrm{d}y=\iint_D-\mathrm{d}x\mathrm{d}y=-\int_0^\pi\sin x\mathrm{d}x=-2.$$

5. **解**　$-\dfrac{1}{2}$.

由高斯公式，得$\displaystyle\oiint_\Sigma x\mathrm{d}y\mathrm{d}z+y\mathrm{d}z\mathrm{d}x+z\mathrm{d}x\mathrm{d}y=-\iiint_\Omega(1+1+1)\mathrm{d}x\mathrm{d}y\mathrm{d}z=-3\cdot\frac{1}{3}\cdot\frac{1}{2}\cdot1\cdot1\cdot1=-\frac{1}{2}$.

6. **解**　C.

因为$\mathrm{d}s=\sqrt{x_t'^2+y_t'^2+z_t'^2}\mathrm{d}t=\mathrm{e}^{-t}\sqrt{(\sin t+\cos t)^2+(\sin t-\cos t)^2+1}\mathrm{d}t=\sqrt{3}\mathrm{e}^{-t}\mathrm{d}t$，所以

$$s=\int_0^{+\infty}\sqrt{3}\mathrm{e}^{-t}\mathrm{d}t=-\sqrt{3}\mathrm{e}^{-t}\big|_0^{+\infty}=\sqrt{3}.$$

7. **解**　A

$$\iint_\Sigma x\sin z\mathrm{d}S=\iint_{D_{xy}}x\sin\sqrt{a^2-x^2-y^2}\sqrt{1-\frac{x^2+y^2}{a^2-x^2-y^2}}\mathrm{d}x\mathrm{d}y=a\iint_{D_{xy}}\frac{x}{\sqrt{a^2-x^2-y^2}}\sin\sqrt{a^2-x^2-y^2}\mathrm{d}x\mathrm{d}y$$

$$=a\int_0^{2\pi}\cos\theta\mathrm{d}\theta\int_0^a\frac{r^2}{\sqrt{a^2-r^2}}\sin\sqrt{a^2-r^2}\mathrm{d}r=0.$$

8. **解** D.

$$\frac{\partial}{\partial x}\left(-\frac{x+by}{x-y}\right)=-\frac{(x-y)-(x+by)}{(x-y)^2}=\frac{(b+1)y}{(x+y)^2},\qquad \frac{\partial}{\partial y}\left(\frac{ax+y}{x-y}\right)=\frac{(x-y)+(ax+y)}{(x-y)^2}=\frac{(a+1)x}{(x-y)^2},$$

故
$$\frac{\partial}{\partial x}\left(-\frac{x+by}{x-y}\right)=\frac{\partial}{\partial y}\left(\frac{ax+y}{x-y}\right)\Rightarrow\frac{(b+1)y}{(x+y)^2}=\frac{(a+1)x}{(x-y)^2}\Rightarrow a=-1,b=-1.$$

9. **解** C.

因为$\frac{1}{2}\oint_L y\mathrm{d}x-x\mathrm{d}y=\frac{1}{2}\iint\limits_D\left[\frac{\partial}{\partial x}(-x)-\frac{\partial}{\partial x}(y)\right]\mathrm{d}x\mathrm{d}y=\frac{1}{2}\iint\limits_D(-1-1)\mathrm{d}x\mathrm{d}y=-A$.

10. **解** C.

因为Σ关于坐标面yOz,zOx均对称，且函数$f(x,y,z)=z$可以看成是x和y的偶函数.

11. **解** 原式$=\iint\limits_\Sigma\begin{vmatrix}\cos\alpha & \cos\beta & \cos r\\ \frac{\partial}{\partial x} & \frac{\partial}{\partial y} & \frac{\partial}{\partial z}\\ y & z & x\end{vmatrix}\mathrm{d}S=\frac{\sqrt{3}}{3}\iint\limits_\Sigma(-1-1-1)\mathrm{d}S=-\sqrt{3}\iint\limits_\Sigma\mathrm{d}S=-\sqrt{3}\pi a^2$.

12. **解** Σ在xOy面上的投影为$D:x^2+y^2\leqslant 1$，即$D:\begin{cases}0\leqslant\theta\leqslant 2\pi\\ 0\leqslant r\leqslant 1\end{cases}$，而

$$\mathrm{d}S=\sqrt{1+\left(\frac{\partial z}{\partial x}\right)^2+\left(\frac{\partial z}{\partial y}\right)^2}\mathrm{d}\sigma=\sqrt{1+\frac{x^2}{x^2+y^2}+\frac{y^2}{x^2+y^2}}\mathrm{d}\sigma=\sqrt{2}\mathrm{d}\sigma,$$

所以
$$\iint\limits_\Sigma(x^2+y^2+z)\mathrm{d}S=\sqrt{2}\iint\limits_D(x^2+y^2+\sqrt{x^2+y^2})\mathrm{d}\sigma=\sqrt{2}\int_0^{2\pi}\mathrm{d}\theta\int_0^1(r^2+r)\cdot r\mathrm{d}r$$
$$=2\sqrt{2}\pi\left[\frac{1}{4}r^4+\frac{1}{3}r^3\right]_0^1=\frac{7}{6}\sqrt{2}\pi.$$

13. **解** Σ在xOy面上的投影区域$D:0\leqslant r\leqslant R,0\leqslant\theta\leqslant 2\pi$，所以

$$I=-\iint\limits_D x^2\cdot y^2\cdot(-\sqrt{R^2-x^2-y^2})\mathrm{d}x\mathrm{d}y=\iint\limits_D x^2y^2\sqrt{R^2-x^2-y^2}\mathrm{d}x\mathrm{d}y$$
$$=\int_0^{2\pi}\mathrm{d}\theta\int_0^R r^4\cdot\cos^2\theta\sin^2\theta\sqrt{R^2-r^2}\cdot r\mathrm{d}r=\int_0^{2\pi}\frac{\sin^2 2\theta}{4}\mathrm{d}\theta\int_0^R r^5\sqrt{R^2-r^2}\mathrm{d}r=\frac{2}{105}\pi R^7.$$

14. **解** 显然$\bar{x}=\frac{2\pi}{2}=\pi$. 因为

$$s=\int_L\mathrm{d}s=\int_0^{2\pi}\sqrt{(1-\cos t)^2+\sin^2 t}\mathrm{d}t=2\int_0^{2\pi}\sin\frac{t}{2}\mathrm{d}t=-4\cos\frac{t}{2}\Big|_0^{2\pi}=8,$$

所以
$$\bar{y}=\frac{1}{8}\int_L y\mathrm{d}s=\frac{1}{4}\int_0^{2\pi}(1-\cos t)\sin\frac{t}{2}\mathrm{d}t=\frac{1}{2}\int_0^{2\pi}\sin^3\frac{t}{2}\mathrm{d}t=\int_0^{2\pi}\left(\cos^2\frac{t}{2}-1\right)\mathrm{d}\cos\frac{t}{2}$$
$$=\left[\frac{1}{3}\cos^3\frac{t}{2}-\cos\frac{t}{2}\right]_0^{2\pi}=\frac{4}{3},$$

故均匀摆线弧段L的重心的坐标为$\left(\pi,\frac{4}{3}\right)$.

15. **解**　因为 $P=\dfrac{y}{x^2+y^2}$，$Q=-\dfrac{x}{x^2+y^2}$，所以

$$\frac{\partial P}{\partial y}=\frac{(x^2+y^2)-y\cdot 2y}{(x^2+y^2)^2}=\frac{x^2-y^2}{(x^2+y^2)^2}=\frac{\partial Q}{\partial x},$$

取 $l:x=\dfrac{1}{2}\cos\theta, y=\dfrac{1}{2}\sin\theta$ 为正向圆周，l^- 表示与 l 方向相反的曲线，则

$$\oint_{L+l^-}\frac{y\mathrm{d}x-x\mathrm{d}y}{x^2+y^2}=0\Rightarrow\oint_L\frac{y\mathrm{d}x-x\mathrm{d}y}{x^2+y^2}+\oint_{l^-}\frac{y\mathrm{d}x-x\mathrm{d}y}{x^2+y^2}=0\Rightarrow\oint_L\frac{y\mathrm{d}x-x\mathrm{d}y}{x^2+y^2}=\oint_l\frac{y\mathrm{d}x-x\mathrm{d}y}{x^2+y^2}$$

$$\Rightarrow\oint_L\frac{y\mathrm{d}x-x\mathrm{d}y}{x^2+y^2}=\int_0^{2\pi}\frac{\frac{1}{2}\sin\theta\cdot\left(-\frac{1}{2}\sin\theta\right)-\frac{1}{2}\cos\theta\cdot\frac{1}{2}\cos\theta}{\left(\frac{1}{2}\right)^2}\mathrm{d}\theta=-\int_0^{2\pi}\mathrm{d}\theta=-2\pi.$$

16. **解**　$I=\dfrac{1}{R^3}\displaystyle\iint_{\Sigma}x\mathrm{d}y\mathrm{d}z+y\mathrm{d}z\mathrm{d}x+(z+3)\mathrm{d}x\mathrm{d}y$

$$=\frac{1}{R^3}\iint_{\Sigma+\Sigma_1}x\mathrm{d}y\mathrm{d}z+y\mathrm{d}z\mathrm{d}x+(z+3)\mathrm{d}x\mathrm{d}y-\frac{1}{R^3}\iint_{\Sigma_1}x\mathrm{d}y\mathrm{d}z+y\mathrm{d}z\mathrm{d}x+(z+3)\mathrm{d}x\mathrm{d}y$$

$$=\frac{1}{R^3}\iiint_{\Omega}(1+1+1)\mathrm{d}x\mathrm{d}y\mathrm{d}z+\frac{1}{R^3}\iint_{D_{xy}}3\mathrm{d}x\mathrm{d}y=\frac{3}{R^3}\cdot\frac{2\pi R^3}{3}+\frac{1}{R^3}\cdot 2\pi R^2=2\pi+\frac{3\pi}{R}.$$

17. **解**

$$\cos\alpha=\frac{1}{\sqrt{3}},\cos\beta=-\frac{1}{\sqrt{3}},\cos\gamma=\frac{1}{\sqrt{3}}$$

$$\Rightarrow \mathrm{d}y\mathrm{d}z=\cos\alpha\mathrm{d}S=\frac{1}{\sqrt{3}}\mathrm{d}S,\mathrm{d}z\mathrm{d}x=-\frac{1}{\sqrt{3}}\mathrm{d}S,\mathrm{d}x\mathrm{d}y=\frac{1}{\sqrt{3}}\mathrm{d}S$$

其中 $\mathrm{d}S$ 为曲面 Σ 上的面积元素. 故

$$\text{原式}=\frac{1}{\sqrt{3}}\iint_{\Sigma}\{[f(x,y,z)+x]-[2f(x,y,z)+y]+[f(x,y,z)+z]\}\mathrm{d}S$$

$$=\frac{1}{\sqrt{3}}\iint_{\Sigma}\mathrm{d}S=\frac{1}{\sqrt{3}}\iint_{D_{xy}}\sqrt{3}\mathrm{d}x\mathrm{d}y=\frac{1}{2}.$$

18. **解**　由 I_1 与路径无关得

$$\frac{\partial P}{\partial x}=\frac{\partial}{\partial y}(3xy^2+x^3)=6xy\Rightarrow P(x,y)=\int 6xy\mathrm{d}x+\varphi(y)=3x^2y+\varphi(y)\Rightarrow\frac{\partial P}{\partial y}=3x^2+\varphi'(y)$$

由 I_2 与路径无关得

$$\frac{\partial P}{\partial y}=\frac{\partial}{\partial x}(3xy^2+x^3)=3y^2+3x^2\Rightarrow 3x^2+\varphi'(y)=3y^2+3x^2\Rightarrow\varphi(y)=y^3+C,$$

所以

$$P(x,y)=3x^2y+y^3+C.$$

又由 $P(0,1)=1$ 得 $C=0$，故 $P(x,y)=3x^2y+y^3$.

综合测试题 2—B

1. **解** 4.

因为$\int_L xy\mathrm{d}s=\int_0^{\frac{\pi}{2}}2\cos t\cdot 2\sin t\sqrt{(-2\sin t)^2+(2\cos t)^2}\mathrm{d}t=8\int_0^{\frac{\pi}{2}}\cos t\sin t\mathrm{d}t=4\sin^2 t\big|_0^{\frac{\pi}{2}}=4$.

2. **解** $\dfrac{4}{5}$.

因为$\int_L xy\mathrm{d}x=\int_L xy\mathrm{d}x=\int_{-1}^{1}y^2\cdot y\cdot 2y\mathrm{d}y=2\int_{-1}^{1}y^4\mathrm{d}y=\dfrac{2}{5}y^5\Big|_{-1}^{1}=\dfrac{4}{5}$.

3. **解** 0.

因为$P=\mathrm{e}^x\sin y+x$，$Q=\mathrm{e}^x\cos y-\sin y$，$\dfrac{\partial Q}{\partial x}=\mathrm{e}^x\cos y=\dfrac{\partial P}{\partial y}$，故曲线积分与路径无关. 取$L_1:y=0,x$由$R$到$-R$，则$\int_L=\int_{L_1}=\int_R^{-R}x\mathrm{d}x=0$.

4. **解** $-\oiint\limits_{\Sigma}\dfrac{\mathrm{d}S}{\sqrt{x^2+y^2+z^2}}$.

令$F(x,y,z)=x^2+y^2+z^2-R^2$，则Σ的法向量$\boldsymbol{n}=-(F_x,F_y,F_z)=-2(x,y,z)$，其方向余弦

$$\cos\alpha=-\frac{x}{\sqrt{x^2+y^2+z^2}},\quad \cos\beta=-\frac{y}{\sqrt{x^2+y^2+z^2}},\quad \cos\gamma=-\frac{z}{\sqrt{x^2+y^2+z^2}}$$

于是
$$x\mathrm{d}y\mathrm{d}z=x\mathrm{d}S\cos\alpha=-\frac{x^2\mathrm{d}S}{\sqrt{x^2+y^2+z^2}},\ y\mathrm{d}z\mathrm{d}x=-\frac{y^2\mathrm{d}S}{\sqrt{x^2+y^2+z^2}},\ z\mathrm{d}x\mathrm{d}y=-\frac{z^2\mathrm{d}S}{\sqrt{x^2+y^2+z^2}},$$

故
$$\oiint\limits_{\Sigma}\frac{x\mathrm{d}y\mathrm{d}z+y\mathrm{d}z\mathrm{d}x+z\mathrm{d}x\mathrm{d}y}{x^2+y^2+z^2}=-\oiint\limits_{\Sigma}\frac{x^2+y^2+z^2}{\sqrt{(x^2+y^2+z^2)^3}}\mathrm{d}S=-\oiint\limits_{\Sigma}\frac{\mathrm{d}S}{\sqrt{x^2+y^2+z^2}}.$$

5. **解** $2a^3$.

设$\Omega:0\leqslant x,y,z\leqslant a$，原式$=\iiint\limits_{\Omega}(1+1)\mathrm{d}x\mathrm{d}y\mathrm{d}z=2V_{\Omega}=2a^3$.

6. **解** C.

因为$\int_{\overline{BC}}(|x|+|y|)\mathrm{d}s=\int_{\overline{BC}}(y-x)\mathrm{d}s=\int_{-1}^{0}\sqrt{2}\mathrm{d}x=\sqrt{2}$.

7. **解** B.

因为$\int_L f(x,y)\mathrm{d}y=\int_{y_M}^{y_N}1\cdot\mathrm{d}y=y_N-y_M<0$.

8. **解** A.

令$\Sigma_1:z=0(x^2+y^2\leqslant 1)$下侧，于是

$\iint\limits_{\Sigma}x\mathrm{d}y\mathrm{d}z+2y\mathrm{d}z\mathrm{d}x-2z\mathrm{d}x\mathrm{d}y=\oiint\limits_{\Sigma+\Sigma_1}-\iint\limits_{\Sigma_1}=\iiint\limits_{\Omega}(1+2-2)\mathrm{d}x\mathrm{d}y\mathrm{d}z-0=\dfrac{2\pi}{3}$，故选 A.

9. **解** C.

因为在Σ上，$x\geqslant 0,y\geqslant 0,z\geqslant 0$，所以

$$\iint\limits_{\Sigma}(|x|+|y|+|z|)\mathrm{d}S=\iint\limits_{\Sigma}(x+y+z)\mathrm{d}S=\iint\limits_{\Sigma}\mathrm{d}S=S_{\Sigma},$$

又平面的法向量$\boldsymbol{n}^{\circ}=(\cos\alpha,\cos\beta,\cos\gamma)=\left(\dfrac{1}{\sqrt{3}},\dfrac{1}{\sqrt{3}},\dfrac{1}{\sqrt{3}}\right)$，而$S_{\Sigma}\cos\gamma=\dfrac{1}{2}\cdot 1\cdot 1=\dfrac{1}{2}$，故

$$S_{\Sigma}\cos\gamma=\frac{1}{2}\cdot 1\cdot 1=\frac{1}{2},$$

即 $\frac{1}{\sqrt{3}}S_{\Sigma}=\frac{1}{2}, S_{\Sigma}=\frac{\sqrt{3}}{2}$.

10. **解** A.

因为
$$\Phi=\oint\!\!\!\oint_{\Sigma}\boldsymbol{v}\cdot d\boldsymbol{S}=\oint\!\!\!\oint_{\Sigma}x^2zdydz+x^2ydzdx-xz^2dxdy=\iiint_{\Omega}(2xz+x^2-2xz)dxdydz$$
$$=\iiint_{\Omega}x^2dxdydz=\int_0^a x^2dx\int_0^b dy\int_0^c dz=\frac{1}{3}a^3bc.$$

11. **解** 圆周的极坐标方程为 $r=a\cos\theta,-\frac{\pi}{2}\leqslant\theta\leqslant\frac{\pi}{2}$，于是

$$y=r\sin\theta=a\sin\theta\cos\theta，\ ds=\sqrt{r^2+r'^2}d\theta=\sqrt{(a\cos\theta)^2+(-a\sin\theta)^2}d\theta=ad\theta.$$

所以
$$\oint_L|y|ds=\int_{-\frac{\pi}{2}}^{\frac{\pi}{2}}|a\sin\theta\cos\theta|\cdot ad\theta=2a^2\int_0^{\frac{\pi}{2}}\sin\theta\cos\theta d\theta=a^2\sin^2\theta\Big|_0^{\frac{\pi}{2}}=a^2.$$

12. **解** Σ 在 xOy 面上的投影为 $D:x^2+y^2\leqslant R^2$，即 $D:\begin{cases}0\leqslant\theta\leqslant 2\pi\\0\leqslant r\leqslant R\end{cases}$，而

$$dS=\sqrt{1+\left(\frac{\partial z}{\partial x}\right)^2+\left(\frac{\partial z}{\partial y}\right)^2}d\sigma=\sqrt{1+\frac{x^2}{R^2-x^2-y^2}+\frac{y^2}{R^2-x^2-y^2}}d\sigma=\frac{R}{\sqrt{R^2-x^2-y^2}}d\sigma,$$

所以
$$\iint_{\Sigma}zdS=\iint_{D}\sqrt{R^2-x^2-y^2}\cdot\frac{R}{\sqrt{R^2-x^2-y^2}}d\sigma=R\iint_{D}d\sigma=R\cdot\pi R^2=\pi R^3.$$

13. **解** 曲线的参数方程为 $\Gamma:\begin{cases}x=a\cos t\\y=b\sin t\\z=0\end{cases},t:0\sim 2\pi$，于是 $\begin{cases}dx=-a\sin tdt\\dy=b\cos tdt\\dz=0\end{cases}$. 所以

$$原式=\int_0^{2\pi}a^2\cos^2t\cdot b\sin t\cdot(-a\sin t)dt+0+0=-a^3b\int_0^{2\pi}\sin^2t\cos^2tdt=-\frac{1}{4}a^3b\int_0^{2\pi}\sin^2 2tdt$$
$$=-\frac{1}{8}a^3b\int_0^{2\pi}(1-\cos 4t)dt=-\frac{1}{8}a^3b\left[t-\frac{1}{4}\sin 4t\right]_0^{2\pi}=-\frac{1}{4}\pi a^3b.$$

14. **解** 依题设，变力 $\boldsymbol{F}=-y\boldsymbol{i}+x\boldsymbol{j}$，半圆的方程为

$$L:\begin{cases}x=\sqrt{2}\cos t\\y=\sqrt{2}\sin t\end{cases}\left(-\frac{3\pi}{4}\leqslant t\leqslant\frac{\pi}{4}\right),$$

所以变力所做的功

$$W=\int_L\boldsymbol{F}\cdot ds=\int_L-ydx+xdy=\int_{-\frac{3\pi}{4}}^{\frac{\pi}{4}}[-2\sin t\cdot(-\sin t)+2\cos t\cdot 2\cos t]dt=4\int_{-\frac{3\pi}{4}}^{\frac{\pi}{4}}dt=4\pi.$$

15. **解** $P=\frac{x-y}{x^2+y^2},Q=\frac{x+y}{x^2+y^2}$，当 $(x,y)\neq(0,0)$ 时，$\frac{\partial Q}{\partial x}=\frac{y^2-x^2-2xy}{(x^2+y^2)^2}=\frac{\partial P}{\partial y}$ 恒成立，故曲线积分与路径无关.

取 $l:x=\pi\cos\theta,y=\pi\sin\theta,\theta$ 由 $\pi\sim 0$，则

$$\int_L=\int_l=\int_\pi^0\frac{\pi^2[(\cos\theta-\sin\theta)(-\sin\theta)+(\cos\theta+\sin\theta)\cos\theta]}{\pi^2}\mathrm{d}\theta=-\pi.$$

16. **解** 设 Σ_1 为 $z=a(x^2+y^2\leqslant a^2)$ 的下侧，因为 $\frac{\partial}{\partial x}(x-2y)+\frac{\partial}{\partial z}(2y-z)=1-1=0$，所以该曲面积分与曲面无关. 故

$$\iint_\Sigma(x-2y)\mathrm{d}y\mathrm{d}z+(2y-z)\mathrm{d}x\mathrm{d}y=\iint_{\Sigma_1}(x-2y)\mathrm{d}y\mathrm{d}z+(2y-z)\mathrm{d}x\mathrm{d}y=0-\iint_{x^2+y^2\leqslant a^2}(2y-a)\mathrm{d}x\mathrm{d}y$$

$$=-2\int_0^{2\pi}\sin\theta\mathrm{d}\theta\int_0^a r^2\mathrm{d}r+a\cdot\pi a^2=\pi a^3.$$

17. **解** 设 Σ_1 为 $z=0(x^2+y^2\leqslant a^2)$ 的下侧，Σ_2 为 $z=h(x^2+y^2\leqslant a^2)$ 的上侧，Ω 为 Σ,Σ_1,Σ_2 围成的立体，则

$$\oiint_{\Sigma+\Sigma_1+\Sigma_2}x\mathrm{d}y\mathrm{d}z+y\mathrm{d}z\mathrm{d}x+z\mathrm{d}x\mathrm{d}y=\iiint_\Omega(1+1+1)\mathrm{d}x\mathrm{d}y\mathrm{d}z=3\pi a^2h,$$

$$\iint_{\Sigma_1}x\mathrm{d}y\mathrm{d}z+y\mathrm{d}z\mathrm{d}x+z\mathrm{d}x\mathrm{d}y=0+0-\iint_{x^2+y^2\leqslant a^2}0\cdot\mathrm{d}x\mathrm{d}y=0,$$

$$\iint_{\Sigma_2}x\mathrm{d}y\mathrm{d}z+y\mathrm{d}z\mathrm{d}x+z\mathrm{d}x\mathrm{d}y=0+0+\iint_{x^2+y^2\leqslant a^2}h\mathrm{d}x\mathrm{d}y=\pi a^2h,$$

所以

$$\iint_\Sigma x\mathrm{d}y\mathrm{d}z+y\mathrm{d}z\mathrm{d}x+z\mathrm{d}x\mathrm{d}y=\oiint_{\Sigma+\Sigma_1+\Sigma_2}-\iint_{\Sigma_1}-\iint_{\Sigma_2}=3\pi a^2h-\pi a^2h=2\pi a^2h.$$

18. **解** 因为 $P=\frac{(x-y)}{(x^2+y^2)^n}$，$Q=\frac{(x+y)}{(x^2+y^2)^n}$，所以

$$\frac{\partial Q}{\partial x}=\frac{1}{(x^2+y^2)^n}-\frac{2nx(x+y)}{(x^2+y^2)^{n+1}},\quad \frac{\partial P}{\partial y}=-\frac{1}{(x^2+y^2)^n}-\frac{2ny(x-y)}{(x^2+y^2)^{n+1}}.$$

由

$$\frac{\partial Q}{\partial x}=\frac{\partial P}{\partial y}\Rightarrow\frac{1}{(x^2+y^2)^n}-\frac{2nx(x+y)}{(x^2+y^2)^{n+1}}=-\frac{1}{(x^2+y^2)^n}-\frac{2ny(x-y)}{(x^2+y^2)^{n+1}},$$

$$x^2+y^2-2nx(x+y)=-x^2-y^2-2ny(x-y)\Rightarrow n=1,\mathrm{d}u=\frac{(x-y)\mathrm{d}x+(x+y)\mathrm{d}y}{x^2+y^2}.$$

于是

$$u_1(x,y)=\int_{(1,0)}^{(x,y)}\frac{(x-y)\mathrm{d}x+(x+y)\mathrm{d}y}{x^2+y^2}$$

$$=\int_{(1,0)}^{(x,0)}\frac{(x-y)\mathrm{d}x+(x+y)\mathrm{d}y}{x^2+y^2}+\int_{(x,0)}^{(x,y)}\frac{(x-y)\mathrm{d}x+(x+y)\mathrm{d}y}{x^2+y^2}$$

$$=\int_1^x\frac{x\mathrm{d}x}{x^2}+\int_0^y\frac{(x+y)\mathrm{d}y}{x^2+y^2}=\ln x\big|_1^x+\frac{1}{2}\ln(x^2+y^2)\big|_0^y=\frac{1}{2}\ln(x^2+y^2)$$

于是

$$u(x,y)=\frac{1}{2}\ln(x^2+y^2)+C$$

所以

$$I=\int_{(1,0)}^{(2,2)}\frac{(x-y)\mathrm{d}x+(x+y)\mathrm{d}y}{(x^2+y^2)^n}=\int_{(1,0)}^{(2,2)}\frac{(x-y)\mathrm{d}x+(x+y)\mathrm{d}y}{x^2+y^2}=\frac{1}{2}\ln(x^2+y^2)\big|_{(1,0)}^{(2,2)}=\frac{3}{2}\ln 2$$

第十一章

练习题 11.1

1. 1.

2.（i）收敛；（ii）发散；（iii）$p>1$时收敛，$p\leqslant 1$时发散；（iv）$0<a<1$时收敛，$a>1$时发散，$a=1$时，若$k>1$收敛，若$k\leqslant 1$发散；（v）收敛；（vi）收敛；（vii）$0<a\leqslant 1$时发散，$a>1$时收敛.

3.（i）发散；（ii）绝对收敛；（iii）条件收敛；（iv）$|a|<1$时绝对收敛，$|a|>1$时发散，$a=1$时发散，$a=-1$时条件收敛.

4. 提示：仿例 10 证明.

5. 提示：分$a>b$和$a<b$两种情形讨论，用比较审敛法的极限形式判断.

6. 提示：由$\sum\limits_{n=1}^{\infty}\dfrac{1}{n^2},\sum\limits_{n=1}^{\infty}a_n^2$收敛，得出$\sum\limits_{n=1}^{\infty}\dfrac{|a_n|}{n}$收敛，从而得出原级数绝对收敛.

练习题 11.2

1. 在$x=\dfrac{1}{2}$处发散，$x=\dfrac{1}{3}$处收敛.

2.（i）$R=\dfrac{1}{3}$，收敛域$\left(-\dfrac{1}{3},\dfrac{1}{3}\right)$；（ii）$R=+\infty$，收敛域$(-\infty,+\infty)$.

3.（i）$[4,6)$；（ii）$(-2,2)$.

4. $(0,+\infty)$.

5. $f^{(2k)}(0)=0,f^{(2k+1)}(0)=(-1)^{k+1}(2k)!,k=0,1,2,\cdots$

6.（i）$\dfrac{x^2}{(1-x^2)^2},|x|<1$；（ii）$\ln 2-\ln(3-x),-1\leqslant x<3$；（iii）$\sin x^2+\cos x^2,-\infty<x<+\infty$.

7. 提示：$s(x)=\sum\limits_{n=2}^{\infty}\dfrac{x^n}{(n^2-1)},|x|<1$，$s\left(\dfrac{1}{2}\right)=\dfrac{5}{8}-\dfrac{3}{4}\ln 2$.

8.（i）$\sum\limits_{n=1}^{\infty}(-1)^{n-1}\dfrac{2^{2n-1}}{(2n)!}x^{2n},-\infty<x<+\infty$；（ii）$\sum\limits_{n=1}^{\infty}\dfrac{(-1)^{n+1}-2^n}{n}x^n,-\dfrac{1}{2}\leqslant x<\dfrac{1}{2}$

9.（i）$10\sum\limits_{n=0}^{\infty}(-1)^{n-1}\dfrac{\ln^n 10}{n!}(x-1)^n,-\infty<x<+\infty$；

（ii）$\sum\limits_{n=0}^{\infty}\left(\dfrac{1}{2^{n+1}}-\dfrac{1}{3^{n+1}}\right)(x+4)^n,-6<x<-2$.

10. 提示：对$\arctan x$求导后展开. $f(x)=1+\sum\limits_{n=1}^{\infty}(-1)^n\dfrac{2}{1-4n^2}x^{2n},-\infty<x<+\infty$，$\sum\limits_{n=1}^{\infty}\dfrac{(-1)^n}{1-4n^2}=\dfrac{\pi}{4}-\dfrac{1}{2}$.

练习题 11.3

1. 提示：参考例 1；

2. $\dfrac{3}{4}$.

3. $f(x)=\dfrac{4}{3}\pi+3\sum\limits_{n=1}^{\infty}\left[-\dfrac{2}{(2n-1)^2\pi}\cos(2n-1)x+(-1)^{n-1}\dfrac{1}{n}\sin nx\right],x\neq\pm\pi,\pm 3\pi,\cdots$.

4. $f(x)=\dfrac{18\sqrt{3}}{\pi}\sum\limits_{n=1}^{\infty}(-1)^{n-1}\dfrac{n}{9n^2-1}\sin nx,-\pi<x<\pi$；当$x=\pm\pi$时，级数收敛于0.

5. $f(x)=-\frac{1}{2}+6\sum_{n=1}^{\infty}\left[\frac{2}{(2n-1)^2\pi^2}\cos\frac{2n-1}{3}\pi x+(-1)^{n+1}\frac{1}{n\pi}\sin\frac{n}{3}\pi x\right]$，$x\neq\pm3,\pm9,\pm15,\cdots$.

6. 正弦级数：

$$f(x)=\frac{2}{3\pi}\sum_{n=1}^{\infty}\left[-\frac{3}{n}\cos\frac{2n}{3}\pi+\frac{6}{n^2\pi}\sin\frac{2n}{3}\pi+(-1)^{n+1}\frac{3}{n}\right]\sin\frac{n}{3}\pi x,\quad x\in[0,2)\cup(2,3),$$

当 $x=2$ 时，级数收敛于 $\frac{9}{2}$；

余弦级数：

$$f(x)=1+\frac{2}{\pi}\sum_{n=1}^{\infty}\left[\frac{1}{n}\sin\frac{2n}{3}\pi+\frac{2}{n^2\pi}\cos\frac{2n}{3}\pi-\frac{3}{n^2\pi}\right]\cos\frac{n}{3}\pi x,\quad x\in[0,2)\cup(2,3),$$

当 $x=2$ 时，级数收敛于 $\frac{3}{2}$.

7. 提示：令 $z=x-\frac{\pi}{2}$； $f(x)=\frac{4}{\pi}\sum_{n=1}^{\infty}\frac{1}{(2n-1)^2}\cos(2n-1)\left(x-\frac{\pi}{2}\right),-\frac{\pi}{2}\leqslant x\leqslant\frac{3\pi}{2}$.

8. $f(x)=\frac{2}{3}\pi^2+4\sum_{n=1}^{\infty}(-1)^{n-1}\frac{1}{n^2}\cos nx,-\pi\leqslant x<\pi$； $\sum_{n=1}^{\infty}(-1)^{n-1}\frac{1}{n^2}=\frac{\pi^2}{12}$.

9. 傅里叶级数： $f(x)=\frac{4}{3}\pi^2+4\sum_{n=1}^{\infty}\left(\frac{1}{n^2}\cos nx-\frac{\pi}{n}\sin nx\right),0<x<2\pi$，

当 $x=0,2\pi$ 时，级数收敛于 $2\pi^2$；

正弦级数： $f(x)=8\pi\sum_{n=1}^{\infty}(-1)^{n+1}\frac{1}{n}\sin\frac{n}{2}x-\frac{32}{\pi}\sum_{n=1}^{\infty}\frac{1}{(2n-1)^3}\sin\frac{2n-1}{2}x,0\leqslant x<2\pi$，

当 $x=2\pi$ 时，级数收敛于 0；

余弦级数： $f(x)=\frac{4}{3}\pi^2+16\sum_{n=1}^{\infty}(-1)^2\frac{1}{n^2}\cos\frac{n}{2}x,0\leqslant x\leqslant 2\pi$.

10. 提示：将函数 $\frac{1}{4}x^2-\frac{\pi}{2}x$ 在 $[0,\pi]$ 上展开成余弦级数.

综合测试题 11—A

1. **解** $\frac{3}{4}$.

因为
$$\begin{aligned}2\sigma_n&=2\sum_{k=1}^{n}\frac{1}{k(k+2)}=\sum_{k=1}^{n}\left(\frac{1}{k}-\frac{1}{k+2}\right)\\&=\left(\frac{1}{1}-\frac{1}{3}\right)+\left(\frac{1}{2}-\frac{1}{4}\right)+\left(\frac{1}{3}-\frac{1}{5}\right)+\cdots+\left(\frac{1}{n-2}-\frac{1}{n}\right)+\left(\frac{1}{n-1}-\frac{1}{n+1}\right)+\left(\frac{1}{n}-\frac{1}{n+2}\right)\\&=\frac{1}{1}+\frac{1}{2}-\frac{1}{n+1}-\frac{1}{n+2}=\frac{3}{2}-\frac{1}{n+1}-\frac{1}{n+2}\to\frac{3}{2}(n\to\infty).\end{aligned}$$

2. **解** $\sqrt{R}$.

因为级数 $\sum_{n=0}^{\infty}a_nx^n$ 的收敛半径为 R，所以级数 $\sum_{n=0}^{\infty}a_nx^{2n}$ 和 $\sum_{n=0}^{\infty}a_{n+1}x^{2n}$ 的收敛半径均为 $\sqrt{R}$，于是 $\sum_{n=0}^{\infty}(a_n+a_{n+1})x^{2n}$ 的收敛半径为 $\sqrt{R}$.

3. **解** $[0,2]$.

幂级数 $\sum_{n=0}^{\infty}a_n(x-1)^{2n}$ 在 $x=2$ 处条件收敛，则 $\sum_{n=0}^{\infty}a_n$ 条件收敛. 于是

$$y(0)=\sum_{n=0}^{\infty}a_n(-1)^{2n}=\sum_{n=0}^{\infty}a_n \Rightarrow x=0\text{时级数收敛.}$$

4. **解**　$(0,1]$.

因为当且仅当 $p\in(0,1]$ 时，级数 $\sum_{n=0}^{\infty}\frac{(-1)^n}{n^p}$ 收敛且 $\sum_{n=0}^{\infty}\left|\frac{(-1)^n}{n^p}\right|=\sum_{n=0}^{\infty}\frac{1}{n^p}$ 发散.

5. **解**　1.

因为 $x=0$ 是函数 $y=f(x)$ 的间断点，故 $f(x)$ 在 $x=0$ 处的傅里叶级数收敛于 $\frac{1}{2}[f(0^+)+f(0^-)]=\frac{1}{2}(2+0)=1$. 而 $x=2$ 与 $x=0$ 具有相同的敛散性，所以 $f(x)$ 在 $x=2$ 处的傅里叶级数也收敛于1.

6. **解**　D.

当 $p>3$ 时，级数 $\sum_{n=1}^{\infty}\frac{1}{n^{3-p}}$ 发散，故排除 A, B. 又当 $0<p\leqslant1$ 时，级数 $\sum_{n=1}^{\infty}\frac{(-1)^n}{n^p}$ 条件收敛，故排除 C.

7. **解**　D.

选项 A,B 要正项级数才成立，选项 C 中等号可能成立.

8. **解**　D.

因为 $\sum_{n=1}^{\infty}a_n^2,\sum_{n=1}^{\infty}b_n^2$ 均收敛，所以 $\sum_{n=1}^{\infty}a_n^2+\sum_{n=1}^{\infty}b_n^2=\sum_{n=1}^{\infty}(a_n^2+b_n^2)$ 收敛. 又因为 $|a_nb_n|\leqslant\frac{1}{2}(a_n^2+b_n^2)$，所以 $\sum_{n=1}^{\infty}|a_nb_n|$ 收敛.

9. **解**　C.

因为 $a_n+(-1)^{n-1}a_n=\begin{cases}0, & n=2k\\ 2a_{2k-1}, & n=2k-1\end{cases}$，所以

$$\sum_{n=1}^{\infty}a_n+\sum_{n=1}^{\infty}(-1)^n a_n=2\sum_{n=1}^{\infty}a_{2n-1},$$

则
$$\sum_{n=1}^{\infty}a_n=2\sum_{n=1}^{\infty}a_{2n-1}-\sum_{n=1}^{\infty}(-1)^n a_n=2\cdot5-2=8.$$

10. **解**　D.

因为 $\sum_{n=1}^{\infty}a_n$ 收敛，所以 $\sum_{n=2}^{\infty}a_n$ 收敛，于是 $\sum_{n=1}^{\infty}(a_n+a_{n+1})=a_1+2\sum_{n=2}^{\infty}a_n$ 收敛.

11. **解**　$u_n=\frac{\ln n}{n}$，令 $f(x)=\frac{\ln x}{x}$，则

$$f'(x)=\frac{1-\ln x}{x^2}\leqslant0\quad(x>\mathrm{e}),$$

于是当 $n\geqslant3$ 时，$u_{n+1}<u_n$.

又因为
$$\lim_{x\to\infty}f(x)=\lim_{x\to\infty}\frac{\ln x}{x}=\lim_{x\to\infty}\frac{1}{x}=0,$$

故 $\lim\limits_{n\to\infty}u_n=\lim\limits_{n\to\infty}\dfrac{\ln n}{n}=0$．因此根据莱布尼兹定理，级数 $\sum\limits_{n=1}^{\infty}(-1)^n\dfrac{\ln n}{n}$ 收敛.

而 $u_n=\dfrac{\ln n}{n}>\dfrac{1}{n}$，且 $\sum\limits_{n=1}^{\infty}\dfrac{1}{n}$ 发散，$\sum\limits_{n=1}^{\infty}\dfrac{\ln n}{n}$ 发散. 因此级数 $\sum\limits_{n=1}^{\infty}(-1)^n\dfrac{\ln n}{n}$ 条件收敛.

12. **解** $f(x)=\dfrac{1}{(x-2)(x+1)}=\dfrac{1}{3}\left(\dfrac{1}{x-2}-\dfrac{1}{x+1}\right)=\dfrac{1}{3}\left[-\dfrac{1}{1-(x-1)}-\dfrac{1}{2+(x-1)}\right]$

$$=-\frac{1}{3}\left[\frac{1}{1-(x-1)}+\frac{1}{2}\cdot\frac{1}{1+\frac{x-1}{2}}\right]=-\frac{1}{3}\left[\sum_{n=0}^{\infty}(x-1)^n+\sum_{n=0}^{\infty}(-1)^n\frac{(x-1)^n}{2^{n+1}}\right]$$

$$=-\frac{1}{3}\sum_{n=0}^{\infty}\left[1+\frac{(-1)^n}{2^{n+1}}\right](x-1)^n,0<x<2\ .$$

13. **解**
$$\lim_{n\to\infty}\left|\frac{u_{n+1}(x)}{u_n(x)}\right|=\lim_{n\to\infty}\left|\frac{x^{2n+3}}{3^{n+1}(2n+3)}\cdot\frac{3^n(2n+1)}{x^{2n+1}}\right|=\frac{1}{3}x^2<1\ ,$$

故 $|x|<\sqrt{3}$．当 $x=\pm\sqrt{3}$ 时，级数 $\sum\limits_{n=1}^{\infty}(-1)^n\dfrac{\sqrt{3}}{2n+1}$，故收敛域为 $[-\sqrt{3},\sqrt{3}]$.

14. **解**
$$\text{因为}\lim_{n\to\infty}\frac{u_{n+1}}{u_n}=\lim_{n\to\infty}\frac{e^{n+1}(n+1)!}{(n+1)^{n+1}}\cdot\frac{n^n}{e^n n!}=\lim_{n\to\infty}\frac{e}{\left(1+\frac{1}{n}\right)^n}=\frac{e}{e}=1\ ,$$

故比值审敛法失效.

由于 $x_n=\left(1+\dfrac{1}{n}\right)^n$ 为单调增加且有界的数列，即

$$x_n<x_{n+1},\quad x_n<e\ (n=1,2,\cdots)\ ,$$

所以
$$\frac{u_{n+1}}{u_n}=\frac{e}{\left(1+\frac{1}{n}\right)^n}>\frac{e}{e}=1\ ,$$

即 $u_{n+1}>u_n$，从而 $\lim\limits_{n\to\infty}u_n\neq 0$，故级数 $\sum\limits_{n=0}^{\infty}\dfrac{e^n n!}{n^n}$ 发散.

15. **解** 令 $f(x)=e^{-\sqrt{x}}$，则 $f'(x)=-\dfrac{1}{2\sqrt{x}}e^{-\sqrt{x}}<0$，所以 $f(x)=e^{-\sqrt{x}}$ 在 $(0,+\infty)$ 上单调减少，故

$$0<u_n=\int_n^{n+1}e^{-\sqrt{x}}dx\leqslant\int_n^{n+1}e^{-\sqrt{n}}dx=e^{-\sqrt{n}}\ .$$

因为
$$\lim_{n\to\infty}n^{\frac{3}{2}}e^{-\sqrt{n}}=\lim_{n\to\infty}\frac{n^{\frac{3}{2}}}{e^{\sqrt{n}}}=\lim_{x\to+\infty}\frac{x^{\frac{3}{2}}}{e^{\sqrt{x}}}=\lim_{x\to+\infty}\frac{\frac{3}{2}\sqrt{x}}{\frac{1}{2\sqrt{x}}e^{\sqrt{x}}}=3\lim_{x\to+\infty}\frac{x}{e^{\sqrt{x}}}=0\ ,$$

且级数 $\sum\limits_{n=1}^{\infty}\dfrac{1}{n^{\frac{3}{2}}}$ 收敛，故由比较审敛法知级数 $\sum\limits_{n=1}^{\infty}\int_0^{\frac{1}{n}}\dfrac{\sqrt{x}}{1+x^2}dx$ 收敛.

16. **解** 因为 $\lim\limits_{n\to\infty}\dfrac{(n+1)2^n}{(n+2)2^{n+1}}=\dfrac{1}{2}\lim\limits_{n\to\infty}\dfrac{n+1}{n+2}=\dfrac{1}{2}$，所以 $R=2$.

又 $x=2$ 时，级数 $\sum\limits_{n=0}^{\infty}\dfrac{2^n}{(n+1)2^n}=\sum\limits_{n=0}^{\infty}\dfrac{1}{(n+1)}$ 发散；$x=-2$ 时，级数 $\sum\limits_{n=0}^{\infty}\dfrac{(-2)^n}{(n+1)2^n}=\sum\limits_{n=0}^{\infty}\dfrac{(-1)^n}{(n+1)}$ 收敛，所以收敛域为 $[-2,2]$.

设 $s(x)=\sum_{n=0}^{\infty}\frac{x^n}{(n+1)2^n}$，则 $s(0)=1$，$xs(x)=\sum_{n=0}^{\infty}\frac{x^{n+1}}{(n+1)z^n}$，于是

$$(xs(x))'=\left(\sum_{n=0}^{\infty}\frac{x^{n+1}}{(n+1)z^n}\right)'=\sum_{n=0}^{\infty}\left(\frac{x}{2}\right)^2=\frac{1}{1-\frac{x}{2}}=\frac{2}{2-x},$$

所以
$$xs(x)=\int_0^x\frac{2}{2-x}\mathrm{d}x=-2\ln(2-x)+2\ln 2,$$

因此
$$s(x)=\begin{cases}\dfrac{2[\ln 2-\ln(2-x)]}{x}, & x\neq 0\\ 0, & x=0\end{cases},\quad -2\leqslant x\leqslant 2.$$

17. **解** （i）$\sum_{n=1}^{\infty}\left(\frac{1}{n}+\frac{2^n}{n^2}\right)x^n=\sum_{n=1}^{\infty}\frac{1}{n}x^n+\sum_{n=1}^{\infty}\frac{2^n}{n^2}x^n$，前一个级数的收敛域为 $[-1,1)$，后一个级数的收敛域为 $\left[-\frac{1}{2},\frac{1}{2}\right]$. 故 $\sum_{n=1}^{\infty}\left(\frac{1}{n}+\frac{2^n}{n^2}\right)x^n$ 的收敛域为 $\left[-\frac{1}{2},\frac{1}{2}\right]$.

（ii）令 $s(x)=\sum_{n=1}^{\infty}\left(\frac{1}{n}+\frac{2^n}{n^2}\right)x^n$，又

$$s_1(x)=\sum_{n=1}^{\infty}\frac{1}{n}x^n\Rightarrow s_1'(x)=\sum_{n=1}^{\infty}x^{n-1}=\frac{1}{1-x},\ |x|<1,$$

$$s_2(x)=\sum_{n=1}^{\infty}\frac{2^n}{n^2}x^n\Rightarrow s_2'(x)=\sum_{n=1}^{\infty}\frac{2^n}{n}x^{n-1}\Rightarrow xs_2'(x)=\sum_{n=1}^{\infty}\frac{2^n}{n}x^n$$

$$\Rightarrow[xs_2'(x)]'=\sum_{n=1}^{\infty}2^nx^{n-1}=\frac{2}{1-2x},\quad |x|<\frac{1}{2}$$

$$\Rightarrow[xs_2'(x)]_0^x=\int_0^x\frac{2}{1-2x}\mathrm{d}x=-\ln(1-2x)\big|_0^x=-\ln(1-2x)$$

$$\Rightarrow s_2'(x)=\begin{cases}\dfrac{-\ln(1-2x)}{x}, 0<|x|<\dfrac{1}{3},\\ 2, \quad x=0\end{cases}$$

于是 $s'(x)=s_1'(x)+s_2'(x)=\begin{cases}\dfrac{1}{1-x}-\dfrac{\ln(1-2x)}{x}, & 0<|x|<\dfrac{1}{2}\\ \dfrac{1}{1-x}+2, & x=0\end{cases}$.

18. **解** 依题设 $f(x)$ 在 $x=0$ 处连续，于是由

$$\lim_{x\to 0}\frac{f(x)}{x}=a\Rightarrow\lim_{x\to 0}f(x)=f(0)=0,$$

又
$$f'(0)=\lim_{x\to 0}\frac{f(x)-f(0)}{x}=\lim_{x\to 0}\frac{f(x)}{x}=a>0,$$

于是由 $f'(x)$ 的连续性易知，在 $x=0$ 的某个邻域内，$f'(x)>0$，因此 $f(x)$ 在此邻域内单调增加.

又
$$f(x)=f(0)+f'(\xi)x=f'(\xi)x\Rightarrow f\left(\frac{1}{n}\right)=f'(\xi_n)\frac{1}{n},n=1,2,\cdots;0<\xi_n<\frac{1}{n},$$

于是 $u_{n+1}-u_n=f\left(\dfrac{1}{n+1}\right)-f\left(\dfrac{1}{n}\right)<0\Rightarrow u_{n+1}<u_n$, $\lim\limits_{n\to\infty}u_n=\lim\limits_{n\to\infty}f\left(\dfrac{1}{n}\right)=f(0)=0$,

故由莱布尼兹定理知 $\sum\limits_{n=1}^{\infty}(-1)^n f\left(\dfrac{1}{n}\right)$ 收敛.

又因为 $\lim\limits_{n\to\infty}\dfrac{f\left(\dfrac{1}{n}\right)}{\dfrac{1}{n}}=\lim\limits_{n\to\infty}f'(\xi_n)=f'(0)>0,\sum\limits_{n=1}^{\infty}\dfrac{1}{n}$ 发散，所以 $\sum\limits_{n=1}^{\infty}f\left(\dfrac{1}{n}\right)$ 发散.

综合测试题 11—B

1. **解** ∞.

因为
$$s_n=\sum_{k=1}^{n}\left(\frac{1}{b_k}-\frac{1}{b_{k-1}}\right)=\left(\frac{1}{b_1}-\frac{1}{b_0}\right)+\left(\frac{1}{b_2}-\frac{1}{b_1}\right)+\left(\frac{1}{b_3}-\frac{1}{b_2}\right)+\cdots+\left(\frac{1}{b_n}-\frac{1}{b_{n-1}}\right)=\frac{1}{b_n}-\frac{1}{b_0},$$

所以
$$\lim_{n\to\infty}s_n=\lim_{n\to\infty}\frac{1}{b_n}-\frac{1}{b_0}=-\frac{1}{b_0}\Rightarrow\lim_{n\to\infty}\frac{1}{b_n}=0\Rightarrow\lim_{n\to\infty}b_n=\infty.$$

2. **解** $[-\sqrt{R},\sqrt{R}]$.

因为级数 $\sum\limits_{n=0}^{\infty}a_nx^n$ 的收敛域为 $[-R,R]$，所以级数 $\sum\limits_{n=0}^{\infty}\dfrac{a_n}{n+1}x^{n+1}$ 的收敛域为 $[-R,R]$，从而 $\sum\limits_{n=0}^{\infty}\dfrac{a_n}{n+1}x^{2n+1}$ 的收敛域为 $[-\sqrt{R},\sqrt{R}]$.

3. **解** $(-1)^k\dfrac{(4k+2)!}{(2k+1)!}$.

因为 $\sin x=x-\dfrac{1}{3!}x^3+\dfrac{1}{5!}x^5-\dfrac{1}{7!}x^7+\cdots+\dfrac{(-1)^n}{(2n+1)!}x^{2n+1}+\cdots$，所以
$$\sin x^2=x^2-\frac{1}{3!}x^6+\frac{1}{5!}x^{10}-\frac{1}{7!}x^{14}+\cdots+\frac{(-1)^n}{(2n+1)!}x^{4n+2}+\cdots,$$

又根据函数的麦克劳林展开式，有
$$\sin x^2=f(0)+\frac{f'(0)}{1!}x+\frac{f''(0)}{2!}x^2+\cdots+\frac{f^{(n)}(0)}{n!}x^n+\cdots,$$

比较两种展开式中 x^{4n+2} 的系数，得
$$\frac{f^{(4k+2)}(0)}{(4k+2)!}=\frac{(-1)^k}{(2k+1)!}\Rightarrow f^{(4k+2)}(0)=(-1)^k\frac{(4k+2)!}{(2k+1)!}.$$

4. **解** $|b|$.

$\sum\limits_{n=0}^{\infty}a_n(-b)^n=\sum\limits_{n=0}^{\infty}(-1)^na_nb^n$ 收敛，但 $\sum\limits_{n=0}^{\infty}a_nb^n$ 发散 $\Rightarrow\sum\limits_{n=0}^{\infty}a_nx^n$ 的收敛半径为 $|b|$

$\Rightarrow\sum\limits_{n=0}^{\infty}(n+1)a_{n+1}x^n$ 的收敛半径为 $|b|$.

5. **解** π^2.

因为 $x=\pi$ 是函数 $y=f(x)$ 的间断点，故 $f(x)$ 在 $x=\pi$ 处的傅里叶级数收敛于
$$\frac{1}{2}[f(-\pi^+)+f(\pi^-)]=\frac{1}{2}[-1+(1+2\pi^2)]=\pi^2.$$

6. **解**　D.

因为$\sum_{n=1}^{\infty}a_n$收敛，所以$\sum_{n=1}^{\infty}(a_n+a_{n+1})=a_1+2\sum_{n=2}^{\infty}a_n$收敛，故选 D.

7. **解**　D.

取$a_n=b_n=(-1)^n$，显然$\{a_n\},\{b_n\}$都发散，但$\{a_nb_n\}$收敛.

8. **解**　C.

因为级数$\sum_{n=0}^{\infty}a_nx^n,\sum_{n=1}^{\infty}na_nx^n$和$\sum_{n=1}^{\infty}na_n(x+1)^n$的收敛半径是相同的，故由$-2<x+1<2$解得$-3<x<1$，且求导后级数发散的端点仍是发散的.

9. **解**　B.

因为级数$\sum_{n=1}^{\infty}(-1)^n\frac{1}{n}$和$\sum_{n=1}^{\infty}(-1)^n\frac{k}{n^2}$均收敛，所以$\sum_{n=1}^{\infty}(-1)^n\frac{n+k}{n^2}$收敛；又$\sum_{n=1}^{\infty}\frac{n+k}{n^2}$发散，故$\sum_{n=1}^{\infty}(-1)^n\frac{n+k}{n^2}$条件收敛.

10. **解**　A.

因为
$$\lim_{n\to\infty}\frac{a_{n+1}}{a_n}=\lim_{n\to\infty}\frac{2^{n+1}(n+1)!}{(n+1)^{n+1}}\cdot\frac{n^n}{2^n n!}=2\lim_{n\to\infty}\left(\frac{n}{n+1}\right)^n=2\lim_{n\to\infty}\left(1+\frac{1}{n}\right)^{-n}=\frac{2}{\mathrm{e}}<1,$$
所以级数$\sum_{n=1}^{\infty}\frac{2^n n!}{n^n}$收敛，于是其一般项的极限$\lim_{n\to\infty}\frac{2^n n!}{n^n}=0$.

11. **解**　$u_n=\frac{n}{n^2+1}\to 0(n\to+\infty)$，令$f(x)=\frac{x}{x^2+1}$，则$f'(x)=\frac{1-x^2}{1+x^2}$，故当$x\geqslant 1$时，$f'(x)\leqslant 0,f(x)$在$(1,+\infty)$上单调减少，故$u_{n+1}>u_n$，故级数收敛.

又令$v_n=\frac{1}{n}$，则$\lim_{n\to+\infty}\frac{u_n}{v_n}=\lim_{n\to+\infty}\frac{n^2}{n^2+1}=1$，且$\sum_{n=1}^{\infty}\frac{1}{n}$发散，故$\sum_{n=1}^{\infty}u_n$发散，从而级数$\sum_{n=1}^{\infty}(-1)^{n+1}\frac{n}{n^2+1}$条件收敛.

12. **解**
$$\rho=\lim_{n\to\infty}\left|\frac{u_{n+1}(x)}{u_n(x)}\right|=\lim_{n\to\infty}\left|\frac{(2x-1)^{n+1}}{n+1}\cdot\frac{n}{(2x-1)^n}\right|=|2x-1|<1\Rightarrow 0<x<1,$$
当$x=0$时，原级数为$\sum_{n=1}^{\infty}\frac{(-1)^n}{n}$收敛；当$x=1$时，原级数为$\sum_{n=1}^{\infty}\frac{1}{n}$发散. 所以级数收敛域为$[0,1)$.

13. **解**　将$f(x)$延拓成$(-\pi,\pi]$内的奇函数，则
$$a_n=0(n=0,1,2,3,\cdots),$$
$$b_n=\frac{2}{\pi}\int_0^{\pi}f(x)\sin nx\mathrm{d}x=-\frac{2}{n\pi}\int_0^{\pi}\left(\frac{\pi}{4}-\frac{x}{2}\right)\mathrm{d}(\cos nx)$$
$$=-\frac{2}{n\pi}\left[\left(\frac{\pi}{4}-\frac{x}{2}\right)\cos nx\Big|_0^{\pi}+\frac{1}{2}\int_0^{\pi}\cos nxdx\right]=\frac{1+(-1)^n}{2n},$$
所以$b_{2n}=\frac{1}{2n},b_{2n-1}=0,n=1,2,3,\cdots$，因此
$$f(x)=\frac{\pi}{4}-\frac{x}{2}=\frac{1}{2}\sum_{n=1}^{\infty}\frac{1}{n}\sin 2nx\ (0<x<\pi).$$

14. **解**　因为

$$0 < u_n = \int_0^{\frac{1}{n}} \frac{\sqrt{x}}{1+x^2} \mathrm{d}x \leqslant \int_0^{\frac{1}{n}} \frac{1}{1+0^2} \sqrt{\frac{1}{n}} \mathrm{d}x = \frac{1}{n^{\frac{3}{2}}} ,$$

且级数 $\sum_{n=1}^{\infty} \frac{1}{n^{\frac{3}{2}}}$ 收敛，故由比较审敛法知级数 $\sum_{n=1}^{\infty} \int_0^{\frac{1}{n}} \frac{\sqrt{x}}{1+x^2} \mathrm{d}x$ 收敛.

15. **解** 因为

$$\lim_{n\to\infty} \sqrt[n]{u_n} = \lim_{n\to\infty} \sqrt[n]{n^{\alpha}\beta^n} = \beta(\lim_{n\to\infty} \sqrt[n]{n})^{\alpha} = \beta \cdot 1 = \beta ,$$

故当 $0 \leqslant \beta < 1$ 时，对任意的 $\alpha \in \mathbf{R}$，级数 $\sum_{n=1}^{\infty} n^{\alpha}\beta^n$ 收敛；当 $\beta > 1$ 时，对任意的 $\alpha \in \mathbf{R}$，级数 $\sum_{n=1}^{\infty} n^{\alpha}\beta^n$ 发散；当 $\beta = 1$ 时，根值审敛法失效.

由 $p-$ 级数的敛散性知，当 $\alpha < -1$ 时，级数 $\sum_{n=1}^{\infty} n^{\alpha}$ 收敛；当 $\alpha \geqslant -1$ 时，级数 $\sum_{n=1}^{\infty} n^{\alpha}$ 发散. 故当 $\alpha < -1, \beta = 1$ 时，级数 $\sum_{n=1}^{\infty} n^{\alpha}\beta^n$ 收敛；当 $\alpha \geqslant -1, \beta = 1$ 时，级数 $\sum_{n=1}^{\infty} n^{\alpha}\beta^n$ 发散.

16. **证明** 设 $\sum_{n=0}^{\infty} (n+1)(u_{n+1} - u_n)$ 和 $\sum_{n=0}^{\infty} u_n$ 的前 n 项和分别为 σ_n 和 s_n，于是

$$\begin{aligned}
\sigma_n &= \sum_{k=0}^{n-1} (k+1)(u_{k+1} - u_k) = (u_1 - u_0) + 2(u_2 - u_1) + 3(u_3 - u_2) + \cdots + n(u_n - u_{n-1}) \\
&= nu_n - (u_0 + u_1 + \cdots + u_{n-1}) = nu_n - s_n \\
&\Rightarrow \sigma = \lim_{n\to\infty} \sigma_n = \lim_{n\to\infty} (nu_n - s_n) = 0 - s,
\end{aligned}$$

即 $s = -\sigma$，故 $\sum_{n=0}^{\infty} (n+1)(u_{n+1} - u_n)$ 收敛.

17. **解** 由题设 $a_{n+1} = \frac{1}{n+1}\left(\frac{2}{3} - n\right)a_n$，于是

$$\lim_{n\to\infty} \left| \frac{u_{n+1}(x)}{u_n(x)} \right| = \lim_{n\to\infty} \left| \frac{\frac{1}{n+1}\left(\frac{2}{3} - n\right)a_n x^{n+1}}{a_n x^n} \right| = |x| \Rightarrow |x| < 1 \text{ 时，} \sum_{n=1}^{\infty} a_n x^n \text{ 收敛.}$$

设 $s(x) = \sum_{n=1}^{\infty} a_n x^n$，则

$$\begin{aligned}
s'(x) &= \sum_{n=1}^{\infty} n a_n x^{n-1} = a_1 + \sum_{n=1}^{\infty} (n+1) a_{n+1} x^n = 5 + \sum_{n=1}^{\infty} \left(\frac{2}{3} - n\right) a_n x^n \\
&= 5 + \frac{2}{3}\left[\sum_{n=0}^{\infty} a_n x^n - a_0\right] - x \sum_{n=1}^{\infty} n a_n x^{n-1} = 5 + \frac{2}{3} s(x) - \frac{2}{3} \cdot 3 - x s'(x)
\end{aligned}$$

则
$$(x+1)s'(x) - \frac{2}{3}s(x) = 3 \; (|x| < 1) \Rightarrow s(x) = C(x+1)^{\frac{2}{3}} - \frac{9}{2}.$$

再由 $s(0) = a_0 = 3 \Rightarrow C = \frac{15}{2}$，则

$$s(x)=\frac{15}{2}(x+1)^{\frac{2}{3}}-\frac{9}{2}$$

18. **解**　$\lim\limits_{n\to\infty}\left|\frac{u_{n+1}(x)}{u_n(x)}\right|=\lim\limits_{n\to\infty}\left|\frac{(-1)^n x^{2n+1}}{(2n+1)!}\cdot\frac{(2n-1)!}{(-1)^{n-1}x^{2n-1}}\right|=0<1$，所以级数的收敛半径 $R=+\infty$，收敛区间为 $(-\infty,+\infty)$．

$$s(x)=\sum_{n=1}^{\infty}(-1)^{n-1}\frac{x^{2n-1}}{4^{2n-2}(2n-1)!}=4\sum_{n=1}^{\infty}(-1)^{n-1}\frac{1}{(2n-1)!}\left(\frac{x}{4}\right)^{2n-1}=4\sin\frac{x}{4}.$$

又

$$s(x)=4\sin\frac{x}{4}=4\left[\sin\left(\frac{x}{4}-\frac{1}{4}\right)+\frac{1}{4}\right]=4\sin\frac{x-1}{4}\cos\frac{1}{4}+4\sin\frac{1}{4}\cos\frac{x-1}{4}$$

$$=4\cos\frac{1}{4}\sum_{n=1}^{\infty}(-1)^{n-1}\frac{1}{(2n-1)!}\left(\frac{x-1}{4}\right)^{2n-1}+4\sin\frac{1}{4}\sum_{n=0}^{\infty}(-1)^{n}\frac{1}{(2n)!}\left(\frac{x-1}{4}\right)^{2n}$$

$$=4\cos\frac{1}{4}\sum_{n=1}^{\infty}(-1)^{n-1}\frac{1}{4^{2n-1}(2n-1)!}(x-1)^{2n-1}+4\sin\frac{1}{4}\sum_{n=0}^{\infty}(-1)^{n}\frac{1}{4^{2n}(2n)!}(x-1)^{2n},\ x\in\mathrm{R}.$$

第十二章

练习题 12.1

1. $\frac{x}{y}=-\mathrm{e}^{-2}\mathrm{e}^{\frac{1}{x}-\frac{1}{y}}$；　　2. $1+x=\mathrm{e}^{-y}$；　　3. $\ln\frac{x+y}{x}=Cx$；

4. $3-\cos x=C(2-\sin y)$；　　5. $x^2-5xy+6y^2=Cy^3$；　　6. $\frac{y}{x}\cos\frac{y}{x}=\frac{C}{x^2}$；

7. $f(x)=\ln(x^2+1)-\ln 2$；　　8. $y=x\sqrt{\ln x+1}$；　　9. $f(x)=\frac{\pi}{3}(x+1)$；

10. $f(t)=2\iint_{r\leqslant t}r^2f(r)r\mathrm{d}r\mathrm{d}\theta+t^4=2\int_0^{2\pi}\mathrm{d}\theta\int_0^t r^3f(r)\mathrm{d}r+t^4=4\pi\int_0^t r^3f(r)\mathrm{d}r+t^4$

上式两边关于 t 求导数，得

$$f'(t)=4\pi t^3f(t)+4t^3=4t^3[\pi f(t)+1]$$

则由 $\begin{cases}\dfrac{f'(t)}{\pi f(t)+1}=4t^3\\ f(0)=0\end{cases}$，得

$$f(x)=\frac{1}{\pi}(\mathrm{e}^{\pi t^4}-1).$$

练习题 12.2

1. $y=(x+1)^n\left[C-\frac{1}{2}\cos(x^2)\right]$；　　2. $x=y^2(C-\ln|y|)$；　　3. $\frac{x^6}{y}-\frac{x^8}{8}=C$；

4. $\sin x+\ln|y|+\frac{x}{y}=C$；　　5. $y=(x+1)\mathrm{e}^x$；　　6. $y^{\frac{2}{3}}=C(x^2+1)-\frac{1}{2}$；

7. $x^2\sin y-xy\cos x=C$；　　8. $y=\ln(\mathrm{e}^{-x}+C_1)+C_2$．

9. 证明　设 $y'+a(x)y=f(x),(x\geqslant 0)$，则 $f(x)\leqslant 0$．又因为

$$y(x)=\varphi(x)=\mathrm{e}^{-\int_0^x a(s)\mathrm{d}s}\left[\int_0^x f(t)\mathrm{e}^{\int_0^t a(s)\mathrm{d}s}\mathrm{d}t+C\right],\quad \varphi(0)=C,$$

所以 $\varphi(x)\leqslant\varphi(0)\mathrm{e}^{-\int_0^x a(s)\mathrm{d}s},(x\geqslant 0)$.

练习题 12.3

1. $y=C_1\mathrm{e}^{-x}+(C_2+C_3x)\cos x+(C_4+C_5x)\sin x$；

2. $y=\left(C_1+C_2x+\dfrac{1}{2}x^2\right)\mathrm{e}^{2x}+\mathrm{e}^x+1$；

3. $y=(C_1+C_2x+C_3x^2)\mathrm{e}^{-x}+\dfrac{1}{24}x^3(x-20)\mathrm{e}^{-x}$；

4. $y=(C_1+C_2x)\mathrm{e}^{-2x}+\dfrac{1}{8}\sin 2x$；

5. 通解是 $y=C_1\mathrm{e}^{2x}+C_2\mathrm{e}^x+\sin x$， $y''-3y'+2y=\sin x-3\cos x$；

6. $y=\mathrm{e}^x(A\cos 3x+B\sin 3x)+x\mathrm{e}^x(C\cos x+D\sin x)$；

7. $f(x)=-\dfrac{\pi}{2}\sin x+\dfrac{1}{2}x\sin x$；

8. $y=\mathrm{e}^{-\frac{1}{2}x}\left(\cos\dfrac{\sqrt{3}}{2}x+\dfrac{\sqrt{3}}{3}\sin\dfrac{\sqrt{3}}{2}x\right)$，是极大值；

9. 20.

10. $y=\dfrac{1}{x}(C_1\cos x+C_2\sin x)$.

综合测试题 12—A

1. **解** $y=\dfrac{C}{x^2}-\dfrac{x^2}{4}$.

因为 $y=C_1(y_2-y_1)+y_1=C_1\dfrac{4}{x^2}-\dfrac{x^2}{4}=\dfrac{C}{x^2}-\dfrac{x^2}{4}$.

2. **解** $\ln A$.

由一元函数微分的定义及题设知，函数 $y(x)$ 在任意点处的微分

$$\mathrm{d}y=yP(x)\mathrm{d}x\Rightarrow\frac{\mathrm{d}y}{y}=P(x)\mathrm{d}x\Rightarrow\int_0^1 P(x)\mathrm{d}x=\int_1^A\frac{\mathrm{d}y}{y}=\ln|y|\Big|_1^A=\ln A$$

3. **解** $y=C_1+\dfrac{C_2}{x^2}$.

将方程变形为 $\dfrac{1}{y'}\mathrm{d}y'=-\dfrac{3}{x}\mathrm{d}x\Rightarrow y'=\dfrac{C}{x^3}\Rightarrow y=C_1+\dfrac{C_2}{x^2}\left(C_2=-\dfrac{1}{2}C\right)$.

4. **解** $y''-2y'+2y=0$.

易知所求微分方程的特征方程的根为 $1\pm\mathrm{i}$，于是由根与系数之间的关系得特征方程 $r^2-2r+2=0$，故所求方程为 $y''-2y'+2y=0$.

5. **解** xy^2.

将方程两边同乘以 xy^2，得 $2xy^3\mathrm{d}x+3x^2y^2\mathrm{d}y=0$，且 $\dfrac{\partial}{\partial y}(2xy^3)=6xy^2=\dfrac{\partial}{\partial x}(3x^2y^2)$，因此 xy^2 是方程的积分因子.

6. **解** D.

因为 $y''+y=0$ 的通解为 $Y=C_1\cos x+C_2\sin x$.

7. **解**　A.

特征方程 $r^2+pr+q=0$ ，特征根 $\lambda=\dfrac{-p\pm\sqrt{p^2-4q}}{2}$. 于是当 $p>0$ 时，若 $p^2-4q\geqslant 0$ ，则 $-p\pm\sqrt{p^2-4q}<0$ ，故通解为

$$y=C_1\mathrm{e}^{-\frac{p+\sqrt{p^2-4q}}{2}x}+C_2\mathrm{e}^{-\frac{p-\sqrt{p^2-4q}}{2}x}\to 0(x\to+\infty)\ ;$$

若 $p^2-4q<0$ ，则通解为

$$y=\mathrm{e}^{-\frac{p}{2}x}\left(C_1\cos\frac{\sqrt{4q-p^2}}{2}x+C_2\sin\frac{\sqrt{4q-p^2}}{2}x\right)\to 0(x\to+\infty)\ .$$

8. **解**　C.

由于 $y=C_1y_1+C_2y_2+(1-C_1-C_2)y_3=C_1(y_1-y_3)+C_2(y_2-y_3)+y_3$ ，故 A 是方程的通解；

$y=C_1y_1+(C_2+1)y_2-(C_1+C_2)y_3=C_1(y_1-y_3)+C_2(y_2-y_3)+y_2$ ，故 B 是方程的通解；

$y=(C_1-1)y_1+C_2y_2+(2-C_1-C_2)y_3=(C_1-1)(y_1-y_3)+C_2(y_2-y_3)+y_3$ ，故 D 是方程的通解.

9. **解**　A.

因为 $f'(x_0)=0$ ，所以 $x=x_0$ 为函数 $y=f(x)$ 的驻点. 又将 $x=x_0$ 代入方程，得

$$y''(0)-2y'(0)+4y(0)=0\Rightarrow y''(0)=-4y(0)<0\ ,$$

所以函数在 x_0 处取得极大值.

10. **解**　A.

将 $y=\dfrac{x}{\ln x}$ 及 $y'=\dfrac{\ln x-1}{\ln^2 x}$ 代入方程 $y'=\dfrac{y}{x}+\varphi\left(\dfrac{x}{y}\right)$，得

$$\varphi(\ln x)=-\frac{1}{\ln^2 x}\Rightarrow\varphi(u)=-\frac{1}{u^2}\Rightarrow\varphi\left(\frac{x}{y}\right)=-\frac{y^2}{x^2}\ .$$

11. **解**　因为 $f(x)$ 是连续函数，故由上限函数 $\int_0^x tf(t)\mathrm{d}t$ 可导，于是 $f(x)=\int_0^x tf(t)\mathrm{d}t-x^2$ 是可导函数. 故方程两边对 x 求导得

$$xf(x)=2x+f'(x)\Rightarrow f'(x)-xf(x)=-2x\ .$$

由 $$f'(x)-xf(x)=0\Rightarrow f(x)=C\mathrm{e}^{\frac{x^2}{2}}\ .$$

令 $f(x)=C(x)\mathrm{e}^{\frac{x^2}{2}}$ ，则

$$f'(x)=C'(x)\mathrm{e}^{\frac{x^2}{2}}+C(x)x\mathrm{e}^{\frac{x^2}{2}}$$

代入方程得 $$f'(x)-xf(x)=-2x\Rightarrow C'(x)=-2x\mathrm{e}^{-\frac{x^2}{2}}\Rightarrow C(x)=C+2\mathrm{e}^{-\frac{x^2}{2}}\ ,$$

于是 $$f(x)=2+C\mathrm{e}^{\frac{x^2}{2}}\ .$$

又原方程中令 $x=0$ ，得 $f(0)=0\Rightarrow 0=C+2\Rightarrow C=-2$. 所以 $f(x)=2-2\mathrm{e}^{\frac{x^2}{2}}$.

12. **解** 令 $z=y^{1-2}=y^{-1}$，则

$$\frac{\mathrm{d}z}{\mathrm{d}x}=y^{-2}\frac{\mathrm{d}y}{\mathrm{d}x}$$

$$\Rightarrow -\frac{\mathrm{d}z}{\mathrm{d}x}+\frac{1}{x}z=a\ln x$$

$$\Rightarrow z=y^{-1}=\mathrm{e}^{-\int -\frac{1}{x}\mathrm{d}x}\left[\int a\ln x\mathrm{e}^{-\int\frac{1}{x}\mathrm{d}x}\mathrm{d}x+C\right]=x\left[\int a\frac{\ln x}{x}\mathrm{d}x+C\right]=x\left[\frac{a}{2}(\ln x)^2+C\right],$$

所求的通解为 $xy\left[\frac{a}{2}(\ln x)^2+C\right]=1$.

13. **解** 特征方程 $r^2+r-2=0$，特征根 $r=1,-2$，于是对应的齐次方程的通解 $Y=C_1\mathrm{e}^{-2x}+C_2\mathrm{e}^{x}$.

令 $y^*=Ax\mathrm{e}^x$，代入原方程得 $A=\frac{1}{3}$，故 $y^*=\frac{1}{3}x\mathrm{e}^x$，

故原方程的通解 $y=C_1\mathrm{e}^{-2x}+C_2\mathrm{e}^{x}+\frac{1}{3}x\mathrm{e}^x$.

14. **解** 依题设，所求曲线满足 $\begin{cases}x^2y''-(y')^2=0\\ y(1)=0,y'(1)=1\end{cases}$. 令 $y'=p(x)$，则 $y''=p'$，代入原方程得

$$x^2p'-p^2=0,$$

分离变量解得

$$\frac{1}{p}=\frac{1}{x}+C_1,$$

将 $y'(1)=1$ 代入得 $C_1=0$. 于是

$$\frac{1}{p}=\frac{1}{x}\Rightarrow p=x\Rightarrow y=\frac{1}{2}x^2+C_2,$$

将 $y(1)=0$ 代入得 $C_2=-\frac{1}{2}$. 故 $y=\frac{1}{2}x^2-\frac{1}{2}$.

15. **解** 令 $x=\mathrm{e}^t$，则 $D(D-1)y-2Dy-4y=2\mathrm{e}^t$，即

$$\frac{\mathrm{d}^2y}{\mathrm{d}t^2}-3\frac{\mathrm{d}y}{\mathrm{d}t}-4y=2\mathrm{e}^t, \tag{2}$$

特征方程为 $r^2-3r-4=0$，特征根 $r=-1,4$，于是方程（2）对应的齐次方程的通解

$$Y=C_1\mathrm{e}^{-t}+C_2\mathrm{e}^{4t}.$$

令方程的特解为 $y^*=A\mathrm{e}^t$，代入（2）式得 $A=-\frac{1}{3}$，故 $y^*=-\frac{1}{3}\mathrm{e}^t$. 故方程（2）的通解为

$$y=C_1\mathrm{e}^{-t}+C_2\mathrm{e}^{4t}-\frac{1}{3}\mathrm{e}^t,$$

即

$$y=\frac{C_1}{x}+C_2x^4-\frac{1}{3}x.$$

由初始条件 $y(1)=\frac{2}{3},y'(1)=\frac{2}{3}$，得

$$\begin{cases}C_1+C_2=1\\ -C_1+4C_2=1\end{cases}\Rightarrow C_1=\frac{3}{5},C_2=\frac{2}{5},$$

于是所求特解为 $y=\frac{3}{5}x^{-1}+\frac{2}{5}x^4-\frac{1}{3}x$.

16. **解**　由反函数的求导公式得 $\frac{\mathrm{d}x}{\mathrm{d}y}=\frac{1}{y'}$ ，即

$$y'\frac{\mathrm{d}x}{\mathrm{d}y}=1.$$

该式两边对 x 求导，得

$$y''\frac{\mathrm{d}x}{\mathrm{d}y}+y'\frac{\mathrm{d}}{\mathrm{d}x}\left(\frac{\mathrm{d}x}{\mathrm{d}y}\right)=0\Rightarrow y''\frac{\mathrm{d}x}{\mathrm{d}y}+y'\frac{\mathrm{d}}{\mathrm{d}y}\left(\frac{\mathrm{d}x}{\mathrm{d}y}\right)\frac{\mathrm{d}y}{\mathrm{d}x}=0\Rightarrow y''\frac{\mathrm{d}x}{\mathrm{d}y}+y'^2\frac{\mathrm{d}^2x}{\mathrm{d}y^2}=0,$$

所以

$$\frac{\mathrm{d}^2x}{\mathrm{d}y^2}=-\frac{y''}{y'^2}\frac{\mathrm{d}x}{\mathrm{d}y}=-\frac{y''}{y'^3}.$$

将 $\frac{\mathrm{d}x}{\mathrm{d}y}=\frac{1}{y'}$ 及 $\frac{\mathrm{d}^2x}{\mathrm{d}y^2}=-\frac{y''}{y'^3}$ 代入原方程，并化简得

$$y''-y=\sin x. \tag{1}$$

方程（1）对应的齐次方程 $y''-y=0$ 的通解为 $Y=C_1\mathrm{e}^x+C_2\mathrm{e}^{-x}$. 设方程（1）的特解为 $y^*=A\cos x+B\sin x$ ，代入方程（1）得

$$-A\cos x-B\sin x-(A\cos x+B\sin x)=\sin x,$$

于是 $\begin{cases}-2A=0\\-2B=1\end{cases}\Rightarrow A=0,B=-\frac{1}{2}$. 从而方程（1）的通解为

$$y=C_1\mathrm{e}^x+C_2\mathrm{e}^{-x}-\frac{1}{2}\sin x.$$

17. **解**　当 $x\leqslant 1$ 时，方程 $y'+y=1$ 的通解为 $y=C_1\mathrm{e}^{-x}+1$ ；　当 $x>1$ 时，方程 $y'+y=0$ 的通解为 $y=C_2\mathrm{e}^{-x}$. 于是原方程的通解

$$y=\begin{cases}C_1\mathrm{e}^{-x}+1, x\leqslant 1\\C_2\mathrm{e}^{-x},\quad x>1\end{cases}.$$

要使通解满足初始条件 $y(0)=0$ ，则 $0=C_1+1\Rightarrow C_1=-1$ ；要使通解在 $(-\infty,+\infty)$ 内连续，只要 $y=y(x)$ 在 $x=1$ 在处连续即可，由

$$f(1+0)=C_2\mathrm{e}^{-1}, f(1-0)=1+C_1\mathrm{e}^{-1}\Rightarrow C_2=\mathrm{e}-1.$$

故所求特解为 $y=\begin{cases}1-\mathrm{e}^{-x}, x\leqslant 1\\(\mathrm{e}-1)\mathrm{e}^{-x}, x>1\end{cases}$.

18. **解**　设 t 秒时绳子滑过的长度为 $x(t)$ ，绳子的线密度为 γ ，则下滑力

$$F=[(0.25+x)-(0.5-x)]\gamma g=(0.1+2x)\gamma g$$

滑动的质量 $m=0.40\gamma$ ，于是

$$0.40\frac{\mathrm{d}^2x}{\mathrm{d}t^2}=(0.1+2x)g\Rightarrow\frac{\mathrm{d}^2x}{\mathrm{d}t^2}-5gx=0.25g,$$

求得通解

$$x=C_1\mathrm{e}^{-\sqrt{5g}t}+C_2\mathrm{e}^{\sqrt{5g}t}-0.05.$$

由初始条件 $x(0)=0,x'(0)=0$，得

$$\begin{cases} C_1+C_2=0.05 \\ -\sqrt{5g}C_1+\sqrt{5g}C_2=0 \end{cases} \Rightarrow \begin{cases} C_1=0.025 \\ C_2=0.025 \end{cases}$$

特解 $x=0.025\mathrm{e}^{-\sqrt{5g}t}+0.025\mathrm{e}^{\sqrt{5g}t}-0.05$.

令 $x=0.15$，得

$$\mathrm{e}^{2\sqrt{5g}t}-8\mathrm{e}^{\sqrt{5g}t}+1=0 \Rightarrow \mathrm{e}^{\sqrt{5g}t}=4\pm\sqrt{15}\text{（负不合）},$$

于是 $t=\ln(4+\sqrt{15})/\sqrt{5g}$ 秒.

综合测试题 12—B

1. **解** $\mathrm{e}^{-\arctan x}$.

将原方程化为 $\dfrac{\mathrm{d}y}{y}+\dfrac{\mathrm{d}x}{1+x^2}=0$，积分得 $\ln y+\arctan x=C$．将初始条件 $y(0)=1$ 代入得 $C=0$，于是 $\ln y+\arctan x=0 \Rightarrow y=\mathrm{e}^{-\arctan x}$.

2. **解** $y'''+y''-y'-y=0$.

由题设 $r=-1,-1,1$ 为所求微分方程的三个特征根，故特征方程为 $(r+1)^2(r-1)=r^3+r^2-r-1=0$，故所求微分方程为 $y'''+y''-y'-y=0$.

3. **解** $\ln|\sec x+\tan x|+1$.

方程两边对 x 求导，得

$$\varphi'(x)\cos x-\varphi(x)\sin x+\varphi(x)\sin x=1 \Rightarrow \varphi'(x)=\sec x \Rightarrow \varphi(x)=\ln|\sec x+\tan x|+C,$$

又显然 $\varphi(0)=1$，代入通解得 $C=1$，故 $\varphi(x)=\ln|\sec x+\tan x|+1$.

4. **解** $xz'+z=0$.

因为 $y'=\int z\mathrm{d}x+xz, y''=z+z+xz'=2z+xz'$，代入方程 $y''-\dfrac{1}{x}y'+\dfrac{1}{x^2}y=0$ 得

$$2z+xz'-\frac{1}{x}\left(\int z\mathrm{d}x+xz\right)+\frac{1}{x^2}\cdot x\int z\mathrm{d}x=0 \Rightarrow z+xz'=0.$$

5. **解** $y=C_2\mathrm{e}^{C_1x}$.

令 $y'=p(y)$，则 $y''=p\dfrac{\mathrm{d}p}{\mathrm{d}y}$，代入原方程，得

$$yp\frac{\mathrm{d}p}{\mathrm{d}y}-p^2=0 \Rightarrow y\frac{\mathrm{d}p}{\mathrm{d}y}-p=0 \Rightarrow \frac{\mathrm{d}p}{p}-\frac{\mathrm{d}y}{y}=0 \Rightarrow \ln|p|-\ln|y|=\ln|C_1|$$

$$\Rightarrow p=C_1y \Rightarrow \frac{\mathrm{d}y}{y}=C_1\mathrm{d}x \Rightarrow \ln|y|=C_1x+C \Rightarrow y=C_2\mathrm{e}^{C_1x}.$$

6. **解** D.

因为方程 $x^2\left(\dfrac{\mathrm{d}y}{\mathrm{d}x}\right)^2+y^2=0$ 中的一阶导数是二次的，因此它不是线性微分方程.

7. **解** D

$$y=\left(\frac{1}{2}-C_1\right)y_1+(C_1-C_2)y_2+\left(C_2+\frac{1}{2}\right)y_3=\frac{1}{2}(y_1+y_3)+C_1(y_2-y_1)+C_2(y_3-y_2)$$

形式上像通解，但由于 y_1, y_2, y_3 仅互不相等，而未必线性无关，故实质上未必是通解.

8. **解** D.

方程两边对 x 求导数，得 $f'(x)=2f(x)$，求得该方程的通解 $f(x)=C\mathrm{e}^{2x}$. 又因 $f(0)=1$ 得 $C=1$，故 $f(x)=2\mathrm{e}^{2x}$.

9. **解** B.

特征方程为 $r^2-1=0 \Rightarrow r=\pm 1 \Rightarrow Y=C_1\mathrm{e}^{-x}+C_2\mathrm{e}^{x}$，故方程的特解应设为 $y^*=ax\mathrm{e}^{x}+bx$.

10. **解** D.

由已知条件 $x=x_0$ 是 $f(x)$ 的驻点. 又因为 $f(x)$ 满足微分方程，故有

$$y''(0)=y'(0)+x_0\mathrm{e}^{\sin x_0}=x_0\mathrm{e}^{\sin x_0},$$

当 $x_0 \neq 0$ 时，$y''(0)\neq 0$，函数 $f(x)$ 在 x_0 处有极值，但 $x_0>0$ 时取得极小值，当 $x_0<0$ 取得极大值，故排除 A 和 B；当 $x_0=0$ 时 $y''(0)=0$，且 $y''(x)$ 在 $x=0$ 左右两边改变符号，故 $(x_0, f(x_0))$ 是曲线 $y=f(x)$ 的拐点.

11. **解** 方程两边对 x 求导，得 $\varphi[f(x)]f'(x)=2x$，即

$$xf'(x)=2x \Rightarrow f'(x)=2 \Rightarrow f(x)=2x+C.$$

将 $f(0)=1$ 代入，得 $C=1$，故 $f(x)=2x+1$.

12. **解** 令 $y'=p$，于是

$$y=\mathrm{e}^{p}(p-1), \quad \mathrm{d}y=\mathrm{d}[\mathrm{e}^{p}(p-1)]=p\mathrm{e}^{p}\mathrm{d}p.$$

另一方面，有 $\mathrm{d}y=p\mathrm{d}x$，故

$$p\mathrm{d}x=p\mathrm{e}^{p}\mathrm{d}p \Rightarrow \mathrm{d}x=\mathrm{e}^{p}\mathrm{d}p \Rightarrow x=\mathrm{e}^{p}+C.$$

于是微分方程的通解为

$$\begin{cases} x=\mathrm{e}^{p}+C \\ y=\mathrm{e}^{p}(p-1) \end{cases},$$

即

$$y=(x-C)[\ln(x-C)-1].$$

13. **解** 把 x 看成是 y 的函数，得

$$y\frac{\mathrm{d}x}{\mathrm{d}y}=x+y^2,$$

即

$$\frac{\mathrm{d}x}{\mathrm{d}y}-\frac{1}{y}x=y.$$

令 $\frac{\mathrm{d}x}{\mathrm{d}y}-\frac{1}{y}x=0$，得

$$\frac{\mathrm{d}x}{x}-\frac{\mathrm{d}y}{y}=0 \Rightarrow \ln|x|-\ln|y|=\ln|C| \Rightarrow x=Cy.$$

令 $x=yC(y)$，则

$$\frac{\mathrm{d}x}{\mathrm{d}y}=C(y)+yC'(y),$$

代入方程 $\frac{\mathrm{d}x}{\mathrm{d}y}-\frac{1}{y}x=y$，得

$$C(y)+yC'(y)-\frac{1}{y}\cdot yC(y)=y \Rightarrow C'(y)=1 \Rightarrow C(y)=y+C,$$

故原方程的通解 $x = y(y+C)$.

14. **解** 将特解写成 $y=(3-12x)\mathrm{e}^x + x^2\mathrm{e}^x$，可知该微分方程有两个相等的特征根 $r_{1,2}=1$，故特征方程为 $(r-1)^2=0$，即 $r^2-2r+1=0$，于是微分方程为

$$y''-2y'+y=c\mathrm{e}^x , \tag{1}$$

所以 $a=-2,b=1$. 又将 $y=x^2\mathrm{e}^x$ 代入方程（1），得

$$(x^2+4x+2)\mathrm{e}^x-2(x^2+2x)\mathrm{e}^x+x^2\mathrm{e}^x=2\mathrm{e}^x=c\mathrm{e}^x \Rightarrow c=2 .$$

故原方程的通解为 $y=(C_1+C_2x)\mathrm{e}^x+x^2\mathrm{e}^x$.

15. **解** 原方程化为 $\dfrac{\mathrm{d}y}{\mathrm{d}x}=\mathrm{e}^{\frac{y}{x}}+\dfrac{y}{x}$. 令 $y=xu$，则 $\dfrac{\mathrm{d}y}{\mathrm{d}x}=u+x\dfrac{\mathrm{d}u}{\mathrm{d}x}$，代入该方程得

$$u+x\frac{\mathrm{d}u}{\mathrm{d}x}=\mathrm{e}^u+u ,$$

即

$$\mathrm{e}^{-u}\mathrm{d}u=\frac{1}{x}\mathrm{d}x ,$$

积分得

$$-\mathrm{e}^{-u}=\ln|x|+C ,$$

即

$$-\mathrm{e}^{-\frac{y}{x}}=\ln|x|+C .$$

将初始条件 $y(1)=0$ 代入，得 $-\mathrm{e}^0=C$，从而 $C=-1$. 故所求特解

$$-\mathrm{e}^{-\frac{y}{x}}=\ln|x|-1 ,$$

即

$$y=-x\ln(1-\ln|x|) .$$

16. **解** 设物体在 t 时刻的温度为 $T(t)$，则

$$\frac{\mathrm{d}T}{\mathrm{d}t}=k(T-20) ,$$

即

$$\frac{\mathrm{d}T}{T-20}=k\mathrm{d}t ,$$

积分得

$$\ln(T-20)=kt+\ln C \Rightarrow T=20+C\mathrm{e}^{kt} .$$

由 $T(0)=100$，得 $C=80$，所以 $T=20+80\mathrm{e}^{kt}$；又因为 $T(20)=60$，所以 $60=20+80\mathrm{e}^{20k}$，解得 $k=-\dfrac{\ln 2}{20}$. 于是

$$T=20+80\mathrm{e}^{-\frac{\ln 2}{20}t} ,$$

即

$$T=20+80\cdot\left(\frac{1}{2}\right)^{\frac{t}{20}} .$$

令 $T=30$，得 $30=20+80\cdot\left(\dfrac{1}{2}\right)^{\frac{t}{20}}$，即 $\left(\dfrac{1}{2}\right)^{\frac{t}{20}}=\dfrac{1}{8}$，所以 $t=60$. 故体从 100 °C 冷却到 30 °C 需要 60 分钟.

17. **解** 方程两边同乘以 e^x，得

$$e^x(x\cos y - y\sin y)dy + e^x(x\sin y + y\cos y)dx = 0,$$

因为 $$\frac{\partial}{\partial x}[e^x(x\cos y - y\sin y)] = e^x(x\cos y - y\sin y + \cos y) = \frac{\partial}{\partial y}[e^x(x\sin y + y\cos y)],$$

所以 e^x 是微分方程的积分因子.

令 $du(x,y) = e^x(x\cos y - y\sin y)dy + e^x(x\sin y + y\cos y)dx = 0$，则

$$\frac{\partial u}{\partial y} = e^x(x\cos y - y\sin y),$$

将 x 看成是常数，上式两边对 y 积分，得

$$\begin{aligned} u &= \int e^x(x\cos y - y\sin y)dy = e^x\left(x\int \cos y dy - \int y\sin y dy\right) \\ &= e^x(x\sin y + y\cos y - \sin y) + C(x) \end{aligned},$$

上式对 x 求导，得 $$\frac{\partial u}{\partial x} = e^x(x\sin y + y\cos y) + C'(x),$$

于是 $$e^x(x\sin y + y\cos y) + C'(x) = e^x(x\sin y + y\cos y) \Rightarrow C'(x) = 0 \Rightarrow C(x) = -C,$$

故原方程的通解为 $$e^x(x\sin y + y\cos y - \sin y) = C.$$

18. **解** 由题设得 $$-\frac{\partial}{\partial x}[5f(x) - f'(x)]\cos y = \frac{\partial}{\partial y}[xe^{2x} - 6f(x)]\sin y,$$

即 $$-[5f'(x) - f''(x)]\cos y = [xe^{2x} - 6f(x)]\cos y,$$

于是 $$f''(x) - 5f'(x) + 6f(x) = xe^{2x}. \quad (2)$$

特征方程为 $r^2 - 5r + 6 = 0$，特征根 $r = 2,3$，对应的齐次方程的通解 $Y = C_1e^{2x} + C_2e^{3x}$. 又设微分方程的特解 $y^* = x(Ax+B)e^{2x}$，代入方程（2）得 $A = -\frac{1}{2}, B = -1$，$y^* = -\frac{1}{2}(x^2+2x)e^{2x}$，故方程（2）的通解为 $f(x) = C_1e^{2x} + C_2e^{3x} - \frac{1}{2}(x^2+2x)e^{2x}$.

又由 $f(0) = 0, f'(0) = -1$ 得，$C_1 = C_2 = 0$，于是所求特解为 $f(x) = -\frac{1}{2}(x^2+2x)e^{2x}$.